国际焊接工程师培训教程

第四册　焊接生产及应用

机械工业哈尔滨焊接技术培训中心（WTI）　编

钱　强　主编

中国科学技术出版社

·北　京·

图书在版编目（CIP）数据

国际焊接工程师培训教程 . 第四册，焊接生产及应用 / 机械
工业哈尔滨焊接技术培训中心（WTI）编；钱强主编 . -- 北京：
中国科学技术出版社，2023.3

ISBN 978-7-5046-9886-5

Ⅰ. ①国⋯　Ⅱ. ①机⋯　②钱⋯　Ⅲ. ①焊接 – 技术培训 – 教材
Ⅳ. ① TG4

中国版本图书馆 CIP 数据核字（2022）第 221403 号

《国际焊接工程师培训教程》
编委会

主　编　钱　强

副主编　徐林刚　常凤华　陈　宇

主　审　解应龙

副主审　李慕勤　闫久春　方洪渊　朴东光

本册编委会

主　编　陈　宇　常凤华

副主编　陈大军

主　审　朴东光

编审人员（按姓氏笔画排序）

　　　　王　林　　王　萍　　邓义刚　　吕适强　　刘　政

　　　　刘亚璇　　刘志强　　杨　高　　杨桂茹　　张　岩

　　　　张晓刚　　张港荫　　陈　宇　　陈　焕　　陈大军

　　　　陈剑锋　　邵　辉　　侯振国　　俞韶华　　钱　强

　　　　徐向军　　徐林刚　　徐祥久　　高　欣　　高建忠

　　　　曹宇辰　　常凤华　　隋永利　　解应龙

注：编审人员详细情况见《第四册　焊接生产及应用》中"《国际焊接工程师培训教程》全四册编审人员"一览表。

序

　　随着全球经济一体化的不断发展，通过消除各国之间包括人员资质在内的技术壁垒，可以大大促进我国制造业的国际合作。焊接是机械工程行业在全球最早实现资质统一的专业，国际焊接学会（IIW）于1998年建立了国际统一的焊接人员培训与资格认证体系，截至目前，已实现国际焊接工程师（IWE）、国际焊接技师（IWS）等7类焊接人员全球范围内的培训、考试及资格认证的统一。

　　我国于2000年获得IIW的授权，在全国范围内推广和实施国际焊接培训及资格认证体系。成立于1984年的机械工业哈尔滨焊接技术培训中心，在中德政府开展合作项目期间成功引入德国及欧洲焊接人员培训与资格认证体系，为我国获得国际授权奠定了坚实基础。作为首家授权培训机构，获得授权20年来，机械工业哈尔滨焊接技术培训中心共举办各类国际资质人员培训班600多期，培训认证IWE等7类国际资质人员25000多人，除西藏自治区，全国各省（自治区、直辖市）均有人员参加学习。据国际焊接学会国际授权委员会（IIW-IAB）统计，我国国际资质人员培训认证累计人数居全球第二，其中IWE累计认证人数居全球第一。

　　我国推广国际化的焊接培训与资格认证体系，可以提高焊接专业人员的水平，培养一批了解、熟悉并掌握国际焊接标准和最新技术的人才，促进我国高校及职业院校焊接人才培养与国际接轨，为我国焊接企业开展国际企业认证提供人才保证，助力我国制造业高质量发展。

　　《国际焊接工程师培训教程》作为IWE培训使用的内部培训教程，经过20余年的编写与修订，很好地满足了IWE培训的需要。该培训教程此次正式出版，必将促进国际焊接培训认证体系在我国的推广。借此机会感谢积极支持和推广国际化焊接培训与资格认证体系的各界人士！感谢参与此书编审工作的全体人员！

中国机械工程学会　监事长

IIW授权（中国）焊接培训与资格认证委员会（CANB）执委会主席

2021年12月

前　　言

国际焊接学会（IIW）于 1998 年建立了国际统一的焊接人员培训与资格认证体系，截至目前，已实现国际焊接工程师（IWE）、国际焊接技术员（IWT）等七类焊接人员全球范围内的培训、考试及资格认证的统一。其中，IWE 是 ISO 14731 标准中所规定的最高层次的焊接技术和质量监督人员，是焊接相关企业获得国际质量认证的关键要素之一，他们可以负责焊接结构设计、工艺制定、生产管理、质量保证、研究和开发等方面的技术工作，在企业中起着极其重要的作用。

我国于 2000 年得到 IIW 的授权，开始在全国推广和实施国际焊接培训认证体系。为满足 IWE、IWT 等培训及认证的需求，编委会组织编写了国际焊接资质人员系列培训教程。这套《国际焊接工程师培训教程》是根据 IIW 最新培训规程 IAB-252R5-19 要求编写的，共四册，总计 300 余万字。本教程系统地讲授了焊接相关基础理论，介绍了与焊接技术及生产相关的国际标准（ISO）、欧洲标准（EN）、美国标准（ASME）、德国标准（DIN）和中国标准（GB）及相关规程，且标准介绍与理论和生产实际相互融合；密切结合生产实际，突出实用性；汇集了国际先进的焊接技术、科研成果及焊接生产实践经验。

本套 IWE 培训教程由机械工业哈尔滨焊接技术培训中心（WTI）组织编写，除 WTI 的专家和教师，还邀请了参与在校生 IWE 联合培养的哈尔滨工业大学等高校的教授和来自制造业各领域的焊接工程专家参与编审工作。在此向参与编审工作的所有人员表示衷心的感谢！

编者在教程编写中援引了大量参考文献，包括我们的长期合作伙伴德国焊接培训与研究所（GSI SLV）的相关培训资料，这里向文献的所有原作者表示衷心的感谢！

本培训教程除用于 IWE 的培训使用，还可作为 IWT 培训教材使用，也可作为从事焊接工作的各类人员的参考书籍。

书中不当之处在所难免，欢迎学员和读者指正并提出宝贵意见。

编　者
2021 年 12 月

目 录

—— CONTENTS ——

第1章　焊接制造中的质量保证（一）　　　　　　　　　　　　/001

1.1　国际焊接资格认证的重要作用　　　　　　　　　　　　　/001

1.2　国际质量认证形式　　　　　　　　　　　　　　　　　　/002

1.3　ISO 9001：2015 标准简介　　　　　　　　　　　　　　　/005

1.4　ISO 14731《焊接管理　任务与职责》标准介绍　　　　　/012

1.5　焊接质量体系的基础性标准（ISO 3834 和 ISO 14554）　/014

第2章　焊接制造中的质量保证（二）　　　　　　　　　　　　/026

2.1　EN 1090 系列欧洲标准介绍　　　　　　　　　　　　　　/026

2.2　DIN 18800-7：2002 标准介绍　　　　　　　　　　　　　/032

2.3　EN 15085-2：2020 简介　　　　　　　　　　　　　　　/035

2.4　DIN 6700 和 DVS 1623　　　　　　　　　　　　　　　　/041

第3章　生产制造中的质量控制（一）　　　　　　　　　　　　/045

3.1　ISO 15607 简介　　　　　　　　　　　　　　　　　　　/045

3.2　电弧焊焊接工艺规程（ISO 15609-1）　　　　　　　　　/046

3.3　ISO 15614-1 标准介绍　　　　　　　　　　　　　　　　/051

3.4　ISO 15614-2 标准简要介绍　　　　　　　　　　　　　　/063

3.5　ISO 15613 简介　　　　　　　　　　　　　　　　　　　/066

3.6　钎焊工艺评定标准 EN 13134　　　　　　　　　　　　　/068

附录　　　　　　　　　　　　　　　　　　　　　　　　　　/071

第4章　生产制造中的质量控制（二）　　　　　　　　　　　　/075

4.1　焊工考试国际标准 ISO 9606 系列　　　　　　　　　　　/075

4.2　机械化和自动化焊接操作工考试标准 ISO 14732　　　　/099

4.3　钎焊工和钎焊操作工考试标准 ISO 13585　　　　　　　/102

第5章　焊接残余应力与变形　　/110

5.1　应力与变形　　/110

5.2　焊接残余应力的产生、分布及对结构的影响　　/112

5.3　焊接残余变形的种类及影响因素　　/123

5.4　焊接残余应力的调整与控制　　/132

5.5　焊接变形的预防、调整与控制　　/138

5.6　焊接变形的矫正　　/145

5.7　焊接顺序方案的制订与实例　　/147

第6章　工厂设施和焊接工装夹具　　/152

6.1　相关标准和基本要求　　/152

6.2　车间布置　　/153

6.3　材料存放　　/156

6.4　表面处理　　/157

6.5　坡口加工及预制　　/157

6.6　焊接工位　　/158

6.7　焊接辅助设施及设备　　/160

6.8　焊接与切割用气体的供应系统　　/164

6.9　焊后加热处理　　/166

6.10　射线室　　/167

6.11　防腐保护　　/167

第7章　健康与安全　　/170

7.1　火焰加工技术中的安全问题及措施　　/170

7.2　弧焊电源及触电的防护　　/177

7.3　电弧焊弧光防护　　/181

7.4　噪声防护　　/182

7.5　呼吸保护　　/184

7.6　在特殊条件下的焊接　　/188

7.7　个人防护用品　　/190

7.8　涉及焊接及切割安全的相关国家标准　　/191

7.9　管理者、监督者和操作者的责任　　/192

第8章　生产测量与控制　　/195

8.1　基本测量技术　　/195

8.2　焊接技术中的测量　　/200

8.3　电弧焊中焊接参数的监测　　/207

第9章　缺欠与验收标准 /210

9.1 缺欠分类 /210

9.2 常规无损检测方法的验收标准及验收等级 /216

9.3 焊缝验收准则 /220

第10章　无损检测 /233

10.1 无损检测技术介绍 /233

10.2 先进数字化检测技术 /268

10.3 安全防护 /272

10.4 无损检测方法的选择 /273

10.5 无损检测人员的资格鉴定与认证 /277

第11章　经济性及生产率 /282

11.1 成本核算基础 /282

11.2 焊接成本 /290

11.3 计算机软件的应用 /301

11.4 焊接机器人应用的经济性分析 /307

第12章　焊接修复 /320

12.1 焊接修复的概念 /320

12.2 返修焊工艺的制定和实施 /320

12.3 修补焊 /324

12.4 修补焊实例 /326

第13章　钢筋焊接 /331

13.1 钢筋类材料 /331

13.2 焊接方法及焊接填充材料 /333

13.3 钢筋焊接接头形式 /334

13.4 钢筋焊接相关标准及对钢筋焊接企业的要求 /338

13.5 对焊接人员的要求 /339

13.6 焊接工艺规程 /340

13.7 焊接工艺评定 /340

13.8 焊接生产工艺试验 /341

13.9 钢筋焊接生产的执行和检验 /342

13.10 钢筋焊接时可能出现的问题 /343

第14章　工程实例——企业认证 /347

14.1　概述 /347

14.2　前期准备 /347

14.3　集中咨询与现场咨询 /349

14.4　体系评审 /354

14.5　生产制造资格认证 /356

第15章　工程实例——焊接工艺评定和焊工考试 /361

15.1　钢结构焊接工艺评定和焊工考试 /361

15.2　铝合金结构焊接工艺评定和焊工考试 /368

第16章　工程实例——材料检验及焊接缺欠的评定分析实例 /375

16.1　目视检测实习 /375

16.2　渗透检测实习 /376

16.3　磁粉检测实习 /377

16.4　射线检测实习 /378

16.5　超声波检测实习 /379

16.6　缺欠分析 /380

第17章　工程实例——典型钢制产品的焊接生产制造 /383

17.1　无压搅拌器的焊接生产 /383

17.2　换热器上的典型焊缝 /387

17.3　齿轮的焊接生产 /389

17.4　公路桥梁钢构的焊接制造 /393

17.5　地铁侧墙焊接生产 /400

第18章　工程实例——轨道车辆铝合金车体焊接 /407

18.1　轨道车辆焊接标准简介 /407

18.2　地板组成和车钩梁组成的产品结构 /407

18.3　地板组成焊接工艺 /410

18.4　车钩梁组成焊接工艺 /413

18.5　B型地铁侧墙搅拌摩擦焊焊接工艺 /420

18.6　工艺文件 /423

附录一　地板焊接工艺规程示例 /423

附录二　车钩梁连接板焊接工艺规程示例 /424

附录三　侧墙搅拌摩擦焊焊接工艺规程示例 /425

第 19 章　工程实例——城市轨道交通不锈钢车体焊接生产制造　/428

19.1 轨道车辆焊接相关标准　/428

19.2 不锈钢车体结构　/430

19.3 不锈钢车体制造工艺　/436

19.4 焊接工艺文件　/440

19.5 电阻焊焊缝质量　/445

第 20 章　工程实例——桥梁钢结构　/449

20.1 钢桥制造相关规范及钢材、焊材、人员资质　/449

20.2 钢桥焊接接头、评定试验、焊接工艺及焊缝检验　/451

20.3 典型桥梁钢结构焊接工艺　/457

第 21 章　工程实例——压力容器焊接生产制造　/466

21.1 按照 AD 规范对压力容器的设计及制造　/466

21.2 按照 ASME 规范制造压力容器　/472

第 22 章　工程实例——起重机焊接生产制造　/484

22.1 工程机械产品简介　/484

22.2 执行标准　/485

22.3 起重机的应用及载荷类型　/485

22.4 产品结构　/486

22.5 支腿的焊接生产　/486

22.6 伸缩臂和桁架臂结构介绍　/489

附录一　盖板对接焊缝焊接工艺规程示例　/490

附录二　上盖板与腹板焊缝焊接工艺规程示例　/491

附录三　下盖板与腹板焊缝焊接工艺规程示例　/492

第 23 章　工程实例——油气管道焊接施工技术　/495

23.1 油气管道环焊缝焊接技术的发展历史与应用现状　/495

23.2 工程应用实例　/499

23.3 自动焊施工的质量控制方法　/504

23.4 油气管道环焊缝焊接技术的技术应用与发展趋势　/506

后记　/509

《国际焊接工程师培训教程》全四册编审人员　/510

第❶章

焊接制造中的质量保证（一）

编写：解应龙　陈宇　审校：陈大军

企业的国际资格认证对企业在国际及国内市场竞争和自身发展中起着越来越重要的作用，本章从国际焊接资质认证的重要作用讲起，介绍国际质量认证的常见形式、目前国际通行的质量认证的方式及标准、ISO 9001 质量体系的基本原则和要求，并系统性地介绍关于焊接管理人员的职责和任务的国际标准 ISO 14731，以及建立在 ISO 9001 基础上的焊接质量体系的基础性国际标准 ISO 3834 和 ISO 14554。

1.1 国际焊接资格认证的重要作用

随着我国经济、科技等方面的实力不断增强，我国焊接生产企业及其产品参与国际市场竞争的机遇不断增加。尤其是在我国成功加入世界贸易组织（WTO）之后，市场的开放、贸易壁垒的逐渐消除，使得欧美发达国家的大批企业及其产品纷纷涌入中国这个大市场，在机遇增加的同时，给国内焊接生产制造企业带来更多的是竞争与挑战，特别是在大型钢结构、轨道交通、石化设备等制造领域。国际市场尚存的贸易壁垒，尤其是技术壁垒的较大差异，影响了我国焊接生产制造企业的市场竞争力，其中很重要的一个原因就是我国焊接生产制造企业参与国际竞争时在国际资质方面准备不足，甚至缺乏对其重要性的认识，而企业是否具有国际公认的相应企业资质认证，既是相关监督机构与标准法规的要求，也是客户与市场对企业及产品的选择依据，更是企业自身提高管理水平和产品质量以及参与国际市场竞争的需要。

重视企业国际资质认证的企业数量在快速增长，同时获得认证的企业其市场销售额普遍提高。以上海振华港机集团公司为例：1999 年该公司通过了由德国杜伊斯堡焊接培训研究所（SLV Duisburg）与哈尔滨焊接技术培训中心（WTI Harbin）联合进行的 DIN 18800-7《钢结构　第 7 部分：生产实施和焊接企业资格认证》焊接生产制造和企业资格认证"，并成功取得了德国不莱梅港、荷兰阿姆斯特丹港岸边集装箱起重机制造任务（合同额近一亿美元），进入了亚洲企业从未进入过的、以要求严格著称的欧洲市场，并连续几年保持国际市场销售额高速增长，目前该公司产品国际市场份额已超过 50%。通过上述实例，足见企业的国际资格认证对企业在国际市场竞争中的重要作用。

1.2 国际质量认证形式

目前，国际质量认证的种类很多，根据认证所针对的对象不同，一般分为三大类。

1.2.1 质量体系认证

质量体系认证是各类企业认证的基础，它主要是侧重于企业的质量管理体系，使认证企业通过自身管理体系的运作，来最终完成企业质量方针和质量目标的建立、质量策划、质量控制、质量保证和质量改进。而就焊接企业而言，焊接生产的质量管理是指从事焊接生产或工程施工的企业通过建立质量管理体系发挥质量管理职能，进而有效地控制焊接产品质量的全过程。不断强化焊接质量管理不仅有助于产品质量的提高，达到向用户提供满足使用要求的产品的目的，而且可以推动企业的技术进步，提高企业的经济效益，增强产品的市场竞争能力。

目前质量体系认证包括 ISO 9000 系列标准认证、ISO 3834 系列标准认证等，其中 ISO 3834 系列标准是根据 ISO 9000 系列标准制定的质量保证原则，它结合焊接实际应用条件，描述了保证焊接质量体系应包括的焊接质量要求。我国已将 ISO 3834-1：1994、ISO 3834-2：1994、ISO 3834-3：1994、ISO 3834-4：1994、ISO 3834-5：1994 等同转化为国家标准 GB/T 12467.1—1998、GB/T 12467.2—1998、GB/T 12467.3—1998、GB/T 12467.4—1998、GB/T 12467.5—1998（现已被 2009 版所代替），在欧洲 ISO 3834-1：2005、ISO 3834-2：2005、ISO 3834-3：2005、ISO 3834-4：2005、ISO 3834-5：2005 已替代 EN 729-1：1994、EN 729-2：1994、EN 729-3：1994、EN 729-4：1994，ISO 3834 系列标准现行版本为 ISO 3834-1：2021、ISO 3834-2：2021、ISO 3834-3：2021、ISO 3834-4：2021、ISO 3834-5：2021 和以技术报告形式出现的 CEN ISO/TR 3834-6：2007。

1.2.2 生产制造资格认证

生产制造资格认证是针对不同行业类别的生产制造产品的特殊性，根据相关行业标准的要求来对生产制造企业进行的认证，以便确认该企业是否具备生产制造该类产品的能力。通过生产制造资格认证的企业才能进行该类行业产品的生产制造，以保证所生产制造的产品能够满足相关质量要求。对于国内焊接生产制造企业，特别是轨道车辆行业和钢结构行业的焊接生产制造企业，基于国际合作和竞争的需求，我国分别自 1999 年和 2002 年起广泛开展了 DIN 18800 和 DIN 6700 的生产制造资格认证，其中 DIN 6700 已于 2007 年被 EN 15085 所替代，DIN 18800 已于 2008 年被 EN 1090 替代。截至目前，国内绝大多数轨道车辆焊接企业已通过了 EN 15085 的资格认证，还有众多的钢结构企业通过了 EN 1090 的资格认证。

1.2.2.1 EN 15085 系列标准现行状态

EN 15085 是欧洲轨道车辆及其部件焊接的系列标准，目前由 5 个标准组成，第 6 部分的草案尚待表决。

EN 15085-1：2013

本标准的主要内容：本系列欧洲标准强制使用的术语和总体要求。

EN 15085-2：2020

本标准的主要内容：焊接企业的焊接管理人员、焊工、检验人员、焊接工艺、技术装备、合格评定（符合性声明）等。

EN 15085-3：2010

本标准的主要内容：设计要求、缺欠质量等级、母材和焊接填充材料的选择、焊接接头设计。

EN 15085-4：2007

本标准的主要内容：焊前准备、焊接要求、工作试件等要求。

EN 15085-5：2007

本标准的主要内容：焊接接头的检验和测试、检测计划和检测标准、文件、不一致性和改正措施、分包商、符合性声明、可追溯性等。

prEN 15085-6：2020

本标准的主要内容：轨道车辆的焊接修理要求。

1.2.2.2　EN 1090 系列标准现行状态

EN 1090 系列标准由下列 5 个标准组成。

EN 1090-1：2012《钢结构和铝结构的施工　第 1 部分：结构部件符合性声明要求》

EN 1090-2：2018《钢结构和铝结构的施工　第 2 部分：钢结构的技术要求》

EN 1090-3：2019《钢结构和铝结构的施工　第 3 部分：铝结构的技术要求》

EN 1090-4：2017《钢结构和铝结构的施工　第 4 部分：冷成型结构钢元件和用于屋顶、天花板、地板和墙面的冷成型结构技术要求》

EN 1090-5：2017《钢结构和铝结构的施工　第 5 部分：冷成型结构铝元件和用于屋顶、天花板、地板和墙面的冷成型结构技术要求》

1.2.2.3　DIN 6700 系列标准

DIN 6700 是德国轨道车辆及其部件焊接的系列标准，由 6 个标准组成。

DIN 6700-1：2001《轨道车辆及其部件的焊接　第 1 部分：基本概念、基本原则》

DIN 6700-2：2001《轨道车辆及其部件的焊接　第 2 部分：部件分级、焊接企业的认证、一致性的评定》

DIN 6700-3：2001《轨道车辆及其部件的焊接　第 3 部分：设计准则》

DIN 6700-4：2001《轨道车辆及其部件的焊接　第 4 部分：焊接工作实施规则》

DIN 6700-5：2001《轨道车辆及其部件的焊接　第 5 部分：焊接接头的质量要求》

DIN 6700-6：2001《轨道车辆及其部件的焊接　第 6 部分：关于母材、焊材、焊接方法、焊接工艺文件的准则》

1.2.2.4　DIN 18800 系列标准

DIN 18800 是德国钢结构设计制造的系列标准，主要由下列标准组成。

DIN 18800-1：1990《钢结构　第 1 部分：设计和结构》

DIN 18800-2：1990《钢结构　第 2 部分：稳定性　棒和棒杆系统的弯曲》

DIN 18800-3：1990《钢结构 第3部分：稳定性 板的翘曲》

DIN 18800-4：1990《钢结构 第4部分：稳定性 壳体的翘曲》

DIN 18800-5：1990《钢结构 第5部分：钢筋混凝土的测量 评价和解释》

DIN 18800-7：2002《钢结构 第7部分：生产实施和焊接企业资格认证》

1.2.3 产品（样品）认证

产品（样品）认证是针对企业所生产的具体产品（样品）进行认证，这方面的认证有 CE 认证、GS 认证等。

1.2.3.1 CE 认证

CE 标志是一种安全认证标志，被视为制造商打开并进入欧洲联盟（简称"欧盟"）市场的护照。凡是贴有 CE 标志的产品就可在欧盟各成员国内销售，无须符合每个成员国的要求，从而实现了商品在欧盟成员国范围内的自由流通。在欧盟市场 CE 标志属强制性认证标志，不论是欧盟内部企业生产的产品，还是其他国家生产的产品，要想在欧盟市场上自由流通，就必须加贴 CE 标志，以表明产品符合欧盟《技术协调与标准化新方法》指令的基本要求。这是欧盟法律对产品提出的一种强制性要求。CE 是由法语"Communate Europpene"缩写而成，是欧洲共同体的意思，欧洲共同体后来演变成了欧盟。商品加贴 CE 标志表示其符合安全、卫生、环保和消费者保护等一系列欧盟指令所要表达的要求。CE 标志的意义在于：以 CE 缩略词为符号表示加贴 CE 标志的产品符合有关欧盟 CE 指令规定的主要要求（Essential Requirements），并用以证实该产品已通过了相应的合格评定程序和/或制造商的合格声明，从而使 CE 标志真正成为产品被允许进入欧盟市场销售的通行证。有关指令要求加贴 CE 标志的工业产品，没有 CE 标志的不得上市销售；已加贴 CE 标志进入市场的产品，发现不符合安全要求的，要责令从市场收回；持续违反有关 CE 标志规定的，将被限制或禁止进入欧盟市场或被迫退出市场。

依据符合模式的系统，多数的指令允许制造商及其代表选择一个或组合模式，以示符合指令要求。一般而言，有自我宣告、强制性验证、自愿性验证三种符合途径。

1.2.3.2 GS 认证

GS 标志是德国安全认证标志，是被欧洲广大顾客接受的安全标志。通常 GS 认证产品销售单价更高而且更加畅销。GS 由德语"Geprufte Sicherheit"（安全性已认证）缩写而成，也有"Germany Safety"（德国安全）的意思。GS 认证以德国《产品安全法》为依据，是按照欧洲标准（EN）或德国工业标准（DIN）进行检测的一种自愿性认证，是欧洲市场公认的德国安全认证标志。GS 标志表示该产品的使用安全性已经通过具有公信力的独立机构的测试。GS 标志是强有力的市场工具，能增强顾客的信心及购买欲望。虽然 GS 是德国标准，但欧洲绝大多数国家都认同，而且满足 GS 认证意味着产品也会满足欧盟 CE 认证的要求。和 CE 不一样，GS 标志并无强制要求。

GS 认证程序如下。

（1）首次会议：通过首次会议，检测机构或代理机构向申请者的产品工程师解释认证的具体程序及有关标准，并提供要求递交文件的表格。

（2）申请：由申请者提交符合要求的文件，对于电器产品，需要提交产品的总装图、电气原理图、材料清单、产品用途或使用安装说明书、系列型号之间的差异说明等文件。

（3）技术会议：在检测机构检查过申请者的文件资料后，将会安排与申请者的技术人员进行技术会议。

（4）样品测试：测试将依照所适用的标准进行，可以在制造商的实验室或检验机构所在国的任何一个实验室进行。

（5）工厂检查：GS 认证要求对生产的场所进行与安全有关的程序检查。

（6）签发 GS 证书。

1.2.4 国际通行质量认证方式及标准

随着国际标准的变化和对质量认证形式的统一规范要求，目前国际通行的质量认证的基础性标准为 ISO/IEC 17000：2020《合格评定 词汇和通用原则》以及欧盟的通用规程 Richtlinie（EU）2016/798。

ISO/IEC 17000 上一个版本是 2004 年发布的，它规定了与合格评定有关的通用术语和定义，包括对合格评定机构的认可。该标准内容不仅有助于其在全世界合格评定领域的标准化使用，而且也可以帮助政策制定者参与到贸易促进活动中。我国在 2006 年发布并实施的 GB/T 27000—2006《合格评定 词汇和通用原则》等同采用了 ISO/IEC 17000：2004 标准。2020 年 5 月，由 ISO 合格评定委员会（CASCO）与国际电工委员会（IEC）合作修订完成 ISO/IEC 17000：2020。

ISO/IEC 17000：2020 囊括了新的术语和定义，与 ISO 9000：2015《质量管理体系 基本原理和词汇》保持一致，并反映了合格评定领域的技术更新或其他变化。该标准还涵盖了与此活动领域相关的新标准中已包含的其他术语。我国等同采用新版 ISO/IEC 17000 标准的国家标准尚未发布，目前采用的是 GB/T 27000—2006。

根据 ISO/IEC 17000：2020 标准，合格评定（符合性声明）分为三种方式：①企业自身声明符合客户或相关标准规程要求；②上级客户对其进行符合性声明；③第三方授权机构对其进行符合性声明。

具体采用哪种方式取决于相关标准、制造领域、产品的安全需求、制造复杂程度和等级等诸多因素。须选定哪种方式，一般会在行业相应的配套规程中或客户制定的规程中规定。目前安全等级较高，关键的、重要的大部件生产一般要求采用上述第③种方式，即通过第三方授权机构来进行符合性声明。

1.3 ISO 9001：2015 标准简介

本标准为有下列需求的组织规定了质量管理体系要求。

（1）需要证实其具有稳定地提供满足客户要求和适用法律法规要求的产品和服务的能力。

（2）通过体系的有效应用，包括体系持续改进的过程，以及保证符合客户要求和适用的法律法规要求，旨在增强客户满意。

1.3.1 质量管理体系

组织应按本标准的要求建立质量管理体系、过程及其相互作用，加以实施和保持，并持续改进。

组织应将过程方法应用于质量管理体系，具体表现为：

（1）确定质量管理体系所需的过程及其在整个组织中的应用。

（2）确定每个过程所需的输入和期望的输出。

（3）确定这些过程的顺序和相互作用。

（4）确定产生非预期的输出或过程失效对产品、服务和客户满意带来的风险。

（5）确定所需的准则、方法、测量及相关的绩效指标，以确保这些过程的有效运行和控制。

（6）确定和提供资源。

（7）规定职责和权限。

（8）实施所需的措施以实现策划的结果。

（9）监测、分析这些过程，必要时变更，以确保过程持续产生期望的结果。

（10）确保持续改进这些过程。

1.3.2　领导作用

1.3.2.1　领导作用与承诺

最高管理者应通过以下方面证实其对质量管理体系的领导作用与承诺。

（1）确保质量方针和质量目标得到建立，并与组织的战略方向保持一致。

（2）确保质量方针在组织内得到理解和实施。

（3）确保质量管理体系要求纳入组织的业务运作。

（4）提高运用过程方法的意识。

（5）确保质量管理体系所需资源的获得。

（6）传达有效的质量管理以及满足质量管理体系、产品和服务要求的重要性。

（7）确保质量管理体系实现预期的输出。

（8）吸纳、指导和支持员工参与质量管理体系，并对其有效性做出贡献。

（9）增强持续改进和创新。

（10）支持其他的管理者在其负责的领域证实其领导作用。

1.3.2.2　质量方针

最高管理者制定质量方针应考虑以下4点：

（1）与组织的宗旨相适应。

（2）提供制定质量目标的框架。

（3）包括对满足适用要求的承诺。

（4）包括对持续改进质量管理体系的承诺。

质量方针应：

（1）形成文件。

（2）在组织内得到沟通。

（3）适用时，可为相关方所获取。

（4）在持续适宜性方面得到评审。

1.3.3　策划

1.3.3.1　质量目标及其实施的策划

组织应在相关职能、层次、过程上建立质量目标。

质量目标应做到以下 7 点：

（1）与质量方针保持一致。

（2）与产品或服务的符合性、客户满意有关。

（3）可测量（可行时）。

（4）考虑适用的要求。

（5）得到监测。

（6）得到沟通。

（7）适当时进行更新。

组织应将质量目标形成文件。

在策划目标的实现时，组织应确定以下内容：

（1）做什么。

（2）所需的资源。

（3）责任人。

（4）完成的时间表。

（5）结果如何评价。

组织应制订适应发展需求的相应质量发展计划，有关质量发展计划方面的描述见 ISO 10005。

1.3.3.2　变更的策划

组织应确定变更的需求和机会，以保持和改进质量管理体系绩效。

组织应有计划、系统地进行变更，识别风险和机遇，并评价变更的潜在后果。

1.3.4　支持

1.3.4.1　资源

组织应确定、提供为建立、实施、保持和改进质量管理体系所需的资源。

组织应考虑到以下内容：

（1）现有的资源、能力、局限。

（2）外包的产品和服务。

1.3.4.2　能力

组织应满足以下 4 点：

（1）确定在组织控制下从事影响质量绩效工作的人员必备的能力。

（2）基于适当的教育、培训和经验，确保这些人员是胜任的。

（3）适用时，采取措施以获取必要的能力，并评价这些措施的有效性。

（4）保持形成文件的信息，以提供能力的证据。

适当的措施可包括提供培训、辅导、重新分配任务、招聘胜任的人员等。

1.3.4.3 意识

在组织控制下工作的人员应意识到以下4点：

（1）质量方针。

（2）相关的质量目标。

（3）他们对质量管理体系有效性的贡献，包括改进质量绩效的益处。

（4）偏离质量管理体系要求的后果。

1.3.4.4 沟通

组织应确定与质量管理体系相关的内部和外部沟通的需求，包括以下3点：

（1）沟通的内容。

（2）沟通的时机。

（3）沟通的对象。

1.3.4.5 形成文件的信息

（1）组织的质量管理体系应包括以下内容：

① 本标准所要求的文件信息。

② 组织确定的为确保质量管理体系有效运行所需的形成文件的信息。

不同组织的质量管理体系文件的多少与详略程度可以不同，取决于：组织的规模、活动类型、过程、产品和服务；过程及其相互作用的复杂程度；人员的能力。

（2）编制和更新。

在编制和更新文件时，组织应确保适当的：① 标志和说明（例如：标题、日期、作者、索引编号等）；② 格式（例如：语言、软件版本、图示）和媒介（例如：纸质、电子格式）；③ 评审和批准，以确保适宜性和充分性。

（3）文件控制。

应对质量管理体系和本标准所要求的形成文件的信息进行控制，以确保做到以下两点：

① 需要文件的场所能获得适用的文件。

② 文件得到充分保护，如防止泄密、误用、缺损。

适用时，组织应确保以下文件控制活动：

① 分发、访问（"访问"指仅得到查阅文件的许可，或授权查阅和修改文件）、回收、使用。

② 存放、保护，包括保持清晰。

③ 更改的控制（如版本控制）。

④ 保留和处置。

组织所确定的策划和运行质量管理体系所需的外来文件应确保得到识别和控制。

1.3.5　运行

1.3.5.1　与产品和服务有关要求的评审

组织应评审与产品和服务有关的要求。评审应在组织向客户做出提供产品的承诺（如：提交标书、接受合同或订单及接受合同或订单的更改）之前进行，并应确保：

（1）产品和服务要求已得到规定并达成一致。

（2）与以前表述不一致的合同或订单的要求已解决。

（3）组织有能力满足规定的要求。

评审结果的信息应形成文件。

若客户没有提供形成文件的要求，组织在接受客户要求前应对客户要求进行确认。

若产品和服务要求发生变更，组织应确保相关文件信息得到修改，并确保相关人员知道变更后的要求。

在某些情况下，对每一个订单进行正式的评审可能是不实际的，作为替代方法，可对提供给客户的有关产品信息进行评审。

组织应对以下几方面加以确定并实施与客户沟通的安排：

（1）产品和服务信息。

（2）问询、合同或订单的处理，包括对其修改。

（3）客户反馈，包括客户抱怨。

（4）适用时，对客户财产的处理。

（5）相关时，应急措施的特定要求。

1.3.5.2　运行策划过程

为产品和服务的实现做准备，组织应确定的内容可能包括：

（1）产品和服务的要求，并考虑相关的质量目标。

（2）识别实现产品和服务所涉及的风险，以及相关的应对措施。

（3）针对产品和服务确定资源的需求。

（4）产品和服务的接收准则。

（5）产品和服务所要求的验证、确认、监视、检验和试验活动。

（6）绩效数据的形成和沟通。

（7）可追溯性、产品防护、产品和服务交付及交付后活动的要求。

1.3.5.3　产品生产和服务提供

（1）产品生产和服务提供的控制。

组织应在受控条件下进行产品生产和服务提供。适用时，受控条件应包括以下几点：

① 获得表述产品和服务特性的文件信息。

② 控制的实施。

③ 必要时，获得表述活动的实施及其结果的文件信息。

④ 使用适宜的设备。

⑤ 获得、实施及使用监测和测量设备。

⑥ 人员的能力或资格。

⑦ 当过程的输出不能由后续的监测和测量加以验证时，对任何这样的产品生产和服务提供过程进行确认、批准和再次确认。

⑧ 产品和服务的放行、交付和交付后活动的实施。

⑨ 预防因人为错误（如失误、违章）而导致的不符合。

通过以下确认活动证实这些过程实现所策划的结果的能力：过程评审和批准准则的确定、设备的认可和人员资格鉴定、特定的方法和程序的使用、文件信息需求的确定。

（2）标识和可追溯性。

适当时，组织应使用适宜的方法识别过程输出。过程输出是任何活动的结果，它将交付给客户（外部的或内部的）或作为下一个过程的输入。过程输出包括产品、服务、中间件、部件等。

组织应在产品实现的全过程中，针对监视和测量要求识别过程输出的状态。

在有可追溯性要求的场合，组织应控制产品的唯一性标识，并保持形成文件的信息。

1.3.6　绩效评价

1.3.6.1　内部审核

组织应按照计划的时间间隔进行内部审核，以确定质量管理做到以下几点：

（1）符合组织对质量管理体系的要求及本标准的要求。

（2）得到有效的实施和保持。

组织应做到以下几点：

（1）策划、建立、实施和保持一个或多个审核方案，包括审核的频次、方法、职责，策划审核的要求和报告审核结果。审核方案应考虑质量目标、相关过程的重要性、关联风险和以往审核的结果。

（2）确定每次审核的准则和范围。

（3）审核员的选择和审核的实施应确保审核过程的客观性和公正性。

（4）确保审核结果提交给管理者以供评审。

（5）及时采取适当的措施。

（6）保持形成文件的信息，以提供审核方案实施和审核结果的证据。

1.3.6.2　管理评审

最高管理者应按策划的时间间隔评审质量管理体系，以确保其持续的适宜性、充分性和有效性。

管理评审策划和实施时，应考虑变化的商业环境，并与组织的战略方向保持一致。

管理评审应考虑以下方面：

（1）以往管理评审的跟踪措施。

（2）与质量管理体系有关的外部或内部的变更。

（3）质量管理体系绩效的信息，包括不符合与纠正措施、监视和测量结果、审核结果、客户反馈、外部供方、过程绩效和产品的符合性等方面的趋势和指标。

（4）持续改进的机会。

管理评审的输出应包括以下相关决定：

（1）持续改进的机会。

（2）对质量管理体系变更的需求。

组织应保持形成文件的信息，以提供管理评审的结果及采取措施的证据。

1.3.7　持续改进

1.3.7.1　不符合与纠正措施

发生不符合时，组织应采取如下措施。

（1）做出响应，适当时采取措施控制和纠正不符合，以及处理不符合造成的后果。

（2）评价消除不符合原因的措施，通过采取以下措施防止不符合再次发生或在其他区域发生：评审不符合；确定不符合的原因；确定类似不符合是否存在，或可能潜在发生。

（3）实施所需的措施。

（4）评审所采取纠正措施的有效性。

（5）对质量管理体系进行必要的修改。

纠正措施应与所遇到的不符合的影响程度相适应。

组织应将以下信息形成文件：

（1）不符合的性质及随后采取的措施。

（2）纠正措施的结果。

1.3.7.2　改进

组织应持续改进质量管理体系的适宜性、充分性和有效性。

适当时，组织应通过以下方面改进其质量管理体系、过程、产品和服务：

（1）数据分析的结果。

（2）组织的变更。

（3）风险的变更。

（4）新的机遇。

组织应评价、确定优先次序及决定需实施的改进。

1.4 ISO 14731《焊接管理 任务与职责》标准介绍

对于各类认证来说，人员资格的认可都是最重要的，也是首要前提。对于相关焊接认证，焊接管理人员应满足 ISO 14731 的要求，该标准是于 2006 年由欧洲标准 EN 719 升级为国际标准的，现行版本为 2019 版。

ISO 14731：2019 规定了焊接管理人员的职责与任务，即作为焊接管理人员应对焊接全过程及所有相关工作负责。一个制造组织中焊接管理人员可以由一个或多人来担任，其数量及职责要求根据制造商的工作需要设定，同时也应满足相关应用标准、合同或客户的要求。焊接管理人员应对表 1.1 中所列的焊接相关活动负责，如果焊接责任人员由多人承担时，则应明确每个人所负责的工作内容及责任。

表 1.1 必要时应考虑的焊接相关活动（节选自 ISO 14731：2019）

	活动
1. 要求评审	在要求评审时，应考虑以下要素： ① 使用的产品标准及同时使用的附加要求； ② 制造商满足所规定要求的能力
2. 技术评审	在技术评审时，应考虑以下要素： ① 母材规范和焊接接头性能； ② 相关接头位置的设计要求； ③ 焊缝质量和验收要求； ④ 焊缝的位置、可达性和焊接顺序，也包括检验的可达性； ⑤ 其他焊接要求，例如：焊材的分批试验、焊缝金属中铁素体含量、时效、氢含量、永久衬垫、硬化、表面处理和焊缝形状； ⑥ 接头坡口准备及完成的焊缝的尺寸和细节
3. 分承包商	对于分承包商，应考虑焊接生产的分承包商是否合适
4. 焊接人员	对于焊接人员，应鉴定焊工和焊接操作工、钎焊工和钎焊操作工的人员资质
5. 设备	对于设备，应考虑以下要素： ① 焊接和相关设备的适配性； ② 辅助设备和设备供应的标识和管理； ③ 与参加生产工艺人员相关的个人防护装备和其他安全设施； ④ 设备维护； ⑤ 设备检验和确认
6. 生产计划	对于生产计划，应考虑以下要素： ① 参考焊接及相关工艺的适合的工艺规范； ② 实施焊接的顺序； ③ 环境条件（例如：风、温度和雨）； ④ 有资质焊工的分配； ⑤ 预热和焊后热处理的设备，包括测温计； ⑥ 任何产品检验的安排
7. 焊接工艺评定	对于焊接工艺评定，应考虑评定方法和范围

	活动
8. 焊接工艺规程	对于焊接工艺规程，应考虑评定范围
9. 作业指导书	对于作业指导，应考虑作业指导的发行和使用
10. 焊材	对于焊材应考虑下列要素： ① 匹配； ② 供货状态； ③ 在焊材采购说明中的任何附加要求，包括焊材检验文件类型； ④ 焊材的存储和管理
11. 母材	对于母材应考虑下列要素： ① 在母材采购说明中的任何附加要求，包括母材检验文件类型； ② 母材的存储和管理； ③ 可追溯性
12. 焊前的检验和试验	对于焊前的检验和试验应考虑下列要素： ① 焊工和焊接操作工资质证书的适合性和有效性； ② 焊接工艺规范的适合性； ③ 母材的性能； ④ 焊材的性能； ⑤ 接头准备（如形状和尺寸）； ⑥ 组对，定位和点固； ⑦ 焊接工艺规范中的任何特殊要求（如变形的预防）； ⑧ 焊接工作条件的适合性，包括环境
13. 焊接过程中的检验和试验	对于焊接过程中的检验和试验应考虑下列要素： ① 必要焊接参数（如焊接电流、电弧电压和焊接速度）； ② 预热／层间温度； ③ 清理和焊缝层道的外形； ④ 背面清根； ⑤ 焊接顺序； ⑥ 焊材的正确使用和管理； ⑦ 变形的控制； ⑧ 任何中间检查（如检查尺寸）
14. 焊后的检验和试验	对于焊后的检验和试验应考虑下列要素： ① 目视检测（如焊接完整性、焊缝尺寸、形状）； ② 非破坏性试验的使用； ③ 破坏性试验的使用； ④ 结构的形式、形状、公差和尺寸； ⑤ 焊后处理的结果和记录（如焊后热处理、时效）
15. 焊后热处理	对于焊后热处理，应考虑根据规范进行
16. 不符合项的纠正	对于不符合项的纠正措施应考虑必要的测量方法和改正措施（如焊接修复、返修后再评估、纠正措施）
17. 测量、试验及检验设备的校准	对于测量、试验及检验设备的校准和检查应考虑必要的方法和改正措施

续表

	活动
18. 标识和可追溯性	对于标识和可追溯性应考虑下列要素： ① 生产计划的标识； ② 流程卡的标识； ③ 结构中焊接位置的标识； ④ 非破坏性试验过程和人员的标识； ⑤ 焊材的标识（如名称、商标、焊材制造商和炉号或批号）； ⑥ 母材的标识和／或可追溯性（如类型、批号）； ⑦ 修复位置的标识； ⑧ 临时附加装置位置的标识； ⑨ 特定焊缝全机械和自动焊接设备的可追溯性； ⑩ 特定焊缝焊工和焊接操作工的可追溯性； ⑪ 特定焊缝焊接工艺规范的可追溯性
19. 质量记录	对于质量记录应考虑必要记录（包括分承包行为）的准备和保存
20. 健康、安全和环境	关于健康、安全和环境，所有相关的规定和规程都应考虑

1.5 焊接质量体系的基础性标准（ISO 3834 和 ISO 14554）

1.5.1 ISO 3834 系列标准《金属材料熔焊质量要求》总体介绍

ISO 3834 规定了金属材料熔焊焊接方法的质量要求。本国际标准所包含的这些质量要求可能同样适用于其他焊接方法。这些质量要求仅涉及产品质量中受熔焊影响的方面，而且不受产品种类限制。

因而 ISO 3834 提供了一种方法，供制造商展示其制造特定或指定质量产品的能力。

（1）标准制定考虑因素。

标准制定应考虑以下因素：标准不受制造结构种类的限制；标准规定了车间及现场焊接的质量要求；标准为描述制造商生产满足规定要求结构的能力提供了指南；标准提供了评价制造商焊接能力的基础。

（2）能力展示。

ISO 3834 适合于下列一种或多种情况，制造商应在下列产品准则基础上，选择 3 种不同质量要求等级之中的一种：规范；产品标准；常规要求。

（3）标准应用。

制造商可以完整地采用本标准所包含的这些要求，当所涉及的结构不适合时，也可有选择地筛选使用。标准在下列应用方面为焊接控制提供了柔性框架。

第一种情况：提供规范中的特殊要求，规范要求制造商具备符合 ISO 9001：2015 的质量管理体系。

第二种情况：提供规范中的特殊要求，规范要求制造商具备与 ISO 9001：2015 不同的质量管理体系。

第三种情况：为制造商制定一个熔焊的质量管理体系提供特殊指南。

第四种情况：对熔焊活动有控制要求的那些规范、规则或产品标准提供详细的要求。

1.5.1.1 质量要求相应等级的选择

现行 ISO 3834 系列标准由下列规范性文件组成：

ISO 3834-1：2021《金属材料熔焊质量要求　第 1 部分：相应质量要求等级的选择准则》；

ISO 3834-2：2021《金属材料熔焊质量要求　第 2 部分：完整质量要求》；

ISO 3834-3：2021《金属材料熔焊质量要求　第 3 部分：一般质量要求》；

ISO 3834-4：2021《金属材料熔焊质量要求　第 4 部分：基本质量要求》；

ISO 3834-5：2021《金属材料熔焊质量要求　第 5 部分：确认符合 ISO 3834-2、ISO 3834-3 或 ISO 3834-4 质量要求所需的文件》。

除此之外，还有第 6 部分，以技术报告的形式出现，即 ISO/TR 3834-6：2007《金属材料熔焊质量要求　第 6 部分：ISO 3834 实施指南》。

应按照产品标准、规范、规则或合同，针对质量要求的等级选择 ISO 3834-2、ISO 3834-3 或 ISO 3834-4。因为 ISO 3834 可用于不同情况和不同场合，所以，可能在每种环境条件下增加有关质量要求的确切规则，而这些内容无法在本章详细说明。

ISO 3834 可适用于不同情况。制造商应在下列产品准则基础上，选择 3 种不同质量要求等级之中的一种：安全临界产品的范围和重要性；制造的复杂性；制造产品的范围；所用不同材料的范围；可能产生冶金问题的范围；对生产操作带来影响的制造缺欠（如错边、变形或焊接缺欠）范围。

当某个制造商满足了某个特定的质量等级时，则可视为其也满足了所有更低的质量等级要求而无须做进一步的验证（如满足 ISO 3834-2 规定的完整质量要求的制造商，也就满足了 ISO 3834-3 规定的一般质量要求和 ISO 3834-4 规定的基本质量要求）。

表 1.2 中列出了选择 ISO 3834 相应部分的准则。

表 1.2　选择 ISO 3834-2、ISO 3834-3 或 ISO 3834-4 的准则（节选自 ISO 3834-1：2021）

序号	要素	ISO 3834-2	ISO 3834-3	ISO 3834-4
1	要求评审（合同评审）	要求进行评审		
		要求报告	可能要求报告	无报告要求
2	技术评审（设计评审）	要求进行评审		
		要求报告	可能要求报告	无报告要求
3	分承包商	就特定的分承包产品、服务或活动按照制造商对待，但制造商最终对质量要求负责		
4	焊工及焊接操作工	要求考核		
5	焊接管理人员	要求		无特殊要求
6	试验及检验人员	要求考核		
7	生产及试验设备	按要求配备合适的制备、工艺实施、试验、运输、抬升设备，并具有安全、防护功能		

序号	要素	ISO 3834-2	ISO 3834-3	ISO 3834-4
8	设备维护	要求提供并维持设备的有效性		无特殊要求
		要求书面计划和报告	建议有报告	
9	设备描述	要求明细		无特殊要求
10	生产计划	要求		无特殊要求
		要求书面计划和报告	建议做书面计划和报告	
11	焊接工艺规程	要求		无特殊要求
12	焊接工艺评定	要求		无特殊要求
13	焊接材料的批量试验	如果有要求	无特殊要求	
14	焊接材料的保管	要求符合供应商建议的程序		无特殊要求
15	母材的储存	要求保护免受环境影响；存放期间应保持其识别标志		无特殊要求
16	焊后热处理	确认产品标准或规范要求得到满足		无特殊要求
		要求规程、报告和报告相对产品的可追溯性	要求规程和报告	
17	焊前、焊接过程中和焊后的试验及检验	要求		如果有要求
18	不符合项及纠正	采取控制措施，要求修复或纠正程序		采取控制措施
19	测量、试验及检验设备的校准	要求	如果有要求	无特殊要求
20	过程中的识别	如果有要求		无特殊要求
21	可追溯性	如果有要求		无特殊要求
22	质量报告	如果有要求		

1.5.1.2　ISO 3834-2：2021《金属材料熔焊质量要求　第2部分：完整质量要求》介绍

1. 要求评审和技术评审（合同评审和设计评审）

（1）总则。

制造商应进行要求评审，并确认：工作内容处于其操作能力范围内，具有足够的资源保证及时供货，而且文件是清晰的、无争议的。制造商应保证合同与先前报价文件之间的变化易于识别，让用户了解可能引发的程序、成本或工程方面的所有变化。

（2）要求评审。

应考虑的方面包括：① 将采用的产品标准及所有附加要求；② 法定及常规要求；③ 制造商确定的所有附加要求；④ 制造商满足描述要求的能力。

（3）技术评审。

考虑的技术要求应包括：① 母材技术条件及焊接接头性能；② 焊缝的质量及合格要求；③ 焊缝的位置、可达性及次序，包括试验和无损检测（NDT）的可达性；④ 焊接工艺规程、无损检测规程及热处理规程；⑤ 焊接工艺评定所使用的方法；⑥ 人员的认可；⑦ 选择、标识及（或）可追溯性（如材料、焊缝）；⑧ 质量控制管理，包括某个独立检验机构的介入；⑨ 试验及检验；⑩ 分承包；⑪ 焊后热处理；⑫ 其他焊接要求，如焊接材料的批量试验、焊缝金属的铁素体含量、时效、氢含量、永久衬垫、喷丸、表面加工、焊缝外形；⑬ 特殊方法的使用，如单面焊时不加衬垫获得全焊透；

⑭ 坡口及焊缝的尺寸、细节；⑮ 在车间或其他地方施焊的焊缝；⑯ 有关工艺方法应用的环境条件，如很低的大气温度条件或任何有必要提供保护的有害气候条件；⑰ 不符合项的管理。

2. 分承包商

当制造商希望享用分承包服务或活动时（如焊接、检查、无损检测、热处理），制造商应向分承包商提供其满足使用要求所需的信息。分承包商应按制造商的要求，提供其相关工作的报告和文件。

分承包商的工作应以订单为准，并对制造商负责，其工作应完全符合 ISO 3834 本部分的有关要求。制造商应保证分承包商可以满足规定的质量要求。

制造商提供给分承包商的信息应包括所有从要求评审到技术评审的相关资料。为了保证分承包商符合技术要求，可能需要规定附加要求。

3. 焊接人员

（1）总则。

制造商应按规定的要求配置足够的、能胜任的从事焊接生产设计、施工及监督的人员。

（2）焊工及焊接操作工。

焊工和焊接操作工应通过合适的考试。

在 ISO 3834-5：2021 中，表 3 对弧焊、电子束焊、激光束焊和激光 - 电弧复合焊和气焊做了规定，表 12 则对其他熔焊方法做了规定。

（3）焊接管理人员。

制造商应配置合适的焊接管理人员。负责质量活动的这些人员应获得充分授权，保证可以采取必要的行动，应当明确规定这些人员的任务及职责。

在 ISO 3834-5：2021 中，表 4 对弧焊、电子束焊、激光束焊和激光 - 电弧复合焊和气焊做了规定，表 12 则对其他熔焊方法做了规定。

4. 试验及检验人员

（1）总则。

制造商应按规定要求配置足够的、能胜任的从事焊接生产设计、施工及监督的试验和检验人员。

（2）无损检测人员。

应对无损检测人员进行考试认可。目视检测人员可能无须考核。不要求考试时，制造商应证实其能力。

在 ISO 3834-5：2021 中，表 5 对弧焊、电子束焊、激光束焊和激光 - 电弧复合焊和气焊做了规定，表 12 则对其他熔焊方法做了规定。

5. 设备

（1）生产及试验设备。

应当按照需要配置下列设备：① 焊接电源及其他机器；② 坡口加工及切割（包括热切割）设备；③ 预热及焊后热处理设备（包括温度指示仪）；④ 夹具及固定机具；⑤ 用于焊接生产的起重及装夹设备；⑥ 人员防护设备及与所用制造方法直接相关的其他安全设备；⑦ 用于焊接材料处理的烘干炉、保温筒；⑧ 表面清理设施；⑨ 破坏性试验及无损检测设备。

（2）设施的表述。

制造商应持有主要生产设备明细表。明细表应标明主要设备、车间容量、能力评估等事项，包括：① 起重机的最大容量；② 车间可装夹的部件尺寸；③ 机械化或自动化焊接设备的功率；④ 焊后热处理炉的尺寸及最高温度；⑤ 轧制、弯曲及切割设备的容量。

（3）设备的适用性。

设备应适合于所涉及的应用目的。

（4）新设备。

新设备（或改造后的设备）安装之后，应进行相应的试验。这些试验应能验证设备的正常功能，应按有关标准进行试验和提供书面报告。

（5）设备维护。

制造商应具有设备维护的书面计划。计划中的维护项目，应确保设备中控制焊接工艺规程参数的部件得到维护检查。这些计划应限定在对生产质量具有主要影响的那些项目，如：① 热切割设备中导轨、机械夹具等的状态；② 用于焊接设备操作的电流表、电压表、流量计的状态；③ 电缆、软管、接头等的状态；④ 机械化及（或）自动化焊接设备中控制系统的状态；⑤ 测温仪器的状态；⑥ 送丝机构及导管的状态。

不得使用有故障的设备。

6. 焊接相关活动

（1）生产计划。

制造商应实施适宜的生产计划。

需要考虑的内容至少应包括：① 结构制造（即单件、组件及最终总装件）的顺序规定；② 制造结构所要求的每种工艺方法标识；③ 相应的焊接及相关工艺规程的编号；④ 焊缝的焊接顺序；⑤ 实施每种工艺方法的指令及时间；⑥ 试验及检验规程（包括任何独立检验机构的介入）；⑦ 环境条件，如防风、防雨；⑧ 批量、零件或部件的项目标识；⑨ 合格人员的指派；⑩ 生产试验的安排。

（2）焊接工艺规程。

制造商应编制焊接工艺规程并确保其在生产中得到正确使用。

在 ISO 3834-5：2021 中，表6 对弧焊、电子束焊、激光束焊和激光－电弧复合焊和气焊做了规定，表12 则对其他熔焊方法做了规定。

（3）焊接工艺评定。

焊接工艺应在生产之前进行评定，评定方法应按相关的产品或按规程要求进行。

在 ISO 3834-5：2021 中，表7 对弧焊、电子束焊、激光束焊和激光－电弧复合焊和气焊做了规定，表12 则对其他熔焊方法做了规定。

在有关产品标准或规程中，可能会要求其他的工艺评定。有关"焊接性"问题在 ISO/TR 581 中有具体的描述。

（4）工作指令。

制造商可以直接使用焊接工艺规程指导生产，或者使用专门的工作指令。这类专门工作指令的编制应源于合格的焊接工艺规程并且无须另做评定。

（5）文件的编制及控制程序。

制造商应建立并保持有关质量文件（如焊接工艺规程、焊接工艺评定报告、焊工和焊接操作工的合格证书）的编制和控制程序。

7. 焊接材料

（1）总则。

应规定控制焊接材料的责任和程序。

（2）批量试验。

焊接材料仅在有规定要求时才做批量试验。

（3）储存及保管。

制造商应制定并实施可避免焊接材料受潮、氧化与损坏等的储存、保管、识别及使用程序。这些程序应符合供货商的建议。

8. 母材的储存

母材（包括用户提供的母材）的储存应保证其不受到有害影响，存放期间应保持其识别标志。

9. 焊后热处理

制造商对所有焊后热处理规程及实施负全部责任。焊后热处理工艺应适合母材、接头、结构等并符合产品标准及（或）规定要求。施工过程中要做热处理记录报告。报告应体现出按照规程执行，对特定产品具有可追溯性。

在 ISO 3834-5：2021 中，表 8 对弧焊、电子束焊、激光束焊、激光 - 电弧复合焊和气焊做了规定，表 12 则对其他熔焊方法做了规定。

10. 试验及检验

（1）总则。

为了保证达到合同要求，在制造流程适当环节应进行相应的试验和检验。这些试验及（或）检验的部位及数量取决于合同及（或）产品标准、焊接方法及结构的类型（见要求评审和技术评审）。

（2）焊前试验及检验。

在施焊之前，应作下列检验：① 焊工和焊接操作工证书的适用性、有效性；② 焊接工艺规程的适用性；③ 母材的标识；④ 焊接材料的标识；⑤ 焊接坡口（形式及尺寸）；⑥ 组对、夹具及定位；⑦ 焊接工艺规程中的任何特殊要求，如防止变形；⑧ 工作条件（包括环境）对焊接的适用性。

（3）焊接过程中的试验及检验。

在焊接过程中，应在适宜的间隔点或以连续监控的方式做下列检验：① 主要焊接参数（如焊接电流、电弧电压及焊接速度）；② 预热 / 道间温度；③ 焊道的清理与形状，焊缝金属的层数；④ 根部气刨；⑤ 焊接顺序；⑥ 焊接材料的正确使用及保管；⑦ 变形的控制；⑧ 所有的中间检查，如尺寸检验。

在 ISO 3834-5：2021 中，表 9 对弧焊、电子束焊、激光束焊、激光 - 电弧复合焊和气焊做了规定，表 12 则对其他熔焊方法做了规定。

（4）焊后试验及检验。

焊后应检验是否达到验收标准：① 采用宏观检验；② 采用无损检测；③ 采用破坏性试验；④ 结构的型式、形状及尺寸；⑤ 焊后操作的结果及报告（如焊后热处理、时效）。

ISO 文件对此有要求，在 ISO 3834-5：2021 标准中，表 10 对弧焊、电子束焊、激光束焊和激光 – 电弧复合焊和气焊做了规定，表 12 则对其他熔焊方法做了规定。

（5）试验及检验状况。

应采取适当的方式表示焊接结构的试验及检验状况，如物品标识或放置卡片。

11. 不符合项及纠正

应采取措施控制不合格物品或行为，防止其被疏忽接受。当制造商进行修复及（或）矫正时，做修复、矫正的所有工作场所应具备相应的程序说明。修复矫正后，这些产品要按原始要求重新做检验、试验及检查。还应采取措施避免不符合项的再次发生。

12. 测量、试验及检验设备的校准

制造商应负责对测量、试验及检验设备做适时校准。用于评估焊接结构质量的所有设备应做适宜的控制，并按规定的期限进行校准和有效性验证。

在 ISO 3834-5：2021 中，表 11 对弧焊、电子束焊、激光束焊、激光 – 电弧复合焊和气焊做了规定，表 12 则对其他熔焊方法做了规定。

13. 标识及可追溯性

在整个制造流程中，应按要求保持标识及可追溯性。

有要求时，保证焊接操作标识及可追溯性的文件体系应包括：① 生产计划标识；② 放置卡片标识；③ 结构中焊缝部位的标识；④ 无损检测规程及人员标识；⑤ 焊接材料标识（如型号、商标、制造商和批号或炉号）；⑥ 母材标识及（或）可追溯性（如型号、炉号）；⑦ 修复部位标识；⑧ 临时附件位置标识；⑨ 全机械化、自动化焊接设备对特定焊缝的可追溯性；⑩ 焊工、焊接操作工对特定焊缝的可追溯性；⑪ 焊接工艺规程对特定焊缝的可追溯性。

14. 质量报告

必要时，质量报告应包括：① 要求 / 技术评审报告；② 材料检验文件；③ 焊接材料检验文件；④ 焊接工艺规程；⑤ 设备维护报告；⑥ 焊接工艺评定报告；⑦ 焊工或焊接操作工证书；⑧ 生产计划；⑨ 无损检测人员证书；⑩ 热处理工艺规程及报告；⑪ 无损检测及破坏性试验规程及报告；⑫ 尺寸报告；⑬ 修复记录及其他不符合项的报告；⑭ 要求的其他文件。

在无任何其他规定的要求时，质量报告应至少保留 5 年以上。

1.5.1.3 ISO 3834-5：2021《金属材料熔焊质量要求　第 5 部分：确认符合 ISO 3834-2、ISO 3834-3 或 ISO 3834-4 质量要求所需的文件》介绍

相关介绍见表 1.3~ 表 1.12。

表 1.3　焊工和焊接操作工（节选自 ISO 3834-5：2021）

焊接方法	ISO 文件
弧焊	ISO 9606-1《焊工资质考试　熔焊　第 1 部分：钢》 ISO 9606-2《焊工资质考试　熔焊　第 2 部分：铝及铝合金》 ISO 9606-3《焊工资质考试　熔焊　第 3 部分：铜及铜合金》 ISO 9606-4《焊工资质考试　熔焊　第 4 部分：镍及镍合金》 ISO 9606-5《焊工资质考试　熔焊　第 5 部分：钛及钛合金、锆及锆合金》 ISO 14732《焊接人员　金属材料机械化及自动化焊接的熔焊操作工及电阻焊安装工的考试》 ISO 15618-1《水下焊工考试　第 1 部分：高气压湿法焊接的潜水焊工》 ISO 15618-2《水下焊工考试　第 2 部分：高气压干法焊接的潜水焊工》
电子束焊	ISO 14732《焊接人员　金属材料全机械化及自动化焊接的熔焊操作工及电阻焊安装工的考试》
激光束焊和激光 - 电弧复合焊	ISO 14732《焊接人员　金属材料全机械化及自动化焊接的熔焊操作工及电阻焊安装工的考试》
气焊	ISO 9606-1《焊工资质考试　熔焊　第 1 部分：钢》

表 1.4　焊接管理人员（节选自 ISO 3834-5：2021）

焊接工艺方法	ISO 文件
弧焊	ISO 14731《焊接管理　任务及职责》
电子束焊	
激光束焊和激光 - 电弧复合焊	
气焊	

表 1.5　无损检测人员（节选自 ISO 3834-5：2021）

焊接工艺方法	ISO 文件
弧焊	ISO 9712《无损检测　人员的资格鉴定与认证》
电子束焊	
激光束焊和激光 - 电弧复合焊	
气焊	

表 1.6　焊接工艺规程（节选自 ISO 3834-5：2021）

焊接方法	ISO 文件
弧焊	ISO 15609-1《金属材料焊接工艺规程及评定　焊接工艺规程　第 1 部分：弧焊》
电子束焊	ISO 15609-3《金属材料焊接工艺规程及评定　焊接工艺规程　第 3 部分：电子束焊接》
激光束焊和激光 - 电弧复合焊	ISO 15609-4《金属材料焊接工艺规程及评定　焊接工艺规程　第 4 部分：激光焊接》 ISO 15609-6《金属材料焊接工艺规程及评定　焊接工艺规程　第 6 部分：激光　电弧复合焊》
气焊	ISO 15609-2《金属材料焊接工艺规程及评定　焊接工艺规程　第 2 部分：气焊》

表 1.7　焊接工艺评定（节选自 ISO 3834-5：2021）

焊接方法	ISO 文件
弧焊	ISO 15607《金属材料焊接工艺规程及评定　一般原则》 ISO 15610《金属材料焊接工艺规程及评定　基于试验焊接材料的评定》 ISO 15611《金属材料焊接工艺规程及评定　基于焊接经验的评定》 ISO 15612《金属材料焊接工艺规程及评定　基于标准焊接规程的评定》 ISO 15613《金属材料焊接工艺规程及评定　基于预生产焊接试验的评定》

续表

焊接方法	ISO 文件
弧焊	ISO 15614–1《金属材料焊接工艺规程及评定　焊接工艺评定试验　第1部分：钢弧焊和气焊、镍及镍合金的弧焊》 ISO 15614–2《金属材料焊接工艺规程及评定　焊接工艺评定试验　第2部分：铝及铝合金的弧焊》 ISO 15614–3《金属材料焊接工艺规程及评定　焊接工艺评定试验　第3部分：铸铁的熔焊和压力焊》 ISO 15614–4《金属材料焊接工艺规程及评定　焊接工艺评定试验　第4部分：铸铝的加工焊》 ISO 15614–5《金属材料焊接工艺规程及评定　焊接工艺评定试验　第5部分：钛、锆及其合金的弧焊》 ISO 15614–6《金属材料焊接工艺规程及评定　焊接工艺评定试验　第6部分：铜及铜合金的弧焊》 ISO 15614–7《金属材料焊接工艺规程及评定　焊接工艺评定试验　第7部分：堆焊》 ISO 15614–8《金属材料焊接工艺规程及评定　焊接工艺评定试验　第8部分：管–管板接头的焊接》 ISO 15614–10《金属材料焊接工艺规程及评定　焊接工艺评定试验　第10部分：高气压干法焊接》
电子束焊	ISO 15607《金属材料焊接工艺规程及评定　一般原则》 ISO 15611《金属材料焊接工艺规程及评定　基于焊接经验的评定》 ISO 15612《金属材料焊接工艺规程及评定　基于标准焊接规程的评定》 ISO 15613《金属材料焊接工艺规程及评定　基于预生产焊接试验的评定》 ISO 15614–11《金属材料焊接工艺规程及评定　焊接工艺评定试验　第11部分：电子束及激光焊接》
激光束焊和激光–电弧复合焊	ISO 15607《金属材料焊接工艺规程及评定　一般原则》 ISO 15611《金属材料焊接工艺规程及评定　基于焊接经验的评定》 ISO 15612《金属材料焊接工艺规程及评定　基于标准焊接规程的评定》 ISO 15613《金属材料焊接工艺规程及评定　基于预生产焊接试验的评定》 ISO 15614–11《金属材料焊接工艺规程及评定　焊接工艺评定试验　第11部分：电子束及激光焊接》 ISO 15614–14《金属材料焊接工艺规程及评定　焊接工艺评定试验　第14部分：钢、镍及镍合金的激光　电弧复合焊》
气焊	ISO 15607《金属材料焊接工艺规程及评定　一般原则》 ISO 15610《金属材料焊接工艺规程及评定　基于试验焊接材料的评定》 ISO 15611《金属材料焊接工艺规程及评定　基于焊接经验的评定》 ISO 15612《金属材料焊接工艺规程及评定　基于标准焊接规程的评定》 ISO 15613《金属材料焊接工艺规程及评定　基于预生产焊接试验的评定》 ISO 15614–1《金属材料焊接工艺规程及评定　焊接工艺评定试验　第1部分：钢弧焊和气焊、镍及镍合金的弧焊》

表 1.8　焊后热处理（节选自 ISO 3834-5：2021）

焊接方法	ISO 文件
弧焊	ISO/TR 17663《焊接　与焊接及相关工艺有关的热处理质量要求指南》
电子束焊	
激光束焊和激光–电弧复合焊	
气焊	

表 1.9　焊接过程中的检验（节选自 ISO 3834-5：2021）

焊接方法	ISO 文件
弧焊	ISO 13916《焊接　预热温度、道间温度及预热维持温度的测定》 ISO/TR 17671–2《焊接　金属材料焊接推荐工艺　第2部分：铁素体钢的弧焊》 ISO/TR 17844《焊接　防止冷裂纹标准方法的比较》
电子束焊	无
激光束焊和激光–电弧复合焊	无
气焊	无

表 1.10　焊后检验（节选自 ISO 3834-5：2021）

焊接方法	ISO 文件
弧焊	ISO 10863《焊缝的无损检测　超声波检测　TOFD》
	ISO 13588《焊缝的无损检测　超声波检测　自动相控阵技术》
电子束焊	ISO 17635《焊缝的无损检测　金属材料熔焊焊缝的一般原则》
	ISO 17636《焊缝的无损检测　熔焊接头的射线检测》
	ISO 17637《焊缝的无损检测　熔焊接头目视检测》
激光束焊和激光 - 电弧复合焊	ISO 17638《焊缝的无损检测　磁粉检测》
	ISO 17639《焊缝的破坏性试验　焊缝的宏观及显微检验》
	ISO 17640《焊缝的无损检测　焊接接头的超声波检测》
气焊	ISO 22825《焊缝的无损检测　超声波检测　奥氏体钢和镍基合金焊接接头》

表 1.11　测量、试验及检验设备的校准（节选自 ISO 3834-5：2021）

焊接方法	ISO 文件
弧焊	
电子束焊	ISO 17662《焊接　对焊接设备（及其操作）的校正、核准和评估》
激光束焊和激光 - 电弧复合焊	
气焊	

表 1.12　其他熔焊方法（节选自 ISO 3834-5：2021）

焊接方法	ISO 文件
螺栓焊	ISO 14555《焊接　金属材料的电弧螺柱焊》
铝热焊 / 热剂焊	本标准发布时，无 ISO 标准

1.5.2　ISO 14554 系列标准《焊接的质量要求　金属材料电阻焊》总体介绍

ISO 3834 系列标准原则上适用于金属材料熔焊，尽管作为国际标准其他焊接方法可参照使用，但电阻焊有其专门的质量体系系列标准，跟熔焊质量体系要求类似，分两个部分。

ISO 14554-1：2013《焊接的质量要求　金属材料电阻焊　第 1 部分：完整质量要求》

主要在以下几方面做了要求：合同评审和设计评审、分承包商、焊接人员、检验检测和检查人员、设备、焊接活动、焊接电极及其附件、母材库、焊接检验及检查、不符合项及纠正措施、计量校验、标识及可追溯性和质量记录。

ISO 14554-2：2013《焊接的质量要求　金属材料电阻焊　第 2 部分：基本质量要求》

主要在以下几方面做了要求：合同评审和设计评审、分承包商、焊接人员、设备、焊接活动、焊接检验及检查、母材库、不符合项及纠正措施和质量记录。可见第 2 部分作为基本质量要求相比第 1 部分要求的条款要少。

参考文献

[1] Quality requirements for fusion welding of metallic materials- Part 1: Criteria for the selection of the appropriate level of quality requirements:ISO 3834-1:2021 [S/OL]. [2021-09]. https://www.iso.org/standard/81650.html.

［2］Quality requirements for fusion welding of metallic materials–Part 2: Comprehensive quality requirements:ISO 3834–2:2021［S/OL］.［2021–04］. https://www.iso.org/standard/81651.html.

［3］Quality requirements for fusion welding of metallic materials–Part 5: Documents with which it is necessary to conform to claim conformity to the quality requirements of ISO 3834–2, ISO 3834–3 or ISO 3834–4［S/OL］.［2021–10］. https://www.iso.org/standard/80112.html.

［4］Quality management systems –Requirements：ISO 9001:2015［S/OL］.［2015–09］. https://www.iso.org/standard/62085.html.

［5］Execution of steel structures and aluminium structures Requirements for conformity assessment of structural components: BS EN 1090–1:2009+A1:2011［S/OL］.［2012–01］. https://www.en-standard.eu/bs-en-1090-1-2009-a1-2011-execution-of-steel-structures-and-aluminium-structures-requirements-for-conformity-assessment-of-structural-components/.

［6］Railway applications – Welding of railway vehicles and components – Part 2: Requirements for welding manufacturer: DIN EN 15085–2［S/OL］［2020–12］. https://www.en-standard.eu/din-en-15085-2-railway-applications-welding-of-railway-vehicles-and-components-part-2-requirements-for-welding-manufacturer/.

［7］Welding of rail vehicles – Notes and recommendations for the implementation of DIN EN 15085 in comparison with DIN 6700：DVS 1623:2009［S/OL］.［2009–12］. https://www.beuth.de/en/technical–rule/dvs-1623/123379068.

［8］Execution of steel structures and aluminium structures – Part 2: Technical requirements for steel structures: DIN EN 1090–2:2018［S/OL］.［2018–09］. https://www.en-standard.eu/din-en-1090-2-execution-of-steel-structures-and-aluminium-structures-part-2-technical-requirements-for-steel-structures/.

本章的学习目标及知识要点

1. 学习目标

（1）了解企业认证对企业生存及发展的作用。

（2）熟悉质量认证的常见形式。

（3）熟悉质量认证的国际通行方式及标准。

（4）熟悉 ISO 9001 质量体系的基本原则及要求，以及与 ISO 3834 系列标准之间的关系。

（5）掌握 ISO 14731 和 ISO 3834 系列标准分别是对什么的要求，以及 ISO 3834 系列标准的组成。

（6）熟悉 ISO 14731 和 ISO 3834–2 的主要要素要求。

2. 知识要点

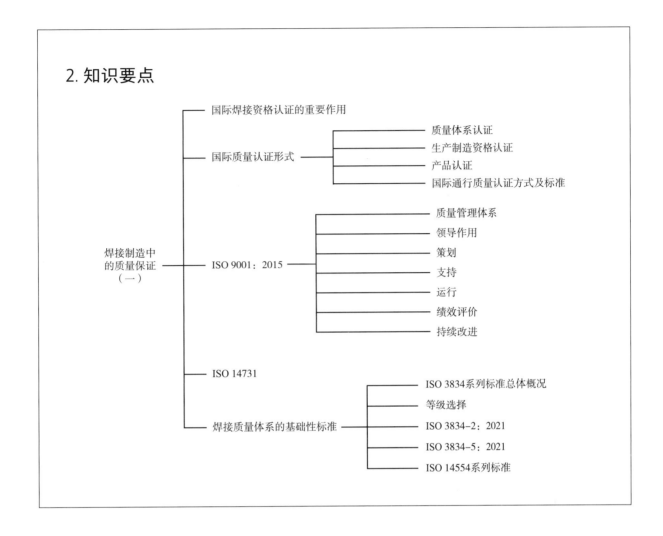

第 2 章

焊接制造中的质量保证（二）

编写：陈宇　陈大军　审校：解应龙

第 1 章介绍了焊接行业通用的质量管理体系国际标准 ISO 3834。在一些特定的行业，以 ISO 3834 标准为基础，结合本行业的特点加以特定的技术要求，形成该行业的焊接质量控制标准，比如 EN 1090（欧洲钢结构和铝结构施工要求）和 EN 15085（欧洲轨道车辆及其零部件焊接）。

本章介绍上述系列标准在焊接质量控制方面的主要要求。

2.1 EN 1090 系列欧洲标准介绍

2.1.1 总体概貌

EN 1090 系列标准包括 5 个部分，其当前版本和名称见第 1 章。

EN 1090 第 1 部分主要针对建筑结构部件的一致性评定（CE 标记），比如某企业通过了 EN 1090-1 和 EN 1090-2 的认证，则该企业可以为其生产的建筑结构部件（欧盟建筑结构产品规程 CPR 规定范围内）出具 CE 标志。第 2 部分列出钢结构的施工技术要求，第 3 部分列出铝结构的施工要求。第 4 部分和第 5 部分是近些年新发展出来的，主要针对钢结构或铝结构施工中用于屋顶、顶棚、地板和墙体的冷成型结构材料做出技术要求，比如常用的冷弯焊管。

2.1.2 EN 1090-2 简要介绍

EN 1090 系列标准涵盖建筑结构施工过程中涉及的焊接、涂装、螺栓连接等多种工艺方法的技术要求，本节主要以 EN 1090-2 为例，介绍该标准对焊接企业的部分主要质量控制要求。

按照部件的载荷类型和安全性等因素，分为四个执行等级（EXC1 至 EXC4），比如电梯部件（EXC2）、风电塔架（EXC3）、大型桥梁（EXC4），相应等级的要求依次递增。

2.1.2.1 焊接总体要求

焊接质量体系应符合 EN ISO 3834《金属材料熔焊质量要求》和 EN ISO 14554《金属材料电阻焊质量要求》相应部分的要求，以及 ISO 17660《钢筋焊接》、EN 1011-1《金属材料焊接一般原则》、EN 1011-2《铁素体钢弧焊推荐工艺》和 EN 1011-3《不锈钢弧焊推荐工艺》的相关建议。

对于执行等级 EXC1 的部件，焊接质量体系应符合 ISO 3834-4（基本质量要求）；

对于执行等级 EXC2 的部件，焊接质量体系应符合 ISO 3834-3（一般质量要求）；

对于等级较高的 EXC3 和 EXC4，焊接质量体系应符合 ISO 3834-2（完整质量要求）。

2.1.2.2 焊接责任人员

对于执行等级 EXC2 至 EXC4 的部件，焊接责任人应具备适合的资质及经验，达到 EN ISO 14731 规定的基础的（B）、专业的（S）和全面的（C）知识水平要求。

表 2.1 以碳钢为例给出焊接责任人员知识水平的要求，主要取决于执行等级、部件材料组别（ISO/TR 15608）以及厚度。

表 2.1　焊接责任人的知识水平——结构用碳钢

EXC	钢材组别	相关标准	板厚 /mm		
			$t \leqslant 25$[①]	$25 < t \leqslant 50$[②]	$t > 50$
EXC2	S235 至 S355（1.1，1.2，1.4）	EN 10025-2、3、4、5 EN 10149-2、3 EN 10210-1，EN 10219-1	B	S	C[③]
	S420 至 S700（1.3，2，3）	EN 10025-3、4、6 EN 10149-2、3 EN 10210-1，EN 10219-1	S	C[④]	C
EXC3	S235 至 S355（1.1，1.2，1.4）	EN 10025-2、3、4、5 EN 10149-2、3 EN 10210-1，EN 10219-1	S	C	C
	S420 至 S700（1.3，2，3）	EN 10025-3、4、6 EN 10149-2、3 EN 10210-1，EN 10219-1	C	C	C
EXC4	所有	所有	C	C	C

① 底板和端板 ≤ 50mm。

② 底板和端板 ≤ 75mm。

③ 对于 S275 及以下的钢材，S 级足够。

④ 对于 N、NL、M 和 ML 钢，S 级足够。

2.1.2.3 焊工及焊接操作工

焊工应取得 EN ISO 9606-1 资质，操作工应取得 EN ISO 14732 资质。钢筋焊工应符合 EN ISO 17660-1 或 EN ISO 17660-2 的要求。焊接角度小于60°的中空截面支管连接，需要有特殊检验来认可。

2.1.2.4 无损检测人员

无损检测人员应取得 ISO 9712 相应检验方法的资质。

2.1.2.5 焊接工艺规程及评定

焊接应按照经过认可的焊接工艺规程（WPS）实施，焊接工艺规程应符合 EN ISO 15609 系列、EN ISO 14555、EN ISO 15620 及 EN ISO 17660 系列中任一系列 / 项标准的要求。

如有规定，对于点固焊的实施细节应在焊接工艺规程中列出。对于空心型材网格结构的接头，焊接工艺规程应规定起弧和收弧的区域，以及从角接到对接焊缝变化位置的处理方法。

焊接方法 111、114、12、13 和 14 的焊接工艺评定取决于执行等级、母材和机械化程度，见表 2.2。

表 2.2　焊接工艺评定的方式

（焊接方法：111、114、12、13、14）

评定方式		EXC2	EXC3/EXC4
焊接工艺评定	EN ISO 15614-1[1] EN ISO 17660-1 EN ISO 17660-2[2]	×	×
工作试件评定	EN ISO 15613 EN ISO 17660-1 EN ISO 17660-2[2]	×	×
标准的工艺	EN ISO 15612	×[1]	×[3]
先期经验评定	EN ISO 15611	×[2]	—
已认可的焊材	EN ISO 15610		—

注：× 表示允许；— 表示不允许。

① 符合 EN ISO 15614-1：2017 的焊接工艺评定必须符合 2 级评定。

② 仅适用于钢筋和其他钢构件之间的接头。

③ 如果执行规范允许。

如果使用强度大于等于 S460 的钢材，角焊缝的焊接工艺评定应有按照 EN ISO 9018 进行的十字拉伸试验。

全机械化的深熔角焊缝应按照 EN ISO 15614-1 进行焊接工艺试验，以确认最小熔深数值。

除非另有规定，如果使用 EN ISO 15613 或 EN ISO 15614-1 标准评定，适用于以下条件：

（1）如果冲击试验符合 EN ISO 15614-1 的要求，同样适用于 EN ISO 15613，应该执行接头最低温度的冲击试验，包括针对特定夏氏缺口的最低温度试验选项。

（2）对于符合 EN 10025-6 的钢材，需要一个试样进行微观检验。金相照片应记录焊缝金属、熔合线区和热影响区。不允许出现微观裂纹。

按照 EN ISO 15609 标准适当部分的焊接工艺规程首次使用时应通过前五个接头加以验证，同时要求：① 生产条件下，焊接工艺规程验证要求质量等级为 B 级；② 检查的最小长度为 900mm。

2.1.2.6　材料要求

所采用的材料应符合相应标准的要求，以碳素结构钢为例，表 2.3 给出其产品的技术要求、尺寸和公差需要符合的标准，表 2.4 给出其焊材产品标准。

表 2.3　碳素结构钢产品标准

钢产品	技术要求	尺寸	公差
I 和 H 型钢	EN 10025-1 EN 10025-2 EN 10025-3 EN 10025-4 EN 10025-5 EN 10025-6	EN 10365	EN 10034
热轧锥形法兰 I 型钢		EN 10365	EN 10024
槽钢		EN 10365	EN 10279
角钢		EN 10056-1	EN 10056-2
T 型钢		EN 10055	EN 10055
板		不适用	EN 10029、EN 10051
棒		EN 10017、EN 10058 EN 10059、EN 10060 EN 10061	EN 10017、EN 10058 EN 10059、EN 10060 EN 10061
热成型型材	EN 10210-1	EN 10210-2	EN 10210-2
冷成型型材	EN 10219-1	EN 10219-2	EN 10219-2

注：EN 10020 给出钢等级的定义和分级。钢的名称和数字标记分别在 EN 10027-1 和 EN 10027-2 中规定。

表 2.4　焊材产品标准

焊材	产品标准
弧焊和切割用保护气	EN ISO 14175
非合金和细晶粒钢气体保护焊焊丝	EN ISO 14341
非合金和细晶粒钢埋弧焊实芯焊丝、实芯焊丝 – 焊剂和药芯焊丝 – 焊剂组合	EN ISO 14171
高强钢手工电弧焊焊条	EN ISO 18275
非合金和细晶粒钢（气体保护或无气体保护）药芯焊丝	EN ISO 17632
埋弧焊剂	EN ISO 14174
不锈钢和热强钢手工电弧焊焊条	EN ISO 3581
非合金和细晶粒钢钨极氩弧焊焊丝	EN ISO 636
非合金和细晶粒钢手工电弧焊焊条	EN ISO 2560
不锈钢和热强钢焊丝	EN ISO 14343
高强钢气体保护焊焊丝	EN ISO 16834
高强钢埋弧焊焊丝、药芯焊丝和电极 – 焊剂组合	EN ISO 26304
不锈钢和热强钢（气体保护或无气体保护）药芯焊丝	EN ISO 17633
高强钢（气体保护电弧焊）药芯焊丝	EN ISO 18276

所应用的金属材料的检验文件须符合 EN 10204 相应类型的要求，见表 2.5。

表 2.5　金属材料检验文件

原材料	检验文件	原材料	检验文件
结构钢：结构钢等级 ≤ 275MPa 　　　　结构钢等级 > 275MPa	$2.2^{①②}$ $3.1^{②}$	固态热铆钉	2.1
不锈钢：$R_{p0.2} ≤ 240MPa$ 　　　　$R_{p0.2} > 240MPa$	2.2 3.1	自钻螺钉和盲铆钉	2.1

续表

原材料	检验文件	原材料	检验文件
铸钢	3.1③	螺柱焊螺柱	3.1
焊材	2.2	桥用膨胀接头	3.1
EN 14399 系列结构螺栓组合	3.1④⑤	高强线缆	3.1
EN 15048 系列结构螺栓组合	2.1		
螺栓、螺母或垫片⑥	2.1	结构支座	3.1

① 如果最低屈服强度要求 275MPa，且测试冲击温度低于零度，需要 EN 10204 3.1 证书。
② EN 10025-1：2004 要求碳当量计算公式中包含的所有元素都应在检验文件中体现。对于 EN 10025-2 的材料，要求的其他附加元素的报告应包括铝、铌、钛。
③ 如果最低屈服强度 ≤ 355MPa 且冲击温度 20℃，EN 10204 2.2 证书即可。
④ 如果标有制造批次号，且制造商可以通过此批次号及内部产品控制追溯到测试性能指标，EN 10204 3.1 证书可能省略。
⑤ 检验文件应包含相应的测试结果。
⑥ 当螺栓、螺母或垫片用于非预紧应用，且不作为 EN 14399 或 EN 15048 系列紧固组合的部件时适用。

施工规范可能针对材料规定特殊要求：

（1）对于承受发散拉应力的焊接十字接头，在接头两侧四倍板厚区域内，应按照 EN 10160 的内部缺欠等级 S1。

（2）靠近支座隔板或加强板附近的材料应规定是否检查内部缺欠。这种情况下，应规定焊接支座或加强板两侧 25 倍板厚区域的内部缺欠等级为 EN 10160 S1。

（3）对材料进行检测，不锈钢除外，标出将要焊接区域材料的内部缺欠或裂纹所在位置。

（4）按 EN 10164 的厚度方向性能。

（5）不锈钢的特殊供货条件，比如抗点蚀当量（氮）或加速腐蚀测试。

（6）加工条件，如果钢产品在供货之前已经被加工，比如热处理、鼓形加工和弯曲加工等。

除非另有规定，切割面质量应按照 ISO 9013 和表 2.6 的要求。

表 2.6 切割面质量要求

	垂直度或角度公差（u）	平均后拖量（$Rz5$）
EXC1	切割面没有明显缺欠且清除毛刺	
EXC2	范围 5	范围 4
EXC3 和 EXC4	范围 4	范围 4

容易造成局部硬度提高的工艺方法应有能力检查。

若碳钢等级 ≥ S460，切割面硬度应不超过 450（HV10）。

为了限制表面硬度，相应工艺前的预热是必要的。

2.1.2.7 焊接检验及验收标准

焊后检验需在要求的最短等待时间之后进行，见表 2.7。

表 2.7　最短等待时间

如果需要预热，请依据 EN 1011-2：2001 附录 C 方法 A

焊缝要求 /mm[②]	热输入量 Q/（kJ/mm）	等待时间 /h[①]	
		S275 至 S460	S460 以上
a 或 s ≤ 6	全部	仅冷却时间	24
6 < a 或 s ≤ 12	≤ 3	8	24
	> 3	16	40
a 或 s > 12	≤ 3	16	40
	> 3	24	48

如果需要预热，请依据 EN 1011-2：2001 附录 C 方法 A

焊缝要求 /mm[②]	等待时间 /h[①]	
	S275 至 S690	S690 以上
a 或 s ≤ 20	仅冷却时间	24
a 或 s > 20	24	48

① 应在无损检测报告中说明焊接完成和无损检测开始之间的时间。在"仅冷却时间"的情况下，这将持续到焊缝冷却到足以开始无损检测为止。

② 尺寸适用于角焊缝的公称焊缝厚度或全熔透焊缝的公称材料厚度 s。对于单面的部分熔透对接焊缝，控制标准为焊缝深度 a，但对于双面焊接的部分熔透对接焊缝，则为焊缝厚度 a 的总和。

焊后检验除了 100% 外观检验，需要附加的无损检测方法和范围见表 2.8。

表 2.8　附加无损检测范围

焊缝类型	车间，现场焊缝		
	EXC1	EXC2	EXC3[①]
横向对接接头，部分熔透	0[②]	10%	20%
横向对接焊缝，部分焊透对接 十字接头 T 形接头	0[②] 0	10% 5%	20% 10%
横向角焊缝[③] a > 12mm 或者 t > 30mm a ≤ 12mm 或者 t ≤ 30mm	0 0	5% 0	10% 5%
起重设备腹板和顶部之间的全熔透纵向焊缝[④]	0[②]	10%	20%
其他纵向焊缝[④]、加劲肋焊缝（受压）	0[②]	0	5%

① 对于 EXC4，百分比范围至少应为 EXC3 给出的数值。

② 对于 ≥ S420 钢中进行的此类焊接，执行 10%。

③ a 和 t 分别指焊缝厚度和所连接的最厚材料。

④ 纵向焊缝是指平行于部件轴的焊缝，所有其他都被认为是横向的焊缝。

通常情况下，对于 EXC1、EXC2 和 EXC3，焊接缺欠的验收标准应参考 EN ISO 5817：2014，除"焊趾不良"和"微观未熔合"，关于焊缝几何轮廓的附加要求都必须遵照执行，并应考虑以下因素：

（1）EXC1 按照质量等级 D，"焊缝厚度不足"按照质量等级 C。

（2）EXC2 一般来说，按照质量等级 C，但"焊瘤""电弧擦伤"和"弧坑"按照质量等级 D；"焊缝厚度不足"按照质量等级 B。

（3）EXC3 按照质量等级 B。

（4）对于 EXC4，焊缝至少应满足 EXC3 的要求。关于特殊焊缝的附加要求应另外确定。

2.1.3 企业认证审核

有资质的认证机构通过对企业的生产质量控制系统 FPC（Factory Production Control）进行周期性检查，以确认企业符合 EN 1090 相应部分和执行等级的要求，为企业颁发 EN 1090 证书。企业具备 EN 1090-1 证书，则企业可以为其生产的合格钢结构产品出具欧盟 CE 标志。EN 1090-2 等其他部分的证书则用来证明企业符合相应部分的技术要求。

EN 1090 标准的认证审核一般分为文件审核、现场审核及焊接责任人员专业谈话 3 个部分。企业获得证书后，需要按照标准要求进行周期性监督审核，以确认证书的持续有效性，监督审核周期见表 2.9。

表 2.9　监督审核周期间隔

执行等级	审核周期 /y
EXC1 和 EXC2	1—2—3—3—3
EXC3 和 EXC4	1—1—2—3—3

2.2　DIN 18800-7：2002 标准介绍

DIN 18800 标准可以理解为 EN 1090 系列标准中钢结构部分的前身，本小节结合认证级别介绍该标准关于企业认证的部分要求。在 EN 1090 标准出现以前，德国及其他大多数欧洲国家进行钢结构生产的企业需要根据 DIN 18800-7 要求取得相应的企业资格认证，否则该企业的产品将不被用户接受。

2.2.1 企业级别的划分

DIN 18800-7 标准根据企业产品所选用的材料结构形式和承载等情况，企业资格认证分为五个级别（A 级至 E 级），其中 A 至 D 级为静载或主静载结构，且等级依次增高；E 级为非主静载结构。各级别钢结构企业有关材料、厚度、焊接工艺、构件承载情况的适用范围及相关要求见表 2.10。

表 2.10　A 级至 E 级使用范围（摘自 DIN 18800-7）

等级	适用范围
A	材料：强度级别至 S275 的非合金结构钢 产品厚度≤ 16mm，焊接的顶部和底部的翼板≤ 30mm 焊接工艺：手工和半自动方法，现场涂层表面焊接除外 带有简单的和从属焊缝的构件（主静载），如： ① 用无接头和拘束的轨制型材所制的带有上下翼板的支座； ② 建筑物内长度不超过 5m 的扶梯（传送带方向）； ③ 栏杆顶部水平方向承载≤ 0.5kN/m 的围栏（见 DIN 1055-3）
B	材料：强度级别至 S275 的非合金结构钢产品厚度≤ 22mm 焊接的端板，上下翼板≤ 30mm 焊接工艺：手工和半自动方法，现场涂层表面焊接除外 涵盖所有等级为 A 的构件和主静载的构件： ① 20m 跨度以内的实腹梁，衍梁和密闭的围栏式框架结构的支架； ② 高度在 20m 以内的桅杆和支撑结构； ③ 根据 DIN 4133 尺寸范围为 Ⅱ 的钢制烟囱； ④ 板厚≤ 8mm 的容器和储仓； ⑤ 交变载荷≤ 5kN/m² 的扶梯、人行桥、平台（见 DIN 1055）； ⑥ 栏杆顶部水平方向载荷≥ 0.5kN/m 的围栏（见 DIN 1055-3）； ⑦ DIN 4420 和 DIN 4421 中提到的脚手架； ⑧ 其他类似种类和尺寸的构件
C	材料同 B 级中规定，还有不锈耐蚀钢和强度级别在 S275 以内的铸钢，承受纯压应力时，强度级别在 S355 及以内的产品在承载截面厚度≤ 30mm，焊接的端板，上下翼板的厚度≤ 40mm 焊接工艺：手工、半自动、全机械和自动焊接方法（也包括 DIN EN ISO 14555 中规定的螺栓焊） 所有 B 级构件并扩展至跨距和高度至 30mm 以及接收槽和所有本标准中应用的铸钢件
D	主静载结构 符合本标准的所有材料都可应用 材料厚度根据行业标准中的具体规定 焊接工艺：手工、半自动、全机械和自动焊接方法（也包括 DIN EN ISO 14555 中规定的螺栓焊） 所有主静载的构件，其结构符合钢结构基础标准和钢结构专业标准的规定
E	本标准中所有规定的材料都可使用 产品厚度根据行业标准中规定 焊接工艺：手工、半自动、全机械和自动焊接方法（也包括 DIN EN ISO 14555 中规定的螺栓焊） D 级的所有构件和下列技术规范中非主静载的构件： ① DS 804　铁路桥梁； ② DIN 18809　公路桥梁； ③ DIN 4131　有工作强度证明要求的无线支架； ④ DIN 4132　起重机轨道和钢支架； ⑤ DIN 4133　尺寸范围 Ⅰ 的钢制烟囱； ⑥ DIN 4112　有工作强度证明要求的悬空建筑物； ⑦ 其他类似的承受动载的构件

2.2.2　对企业的要求

根据不同级别，对企业的总体要求见表 2.11，包括资格证书、质量体系、焊接责任人员等。从表 2.11 中我们可以看到，A 级不要求小企业资格证书，其他级别都需要企业资格证书。A 级企业焊接质量体系须符合 ISO 3834-4（基本质量要求），B 级至 D 级企业焊接质量体系须符合 ISO 3834-3（标准质量要求），E 级企业要求焊接质量体系须符合 ISO 3834-2（完整质量要求）。

2.2.2.1　人员资质要求

（1）焊接管理人员。

有资格作为焊接管理人员的有：欧洲或国际焊接工程师、欧洲或国际焊接技术员、欧洲或国际焊接技师，其资质要满足相关级别要求。

（2）检验监督人员。

其资质要求为：DVS-EWF 1178　Ⅲ级（焊接质检技师）；

DVS-EWF 1178　Ⅱ级（焊接质检技术员）；

DVS-EWF 1178　Ⅰ级（焊接质检工程师）。

（3）焊工、焊接操作工。

其资质要求分别为 ISO 9606/EN 287 和 ISO 14732/EN 1418。

（4）无损检测人员。

其资质要求为 ISO 9712/EN 473 相应级别。

表 2.11　钢结构焊接企业资格证书（摘自 DIN 18800-7 表 14）

级别	A	B	C	D	E
资格证书	不要求小企业资格证书	小企业资格证书	小企业资格证书附加扩展	大企业资格证书	大企业资格证书附加扩展至动载领域
作用种类	主静载构架结构			非主静载构架结构	
根据标准中的表格所述适用范围	9	10	11	12	13
企业自身的检查	制造商本身负责实施				
对企业的要求	无	要求认证机构颁发的焊接企业资格证书			
根据 ISO 3834/EN 729 要求的级别	基本质量要求 ISO 3834-4/EN 729-4	一般质量要求 ISO 3834-3/EN 729-3			完整质量要求 ISO 3834-2/EN 729-2
根据 ISO 14731/EN 719 焊接管理人员技术知识的级别	无特殊要求	基本技术知识 DVS-EWF 1171	专项技术知识 DVS-EWF 1172	全面技术知识 DVS-EWF 1173	全面技术知识 DVS-EWF 1173

2.2.2.2　焊接工艺文件要求

预备焊接工艺规程（pWPS）和焊接工艺规程必须满足 ISO 15609-1/EN 288-2 的要求，预备焊接工艺规程的认可和评定见表 2.12。

生产非主静载的结构时，要求企业制订焊接计划。

表 2.12　预备焊接工艺规程的认可方法（摘自 DIN 18800-7 表 3）

材料	焊接机械化程度	认可方法
强度级别 $R_e \leqslant 355\text{N/mm}^2$ 的轧制和铸钢材料	手工和半自动	ISO 15614-1/EN 288-3 ISO 15610/EN 288-5 ISO 15611/EN 288-6 ISO 15612/EN 288-7 ISO 15613/EN 288-8
	全机械和全自动	ISO 15614-1/EN 288-3
强度级别 $R_e > 355\text{N/mm}^2$ 的轧制和铸钢材料	所有	ISO 15613EN 288-8 及按 DVS 1702 中的补充规定

2.2.2.3　材质要求

母材及焊材的材质证书必须至少满足 EN 10204 的要求。

特殊要求节选：

（1）如果载荷垂直于材料表面，应采用符合 EN 10164 带有厚度方向延展性的材料。

（2）E 级承重部件，存在厚度方向拉伸载荷且厚度达到 10mm 的材料，应有超声波检测并达到 EN 10160 S1E1 等级要求。

（3）特定情况下，钢板应通过 SEP 1390 的堆焊弯曲试验确认材料具有一定的止裂能力。

（4）对于符合 EN 10025-2、EN 10210-1、EN 10219-1 的 S355 材料，应提供包括碳、硅、锰、磷、硫、铝、氮、铬、铜、钼、镍、铌、钛、钒等 14 种元素的化学分析。对于厚度不超过 30mm 的材料，如果钛、铌或钒超过 0.03%，则碳含量不得超过 0.18%。

2.2.2.4　证书有效期

企业一旦经认证机构验收取得相应级别的资格证书，就应在证书所标明的有效期工作范围内工作，证书有效期最多为 3 年。3 年后经复审可再延期 3 年，但钢结构行业规范中一般规定，企业自取得相应级别资格证书后，每年要接受一次认证机构的年审。

2.3　EN 15085-2：2020 简介

2.3.1　概述

本节以 EN 15085 系列标准的第 2 部分为例，介绍该系列标准对于焊接企业的要求。对企业的要求主要依据企业所生产焊接产品的分类等级、活动类型及企业规模等。分类等级的定义见下面的具体介绍，总体依据焊接部件的安全性、关联性，即如果产品发生破坏所引起的车辆运行、人身安全等方面的影响，比如大家比较熟悉的轨道车辆车体（分类等级 CL1）、车下悬挂部件（分类等级 CL1）、转向架（分类等级 CL1）等较为重要的部件，或车内的座椅（分类等级 CL2）、扶手（分类等级 CL3）等一般焊接件，其重要程度的差别显而易见，因此对相应的生产企业的要求也不同。

2.3.1.1　分类等级

根据所焊接的轨道车辆及其部件的安全关联性将制造商和他们焊接的部件分为 3 个等级，定义如下。

CL1：高安全关联性的轨道车辆和部件的焊接。

CL2：中等安全关联性的轨道车辆部件的焊接（EN 15085-3 规定的高安全等级的焊接接头是不允许的）。

CL3：低安全关联性的轨道车辆部件的焊接（EN 15085-3 规定的高、中安全等级的焊接接头是不允许的）。

常用轨道车辆部件的分类等级按表 2.13 进行划分。

表 2.13 不同分类等级中部件的分配

CL	部件
CL1	轨道车辆及其部件的新造、改装和维修 部件举例： ① 转向架（端梁、侧梁、横梁、转向架构架） ② 机车、客车和货车底架（外伸梁、纵梁、横梁、枕梁、组件）； ③ 车体（端墙、侧墙、车顶、驾驶室、地板总成、能量吸收模块、防攀爬器）； ④ 货车组件（如汽车运输车的底板、负载固定元件）； ⑤ 牵引装置和缓冲装置； ⑥ 外部设备支撑框架、支架和张紧带（例如：箱体、电气、空调和压缩空气储罐）； ⑦ 轮对固定装置、轮对轴承、减震器悬臂、缓冲器、减震器； ⑧ 制动装置（磁力制动器、制动杆、制动三脚架、制动气缸、制动横梁）； ⑨ 重型车辆的支撑框架包括轨道/公路两用车辆； ⑩ 转向架与车辆（摇枕）间牵引传动装置的焊接部件； ⑪ 车辆的油箱； ⑫ 上车门、逃生门（锁止系统和结构元件）； ⑬ 踏板、把手（包含上车门处的扶手）和轨道车辆外部的护栏； ⑭ 外部自承载的设备箱和车底容器（清水箱和废水箱）； ⑮ 车顶结构（受电弓、挡板），比如设备（CL2）、框架（CL1）； ⑯ 外部牵引和动力设备（变压器箱体、变压器悬挂、电机悬挂、传动箱悬挂、牵引电机的附件、设备支架）； ⑰ 动力传输部件（牵引力拉杆传动装置、万向轴）； ⑱ 旋转和翻转设备（如货车）； ⑲ 排障器和清雪器； ⑳ 支柱和捆扎环； ㉑ 排气系统，包括管道； ㉒ 刹车盘； ㉓ 带试验压力[①]的轨道车辆的压力气罐、容器和罐箱； ㉔ 危险品容器[①]； ㉕ 铁路车辆用压缩空气储罐
CL2	轨道车辆结构件的新造、改装和维修，例如： ① 客车车厢内部部件（隔板、墙、门、镶板）； ② 内部设备（电气、空调和压缩空气装置）的支撑架、支架和张紧带； ③ 司机室设备； ④ 在车体内部安装的盥洗室部件和水箱； ⑤ 内门和坡道； ⑥ 制动管紧固件； ⑦ 由另一个框架支撑的底架设备箱； ⑧ 手动制动操作的自支撑变速箱和控制台； ⑨ 内部牵引和动力设备（变压器外壳、变压器悬架、发动机悬架、变速器悬架、牵引电机附件、仪表架）； ⑩ 座椅骨架； ⑪ 加压空气管 无特殊测试压力的无压容器的新造、改装和修理，例如： ① 非危险品有效载荷容器； ② 其他运输用箱体
CL3	轨道车辆简单附件的新造、改装和维修，例如： ① 各种操作用曲柄和杠杆； ② 撞击板； ③ 内部设备箱和开关柜（包括用于由另一个框架支撑的手动制动操作的齿轮箱和控制台）； ④ 索引板支架； ⑤ 货车覆盖（罐车隔热）； ⑥ 车内台阶、扶手、栏杆

续表

CL	部件
CL3	轨道车辆零件新造、改装和修理或贸易供应零件，比如： ① 窗框； ② 通风格栅

① 如果存在特定产品的统一标准，例如针对压缩空气储罐的 EN 286 或针对危险品容器的 EN 14025，以其取代本文件的要求。

2.3.1.2 制造商活动类型

轨道车辆或其零部件制造商可能承担表 2.14 所列的一个或多个活动。所有活动都应满足 EN 15085 系列标准相应部分所规定的要求。

表 2.14　活动类型

活动类型	字母标志	描述
设计	D	轨道车辆及其部件生产和维修涉及的焊接相关计算、设计和文件记录
生产	P	轨道车辆及其部件焊接涉及的制造、改造和测试（包括替换件）
维修	M	轨道车辆及其部件焊接过程中的焊接维修（包括测试）
采购和供应	S	焊接部件新造或维修活动的采购和供应，没有焊接操作

2.3.2　对制造商的要求

根据分类等级及企业规模，对制造商的主要要求见表 2.15。

2.3.2.1 一般要求

EN ISO 3834 系列标准规定了对于轨道车辆及其部件焊接活动制造商的质量要求。EN ISO 3834 的相关部分的应用应由分类等级来确定：EN ISO 3834-2 对应 CL1，EN ISO 3834-3 对应 CL2，EN ISO 3834-4 对应 CL3。

对于电阻焊，应考虑执行 EN ISO 14554。

满足特定活动的 CL1 级制造商也可以执行相同类型 CL2 级或 CL3 级部件的活动。

满足特定活动的 CL2 级制造商也可以执行相同类型 CL3 级部件的活动。

满足特定活动的 CL3 级制造商只能执行相同类型 CL3 级部件的活动。

表 2.15　对制造商的最低要求

	活动类型	CL1	CL2	CL3
制造商的符合性证明	P，M，D，S	要求	要求	要求
依据 EN 15085-3 的焊缝质量等级（CP）	P，M，D，S	所有	CP B2，CP C2，CP C3 和 CP D	低安全等级的 CP C2/CP C3 和 CP D
质量要求	P，M，D，S	EN ISO 3834-2 EN ISO 14554-1	EN ISO 3834-3 EN ISO 14554-2	EN ISO 3834-4 EN ISO 14554-2

续表

	活动类型	CL1	CL2	CL3
主管焊接责任人员，最低等级	P，D	A 级	B 级	C 级
	S	B 级	C 级	C 级②
	M	A 级①	B 级	C 级
主管焊接责任人员的第一代表，最低等级	D，S	不要求	不要求	不要求
	P	A 级	C 级	不要求
	M	A 级①	C 级	不要求
	P（小型制造商）（见 EN 15085-2：2020 附录 C）	C 级	具有焊接技术知识和经验的焊工	不要求
	M（小型制造商）（见 EN 15085-2：2020 附录 C）	C 级①	具有焊接技术知识和经验的焊工	不要求
其他代表，最低等级	D，S	不要求	不要求	不要求
	P，M	足够数量的 C 级人员，负责焊接工作和可能的焊接班次	足够数量的 C 级人员，负责焊接工作和可能的焊接班次	不要求
焊工及操作工	P，M	焊工或操作工应依据 EN 15085-4 进行资格考核		
检验人员	P，M，S	焊接质量检验的检验人员应依据 EN 15085-5 进行资格考核		
焊接指令	P，M	依据 EN 15085-4 的焊接工艺规程和 / 或焊接工艺评定报告（WPQR）		

① 如果焊接制造商（M= 维修）有多个地点，焊接管理活动可按下列方式进行管理：一个 A 级主管焊接责任人员管理所有场地的焊接活动；一个 A 级焊接责任人员代表；每个场地均有一名 B 级焊接责任人员代表。如果是"小型"场地（见 EN 15085-2：2020 附录 C），一名 C 级焊接责任人代表即可；如需要，其他 C 级焊接责任人员代表。

② 仅对焊缝质量等级 CP C2 和 CP C3 有要求。

2.3.2.2 焊工及操作工

制造商应具有足够数量且符合 EN 15085-4 规定的受过培训和通过资格考核的焊工和操作工，包括具有基础的 ISO 9606 的焊工资质或 ISO 14732 的操作工资质，以及通过焊接工作试件考核（详见 EN 15085-4）。

2.3.2.3 焊接管理

（1）一般要求。

在进行焊接活动时，制造商有责任证明其已完成对焊接过程的监督任务。

根据 EN ISO 14731，制造商应具有足够数量的、合格的焊接责任人，并具备相关技术知识和经验。

制造商应提供文件证明焊接责任人的技术知识和经验达到要求水平。

在本文件中，定义了 A、B、C 3 个等级的焊接责任人。

A 级：该类人员应具有 EN ISO 14731 规定的全面技术知识，并在相关应用范围内有足够专业经验。

B 级：该类人员应具有 EN ISO 14731 规定的专门技术知识，并在相关应用范围内有足够专业经验。

C 级：该类人员应具有 EN ISO 14731 规定的基本技术知识，并在相关应用范围内有足够专业经验。

（2）具有全面技术知识的焊接责任人（A 级）。

根据 EN ISO 14731，人员应具备与所分配任务相关的焊接和相关技术的综合技术知识，可以通过教育、培训和 / 或经验相结合的方式获得。此外，还应证明其对 EN 15085 系列标准的理解。

通常认为，取得以下资质的人员可以证明其具有全面的技术知识：

① 符合 IAB-252/EWF-416 要求，具有国际焊接工程师（IWE）或欧洲焊接工程师（EWE）资质的人员。

② 符合 IAB-252/EWF-416 要求，具有国际焊接技术员（IWT）或欧洲焊接技术员（EWT）资质并能证明其具有全面技术知识的人员。

（3）具有全面技术知识的焊接责任人（B 级）。

根据 EN ISO 14731，人员应具备与所分配任务相关的焊接和相关技术的专门技术知识，可以通过教育、培训和 / 或经验相结合的方式获得。此外，还应证明其对 EN 15085 系列标准的理解。

通常认为，取得以下资质的人员可以证明其具有专门的技术知识：

① 符合 IAB-252/EWF-416 要求，具有国际焊接技术员（IWT）或欧洲焊接技术员（EWT）资质的人员。

② 符合 IAB-252/EWF-416 要求，具有国际焊接技师（IWS）或欧洲焊接技师（EWS）资质并能证明其具有专门技术知识的人员。

（4）具有全面技术知识的焊接责任人（C 级）。

根据 EN ISO 14731，人员应具备与所分配任务相关的焊接和相关技术的基本技术知识，可以通过教育、培训和 / 或经验相结合的方式获得。此外，还应证明其对 EN 15085 系列标准的理解。

通常认为，取得以下资质的人员可以证明其具有专门的技术知识：

① 符合 IAB-252/EWF-416 要求，具有国际焊接技师（IWS）或欧洲焊接技师（EWS）资质的人员。

② 符合 IAB-252/EWF-416 要求，具有国际焊接技士（IWP）或欧洲焊接技士（EWP）资质并能证明其具有基本技术知识的人员。

（5）焊接组织机构。

制造商的组织机构必须确保焊接责任人按照 EN ISO 14731 无限制地履行其任务和职责，在制定焊接技术规程和进行决策时，能够独立于生产制造。

焊接责任人应由焊接制造商直接雇佣；但是，如果制造商使用外聘焊接监督，相关要求见 EN ISO 14731 条款 5.3.6。

应有文件规定焊接组织机构中所有影响焊接质量的管理、设计、生产或检验工作的人员的职责、能力和关系。至少应规定和说明以下几点：

① 焊接责任人的职责和任务（当有多个同等权力的焊接责任人时应规定各自的职责和任务范围）。

② 焊接责任人代理规定（也适用于任命的外聘焊接责任人）。

③需要主管焊接责任人参与的活动，如合同评审。

④焊接责任人缺席时需要采取的措施（对焊接责任人员的代表的规定，包含允许的焊接工作、不允许的焊接工作）。

⑤焊接责任人员在其他内部流程中的责任（如报价处理、设计、分包）。

EN ISO 14731 附录 B 中规定了基于分类等级（CL）对于焊接责任人的最低要求。

制造商应确保其执行焊接相关任务的所有地点具有上述附录 B 中规定的所需数量和级别的焊接责任人员，并与其分类等级和所执行的活动相一致。

对于 CL1 级企业，公司/组织的所有者、总经理和生产经理不能作为主管焊接责任人。对于 EN ISO 14731 附录 C 定义的小型制造商，能够满足焊接职能的以上人员，是可以被任命为主管焊接责任人。

对于小型制造商，如果焊接责任人员满足表 2.15 的要求，则上述人员任命是符合标准的。

（6）外聘焊接责任人。

外聘焊接责任人是指非制造商永久雇用的焊接责任人。如果满足以下条件，则可将其视为制造商的焊接责任人：

①制造商应确保并证明外聘焊接责任人能在必要时完成按照附录 A 规定的职责和任务。

②外聘焊接责任人应根据 EN ISO 14731 条款 5.3.5 的规定工作并应形成文件记录。记录应包括日期、地点、时间和活动类型。焊接协调活动是本系列标准应用领域的核心问题。

焊接过程的监督是本系列标准应用领域的核心问题。

因此，制造商在使用外聘责任人时应特别小心，特别是当外聘焊接责任人为多家制造商服务时；或制造商聘用了多名焊接责任人时。

2.3.2.4 检验人员

制造商应有足够的有资质的检验人员，要求见 EN 15085-5。

2.3.2.5 技术要求

执行 P 或 M（见表 2.14）的制造商应具有符合 EN ISO 3834 和 EN ISO 14554（电阻焊）的技术设备，必要时应满足以下附加要求：

（1）带有屋顶、干燥、通风且照明充足的车间和工位。

（2）根据焊接材料制造商建议的、用于存放焊接材料（例如焊丝、焊剂等）的干燥的库房。

（3）对于不同种类材料的加工（例如铝、不锈钢），必须针对每种材料使用单独的工具、加工设备以及装备，或在加工前对其进行清洁。

（4）充足的能源供应。

（5）合适的检验设备。

（6）用于运输和转动部件的起重装置。

（7）工作平台。

（8）旋转装置或机器人，以便在利于施焊的位置进行焊接。

（9）重型焊接组件的夹紧装置（例如地板、侧面、前壁和顶板，油箱和转向架）。

（10）调修装置。

（11）在对铝或不锈钢进行焊接时应进行防护，防止灰尘、飞溅物和可能降低母材耐蚀性或焊缝质量的污染物。

其他生产和维修的技术要求见 EN 15085-4 和 EN 15085-6。

2.3.2.6　焊接工艺规程

制造商应具有合格的焊接工艺规程，对于生产制造符合 EN 15085-4，对于维修符合 EN 15085-6。

2.3.2.7　制造商对焊接活动和组织的声明

制造商应在文件中记录以下内容：

（1）制造商的名称和地址。

（2）EN 15085 中规定的最高分类等级（CL）和焊接部件类型。

（3）执行的活动类型。

（4）执行各项活动的地点。

（5）焊接责任人的姓名、资质和级别列表，并明确负责的焊接责任人。

（6）根据 ISO/TR 15608 和制造商经评定合格的母材厚度。

执行的焊接工艺、根据 ISO/TR 15608 使用的材料组以及制造商经评定合格的母材厚度范围。

上述内容如有变更，声明文件应作相应修改。如果改变是与（1）至（5）项有关的，应通知在建工程的客户。

制造商应具有现成的文件证明，以展示其能够满足一致性声明。

2.3.2.8　分包管理

从分包商处采购任何部件之前，负责向客户交付最终产品的制造商应验证并清楚地证明其能够遵守 EN 15085 相关部分的要求，以及负责交付产品的制造商（如适用）的任何附加要求。最终产品也可以在其分包商及其供应商处进行检查。此类检查应在制造商主管焊接责任人的监督下进行。

对于 CL1 级的部件，至少：

（1）应对分包商的部件生产进行评估，以评估其是否具有执行 EN 15085 相关部分的能力。

（2）在进行任何生产活动之前，负责最终产品的制造商应通知客户所有分包焊接部件及相应分包商。每个焊接部件必须可追溯至其制造商。

分包焊接部件的首件鉴定（FAI）应根据 EN 15085-5 进行。

2.4　DIN 6700 和 DVS 1623

EN 15085 标准是由 DIN 6700 标准升级而来。为了让大家了解更多的标准发展历史，特将 DIN 6700 标准以及关于其转化为 EN 15085 的德国焊接学会 DVS 文件 DVS 1623 作简要介绍。

2.4.1　DIN 6700

DIN 6700 标准将部件分为 C1 至 C5 共 5 个级别，其中 C1 至 C4 等级依次降低，C5 是专门针对只进行设计、采购、安装或转售，而自身不进行焊接生产的企业。根据部件等级对于企业的焊接质量体系、焊接责任人员、焊接操作人员、检验人员等要求见表 2.16。

表 2.16 对焊接企业的要求（摘自 DIN 6700-2 附录 A）

部件级别	C1	C2	C3	C4	C5
应用范围	安全性要求较高的轨道车辆及其部件	安全性要求较高的轨道车辆零部件	安全性要求中等的轨道车辆零部件	安全性要求有限的轨道车辆零部件	本部件级别只适用于不进行独立焊接生产的企业
焊接企业的资质要求	从事焊接生产的证书；满足 DIN 6700-2 5.2 ~ 5.6 的要求和 ISO 3834-3/EN 729-3 或 ISO 3834-2/EN 729-2（根据订货要求 QMS 符合 DIN EN ISO 9001 或 DIN EN ISO 9002）质量要求的证明			从事焊接生产的证书；满足 DIN 6700-2 5.2~5.6 的要求和 ISO 3834-4/EN 729-4 质量要求的证明	从事焊接生产的证书；满足 DIN 6700-2 5.2.1 ~ 5.6 的要求和 ISO 3834-3/EN 729-3 质量要求的证明
焊接管理人员资质	① 焊接管理责任人 SAP： ·至少 1 名 ·资质：1 级 ② 同等代理人： ·至少 1 名 ·资质：1 级 ③ 对每一焊接生产领域附加代理人： ·至少 1 名 ·资质：3 级或 4 级	① 焊接管理责任人 SAP： ·至少 1 名 ·资质：1 级 ② 代理人： ·至少 1 名 ·资质：2 级或 3 级 ③ 对每一焊接生产领域附加代理人： ·至少 1 名 ·资质：3 级或 4 级	① 焊接管理责任人 SAP： ·至少 1 名 ·资质：2 级或 3 级 ② 代理人： ·至少 1 名 ·资质：4 级	没有要求	① 对 C1 类： 至少一名资质 1 级的 SAP ② 对 C2 类： 至少一名资质 2 级的 SAP ③ 对 C3 类： 至少一名资质 2 级或 3 级的 SAP
焊工及操作工的资质和数量	焊工考核按 ISO 9606-1/EN 287-1、ISO 9606-2/EN 287-2 及 ISO 9606-3，焊接操作人员考核按 ISO 14732/ EN 1418。 数量：每类焊接方法、每台设备、每类材料两人			取消	
检验人员	在焊接生产中有从事质量检验和监督的合格的检验人员。从事无损检测的人员必须符合 ISO 9712/EN 473 的要求。焊缝检验必须在企业的焊接管理责任人的负责下进行和评价			取消	
焊接工艺规程及其评定	焊接工艺规程按照 ISO 15609-2/EN 288-2；评定按照 ISO 15614-1/EN 288-3 或 ISO 15614-2/EN 288-4；材料类型为 1.1、1.2、8、9、21 ~ 26 的手工焊或半自动焊根据 DIN 6700-6 评定，也可以按照 ISO 15611/EN 288-6 或 ISO 15613/EN 288-8 评定			如果订货时要求：焊接工艺规程按照 ISO 15609-1/EN 288-2；评定按照 ISO 15611/EN 288-6 或 ISO 15613/EN 288-8	取消

2.4.2 DVS 1623

DVS 1623 是为了使"仅"在德国国内适用标准 DIN 6700-1 至 DIN 6700-6 的用户轻松过渡到新的欧洲标准 DIN EN 15085-1 至 DIN EN 15085-5 而制定的说明。

EN 15085 与 DIN 6700 关于承载、安全需求、认证级别、焊缝质量等级的对应关系见表 2.17，焊缝质量等级对应的检验范围的对应关系见表 2.18，DIN 6700 的部件等级和 DIN EN 15085 的认证等级（CL）间的比较和对应关系见表 2.19。

表 2.17　DIN 6700 到 DIN EN 15085 焊缝质量等级转化表（摘自 DVS 1623 表 1）

		安全要求					
		高		中		较低 / 低	
		DIN 6700	DIN EN 15085	DIN 6700	DIN EN 15085	DIN 6700	DIN EN 15085
承载水平[①]	高（＋）	SGK 1	无	SGK 2.1	无	SGK 2.2	无
	高	SGK 2.1	CP A	SGK 2.2	CP B	SGK 2.3	CP C2
	中	SGK 2.2[②]	CP B	SGK 2.3	CP C2	SGK 3	CP C3
	低	SGK 2.3[②]	CP C1	SGK 3	CP C3	SGK 3[③]	CP D

① 按照 DIN EN 15085：承载状态。
② DIN 6700 中的 SGK 2.2 和 2.3 带有较高安全要求的焊缝在按照 DIN EN 15085 使用时，检测要求较高，必须附加标注。
③ DIN 6700 中的 SGK 3 安全要求较低和承载较小的焊缝在按照 DIN EN 15085 使用时，认证等级较低，必须附加标注。

表 2.18　焊缝检测等级和检测范围的对应关系（摘自 DVS 1623 表 2）

DIN 6700-5		DIN EN 15085-5			
SGK	检测范围	CP	CT	检测范围	
1	100%SP 和 100%ZfP	无	—	—	
2.1	100%SP 和 100%ZfP	CP A	CT 1[①]	100%VT 和 100%ZfP	
2.2	100%SP 和 10%ZfP	CP B	CT 2[①]	100%VT 和 100%ZfP[④]	
2.3	100%SP	CP C1			
		CP C2	CT 3[②]	100% 目视检测	
3	100%SP	CP C3	CT 4[③]		
		CP D			

① 通过工艺文件和无损检测人员进行的检测（以及其他无损检测—目视检测人员）。
② 没有证明材料要求，通过由制造商培训和考核的检测人员（目视检测人员）进行的检测。
③ 没有证明材料要求，由通过培训和考核的焊工检验（自检）。
④ 如果不能进行内部检测，针对"中"等安全要求的 CP B 焊缝质量等级和 CP C1 焊缝质量等级必须将表面检测提高到 100%。如果前五个试件中，没有出现异常，则可将检测范围减小至 25%。每个进行这种焊缝加工的焊工或操作工，必须在进行加工前按照 DIN EN 15085-4 提供一个工作试样。工作试样有效期为 6 个月，如果焊工或操作工仍然从事这项加工，可以通过主管焊接责任人员（vSAP）延长有效期。

表 2.19　DIN 6700 的部件等级和 DIN EN 15085 的认证等级（CL）间的比较（摘自 DVS 1623 表 3）

按照 DIN 6700-2 的 BTK	按照 DIN EN 15085-2 的 CL	使用范围
C1	CL1	具有所有焊缝质量等级加工资格和可以焊接 DIN EN 15085-2 第 4 段中列举的具有重要安全意义的部件的焊接企业。包括 CL2 至 CL4
C2		
C3	CL2	具有 CP C2、CP C3 和 CP D 焊缝质量等级加工资格，可以进行焊接加工的企业。使用 CT 1 焊缝检测等级时，可以进行 CP C1 焊缝质量等级的焊缝加工。在 CL2- 和 CL3- 的部件中，包括 CL4
C4	CL3	具有 CP D 焊缝质量等级加工资格的企业。证书并不是必要的
C5	CL4	本身不进行焊接加工，但是从事轨道交通车辆和轨道交通车辆部件设计、购买并组装，或购买和进一步销售的企业。按照 CL3 焊接的部件认证并不是必需的

参考文献

［1］Execution of steel structures and aluminium structures Requirements for conformity assessment of structural components: BS

EN 1090-1:2009+A1:2011［S/OL］［2012-01］. https://www.en-standard.eu/bs-en-1090-1-2009-a1-2011-execution-of-steel-structures-and-aluminium-structures-requirements-for-conformity-assessment-of-structural-components/.

［2］Execution of steel structures and aluminium structures – Part 2: Technical requirements for steel structures: DIN EN 1090-2:2018［S/OL］.［2018-09］. https://www.en-standard.eu/din-en-1090-2-execution-of-steel-structures-and-aluminium-structures-part-2-technical-requirements-for-steel-structures/.

［3］Railway applications – Welding of railway vehicles and components – Part 2: Requirements for welding manufacturer: DIN EN 15085-2［S/OL］.［2020-12］. https://www.en-standard.eu/din-en-15085-2-railway-applications-welding-of-railway-vehicles-and-components-part-2-requirements-for-welding-manufacturer/.

［4］Welding of rail vehicles – Notes and recommendations for the implementation of DIN EN 15085 in comparison with DIN 6700：DVS 1623:2009［S/OL］.［2009-12］. https://www.beuth.de/en/technical-rule/dvs-1623/123379068.

本章的学习目标及知识要点

1. 学习目标

（1）掌握 EN 1090 和 EN 15085 标准与 ISO 3834 标准的关系。

（2）了解 EN 1090-2 对企业的要求。

（3）了解 DIN 18800 主要内容。

（4）了解 EN 15085-2 对企业的要求。

（5）了解 DIN 6700 和 DVS 1623 主要功能。

2. 知识要点

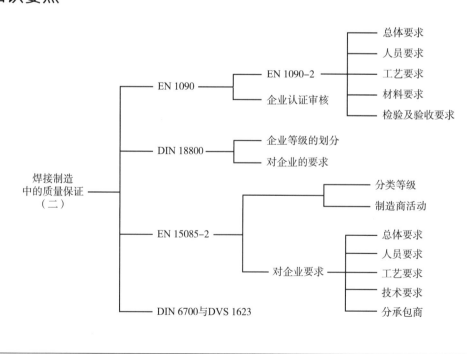

第❸章

生产制造中的质量控制（一）

编写：陈大军　吕迮强　邵辉　审校：王林

焊接工艺规程及焊接工艺评定在前两章介绍的 ISO 3834、EN 1090 和 EN 15085 等标准中都有要求，是焊接生产质量保证系统的重要内容之一。本章主要介绍焊接工艺规程及评定相关的标准。

ISO 15607 标准的主要内容是焊接工艺规程及评定的一般原则，给出 5 种焊接工艺评定的方法，以及根据不同焊接方法，在焊接工艺规程及评定不同阶段所需要应用的相关标准。本章还介绍了钎焊工艺评定相关的欧洲标准。

3.1 ISO 15607 简介

焊接由于其后的所有检验都无法直接验证其加工质量是否满足预期的目标，而被视为一种特殊工序（或过程）。按照质量保证的原理，这类特殊工序（或过程）中所有与质量有关的要素均要严格控制。焊接工艺规程及评定正是影响焊接质量的关键要素，所以成为焊接生产制造中需要严格管控的环节。质量体系标准通常要求按照书面程序规范执行特殊过程。因此，在焊接生产中需要焊接工艺规程为焊接操作的计划和焊接过程中的质量控制提供明确的依据。

焊接工艺规程的编制为焊接提供了必要的基础，但其本身并不能确保按照该焊接工艺规程焊接的焊缝满足要求。虽然一些偏差，尤其是缺欠和变形，可以通过成品的无损检测方法进行评估。但是，冶金方面的偏差是一个特殊问题，因为以目前的无损检测技术水平不可能对机械性能进行评估。这就需要在实际生产之前，建立一套焊接工艺评定的规则，在 ISO 15607 标准中便对这些规则进行了定义。

预备焊接工艺规程不推荐采用多种方法进行评定。

表 3.1 给出了 5 种焊接工艺规程评定的方法，但常用的是焊接工艺试验和预生产试验（焊接工作试件）。表 3.2 给出了不同焊接方法焊接工艺规程和评定的一些标准，而图 3.1 给出了焊接工艺规程开发和评定的流程图。

表 3.1 焊接工艺规程评定的方法

方法基于	适用
焊接工艺试验	可始终适用，除非工艺试验与接头几何形状、拘束、实际焊缝的可接近性不完全一致
测试焊接材料	仅适用于使用焊材的焊接工艺。 焊材测试应涵盖生产中使用的母材。 有关材料和其他参数的进一步限制，请参见 ISO 15610
以往焊接经验	适用范围仅限于以前用于类似项目、接头和材料中大量焊缝的工艺。ISO 15611 中规定了具体要求
标准焊接工艺	与焊接工艺试验类似，但符合 ISO 15612 规定的限制
预生产试验	原则上可始终适用，但需要在生产条件下制造试件。适合大规模生产。ISO 15613 中规定了具体要求

3.2 电弧焊焊接工艺规程（ISO 15609-1）

本节以比较常用的电弧焊焊接工艺规程标准 ISO 15609-1 为例，介绍焊接工艺规程的主要内容。焊接工艺规程开发和评定流程图如图 3.1 所示。

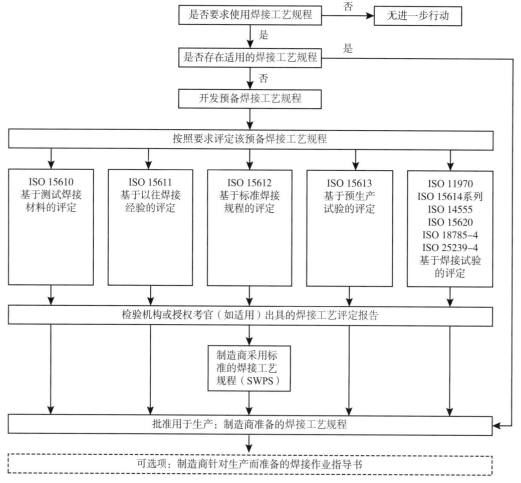

图 3.1 焊接工艺规程开发和评定流程图

表 3.2　关于焊接工艺规程和评定的标准

焊接方法	弧焊	气焊	束焊	激光－电弧混合焊	电阻焊	螺柱焊	摩擦焊	搅拌摩擦焊
一般规则	ISO 15607							
母材分组系统	ISO 15608（ISO/TR 20172、ISO/TR 20173、ISO/TR 20174）	ISO 15608（ISO/TR 20172、ISO/TR 20173、ISO/TR 20174）	不适用	ISO 15608（ISO/TR 20172、ISO/TR 20173、ISO/TR 20174）	不适用	ISO 15608（ISO/TR 20172、ISO/TR 20173、ISO/TR 20174）		不适用
焊接工艺规程	ISO 15609-1	ISO 15609-2	ISO 15609-3 电子束焊 ISO 15609-4 激光束焊	ISO 15609-6	ISO 15609-5	ISO 14555	ISO 15620	ISO 25239-4（FSW） ISO 18785-4（FSSW）
测试焊接材料	ISO 15610				不适用			
以往焊接经验	ISO 15611					ISO 15611 ISO 14555	ISO 15611 ISO 15620	不适用
标准焊接工艺	ISO 15612			不适用				
预生产试验	ISO 15613					ISO 15613 ISO 14555	不适用	ISO 25239-4（FSW） ISO 18785-4（FSSW）
焊接工艺试验	ISO 15614-1 钢、镍 ISO 15614-2 铝 ISO 15614-3 铸铁 ISO 15614-4 铸铝修补焊 ISO 15614-5 钛、锆 ISO 15614-6 铜 ISO 15614-7 堆焊 ISO 15614-8 管与管板接头 ISO 15614-9 水下湿焊 ISO 15614-10 水下干焊 ISO 11970 铸钢件的生产性焊接	ISO 15614-1 钢、镍 ISO 15614-3 铸铁 ISO 15614-6 铜 ISO 15614-7 堆焊	ISO 15614-7 堆焊 ISO 15614-11 电子束/激光束	ISO 15614-14 钢、镍及镍合金 激光-电弧混合焊	ISO 15614-12 点焊、缝焊和凸焊 ISO 15614-13 闪光焊/对焊	ISO 14555	ISO 15620	ISO 25239-4（FSW） ISO 18785-4（FSSW）

注：FSW 指搅拌摩擦焊，FSSW 指搅拌摩擦点焊。

3.2.1　一般原则

在焊接生产制造之前应针对每条焊缝编制焊接工艺规程。焊接工艺规程应包含执行焊接操作的所有必要信息，用于指导焊工或焊接操作工。

3.2.2　关于制造商的内容

焊接工艺规程中关于制造商的内容如下。

（1）制造商名称。

（2）焊接工艺规程的名称和编号。

（3）焊接工艺评定报告或其他所需文件的编号。

3.2.3　有关母材的内容

母材种类：

（1）材料型号、牌号及标准号。

（2）如 ISO/TR 20172、ISO/TR 20173 或 ISO/TR 20174 中所示，如果这些材料中未指定材料，则应使用 ISO/TR 15608。焊接工艺规程可涵盖一组材料。

材料尺寸：

（1）接头的厚度范围。

（2）管材的外径范围。

3.2.4　所有焊接工艺的通用性内容

（1）焊接方法：使用的焊接方法可按 ISO 4063 表示。

（2）接头设计：① 接头设计图 / 形状和尺寸或提供与此相关的标准编号；② 焊接次序可能对接头性能产生影响时，图样上应明确焊道次序。

（3）焊接位置：使用的焊接位置应按照 ISO 6947 标准的要求。

（4）接头制备：① 接头制备、清理及去污的要求和使用的方法；② 装夹及定位焊接。

（5）焊接操作：① 必要的摆动。对手工焊而言，焊道的最大摆动宽度；对机械化和自动焊而言，摆动的最大幅度、频率和时间。② 焊炬、电极及 / 或焊丝的角度 (如有需要)。

（6）背面清根：① 将要使用的方法；② 深度和形状。

（7）衬垫：① 衬垫的方法和类型，衬垫材料及尺寸；② 采用背面气体保护时，应明确气体标识。

（8）焊接材料：① 型号、牌号及制造商 (生产厂及商标)；② 尺寸 (规格)；③ 保管和使用要求 (烘干、大气暴露时间、再烘干等)。

（9）电参数：① 焊接电流的种类 (直流或交流) 和极性；② 脉冲焊接详细参数 (装置、程序选择)；③ 焊接电流范围；④ 电弧电压范围 (如有需要)。

（10）机械化焊接及自动焊：① 焊接速度范围；② 送丝（带）的速度范围。

如果设备不允许控制两个参数中的任意一个，应规定替代的机器装置。因此，焊接工艺规程的应用范围应限制在特定类型的设备上。

（11）预热温度：① 开始焊接及焊接时允许使用的最低温度；② 无预热要求时，焊接开始之前工件的最低温度。

（12）道间温度：各焊道之间允许的最高温度（必要时为最低温度）。

（13）预热维持温度：焊接中断时，焊接区域应当保持的最低温度。

预热温度、道间温度和预热维持温度的应用，见 ISO 13916。

（14）除氢后热：① 温度范围；② 最短保温时间。

（15）焊后热处理：应规定焊后热处理（或时效处理）的最短时间和温度范围，或者给出规定的标准编号。

（16）保护气体：按照 ISO 14175 应规定气体的名称、型号，必要时还应包括成分、制造商及商标。

（17）热输入：热输入或电弧能量范围（如果规定）依据 ISO/TR 18491。

3.2.5　有关焊接方法的特殊内容

（1）焊接方法 111（焊条电弧焊）。

对焊接方法 111 而言，为每根焊条熔敷的焊道长度或焊接速度。

（2）焊接方法 12（埋弧焊）。

① 对于多丝系统而言，为焊丝的数量、配置和极性；② 导电嘴至工件表面的距离；③ 焊剂：型号、制造商和商标；④ 附加的填充金属；⑤ 电压范围。

（3）焊接方法 13（气体保护电弧焊）。

① 保护气体的流量和喷嘴直径；② 焊丝的数量；③ 附加的填充金属；④ 导电管 / 工件距离：导电嘴至工件表面的距离；⑤ 电压范围；⑥ 金属过渡形态。

（4）焊接方法 14（非熔化极气体保护焊）。

① 钨极的直径和型号符合 ISO 6848；② 保护气体的流量和喷嘴直径；③ 附加的填充金属。

（5）焊接方法 15（等离子弧焊接）。

① 等离子气体参数，如：成分、喷嘴直径、流量；② 保护气体流量及喷嘴直径；③ 焊枪种类；④ 导电嘴至工件表面的距离。

3.2.6　焊接工艺规程

表 3.3 给出了 ISO 15609-1 标准规定的焊接工艺规程内容及推荐的格式。当然，其中某些参数可能对于某些焊接方法不适用，可以直接标注"不涉及"。

表 3.3　ISO 15609-1 标准规定的焊接工艺规程内容及推荐的格式

制造商名称或 LOGO	焊接工艺规程 Welding procedure specification WPS 编号	制定 Made by：
		审核 Verified by：
		批准 Approved by：
		日期 Date：

引用的 WPQR 编号：

Reference WPQR No.：

接头类型：

Joint type：

母材牌号及标准：

Base metal specification：

焊材牌号及标准：

Filler material specification：

坡口准备和清理：

Preparation and cleaning：

焊接位置：

Welding positions：

母材规格（mm）：

Parent metal size（mm）：

焊材烘干规定：

Special baking or drying：

焊接坡口准备（图）【Weld preparation details（Sketch）】：

焊接接头形式 Joint design	焊接顺序 Welding sequences

焊接工艺参数【Welding details】：

焊道 Run	工艺方法 Process	焊材规格 Size of filler metal（mm）	电流强度 Current（A）	电弧电压 Voltage（V）	电流种类/极性 Type of current/Polarity	送丝速度 Wire feed speed（cm/min）	焊接速度 Travel speed（mm/s）	温度 /Temp.（℃）		热输入 Heat imput（kJ/mm）
								预热 Preheat	层间 Interpass	

| 保护气体/焊剂
Gas/Flux | 电弧保护
Shielding | | 气体流量
Gas flow rate（L/min） | 电弧保护
Shielding | |
| | 根部保护
Backing | | | 根部保护
Backing | |

钨极种类/直径（mm）：

Tungsten electrode type/size（mm）：

干伸长度（mm）：

Distance contact tube/workpiece（mm）：

金属过渡形态：

Mode of metal transfer：

背面清根/衬垫详述：

Details of back gouging/backing：

焊后热处理：

Post-weld heat treatment：

时间、温度、方法：

Time、temperature、method：

加热和冷却速度（℃/h）：

Heating and cooling rates（℃/h）：

其他说明：

Other information：

摆动（焊道的最大宽度）（mm）：

Weaving（Maximum width of run）（mm）：

振动（振幅、频率、停留时间）：

Oscillation（Amplitude，frequency，dwell time）：

脉冲焊接细节

Pulse welding information

等离子焊接细节

Plasma welding information

制造商（盖章）：

Manufacture（Stamp）：

3.3 ISO 15614-1 标准介绍

本节以 ISO 15614-1 标准的 2017 版本以及 2019 年的修订 1 为基础，介绍该标准的主要内容，实际生产应用请以标准原文为准。ISO 15614-1 规定了如何通过焊接工艺试验评定预备焊接工艺规程，包括试件、检验、评定、认可范围等部分。

3.3.1 概述

ISO 15614-1 适用于焊接、补焊和堆焊（添加焊缝金属以获得或恢复所需尺寸）。

焊接工艺试验的主要目的是，要表明用于生产的连接工艺能够达到应用要求的机械性能。

ISO 15614-1 分为 1 级和 2 级，2 级比 1 级的试验项目更多，覆盖范围更加严格，2 级自动覆盖 1 级，反之不可。因此，本标准的介绍也以等级 2 为主。

当在合同或应用标准中没有指定等级时，执行 2 级的要求。

ISO 15614-1 适用于钢的电弧焊和气焊以及镍和镍合金的电弧焊，焊接方法（ISO 4063）包括：① 手工电弧焊（111）；② 自保护药芯焊条电弧焊（114）；③ 埋弧焊（12）；④ 熔化极气体保护电弧焊（13）；⑤ 非熔化极气体保护焊（14）；⑥ 等离子焊（15）；⑦ 氧乙炔气焊（311）。

ISO 15614-1 标准的基本原则允许在其他熔焊接法中使用。

按照以前版本 ISO 15614-1 的工艺评定可继续使用，其覆盖范围按照原标准版本。

3.3.2 试件

3.3.2.1 概述

本部分主要规定用于焊接工艺试验的试件要求，包括试件的制备和焊接。

应按照 ISO 15609-1 或 ISO 15609-2 编制预备焊接工艺规程。

根据本标准进行焊接工艺试验并满足要求的焊工或焊接操作工，只要符合有关标准的试验要求，即可按相应的国际焊工 / 操作工考试标准判定合格。

生产中的焊接接头应通过 ISO 15614-1 标准所规定的试件来进行评定。

对于 1 级：对接接头覆盖所有接头。

对于 2 级：下列图示中不包含的接头和 / 或尺寸，应使用 ISO 15613 进行评定。

3.3.2.2 试件的形状和尺寸

试件必须有足够的长度和数量，以便可以进行所要求的各种试验。

附加试件或者长于最低尺寸的试件可以用作附加试验或者重做试件。

对于所有试样，除支管连接和 T 形接头（T 形对接焊缝或角焊缝），两块板和管在满足试件焊接的要求长度的情况下，材料厚度 t 和直径 D 都应相同。

全熔透板对接接头应按图 3.2 准备试件，全熔透管对接接头应按图 3.3 准备试件。

需要注意的是，"管"一词不论是单独或组合使用，均表示"管""管子"或"空心型材"，但不包括方形或矩形空心截面型材。

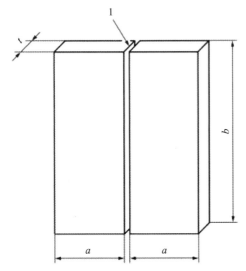

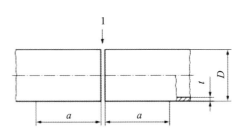

1—按照预备焊接工艺规程进行的焊缝制备和装配；
a—最小尺寸150mm；b—最小尺寸350mm；t—材料厚度。

图3.2 全熔透的板对接接头试件

1—按照预备焊接工艺规程进行的焊缝制备和装配；
a—最小尺寸150mm；D—管材外径；t—材料厚度。

图3.3 全熔透的管对接接头试件

T形接头应按图3.4准备试件，适用于全熔透对接或角焊缝。

对于支管连接，1级不需要特定的试件，2级应按图3.5准备试件。选取生产中出现的最小夹角α。可用于全熔透接头（骑座式、插入式或穿透式接头）和角焊缝。

3.3.2.3 试件的焊接

试件的制备及焊接必须遵守预备焊接工艺规程。试件焊接位置要求的倾角和旋转角度应符合ISO 6947要求。如果定位焊缝保留在最终接头中，则试件中也必须包含。

试件的焊接和试验应由授权考官或检查机构予以见证。

3.3.3 试验及检验

对于试件的试验及检验是焊接工艺试验的重要环节，检验方法根据等级、接头形式、材料等确定。

3.3.3.1 试验类型及范围

等级1：试验类型和范围应符合表3.4的要求。如应用标准或规范要求的冲击试验、硬度试验、无损检测，试验的实施和验收应根据等级2要求进行，除非其他的应用标准或规范另有规定。

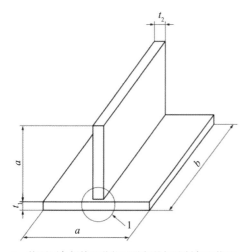

1—按照预备焊接工艺规程进行的焊缝制备和装配；
a—最小尺寸 150mm；b—最小尺寸 350mm；t_1、t_2—材料厚度。

图 3.4　T 形接头试件

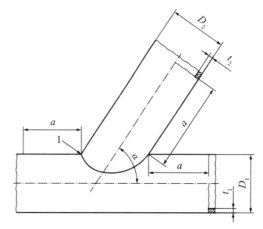

1—按照预备焊接工艺规程进行的焊缝制备和装配；
α—支管夹角；a—最小尺寸 150mm；D_1—主管的管外径；
D_2—支管的管外径；t_1—主管材料的厚度；t_2—支管材料的厚度。

图 3.5　支管连接试件

表 3.4　1 级：试件的检测和试验

试样	试验类型	试验范围
全熔透对接接头	目视检测	100%
	横向拉伸试验	2 个试样
	横向弯曲试验	4 个试样
角焊缝[①]	目视检测	100%
	宏观金相试验	2 个试样

① 当力学性能是应用标准所需要的，则应当进行相应试验。如果需要附加试件，其尺寸应该足以满足机械性能试验需要。对于附加试件，其焊接参数范围、母材组别、填充金属及热处理都必须与原试件相同。

等级 2：试验的类型和范围应符合表 3.5 的要求。

应用标准可规定附加试验，如：焊缝纵向拉伸试验、全焊缝金属弯曲试验、腐蚀试验、化学分析、微观金相检验、δ 铁素体检验、硬度检验、冲击检验、十字接头试验、冲击检验、无损检测。

表 3.5　2 级：试件的检测和试验

试样	试验类型	试验范围
全熔透对接接头	目视检测	100%
	射线或超声波检测[①]	100%
	表面裂纹检测[②]	100%
	横向拉伸试验	2 个试样
	横向弯曲试验	4 个试样
	冲击试验[③]	2 组
	硬度试验[④]	需要
	宏观金相试验	1 个试样

续表

试样	试验类型	试验范围
全熔透 T 形接头 全熔透支管连接⑤	目视检测 表面裂纹检测② 射线或超声波检测①⑥ 硬度试验④ 宏观金相试验	100% 100% 100% 需要 2 个试样
角焊缝⑤	目视检测 表面裂纹检测② 硬度试验④ 宏观金相试验	100% 100% 需要 2 个试样

① 超声波检测不允许用于 $t < 8mm$，也不允许用于 8、10、41~48 组别材料（ISO/TR 15608）。

② 可达的焊缝表面可采用渗透检测或磁粉检测。对于非铁磁性材料只作渗透检验。

③ 材料厚度 ≥ 12mm，且根据交货技术条件和 / 或使用条件给出冲击特性值，进行 1 组焊缝金属和 1 组热影响区 HAZ 冲击试验。应用标准可能要求在厚度不足 12mm 时进行冲击试验。试验温度应由制造商根据应用要求或应用标准进行选择。

④ 对这些母材不需要进行硬度试验：1.1 组和 8 组，41 ~ 48 组，以及这些组别材料的异种接头，除了 1.1 组和 8 组之间的焊接（ISO/TR 15608）。

⑤ 当力学性能是应用标准要求的，应当进行试验。如果需要，附加试件的尺寸应该足以满足机械性能试验要求。对于附加试件，其焊接参数范围、母材组别、填充金属及热处理都必须与前期试验相同。

⑥ 外径 ≤ 50mm 时，不要求超声波检测，但接头几何形状允许的情况下需要进行射线检测。外径 > 50mm，且在技术上是不可能进行超声波检测时，接头几何形状允许的情况下必须用射线检测。

3.3.3.2 试样的位置及截取

试样的取样位置在 ISO 15614-1 标准中有规定，以对接焊缝为例，见图 3.6。

试样的位置，允许避开无损检测方法确认可接受的缺欠。

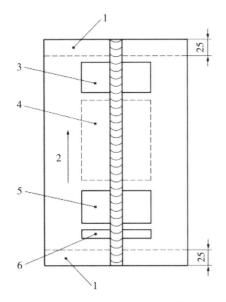

1—去掉 25mm；2—焊接方向；3—试验区域：1 个拉伸试验，弯曲试验；4—试验区域：冲击试验和附加试验（如果需要）；5—试验区域：1 个拉伸试验，弯曲试验；6—试验区域：1 个宏观试验，1 个硬度试验。

图 3.6 板对接接头的试样位置

3.3.3.3 无损检测

所有无损检测都必须在试样切割之前完成且合格。去除部分（图 3.6）不需要考虑。焊后热处理必须在无损检测实施之前结束。

对于氢致裂纹敏感材料，且规定不进行后热或热处理时，无损检测应延迟进行。

无损检测需依据表 3.3 和表 3.4，按照 ISO 17637《焊缝无损检测 熔焊焊缝目视检测》、ISO 17636《焊缝无损检测 射线检测》、ISO 17640《焊缝无损检测 超声波检测》、ISO 3452《焊缝无损检测 渗透检测》和 ISO 17638《焊缝无损检测 磁粉检测》实施。

3.3.3.4 破坏性试验

（1）横向拉伸试验。

对接接头横向拉伸试验的试样和试验应按照 ISO 4136。

试样的抗拉强度不得低于母材相应规定的最小值，除非试验前另有规定。

异种母材金属接头，抗拉强度不得低于其中抗拉强度最低的母材相应规定的抗拉强度最小值。

（2）弯曲试验。

对接接头弯曲试验的试样和试验应按照 ISO 5173：2009。

厚度＜ 12mm 时，采用两件背弯和两件面弯试样进行试验。厚度≥ 12mm 时，采用 4 件侧弯试样可以用来代替背弯和面弯试验。

异种金属接头或异类板对接接头，一个纵向背弯和一个纵向面弯试验可用来代替 4 个横向弯曲试验。

在试验期间，试样不得在任意方向上出现任何＞ 3mm 的缺欠。在试验期间，缺欠出现在一个试样的棱角处，评价时可忽略。

（3）宏观金相试验。

按照 ISO 17639 的要求准备试样，对试样一侧进行腐蚀，以便清楚地显示出熔合线，热影响区和焊缝层道。

宏观金相试验必须包括未受影响的母材，并应至少记录每种焊接方法的一张宏观截面照片。

（4）冲击试验。

冲击试验的试样和试验应按照本标准中的试样位置和试验温度，并满足 ISO 9016 对尺寸和试验的要求。根据 ISO 148-1 击打摆锤半径应为 2mm，除非另做要求。

焊接金属采用试样类型 VWT（V：夏比 V 形缺口；W：缺口在焊缝金属中；T：缺口通过其厚度），热影响区采用试样类型 VHT（V：夏比 V 形缺口；H：缺口在热影响区；T：缺口通过其厚度）。对于试验位置，每组包括 3 个试样。

材料厚度 t ＞ 50mm 的对接接头，需从根部另外取两组冲击试样，一组取自焊缝，另一组取自热影响区（HAZ）。

采用同样规格和牌号的接头材料之间，冲击功应按照相应的母材标准，除非修改应用标准。

对于异种材料接头，需从两侧母材热影响区（HAZ）取样进行冲击试验，且冲击功应按照相应的母材标准。

3 个试样的平均值应符合规定要求。每个缺口位置，一个冲击值可以低于规定的最低的平均值，只要它不小于该值的 70%。

（5）硬度试验。

应按照 ISO 9015-1 采用 HV10 载荷维氏硬度试验。硬度试验应包含焊缝、热影响区和母材，以评估整个焊接接头的硬度值范围。

硬度试验结果应符合表 3.6 的要求。除此之外，要求对 6 组（未热处理）、7 组、10 组和 11 组材料和之间的任何一种异种金属接头进行硬度试验，试验前应确定要求。

表 3.6 允许的最高硬度值（HV10）

钢的分组 CR ISO 15608	未作热处理	热处理
1[①]，2[②]	380	320
3[②]	450	380
4，5	380[③]	350[③]
6	—	350
9.1	350	300
9.2	450	350
9.3	450	350

① 如果要求进行硬度试验。

② 对于钢的最小 $R_{eH} > 890N/mm^2$，接受值必须另行规定。

③ 对于某些材料，如果焊接工艺评定前明确规定，则硬度值可以高于最高值。

（6）验收等级。

缺欠验收等级对应 1 级和 2 级在表 3.7 中给出。

值得注意的是，在 ISO 17635 中，给出了 ISO 5817 的质量等级与不同无损检测方法的合格等级的对应关系。

表 3.7 缺欠验收等级

ISO 5817 缺欠编号	ISO 6520–1 缺欠编号	缺欠	1 级	2 级
1.1	100	裂纹	不允许	ISO 5817-B（不允许）
1.5	401	熔合不良（未熔合）	不允许	ISO 5817-B（不允许）
1.6	4021	根部未焊透	不允许	ISO 5817-B（不允许）
1.7	5011 5012	连续咬边 间断咬边	没有具体要求	ISO 5817-C
1.9	502	焊缝余高（对接焊缝）	没有具体要求	ISO 5817-C
1.10	503	焊缝凸度（角接焊缝）	没有具体要求	ISO 5817-C
1.11	504	下塌	没有具体要求	ISO 5817-C
1.12	505	焊缝形面不良	没有具体要求	ISO 5817-C
1.16	512	焊脚不对称 （焊脚长度不相等）	$h \leqslant 3mm$	ISO 5817-B
1.21	5214	焊缝有效厚度过大	没有具体要求	ISO 5817-C
—	—	所有其他缺欠[①]	没有具体要求	ISO 5817-B

① 如果应用标准或规程要求，对于微观裂纹敏感材料可能需要特定的检验。

（7）重做试验。

如果试件进行无损检测有任何一项未能满足要求，则必须焊制一件补作试验件，并且进行相同的检查。

如果这件补作试验件也未能满足要求，则焊接工艺评定不合格。另外，数据分析可用于确定缺欠产生的主要原因。

3.3.4 认可范围

3.3.4.1 概述

认可范围是焊接工艺试验标准中较为复杂的部分，其主要目的是为了减少焊接工艺试验的数量，对于焊接工艺的若干参数给出相应的认可范围或者覆盖关系。主要参数包括母材及其规格（壁厚、管外径）、焊接方法的共性内容（比如焊接方法、机械化程度、接头形式、焊材、焊接位置、热输入、预热温度、道间温度等）和特定内容（具体焊接方法的一些特定细节，比如保护气体、电弧过渡形式等）。

通过对于该部分内容的充分了解，可以在确定焊接工艺试验的细节参数的时候，尽可能选择有一定覆盖范围的项点，以最少的焊接工艺试验项目涵盖产品生产范围，或者获得最广的覆盖范围，为将来可能的焊接产品做准备。

3.3.4.2 关于制造商

制造商按本标准进行的焊接工艺评定试验，适用于该制造商完全负责的车间或现场焊接。

3.3.4.3 关于母材

（1）母材组别。

为了尽量减少焊接工艺试验的数量，钢、镍和镍合金按照 ISO/TR 15608 分组，并优先采用 ISO/TR 20172、ISO/TR 20173 或 ISO/TR 20174 的分组。其中，ISO/TR 15608 关于钢和铝的材料分组见本章附表 1 和附表 2。

ISO/TR 20172、ISO/TR 20173、ISO/TR 20174 或 ISO/TR 15608 不覆盖的母材或母材组合需要单独的焊接工艺试验。

永久衬垫按照母材看待，限定于评定所用衬垫材料分组。

表 3.8 中给出了钢母材的适用范围。

表 3.8 钢母材的适用范围

试件材料 A	试件材料 B										
	1	2	3	4	5	6	7	8	9	10	11
1	1–1	—	—	—	—	—	—	—	—	—	—
2	1–1 2–1	1–1 2–1 2–2	—	—	—	—	—	—	—	—	—
3	1–1 2–1 3–1	1–1 2–1 2–2 3–1 3–2	1–1 2–1 2–2 3–1 3–2 3–3	—	—	—	—	—	—	—	—

续表

试件材料A	试件材料B										
	1	2	3	4	5	6	7	8	9	10	11
4	4-1	4-1 4-2	4-1 4-2 4-3	4-1 4-2 4-3 4-4	—	—	—	—	—	—	—
5	5-1	5-2	5-3	5-4	5-1 5-2 5-5	—					
6	6-1	6-1 6-2	6-1 6-2 6-3	6-1 6-2 6-3 6-4	6-1 6-2 6-3 6-4 6-5	6-1 6-2 6-3 6-4 6-5 6-6	—	—	—	—	—
7	7-1	7-1 7-2	7-1 7-2 7-3	7-4	7-5	7-5 7-6	7-7				
8	8-1	8-1 8-2	8-1 8-2 8-3	8-4	8-1 8-2 8-4 8-5 8-6	8-1 8-2 8-4 8-5 8-6	8-7	8-8			
9	9-1	9-1 9-2	9-1 9-2 9-3	9-4	9-5	9-6	9-7	9-8	9-9	—	—
10	10-1	10-1 10-2	10-1 10-2 10-3	10-4	10-1 10-2 10-3 10-4 10-6	10-1 10-2 10-4 10-6	10-7	10-8	10-9	10-10	—
11	11-1 1-1	11-1 11-2	11-1 11-2 11-3	11-4	11-5	11-6	11-7	11-8	11-9	11-10	1-1 11-1 11-11

注：1. 试件材料分组1、2、3和11覆盖同等或更低最小屈服强度钢（与材料厚度无关）。

2. 试件材料分组4、5、6、8和9适用同一子组和同一组中的低子组的钢。

3. 试件材料分组7和10适用同一个子组的钢。

（2）母材厚度。

母材和熔敷金属厚度的评定范围如表3.9和表3.10所示。熔敷金属的评定范围在生产中不能超过，不考虑角焊缝厚度的情况除外。

两侧母材都应在厚度评定范围内进行。

对多种焊接方法的评定，记录的每种焊接方法的焊接熔敷金属厚度，可确定单独焊接方法评定范围。

熔敷金属厚度或母材金属厚度或管外径无须测量精确，但其几何数值应该在表3.9、表3.10和表

3.11 所列的适用范围内。

焊接工艺评定在厚度 t 方面的认可范围见表 3.9 和表 3.10。

表 3.9　对接焊缝材料和熔敷金属厚度的适用范围

单位：mm

试件厚度 t	适用范围			每个工艺方法焊缝填充金属厚度 s
	母材厚度			
	1 级	2 级		
		单层	多层	
$t \leqslant 3$	0.5t ~ 2t			最大 2s
$3 < t \leqslant 12$	1.5 ~ 2t	0.5t（最小 3）~ 1.3t	3 ~ 2t①	最大 2s①
$12 < t \leqslant 20$	5 ~ 2t	0.5t ~ 1.1t	0.5t ~ 2t	最大 2s
$20 < t \leqslant 40$	5 ~ 2t	0.5t ~ 1.1t	0.5t ~ 2t	最大 2s，当 $s < 20$ 最大 2t，当 $s \geqslant 20$
$40 < t \leqslant 100$	5 ~ 200	—	0.5t ~ 2t	最大 2s，当 $s < 20$ 最大 200，当 $s \geqslant 20$
$100 < t \leqslant 150$	5 ~ 200	—	50 ~ 2t	最大 2s，当 $s < 20$ 最大 300，当 $s \geqslant 20$
$t > 150$	5 ~ 1.33t	—	50 ~ 2t	最大 2s，当 $s < 20$ 最大 1.33t，当 $s \geqslant 20$

① 对于 2 级：当规定有冲击要求，但冲击试验没有进行时，最大厚度的适用范围为 12mm。

表 3.10　材料厚度和角焊缝有效厚度的适用范围

单位：mm

| 试件厚度 t | 适用范围 | | |
| | 材料厚度 | 焊缝有效厚度 | |
		单层	多层
$t \leqslant 3$	0.7t ~ 2t		
$3 < t < 30$	3 ~ 2t	0.75a ~ 1.5a	无限制
$t \geqslant 30$	$\geqslant 5$		

注：1. 当角焊缝是通过对接焊缝试验的方法来评定，则角焊缝有效厚度的适用范围应依据焊缝熔敷金属厚度来确定。

　　2. a 是试件的预备焊接工艺规程中规定的标称角焊缝有效厚度。

　　3. 不等厚接头，两侧试件厚度的适用范围应当分别计算。

对于 2 级：焊接工艺评定在直径 D 方面的认可范围见表 3.11。

管对接焊缝覆盖板对接焊缝。板的焊接工艺评定覆盖外径 > 500mm 的管或外径 > 150mm 的 PC（横焊）位置、旋转位置 PF（立向上焊）或 PA（平焊）的管。

表 3.11 管子和支管直径的适用范围

单位：mm

试件直径	适用范围
D	$\geq 0.5D$

注：1. 圆形之外的空心型材（如椭圆形），D 为较小边的尺寸。

　　2. D 是对接管管外径或支管连接的支管外径。

对于 2 级：一个支管角为 α 的支管连接进行焊接工艺试验。试件支管角（α）为 $60° \sim 90°$，其支管角适用范围为 $60° \leq \alpha < 90°$。支管角 $\alpha < 60°$ 时，需要一个单独的试验认证，其支管角适用范围为 $\alpha \sim 90°$。

3.3.4.4 所有焊接方法的共性内容

（1）焊接方法。

对于 1 级：机械化程度是不重要的变量。

对于 2 级：每个机械化的程度应单独认证（手动、半机械化、全机械化和自动化）。

只对在焊接工艺评定中采用的焊接方法有效。

对于多焊接方法组合认证，可以采用每种焊接方法分别单独进行焊接工艺评定，也可采用多焊接方法组合焊来进行焊接工艺评定。

对于 1 级：使用多种工艺方法或焊材在一个单独的试件上时，每种工艺方法和焊材可单独使用或使用不同的组合，如果：

① 与每种焊接工艺方法和焊材相关的变量在预备焊接工艺规程中进行规定。

② 每种焊接工艺方法及焊材对应的母材和熔敷金属的厚度限制，在预备焊接工艺规程中按照覆盖范围严格限定。

对于 2 级：当试件是由一个以上的焊接工艺方法焊接，则该工艺方法只适用于试件上所使用的焊接工艺方法的顺序。试样应包括每个焊接工艺方法所采用的填充材料。

封底焊是允许在工艺试验中采用的焊接工艺方法之一。

如果多种焊接工艺方法评定中的单一工艺方法用于生产，这一工艺方法应按照标准单独进行试验。

（2）焊接位置。

在既没有规定冲击要求也没有硬度要求时，试件在任何位置（管或板）认可所有焊接位置（管或板）。

对于所有焊接位置的覆盖，应当符合下列条件：① 冲击试验试样应当取自焊接最高热输入位置；② 硬度试验试样应当取自焊接最低热输入位置。

例如对于板对接焊缝，最高热输入位置通常是 PF 和 PA，以及最低热输入位置通常是 PC 与 PE（仰焊）。

（3）接头 / 焊缝的类型。

对于 2 级：焊接接头类型的认可范围是在焊接工艺评定里所采用的接头形式，且受其他章节所作的限制（如厚度），同时受到以下限制。

① 对接焊缝认可完全和部分焊透的对接焊缝和角焊缝。当 T 形接头角焊缝或部分焊透的对接焊缝是设计和产品中焊接连接的主要形式时，角焊缝评定是需要的。

② 全熔透对接焊缝认可在任何类型接头里完全和部分焊透的对接焊缝和角焊缝。

③ 管对接焊缝认可支管角 $\alpha \geqslant 60°$ 的支管连接。

④ 全焊透的 T 形对接接头认可完全和部分焊透的 T 形对接接头和角焊缝，反之不可。

⑤ 角焊缝仅认可角焊缝。

⑥ 无衬垫保护的单面焊焊缝认可双面焊焊缝和有衬垫保护的焊缝。

⑦ 有衬垫保护的焊缝认可双面焊焊缝。

⑧ 不清根的双面焊焊缝认可清根的双面焊焊缝（除热气刨）。

⑨ 用或未用清根的双面焊焊缝认可有衬垫保护的单面焊焊缝。

⑩ 当有冲击或硬度要求时，不允许将多道填充改成单层填充（或双面单层），反之亦然。

⑪ 堆焊是通过对接焊缝试件来认可。

⑫ 堆焊应通过一个与对接焊缝结合的单独试件来认可。

（4）焊接填充材料、制造商 / 商品名称、牌号。

对于 2 级：填充材料覆盖其他填充材料，只要填充材料根据所规定的相应国际标准，具有相同的力学性能、相同类型的药皮或药芯、相同的标称化学成分及相同或较低的氢含量。

当冲击试验依据应用标准须保证冲击温度低于 −20℃ 时，ISO 4063 所规定的焊接方法 111、114、12、136 和 132，有效适用范围仅限于工艺评定中所使用的制造商商品名称的填充材料。在这种情况下，它也允许更改填充材料的制造商，但要求牌号的成分必须相同，且提供一个使用最大焊接热输入的附加试件进行焊缝金属冲击试验。这并不适用于具有相同牌号和公称化学成分的实心焊丝和焊棒。

（5）焊接填充材料的规格。

允许改变填充材料的规格，前提是要满足 "（7）热输入（电弧能量）" 的要求。

在既不要求冲击试验，也不需要硬度试验时，不限制填充材料规格。

（6）电流的类型。

适用在焊接工艺评定中所使用的电流类型［交流电（AC）、直流电（DC）、脉冲电流］和极性。对焊接方法 111，倘若不要求进行冲击试验，则交流覆盖直流（含两种极性）。

（7）热输入（电弧能量）。

热输入可以用电弧能量（J/mm）替代。电弧能量的计算应按照 ISO/TR 18491。在使用其对热输入计算时，根据 ISO/TR 17671–1 来确定热效率系数 k。这种计算，热输入或电弧能量之一应有记录。

对于 1 级：在有冲击要求时，认可的热输入上限是试件焊接时所用的最大的热输入。

对于 2 级：在有冲击要求时，认可的热输入上限是大于试件焊接时所用的热输入的 25%。在有硬度要求时，认可的热输入下限是小于试件焊接时所用的热输入的 25%。如果焊接工艺评定包括了高、低两个水平的热输入，那么所有中间的热输入都是合格的。它不需要计算每一焊道。

电弧能量和热输入是对电弧产生的热量的衡量。然而，在过去，这些都是相同测量的不同术语，它们现在正在以不同的方式计算。电弧能量或热量输入可用于焊接控制，按照 ISO/TR 18491 来计算。

（8）预热温度。

比焊接工艺评定报告上记录的预热温度降低超过 50℃时，就需要重新进行工艺认证。

仅在涉及的预热相关要求（如 ISO/TR 17671-2）得到满足时，允许降低预热温度。

预热温度可以指定，例如通过材料数据表和取决于材料厚度。

（9）层间温度。

比焊接工艺评定报告中达到的道间温度提高超过 50℃时，就需要重新进行工艺认证。

在盖面焊道期间，增加预热温度可降低热影响区（HAZ）硬度，焊接工艺试验中应视为一个重要变量。最小预热温度和盖面焊道预热温度应在报告中记录。

对于 1 级：在不需要冲击试验时，这一限制不适用。

对于 2 级：对于 8、10 和 41 至 48 材料组，资格认证的上限是焊接工艺评定里达到的最高层间温度。评定时，热处理温度（PWHT）在上转变温度以上，或当奥氏体材料焊后固溶退火时，这一限制并不适用。

（10）消氢后热。

对于 1 级：消氢后热不是一个重要变量。

对于 2 级：不允许缩短消氢后热的时间和降低其工作温度。不允许省略消氢后热，但可能增加。

（11）热后处理。

不允许增加或去除焊后热处理。

对于 2 级：验证的温度范围是焊接工艺试验中所用保温温度 ±20℃，除非另有规定。如有需要，加热速率、冷却速率和保温时间应与产品相关。

对于所有其他材料，热处理（PWHT）温度在一个指定的温度范围内应用。

3.3.4.5 焊接方法的特性

（1）埋弧焊（焊接方法 12）。

下文所述的更改需要重新认证。

对于 2 级：

① 每种 12 方法（121 到 126）应独立进行资格认证。电极数量的任何更改都需要重新认证。任何添加或删减丝（冷丝或热丝）应要求重新认证。此外，改变附加填充材料的焊丝比率超过 ±10%，则需要重新认证。

② 焊接工艺评定的资格认可仅限于在测试中所使用的指定制造商、商品名称的焊剂。

③ 当使用重熔焊剂时，每批或混合的焊剂需要进行新的资格认证。

（2）气体保护金属电弧焊（焊接方法 13）。

① 保护气体。

资格认可仅限于工艺评定试验中所使用的保护气体的标称组成。ISO 14175 用来规定保护气体组成，例如 ISO 14175：2008-M21-ArC-18。

二氧化碳含量的标称组成是允许最大偏差 ±20%（相对）。

然而，任何气体组成有意的添加或删减不超过 0.1% 的不需要进行新的焊接工艺试验。

②过程变量。

下文所述的改变需要重新认证。对于 2 级：资格认可仅限于在焊接工艺试验时所使用的焊丝系统（例如单丝或多丝系统）。

③过渡形式。

对于实芯焊丝和金属粉末型药芯焊丝，短路过渡形式仅覆盖短路过渡形式。评定采用射流过渡、脉冲过渡或颗粒过渡，覆盖射流过渡、脉冲过渡和颗粒过渡形式。

（3）非熔化极气体保护焊（焊接方法 14）。

①保护气体。

资格认可仅限于工艺过程测试中所使用的保护气体的标称组成。ISO 14175 用来规定保护气体组成，例如 ISO 14175：2008–I3–ArHe–30。

氦气含量的标称组成是允许最大偏差 ±10%（相对）。

然而，任何气体组成有意的添加或删减不超过 0.1% 的情况不需要进行新的焊接工艺试验。

②填充金属。

有填充材料焊接不认可无填充材料焊接，反之亦然。

（4）等离子弧焊（焊接方法 15）。

焊接工艺评定认可只限于焊接工艺试验中所使用的等离子气体的标称组成。资格认可仅限于工艺试验中所使用的保护气体的标称组成。有填充材料焊接不认可无填充材料焊接，反之亦然。

如果需要进行冲击试验，改变制备接头的类型（坡口）需要重新认证。

（5）氧 – 乙炔气焊（焊接方法 311）。

有填充材料焊接不认可无填充材料焊接，反之亦然。

3.3.5　焊接工艺评定报告

焊接工艺评定报告是评估每个试件包括补作件结果的报告，应包含 EN ISO 15609 相应部分焊接工艺规程中的相关项点，连同 ISO 15614–1 第 7 节要求的可能被拒绝的任何特征细节。如果没有不符合或无不可接受的试验结果，则包含试件试验结果的焊接工艺评定报告评定合格，并应由检验人员或检验机构签上姓名和日期。

对于 1 级：焊接工艺评定报告格式应用于记录细节、评定等级和试验结果，以便于评估一致性。

对于 2 级：焊接工艺评定报告格式应用于记录细节、认可范围、评定等级和试验结果，以便于评估一致性。

3.4　ISO 15614–2 标准简要介绍

总体来讲，ISO 15614–2 标准与 ISO 15614–1 类似，也包括试件、试验及检验、覆盖范围等部分，但不分等级。ISO 15614–2 的试件准备、检验方法及取样位置等均与 ISO 15614–1 的等级 2 类似。本节介绍覆盖范围的部分主要内容。

3.4.1 概述

ISO 15614-2 标准适用于锻造或铸造的铝和铝合金的电弧焊，包括以下几种：

131——熔化极惰性气体保护焊（MIG 焊）；

141——钨极隋性气体保护电弧焊（TIG 焊）；

15——等离子弧焊。

ISO 15614-2 标准不适用于铝铸件的修补焊接（应为 ISO 15614-4）。

3.4.2 覆盖范围

3.4.2.1 关于母材

（1）母材组别。

铝及铝合金母材组别同种和异种金属接头的认可范围见表 3.12。

表 3.12 同种和异种金属接头的认可范围

试件材料的分组（小组）	同种接头的范围分组（小组）	异种接头的范围分组（小组）
21 到 21	21 到 21	不适用
22.1 到 22.1	22.1 到 22.1	22.1 到 22.2
	22.2 到 22.2	
22.2 到 22.2	22.2 到 22.2	22.1 到 22.2
	22.1 到 22.1	
22.3 到 22.3	22.3 到 22.3	22.1、22.2、22.3 和 22.4 之间的组合
	22.1 到 22.1	
	22.2 到 22.2	
	22.4 到 22.4	
22.4 到 22.4	22.4 到 22.4	22.1、22.2、22.3 和 22.4 之间的组合
	22.1 到 22.1	
	22.2 到 22.2	
	22.3 到 22.3	
23.1 到 23.1	23.1 到 23.1	22.1、22.2[①]、22.3[①]和 24.2[①]之间的组合
	22.1 到 22.1	
	22.2 到 22.2[①]	
	22.3 到 22.3[①]	
	22.4 到 22.4[①]	
23.2 到 23.2	23.2 到 23.2	23.2 到 23.1
	23.1 到 23.1	22.1、22.2[①]、22.3[①]和 24.2[①]之间的组合
	22.1 到 22.1	
	22.2 到 22.2[①]	
	22.3 到 22.3[①]	
	22.4 到 22.4[①]	
24.1 到 24.1	24.1 到 24.1	不适用

试件材料的分组（小组）	同种接头的范围分组（小组）	异种接头的范围分组（小组）
24.2 到 24.2	24.2 到 24.2	24.2 到 24.1 以及 24.2 到 23.1 [②]
	24.1 到 24.1	
	23.1 到 23.1 [②]	
25 到 25	25 到 25	25 到 24.1
	24.1 到 24.1	25 到 24.2
	24.2 到 24.2	
26 到 26	26 到 26	26 到 24.1 [③]、24.2 [③]或 25 [③]中的任一个
	24.1 到 24.1 [③]	
	24.2 到 24.2 [③]	
	25 到 25 [③]	

注：倘若使用相同的焊接材料，评定有效。
① 如果使用的是铝 - 镁焊接材料。
② 如果使用的是铝 - 硅焊接材料。
③ 仅用于铸件。

（2）母材规格。

板材和管材的厚度的认可范围见表 3.13，角焊缝有效厚度的认可范围见表 3.14。

表 3.13　板材和管材厚度的认可范围

单位：mm

试件厚度 t	认可范围
$t \leqslant 3$	$0.5t \sim 2t$
$3 < t \leqslant 20$	$3 \sim 2t$
$t > 20$	$\geqslant 0.8t$

表 3.14　板材和管材角焊缝有效厚度的认可范围

单位：mm

焊缝有效厚度 a	认可范围
$a < 10$	$0.75a \sim 1.5a$
$a \geqslant 10$	$\geqslant 7.5$

外径 D 的焊接工艺评定试验应适用于表 3.15 规定的外径的认可范围。

当管子外径＞500mm 或者在 PA/PC 转动位置上的管子外径＞150mm 时，板材的评定适用于管子。

表 3.15　主管或支管外径的认可范围

单位：mm

试件的外径 D	认可范围
$D \leqslant 25$	$0.5D \sim 2D$
$D > 25$	$\geqslant 0.5D$（最小为 25mm）

注：D 为主管外径或支管外径。对于中空结构，D 为较短边长。

用支接管角度 α 进行的工艺评定，在 $\alpha \leqslant \alpha_1 \leqslant 90°$ 的条件下，适用于所有的支管角度 α_1。

3.4.2.2 焊接位置

任一位置（板或管子）上的焊接试验适用于所有位置（板或管子）的焊接，但 PG（立向下焊）和 J-L045（45° 立向下焊）位置除外，这些位置需要做单独的评定。

3.4.2.3 接头种类

表 3.16 规定了焊接工艺评定中焊缝接头种类的认可范围。认可范围在表 3.16 中列出。

对于给定的焊接方法，不允许将多层改为单层（或者是每侧一层），反之亦然。

表 3.16　接头种类的认可范围

焊接工艺评定所用的接头种类			认可范围								
			板对接接头①				管对接接头		支管连接		管和板的角焊缝
			单面焊		双面焊		单面焊		单面焊	双面焊	
			有衬垫	无衬垫	清根	不清根	有衬垫	无衬垫	—	—	—
板对接接头①	单面焊	有衬垫	×	—	×	—	×②	—	—	×②	×
		无衬垫	×	×	×	×	×②	×②	×②	×②	×
	双面焊	清根	×	—	×	—	×②	—	—	×②	×
		不清根	×	—	×	×	—	—	—	×②	×
管对接接头	单面焊	有衬垫	—	—	×	—	×	—	—	×	×
		无衬垫	×	×	×	×	×	×	×	×	×
支管连接	单面焊		—	—	—	—	—	—	×	×	×
	双面焊		—	—	—	—	—	—	—	×	×
管和板的角焊缝			—	—	—	—	—	—	—	—	×

注：× 表示可覆盖焊接工艺规程中的焊接接头种类；— 表示不可覆盖焊接工艺规程中的焊接接头种类。
① 板对接焊接头可覆盖 T 形接头。
② 板覆盖 $D > 500mm$ 的管材。

3.4.2.4 焊接材料

ISO/TR 17671-4 规定，焊接材料的认可范围包含同一类别的其他焊接材料。

3.4.2.5 焊后热处理或时效

焊后热处理，如人工时效、自然时效，在 EN 515 中的预备焊接工艺规程中有明确规定。不允许增加或取消焊后热处理或时效。

预备焊接工艺规程中规定的温度范围和时效条件即为认可范围。

3.5 ISO 15613 简介

ISO 15613 标准的应用较为广泛，也称为焊接工作试件，是在生产条件下验证产品焊接质量的有效方法之一，由于其与产品焊接接头的接近性，很多应用标准或客户规范要求在 ISO 15614 的焊接工艺试验基础上附加 ISO 15613 的评定，比如 EN 15085-4 对此有详细的要求。

3.5.1 概述

本标准是系列标准的组成部分，这个系列标准的详细情况参见 ISO 15607 的附录 A。

本标准规定了以预生产焊接试验为基础评定预备焊接工艺规程的方法。

本标准适用于金属材料的电弧焊接、气焊、电阻焊螺栓焊和摩擦焊。

3.5.2 试件的焊接

试件的制备和焊接应在一般生产焊接条件下进行，以保证试件的形状和尺寸模拟结构的实际焊接条件。这包括焊接位置和其他主要参数，如应力条件、热效应、拘束方法、边缘条件。

使用实际组件时，应使用实际生产中的夹具和固定装置。

如果定位焊缝最终熔入接头，试件中也应包含定位焊缝。

3.5.3 试验

3.5.3.1 熔焊

试件的试验应尽可能按照 ISO 15614 相关部分进行。

一般至少执行下列试验：

（1）目视检测（100%）；

（2）表面裂纹检测（对于非磁性的材料，仅做渗透检验）；

（3）硬度试验（$R_m <$ 420N/mm² 或 $R_e <$ 275N/mm² 的铁素体钢，或 ISO/TR 15608 中的 8 组钢，或 21 和 22 组铝合金母材不要求）；

（4）低倍金相检验（数量取决于结构形状）。

3.5.3.2 电阻焊

（1）概述。

具备条件的话，如果所有条件都符合，如设备、电极、材料（种类、表面、厚度）及焊接数据，可以参考其他焊接工艺规程的结果。

（2）搭接焊缝。

如果搭接焊缝的预生产焊接试验涉及 ISO 15614-12，应尽可能进行该标准表 1 规定的所有种类试验。一般情况下，至少要进行下列试验：

① 目视检测（100%）；

② 确定焊缝尺寸和断裂形态的车间现场试验；

③ 至少分别测定熔核直径、压痕和缝焊最小宽度的低倍金相检验（具体数量视结构形状或合同而定）；

④ 依据 ISO 10447 的预生产试件的凿裂试验。

（3）对接焊缝。

如果对接焊缝的预生产焊接试验涉及 ISO 15614-13，应尽可能进行该标准表 1 规定的所有种类

试验。一般情况下，至少要进行下列试验：

① 目视检测（渗透检验）；

② 破坏性试验，特别是弯曲试验或整个预生产试件的变形试验。

3.5.4 认可范围

按照本标准评定的工艺仅适用于该预生产试验所使用的接头种类。

认可范围一般与按照 ISO 15614 相应部分的焊接工艺试验一致。但是，厚度的认可范围适用于接头的每个构件和焊缝厚度。

电阻焊时，认可范围仅限于试验的预生产试件。

3.6 钎焊工艺评定标准 EN 13134

3.6.1 适用范围

钎焊的焊接工艺评定目前依据欧洲标准 EN 13134：2000 执行，规定了金属之间、金属和非金属的钎焊工艺规程（BPS）与评定的一般规则，主要是用来评定预备钎焊工艺规程（pBPS）的正确性，一个预备钎焊工艺规程应选择以下适合的 3 种方式之一进行评定：① 提交书面证明，证明相关的工艺已经在实践中被认可；② 提交其他检验人员或检验机构之前已经批准的相关工艺；③ 进行适当的钎焊工艺检验，以获得检验人员或检验机构批准。

如果是手工操作焊枪（火焰）钎焊，根据此标准通过该钎焊工艺考试的钎焊工即同时获得 ISO 13585（钎焊工考试）的资格认证。

3.6.2 需要达成一致并记录的信息和要求

钎焊工艺评定之前，下列信息和要求应达成一致并进行书面记录以便形成最终报告。

（1）所使用的标准，如果需要，加上补充的要求。

（2）母材的材质书。

（3）检验类型，如果需要，应使用钎焊材料进行。

（4）要使用的钎焊工艺。

（5）要使用的钎焊填充材料以及钎剂（如果需要），或者另行规定。

（6）相关的钎焊参数。

（7）预备钎焊工艺规程，基于本条的详细信息。

（8）接头 / 装配结构，如果其他相关应用标准没有规定。

（9）试件的数量、试样的数量以及再次考试试样的数量。

（10）目视检测范围、无损检测和破坏性试验的金相实验以及附加考试要求细节。

（11）合格 / 不合格标准，（适当的情况下）包括合格等级。

（12）可能情况下的评定范围。

（13）记录并存档。

3.6.3 钎焊参数

应选择好相关的钎焊参数（表 3.17），针对不同的钎焊方法，由于工艺的不同焊接参数也有所区别，在选择时应着重考虑。

表 3.17　相关的钎焊参数

参数	钎焊工艺								
	A	B	C	D	E	F	G	H	I
母材（类型和厚度）	×	×	×	×	×	×	×	×	×
钎焊填充材料									
类型	×	×	×	×	×	×	×	×	×
形状	×	×	×	×	×	×	×	×	×
填充材料输入方法	×	×	×	×	×	×	×	×	×
应用点	×	×	×	×	×	×	×	×	×
钎剂									
类型	×	×	×	×	×		×	×	×
形状	×	×	×	×	×		×	×	
填充材料输入方法	×	×	×	×	×				
应用点	×	×	×	×	×				
电镀隔绝	×	×	×	×	×		×	×	
装配设计和结构（包括室温，安装以及钎焊温度下的接头间隙）	×	×	×	×	×	×	×	×	×
夹具固定装置信息	×	×	×	×	×	×	×	×	×
钎焊焊前清洁方法	×	×	×	×	×	×	×	×	×
钎焊焊后清洁方法	×	×	×	×	×	×	×	×	×
钎焊焊后热处理（温度–时间周期）	×	×	×	×	×	×	×	×	×
时间–温度周期			×	×	×	×	×	×	×
温度测量（传感器的控制和位置）					×	×	×	×	×
加热气体（类型和压力）	×	×							
喷嘴 / 燃烧器尺寸和数量	×	×							
电源（类型、频率及设置）			×						
感应线圈，结构和位置（相对于接头）			×						
电极结构和材料				×					
机器设置（电极压力、电流、时间）				×					
炉类型			×	×	×				
气体环境（类型、纯度以及流速）				×		×			×
内部净化	×	×							
真空压力				×		×			×
回填气体（类型和压力）						×			
熔池成分	×								
焊前预热	×								

注：A——火焰钎焊（手工）；B——火焰钎焊（机械）；C——感应钎焊；D——电阻钎焊；E——炉中钎焊（带保护气体氛围）；F——真空钎焊；G——炉中钎焊（无保护氛围）；H——焊剂钎焊、浸渍钎焊和盐浴钎焊；I——红外钎焊。

对于红外钎焊（以及对于其他特殊工艺），合约方应就以上未列出的相关参数达成一致。

3.6.4 试件及试样

3.6.4.1 概述

预备钎焊工艺规程应用于钎焊装配，从该装配中可获取无损检测和 / 或破坏性试验所需的试样。有些情况下，可以钎焊焊接标准的试件，但是通常来说焊接可以生产装配或者设计出与最终所需的生产装配部件非常接近的装配。例如散热、约束（尤其如果该生产装配要安装夹具时），以及嵌入的定位等因素都是可以模拟的。

3.6.4.2 试件及试样数量

试件的数量应充分满足无损检测及破坏性试验所需的试样。对于附加的检验中的抗剪试验、拉伸试验、剥离试验和弯曲试验的破坏性试验，建议至少需要 3 个试样。

3.6.5 检验及试验

3.6.5.1 检验范围

EN 12797《钎焊　钎焊接头的破坏性试验》以及 EN 12799《钎焊　钎焊接头的无损检测》中描述了适合的检验方法，由于钎焊接头的特殊性多数情况下会发现仅有少部分适用，例如，如果需要一个构件维持非常低的内部压力，那么真空泄漏检验就是有意义的，破坏性试验不提供有用的信息。如果 EN 12797 及 EN 12799 中给出的检验都不是相关的，那么应再设计适合的检验，例如，如果温度升高时，装配暴露于高应力下，那么就会需要一些应力破坏试验（表 3.18）。

表 3.18　检验方法

检验方法	强制检验	附加的检验
按照 EN 12799 进行无损检测	目视检测	超声检验；射线检验；渗透检验；密封性检验；安全检验；温度检验
按照 EN 12797 进行破坏性试验	金相实验	抗剪试验；拉伸试验；硬度试验；剥离试验；弯曲试验

注：1. 钎焊装配可能需要切开来检验内部，所以该检验可能是破坏性的。
2. 所有的接头都应根据 EN 12797 进行金相检验。
3. 不要对试样进行任何修饰改变，会影响破坏性试验和无损检测的结果，而且也不能对生产中任何阶段的试样进行工艺上的修改。例如表面修饰这种工艺对于有些无损检测是允许的，但是应保证没有重要的表面缺欠影响检验结果。

3.6.5.2 再次检验

若试件不符合所规定检验的合格标准，则需要从同一个钎焊试件或新的钎焊试件中再获取特定数量的试样，并进行同样的检验。如果附加试验中的试样仍然不符合要求，认定该钎焊工艺在未经修改的情况下不能满足标准的要求。

3.6.6 评定范围

在制造商相同的技术和质量控制下的工作间或车间现场中，钎焊工艺规程的评定都是有效的。为了避免技术上相同的工艺检验重复，可以设定一个评定范围，例如，在之前书面证明的基础上，对母材、填充材料、厚度、直径或搭接长度设定评定范围。

3.6.7 钎焊工艺评定记录（BPAR）

　　钎焊工艺评定记录是一份关于每个试件检验包括再次检验的评估结果的记录，该记录也包括检验失败的具体细节。如果没有发现任何不一致的特性或检验结果，那么，检验人员或检验机构的代表即可签署证明该钎焊工艺焊接的试样满足设定的标准。

附录

　　ISO/TR 15608 关于钢和铝的材料分组见附表 1 和附表 2。

附表 1　钢的分类体系（摘自 ISO/TR 15608：2017）

组别	分组	钢种
1		屈服强度 $R_{eH} \leqslant 460N/mm^2$，且成分如下： $C \leqslant 0.25\%$；$Si \leqslant 0.60\%$；$Mn \leqslant 1.8\%$；$Mo \leqslant 0.70\%$[①]；$S \leqslant 0.045\%$；$P \leqslant 0.045\%$；$Cu \leqslant 0.40\%$[①]；$Ni \leqslant 0.5\%$[①]；$Cr \leqslant 0.3\%$（0.4% 铸钢）[①]；$Nb \leqslant 0.06\%$；$V \leqslant 0.1\%$；$Ti \leqslant 0.05\%$
	1.1	屈服强度 $R_{eH} \leqslant 275N/mm^2$ 的钢
	1.2	屈服强度 $275N/mm^2 < R_{eH} \leqslant 360N/mm^2$ 的钢
	1.3	屈服强度 $R_{eH} > 360N/mm^2$ 的细晶粒正火钢
	1.4	抗大气腐蚀钢（单个元素可能超过类组 1 的规定值）
2		屈服强度 $R_{eH} > 360N/mm^2$ 的热控轧细晶粒钢和铸钢
	2.1	屈服强度 $360N/mm^2 < R_{eH} \leqslant 460N/mm^2$ 的热控轧细晶粒钢和铸钢
	2.2	屈服强度 $R_{eH} > 460N/mm^2$ 的热控轧细晶粒钢和铸钢
3		屈服强度 $R_{eH} > 360N/mm^2$ 的调质钢和沉淀强化钢（不锈钢除外）
	3.1	屈服强度 $360N/mm^2 < R_{eH} \leqslant 690N/mm^2$ 的调质钢
	3.2	屈服强度 $R_{eH} > 690N/mm^2$ 的调质钢
	3.3	沉淀强化钢（不锈钢除外）
4		$Mo \leqslant 0.7\%$ 且 $V \leqslant 0.1\%$ 的低钒 $Cr-Mo-$（Ni）合金钢
	4.1	$Cr \leqslant 0.3\%$ 且 $Ni \leqslant 0.7\%$ 的钢
	4.2	$Cr \leqslant 0.7\%$ 且 $Ni \leqslant 1.5\%$ 的钢
5		$C \leqslant 0.35\%$ 的无钒 $Cr-Mo$ 钢[②]
	5.1	$0.75\% \leqslant Cr \leqslant 1.5\%$ 且 $Mo \leqslant 0.7\%$ 的钢
	5.2	$1.5\% < Cr \leqslant 3.5\%$ 且 $0.7\% < Mo \leqslant 1.2\%$ 的钢
	5.3	$3.5\% < Cr \leqslant 7.0\%$ 且 $0.4\% < Mo \leqslant 0.7\%$ 的钢
	5.4	$7.0\% < Cr \leqslant 10.0\%$ 且 $0.7\% < Mo \leqslant 1.2\%$ 的钢
6		高钒 $Cr-Mo-$（Ni）合金钢
	6.1	$0.3\% \leqslant Cr \leqslant 0.75\%$；$Mo \leqslant 0.7\%$；$V \leqslant 0.35\%$ 的钢
	6.2	$0.75\% < Cr \leqslant 3.5\%$；$0.7\% < Mo \leqslant 1.2\%$；$V \leqslant 0.35\%$ 的钢
	6.3	$3.5\% < Cr \leqslant 7.0\%$；$Mo \leqslant 0.7\%$；$0.45\% \leqslant V \leqslant 0.55\%$ 的钢
	6.4	$7.0\% < Cr \leqslant 12.5\%$；$0.7\% < Mo \leqslant 1.2\%$；$V \leqslant 0.35\%$ 的钢

续表

组别	分组	钢种
7		C ≤ 0.35%；10.5% ≤ Cr ≤ 30% 的铁素体、马氏体或沉淀强化不锈钢
	7.1	铁素体不锈钢
	7.2	马氏体不锈钢
	7.3	沉淀强化不锈钢
8		Ni ≤ 35% 的奥氏体不锈钢
	8.1	Cr ≤ 19% 的奥氏体不锈钢
	8.2	Cr > 19% 的奥氏体不锈钢
	8.3	4% < Mn ≤ 12% 的含锰奥氏体不锈钢
9		Ni ≤ 10.0% 的含镍合金钢
	9.1	Ni ≤ 3.0% 的含镍合金钢
	9.2	3.0% < Ni ≤ 8.0% 的含镍合金钢
	9.3	8.0% < Ni ≤ 10.0% 的含镍合金钢
10		奥氏体 – 铁素体双相不锈钢
	10.1	Cr ≤ 24% 以及 Ni > 4% 的奥氏体 – 铁素体不锈钢
	10.2	Cr > 24% 以及 Ni > 4% 的奥氏体 – 铁素体不锈钢
	10.3	Ni ≤ 4% 的奥氏体 – 铁素体不锈钢
11		0.30% < C ≤ 0.85%，其余成分与 1 类钢[②]相同的钢
	11.1	0.30% < C ≤ 0.35%，其余成分与 1 类钢相同的钢
	11.2	0.35% < C ≤ 0.5%，其余成分与 1 类钢相同的钢
	11.3	0.5% < C ≤ 0.85%，其余成分与 1 类钢相同的钢

注：1. 如果某种材料根据厚度规定了不同的最低屈服强度，应根据其中最高值确定该材料的分组别。

2. 按照钢的产品标准，R_{eH} 可用 $R_{p0.2}$ 或 $R_{t0.5}$ 代替。

① 当 Cr+Mo+Ni+Cu+V ≤ 0.75% 时，更高的值也可。

② 当 Cr+Mo+Ni+Cu+V ≤ 1% 时，更高的值也可。

附表 2　铝及铝合金的分类（摘自 ISO/TR 15608：2017）

组别	分组	铝及铝合金的种类
21		杂质或合金含量 ≤ 1% 的纯铝
22		非热处理强化铝合金
	22.1	铝镁合金
	22.2	Mg ≤ 1.5% 的铝镁合金
	22.3	1.5% < Mg ≤ 3.5% 的铝镁合金
	22.4	Mg > 3.5% 的铝镁合金
23		热处理强化铝合金
	23.1	Al–Mg–Si 合金
	23.2	Al–Zn–Mg 合金

续表

组别	分组	铝及铝合金的种类
24		Cu ≤ 1% 的 Al-Si 合金
	24.1	Cu ≤ 1%；5% < Si ≤ 15% 的 Al-Si 合金
	24.2	Cu ≤ 1%；5% < Si ≤ 15%；0.1% < Mg ≤ 0.8% 的 Al-Si-Mg 合金
25		5% < Si ≤ 14%；1% < Cu ≤ 5%；Mg ≤ 0.8% 的 Al-Si-Cu 合金
26		2% < Cu ≤ 6% 的 Al-Cu 合金

注：21、22、23 一般为锻材，24、25、26 为铸造材料。

参考文献

［1］Welding–Guidelines for A Metallic Materials Grouping System: ISO/TR 15608:2017［S/OL］.［2017–02］. https://www.iso.org/standard/65667.html.

［2］Specification and Qualification of Welding Procedures for Metallic Materials – Welding Procedure Specification – Part 1: Arc Welding ISO 15609–1:2019［S/OL］.［2019–08］. https://www.iso.org/standard/75556.html.

［3］Specification and Qualification of Welding Procedures for Metallic Materials – Welding Procedure Test – Part 1: Arc and Gas Welding of Steels and Arc Welding of Nickel and Nickel Alloys: ISO 15614–1:2017［S/OL］.［2017–06］. https://www.iso.org/standard/51792.html.

［4］Specification and qualification of welding procedures for metallic materials — Welding procedure test — Part 2: Arc welding of aluminium and its alloys: ISO 15614–2:2005［S/OL］.［2005–05］. https://www.iso.org/standard/28408.html.

［5］Specification and qualification of welding procedures for metallic materials– General rules: ISO 15607:2019［S/OL］.［2019–10］. https://www.iso.org/standard/71495.html.

［6］Specification and qualification of welding procedures for metallic materials – Qualification based on pre–production welding test: ISO 15613:2004［S/OL］.［2004–06］. https://www.iso.org/standard/28394.html.

［7］Specification and qualification of welding procedures for production welding of steel castings: ISO 11970:2016［S/OL］.［2016–03］. https://www.iso.org/standard/59270.html.

［8］Brazing – Procedure Approval: BS EN 13134:2000［S/OL］.［2000–10–15］. https://www.en–standard.eu/bs–en–13134–2000–brazing–procedure–approval/.

本章的学习目标及知识要点

1. 学习目标

（1）掌握焊接工艺规程相关标准。

（2）了解焊接工艺评定常用方法及相关标准。

（3）了解 ISO 15614 第 1 部分和第 2 部分的主要内容及应用范围。

（4）了解 ISO 15613 的主要内容及应用范围。

（5）了解钎焊焊接工艺评定标准。

2. 知识要点

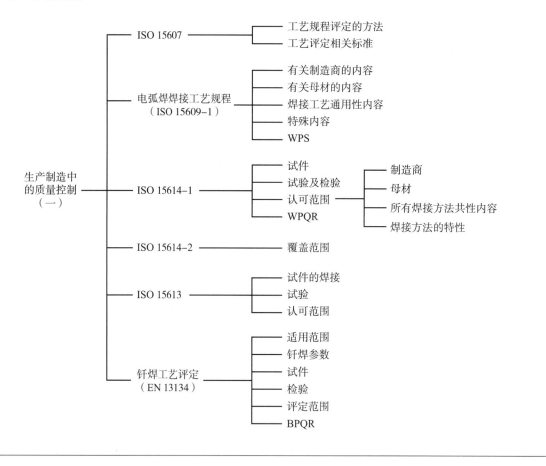

第4章

生产制造中的质量控制（二）

编写：徐林刚　杨桂茹　邵辉　审校：钱强

焊工资格认证是焊接企业生产制造质量控制环节之一，本章主要介绍手工及半机械化焊焊工、全机械化和自动焊操作工、钎焊工及钎焊操作工的认证标准，从适用范围、认证影响因素、认可范围、焊接条件、检验方法、评定原则、补考、有效期、证书标记等方面对相应标准进行阐述。

4.1 焊工考试国际标准 ISO 9606 系列

4.1.1 ISO 9606 系列标准简介

ISO 9606 系列标准是在欧洲标准 EN 287 系列标准的基础上修订/转化的，是在世界各国多年实际应用的基础上形成的，包括了不同类别的金属材料、不同熔焊方法的焊工操作技能评定和相关的专业理论知识的要求。

ISO 9606 系列标准适用于手工及半机械化焊焊工的考核，全机械化和自动焊操作工的考核标准为 ISO 14732。ISO 9606 系列标准侧重于焊工手工操作技能的考核，而对焊工的专业理论考核没有做硬性的规定，这主要取决于各行业部门的具体要求。按该标准的考核结果既可以作为企业焊工技能操作能力的资质要求，也可以用于评价焊工的职业资格水平。

目前主要涉及标准如下：

ISO 9606-1《熔焊焊工考试　钢材》

ISO 9606-2《熔焊焊工考试　铝及铝合金》

ISO 9606-3《熔焊焊工考试　铜及铜合金》

ISO 9606-4《熔焊焊工考试　镍及镍合金》

ISO 9606-5《熔焊焊工考试　钛及钛合金、锆及锆合金》

本节主要介绍 2012 版 ISO 9606-1 和 2004 版 ISO 9606-2 标准的基本内容。

4.1.2　2012 版 ISO 9606-1 标准的基本内容

2012 版 ISO 9606-1 标准中规定了钢的熔焊焊工技能操作的影响因素为：焊接方法、填充材料组别、填充材料类型、试件尺寸、试件类型（板或管）、焊缝种类（对接焊缝、角焊缝）、焊接位置、焊接细节，共八个要素，通过焊接工艺规程或预备焊接工艺规程的形式确认后，按规定和相关要求进行试件焊接，并按标准要求进行焊接接头检验，从而以接头中出现的缺欠是否符合验收标准相关规定来评价焊工操作能力。

4.1.2.1　焊工考试的影响因素及认可范围

（1）焊接方法。

2012 版 ISO 9606-1 中包含了下列手工焊或半机械化焊接方法（焊接方法代号见 2009 版 ISO 4063）：

111——焊条电弧焊（E 焊）	121——实心丝极埋弧焊（半机械化）
114——自保护药芯焊丝电弧焊	125——药芯丝极埋弧焊（半机械化）
131——熔化极惰性气体保护焊（MIG 焊）	141——钨极惰性气体保护电弧焊（TIG 焊）
135——熔化极活性气体保护焊（MAG 焊）	142——无填充材料的 TIG 焊
136——药芯焊丝 MAG 焊	143——使用管状药芯填充材料（丝或棒）的 TIG 焊
138——金属芯 MAG 焊	145——使用还原气体和实心填充材料（丝或棒）的 TIG 焊
15——等离子弧焊	311——氧乙炔焊

每项焊工考试一般只认可一种焊接方法。改变焊接方法需要重新考试。但将实心焊丝 135 工艺改为金属芯焊丝 138 工艺（或反之），不要求重新考试；将实心焊丝 121 工艺改为药芯焊丝 125 工艺（或反之），不要求重新考试；焊接方法 141、143 或 145 认可焊接方法 141、142、143 或 145，但 142 只认可 142。

2012 版标准中增加了 131、135 和 138 工艺中熔滴过渡形式的认可，短路过渡认可其他过渡形式，反之要重新考试。在实际焊接中，熔滴过渡主要有短路过渡、颗粒过渡、喷射过渡、脉冲过渡四种过渡形式。

允许焊工使用多种工艺焊接一个试件取得两种（或更多种）焊接方法的认可。

（2）填充材料组别。

①细则。

焊工考试按照填充材料的合金组别和填充材料的类型来进行，也就是影响焊工技能的材料因素是填充材料的冶金成分和工艺性。表 4.1 中列出填充材料的组别，采用其中一个组别进行考试。当采用表 4.1 以外的填充材料进行考试时，应该进行单独的考试。表 4.1 中列举的标准见第二分册《材料及材料焊接行为》。需要说明的是 2012 版标准中取消了以母材作为认可范围的资质要求，并不意味母材就完全不在考虑范围内了，我们还是要着重考虑工艺的合理性。

资格考试中采用的母材应该按照 2017 版 ISO/TR 15608 材料组别 1 到 11 选择适合的材料。

表 4.1　填充材料组别

组别	焊接填充材料	填充材料标准示例					
		111	141	135	136	138	121
FM1	非合金和细晶粒钢	ISO 2560	ISO 636	ISO 14341	ISO 17632	ISO 17632	ISO 14171
FM2	高强钢	ISO 18275	ISO 16834	ISO 16834	ISO 18276	ISO 18276	ISO 26304
FM3	抗蠕变钢 Cr < 3.75%	ISO 3580	ISO 21952	ISO 21952	ISO 17634	ISO 17634	ISO 24598
FM4	抗蠕变钢 3.75% ≤ Cr ≤ 12%	ISO 3580	ISO 21952	ISO 21952	ISO 17634	ISO 17634	ISO 24598
FM5	不锈钢和耐热钢	ISO 3581	ISO 14343	ISO 14343	ISO 17633	ISO 17633	
FM6	镍和镍合金	ISO 14172	ISO 18274	ISO 18274			

② 认可范围。

表 4.2 规定了填充材料组别的认可范围。焊工获得填充材料某组别中一种材料的认可，也就获得了该组别中所有其他填充材料的认可，同时也获得了表 4.2 规定的它所认可的其他组别中的填充材料的认可。比如，根据表 4.2 填充材料 FM1 和 FM2 组别互相认可，当焊工取得具有 FM1 组别的焊工资质证书时，也就同时具有了焊接 FM2 组别填充材料的资质。具体来讲，某企业在实际生产时有非合金钢 FM1 组 ER50 的焊丝，也有高强钢 FM2 组 ER100 的焊丝，焊工考试只需选择其中一种焊丝取得焊工资质即可。

表 4.2　填充材料的认可范围

填充材料	认可范围					
	FM1	FM2	FM3	FM4	FM5	FM6
FM1	×	×	—	—	—	—
FM2	×	×	—	—	—	—
FM3	×	×	×	—	—	—
FM4	×	×	×	×	—	—
FM5	—	—	—	—	×	—
FM6	—	—	—	—	×	×

注：× 表示焊工获得认可的填充材料；— 表示焊工未获得认可的填充材料。

（3）填充材料类型。

带填充材料的焊接认可不带填充材料的焊接，反之则不行。

焊接方法 142 和 311（不带填充材料），考试中采用的母材组别为焊工认证的材料组别。

填充材料的认可范围参见表 4.3 和表 4.4，其中表 4.3 规定了药皮焊条的认可范围，表 4.4 规定了实心焊丝、焊棒，金属芯焊丝、焊棒，药芯焊丝、焊棒的认可范围。

表 4.3 药皮焊条的认可范围^①

焊接方法	考试所使用的药皮类型^②	认可范围		
		A，RA，RB，RC，RR，R 03，13，14，19，20，24，27	B 15，16，18，28，45，48	C 10，11
111	A，RA，RB，RC，RR，R 03，13，14，19，20，24，27	×	—	—
	B 15，16，18，28，45，48	×	×	—
	C 10，11	—	—	×

注：× 表示焊工获得认可的填充材料；—表示焊工未获得认可的填充材料。

① 缩略符号见 2020 版 ISO 2560–A，ISO 2560–B 中的规定。

② 焊工考试时，无衬垫打底焊道（ss nb）使用的药皮类型应与实际生产无衬垫打底焊道使用的相同。

表 4.4 填充材料类型的认可范围^{①②}

试件所用填充材料类型	认可范围			
	S	M	B	R，P，V，W，Y，Z
实心焊丝、焊棒（S）	×	×	—	—
金属芯焊丝、焊棒（M）	×	×	—	—
药芯焊丝、焊棒（B）	—	—	×	×
药芯焊丝、焊棒（R，P，V，W，Y，Z）	—	—	—	×

注：× 表示焊工获得认可的填充材料；—表示焊工未获得认可的填充材料。

① 缩略语见填充材料标准的规定。

② 焊工考试时，无衬垫打底焊道使用的药芯焊丝类型应与实际生产无衬垫打底焊道使用的相同。

（4）试件尺寸及认可范围。

① 考试试件的形状和尺寸。

试件的形状和尺寸要求如图 4.1~ 图 4.4 所示。

板的试件长度应至少 200mm；检验长度 150mm。如果管子的周长小于 150mm，需要增加试件，但试件数量不得超过 3 个。

② 厚度认可范围。

对接焊缝按熔敷金属厚度和管外径来认可，表 4.5 规定了对接焊缝熔敷金属厚度的认可范围，表 4.6 规定了管外径的认可范围。

对于支管焊接，表 4.5 和表 4.6 的适用规则如下：骑座式，支管的熔敷金属厚度和管外径如图 4.5（a）所示；完全插入式或插入式，主管或壳体的熔敷金属厚度及支管的管外径如图 4.5（b）、图 4.5（c）所示。

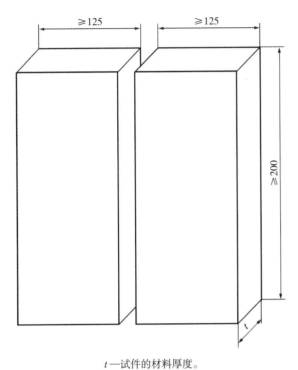

t—试件的材料厚度。

图 4.1 板对接焊缝试件尺寸

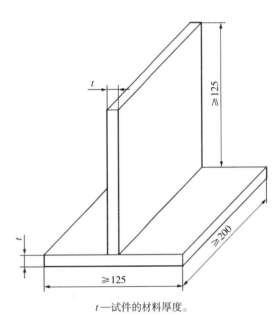

t—试件的材料厚度。

图 4.2 板角焊缝试件尺寸

（注：母材可以为不同厚度）

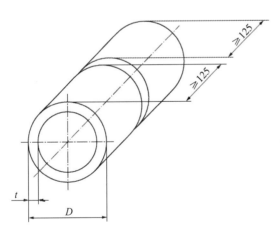

D—管外径；t—试件的材料厚度（壁厚）。

图 4.3 管子对接焊缝试件尺寸

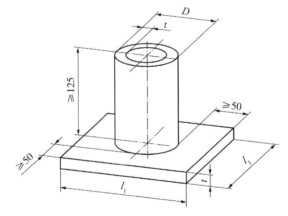

D—管外径；l_1—试件长度；

t—试件的材料厚度（板厚或壁厚）。

图 4.4 管子角焊缝试件尺寸

（注：母材可以为不同厚度的管和板）

表 4.5　对接焊缝熔敷金属厚度的认可范围

单位：mm

试件的熔敷金属厚度 s	认可范围①②
s < 3	s ~ 3③或 s ~ 2s③（选择较大者）
3 ≤ s < 12	3 ~ 2s④
s ≥ 12⑤⑥	≥ 3⑥

① 对于单一焊接方法和相同的填充材料，s 等于母材厚度 t。

② 对于支管接头，熔敷金属厚度的认可范围是：骑座式，示例见图 4.5（a），支管的熔敷金属厚度；完全插入式或插入式：示例见图 4.5（b）和图 4.5（c），主管或壳体的熔敷金属厚度。

③ 对氧乙炔焊（311）：s 至 1.5s。

④ 对氧乙炔焊（311）：3mm 至 1.5s。

⑤ 试件至少焊接 3 层。

⑥ 对于多种焊接方法，s 为每种方法的熔敷金属厚度。

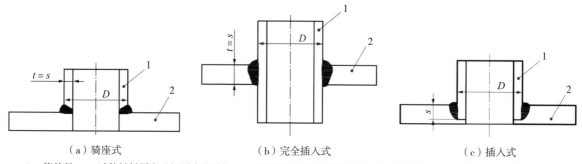

（a）骑座式　　　　　　　（b）完全插入式　　　　　　（c）插入式

D—管外径；t—试件材料厚度（板厚或壁厚）；s—对接焊缝熔敷金属厚度或熔化金属厚度；1—支管；2—主管或壳体。

图 4.5　支管类型

　　熔敷金属厚度 s 是指除余高部分熔敷金属的厚度，全熔透情况下等于母材厚度。如焊工考试采用 14mm 的非全熔透对接焊缝，要求 s 达到 10mm 即可，则按照 10mm 计算认可范围，根据表 4.5 就是 3 ~ 20mm。若焊工分别进行 1mm 与 12mm（至少焊接 3 层）的全熔透的对接焊缝考试，则认可范围分别为 1~3mm 和 ≥3mm，即认可厚度 ≥ 1mm 的所有对接全熔透焊缝。也就是说在对接全熔透焊缝考试时，选取一个 < 3mm 的最薄厚度试件和 ≥ 12mm 的任一厚度试件来进行考试，就能够认可对接全熔透焊缝的实际生产需求。

表 4.6　管外径的认可范围

单位：mm

试件的管外径 D	认可范围
D ≤ 25	D ~ 2D
D > 25	≥ 0.5D（最小 25mm）

注：对于中空结构而言，D 为较小边的尺寸。

　　角焊缝的认可范围仍然以母材的厚度作为资质证书认可范围的依据之一，但是 2012 版标准中对于厚度 t < 3mm 认可范围有所变化，如考试试件选择 2mm，根据表 4.7，则认可范围为 2 ~ 4mm 或

者 2 ~ 3mm，选择较大者，为 2 ~ 4mm。同样在角焊缝考试试件厚度选取上，可以选取一个 < 3mm
的最薄厚度试件和 ≥ 3mm 的任一厚度试件来进行。

表 4.7　角焊缝材料厚度的认可范围

单位：mm

试件的材料厚度 t	认可范围
$t < 3$	$t \sim 2t$ 或 $t \sim 3$，选择较大者
$t \geq 3$	≥ 3

管子焊缝的认可范围是以管外径作为资质证书认可范围的依据，认可范围见表 4.6，这里要强调
的是当管外径 $D > 25$mm 时，应该考虑如何应用括号内的"最小 25mm"。如果选择管外径 60mm，
则认可范围为 ≥ 30mm，若选择管外径 40mm，根据认可范围 ≥ 0.5 D，应该是 ≥ 20mm，但实际上不
是 ≥ 20mm，而是 ≥ 25mm。

（5）试件类型。

考试应在板、管或其他合适的产品形式上进行，并采用下列规定来认可：

① 外径 $D > 25$mm 的管材上的焊缝认可板材上的焊缝；

② 按照表 4.8 和表 4.9，板材上的焊缝认可固定的、外径 $D \geq 500$mm 的管材上的焊缝；

③ 按照表 4.8 和表 4.9，对于焊接位置 PA、PB（平角焊）、PC 和 PD（仰角焊），板材上的焊缝
认可转动的、外径 $D \geq 75$mm 的管材上的焊缝。

（6）焊缝种类。

考试应采用对接焊缝或角焊缝，并依据下列准则进行认可：

① 对接焊缝认可任何接头类型上的对接焊缝，支管连接除外。

② 对接焊缝不认可角焊缝，反之亦然。但是对接角接的组合焊缝认可角焊缝与对接焊缝，例
如，带永久性衬垫的单 V 形接头（应采用最小厚度为 10mm 的试件），见 2012 版 ISO 9606-1 标准原
文附录 C；对于此组合焊缝试验，应满足标准中规定的所有检验要求，并根据试验条件给出资格考
试的相关范围。

③ 管材对接焊缝认可角度 ≥ 60° 的支管接头，该支管接头的认可范围同样见表 4.1 ~ 表 4.11。对
支管焊缝而言，其认可范围以支管的外径为基础。

④ 如果生产中的焊缝类型不能被对接焊缝或角焊缝或 < 60° 的支管连接认可，当对此焊缝类型
做出规定时（如产品标准），焊工应通过特殊焊缝类型考试。

⑤ 通过对接焊缝考试的焊工可以认可角接焊缝，要按照表 4.1、表 4.2 和表 4.3 对每种焊接方法、
填充材料（FM）组别和焊条药皮 / 药芯补充一个角焊缝试件考试。此试件应 ≥ 10mm 厚或者对接焊
缝试件厚度（如果较小），采用 PB 焊接位置的单层焊。这个补充考试认可对接焊缝考试认可范围内
的所有角焊缝（表 4.6 ~表 4.9 和表 4.11）。焊接位置为 PA 和 PB 的角焊缝也被此考试认可。

（7）焊接位置。

每个焊接位置的认可范围由表4.8和表4.9给出。这些焊接位置及代号参见2019版ISO 6947。

焊接两个管外径相同的管子，一个在PH位置，另一个在PC位置，也认可了在H–L045（45°立向上焊）位置向上焊接的管子的认可范围。

焊接两个管外径相同的管子，一个在PJ（管焊接立向下焊）位置，另一个在PC位置，也认可了在J–L045位置向下焊接的管子的认可范围。

管外径 $D \geqslant 150$mm的管子可以只用一个试件在两个焊接位置（2/3周长的PH或PJ位置，1/3周长的PC位置）上焊接（图4.6）。此考试认可了试件焊接方向的所有位置。

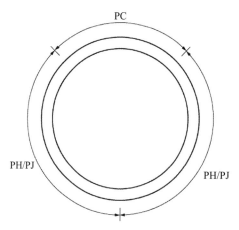

图4.6　管外径 $D \geqslant 150$mm，焊接位置
（注：关于焊接位置代号，参照2019版ISO 6947）

表4.8　对接焊缝焊接位置的认可范围

考试位置	PA	PC	PE	PF	PG
PA	×	—	—	—	—
PC	×	×	—	—	—
PE（板）	×	×	×	—	—
PF（板）	×	—	—	×	—
PH（管）	×	—	×	×	—
PG（板）	—	—	—	—	×
PJ（管）	×	—	×	—	×
H–L045	×	×	×	×	—
J–L045	×	×	×	—	×

注：×表示焊工获得认可的焊接位置；—表示焊工未获得认可的焊接位置。

表4.9　角焊缝焊接位置的认可范围

考试位置	PA	PB	PC	PD	PE	PF	PG
PA	×	—	—	—	—	—	—
PB	×	×	—	—	—	—	—

续表

考试位置	PA	PB	PC	PD	PE	PF	PG
PC	×	×	×	—	—	—	—
PD	×	×	×	×	×	—	—
PE（板）	×	×	×	×	×	—	—
PF（板）	×	×	—	—	—	×	—
PH（管）	×	×	×	×	×	×	—
PG（板）	—	—	—	—	—	—	×
PJ（管）	×	×	—	×	×	×	×

注：× 表示焊工获得认可的焊接位置；— 表示焊工未获得认可的焊接位置。

对接焊缝焊接位置的认可范围见表 4.8，企业在焊接产品时，通常会考虑利用翻转装置将焊接位置控制在平焊 PA 位置，降低焊接操作难度及提高效率并保证产品质量，但对于某些特殊产品可能无法翻转，就会涉及立焊 PF 或仰焊 PE 等焊接位置，所以企业在选择焊工考试项目时，根据焊接位置的认可范围可以选择产品中难度相对较高的一个进行。

角接焊缝的焊接位置主要涉及平角焊 PB、立角焊 PF 和仰角焊 PD，表 4.9 规定，立角焊 PF 和仰角焊 PD 不能互相覆盖，且立角焊 PF 和仰角焊 PD 分别都能覆盖平角焊 PB。

（8）焊接细节。

焊接时的施焊形式，如加不加垫板、单面焊或双面焊、单层焊或多层焊等。

焊缝细节的认可范围见表 4.10 和表 4.11。焊缝的细节主要是从两个方面来进行考虑，一是针对对接焊缝，这里面主要考虑的是是否增加衬垫，也就是说从操作难度的角度来进行考虑，当焊工考试单面焊不带衬垫（ss nb），可以认可单面焊带衬垫（ss mb）及双面焊（bs）等；二是针对角接焊缝，从层道数上面进行考虑，多层焊缝（ml）可以认可单层焊缝（sl），比如焊工考试选择 12mm 板厚的角焊缝进行焊接，无论是单层焊缝还是多层焊缝焊接其厚度认可范围都是 ≥ 3mm，但是如果考试时焊接单层，在实际工作中多层焊缝施焊，该资质无效。

使用 311 方法进行焊接时，右焊法改成左焊法，或反之，均要求重新考试。

表 4.10　衬垫和熔化预置件的认可范围

考试条件	认可范围					
	不带衬垫（ss nb）	带衬垫（ss mb）	双面焊（bs）	背面气体保护（ss gb）	熔化预置件（ci）	焊剂垫（ss fb）
不带衬垫（ss nb）	×	×	×	×	—	×
带衬垫（ss mb）	—	×	×	—	—	—
双面焊（bs）	—	×	×	—	—	—
背面气体保护（ss gb）	—	×	×	×	—	—
熔化预置件（ci）	—	×	×	—	×	—
焊剂垫（ss fb）	—	×	×	—	—	×

注：× 表示焊工获得认可的考试条件；— 表示焊工未获得认可的考试条件。

表 4.11 角焊缝分层焊接技术的认可范围

试件	认可范围[②]	
	单层（sl）	多层（ml）
单层（sl）	×	—
多层（ml）[①]	×	×

注：× 表示获得认可的分层焊技术；—表示未获得认可的分层焊技术。

① 当试件焊接时，考官应对第一层按照 "4.1.2.4" 进行目视检测。

② 当焊工进行对接焊缝多层焊考试时，焊工应按照 "4.1.2.1" 中有关条款的规定补充角焊缝试验，焊工应同时获得多层焊角焊缝和单层焊角焊缝资格评定。

4.1.2.2 焊接条件

焊工考试应遵照按现行有效的 ISO 15609–1（或 –2）编制的焊接工艺规程或预备焊接工艺规程进行焊接。角焊缝试件要求焊缝厚度应该在考试采用的焊接工艺规程或预备焊接工艺规程中做出规定。

试件在根部焊道和盖面焊道上应至少有一次停弧和再起弧。当采用一种以上的焊接方法时，每种焊接方法至少有一次停弧和再起弧，这包括根部焊道和最终焊道。停弧和再起弧位置必须做标记。

除了盖面焊道，允许焊工在征得考官或考试机构同意的条件下，通过打磨去除轻微的缺欠。盖面焊道只允许打磨熄弧 / 引弧处。

焊接工艺规程或预备焊接工艺规程中所要求的所有焊后热处理可由制造商决定是否省略。

4.1.2.3 检验方法

每条焊完的焊缝应按照表 4.12 的规定检验。表 4.12 所要求的附加检验应在目视检测合格后进行。

考试采用衬垫时，应在破坏性试验之前将其去除（除非宏观检验），在无损检测前不去除。

宏观试验中，为了清晰地显示焊缝，宏观试样应在一侧制备并腐蚀。一般不要求抛光。

表 4.12 检验方法

检验方法	对接焊缝（板或管）	角焊缝和支管连接
按照 ISO 17637 进行目视检测	强制	强制
按照 ISO 17636 进行射线检验	强制[①②③]	非强制
按照 ISO 5173 进行弯曲试验	强制[①②④]	不适用
按照 ISO 9017 进行断裂试验	强制[①②④]	强制[⑤⑥]

① 射线检验、弯曲或断裂试验三者任选其一。

② 做射线检验时，131、135、138 和 311 焊接方法还必须强制附加弯曲或断裂试验。

③ 对于厚度 ≥ 8mm 的铁素体钢，射线检验可用按照 ISO 17640 规定的超声波检验代替。这种情况，无须进行脚注②规定的附加检验。

④ 外径 $D \le 25mm$ 时，弯曲或断裂试验可用整个试件的缺口拉伸试验代替（示例见图 4.9）。

⑤ 断裂试验可用 ISO 17639 规定的宏观检验代替，至少两个截面，其中至少一个是在熄弧 / 引弧处。

⑥ 管子的断裂试验可用射线检验代替。

破坏性试验的试件和试样的种类、尺寸和制备等方面的细节及检验的要求按规定如下，进行面弯、背弯、侧弯或断裂试验时，应在试件检验长度上的熄弧 / 引弧处各制取一个试样。

（1）板材和管材的对接焊缝。

做射线检验时，试件上焊缝的全部试验长度（图 4.7、图 4.8）应进行射线检验。

做断裂试验时，为确保试件在焊缝处断裂，可在试件受拉面焊缝中线上开纵向缺口，按照 ISO 9017 进行缺口加工。

① 仅做断裂试验。对于板对接焊缝，试件的试验长度（图 4.7）应按照表 4.13 中给出的尺寸切成宽度相等的 4 个试样。对于管对接焊缝，试件的试验长度（图 4.8）应按照表 4.13 中给出的尺寸切成宽度相等的 4 个试样。

表 4.13　断裂试样的宽度

单位：mm

板（P）	产品类型管（T）外径 D	试样的断裂宽度
×	≥ 100	≥ 35
—	50 ≤ D < 100	≥ 20
—	25 < D < 50	≥ 10

注：管外径 D ≤ 25mm，推荐按照图 4.9 制取缺口拉伸试件。

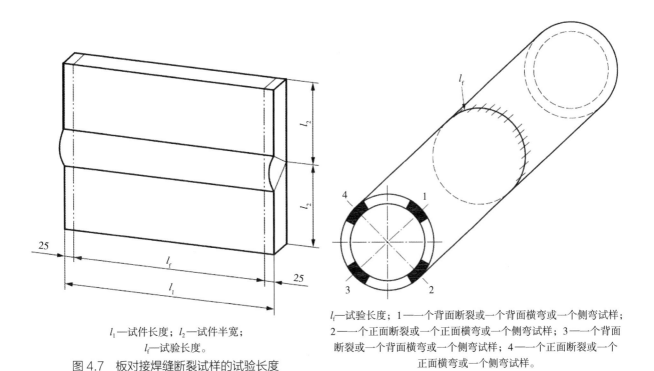

l_1—试件长度；l_2—试件半宽；
l_f—试验长度。

图 4.7　板对接焊缝断裂试样的试验长度

l_f—试验长度；1——个背面断裂或一个背面横弯或一个侧弯试样；2——个正面断裂或一个正面横弯或一个侧弯试样；3——个背面断裂或一个背面横弯或一个侧弯试样；4——个正面断裂或一个正面横弯或一个侧弯试样。

图 4.8　管对接焊缝断裂或弯曲试样的试验长度和位置

② 仅做弯曲试验。弯曲试验应该按照 ISO 5173 进行。当进行弯曲试验时，应该采用下面的条件。

当厚度 t < 12mm 时，应采用最少 2 个背弯试件和 2 个面弯试件，并应检验整个试验长度。

当厚度 t ≥ 12mm 时，应采用 4 个侧弯试件，沿试验长度等距检验。

对于管对接焊缝，按照图 4.9 所示等距制取 4 个试样。

在上述所有情况下，至少需要在熄弧 / 引弧位置制取一个试样。出于此目的，可能用一个背弯试样代替一个侧弯试样。

做横弯或侧弯试验时，对于延伸率 $A \geq 20\%$ 的母材，压头（或内辊）直径应为 $4t_s$，弯曲角度应为 $180°$。而延伸率 $A < 20\%$ 的母材，应采用下列公式：$d = \dfrac{100 \times t_s}{A} - t_s$。式中，$d$ 为压头或内辊的直径（mm）；t_s 为弯曲试样厚度（mm）；A 为母材标准要求的最低延伸率。

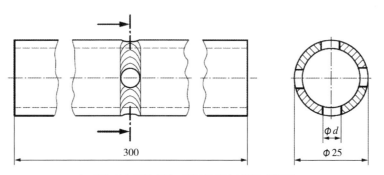

d—压头或内辊的直径；孔不许开在引弧和熄弧处。

对于 $t \geq 1.8\text{mm}$：$d=4.5\text{mm}$；对于 $t < 1.8\text{mm}$：$d=3.5\text{mm}$。

图 4.9　管外径 ≤ 25mm 的试件缺口拉伸试验示例

［注：圆周方向上的缺口形状允许按 ISO 9017 规定采用尖（s）形和方（q）形］

③ 附加弯曲试验或断裂试验。

当需要附加弯曲试验或断裂试验时（表 4.12，表注②），在所有情况下，至少在熄弧 / 引弧位置制取一个试样。出于此种目的，可能用一个背弯试样代替一个侧弯试样。

对于所有板对接焊缝，应该试验一个背弯试样和一个面弯试样，或者如适用试验 2 个侧弯试样。

对于在 PA 或 PC 位置的管对接焊缝，应该试验一个背弯试样和一个面弯试样，或者如适用试验 2 个侧弯试样。

对于在所有其他位置的管对接焊缝，应该在 PE（仰焊）焊接位置上制取一个背弯试样，在 PF（立向上）或者在 PG（立向下）位置上制取一个面弯试样，或者（如适用）2 个侧弯试样。

（2）板和管角焊。

对于板角焊缝，试件的试验长度（图 4.10）应作为一个完整的试样断裂。如有必要可将试件分割成若干个等宽的试样。

对于管角焊缝，试件应切割成 4 个或更多的试样然后进行断裂试验。

板和管角焊缝断裂试验可由宏观检验代替。当采用宏观检验时，应至少制取 2 个试样。应该在熄弧 / 引弧位置制取一个宏观试样。

角焊缝试样应按照 ISO 9017 放置并破断。

（3）试验报告。

所有的试验结果应按相应的试验标准整理成书面报告。

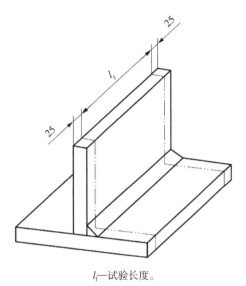

l_f—试验长度。

图 4.10 板材角焊缝断裂试验的试验长度

4.1.2.4 试件的评定条件

试件应按相应缺欠种类所规定的验收要求进行评估。

进行任何试验之前应做下列检查：

（1）应清除所有焊渣及飞溅。

（2）焊缝根部和正面不得打磨。

（3）根部焊道和盖面焊道的熄弧点和起弧点应做标记。

（4）外形和尺寸。

除非另有规定，否则按本标准的检验方法所发现的缺欠，其验收要求应按 ISO 5817 评定。如果试件内的缺欠处于 ISO 5817 规定的 B 级限值范围内，则判定焊工合格，但下列这些 C 级的缺欠除外，如：焊缝余高超高（502）、凸度过大（503）、焊缝厚度过大（5214）、下塌（504）和咬边（501）。

弯曲试样不允许在任何方向上出现大于等于 3mm 的单个缺欠。弯曲时出现在试样边缘处的不连续应在评估时忽略，但由于未焊透、夹渣或其他不连续造成的裂纹除外。在任意一个弯曲试样中，超过 1mm 但是小于 3mm 的不连续的总长度最大值不得超过 10mm。

如果焊工试件中的缺欠超过了规定的限值，则焊工的考试不合格。

无损检测相应的验收指标也应参照有关标准。所有的破坏性试验和无损检测应采用规定的程序。

4.1.2.5 补考

如果考试没有达到本部分的要求，允许焊工得到一次补考机会，不用参加培训。

4.1.2.6 有效期

（1）初次认可。

完成考试且考试结果合格，可颁发焊工资质证书，有效期从试件的焊接之日开始。

（2）有效期。

焊工资质证书有效期分为 2 年或 3 年，在证书有效期内，焊接主管或考官 / 考试机构每 6 个月

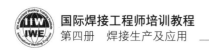

进行一次确认，确定该焊工在认可范围内持续工作，否则证书失效。

证书到期后的延期遵循下列要求。

①2 年有效期，每 2 年延期一次，延期应该由考官 / 考试机构进行。在证书到期前 6 个月内焊接 2 个试件（与原考试条件一致），焊后进行射线、超声或破坏性试验，检验结果记录存档。如结果符合要求，则证书有效期延期 2 年。

②3 年有效期，每 3 年重新考验。

③ 当满足下列条件时焊工证书有效：焊工一直在原取证企业从事产品的焊接工作；企业取得 ISO 3834-2 或 ISO 3834-3 焊接质量体系的认证；企业应记录确认该焊工能够满足产品的焊接质量要求。

（3）取消资质。

当有足够理由对焊工按照产品标准质量要求焊接焊缝的能力提出质疑时，则会吊销此名焊工此项焊接资质。所有其他没有问题的资质仍然有效。

4.1.2.7　焊工考试的标记

焊工考试标记必须包括标准号和主要参数的说明，并按规定顺序排列（这个系统的结构形式适合计算机数据处理）。

（1）主要参数。

焊接方法

板（P），管（T）

焊缝形式：对接焊缝（BW），角焊缝（FW）

材料组别

填充材料

试件尺寸：厚度（t），管径（D）

焊接位置

焊缝细节

（2）使用的缩写符号。

P——板

T——管

BW——对接焊缝

FW——角焊缝

D——管外径

t——板厚或管壁厚

nm——不加填充材料

S——实心焊丝 / 填充丝

mb——带熔池保护焊接（加垫板）

nb——不带熔池保护和根部保护焊接（不带衬垫）

bs——双面焊

ss——单面焊

sl——单层焊

ml——多层焊

A——酸性药皮

B——碱性药皮

R——金红石型药皮

C——纤维素型药皮

示例 1　ISO 9606-1　111　P　BW　FM1　B　*t*09　PF　ss　nb

解释如下。

焊工考试：钢焊工考试	ISO 9606-1
焊接方法：焊条电弧焊	111
板	P
对接焊缝	BW
填充材料组别	FM1
填充材料：碱性药皮焊条	B
试件尺寸：板厚 9mm	*t*09
焊接位置：立焊	PF
焊缝细节：单面焊	ss
不加熔池保护	nb

示例 2　ISO 9606-1　135　P　FW　FM1　S　*t*12　PD　sl

解释如下。

焊工考试：钢焊工考试	ISO 9606-1
焊接方法：熔化极活性气体保护焊（MAG）	135
板	P
角接焊缝	FW
填充材料组别	FM1
填充材料：实心焊丝	S
试件尺寸：板厚 12 mm	*t*12
焊接位置：仰角焊	PD
焊缝细节：单层焊	sl

4.1.3　铝及铝合金熔焊焊工考试标准 ISO 9606-2 主要内容

4.1.3.1　适用范围

2004 版 ISO 9606-2 用于铝及铝合金熔焊焊工考试，适用于手工及半机械化焊接方法的技能考核。焊工的专业理论知识未做硬性规定，这主要取决于各行业部门的要求。

4.1.3.2 技能考试影响因素和认可范围

（1）焊接方法。

131——熔化极隋性气体保护焊（MIG 焊）；

141——钨极惰性气体保护电弧焊（TIG 焊）；

15——等离子焊。

141 工艺，电流从直流变为交流或从交流变为直流，均需重新考试。

（2）材料。

铝材分类组别见 2017 版 ISO/TR 15608 铝及铝合金的分类。

铝材组别的适用范围：焊工获某类组别中任何一种母材的焊接资格，也就获得对该类组别中所有其他母材及按表 4.14 规定的其他类组别的焊接资格。

如果焊接该类组别之外的母材时，需做单独考试。

异种铝及铝合金焊接接头的认可：对 21 组～ 23 组与 24 组或 25 组的任何一种组合的焊工考试可覆盖相应的所有组合的焊接。任意 26 组材料所形成的异种铝及铝合金接头要求进行单独的资格考试。

表 4.14　母材（铝）的适用范围

试件的母材类组	适用范围					
	21	22	23	24	25	26
21	×	×	—	—	—	—
22	×	×	—	—	—	—
23	×	×	×	—	—	—
24	—	—	—	×	×	—
25	—	—	—	×	×	—
26	—	—	—	×	×	×

注：× 表示焊工获得认可的焊接资格；—表示焊工未获得认可的焊接资格。

（3）焊接填充材料。

带填充金属的认可，如焊接方法 141 和 15，适用于不带填充金属的焊接，但反之不行。获得铝镁合金类的带填充金属的认可资格，适用于铝硅合金类的资格，但反之不行。对焊接工艺 131，保护气体氦含量的增幅超过 50%，则需要重新进行资格考试。

（4）试件尺寸及适用范围。

① 考试试件的形状和尺寸。

试件的形状和尺寸要求如图 4.11~ 图 4.14 所示。角焊缝的焊缝有效厚度应为：$0.5t \leqslant a \leqslant 0.7t$。

检验长度应至少为 150mm。如果管子的周长小于 150mm，需要增加试件，但试件数量不得超过 3 个。

② 铝材对接焊缝试件的材料厚度及认可范围见表 4.15。

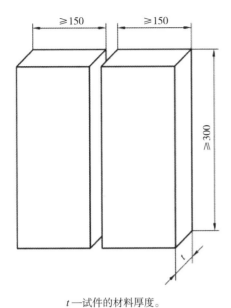

t—试件的材料厚度。

图 4.11　板对接焊缝试件尺寸

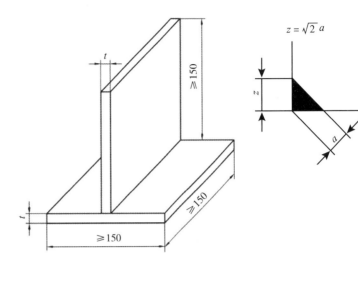

a—设计焊缝厚度（$0.5t \leqslant a \leqslant 0.7t$）；$t$—试件的材料厚度；
z—角焊缝焊角长度。

图 4.12　板角焊缝试件尺寸

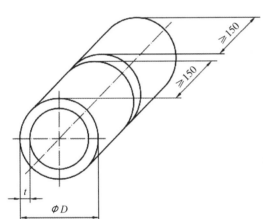

D—管外径；t—试件的材料厚度（壁厚）。

图 4.13　管子对接焊缝试件尺寸

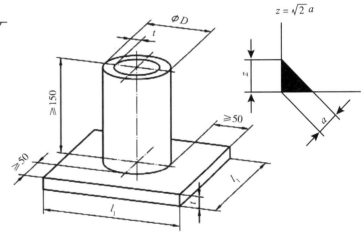

a—设计焊缝厚度（$0.5t \leqslant a \leqslant t$）；$D$—管外径；
l_1—试件长度；t—试件的材料厚度（板厚或壁厚，t 对
应于较薄的部分）；z—角焊缝焊角长度。

图 4.14　管子角焊缝试件尺寸

表 4.15　铝材厚度认可范围

单位：mm

板厚或管壁厚 t	
试件的材料厚度	认可范围
$t \leqslant 6$	$0.5t \sim 2t$
$t > 6$	$\geqslant 6$

③铝材焊接试件的直径及认可范围见表 4.16。

表 4.16 铝材直径认可范围

单位：mm

管材外径 D	
试件的外径	认可范围
$D \leqslant 25$	$D \sim 2D$
$D > 25$	$\geqslant 0.5D$（最小 25）

④ 铝材角焊缝试件的材料厚度及认可范围见表 4.17。

表 4.17 铝材角焊缝厚度认可范围

单位：mm

试件的材料厚度 t	认可范围
$t < 3$	$t \sim 3$
$t \geqslant 3$	$t \geqslant 3$

（5）试件类型。

焊工考试应采用板材或管材进行，并遵循下列准则。

① 管材的焊工考试（外径 $D > 25$mm）可适合于板材的焊工考试。

② 而板材的焊工考试在下列条件下适合于管材的焊工考试：管材外径 $D \geqslant 150$mm，当焊接位置为 PA、PB 和 PC 时；管材外径 $D \geqslant 500$mm，所有其他焊接位置。

（6）焊缝种类。

考试应采用对接焊缝或角焊缝，并依据下列准则进行。

① 对接焊缝适合于任何接头类型上的对接焊缝，支管连接焊缝除外。

② 如果在相同条件下焊接，对接焊缝的焊接适用于角焊缝。但在生产中主要为角焊缝焊接时，应对焊工进行相应的角焊缝考试。

③ 不带衬垫的管材对接焊缝适合于角度大于 60°的支管连接焊缝。对支管而言，其认可范围以支管的外径为基础。

④ 如果生产工件以支管焊接为主或者涉及复杂的支管连接，焊工应接受特殊的培训，并应在必要时进行支管连接方面的焊工考试。

（7）焊接位置。

考试试件应按 EN ISO 6947 标准规定的焊接位置进行焊接。

板对接焊缝：PA；PC；PE；PF；PG

板角接焊缝：PA；PB；PC；PD；PF；PG

管对接焊缝：PA；PC；PF；PG；H–L045；J–L045

管板角焊缝：PA；PB；PC；PD；PE；PF；PG

焊接位置的认可范围见表 4.18，相关规定如下。

① 管子上的 J-L045 和 H-L045 焊接位置认可了生产工件上所有管子焊接的角度。

② 焊接两个直径相同的管子（一个在 PF 位置，一个在 PC 位置），也包括了在 H-L045 位置上焊接的管子的认可范围。

③ 焊接两个直径相同的管子（一个在 PG 位置，一个在 PC 位置），也包括了在 J-L045 位置上焊接的管子的认可范围。

④ 直径 $D \geqslant 150$mm 的管子可以只用一个试件在两个焊接位置（PF 或 2/3 周长的 PG，1/3 周长的 PC）上焊接。

表 4.18 焊接位置的认可范围

考试位置	认可范围①										
	PA	PB②	PC	PD②	PE	PF（板）	PF（管）	PG（板）	PG（管）	H-L045	J-L045
PA	×	×	—	—	—	—	—	—	—	—	—
PB②	×	×	—	—	—	—	—	—	—	—	—
PC	×	×	×	—	—	—	—	—	—	—	—
PD②	×	×	×	×	×	×	—	—	—	—	—
PE	×	×	×	×	×	×	—	—	—	—	—
PF（板）	×	×	—	—	—	×	—	—	—	—	—
PF（管）	×	×	—	×	×	×	×	—	—	—	—
PG（板）	—	—	—	—	—	—	—	×	—	—	—
PG（管）	×	×	—	×	×	—	—	×	×	—	—
H-L045	×	×	×	×	×	×	×	—	—	×	—
J-L045	×	×	×	×	×	—	—	×	×	—	×

注：× 表示焊工得到认可的焊接位置；— 表示焊工未得到认可的焊接位置。
① 此外还必须参阅 "4.1.3.2" 中（5）和（6）的要求。
② PB 和 PD 的考试位置适用于角焊缝，而且只能认可其他位置上的角焊缝。

（8）其他焊接因素。

对接焊缝细节的认可范围见表 4.19。

表 4.19 对接焊缝细节认可范围

试件的焊接因素	认可范围		
	单面焊不带衬垫 （ss nb）	单面焊带衬垫 （ss mb）	双面焊 （bs）
单面焊不带衬垫（ss nb）	×	×	×
单面焊带衬垫（ss mb）	—	×	×
双面焊（bs）	—	×	×

注：× 表示焊工得到认可的焊缝；— 表示焊工未得到认可的焊缝。

角焊缝细节的认可范围见表 4.20。

表 4.20　角焊缝分层焊接技术的认可范围

试件①	认可范围	
	单层（sl）	多层（ml）
单层（sl）	×	—
多层（ml）	×	×

注：× 表示得到认可的焊层种类；—表示未得到认可的焊层种类。

① 焊缝有效厚度应在一定范围内，$0.5t \leqslant a \leqslant 0.7t$。

4.1.3.3　焊接条件

焊工考试应遵照按有关标准或规程编制的焊接工艺规程或预备焊接工艺规程进行焊接。

考试时焊接应满足下述要求：

（1）试件的焊接时间应与普通生产条件下的工作时间一致。

（2）试件在盖面焊道和 / 或根部焊道上应至少有一次停弧和再起弧，并在检查长度范围内做标记，以便检查。

（3）试件的施焊应符合焊接工艺规程的预热（或热输入）要求。

（4）无弯曲试验要求时，可以省去焊接工艺规程中所要求的焊后热处理。

除盖面焊道，允许焊工在征得考官（或考试机构）同意的条件下，通过打磨、刨削或生产中使用的其他方法去除轻微的缺欠。

4.1.3.4　检验方法

每条焊完的焊缝应按照表 4.21 的规定在焊态下检验。表 4.21 所要求的附加检验应在目视检测合格后进行。表 4.21 中所涉及的检验方法的标准仍然是采用 EN 标准，是因为 ISO 9606–2 标准的现行版本仍然是 2004 版本。

考试采用永久衬垫时，应在破坏性试验之前将其去除。

为了清晰地显示焊缝，宏观试样应在一侧制备并腐蚀。一般不要求抛光。

当对采用 131 焊接方法焊接的对头焊缝进行射线检验时，则应补充进行附加的两个弯曲试验（一个正弯、一个背弯或两个侧弯）或两个断裂试验（一个正面弯断、一个背面弯断）。

表 4.21　检验方法

检验方法	对接焊缝（板或管）	角焊缝和支管连接
目视检测，按 EN 970	强制性	强制性
射线检验，按 EN 1435	强制性①②	非强制
弯曲试验，按 EN 910	强制性①②⑤	不适用的
断裂试验，按 EN 1320	强制性①②⑤	强制性③④

① 除 131 焊接工艺，射线检验、弯曲或断裂试验三者任选其一。

② 做射线检验时，131 焊接方法还必须附加弯曲或断裂试验。

③ 断裂试验可用按 EN 1321 规定的至少两个截面的宏观检验代替。

④ 在管材上进行的断裂试验可用射线检验代替。

⑤ 如果管外径 $D \leqslant 25mm$，那么弯曲或断裂试验可以用整个试件的缺口拉伸试验代替（图 4.15）。

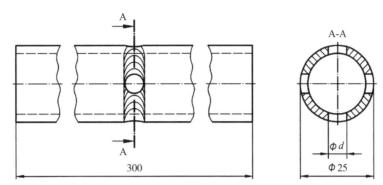

当 $t \geqslant 1.8\text{mm}$，$d=4.5\text{mm}$；当 $t < 1.8\text{mm}$，$d=3.5\text{mm}$；孔不允许开在引弧和熄弧区域。

图 4.15　外径 ≤ 25mm 管试件缺口拉伸试验示例

［注：圆周方向上的缺口形状允许按 EN 1320 规定采用尖（s）形和方（q）形］

（1）板和管对接焊缝。

做射线检验时，试件上焊缝的试验长度应在焊态下（未去除焊缝余高）进行射线照相。

做断裂试验时，试件试验长度应切成宽度相等的若干试样，以一定的方法对所有的试样进行断裂试验。每个试样的试验长度应大于或等于 40mm［图 4.16（b）］。允许全部的缺口外形按 EN 1320 规定。

当采用符合 EN 910 的横向弯曲试验时，应按 EN ISO 15614–2 对两个背弯试样和两个面弯试样进行检验。

当只进行横弯试验时，试验长度应切成宽度相等的若干试样，所有的试样均应试验。当只做侧弯试验时，要在受检长度内均匀切取至少 4 组试样，其中一个试样必须要取自试验长度内的引弧及熄弧区。弯曲试验应按 EN 910 进行。

厚度 $t > 12\text{mm}$，横向弯曲试验可由侧弯试验替代。

对管材而言，进行射线检验时对焊接方法 131 所附加的断裂或横向弯曲试样数量应按焊接位置确定。对于焊接位置 PA 或 PC，应做一个背弯和面弯试验［图 4.17（a）］。所有其他焊接位置应对两个背弯和两个面弯试样进行试验［图 4.17（b）］。

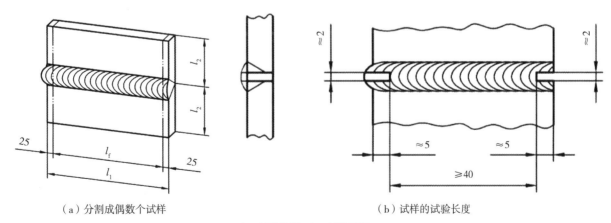

（a）分割成偶数个试样　　　　　　　（b）试样的试验长度

l_1—试件长度；l_2—试件半宽；

l_f—试验长度。

图 4.16　板对接焊缝试样的制备和断裂试验

（注：为确保试件在焊缝处断裂，可在试件受拉面焊缝中线上开纵向缺口）

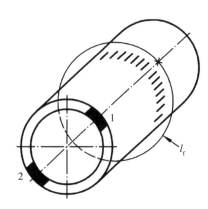

l_f—试验长度；1——一个背面断裂或背面横弯或侧弯试样的部位；
2——一个正面断裂或正面横弯或侧弯试样的部位。

（a）焊接位置 PA 及 PC 附加的断裂或弯曲试样加工示意图

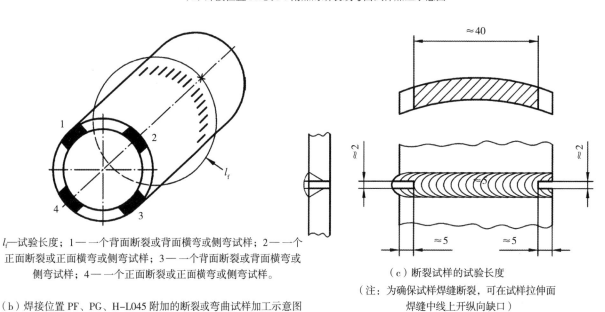

l_f—试验长度；1——一个背面断裂或背面横弯或侧弯试样；2——一个
正面断裂或正面横弯或侧弯试样；3——一个背面断裂或背面横弯或
侧弯试样；4——一个正面断裂或正面横弯或侧弯试样。

（b）焊接位置 PF、PG、H-L045 附加的断裂或弯曲试样加工示意图

（c）断裂试样的试验长度
（注：为确保试样焊缝断裂，可在试样拉伸面
焊缝中线上开纵向缺口）

图 4.17 管对接焊缝试样的制备和位置

（2）板角焊缝。

对于断裂试验（图 4.18），如有必要可将试件分割成若干个试样。每个试样应按照 EN 1320 放置并破断，并在破断后检查。

进行宏观检验时，应截取至少两个试样。一个宏观试样必须要取自熄弧/引弧位置。

（3）管角焊缝。

做断裂试验时，试件应分切成 4 块或 4 块以上试样并破断（图 4.19 给出了一种可能情形）。

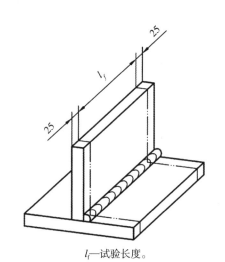

l_f—试验长度。

图 4.18 板材角焊缝断裂试验的试验长度

当采用宏观检验时，至少应取两个试样。一个宏观试样必须要取自熄弧／引弧位置。

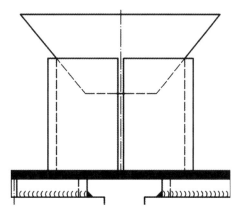

图 4.19　管角焊缝试样的制备和断裂试验

（4）试验报告。

所有的试验结果应整理成书面报告。

4.1.3.5　试件的评定条件

试件应按有关缺欠的验收要求进行评价。

进行任何试验之前应做下列检查：

（1）所有的焊渣和飞溅应去除。

（2）焊缝正面和背面不得打磨。

（3）根部焊道和盖面焊道的熄弧点和起弧点应做标记。

（4）轮廓和尺寸应合格。

除非另有规定，按照本文件所规定的方法发现的缺欠，在验收时应依照 EN 30042 进行评价。如果缺欠在 EN 30042 的质量水平 B 级之内，则焊工合格。以下缺欠类型除外：焊缝金属过多、凸度过大、焊缝厚度过大和塌陷，这些缺欠属于 C 级，则判定焊工合格。

弯曲试样不应出现在任意方向上大于 3mm 的单个裂纹。弯曲时出现在试样边缘处的裂纹应在评估时忽略，但由未焊透、焊渣或其他缺欠所造成的裂纹除外。

如果焊工试件上的缺欠超出了规定的最大允许限度值，则焊工考试不合格。

无损检测相应的验收指标也应参照有关标准。所有的破坏性试验和无损检测应使用规定的程序。

此外，EN 12062 给出了 EN 30042 中的质量等级和不同无损检测技术验收等级的相互关系。

4.1.3.6　补考及有效期

如果明显看到，试件的失效是由于金属冶金或其他外界因素造成的，而不是直接由于焊工的手工操作技能造成的，则有必要进行一次附加的考试。

（1）初次认可。

完成考试且考试结果合格，可颁发焊工资质证书，有效期从试件的焊接之日开始。

（2）有效期。

焊工资质证书有效期为 2 年，在证书有效期内，焊接主管或考官／考试机构每 6 个月进行一次

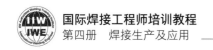

确认，确定该焊工在认可范围内持续工作，否则证书失效。

证书到期后，考官 / 考试机构可按本标准要求，将焊工资格证书每两年延期一次。证书延期之前，必须满足标准中的要求而且确认下列条件：

① 所有用以支持延期的记录和证据应具有完整的可追溯性并与生产中所使用的焊接工艺规程相一致。

② 用以支持延期的资料应包括对内部缺欠的检验报告（射线检验或超声检验）或破坏性试验（断裂或弯曲）的检验报告。其中要求至少有两次近 6 个月之内的检验报告。用以支持延期的资料至少保存 2 年。

③ 焊缝要满足本标准 1.4.5 规定的缺欠验收合格等级。

④ 标准中提到的检验结果应证实：该焊工满足原有的考试要求。

4.1.3.7 焊工考试的标记

焊工考试标记必须包括标准号和主要参数的说明，按规定顺序排列（这个系统的结构形式适合计算机数据处理）。

（1）主要参数。

焊接方法

板（P），管（T）

焊缝形式：对接焊缝（BW），角焊缝（FW）

材料组别

填充材料

试件尺寸：厚度（t），管径（D）

焊接位置

焊缝细节

（2）使用的缩写符号。

P——板

T——管

BW——对接焊缝

FW——角焊缝

D——管外径

t——板厚或管壁厚

nm——不加填充材料

S——实心焊丝 / 填充丝

mb——带熔池保护焊接（加垫板）

nb——不带熔池保护和根部保护焊接（不带衬垫）

bs——双面焊

ss——单面焊

sl——单层焊

ml——多层焊

示例 3 ISO 9606-2 141 T BW 21 S *t*02 *D*20 PA ss mb

解释如下。

焊工考试：铝焊工考试	ISO 9606-2
焊接方法：钨极氩弧焊	141
管：	T
对接焊缝：	BW
材料组别：21（纯铝）	21
填充材料：实心焊丝	S
试件尺寸：管壁厚 2mm	*t*02
管外径 20mm	*D*20
焊接位置：转动，平焊位置	PA
焊缝细节：单面焊	ss
带熔池保护	mb

4.2 机械化和自动化焊接操作工考试标准 ISO 14732

4.2.1 适用范围

4.2.1.1 适用人员

从事金属材料机械化焊接和自动化焊接的操作工考试按 2013 版 ISO 14732 标准进行。另外，合同或应用标准要求对焊接操作工进行评定时也可按本标准进行。装卸人员不在此标准应用范围内。螺柱焊操作工的考试按 2017 版 ISO 14555 实施，认证和延期按照本标准执行。

4.2.1.2 适用的焊接工艺方法

适用的焊接工艺方法如表 4.22 所示。

表 4.22 适用的焊接工艺方法

焊接工艺	数字代号	焊接工艺	数字代号
气体保护电弧焊	114、13、14、15	压力焊	4
埋弧焊	12	电阻焊	2
电子束焊	51	电渣焊	72
激光束焊	52		

4.2.2 术语

自动化焊接：在焊接过程中，所有操作都是在没有操作工介入的情况下进行的。焊接过程中，焊接操作工无法手工调整焊接参数变量。

机械化焊接：通过机械或电子方式保持所需的焊接条件，但焊接过程中可以手动调节焊接参数变量。

操作工：进行机械化焊接或自动化焊接的人员。

焊接单元：包括夹具、工装、机械手和翻转装置。

焊接单元的操作：开始生产周期，必要时停止生产周期，包括工件的装卸。

焊接设备：焊接中的独立设备，如焊机、送丝机。

4.2.3 评定方式及检验方法

4.2.3.1 焊接条件

考试前要求企业提供根据 ISO 15609 编制的焊接工艺规程或预备焊接工艺规程，操作工按照提供的工艺规程文件来焊接。

4.2.3.2 评定方式

操作人员和设备调试人员的评定方式共有 4 种，可以通过以下任意一种方式进行。

（1）基于 ISO 15614 焊接工艺评定的方式。

（2）基于 ISO 15613 工作试件的方式。

（3）基于 ISO 9606 标准试件的方式。

（4）基于产品或生产抽样的方式。

具体使用哪种评定方式，可由工程师根据企业实际状况拟定。如企业正进行工艺评定，且操作人员较少，可采取方式（1）；如企业有大批量操作人员，具备一定的调试设备能力，可采取方式（3）。考官根据企业提出的评定方式在现场进行测试与评定。

4.2.3.3 检验方法

对于电弧焊，当使用方式（3）或方式（4）进行评定时，试验和验收要求按照 ISO 9606 对接或角接，或者按照 ISO 15614-8 管对管 / 板焊缝的相关要求执行，应用标准另有规定的除外。

对于电弧焊，基于 ISO 15614-7 堆焊进行评定时，可参照 ISO 15614 使用 4 种方式中的一种，当使用合格的焊接工艺规程焊接时，必须进行外观、表面测试（磁粉 / 渗透）和弯曲试验。

对于其他焊接方法，当使用方式（3）或方式（4）进行评定时，按照相关标准来进行评定。如果其没有相应试验和验收要求，则至少对试件进行外观和一个宏观试样检验，或者进行对接焊缝体积检验。验收要求按相应的工艺评定执行。

4.2.4 认可范围

4.2.4.1 分类

焊接按自动化程度的不同分为机械化焊接与自动化焊接两类，它们的主要区别是在焊接过程中，操作工是否可以手动调节焊接参数，机械化焊接时可以，而自动化焊接时不可以。

4.2.4.2　认可范围

（1）自动化焊接。

以下焊接要素变更要求重新进行评定：

①焊接工艺方法改变，要求重新进行考试，但 13 类焊接方法除外。

②带电弧传感器或接头传感器变更为不带电弧传感器或接头传感器的焊接，要求重新进行考试，反之不用。

③单侧单层焊接变更为单侧多层焊接，要求重新进行考试，反之不用。

④改变焊接单元，包括机械人控制系统的更改，要求重新进行考试。

在这里需要注意单侧单层和单侧多层这两个术语，如双面焊焊接时，一侧一道，则为单侧单层这个范畴。因此自动化焊接时为了取得较大的认可范围，在考试时，尽量考不带跟踪系统、单侧多层的焊接。

（2）机械化焊接。

以下焊接要素变更要求重新进行评定：

①焊接工艺方法改变，要求重新进行考试，但 13 类焊接方法除外。

②外观控制方式的变更，要求重新进行考试，如直接外观控制变更为遥控外观控制，或反之，均要求重新进行考试。

③移除自动弧长控制装置，要求重新进行考试。

④移除自动焊缝跟踪装置，要求重新进行考试。

⑤增加 ISO 9606-1 认可的焊接位置以外的焊接位置，要求重新进行考试。

⑥单侧单层焊接变更为单侧多层焊接，要求重新进行考试，反之不用。

⑦移除衬垫，要求重新进行考试。

⑧移除熔化预置件即"嵌条"，要求重新进行考试。

同样机械化焊接时为了取得较大认可范围，在考试时，尽量也要考不带跟踪系统、单侧多层的焊接。同时要注意焊接位置的认可范围，在 ISO 9606-1：2012 中，对接焊缝不认可角焊缝，因此考试时对接、角接焊接位置都要考虑到。移除衬垫要重新进行考试，言外之意，原证书不带衬垫焊接，增加衬垫不需要进行新的考试。

4.2.5　证书及有效期

4.2.5.1　初次认可

只要考试条件满足标准的相关要求，而且考试结果合格，就会颁发焊接操作工资格证书，证书的有效期从试件的焊接之日起开始。

4.2.5.2　有效期

焊工资质证书有效期分为 3 年或 6 年，在证书有效期内，焊接主管或考官 / 考试机构每 6 个月进行一次确认，确定该焊工在认可范围内持续工作，否则证书失效。

证书到期后的延期参见以下要求。

（1）3年有效期，每3年延期一次，延期应该由考官/考试机构进行。在证书到期前6个月内焊接两个试件（与原考试条件一致），焊后进行射线、超声或破坏性试验，检验结果记录存档。如结果符合要求，则证书有效期延期3年。

（2）6年有效期，每6年重新考验。

（3）当满足下列条件时焊工证书有效：① 焊工一直在原取证企业从事产品的焊接工作；② 企业取得 ISO 3834-2 或 ISO 3834-3 焊接质量体系的认证；③ 企业应记录确认该操作工能够满足产品的焊接质量要求。

4.2.5.3 取消资质

当由于特定的原因，怀疑焊接操作工的某项技能不能满足产品标准质量要求，那么将吊销支持他从事此项焊接作业的证书；其他没有问题的项目证书继续有效。

4.3 钎焊工和钎焊操作工考试标准 ISO 13585

4.3.1 适用范围

钎焊工及钎焊操作工资格评定考试的基本要求在2012版 ISO 13585 中进行了规定，本标准规定了熔化温度低于母材的固相温度但液相温度超过450℃的钎料实现连接的钎焊工艺，包括硬钎焊及高温钎焊。标准针对钎焊工及操作工考试在钎焊工艺的种类、主要的认可范围、焊接条件、考试要求、考试试件的合格标准以及证书的有效性等方面做出明确的规定。

4.3.2 认可范围

4.3.2.1 焊接工艺方法

焊接方法的数字代号依据2009版 ISO 4063 标准规定，本标准规定适用的钎焊方法见表4.23，考虑到每一种焊接方法所涉及的操作难点及参数有所不同，所以每项考试一般只认可一种焊接方法，改变钎焊工艺、方法需要进行新的考试。

表 4.23　钎焊焊接方法

钎焊方法数字代号	钎焊方法名称	钎焊方法数字代号	钎焊方法名称
911	红外线钎焊	921	炉中钎焊
912	火焰钎焊	922	真空钎焊
913	激光束钎焊	923	浸渍钎焊
914	电子束钎焊	924	盐浴钎焊
916	感应钎焊	925	钎剂钎焊
918	电阻钎焊	926	浸没钎焊
919	扩散钎焊		

注：本国际标准的准则也适用于其他钎焊工艺。

4.3.2.2　产品类型

一种产品的钎焊用于其他类型产品时要根据表 4.24 进行资格评定，板材产品类型和管材产品类型应分别进行资格考试。

4.3.2.3　接头类型

表 4.25 中给出了不同类型接头的资格评定范围，钎焊考试接头类型以对接接头和搭接接头为主，对接接头考试只认可对接接头焊缝，搭接接头考试只认可搭接接头焊缝。

<table>
<tr><th colspan="2">表 4.24　产品类型的资格范围</th></tr>
<tr><th>试件产品类型</th><th>资格范围</th></tr>
<tr><td>板</td><td>板</td></tr>
<tr><td>管</td><td>管</td></tr>
</table>

<table>
<tr><th colspan="2">表 4.25　不同类型接头的资格范围</th></tr>
<tr><th>试件接头类型</th><th>资格范围</th></tr>
<tr><td>对接接头</td><td>对接接头</td></tr>
<tr><td>搭接接头</td><td>搭接接头</td></tr>
</table>

4.3.2.4　母材组别

为了简化评定范围的表示，将母材材料组别按照字母 A 到 F 进行索引，参见表 4.26，采用了 2017 版 ISO/TR 15608 的材料分组。用于评定测验的母材组别可用于所有相同材料组别中的其他材料以及表 4.26 中其他材料组别钎焊的钎焊工或钎焊操作员评定。如果钎焊母材不在该分组体系中，需要一个单独的资格评定测验，该资格评定限于使用的材料。

比如某企业主要以碳钢 Q355（1.2）和不锈钢 X5CrNi18-10（8.1）母材种类为主，在进行钎焊考试的时候根据表 4.26 所示的母材评定范围，考试试件如果选择 B—B，则认可范围为 A—A、B—B 和 A—B，所以如果考试采用 8.8+8.1（即 B—B）的母材组合进行考试，则可以覆盖 1.2+1.2（A—A）考试项目，节省成本达到最佳的经济性。

表 4.26　母材评定范围

ISO/TR 15608 的材料分组	索引	试件	评定范围
1，2，3，4，5，6，9，11	A	A—A	A—A
7，8，10	B	B—B	A—A，B—B，A—B
21，22，23	C	C—C	C—C
31–34，37，38	D	D—D	D—D
41–45	E	E—E	E—E
51–54	F	F—F	F—F
异种材料的接头		A—B	A—A，A—B
		D—A	D—A
		D—B	D—A，D—B
		D—E	D—E
		E—A	E—A
		E—B	E—A，E—B

4.3.2.5 填充金属及钎焊填充材料应用

钎焊填充金属类型的种类在 ISO 17672 中做了规定，对于同种类的其他填充材料也可作为评定标准。

钎焊填充金属的应用适用于其他的填充金属（表 4.27），外加钎料可以认可预加钎料，是因为从操作难度的角度考虑外加钎料通常是需要手工或者机械送入，对技术的要求相对较高。

表 4.27　钎焊填充材料的应用资格范围

试件钎焊填充材料应用	资格范围
外加钎料	外加钎料，预加钎料
预加钎料	预加钎料

注：外加钎料也就是送入接头入口，可以手工或机械送入。

4.3.2.6 尺寸认可范围（管径、板厚、搭接长度）

针对钎焊中钎焊工的资格评定考试，基于材料厚度、管外径以及搭接长度的尺寸认可范围见表 4.28。

对于材料厚度不同的试件，范围基于每个板（或管）的厚度。

表 4.28　尺寸认可范围

单位：mm

试件尺寸	试件	资格范围
材料厚度（t）	< 3	$0.5t \sim 2t$
	$3 \sim 10$	$1.5 \sim 2t$
	> 10	$5 \sim 2t$
管外径（D）[①]	D	$\leqslant D$
搭接长度（L）[①]	L	$\leqslant L$

① 如果可应用。

4.3.2.7 填充金属流向

填充金属的流向是指在钎焊过程中液态钎料流入缝隙的方向。由于受重力等其他因素影响，液态钎料流入的方向不同将会严重影响钎焊接头的质量，如钎焊未钎满等。一种填充金属流向的钎焊评定可以认可的其他填充金属流向的钎焊的评定范围参照表 4.29。

表 4.29　填充材料评定范围

图示	试件中填充金属流向	资格范围
	水平流向	水平流向以及 立向下流向

续表

图示	试件中填充金属流向	资格范围
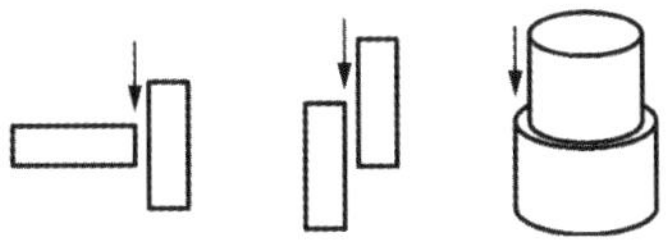	立向下流向	立向下流向
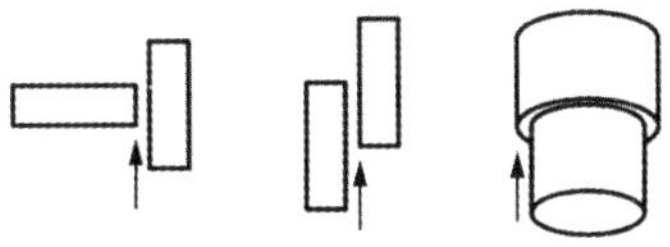	立向上流向	所有流向

4.3.2.8　机械化程度

钎焊工考试从试件的机械化程度上分为手工操作和机械化，一种机械化程度钎焊的评定可适用的其他机械化适用范围见表 4.30。如果使用的是机械化钎焊，适用范围仅限于考试所采用的工艺以及设备类型。

表 4.30　机械化程度的适用范围

试件的机械化程度	适用范围
手工	手工和机械
机械	机械

4.3.3　考试及试件的检验

4.3.3.1　监督

试件的钎焊应在考官或考试机构监督下进行。考试应由考官或考试机构来核实。钎焊开始前，试件上应标记上考官以及钎焊工的标识。如果钎焊条件不合适，或者出现钎焊工或钎焊操作员技术水平不满足要求的情况，考官或考试机构可停止考试。

4.3.3.2　钎焊条件

钎焊工或钎焊操作员的评定考试根据 EN 13134 应提前准备一个钎焊工艺规程或预备钎焊工艺规程。试件的钎焊时间应对照正常生产条件下的工作时间。钎焊工或钎焊操作员需做部分准备工作（例如机械准备、清洁）或者接受已做好的制备工作，设置加热方式并根据钎焊工艺规程或预备钎焊工艺规程进行必要的验证。

对于评定考试来说尽量模拟生产条件是很有意义的。

4.3.3.3　试件

试件的接头可以是任何与收尾工作相关的形式。通常来说薄板上是搭接或对接接头或者管材中的套管接头（可应用的接头形状示例见 ISO 13585 原文附录 C）。

另外，关于试件结构的要求可以在应用产品标准中给出。

4.3.3.4　工件的评估

装配试件时，钎焊工或钎焊操作员应对工件进行以下几方面的评估。

（1）接头装配。

（2）接头间隙。

（3）局部变形的程度或没有变形。

如果钎焊工或钎焊操作员认为这些方面都不符合钎焊工艺规程或预备钎焊工艺规程书面文件，那么允许其拒绝该试件。

4.3.3.5 检验范围

每个试件都必须进行目视检测（根据 EN 12799）以及至少一项下列检验（参照 EN 12799）。

（1）超声检验。

（2）射线检验。

（3）剥离检验。

（4）宏观检验。

（5）弯曲检验。

其他附加检验包括一些无损检测方法和破坏性试验方法等。

无损检测方法一般有：

（1）渗透检验。

（2）泄漏检验。

（3）筛选检验。

（4）热成像。

破坏性试验方法一般有：

（1）抗剪试验。

（2）拉伸试验。

（3）金相检验。

（4）硬度试验。

以上这些附加检验方法根据产品标准或合同规定的要求选用。

4.3.3.6 试件的合格标准

ISO 13585 中规定，除非特殊规定，对于通过检验发现的缺欠，其合格标准要参照 ISO 18279 评估。如果缺欠在 ISO 18279 中质量水平 B 的范围内，并且接头整个长度上没有缺欠，那么该钎焊工或钎焊操作员就是合格的。

4.3.4 补考

如果任何检验都不能满足 ISO 13585 的要求，那么应给予该钎焊工或钎焊操作员一次补考的机会，但是不必经过进一步的培训。如果证明考试失败是由于冶金性能或其他外界因素导致，并不能直接归咎于钎焊工或钎焊操作员技术水平不够，那么需要再次考试来评估新材料和／或新考试条件的水平和完整性。

4.3.5　有效期

4.3.5.1　初次认可

完成考试且考试结果合格，可颁发钎焊工或钎焊操作员资质证书，有效期为 3 年，始于钎焊当天。在有效期内，由签署证书的责任人每 6 个月确认一次：

（1）钎焊工或钎焊操作员应在资质范围内连续参与钎焊工作，中断不能超过 6 个月。

（2）钎焊工或钎焊操作员的工作通常符合评定考试的执行技术条件。

（3）不应有特定理由质疑钎焊工或钎焊操作员的技术和专业知识（根据需要）。

如果有任何条件没有满足，那么该评定被取消。

4.3.5.2　延期

除了 4.3.5.1 规定的条件，还须满足下列条件之一，则证书有效期可以延长 3 年。

（1）钎焊工或钎焊操作员焊接的钎焊接头所需要的质量要具有连续性。

（2）钎焊原始评定范围内的考试记录，比如测定体积的无损检测或破坏性试验文件在最初的前 6 个月应与前焊工的资格证书一起存档。

考官或考试机构应验证条件 A 和 B 的符合情况，并签署批准钎焊工资格考试证书的有效期延长。

4.3.6　证书

钎焊工或钎焊操作员通过考试，则由全权负责的考官或考试机构颁发资质证书，相关的考试条件在证书中记录，包括 ISO 13585 原文附录 A 或 B 中的所有信息。

根据标准，生产方的钎焊工艺规程或预备钎焊工艺规程应给出关于材料、钎焊工艺、评定范围等方面的信息。

4.3.7　标记名称

钎焊工评定考试的标记名称应按顺序包括下列条目。

（1）国际标准的编号。

（2）基本变量。

①钎焊工艺编码（参照 ISO 4063）；

②产品类型：管（T）或板（P）；

③接头类型：对接接头（B），搭接接头（O）或 T 形接头（T）；

④参照表 4.26 的母材组别；

⑤钎焊填充金属类型（参照 ISO 17672）；

⑥钎焊填充材料应用方式：外加钎料（FF）或预加钎料（PP）；

⑦尺寸（材料厚度、管外径或搭接长度）；

⑧填充金属流向：水平流向（H），立向上流向（VU）或立向下流向（VD）。

示例 1　手工焊炬钎焊（912）的评定考试，搭接接头，薄板材料组别 8（ISO/TR 15608），外加钎料 Ni600 填充金属，1.5mm 材料厚度，20mm 管外径，3mm 搭接长度，水平流向：

　　ISO 13585-912 T O B Ni600 FF *t*1.5 *D*20 *L*3 H

　　示例 2　感应钎焊（916）的评定考试，搭接接头，铜材料组别 31（ISO/TR 15608），外加钎料 Cu511 填充金属，4mm 材料厚度，5mm 搭接长度，立向下流向：

　　ISO 13585-916 P O D Cu511 FF *t*4 *L*5 VD

参考文献

［ 1 ］Welding – Guidelines for A Metallic Materials Grouping System: ISO/TR 15608:2017［S/OL］.［2017-02］. https://www.iso.org/standard/65667.html.

［ 2 ］Specification and Qualification of Welding Procedures for Metallic Materials – Welding Procedure Specification – Part 1: Arc Welding ISO 15609-1:2019［S/OL］.［2019-08］. https://www.iso.org/standard/75556.html.

［ 3 ］Specification and Qualification of Welding Procedures for Metallic Materials – Welding Procedure Test – Part 1: Arc and Gas Welding of Steels and Arc Welding of Nickel and Nickel Alloys: ISO 15614-1:2017［S/OL］.［2017-06］. https://www.iso.org/standard/51792.html.

［ 4 ］Qualification testing of welders – Fusion welding – Part 1: Steels: ISO 9606-1:2012［S/OL］.［2012-07］. https://www.iso.org/standard/54936.html.

［ 5 ］Qualification testing of welders – Fusion welding – Part 2: Aluminium and Aluminium Alloys: ISO 9606-2:2004［S/OL］.［2004-12］. https://www.iso.org/standard/40769.html.

［ 6 ］Welding Personnel – Qualification Testing of Welding Operators and Weld Setters for Mechanized and Automatic Welding of Metallic Materials: ISO 14732:2013［S/OL］.［2013-08］. https://www.iso.org/standard/54935.html.

［ 7 ］Brazing – Qualification Test of Brazers and Brazing Operators: ISO 13585:2012［S/OL］.［2021-12］. https://www.iso.org/standard/75561.html.

［ 8 ］Brazing – Procedure Approval: BS EN 13134:2000［S/OL］.［2000-10-15］. https://www.en-standard.eu/bs-en-13134-2000-brazing-procedure-approval/.

［ 9 ］Welding and Allied Processes – Nomenclature of Processes and Reference Numbers: ISO 4063:2009［S/OL］.［2009-08］. https://www.iso.org/standard/38134.html.

本章的学习目标及知识要点

1. 学习目标

（1）了解焊工资格认证的目的。

（2）熟知焊工认证相关标准要求，能够解释焊工资格认证证书各变量。

（3）能够根据实际生产需要优化焊工认证项目。

（4）熟知全机械化与自动化操作工认证相关标准，了解全机械化与自动化操作工资格认证的影响要素。

（5）熟知钎焊工认证相关标准，了解钎焊工资格认证的影响要素。

2. 知识要点

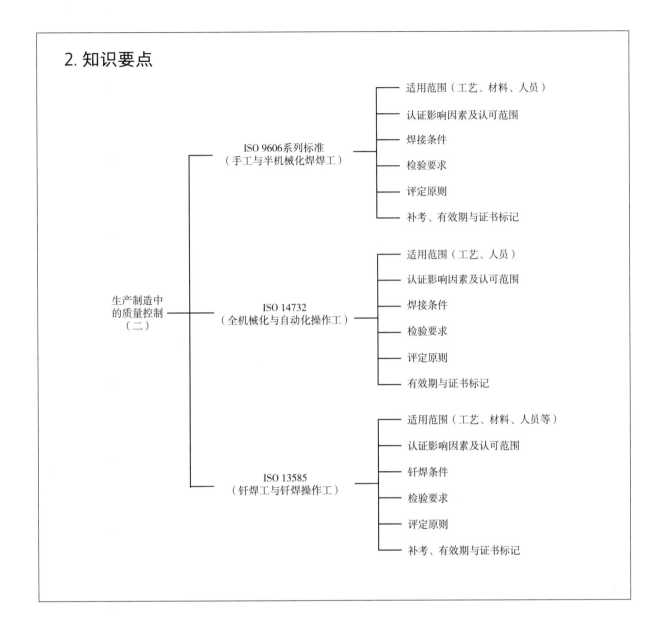

第 5 章

焊接残余应力与变形

编写：钱强　审校：常风华

焊接生产制造中，焊接残余应力与变形是非常重要的问题，直接影响焊接结构（产品）的质量。本章在较为系统地介绍焊接残余应力与变形相关基本理论的基础上，重点就工程领域中的残余应力的种类、分布及对焊接结构可能产生的影响，各种焊接变形的基本规律及影响因数等进行详细的介绍。结合生产实际介绍焊接残余应力减小、焊接变形预防与控制的常用措施、焊接生产中变形的常用矫正方法。最后结合焊接实例就焊接生产中一个重要环节，即焊接顺序方案的制订单独进行讲解。

5.1 应力与变形

5.1.1 应力与变形的基本概念

在各种类型的工程结构中，内应力是普遍存在的。所谓内应力是指在没有外力作用的条件下平衡于物体内部的应力。内应力按其分布范围的不同可以分为 3 类：第一类内应力，又称为宏观内应力，其平衡范围很大，可以和物体的尺度相比较；第二类内应力，又称为微观内应力，其平衡范围比前者要小得多，仅相当于晶粒的尺度；第三类内应力，又称为超微观内应力，其平衡范围更小，其大小可与晶格尺度来比量。从焊接所导致的结构内应力来看，所涉及的主要是第一类内应力，即宏观内应力。

物体受热后会膨胀，冷却后会收缩，即"热胀冷缩"。如果物体的这种"胀""缩"变形是自由的，即变形不受约束，则说明温度变化的唯一反映是变形；如果这种变形受到周围的约束，就会在物体内部产生应力，这种应力称为热应力或温度应力。

当物体的温度发生变化时，其尺寸和形状就会发生变化，称其为热变形。如果变形不受外界的任何约束而自由进行，称之为自由变形。如果物体在温度变化过程中受到阻碍，使其不能完全自由变形，只能部分表现出来，表现出来的这部分变形称之为外观变形；未表现出来的部分称之为内部变形，它的数值为自由变形与外观变形之差。

5.1.2 内应力的产生、种类及特点

内应力是在没有外力的条件下平衡于物体内部的应力，是一个系统内部自身平衡的应力。它满足系统平衡条件。对于金属物体来讲，在温度发生变化或发生相变时，如果变化受到外界的阻碍就会在结构中产生内应力，按其产生原因可分为温度应力、残余应力和相变应力等。

5.1.2.1 热应力

热应力也称温度应力，温度应力是由于构件受热不均匀引起的。如图 5.1 所示的由中心杆和两侧杆组成金属框架，其上下为刚性平行梁。如果只加热中心杆，而两侧杆的温度保持不变，则中心杆会有温度升高而伸长趋势，但此时其伸长的趋势受到两侧杆件的阻碍，不能自由地进行，中心杆件就受到压缩，产生压应力；两侧杆在阻碍中心杆膨胀伸长的同时受到中心杆的反作用而产生拉应力，如图 5.1（a）所示。对于金属框架这个系统，这种应力是在没有外力作用下出现的，所形成的内应力（拉应力与压应力）在框架中互相平衡。这种由于不均匀温度造成的内应力称为温度应力或热应力。如果中心杆与两侧杆的温差不大，温度应力低于材料的屈服极限，在框架内只有弹性变形。当框架的温度均匀化以后，热应力也随之消失，所以热应力是瞬时的。

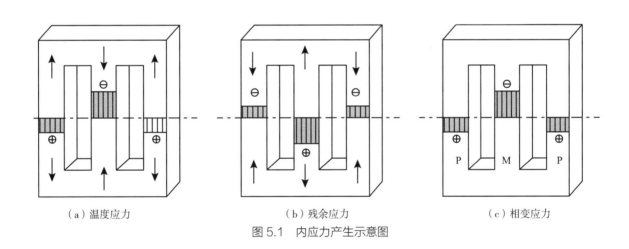

（a）温度应力　　　　　　　　（b）残余应力　　　　　　　　（c）相变应力

图 5.1　内应力产生示意图

5.1.2.2 残余应力

如果加热温度较高，中心杆产生的压缩变形超过了材料的屈服极限，将出现压缩塑性变形，如图 5.1（a）所示。当中心杆温度恢复到原始状态时，即框架的温度均匀化以后，若任其自由收缩，中心杆的长度必然要比原来的缩短。实际上框架两侧杆阻碍着中心杆自由收缩，所以中心杆将受到拉应力，而两侧杆本身由于中心杆的反作用而产生压应力。这样，就在框架中形成了一个内应力体系，这种内应力是温度均匀后残存在物体中的，故称为残余应力，如图 5.1（b）所示。如果再没有环境载荷的作用，残余应力将长期存在于框架系统内，所以残余应力又称为永久应力。

5.1.2.3 相变应力

钢铁材料在从高温到低温的冷却过程中，伴随有不同的固态组织转变（相变）。组织不同其比容也不相同，各种组织的比容由小到大的顺序为奥氏体 A、铁素体 F、珠光体 P、贝氏体 B、马氏体 M。

以图 5.1（c）所示的金属框架为例，金属框架同时被加热到高温，如果让两侧杆缓慢冷却生成珠光体 P，而让中心杆急速冷却形成马氏体 M，由于组织比容不同，造成中心杆与两侧杆的长度变化的趋势不同，则中心杆件受到压应力，而两侧杆受到拉应力。如果再没有环境载荷的作用或温度变化造成的组织转变，相变应力将长期存在于框架系统内，也属于残余应力的范畴。

5.2 焊接残余应力的产生、分布及对结构的影响

在焊接生产中，焊接应力及变形的产生是不可避免的，焊件冷却后，残余在焊件中的内应力往往是造成焊接缺欠的直接原因，从而降低了结构的承载能力和使用寿命。焊接后产生的残余变形造成了焊件尺寸、形状的变化，这给正常焊接生产带来一定困难。

焊接过程是一个不均匀加热与冷却的过程，这便导致了焊接应力和变形的出现，它们从焊接开始时发生并持续到焊接过程结束直至冷却，最后形成的应力称为焊接残余应力，简称焊接应力。所形成的焊接残余变形，简称为焊接变形。由于焊接应力及变形直接影响焊接结构的制造质量和使用性能，因此在焊接生产中如何控制焊接应力及变形是一项重要任务。

热与力是焊接过程中两种主要的能量传递现象，在焊接过程中热与力行为对于焊接结构性能具有重大的影响。

5.2.1 焊接热循环与焊接热应力

在焊接过程中，工件上的温度随着瞬时热源或移动热源的作用而发生变化，温度随时间由低而高，达到最大值后，又由高而低的变化称为焊接热循环。简单地说，焊接热循环就是工件上某点的温度随时间的变化，它描述了该点在焊接过程中热源对其热作用过程。在焊缝两侧距焊缝远近不同的点所经历的热循环是不同的，距焊缝越近的各点，加热达到的最高温度越高；越远的点，加热达到的最高温度越低。

伴随焊接热循环的过程，焊接构件上不同位置、不同时间的焊接热应力是不同的并发生变化的。图 5.2 为熔焊焊接热循环过程中的温度场变化引起的焊接热应力的变化。电弧以某一速度 v 沿 x 方向移动，在某时刻到达 O 点。电弧前方为待焊区域，电弧后方为已焊接并凝固的焊缝。

在焊接电弧前方的 $A–A$ 截面未受到焊接热作用，温度变化 $\Delta T \approx 0$，瞬时热应力也近乎为零。在通过焊接电弧加热的熔化区的 $B–B$ 截面上，温度发生剧烈变化。因熔化金属不承受载荷，所以位于焊接电弧中心区（焊接熔池）的截面内的应力接近于零。电弧临近区域的金属热膨胀受到周围温度较低的金属的拘束作用而产生压应力，其应力为相应温度下的材料屈服应力，由此产生压缩塑性变形。远离焊缝的区域的应力为拉应力，该拉应力与焊接区附近的压应力相平衡。

截面 $C–C$ 位置焊缝区已凝固，焊缝及临近母材已经冷却收缩，在焊缝区引起拉应力，焊缝的临近区域仍为压应力，而远离焊缝区的拉应力开始降低。截面 $D–D$ 的温度已趋于均匀，在焊缝及临近区产生较高的拉应力，而在远离焊缝的区域产生压应力。焊接完成后，沿 x 方向各截面都存在这样分布的残余应力，只是不同界面的残余应力分布有所不同。

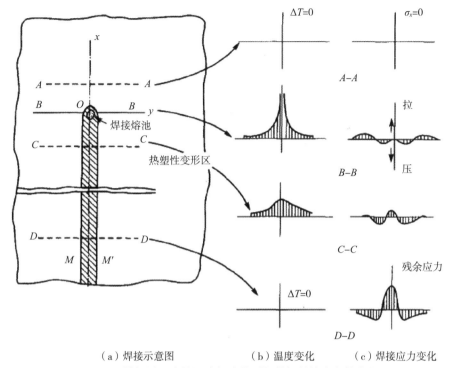

（a）焊接示意图　　　　（b）温度变化　　　　（c）焊接应力变化
图 5.2　熔焊过程中的温度场变化引起的焊接热应力的变化

图 5.2（a）中影线区 M–M' 是焊接热循环过程中产生的塑性变形区。塑性变形区以外的在热循环过程中不发生塑性变形，仅有与 M–M' 区内的塑性变形相适应的弹性变形。所以，焊接残余应力的产生是由于不均匀加热引起的不均匀塑性变形，再由不均匀变形引起的弹性应力，是强制协调焊缝与母材的变形不一致的结果。

5.2.2　焊接残余应力

不同于焊接热应力具有瞬时性的特点，焊接残余应力是指焊接过程完成后构件的内应力。焊接残余应力是不可避免的，对结构的强度和使用会产生一定的影响。

焊缝区在焊后的冷却收缩一般是三维的，所产生的残余应力也是三轴的。但是，在材料厚度不大（通常板厚小于 20mm）的焊接结构中，厚度方向上的应力很小，残余应力可以基本考虑为平面的、双轴的，此时可不考虑厚度方向的残余应力。为便于分析，常把焊缝方向的应力称为纵向应力，用 σ_x 表示。垂直于焊缝方向的应力称为横向应力，用 σ_y 表示。厚度方向的应力，用 σ_z 表示。

5.2.2.1　纵向残余应力

纵向残余应力是由于焊缝纵向收缩引起的。残余应力的分布与焊接过程中形成的塑性压缩变形的大小和分布有很大关系，也就是说凡是影响压缩变形的因素都可能影响残余应力。焊缝区最大应力 σ_m 和拉伸应力区的宽度 b 是纵向残余应力分布的特征参数。

在相同的条件下，构件的几何尺寸（如板厚、板宽）不同，其刚度不同，造成塑性变形区的大小和方向也不同，从而导致残余应力的分布也不同。在相同的焊接条件下，等厚度钢板对称焊接的残余应力分布如图 5.3 所示。

当板宽较小时，焊件边缘为压应力，如图 5.4（a）、图 5.4（b）所示。板宽足够大时，焊件边缘为压应力且趋近于零，如图 5.4（c）。图 5.4（d）、图 5.4（e）所示为非对称对接残余应力的分布情况。图 5.5 所示为不同宽度板的板边堆焊纵向残余应力分布。

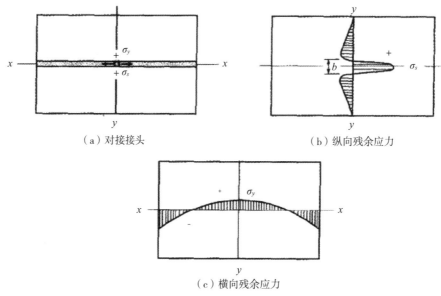

（a）对接接头　　　　　　　　　（b）纵向残余应力

（c）横向残余应力

图 5.3　纵向残余应力和横向残余应力

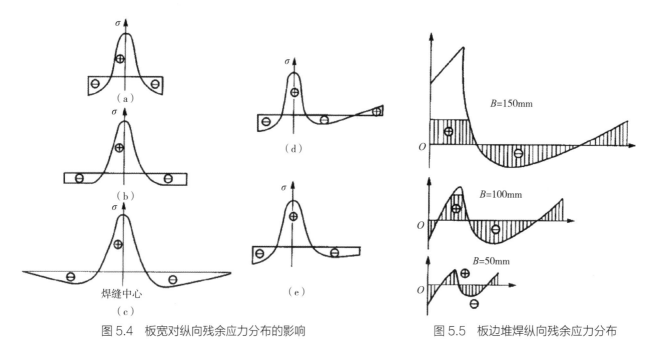

图 5.4　板宽对纵向残余应力分布的影响　　　　图 5.5　板边堆焊纵向残余应力分布

纵向残余应力的最大值与材料的性能有一定的关系。对于普通碳钢的焊接结构，在焊缝区附近为拉应力，其最大值可以达到或超过屈服极限，拉应力区以外为压应力。铝和钛合金的焊接纵向残余应力的最大值往往低于屈服极限，一般为母材屈服极限的 50% ~ 80%。造成这种情况的原因，对钛合金来说，主要是它的膨胀系数和弹性模量数值较低，两者的乘积仅为低碳钢的 1/3 左右。对铝合金来说则主要因为它的导热系数较高，高温区和低温区的温差较小，压缩塑性变形降低，因而残余应力也降低。

5.2.2.2 横向残余应力

把垂直于焊缝方向的残余应力称为横向残余应力（图 5.3），用 σ_y 来表示。横向应力在与焊缝平行的各截面上的分布大体与焊缝截面上相似，但是离焊缝的距离越大，应力值就越低，到边缘上 $\sigma_y=0$（图 5.6）。横向残余应力产生的原因比较复杂，它是由焊缝及其附近塑性变形区的横向收缩和纵向收缩共同作用的结果。具体来讲，一方面，由于焊缝及近缝区金属横向收缩的先后次序不同，造成对接的两块板有产生平面弯曲的趋势使得焊缝区出现横向残余应力，不同焊缝长度对由于纵向收缩引起的横向残余应力有所不同（图 5.7）；另一方面，纵向收缩也会造成板平面内弯曲的趋势，同样引起横向残余应力（图 5.7）。

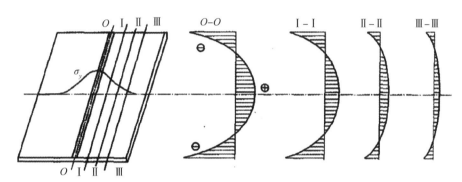

图 5.6　横向应力沿板宽上的分布

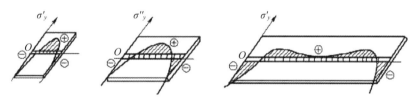

图 5.7　不同焊缝长度对焊接横向残余应力的影响（纵向收缩引起）

影响横向残余应力分布也比较复杂，是各种因素综合作用的结果。总的来讲，由于焊缝的客观存在且对两板施加作用，板保持平直，可以推断接头上存在焊缝中部为拉应力，两端为压应力。但有时其结果会正好相反，如施焊方向不同，分段焊等都可能改变横向残余应力分布（图 5.8）。板的宽度不同也会影响横向残余应力分布。

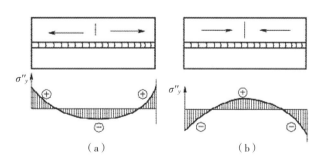

图 5.8　不同焊接方向时 σ_y 的分布

5.2.2.3 厚板焊件中的残余应力

厚板焊接结构中除了存在着纵向残余应力和横向残余应力，还存在着较大的厚度方向上的残余应力。研究表明，这3个方向的残余应力在厚度上的分布极不均匀。其分布规律，对于不同焊接工艺有较大差别。

电渣焊缝中残余应力分布情况如图5.9所示。图中是厚度为240mm的低碳钢，厚度方向的残余应力 σ_z 为拉应力，在厚度中心最大，σ_x、σ_y 的数值也是在厚度中心为最大。σ_y 在板表面为压应力，这是由于焊缝表面的凝固先于焊缝中心区所导致的。

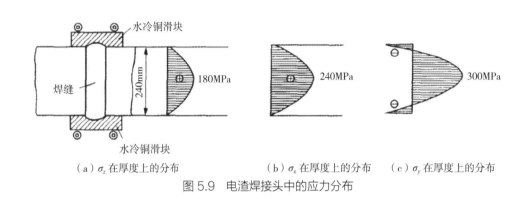

（a）σ_z 在厚度上的分布　　　（b）σ_x 在厚度上的分布　　　（c）σ_y 在厚度上的分布

图5.9　电渣焊接头中的应力分布

厚板多层焊的残余应力分布与电渣焊不同，在低碳钢厚板V形坡口对接多层焊时（图5.10），σ_x、σ_y 在沿厚度方向上均为拉应力，而且靠近上、下表面的残余应力值较大，中心区残余应力值较小。σ_z 的数值较小，可能为压力，亦有可能为拉应力。值得注意的是横向应力 σ_y 在焊缝根部的数值很高，有时超过材料的屈服极限。造成这种现象的原因是多层焊时，每焊一层都使焊接接头产生一次角变形，在根部引起一次拉伸塑性变形，多次塑性变形的积累使这部分金属产生应变硬化，应力不断上升，在较严重的情况下，甚至能达到金属的强度极限，导致接头根部开裂。如果焊接接头角变形受到阻碍，则有可能在焊缝根部产生压应力。

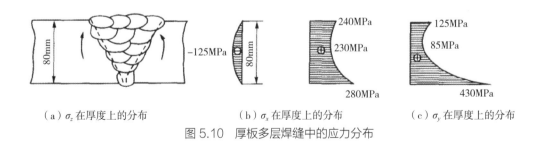

（a）σ_z 在厚度上的分布　　　（b）σ_x 在厚度上的分布　　　（c）σ_y 在厚度上的分布

图5.10　厚板多层焊缝中的应力分布

5.2.2.4 拘束条件下焊接的残余应力

以上分析的焊接接头中的残余应力，都是构件在自由状态下焊接时发生的。但在生产中构件往往是在受拘束的情况下进行焊接的，如构件在刚性固定的胎夹具上焊接，或是构件本身刚性很大。

例如，对接接头在刚性拘束条件下焊接（图5.11），接头的横向收缩必然受到制约，使接头中的横向残余应力发生明显的变化。横向收缩在板内产生的反作用力称为拘束应力，拘束应力与拘束长度（两固定端之间的距离）和板厚有关。板厚一定的条件下，拘束长度越长，拘束应力越小；拘束长度一定的条件下，板厚越大，拘束应力越大。

在拘束条件下焊接，构件内部不仅出现拘束应力，而且还会产生在非拘束条件下焊接时的残余应力，此时结构中的应力应该是这两项应力的综合作用。通常焊接结构中焊缝受到的拘束是拉应力，这样有时需要减小拘束应力，如通过降低结构刚性、合理的焊接次序等。

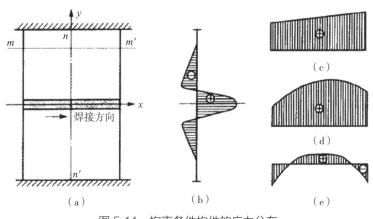

图 5.11 拘束条件构件的应力分布

5.2.3 典型焊件的残余应力分布

5.2.3.1 封闭焊缝的残余应力分布

在容器、船舶和航空喷气发动机等壳体结构中，经常会遇到焊接接管、法兰、人员出入孔接头和镶块之类的结构。这些环绕着接管、镶块等的焊缝构成一个封闭回路，称为封闭焊缝。封闭焊缝是在较大拘束条件下焊接的，因此内应力比自由状态时大。

图 5.12 所示为一圆形封闭焊缝的残余应力分布情况。圆形封闭焊缝焊接后，焊缝发生周向收缩与径向收缩，同时产生径向应力和切向应力。其中，径向应力 σ_r 为拉应力（应力分布与圆形封闭焊缝的径向尺寸有关），内板处较高，向外逐渐减小，最大值出现在焊缝上。切向应力 σ_θ 在内板处是拉应力，向外迅速减小，并转变为压应力。切向应力的最大拉应力也出现在焊缝上，最大压应力则位于外板靠近焊缝的圆周处。切向应力由两部分组成，一是由焊缝周向收缩引起的切向应力，二是由内板冷却过程中径向收缩引起的切向应力，总切应力是这两部分应力叠加的结果 [图 5.13（a）、图 5.13（b）]。

5.2.3.2 焊接型材中的残余应力

分析焊接型材的残余应力时，一般是将焊件的组成板（翼板和腹板）分别视为板边堆焊、中心堆焊来处理。由于焊接型材的长细比值较大，易发生纵向弯曲变形，所以在残余应力分析时，往往着重分析纵向残余应力的分布情况。

图 5.14（a）所示为 T 形焊接梁的纵向残余应力分布。水平板的纵向残余应力分布与平板中心线堆焊时产生的残余应力分布类同。立板中的残余应力分布与板边堆焊时产生的残余应力分布类同。采用同样的分析方法，可以分析工形截面梁 [图 5.14（b）] 和箱形截面梁 [图 5.14（c）] 的纵向残

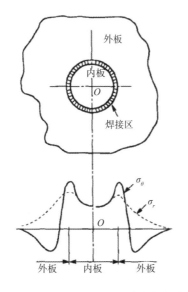

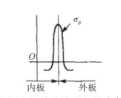

（a）周向焊接收缩引起的残余应力

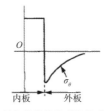

（b）径向焊接收缩引起的残余应力

图 5.12 圆形封闭焊缝的残余应力分布　　图 5.13 环缝焊接切向残余应力的形成

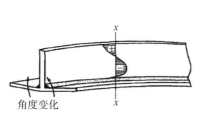

角度变化　　　　　　　x-x截面的应力分布

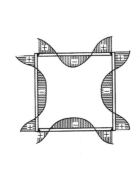

通用钢板

（a）T形焊件的残余应力和变形　　　（b）工形焊件的残余应力分布　（c）箱形焊件的残余应力分布

图 5.14　焊接型钢的纵向残余应力分布

余应力分布规律。

在这些焊接型材中，焊缝及其附近区存在高值拉伸应力。腹板中都存有不可忽视的纵向残余压缩应力，这对焊件产生不利影响。图 5.15 所示为焊接工形梁的纵向残余应力分布。翼板和腹板采用不同的焊接形式（对接或角接），残余应力的分布不同。翼板和腹板通过角接头连接时，在腹板中心部位出现了较高的压应力［图 5.15（b）］，而在对接时有时是拉应力［图 5.15（a）］，这与工形梁的尺寸有关。如果采用气割下料的翼板，则在翼板边缘仍保留气割所产生的拉应力［图 5.15（c）］，这和图 5.15（a）、图 5.15（b）中所示的翼板残余应力分布不同。如果翼板由几块叠焊起来的板组成，其翼板中的残余应力分布和气割下料时的分布类似［图 5.15（d）］。

5.2.3.3 管对接焊的残余应力

管对接焊的残余应力分布是比较复杂的，如果沿管对接环焊缝两侧切开，则被切出的圆环将会发生周向收缩和轴向缩短，若将其复位，必然在管壁中产生剪力和弯矩，并在焊接区产生局部弯曲变形，结果在管壁中产生了轴向应力和切向应力。由局部变形可推测出，轴向应力在焊缝外表面为

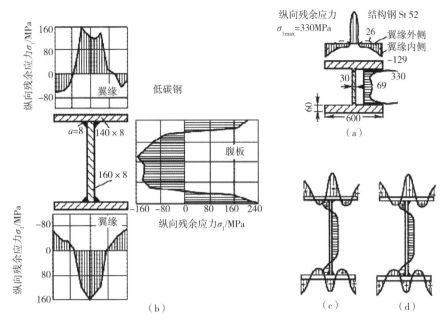

图 5.15　工形梁截面上焊接纵向残余应力分布

压应力，内表面为拉应力。切向应力分布取决于管径与壁厚之比。试验证明，当管径与厚度之比较大时，切向残余应力的分布与平板对接的情况相似（图 5.16）。对低碳钢管来说，最大切向残余应力有时可达材料的屈服极限，当直径与壁厚之比较小时，切向残余应力减小。

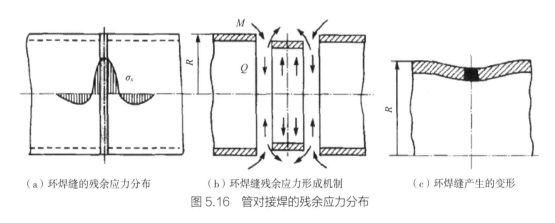

（a）环焊缝的残余应力分布　　　（b）环焊缝残余应力形成机制　　　（c）环焊缝产生的变形

图 5.16　管对接焊的残余应力分布

5.2.4　焊接残余应力对焊接结构的影响

焊接构件中存有的残余应力将直接影响焊件的静载强度、动载强度、断裂韧性、疲劳强度、压曲强度、尺寸稳定性和抗腐蚀开裂等性能。

5.2.4.1　残余应力对焊接构件静载强度的影响

焊接结构中，通常焊缝区的纵向拉伸残余应力峰值较高，对于某种材料可能达到材料的屈服极限，当外载工作应力与其方向一致并相互叠加时，这一区域会发生塑性变形，并丧失了继续承受外力的能力，减小了构件的有效承载面积。然而，焊接残余应力在构件中并非总是有害的，以对构件静载强度的影响为例，当构件材料具有足够的塑性，且能进行足够的塑性变形时，残余内应力的存在并不影响构件的承载能力。但如构件材料的塑性变形能力不足，则残余内应力将降低其静载强度。

图 5.17 为板对接接头承受拉伸载荷时残余应力的变化情况。曲线 0 表示焊接刚结束时横截面上的纵向残余应力的分布情况。如果施加均匀拉伸应力 $\sigma=\sigma_1$，应力的分布情况为曲线 1，因近缝区的应力达到屈服极限，大部分的应力则增加在焊缝以外的区域。随着施加应力增大到 σ_2，如曲线 2 所示，焊件的应力分布变得更为均匀，也就是说，焊接残余应力对于应力分布的影响减小了。当施加的应力进一步增大时，就达到了全面屈服，即整个横截面都达到了屈服应力，见曲线 3。超过全面屈服以后，残余应力对于应力分布的影响实际上已经不存在了。

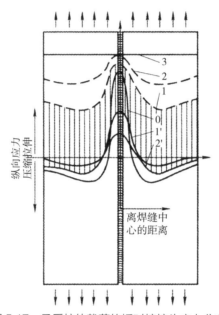

图 5.17　承受拉伸载荷的板对接接头应力分布

图 5.17 中，在焊接接头上施加拉伸应力 $\sigma=\sigma_1$，然后卸载，这时保留下来的残余应力由曲线 1′表示。曲线 2′ 表示先施加拉伸应力 $\sigma=\sigma_2$，卸载后残余应力的分布。对比于原始的残余应力分布（曲线 0），加载并卸载后的残余应力分布比较均匀。随着加载水平的增大，卸载后的残余应力分布变得更加均匀，焊接残余应力对于应力分布的影响减小了。

根据以上的讨论可以得出下列有关残余应力的影响：

（1）随着加载应力增大，残余应力的影响减小。

（2）当施加的应力超过屈服应力时，残余应力对于焊接结构性能的影响可以忽略不计。

（3）重复加载后残余应力的影响趋于减小。

（4）只有对于低应力下出现的现象，例如脆性断裂以及应力腐蚀开裂等，焊接残余应力对焊接结构性能才有重大的影响。

5.2.4.2 残余应力对机加工精度和构件尺寸稳定性的影响

机械加工时，如果工件中原来就存有残余应力，切削构件金属材料时一定会破坏原始残余应力的平衡状态，内应力将发生重新分布，结果必然使被加工的工件发生变形，加工精度就会受到影响。如在 T 形焊件上加工一平面，会引起焊件挠曲变形。但工件在加工过程中受到夹持约束，变形不会充分地显示出来，只有在加工完毕后松开夹具时，弯曲变形才显露出来。总之残余应力将影响已加工平面的精度。

在加工精度符合要求的焊件中仍然存有一定程度的残余应力，焊件精度的稳定性将受到残余应力的影响。实践证明，焊接残余应力随时间的延长而发生缓慢的变化，与此同时使焊件尺寸也产生相应的变化，从而破坏了原有的精度，这对精度要求较高的构件（如精密机床的床身、大型框架等）有非常不利的影响。显然，对于这类构件必须考虑残余应力对其尺寸稳定性的影响。

不同材料中的残余应力不稳定性有较大差异，合金钢和中碳钢焊后产生不稳定组织，造成残余应力不稳定，导致焊件尺寸不稳定。为了保证焊件尺寸长期的稳定性，焊后必须消除应力处理。尽管低碳钢焊后具有比较稳定的组织，但长期存放也会因残余应力而发生蠕变和应力松弛，影响构件的尺寸稳定性。因此，对于尺寸稳定性要求较高的焊件仍然要进行消除应力处理。

5.2.4.3 残余应力对构件挠曲变形的影响

由细长杆件或薄板组成的金属结构在承受轴向压缩载荷、弯曲或扭转载荷时，有时会发生失稳或挠曲破坏。压缩残余应力使金属结构的挠曲强度降低，此外由残余应力引起的初始变形也使挠曲强度降低。用通用钢板制成的焊后状态试件的临界挠曲强度比其他形式的试件低许多，这表明不利的残余应力分布可以导致挠曲强度显著降低。

用火焰切割板材制造的柱，通常在翼板外侧具有拉伸残余应力。在这类柱中残余应力表现较为有利，其情况可以和消除应力后的柱相似。在这种情况下，板材火焰切割时引起的残余应力和随后拼装柱子时焊接所引起的残余应力，从挠曲强度的观点来说，其作用互相抵消。这一类型的柱的承载能力和热轧柱大体相当。

5.2.4.4 残余应力对结构刚度的影响

当外载产生的应力与结构中某区域的内应力叠加之和达到屈服点时，这一区域的材料就会产生局部塑性变形，丧失进一步承受外载的能力，造成结构的有效面积减小，结构的刚度也随之降低。焊接结构除焊接引起残余应力，火焰矫正后也在结构上产生较大范围的内应力。加载时，刚度可能有明显下降，发生较大变形，卸载后回弹量也可能减小，出现残余变形。

5.2.4.5 残余应力对应力腐蚀的影响

应力腐蚀是拉应力与腐蚀介质共同作用下产生裂纹的一种现象。由于焊接结构在没有外加载荷的情况下就存在残余应力，因而在腐蚀介质作用下，结构虽无外力，也会发生应力腐蚀。应力腐蚀的机理有各种解释，一般认为，当构件受到一定大小的拉应力作用时，由于应力集中的作用，在 I 形裂纹尖端形成了一个很高的拉应力场，它阻止裂纹尖端表面钝化膜的形成，或者将裂纹尖端已形成的钝化膜破坏，使裂纹尖端暴露在腐蚀介质中，裂纹尖端材料不断地通过腐蚀过程溶解，裂纹向前扩展。应力腐蚀开裂是一种脆性破坏，对于高强钢和超强度钢尤为突出，如超高强度钢在水中都会发生应力腐蚀现象。对于可能发生应力腐蚀的焊接结构，应采取措施消除或减小焊接残余应力，也可以在焊缝区涂防腐材料加以保护。

5.2.5 焊接残余应力的测定

虽然全面掌控由于焊接结构的复杂性所造成的焊接残余应力分布和变形行为是有很大困难的，但掌握实际焊接结构残余应力分布和变形行为对于保证实际焊接结构的安全运行是非常有益的，因此焊接残余应力的测量显得非常必要。

根据测试方法对被测试件是否造成破坏，可将残余应力测试方法分为：有损测试法，又称机械方法或应力释放法；无损测试法，又称物理方法。具体分类情况见图5.18。

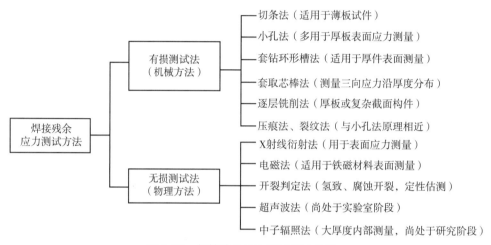

图 5.18　焊接残余应力测试方法分类

有损测试法测量残余应力的基本原理是当采用某种机械的手段（切条、剥层、切槽或者钻孔等）对焊接件进行局部加工，平衡于构件内部的内应力会部分释放而建立新的平衡。由于应力部分释放，被加工处的材料会发生变形。因此借助应变测量技术测出加工材料周围的应变，再应用力学理论来推算出切条处、切槽处、剥层处或小孔处的应力。不足之处是这类方法需要采取机械加工的方法对工件进行局部分离或者分割，从而会对工件造成一定的损伤或者破坏。其中以钻孔法和浅盲孔法的破坏性最小，因而得到了广泛的应用。

无损测试法是非破坏性测定焊接残余应力的方法，常用的有磁性法、超声波法和X射线衍射法等。磁性法是利用铁磁材料在磁场中磁化后的磁致伸缩效应来测量残余应力；X射线衍射法是根据测定金属晶体晶格常数在应力的作用下发生变化，来测定残余应力的无损测量方法；超声波法是根据超声波在有应力的试件和无应力的试件中传播速度的变化来测定残余应力。

世界各国就残余应力的测定制定了相应的标准，我国这方面的标准有：GB/T 31218—2014《金属材料　残余应力测定　全释放应变法》，GB/T 31310—2014《金属材料　残余应力测定　钻孔应变法》，GB/T 24179—2009《金属材料　残余应力测定　压痕应变法》，GB/T 33210—2016《无损检测　残余应力的电磁检测方法》等。这方面的欧美标准如：EN 15305：2008《X射线衍射法残余应力测定》和ASTM E837-08《钻孔应变测量残余应力》等。残余应力的测定也不断上升为国际标准，如ISO 21432《非破坏性试验测量残余应力的中子衍射法》2005年就已颁布，并于 2019 年修订。2010 年，我国等同等效制定了 GB/T 26140—2010《无损检测　测量残余应力的中子衍射方法》。

5.3 焊接残余变形的种类及影响因素

焊接残余变形是焊接结构生产中经常出现的问题，不但影响焊接结构的尺寸精度和外形美观，也可能降低焊接结构的承载能力，引起事故发生。有时变形太大无法矫正，造成废品。因此，在焊接结构制造中焊接残余变形是应该尽量避免的。焊接残余变形可分为纵向收缩变形、横向收缩变形、角变形、波浪变形、错边变形、扭曲变形及弯曲（挠曲）变形 7 类。在焊接结构中焊接残余变形往往并不是单独出现的，而有可能几种变形同时出现，互相影响。

5.3.1 纵向收缩变形

构件焊后在沿焊缝长度方向发生的收缩变形称为纵向收缩变形，如图 5.19 中的 ΔL。

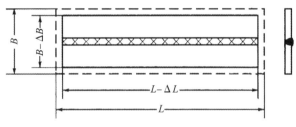

图 5.19　纵向和横向收缩变形

5.3.1.1 收缩变形产生原因

在焊接时，焊缝近缝区金属由于在高温下的自由变形受到阻碍，产生了压缩塑性变形，且液态金属在冷却过程中形成固态焊缝，产生收缩变形。这两个因素共同作用造成了焊缝的纵向收缩变形，因此把焊缝区及压缩塑性变形区统称为收缩变形区。

5.3.1.2 收缩变形的影响因素

收缩变形 ΔL 取决于构件的长度、横截面积和压缩塑性变形。而又与焊接工艺参数、焊接方法以及材料的热物理参量有关。

（1）焊接热输入。焊接热输入是最主要的一个影响因素。在一般情况下，ΔL 与焊接热输入成正比。为了降低纵向收缩变形，选用焊接热输入量小的焊接方法是有利的。

（2）焊接层数。同样截面的焊缝可以一次焊成，也可以分几层焊成，多层焊每次所用的热输入比单层焊时小得多。因此，分的层数越多，每层所用的热输入就越小，变形也就越小。

（3）预热温度。在一般情况下，工件原始温度的提高，相当于加大热输入，使焊接压缩塑性变形区扩大，焊后纵向收缩变形也增大；反之，原始温度下降，相当于减少热输入，收缩变形降低。但是当预热温度过高时，也可能出现相反的结果。因为随着预热温度的增加，压缩塑性变形区虽然扩大，但与此同时，由于较高的预热温度，缩小了工件在焊接时的温度差，温度趋于均匀化，塑性区内的压缩应变量反而下降，使纵向收缩 ΔL 减小。

（4）焊缝长度。间断焊的纵向变形比连续焊小。在受力不大的地方，用间断焊缝代替连续焊缝是降低纵向收缩变形的有效措施。

5.3.2　横向收缩变形

构件焊后在垂直于焊缝方向发生的收缩变形称为横向收缩变形，见图 5.19 中的 ΔB。

5.3.2.1　横向收缩变形 ΔB 的产生原因

横向收缩变形产生的过程比较复杂，不管是对于堆焊、角焊缝还是对接焊缝等接头，主要表现为横向收缩引起的横向收缩变形。在焊接过程中，实际上横向收缩是纵向收缩同时发生的，产生收缩的基本原理也是相类似的，即焊缝区域熔化的金属在冷却过程中的收缩和近缝区金属由于高温下存在压缩塑性变形，冷却后而表现出来的收缩。

5.3.2.2　横向收缩变形的影响因素

（1）焊接热输入。在一般情况下，横向收缩 ΔB 与焊接热输入成正比。为了降低横向收缩变形，尽量采用较小的焊接规范，选用焊接热输入小（能量密度高）的焊接方法。

（2）焊缝截面积。焊缝截面积越大，需要的焊接热输入就大，液态金属的收缩量也大，造成横向收缩变形增大。

（3）板厚。对于堆焊和角焊缝接头，板厚增加有利于横向收缩变形的减少；对于对接焊缝接头，板厚增加有可能使得横向收缩变形增加，这是由于板厚增加使得焊缝截面积增加。

（4）坡口形式。坡口形式和坡口角度直接影响焊缝截面积，坡口角度越大，横向收缩变形越大。

（5）焊接层数。对于一定的板厚，焊接层数越多，总体上横向收缩变形越小。而各层焊缝所引起的横向收缩，以第一层为最大，以后逐层递减。

5.3.2.3　横向收缩变形 ΔB 分布

横向收缩变形沿焊缝长度上的分布并不均匀。这是因为先焊的焊缝发生横向收缩，对后焊的焊缝产生一个挤压作用，使后者产生更大的横向压缩变形。这样，焊缝的横向收缩沿着焊接方向是由小到大逐渐增长的，到一定长度后趋于稳定，如图 5.20 所示。

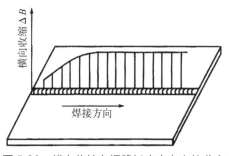

图 5.20　横向收缩在焊缝长度方向上的分布

横向收缩量 ΔB 一般取决于板厚、坡口形式、坡口角度和间隙，通常比纵向收缩量大。由于在实际焊接过程中，在焊缝长度方向各点的加热并非是同时进行的。

5.3.3　弯曲变形

构件焊后向某一方向发生弯曲的现象称为弯曲变形。焊缝的纵向收缩变形和横向收缩变形均会引起弯曲变形，如图 5.21 所示。一般用弯曲挠度 f 表示弯曲变形的大小。

图 5.21　弯曲变形

5.3.3.1　纵向收缩引起的弯曲变形

（1）产生原因。由于焊缝在构件中的位置相对于其截面中性轴不对称，焊缝的纵向收缩变形使得构件发生弯曲变形。弯曲变形的大小由焊缝纵向收缩力（假想外加压力）以及构件截面形状系数决定。

（2）影响因素。

① 构件的刚度。弯曲刚度 EI 越大，弯曲挠度 f 越小。

② 焊缝收缩引起的假想力 F_f 影响焊缝纵向收缩变形，影响弯曲挠度 f。

③ 焊缝位置。相对于构件的截面中性轴，焊缝位置越不对称，焊缝中心离惯性矩中心越远，弯曲挠度 f 越大。

④ 装焊顺序。在焊接过程中，构件截面形状不断变化，截面惯性矩和中性轴的位置始终在变化之中，因此装焊顺序直接影响弯曲挠度的大小。优化装焊顺序可以使构件尽可能产生最小的弯曲变形。

5.3.3.2　横向收缩引起的弯曲变形

（1）产生原因。与构件长度方向垂直的焊缝称为横向焊缝，横向焊缝在构件上分布不对称，其横向收缩变形会引起结构的弯曲变形。

（2）影响因素。构件的结构形式、刚度、焊缝的位置、装配焊接顺序以及影响横向收缩变形的因素都会影响其弯曲变形。

5.3.4　角变形

焊后构件的平面围绕焊缝产生的角位移称为角变形，常见的角变形如图 5.22 所示。单侧或不对称双侧焊缝，在表面堆焊、对接接头、搭接接头、T 形接头、十字接头和角接接头中常常会有可能产生角变形。常用 β 代表角变形的大小。

图 5.22　常见的角变形

5.3.4.1 角变形的产生原因

角变形产生的主要原因是焊缝横向收缩 ΔB 在板厚度方向上的不均匀分布。焊缝正面的横向收缩量大，背面的收缩量小，这样就会造成构件平面的偏转，产生角变形。

（1）在平板上进行堆焊时，堆焊的高温区金属的热膨胀由于受到附近温度较低区金属的阻碍而受到挤压，产生压缩塑性变形。但是由于焊接面的温度高于背面，焊接面产生的压缩塑性变形比背面大，有时背面在弯矩的作用下甚至可能产生拉伸变形，故在冷却后平板产生角变形（图 5.23）。

（2）对于对接接头，坡口角度及焊缝截面形状对对接接头的角变形影响很大，坡口角度越大，焊接接头上部及下部横向收缩量的差别就越大，产生角变形的程度就越大。除此之外，还与焊接方法、坡口形式等因素有很大的关系。

（3）对于角焊缝，如图 5.24 所示的丁字接头的角变形包括两部分：肋板与主板的角变形和主板本身的角变形，前者相当于对接接头的角变形，如果是不开坡口的角焊缝，则相当于坡口角度是 90° 的对接焊缝的角变形。而对于主板来说，则相当于在平板上进行堆焊时引起的角变形。

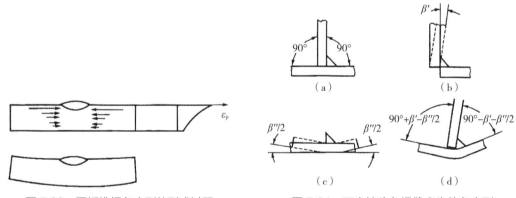

图 5.23　平板堆焊角变形的形成过程　　　　图 5.24　丁字接头角焊缝产生的角变形

5.3.4.2 角变形的影响因素

根据角变形的产生原因，可以推出影响角变形的主要因素如下。

（1）温度场分布。在板厚方向上温度分布相差越大，角变形 β 越大；在板宽度上的高温区范围越大，角变形 β 越大。这都与压缩塑性变形有关系。

（2）焊接热输入。一般情况下，热输入引起的板厚方向上温度差越大，角变形 β 则大。如果热输入过大，板厚方向上温度差反而减少，角变形 β 则减小。

（3）板厚。对于堆焊和搭接接头，板厚越大，角变形越小。而对于对接接头，板厚越大，填充金属量越多，焊缝的宽深比 B/H 越大，则角变形 β 越大。

（4）焊接方法。焊接方法影响角变形的大小，主要体现在焊缝的宽深比 B/H 越小，角变形 β 越小，如电子束焊、激光焊的角变形 β 较小。

（5）坡口角度。对接接头的角变形 β 随坡口角度的增大而增大。

（6）焊接层数。多层焊比单层焊的角变形 β 大（每层尺寸相近）；多层多道焊比多层单道焊的角变形 β 大。层数道数越多，角变形 β 越大。焊接（对称）X 形坡口时，先焊的面一般比后焊的面的角变形 β 大。

（7）焊接顺序。对于双面开坡口焊缝，焊接顺序、焊接热输入和焊接层数对角变形有联合作用。选择理想的焊接顺序，可以有效地控制角变形。

5.3.4.3　角变形的分布

堆焊引起的角变形与堆焊的横向收缩变形一样，沿长度方向上也是开始比较小，以后逐渐增加的（图 5.25）。角焊缝和对接接头的角变形也具有这样的分布规律（图 5.26）。

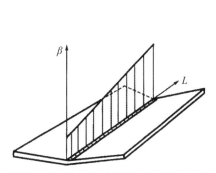

图 5.25　平板表面火焰加热的线能量与其角变形的关系曲线

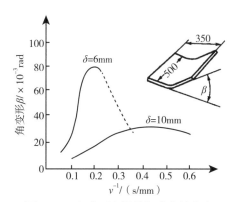

图 5.26　角变形在焊缝长度上的分布

5.3.5　波浪变形

构件焊后呈现出流浪形状称为波浪变形或失稳变形，如图 5.27 所示。这种变形在薄板焊接时较容易发生。

5.3.5.1　产生原因

薄板在承受压力时，当其中的压应力达到某一临界数值时，薄板将因出现波浪变形而丧失承载能力，这种现象称为失稳。如图 5.28 所示，对一块矩形平板的两个平行边施加两个方向的刚性约束，使其仅能沿一个方向滑动，并在其可移动的方向上施加压力，则压应力达到失稳的临界应力 σ_{cr} 就容易发生失稳。

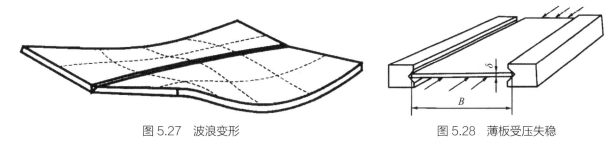

图 5.27　波浪变形　　　　　　　　　图 5.28　薄板受压失稳

焊后存在于平板中的内应力，一般情况下在焊缝附近是拉应力，离开焊缝较远的区域为压应力。在压应力的作用下，如果 $\sigma_{压应力} > \sigma_{cr}$，薄板可能失稳，产生波浪变形。这不但使结构外形不美观，而且将降低一些受压薄板结构的承载能力。如图 5.29 所示为一个周围有框架的薄板结构，焊后在平板上出现压应力，使平板中心产生压曲失稳变形。如图 5.30 所示为舱口结构，在平板中间有一个长圆形的孔，孔周边焊有钢圈，由于焊接残余应力的存在，使舱口四周出现了波浪变形。

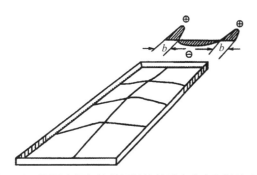 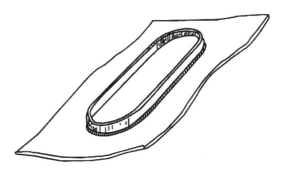

图 5.29　周围有框架的薄板结构的残余应力和波浪变形　　　　图 5.30　舱口的波浪变形

5.3.5.2　影响因素

薄板的厚度 δ 与宽度 B 之比越大，失稳的临界应力 σ_{cr} 越大，结构的稳定性越强。

对于焊接结构来说，降低波浪变形可以从降低压应力和提高临界应力两方面着手。因压应力的大小和拉应力的区域大小成正比，故减小压缩塑性变形区就可能降低压应力的数值。CO_2 气体保护焊所产生的压缩塑性变形区比气焊和焊条电弧焊小，断续焊比连续焊小，接触点焊比熔焊小，小尺寸的焊缝比大尺寸的焊缝小。因此采用产生压缩塑性变形区小的焊接方法和措施都可以减少波浪变形。临界应力的提高则可以通过增加板厚和减小板宽，即提高 δ/B 之比值来达到。

焊接角变形也可能产生类似的波浪形变形，例如大量采用肋板的板结构上可能出现波浪变形，但是这个波浪变形与上述失稳变形在本质上是有区别的，如图 5.31 所示。实际结构中，这两种不同原因引起的波浪变形可能同时出现，应该针对它们各自的特点，分清主次采取措施加以解决。

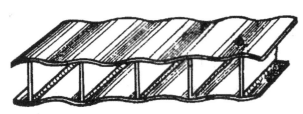

图 5.31　角变形引起的波浪变形

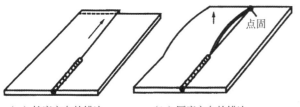

（a）长度方向的错边　　　（b）厚度方向的错边
图 5.32　错边变形

5.3.6　错边变形

在焊接过程中，两焊接件的热膨胀不一致，可能引起长度方向上的错边和厚度方向上的错边，如图 5.32 所示。错边的产生有两种情况：一是由装配不善所造成，这是人为因素造成，是可以避免的；二是由焊接过程所造成。

焊接过程中对接边的热不平衡是造成焊接

错边的主要原因，如图 5.33 所示：（a）工件与夹具一边接触较紧，导热较快，另一边接触不良，导热较慢；（b）工件与夹具间一边导热不良，另一边导热良好；（c）焊接热源偏离中心，一边热输入量大，另一边热输入量小；（d）对接边一边热容量大，导热快，另一边热容量小，导热慢。这些热不平衡的情况引起温度场不对称，使两边的热膨胀量不一致，造成焊接长度方向的错边。此外，对接焊缝两边刚度不同对错边的产生也有影响，刚度小的一侧变形位移较大，刚度大的一侧变形位移较小，因此造成错边。异种材料焊接，由于两种材料的热膨胀系数的差异，也容易产生错边变形。平板对接时，如果在长度方向的错边受到阻碍，就会在厚度方向上形成错边，厚度方向上的错边在环焊缝上是常见的，如图 5.34 所示。

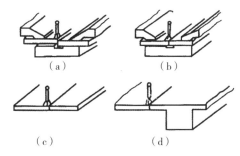

图 5.33　焊接过程中对接边的热输入不平衡的典型例子

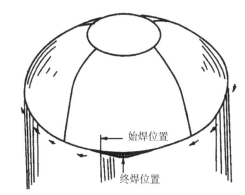

图 5.34　封头与筒身环焊缝对接边错边的产生过程

5.3.7　扭曲变形

焊后在结构上出现的扭曲现象称为扭曲变形，也称为螺旋形变形，如图 5.35 所示。

5.3.7.1　扭曲变形的产生原因

（1）由焊缝角变形沿长度方向上的分布不均匀造成。如图 5.36 所示，工形梁的四条翼缘焊缝，若相邻两条焊缝的焊接方向不同，极易引起扭曲变形。这是因为角变形沿着焊缝长度上逐渐增大，使构件扭转。改变焊接次序和方向，把两条相邻的焊缝同时向同一方向焊接，可以克服这种变形。

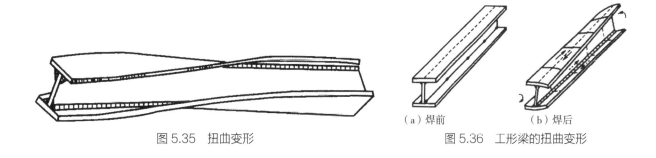

图 5.35　扭曲变形

（a）焊前　　　　　　（b）焊后

图 5.36　工形梁的扭曲变形

（2）由焊缝长度方向上的错边变形造成。对于箱形梁，翼板与腹板之间可能产生纵向焊接错边，这种错边可能引起箱形断面构件的扭转，在焊后形成螺旋形变形。

5.3.7.2 影响因素

扭曲变形是角变形在长度方向上分布不一致和焊接错边造成的，所以凡是影响角变和焊接错边的因素均会影响扭曲变形。

5.3.8 焊接残余变形的估算及与残余应力的关系

5.3.8.1 焊接变形与焊接残余应力的关系

焊接残余应力与焊接变形之间在很大程度上具有相反的行为特征，焊接时被刚性固定的构件，焊后具有较高的焊接残余应力；相反若无任何约束，焊接变形则较大而焊接残余应力相对较小，如图 5.37 所示。也就是说焊接出焊接残余应力和焊接变形均低的构件很困难。这就要求我们焊接专业人员，根据结构的使用条件合理地处理好焊接残余应力和焊接变形问题。

焊接残余应力与焊接变形并不是孤立发生的，而通常是伴随发生。另外，焊接残余应力及焊接变形的调整与控制措施经常也会交叉相互影响。本章为了便于讲解，后面将二者分开介绍。

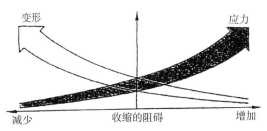

图 5.37 变形与应力对收缩量的影响

5.3.8.2 焊接变形的估算举例

在生产中，由于各种因素的影响和相互作用，很难对焊接变形的收缩量做出准确的计算，下面所列表格是在一定条件下对其收缩量的估计，仅作参考。

（1）纵向收缩的估算。

对接焊缝和角焊缝的收缩量在加工中可以用简化的形式，按下列数值进行计算。

厚壁较大构件采用 0.1 [mm/m 焊缝]。

薄壁构件参见表 5.1。

表 5.1 焊缝与母材横截面之比对收缩量的估算

焊缝横截面与母材横截面之比	收缩量
> 1 : 150	0.1
=1 : 80	0.3
< 1 : 50	1.0

注：相邻焊缝应按每条焊缝收缩量合并计算。

（2）横向收缩。

根据焊接工艺、热输入量以及焊接坡口形式可应用图 5.38 所列横向收缩量。

角焊缝→0.1 ～ 0.4 ［mm/m 焊缝］；

对接焊缝→0.6 ～ 3.3 ［mm/m 焊缝］。

本数据是对钢种 S235 测试的结果。

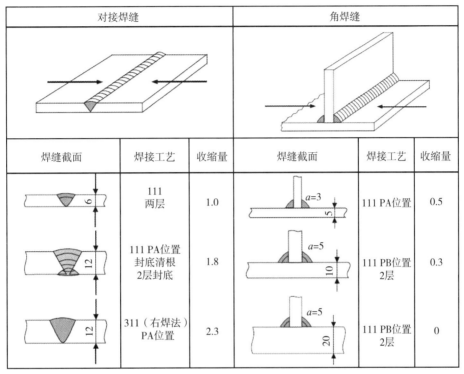

对接焊缝			角焊缝		
焊缝截面	焊接工艺	收缩量	焊缝截面	焊接工艺	收缩量
6	111 两层	1.0	a=3 5	111 PA位置	0.5
12	111 PA位置 封底清根 2层封底	1.8	a=5 10	111 PB位置 2层	0.3
12	311（右焊法） PA位置	2.3	a=5 20	111 PB位置 2层	0

图 5.38　S235 钢对接和角接焊缝的横向收缩量

（3）板对接和 T 形接头角变形。

S235 钢对接焊缝变形角度见图 5.39，S235 钢角焊缝收缩角见图 5.40。

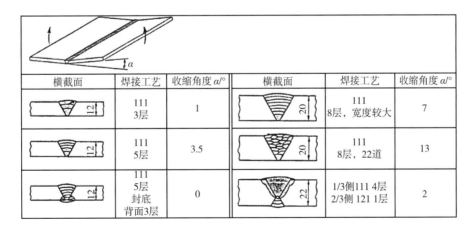

横截面	焊接工艺	收缩角度 α/°	横截面	焊接工艺	收缩角度 α/°
12	111 3层	1	20	111 8层，宽度较大	7
12	111 5层	3.5	20	111 8层，22道	13
12	111 5层 封底 背面3层	0	22	1/3侧111 4层 2/3侧121 1层	2

图 5.39　S235 钢对接焊缝变形角度

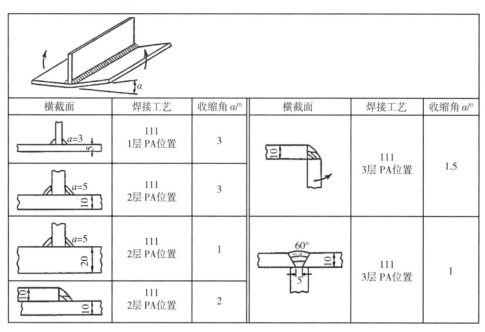

横截面	焊接工艺	收缩角 α/°	横截面	焊接工艺	收缩角 α/°
a=3	111 1层 PA位置	3	10	111 3层 PA位置	1.5
a=5	111 2层 PA位置	3			
a=5	111 2层 PA位置	1	60° 5	111 3层 PA位置	1
10 10	111 2层 PA位置	2			

图 5.40 S235 钢角焊缝收缩角

5.4 焊接残余应力的调整与控制

减小焊接残余应力的措施可分为焊前措施、焊时措施及焊后措施。焊前措施指焊件结构设计及材料选择等方面所采取的措施，包括采用预先成形、选择焊件支撑或固定方式以及确定焊接顺序和焊接规范等。焊时措施包括预热缓冷、振动焊接，以及合理的焊接顺序。焊后措施包括整体退火、局部退火和振动消应力等，有些方法既可在焊接中实施，也可在焊后进行。另外，也可从设计和工艺两方面来进行焊接残余应力的调整和控制。从原理角度来说，降低焊接残余应力可从下述几方面着手：降低最大焊接残余拉应力水平；缩小高残余拉应力的存在区间和范围；减少残余应力的维数。

5.4.1 减小焊接残余应力的设计措施

焊接结构的设计应使结构在其制造过程中产生的焊接残余应力得到有效控制，即应能保证焊接的可靠性。焊接结构设计方面的措施，实际上是指负责结构设计工作的技术人员应遵循的设计规范，包括确定结构的外形、尺寸及确定结构中的各个焊接接头；后者还包括选择接头形式（对接接头、搭接接头、十字接头、T形接头、角接接头、端接接头）及确定焊缝尺寸等。减小焊接残余应力的设计措施如图 5.41 所示。

以下是一些实例。图 5.42 所示为避免焊缝过分集中，保持足够距离的实例。焊缝过分集中不仅使应力分布不均，且可能出现双向或三向复杂应力状态。压力容器设计在这方面有严格规定。图 5.43 所示为避免焊缝密集交叉实例，图 5.43（a）是焊缝交叉的典型情况，焊缝交叉会在交叉处形成三轴应力状态，结构易完全丧失塑性变形能力。而图 5.43（b）对焊缝设计进行调整，减小焊缝的交叉，明显降低了焊接残余应力。图 5.44 所示为采用较小刚性的接头形式，使焊缝能比较自由地收缩，图中所示是采用在钢柱内挖槽的方法来降低刚度。

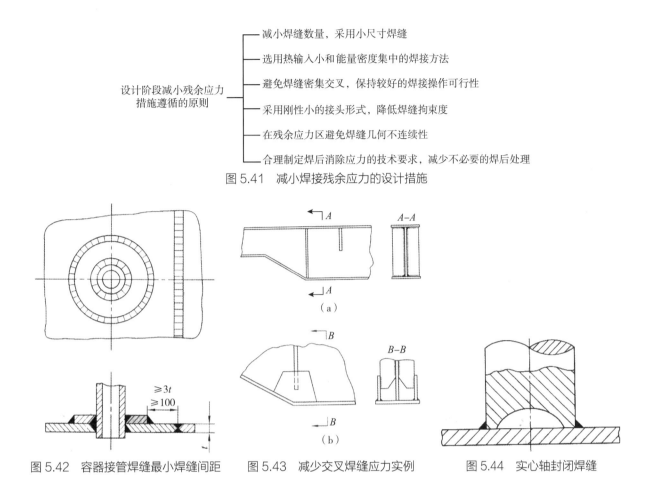

图 5.41　减小焊接残余应力的设计措施

图 5.42　容器接管焊缝最小焊缝间距　　图 5.43　减少交叉焊缝应力实例　　图 5.44　实心轴封闭焊缝

5.4.2　减小（消除）焊接残余应力的工艺措施

　　焊后减小与消除残余应力的方法有很多种，现有的各种方法按其机理可分为三大类：一是蠕变形变法，即通常的焊后热处理；二是力学形变法，包括通常的过载拉伸、振动时效、锤击、爆炸处理等；三是温差形变法，即利用热膨胀量的差别使金属产生伸长形变，达到消除残余应力的目的，这一类方法主要有低温拉伸法和逆焊温差处理两种方法。图 5.45 所示为调整与消除残余应力工艺措施分类。以下对其中几种主要的并在工程中应用较多的消除残余应力的方法进行简要介绍。

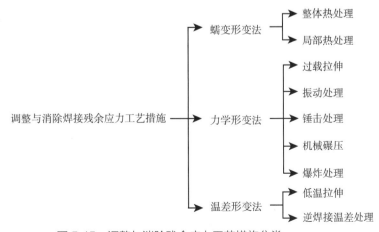

图 5.45　调整与消除残余应力工艺措施分类

5.4.2.1 热处理方法（蠕变形变法）

通过热处理的方式消除残余应力的机理如下：材料的屈服极限随温度升高而降低（弹性模量也会降低），如果材料的残余应力超过加热时某一温度的屈服极限，结构就会因材料发生塑性变形而缓和残余应力，但它只能将残余应力降到加热温度条件下的材料屈服强度；起到更大作用的是高温蠕变，蠕变使应力松弛。理论上讲只要时间充分，可完全消除残余应力。

（1）整体热处理。

整体热处理一般是将构件整体加热到高温回火温度，保温一定时间后再冷却的消除应力回火热处理。这种高温回火消除应力是通过金属材料在高温下发生蠕变现象，且屈服点降低，使应力松弛实现的。随着加热温度的提高和保温时间的延长，金属材料的蠕变更加充分，如果构件整体都加热到材料屈服点为零的温度，残余应力将会完全消除。由于这种蠕变是在残余应力诱导下进行的，所以构件中的蠕变变形总量是可以等于热处理前构件中残余应力区内所存在的弹性变形，这些弹性变形在蠕变过程中完全消失，构件中的残余应力就不复存在了。

在进行消除应力回火热处理时，焊后热处理温度选定应保证最大可能地松弛残余应力而又不会造成对接头性能的不良影响。通常温度选择原则的趋势是降低热处理温度，防止温度过高对接头和母材性能造成影响，而热处理保温时间应足够长，使残余应力有足够的时间进行松弛。常用金属材料消除应力回火温度见表5.2。

表5.2 常用金属材料消除应力回火温度

材料	碳钢及中合金钢	奥氏体钢	铝合金	镁合金	钛合金	铌合金	铸铁
回火温度/℃	580～680	850～1050	250～300	250～300	550～600	1100～1200	600～650

含钒低合金钢在600～620℃回火后，塑性、韧性下降，回火温度宜选在500～560℃。

保温时间主要取决于壁厚以及材质，保温时间过长会对材料的性能尤其是韧性产生不良影响，对钢来说，保温时间可以按厚度2~3min/mm来计算总保温时间，但不宜低于30min，也不宜高于3h。对具有再热裂纹倾向的钢材（例如含Cr、Mo、V等合金元素的热强钢）的焊接结构，应注意控制加热速度和加热时间，以免产生再热裂纹。最大加热速度的限制主要是为了防止加热过快造成大的温度梯度，从而使材料受热不均而引起构件的变形，甚至引发裂纹。加热速度取决于板厚h，一般h=10mm时取5℃/min，h=50mm时取1℃/min。冷却速度应取加热速度的一半，冷却速度的限制同样是为了防止构件中产生过大的温度梯度，从而防止焊件产生新的残余应力和变形。重要的结构如锅炉和化工压力容器，消除内应力的热处理规范及其必要性有专门的规定。另外，各国的消除焊接残余应力的热处理温度相关规定也不尽相同，如德国的相应标准中规定，加热温度为530~800℃，保温时间为15~60min，加热速度、冷却速率则根据构件的大小来定。

整体热处理一般在炉内进行，遇到大型结构（如大型罐、塔等）无法在炉内处理时，可采用在容器外壁覆盖保温层、在容器内部用火焰或电阻加热等办法来实现。

焊后消除应力热处理需要注意的问题：① 某些材料母材和焊缝金属性能恶化，如一些CrMo钢热处理时若加热时间过长，焊缝金属会出现粗大的铁素体组织，使其强度降低；低温用镍钢经消除应力热处理后，其断裂韧度将会下降。② 再热裂纹倾向，如对于强度级别较高的铬钼类钢材，在消除应力热处理时热影响区都有发生再热裂纹的危险。再热裂纹主要出现在 400 ~ 550℃ 的温度区间，热处理时在加热过程中应尽快通过这一温度范围。

（2）局部热处理。

对某些不允许或不可能进行整体热处理的焊接结构，可采用局部热处理。局部热处理就是将构件焊缝周围局部应力很大的区域及其周围区域缓慢加热到一定温度后保温，然后缓慢冷却。其消除应力的效果不如整体热处理，它只能降低焊接残余应力峰值，不能完全消除焊接残余应力，局部处理可以改善焊接接头的力学性能。对于一些大型筒形容器的组装环缝和一些重要管道等，常采用局部热处理来降低结构的焊接残余应力。

这种处理方法是把焊缝周围的一个局部区域进行加热，处理对象仅限于比较简单的焊接接头。局部加热可以采用电阻、红外、火焰和感应加热，消除应力的效果与温度分布有关，而温度分布又与加热的范围有关。为取得良好的降低应力的效果，应该保证足够的加热宽度（图 5.46）。

通过对局部退火的多次试验，推导出局部退火的最佳宽度公式，这一公式与相应的标准和公式是相符合的。公式中的管半径为 R，构件壁厚为 t，最低退火宽度 b_g 可用下列公式表示：

$$2b_g \geqslant 5 \times (R \times t)^{0.5}$$

经此处理可在较大范围内使应力降低，故不会出现高的应力峰值。

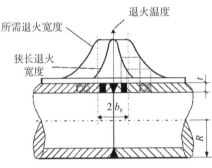

图 5.46　管件局部退火宽度图示

5.4.2.2　力学形变法

焊接残余应力是由于焊缝及其附近区域在焊接过程中的压缩塑性变形引起的。因此，通过一些力学方式，使焊缝及近缝区产生与压缩塑性变形方向相反的拉伸塑性变形，就可以达到消除焊接残余应力的目的。

（1）锤击焊缝。

锤击焊缝可在焊接过程中进行，电弧刚刚加热过的焊缝温度较高，此时较小的力就可以产生较大的塑性延展变形，达到降低焊接残余应力的目的，同时也可改善结构变形。如锤击点在焊缝区脆性转变区两侧还可起到避免焊接热裂纹的作用。

在焊厚大件时，应在每道焊缝冷却后都进行锤击，但先决条件是被焊材料为韧性材料，以免锤击时产生裂纹，有时为避免产生收缩裂纹也可采用锤击法。对于薄壁工件，在焊后应用一定直径的半球形锤子，使焊缝金属产生延伸变形，能抵消部分压缩塑性变形，起到减少焊接应力的作用。锤击时应注意施力适度，以免施力过度而产生裂纹。

（2）机械拉伸法。

焊后对焊接构件进行加载，施加一次机械拉伸，使焊缝压缩塑性变形区得到拉伸并屈服，从而减小由焊接引起的局部压缩塑性变形量，使内应力降低。因为焊接残余应力正是由于局部压缩塑性变形引起的，加载应力越高，压缩塑性变形就抵消得越多，残余应力也就消除得越彻底。外加载荷越大，应力消除得越彻底；理论上讲当外载荷使工件截面全面屈服时，应力可以完全消除。

对于一些焊接容器特别有意义，焊接压力容器的机械拉伸法消除残余应力，可通过水压试验来实现。水压试验中采用一定的过载系数，通常为设计应力的 1.2 ~ 1.3 倍。在试验时，还应严格控制介质的温度，使之高于材料的脆性临界温度，以免在加载时发生脆断。在进行液压试验时，采用一定的过载系数就可以起到降低残余应力的作用。对液压试验的介质（通常为水）温度要加以适当的控制，最好能使其高于容器材料的脆性断裂临界温度，以免在加载时发生脆断。

（3）振动时效法。

振动法可用于降低残余应力，增加在后续机械切削加工过程中或在使用中构件尺寸与形状的稳定性。这种方法是利用偏心轮和变速电动机组成激振器使结构发生共振所产生的应力循环来降低残余应力。

通常随着振动循环次数的增加，残余应力值会逐渐下降，并渐趋平稳值。其效果取决于激振器和构件特点及支点的位置、激振频率与时间。这种方法的优点是设备简单、处理成本低、处理时间短，也没有高温回火时的金属氧化问题。这种方法不推荐在为防止断裂和应力腐蚀失效的结构上应用。对于如何控制振动，使得既能降低残余应力，又不会使结构发生疲劳损伤等问题还有待进一步研究探讨。

（4）滚压（碾压）焊缝法。

对于壁较薄构件，在焊接完成后采用滚轮滚压（碾压）焊缝和近缝区，可以减小甚至消除焊接残余应力，同时滚压后再进行相应的热处理还可以改善焊接接头性能。在滚轮的压力作用下，沿焊缝纵向将产生一定的伸长量（塑性变形量），一般在（1.7 ~ 2）σ_s/E 左右即可达到消除焊接残余应力的目的（图5.47）。影响残余应力消除效果的有滚轮尺寸、板厚和材料性能等，滚压焊缝的方案不同，所得到的降低和消除残余应力的效果也不相同。

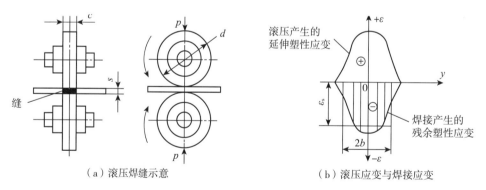

（a）滚压焊缝示意　　　　　　　　（b）滚压应变与焊接应变

图 5.47　滚压焊缝调节和消除残余应力原理示意图

（5）爆炸法。

爆炸法消除应力是近些年发展起来的，此法是通过引爆布置在焊缝及其附近的炸药带产生的冲击波与残余应力的交互作用，使金属产生适量的塑性变形，残余应力得到松弛。它为大型结构消除残余应力提供了一个新的路径，根据构件厚度和材料的性能，选定恰当的单位焊缝长度上的药量和布置方法是取得良好消除残余应力效果的决定性因素。爆炸法消耗了金属材料的部分塑性，故对在低温和动载条件下使用的焊接结构要慎重使用。爆炸法的炸药带布置如图5.48所示。

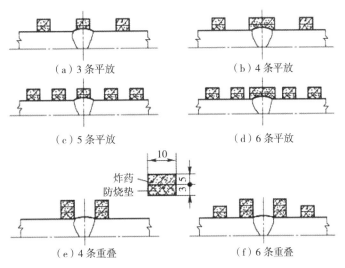

（a）3 条平放　　　　　　　（b）4 条平放

（c）5 条平放　　　　　　　（d）6 条平放

（e）4 条重叠　　　　　　　（f）6 条重叠

图 5.48　爆炸法的炸药带布置

5.4.2.3　温差拉伸法

温差拉伸法又称为低温处理法，基本原理简单讲就是利用温差产生拉伸从而来抵消焊接时产生的塑性变形。具体是利用在结构上进行不均匀加热造成适当的温差来使焊接区产生拉伸变形，从而达到消除焊接应力的目的。具体方法是在焊缝两侧用一对宽 100～150mm、中心距为 120～270mm 的氧乙炔火焰加热构件表面，使温度达到 150～200℃，在火焰喷嘴后侧一定距离喷水冷却，造成加热区与焊缝区的一定温差。由于两侧温度高于焊缝区，使焊缝区域受到拉伸并产生塑性变形，从而消除焊缝纵向的残余应力，如图 5.49 所示。此方法常用于焊缝比较规则，厚度不大的板、壳结构，已在实际中得到应用，且早在 20 世纪 50 年代就已经在造船和大型储罐中得以采用，特别是在消除纵向应力时，采用这种工艺可以显著消除应力峰值。如图 5.50 所示为采用温差拉伸法在厚 20mm 低碳锅炉钢板上消除焊接残余应力的效果，钢板上表面消除应力效果明显，而其背面效果相对较差。

值得特别说明的是，焊接残余应力的不利影响只是在一定的条件下才表现出来。例如，对常用的低碳钢及合金结构钢来说，只有在工作温度低于某一临界值以及存在严重缺欠的情况下才有可能降低其静载强度。因此要保证焊接结构不产生低应力脆性断裂，可以从合理选材、改进焊接工艺、加强质量检查、避免严重

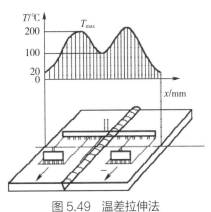

图 5.49　温差拉伸法

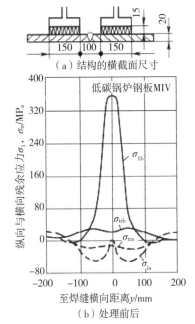

（a）结构的横截面尺寸

（b）处理前后

图 5.50　温差拉伸法消除焊接残余应力效果

缺欠等方面来解决。消除残余应力仅仅是其中的一种方法。事实证明，许多焊接结构未经消除残余应力的处理，也能安全运行。焊接结构是否需要消除残余应力，采用哪种方法消除残余应力，必须根据生产实践经验、科学试验以及经济效果等方面综合考虑。

5.5 焊接变形的预防、调整与控制

焊接生产实践证明，焊接变形是可以预防、调整与控制的。预防焊接变形的措施开始于焊接过程之前，调整焊接变形的措施实施于焊接过程之中，对焊接之后出现的超出要求的变形要进行矫正。预防、调整和控制焊接变形从设计和工艺两方面着手。焊前的焊接变形预防如考虑得全面，就为之后焊接过程之中的变形调整以及焊后焊接变形的矫正奠定了坚实的基础。

5.5.1 设计措施

5.5.1.1 设计合理结构形式

考虑结构形式的合理性时，要综合考虑包括构件的刚度和焊缝位置的布置、焊缝的数量、焊缝的形式及尺寸等方面。结构的刚性越大，对变形的抗力越大。可以采用增加板厚的方法或选用截面二次轴矩较大的结构形式。例如，对于弯曲变形，工形梁结构就比 T 形梁结构的刚性大，而封闭形截面的箱形梁刚性最大。

5.5.1.2 合理的布置焊缝

在结构中布置焊缝要使焊缝尽可能对称于构件截面中性轴，或使焊缝尽可能接近中性轴，以减少可能的弯曲变形。焊缝不要密集，尽可能不要交叉。

5.5.1.3 选择合理的焊缝参数

焊缝越长，数量越多，焊脚尺寸越大，热源在焊接过程中对工件的热作用就越大，焊缝及其附近区域在加热过程中产生的压缩塑性变形也越大，因此工件在冷却后不但变形增大，还可能使变形形式变得复杂。但同时要注意焊缝长度、数量及焊脚尺寸过小会对构件强度产生不良影响，相应的焊接参数过小也可能引起焊接各种缺欠等。

5.5.2 工艺措施

焊接变形可以通过一定的工艺方法来预防，比如反变形法、刚性固定法、预热法等是生产中常用的比较有效的方法。

5.5.2.1 反变形法

反变形法是生产中常用的方法，通常有自由反变形法、塑性反变形法和弹性反变形法。如图 5.51 所示。

自由反变形法是在焊接前先估算好焊件变形的大小和方向，然后在装配时给构件一相反方向的变形，以此与焊接变形相抵消，使焊件达到技术条件要求。例如图 5.51（a）中，为了使 V 形坡口对接接头的角变形较小，可以预先将焊接坡口处垫高。

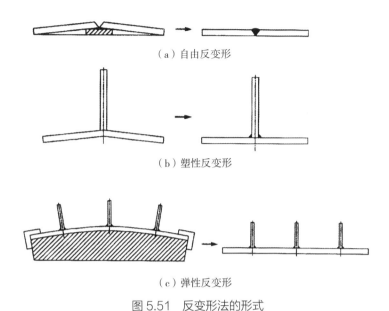

（a）自由反变形

（b）塑性反变形

（c）弹性反变形

图 5.51　反变形法的形式

图 5.51（b）、图 5.51（c）所示分别是塑性反变形法和弹性反变形法形式。如果采用塑性预弯，如果能达到精确的塑性预弯量，总是可以得到无角变形的角焊缝接头。在弹性反变形中，通常需要采用一个专门的反变形夹具，将垫块或棒件放在焊缝下面，两边用夹具夹紧板件。

塑性反变形法和弹性反变形法各有优缺点。一般认为，在实际生产中，弹性反变形比塑性反变形更可靠。因为即使弹性反变形的预应变程度不够准确，也总是可以减小角变形。如果采用塑性反变形，所选取的塑性预弯量必须非常精确，否则得不到良好的效果。况且正确的塑性预弯量随板厚、焊接条件和其他因素的不同而变化，而且弯曲线必须与焊缝轴线严格配合，这都给生产带来困难，所以实际中使用较少。

为获得反变形通常采用图 5.52 中的夹具，图 5.52（b）所示为在对接处用两个斜楔把工件的接边垫高进行焊接。图 5.52（c）所示是用于防止 T 形接头角变形的装置，这种装置只能在接缝的两端使用。如果反变形预应变适当，也可得到无角变形的角焊缝接头。强制反变形的另一个实例如图 5.53 所示，焊接梁柱等细长构件当焊缝不对称时，如不采取措施焊后会产生变形。此时可采取如图所示的方式，利用外力将构件紧紧压在刚性足够大的夹具平台上，造成反变形，然后焊接。实际来讲，这个实例是反变形法和下面要介绍的刚性固定法的结合。

（a）夹具　　　　　　　　　（b）获得角反变形　　　　　　（c）防止T形接头角变形

图 5.52　防止角变形的夹具

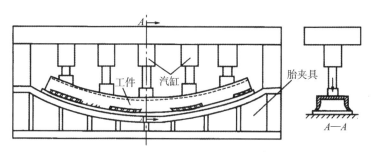

图 5.53　焊接梁柱结构的反变形（加刚性固定）

对于一些刚性很大的焊件，如桥式起重机大梁等构件，在采用上述反变形法有困难时，可采用反变形下料，即梁的腹板下料时就割成带挠度的料板，其挠度方向与焊接弯曲变形方向相反，如图 5.54（a）所示。也可在腹板拼焊时焊制成带挠度的料板，如图 5.54（b）所示。

（a）　　　　　　　　　　　　（b）

图 5.54　下料反变形示意图

对于一些特大、重型焊接结构，往往不可能制造专用的焊接胎具。在这种情况下，可以利用结构本身的自重来减小焊接变形。图 5.55（a）所示为一倒置工形梁，较长、较重，在下翼板上要焊一条窄而厚的盖板，在焊接盖板时，由于焊缝的收缩，使梁产生下凹的挠曲变形。如果梁的支承放在两端，如图 5.55（b）所示，显然，梁的自重会进一步增加弯曲变形。反之，如果将梁的支承移到梁的重心附近，如图 5.55（c）所示，梁的自重则可起到抵消或减小焊接弯曲变形的作用，致使最终变形减小。

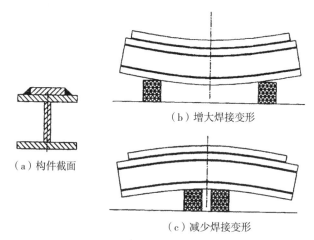

（b）增大焊接变形

（a）构件截面

（c）减少焊接变形

图 5.55　利用构件自重和焊缝收缩力控制焊接变形

5.5.2.2　刚性固定法

刚性固定法的实质是在焊接时，将焊件固定在具有足够刚性的基础上，焊件在焊接时不能移动，在焊完并完全冷却后将焊件放开，这时焊件还要产生变形，但要比在自由状态下焊接时所产生的变形小些。因此刚性固定法不能消除变形，但可以减少变形。在措施恰当时可使焊件的变形控制在允许范围之内。

其基本原理是增加近缝区的塑性拉伸变形来达到减少变形。这种方法在低碳钢制造的焊件中是可以采用的，因为增加一些塑性变形对于低碳钢的强度影响不大。但在焊接塑性较差的钢材（如易淬硬的材料）时，采用刚性固定法要慎重，因为对于这种钢材消耗过多的塑性，将影响焊件的强度性能，甚至引起裂纹。另外有些大的构件不易固定，在焊后撤销固定夹具后，焊件还有少许变形存在，如果将刚性固定法与反变形法等其他方法配合使用，便会获得更好的防止变形的效果。下面列举一些实例来介绍它的应用。

薄板焊接时可采用如图 5.56 所示的方法，在板的四周用定位焊与平台焊牢，并用重物压在焊缝的两侧，焊完后，待焊缝全部冷却下来再铲除定位焊点和搬掉重物，这样焊件的变形就可以减少。

结构为更大的组合构件时，如图 5.57 所示是把两根 T 形梁组合在一起，构成一个截面对称、焊缝布置也对称，同时刚性变形又比单根 T 形梁大的结构，然后进行对称焊接，这时如果再配合反变形法（如图中用垫铁），对防止弯曲和角变形更有利。

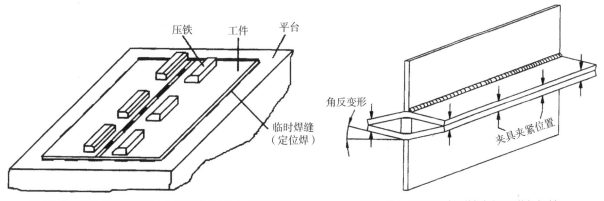

图 5.56　薄板焊接时用刚性固定法来防止波浪变形　　　　图 5.57　T 形梁在刚性夹紧下进行焊接

又如图 5.58 所示是起重机小车行走轮支承弯板的焊接。由于焊缝的不对称，在单个支承弯板焊接后必定会产生较大的变形。但设计上要求每个支承弯板的形状尺寸都相同。此时可将 4 个支承组成如图 5.58（b）所示的对称组合件，则可显著地提高刚度，对单个支承的焊接来说即被刚性固定了。然后对称地焊接所有的立板与弯板之间的焊缝，焊后从中心线切割出 4 个支承来。这样既保证了焊件形状和尺寸一定，又减小了变形。同时一次装焊 4 件，提高了生产率。

在结构形状较复杂，产量又比较大时，一般常采用焊接夹（胎）具来防止变形。图 5.59（a）所示汽车横梁，是由弯板、槽型铁、立平板和角型铁组合而成。该焊件有两条焊缝，焊后产生纵向收缩，引起角型铁的间距 B 变小，影响横梁和机架的装配。采用图 5.59（b）所示的翻转夹具，并适当地把角型铁的间距放大一些（$B+\Delta b$），焊后尺寸精度即达到要求。由于利用了翻转夹具的刚性，减小焊接程序，很快地翻转焊件使所有焊缝在平焊位置施焊，提高了生产率。

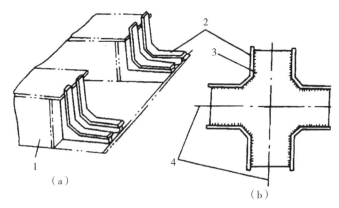

1—小车车架；2—弯板；3—立板；4—切削线。

图5.58 起重机小车行走轮支承弯板的焊接

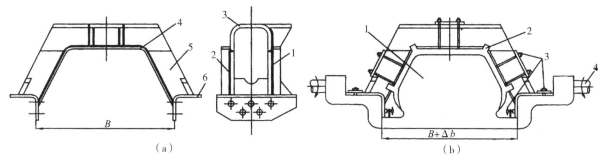

1、2—焊缝；3—槽形板；4—拱形板；5—主肋板；6—角形铁。 　　1—胎架；2—定位铁；3—螺旋卡紧器；4—回转轴。

图5.59 汽车横梁及焊接用的胎具示意图

图5.60所示为采用压马进行厚板拼接的一般方法。先按拼接位置将各板排列在平台上，然后将各板靠紧，或按要求留出一定的间隙。这时如果板缝处出现高低不平，可用压马调平，即可进行定位焊连接。定位焊位置离开焊缝交叉处和焊缝边缘一定距离，且焊点间有间距。

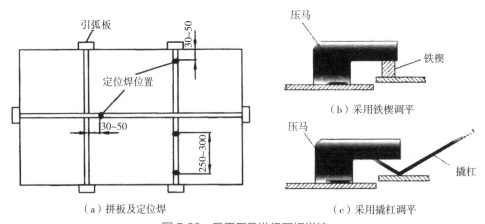

图5.60 采用压马进行厚板拼接

生产也经常采用临时支撑或加强梁的方法来预防焊接变形。比如，单件生产中采用夹具在经济上不合理，如果在发生变形的部位临时焊上一些支撑或拉杆，增加局部刚性，也能有效地减少焊接变形。图 5.61 所示是电铲齿轮的防护罩，焊后角焊缝横向收缩引起角变形。焊前在圆周法兰上点焊一根临时支撑，然后先焊所有断续角焊缝，再焊各连续焊缝，焊后变形基本上控制在允许范围内。

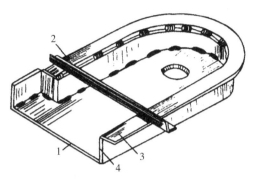

1—底板；2—临时支撑；3—缘口板；4—立板。

图 5.61 电铲齿轮防护罩结构简图

5.5.2.3 预热法

预热作为防止焊接区产生淬硬组织、减小焊接应力与变形的措施，不仅在焊接合金钢时采用，在焊接普低碳钢时也采用。为了确定预热对焊接应力和变形的影响，首先必须区别的是，对焊件全部均匀加热还是只在焊接边缘的局部预热。

全部预热的效果是在焊接时焊件上所有点比在不预热时具有更高的温度，高出的温度值等于预热的温度。在未预热时所得到的变形与预热到 100 ℃时的变形比较，后者的变形小，在减小残余变形方面，预热到 200 ℃有更明显的影响。

在局部加热时，预热的效果与附加热源的热量及位置有关，加热的目的是使沿垂直于焊缝中心线的截面内温度的分布尽可能均匀，因此在预热位置应离开焊接边缘 40 ~ 70mm，如图 5.62 所示。

值得一提的是，预热可以有效地减小角焊缝的角变形，而且底板背面预热比正面预热对减小角变形有更大的效果。因为背面预热会更有效地使沿板厚方向的温度分布趋于均匀化，使底板正面和

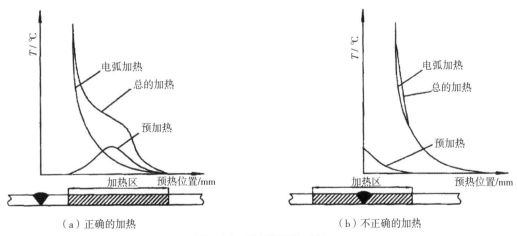

（a）正确的加热　　　　　　　　　　　（b）不正确的加热

图 5.62 局部预热的位置

背面的横向收缩量相差不大，从而使产生的角变形较小。

预热法通常结合拉伸法应用在控制薄板焊接时产生的平面变形，如图 5.63 所示是分别采用拉伸、加热及二者结合来进行变形控制的原理图。

拉伸矫直法，如图 5.63（a）所示是用机械方法将被焊薄板进行拉伸，使薄板伸长，与此同时将薄板焊到结构的框架上，焊完后去掉拉伸载荷。此时，薄板的收缩受到被焊框架的拘束，内存有残余拉伸应力，而在框架内则存有残余压应力。显然，这种方法对减小焊接薄板的压曲变形具有良好的效果，所以在焊接壁板结构时常被采用。例如，在火车车厢的生产中经常要将薄板焊到刚性的框架上，采用此种方法焊接将会得到优质结构。

加热矫直法，如图 5.63（b）所示是在薄板焊到框架之前，先被加热到预定的温度。换言之，薄板在焊前通过预先加热使其伸长随即将薄板焊到框架上，这样相当于代替拉伸法中用机械拉伸使薄板伸长。焊后，薄板的收缩受到未预热框架的刚性拘束，从而使薄板受到拉伸，致使平面变形减小。与拉伸矫直法相同，在薄板和框架内分别保持有残余拉应力和残余压应力。

拉抻加热矫直法，图 5.63（c）是同时采用机械拉伸和预先加热来使薄板伸长，其效果与上述两种方法类同，同样能得到优质的焊接框架壁板结构，可以大大地减小薄板平面变形。而且随着预拉伸应力值的增加，为减小变形所需要的预热量随之相应减小。

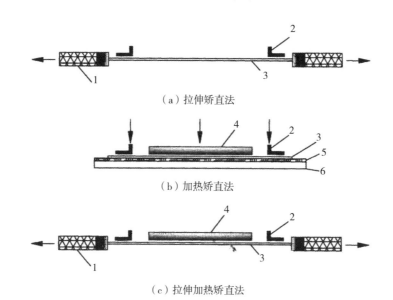

（a）拉伸矫直法

（b）加热矫直法

（c）拉伸加热矫直法

1—楔形夹头；2—框架；3—壁板；4—加热器；5—石棉；6—底座。

图 5.63 矫直法示意图

5.5.2.4 散热法

如果焊接时，没有条件采用热输入较小的焊接方法，又不能进一步降低规范，则可采用散热法减少焊接变形，如采用直接水冷［图 5.64（a）］或采用铜冷却块［图 5.64（b）］来限制和缩小焊接热场的分布，达到减小变形的目的。由于采用散热后，冷却速度加快，因此对焊接淬硬倾向较高的材料应慎用。

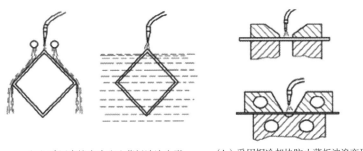

（a）采用直接水冷防止薄板波浪变形　　　　（b）采用铜冷却块防止薄板波浪变形

图 5.64　用散热法防止焊接变形

5.6　焊接变形的矫正

通常焊接结构焊后不可避免要产生焊接变形，尽管在设计和工艺方面都采取了控制变形的措施，但仍产生了较大的焊接变形，超出技术要求的允许范围则需进行矫正。常用焊接变形的矫正分为冷矫正和热矫正。一般来说冷矫正主要用于薄钢板结构，热矫正则侧重于厚钢板结构。

5.6.1　冷矫正

冷矫正分为手工矫正法和机械矫正法，此方法的基本思路是利用外力使结构产生与焊接变形方向相反的塑性变形，两个变形相互抵消。

5.6.1.1　手工矫正法

手工矫正法就是利用锤子、大锤等工具锤击焊件的变形处。主要用于矫正一些简单薄壁焊件的弯曲变形和波浪变形。但也可对某些大型薄壁结构的局部变形采用此种方法。

5.6.1.2　机械矫正法

机械矫正法就是利用机器或工具来矫正焊接变形。具体地说，就是利用千斤顶、拉紧器、压力机等将焊件顶直或压平，机械矫正法一般适用于塑性比较好及形状简单的薄壁焊件。图 5.65 所示是用压力机和千斤顶对焊接工形梁变形的矫正，图 5.66 所示是用辊压机对工形梁翼板角变形矫正。

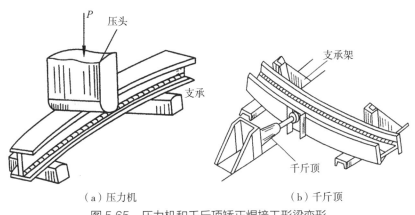

（a）压力机　　　　　　　　（b）千斤顶

图 5.65　压力机和千斤顶矫正焊接工形梁变形

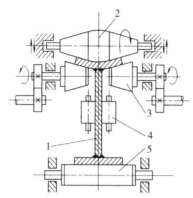

1—焊接工字梁；2—压辊；3—驱动辊；4—导向辊；5—支撑辊。

图 5.66　辊压机矫正工形梁翼板角变形

5.6.2　热矫正

就是利用火焰对焊件进行局部加热，使焊件产生新的变形去抵消原有的焊接变形。火焰加热矫正在生产中应用广泛，主要用于矫正弯曲变形、角变形、波浪边形等，也可用于矫正扭曲变形。

火焰矫正加热的方式有点状加热、线状加热和三角形加热。

（1）点状加热。加热点的数目应根据焊件的结构形状和变形情况而定，主要应用于矫正较薄钢板的波浪变形。

（2）线状加热（图 5.67）。线状加热有直线加热、链状加热和带状加热三种形式，线状加热可用于矫正波浪边形、角变形和弯曲变形等。

（3）三角形加热。三角形加热即加热区域呈三角形，一般用于矫正刚度大、厚度较大的结构的弯曲变形（图 5.68）。三角形加热与线状加热联合使用，对矫正大而厚焊件的焊接变形效果更佳。

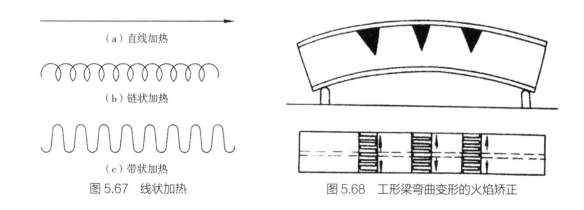

（a）直线加热

（b）链状加热

（c）带状加热

图 5.67　线状加热

图 5.68　工形梁弯曲变形的火焰矫正

火焰矫正的效果好坏，关键在于正确地选择加热位置和加热范围，图 5.69 所示为几种火焰矫正变形的示意图。火焰矫正温度过高，可能出现变形过大或造成材料组织变化。对于碳素钢，通常加热温度应该控制在 600 ~ 650℃（暗红热温度）。

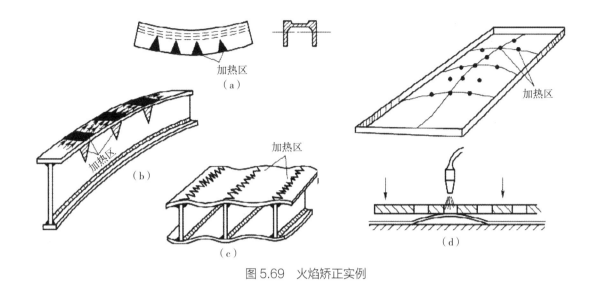

图 5.69　火焰矫正实例

5.7　焊接顺序方案的制订与实例

为制造高质量的、经济的焊接构件，制订焊接方案是十分必要的，这项工作在焊接结构设计时就应予考虑，并贯穿在整个生产、制造的过程中，焊接方案制订的正确与否将直接影响到整个焊接结构的质量。焊接方案中的一个主要内容就是焊接顺序方案的制订，从广义来讲，焊接方案制订会涉及结构的设计、工艺及生产制造各个环节，制订合适的焊接顺序方案并在焊接生产中合理实施，对焊接结构变形控制及调节控制残余应力均很关键，故本节专门加以探讨。

5.7.1　焊接顺序的基本原则

焊接顺序不同会对产品结构的应力和变形产生很大影响，因此在制订焊接顺序方案时遵循将焊接内应力和变形降低到最小的原则。同时还应考虑生产制造中的安全问题，并且焊接监督人员在生产实施过程中应严格遵守焊接顺序方案要求，特别是对于具有高度安全需要的高负荷结构。相当复杂的焊接结构和特易变形的结构件更应高度重视。

下述所列的是焊接顺序的基本原则，使用时还应经常验证，是否能最大限度地减小内应力和避免焊接变形。注意当母材材料、厚度，以及焊接材料或辅助材料等不同时，也会出现例外的情况。

（1）焊接时尽量减少热输入量和尽量减少填充金属，对裂纹敏感的材料例外。

（2）组焊结构应合理分配各个单元，并进行合理的组对焊接，对裂纹不敏感的材料、变形有特殊限制的构件例外。

（3）构件刚性最大的部位最后焊接（焊接时尽可能使构件能够自由收缩），对裂纹不敏感的材料、对变形有特殊限制的构件例外。

（4）由中间向两侧对称焊接，全自动焊接时例外。

（5）先焊对接焊缝，后焊角焊缝（图 5.70）。

（6）先焊短焊缝，后焊长焊缝（图 5.71）。

（7）先焊纵焊缝，后焊环焊缝（图5.72）。

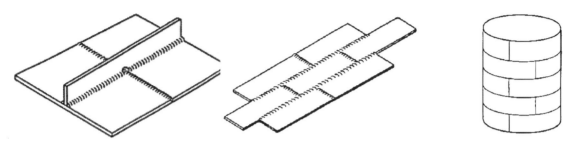

图5.70　先焊对接焊缝，后焊角焊缝　　图5.71　先焊短焊缝，后焊长焊缝　　图5.72　先焊纵焊缝，后焊环焊缝

（8）当已知载荷产生的应力时，先焊拉应力区，后焊剪应力和压应力区。

（9）当对变形有特殊限制时，可采用分段退焊法，此法对补修焊尤为适用（仅对焊条电弧焊或半自动焊而言）。

5.7.2　焊接顺序方案和表示方法

焊接顺序方案必须至少包括焊缝布置、焊缝焊接顺序及焊接方向。焊缝焊接顺序应标记在图纸中并注意与其他数字标记有所区别，如有要求，焊接方向和焊缝结构可用某种标记注明（图5.73）。

图5.73　焊接顺序方案

焊接顺序方案表示形式可根据制造方案和结构来确定。在DVS 1610标准中给出了三种焊接顺序方案形式：

（1）用结构图纸及文字说明的焊接顺序方案。

（2）用结构图纸及表格说明的焊接顺序方案。

（3）用特殊的焊接图纸及表格说明的焊接顺序方案。

DVS 1610标准中以典型实例（如货车车皮主横梁的焊接顺序方案）用结构图纸、文字说明和表格说明的形式以及其他必要的说明形式，将焊接顺序方案形式的选择及如何编制做了较为完整的说明，详细内容可参阅相关标准和规程。

5.7.3　焊接顺序方案实例

实例1　考虑按收缩量大小确定焊接顺序（图5.74），推荐焊接顺序：1、2。

实例2　带盖板的双槽钢焊接梁的焊接顺序（图5.75），推荐焊接顺序：2、1、3。

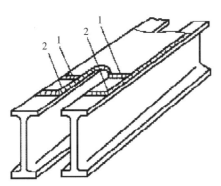

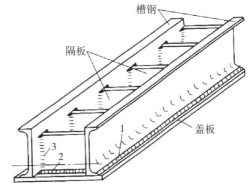

图 5.74　按收缩量大小确定焊接顺序　　　图 5.75　带盖板的双槽钢焊接梁的焊接顺序

实例 3　焊接工形梁组焊的焊接（图 5.76），推荐的焊接顺序：2、1、3、5、4、6、7。

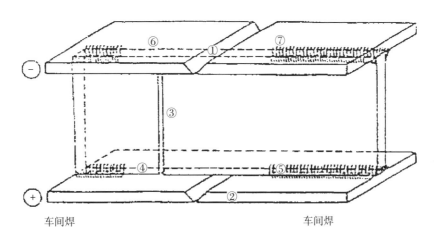

图 5.76　工形梁组焊的焊接顺序

实例 4　储料仓底板拼焊（不易运输）（图 5.77），推荐的焊接顺序：9、11、1、3、2、10、6、7、5、4、8。

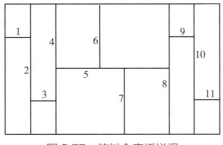

图 5.77　储料仓底板拼焊

实例 5　储油罐底板拼焊（图 5.78）及与立筒环角焊。

推荐的焊接顺序：底板边缘焊接，序号 ①；水平方向焊缝焊接，序号 ②~⑤；垂直方向焊缝焊接，序号 ⑥~⑪；边缘与中间底板焊接，序号 ⑫~⑬；边缘与筒体焊接，序号 ⑭。

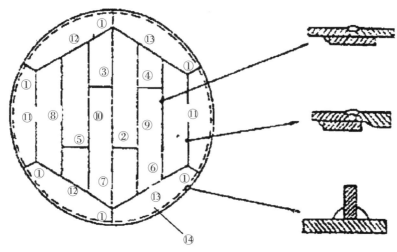

图 5.78　储油罐底板拼焊

实例 6　桥式吊车箱型主梁的焊接顺序方案（图 5.79）。

推荐的焊接顺序：上、下翼板及左、右腹板［图 5.79（a）中 1、5］分别拼接好；大小肋板与上翼板角焊缝焊接［图 5.79（b）］；上、下翼板与左、右腹板焊接。

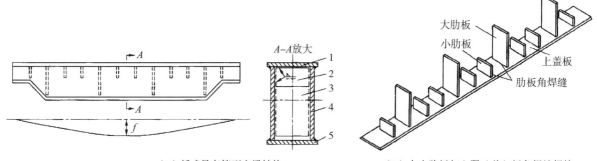

（a）桥式吊车箱型主梁结构　　　　　　　（b）大小肋板与上翼（盖）板角焊缝焊接

图 5.79　桥式吊车箱型主梁的焊接顺序方案

参考文献

［1］方洪渊. 焊接结构学［M］. 北京：机械工业出版社，2011.

［2］张彦华. 焊接力学与结构完整性原理［M］. 北京：北京航空航天大学出版社，2007.

［3］王文先，王东坡，齐芳娟. 焊接结构［M］. 北京：化学工业出版社，2012.

［4］宗培言. 焊接结构制造技术手册［M］. 上海：上海科学技术出版社，2012.

［5］宋天民. 焊接残余应力的产生于消除［M］. 北京：中国石化出版社，2010.

［6］张建勋. 现代焊接生产与管理［M］. 北京：机械工业出版社，2013.

［7］邓洪军. 焊接结构生产［M］. 北京：高等教育出版社，2009.

［8］《焊接工艺与操作技巧丛书》编委会. 焊接应力、变形的控制工艺与操作技巧［M］. 沈阳：辽宁科学技术出版社，2011.

［9］GSI. SFI-Aktuell 2［CD］. Duisburg：Gesellschaft der Schweisstechnischen Institute mbH，2010.

本章的学习目标及知识要点

1. 学习目标

（1）理解应力与变形的基本概念，了解内应力的产生、种类及特点。

（2）在了解焊接热过程与热应力的基础上，深刻理解焊接残余应力。

（3）掌握焊接残余应力的种类、分布及对焊接结构可能的影响。

（4）了解焊接残余应力的常用测定方法。

（5）掌握各种焊接变形的基本规律及影响因数。

（6）掌握焊接结构中焊接应力与变形之间的关系。

（7）了解减小焊接残余应力的设计措施，掌握 减小（消除）焊接残余应力的工艺措施。

（8）理解焊接变形预防、调整与控制措施，理解设计措施，掌握常用工艺措施。

（9）掌握焊接生产中变形的常用矫正（冷矫正和热矫正）方法。

（10）结合焊接实例深刻理解并掌握焊接顺序方案的制订。

2. 知识要点

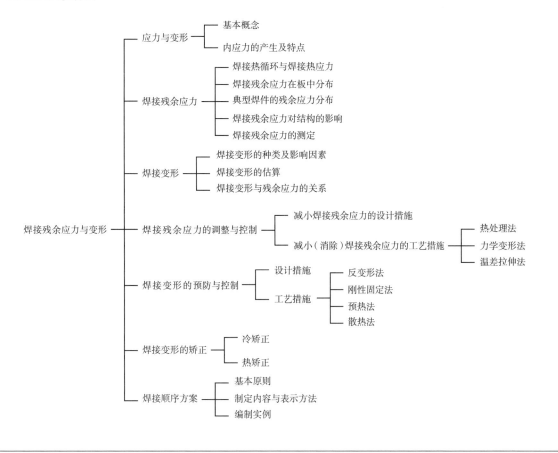

第 **6** 章

工厂设施和焊接工装夹具

编写：常凤华　审校：徐林刚

焊接车间是焊接结构从设计图纸变成产品的重要场地，车间的设备设施在焊接生产过程中起到了举足轻重的作用，除了必需的焊接设备，还有很多辅助设备和设施，以及安全方面的装置。本章主要介绍这些设备和设施的作用，在焊接生产时如何选用，以及在焊接车间里面怎样布置。

6.1 相关标准和基本要求

6.1.1 车间布置的相关规程

焊接车间平面布置和设备配备，应当按照相应的法规、条例、规程、标准、说明进行，同时也要考虑到经济性。

除了通用的规程，工作场所说明对焊接车间具有特殊重要性，它包含了工作范围、附近道路和交通、周围环境等方面的要求。工作场所说明必须符合事故预防措施的有关规定，比如射线防护的规定，此外还应注意危险物品管理的有关规定。

6.1.2 车间设计考虑的因素

在设计焊接车间前，应确定焊接车间的使用面积及所需设备，同时考虑设立的相应部门，如科技开发、结构设计、预制件加工及生产，质量检验及人事等部门。

按欧洲标准对焊接车间设计应考虑如下几点。

（1）生产方式：单件或批量生产。

（2）组装能力：车间面积，起吊及运输设备的种类及能力。

（3）材料种类：焊接工艺、焊件预制及焊后加工处理设备。

（4）焊接工艺：焊接电源、通风设施、合适的翻转升降装置。

（5）相关人员：知识和技能（如焊工、操作工、检验人员）。

（6）质量保证：基于产品的评定和认证。

（7）生产步骤：清理、接头准备、焊接、热处理、表面处理、涂漆。

（8）交货可能性：半成品形式、最终产品交货、存储形式、运输形式。

（9）应变能力：处理特殊情况下的能力、设计应变能力。

（10）焊接新技术：新型材料的焊接、不同材料的焊接。

6.2　车间布置

车间布置就是将车间所有的生产部门、辅助部分、仓库和服务设施有机合理地布置，一般分两大类型，一类注重产品，一类注重生产工艺过程。对大批量、长期生产的标准化产品，一般按照产品布置方式；在生产非标准化产品时，需要一定的灵活性，一般按照生产工艺流程布置。

焊接车间布置应满足焊接生产工艺过程的要求，一般焊接结构生产工艺过程包括以下几个部分。

（1）材料的入库、运输、存放、初步矫形及切割下料等工作一般在工厂材料仓库或车间材料库中进行。

（2）将原材料加工成零件或半成品的系列工艺，有划线（或放样、号料）、切割、矫正、成型、端边加工、制孔和清理等，这些工作在焊接车间内备料加工工段进行。

（3）运送半成品并存入中间仓库。

（4）将零件或半成品装配焊接成成品，在装配焊接工段进行。

（5）检验，包括对原材料、半成品及成品的检验。

（6）油漆，包装，入库。

6.2.1　所需装备

6.2.1.1　属于空间场地的地方

（1）材料仓库（自由储存式）。

（2）成品库（通风式，包括中间仓库）。

（3）通风的工作场地。

6.2.1.2　属于工装设备的装备

（1）用于运输和组装的起吊装置（这类设施包括悬臂和移动式吊车、起重工具、地面运输设备）。

（2）工序转送所需装置（工序之间的转送可能考虑到多件集中转送，会用到一些小型装置和转送工具）。

（3）符合射线防护规定的 X 射线室。

（4）焊接件准备所需装置（这些装置包括切割下料的装置和设备、坡口加工装置和设备）。

（5）焊接设备和装置。

（6）焊接与切割夹具。

（7）组装胎夹具。

（8）用于焊接填充材料和辅助材料的烘干装置。

（9）用于预热和热处理的设备和装置。

6.2.2 设备布置的原则

考虑流水生产，从原材料到最终产品制造所要求的全部设备均应配置在相应的工位中。车间布置应根据产品结构尽量达到流水作业程序，以减少不必要的工件转换运输。

此外还须考虑：按照构件的重量安排生产加工流程；露天材料库及预制工位的设备，如吊装设备；生产制造车间的墙壁及屋顶采用消音及保温材料；车间内应配备通风设备。

从质量保证体系要求出发，有关设备、有关人员、检验设备（材料和焊接接头）、检验方法（无损检测和破坏性试验）均应符合相关标准和规程的规定。

图 6.1 所示为钢结构制造车间的布置简图举例。

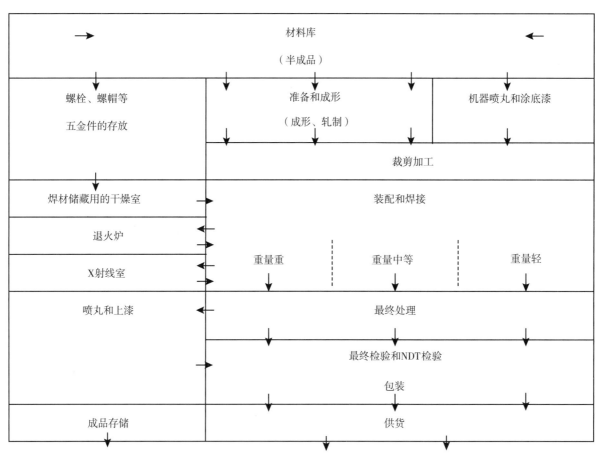

图 6.1　钢结构制造车间布置简图

6.2.3 加工生产流程框图

图 6.2 所给出的加工生产流程图是针对一般的钢结构焊接车间而言的，通常把一个生产加工流程分解为多个工序，图 6.2 中的框图表示某一工序，工序是组成工艺加工过程的基本单元。

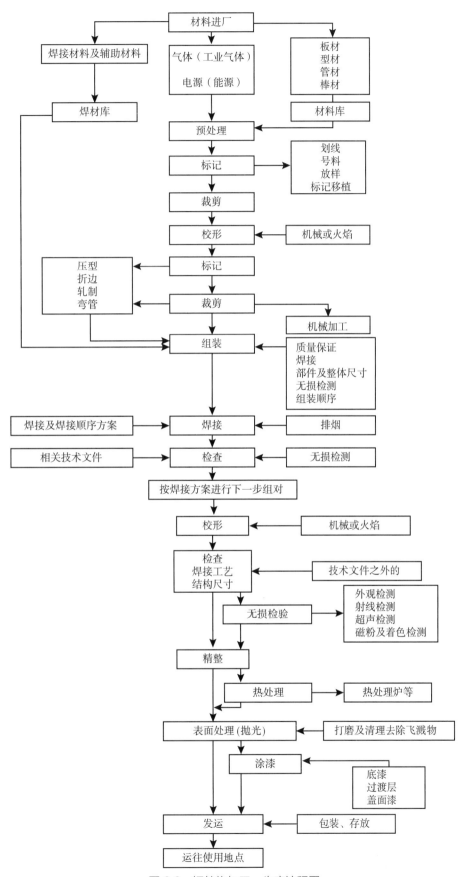

图 6.2　钢结构加工、生产流程图

6.3　材料存放

6.3.1　原材料存放

原材料分为棒材和板材，棒材库可存放管材、型钢、棒材；板材订货分为固定规格和特殊规格，板材存放方式按板厚不同分别存放，中薄板以卧式和包装方式存放，厚板以卧式叠放或立式存放。

自动仓库存放与材料种类、形状和尺寸因素有关，自动仓库可以有剪床、锯床、连接装置、滚道等设备和装置。

6.3.2　焊接材料存放

焊材库应具备封闭、干燥、通风等条件，焊接填充材料和辅助材料的存放应符合下列通用要求：

（1）尽可能少量存放。

（2）经检验合格的。

（3）均匀摆放。

（4）放在架子上，架子与地面和墙壁有一定距离。

（5）按品种和应用分类摆放。

（6）按照焊接目的进行分类摆放（连接或涂覆）。

（7）按焊材直径和购买日期分类摆放。

（8）焊材库的温度应 ≥ 18℃，相对湿度 ≤ 60%。

（9）应配备相应的温度计和干湿计等。

关于焊材的储存及烘干，国际上大致有两种做法，一是以美国焊接学会（AWS）为代表，给出清晰、明确的储存条件和再烘干细节，比如 E××15、E××16（低氢焊条），开包前储存温度 21 ~ 43℃，湿度 ≤ 50%，烘干温度 260 ~ 316℃，烘干时间 1h；二是以 ISO、BS、EN 标准为代表，不提出任何具体技术要求，焊材用户执行焊材制造商推荐的参数。

我们国家的 JB/T 3223—2017《焊接材料质量管理规程》，对焊材存放的规定是：室内温度 ≥ 5℃，湿度 ≤ 60%，货架距离地面和墙壁不小于 300mm。焊接行业中基本遵循了《焊接手册》第 1 册的建议，即室温 10 ~ 25℃，湿度 ≤ 60%。

6.3.3　焊接材料的烘干及保管

焊条和焊剂（尤其碱型）在使用前必须烘干，烘干温度若无统一规定，一般为 350℃，保温时间最低为 1h，对含氢量有特殊要求的焊条烘干温度应提高到 400 ~ 450℃，保温 1 ~ 2h。经烘干的焊条或焊剂最好放入另一个温度控制在 50 ~ 100℃的低温烘干箱中存放，并随用随取。野外作业时，不允许露天存放，应在保温箱（桶）中恒温保存，否则次日使用前还要重新烘干，但累计烘干次数一般不超过 3 次。

对焊接材料（包括焊条、焊剂）的烘干及保管等要求，应参照焊接材料产品样本中的相关注意事项。

6.4　表面处理

表面处理又称表面预处理，是原材料进入车间加工之前对表面进行的处理，钢材的表面处理即为表面清理，半成品钢材在加工之前也可以进行表面预处理。

6.4.1　表面处理的目的和程度

表面处理的目的一是为焊接做准备，二是为产品最后的防腐涂层做准备。

表面处理的程度取决于抗腐蚀能力、防腐期限、防腐涂层材料等。

6.4.2　表面处理的工艺方法和设备

表面处理的工艺方法有三种：打磨、喷丸、酸洗。

目前最常用的表面处理方法为喷丸处理，针对不同的材料应采用相应的喷丸介质。

① 铁素体 + 珠光体钢：钢砂或丝粒。

② 奥氏体材料：金刚砂。

③ 非铁金属：玻璃珠或果核（仁）。

由于钢材喷丸处理后的部位极易受到氧化，应在处理后及时地进行涂层保护，并按照 ISO 12944 第五部分的规定涂底漆，涂层厚度在 15 ~ 30 μm。该涂层对焊接加工质量不会产生不利影响，在进行切割、焊接操作时，不会超过相关的职业健康规定的限值。该涂层是临时性的防腐保护，不能作为产品最后的防腐涂层使用，以后还要涂覆包括底漆在内的整个涂料体系。有的标准对从事带有涂层材料焊接的企业资格进行限定，比如 DIN 18800，要求企业有"大型企业认证"的资格。

对于大型企业，经常采用钢材表面预处理设备进行表面处理，一般有两种处理方法：一是机械除锈法，通常采用喷丸处理，并经喷保护底漆、烘干处理等工序；二是化学除锈法，即采用化学除锈液在室温条件下使钢材表面的锈层及氧化皮产生溶解、渗透、剥离，使之脱落，再敷以钝化液，调整 pH，形成钝化膜。

6.5　坡口加工及预制

在焊接产品中，焊接坡口的制备是一项重要的工序，这部分工作包括下料、去除飞边及毛刺、成型及矫正。有时下料与坡口加工是同时完成的。

6.5.1　坡口加工工艺的选择

选择什么样的坡口加工工艺，主要取决于产品种类及材料和厚度，同时还与很多因素有关，包括：① 公司的生产计划，② 材料种类，③ 材料厚度，④ 焊接方法，⑤ 焊接位置，⑥ 焊接时坡口部位可接近程度。

6.5.2 坡口加工设备的种类

6.5.2.1 热切割设备

热切割包括火焰切割、等离子切割、激光切割，设备有手工控制和机械控制之分，也有专用和通用之分。火焰切割机有手工控制和机械控制的，数控等离子切割机很常用，激光切割机一般是自动控制的。各类切割机的切割质量、适合材料和适应厚度，详见本培训教程第一册第 15 章"切割与坡口加工工艺"。

大多数热切割工艺都存在飞边和挂渣，应采取相应去除毛刺的工艺措施，这样在车间还可能增加一些设备，比如砂轮、砂带以及粉尘回收设备和消音装置。

钢材一般采用火焰切割，厚件挂渣会比较严重，高合金和有色金属大多用等离子切割，应采用水下切割方法。毛刺的清除需要使用砂轮或砂带打磨，可以是手工操作的设备也可以是机械化的设备。

须长时间采用砂轮清除毛刺的工位，可安装砂带磨床，但必须防止噪声产生［特别是至 90dB（A）时，详见本书第 7 章"健康与安全"］，同时安装粉尘和切屑回收器以对操作者进行防护。对毛刺长度超过 2000mm 的工件建议采用机械清理毛刺，采用旋转清刷机或砂带清理机清除飞边，或两者同时采用。清理机内装粉尘回收器，并使噪声控制在 70dB（A）以下。

6.5.2.2 冷切割设备

冷切割包括水射流切割和刀具切割。刀具切割大部分采用通用的设备，也有专用的设备。具体包括边缘车床、铣床、龙门刨、切管机、倒角机、剪床、锯床等。

6.6 焊接工位

焊接工位在平面布置时应考虑的设施大致如下：① 焊接设备；② 排烟除尘装置；③ 转动升降装置；④ 装夹固定装置；⑤ 安全保护设施；⑥ 气体装置；⑦ 附加设施，包括预热装置、矫正装置、退火炉；⑧ 其他必要的设施。

6.6.1 焊接设备

ISO 9012：2008 中对吸气式手工焊炬进行了规范，ISO 2503：2009 中对气焊、气割中使用的压力调节装置做出相应规定，焊嘴尺寸的选择取决于被焊材料的厚度。

使用焊接电源时应注意考虑不同环境下允许用的空载电压。在电弧焊中通常采用焊接变压器、旋转发电机及整流电源作为焊接电源，电流种类主要依据母材选择，对重金属要求用直流电；对轻金属一般要求用交流电。

对于焊条电弧焊，可以按照焊接电流、焊条药皮类型选择合适的焊接电源。

对于非熔化极气体保护焊，除了直流、交流，还可以选择脉冲电源。可以按照相应的焊接参数，诸如电流种类、焊丝直径、应用场合（暂载率）、保护气体成分及机械化程度等选择合适的焊接电源。

用于熔化极气体保护焊的电源一般是直流、脉冲，以及新型弧焊整流电源，可以按照适用的焊接电流、电弧电压、焊丝直径、送丝速度、保护类型及保护气体流量等选择合适的焊接电源。

表 6.1 给出了熔化极气体保护焊（135）选择焊接电源的依据（DVS 0926-2：2005）。

表 6.2 给出了常用电弧焊方法的焊接电源对输入电压和电流的要求。

表 6.1　熔化极气体保护焊焊接电源推荐

被焊板材厚度 /mm	推荐焊丝直径 /mm	电源调节范围（暂载率为 100%）/A	推荐采用的冷却方式
0.65 ~ 2.0	0.8	150 ~ 180	气冷
2.0 ~ 3.0	0.8 ~ 1.0	180 ~ 250	气冷（水冷）
3.0 ~ 5.0	0.8 ~ 1.0	250	水冷
5.0 ~ 8.0	1.0 ~ 1.2	350	水冷
> 8.0	1.0、1.4、1.6	350 ~ 450	水冷

表 6.2　几种焊接电源对输入电压和电流的要求

焊接方法	输入电压 / 电流	注意
11，131，135，141	400V/63A	普通焊接电源
12	400V/100A	用于焊接设备

6.6.2　焊工的工具和装备

焊工常用的工具包括：手锤（500 ~ 1000g）、渣锤、扁铲、钢丝刷、扳手等。

焊工常用的装备包括：电焊手套、保护面罩及护目镜等。

对焊条电弧焊，要求完全绝缘的电焊钳（100 ~ 400A）、容量足够的焊接电缆线（最小为 35 mm²）；对气体保护焊，要求带有大约 3m 长软管导线的焊枪、端面切刀、保护喷嘴及喷嘴清理工具。

6.6.3　照明和加热用的电源

电源分为三部分：焊接用电源，照明电源和其他用途电源。

照明电源通常用 220V 额定电压，特殊环境下采用 24V 或 48V 的安全电压。

其他用途电源主要用于：① 加工设备（230V/16A），② 烘干炉（230V/16A、400V/16A），③ 手动加工设备（230V/16A）。

6.6.4　排烟装置

局部排烟装置的选择取决于：① 母材种类，② 填充材料种类（如药皮），③ 产品结构类型（比如容器产品是在内部还是外部），④ 工件表面状态（有无涂漆）。

具体用哪种排烟装置（图 6.3）以及有哪些安全保护设施，详见第 7 章"健康与安全"。

图 6.3　排烟装置举例

6.7　焊接辅助设施及设备

焊接车间除了焊接电源，还包括其他各类辅助设施及设备，根据用途主要有两大类：用于组装的和用于变位的设施及设备（图 6.4）。

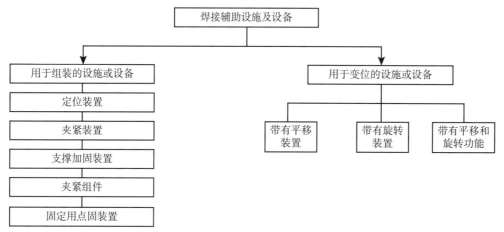

图 6.4　焊接辅助设施及设备

6.7.1　工装夹具

焊接工艺装备就是在装配与焊接过程中起配合及辅助作用的夹具、机械装置或设备的总称，简称焊接工装。焊接工装夹具是将焊件准确定位并夹紧，用于装配和焊接。

在焊接生产中，装配和焊接是两道重要的工序，通常以两种方式完成这两道工序：一种是先装配后焊接；一种是边装配边焊接。我们把用来装配及定位焊的夹具称作装配夹具；专门用来焊接产品的夹具称作焊接夹具；把既用来装配又用来焊接的夹具称为装焊夹具。它们统称为焊接工装夹具。

一个完整的夹具，是由定位器、夹紧机构、夹具体三部分组成的，在夹具体上装有多个不同夹紧机构和定位器的复杂夹具又称为胎具或专用夹具。一般夹具体是根据焊件结构形式进行专门设计，夹紧机构和定位器多是通用的结构形式；定位器大多数是固定式的，也有一些为了便于焊件装卸，做成伸缩式或转动式的，并采用手动、气动、液压等驱动方式；夹紧机构结构形式很多且相对复杂，驱动方式也多种多样，有手动加气动的、气动加电磁的等。在先进工业国家，对广泛采用的一些夹紧机构已经标准化、系列化，在工艺设计时选用即可。

大多数工装夹具（图6.5）是根据产品的特点和结构形式专门设计并经过试验完成的。

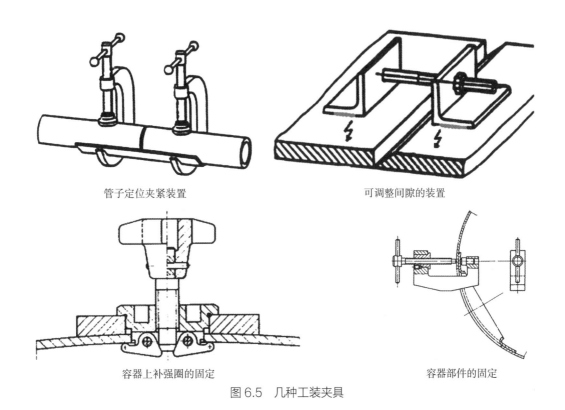

管子定位夹紧装置　　　　　　　　　　　可调整间隙的装置

容器上补强圈的固定　　　　　　　　　　容器部件的固定

图6.5　几种工装夹具

6.7.1.1 焊接工装夹具的主要作用

使用焊接工装夹具的主要作用是：准确、可靠的定位和夹紧，减小制品的尺寸偏差，提高装配的精度；有效地防止和减轻焊接变形；使工件处于最佳的施焊部位，有助于焊缝的成型，减少工艺缺欠，提高焊接速度；以机械装置代替了手工装配时的定位、夹紧及工件翻转等繁重的工作，改善工人的劳动条件。

6.7.1.2 夹具设计的基本要求

对夹具有几方面的要求：应具备足够的强度和刚度；夹紧的可靠性；焊接操作的灵活性，保证足够的空间；便于焊件的装卸。此外夹具应便于制造、安装和操作。

6.7.2 变位装置

焊接过程中能够改变焊接位置的装置和设施称为变位装置，焊接变位机械可分为三大类。

（1）焊件变位机械。包括焊接变位机、焊接滚轮架、焊接回转台和焊接翻转机。

（2）焊机变位机械。包括焊接操作架和电渣焊立架。

（3）焊工变位机械。包括焊工升降机等。

焊接变位机械是将工件回转、倾斜，使工件上的焊缝置于有利施焊位置的焊件变位机械，主要用于机架、机座、法兰、封头等非长形工件的翻转变位和焊接。

焊接滚轮架是借助主动滚轮与工件之间的摩擦力带动筒形工件旋转的焊件变位机械，主要用于筒形工件的装配与焊接，是锅炉压力容器生产中的常用工艺装备。

焊接回转台是一种简化的变位机，它将工件绕垂直轴回转或者固定某一角度倾斜回转，主要用于回转体工件的焊接、堆焊与切割。

焊接翻转机是将工件绕水平轴转动或倾斜，使之处于有利装焊位置的焊件变位机，主要用于梁柱、框架、椭圆容器等的焊接。

焊接操作架的作用是将焊机机头准确地送到并保持在待焊位置，或以选定的焊接速度沿规定的轨迹移动焊机机头。焊接操作架与变位机、滚轮架等配合使用，可完成纵缝、环缝、螺旋缝的焊接。容器环缝焊接时，常采用滚轮架和悬臂式操作架配合使用。工形梁、箱形梁等钢结构常用龙门式操作架。

焊接生产中常用的是焊接变位机（图6.6）、滚轮架（图6.7）和操作架（图6.8），称为三大辅机。

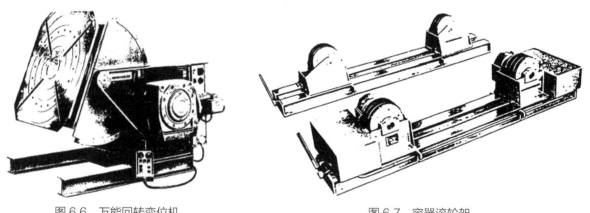

图6.6　万能回转变位机　　　　　　　　　　图6.7　容器滚轮架

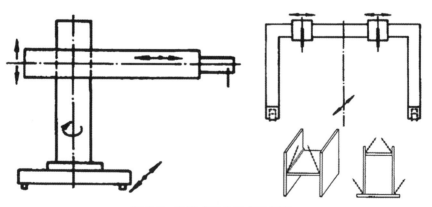

图6.8　悬臂式和龙门式操作架

（1）变位设施的应用目的。

使用变位设施，一是可以使工件始终处于水平位置进行焊接，提高焊缝质量；二是可以减轻劳动强度，进一步提高效率和降低成本。

（2）对变位设施的要求。

对变位设施的要求：有较大的调速范围以适应焊接运行速度；良好的结构刚度；有一定的适应性以满足尺寸和形状各异的焊件；能接电、接水、接气，以保证导热和通风性能；与焊接机器人配合使用的变位机械，到位精度和运行轨迹精度高；兼作装配用的焊件变位机械设有安装槽孔；用于电子束焊、等离子弧焊、激光焊和钎焊的变位机械应满足导电、隔磁、绝缘等特殊要求。

（3）变位设施的选择和布置。

变位设施的选择要根据焊件的结构特点，尽量可选取市场上已系列化生产的通用变位机械。考虑焊接辅助设施的位置以及所用的空间是否足够，应选择结构紧凑、占地面积小的焊接变位机械。

6.7.3　气体保护装置

气体保护装置是在焊接高合金钢（例如不锈钢）管子时，针对根部气体保护所需用的装置（图6.9）。

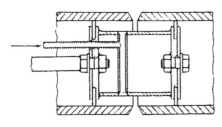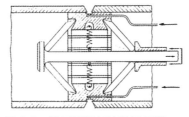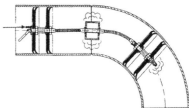

图 6.9　管子根部保护装置示例

6.7.4　预热设施

局部加热可采用气体火焰加热或者电加热。

关于预热温度的选择可参照：SEW 088（德国熔焊焊接规程）、DIN EN 1011-2（金属材料的熔焊焊接规程）、制造厂家技术条件、专业参考资料、焊接工艺文件等。有关温度及测量手段可按照ISO 13916 执行。

6.7.5　焊接过程信息检测设备

在传统的焊接生产过程中，焊接产品的质量是靠焊工的熟练程度来保证的。例如在弧焊过程中，焊缝的位置与焊枪的对中、熔池的几何尺寸及状态等，都是由人的观察和控制来实现的。随着电子、信息等新技术的迅速发展，焊接技术也不断地从一种经验性的工艺方法向"定量"或"精量"化的材料加工方向改变。现代焊接制造对产品质量的一致性、高效率、减轻劳动强度等方面都提出了新要求，但焊接生产过程复杂，并伴有热、电、力的作用以及物理化学反应，工艺变量多、变化区域小、变化速度快、影响因素随机性大，同时存在高温、强电磁场及其辐射、熔融金属飞溅、烟尘等。因此需要利用信息传感技术替代焊工的感知功能，在线检测、获取焊接过程的各种信息，以便能对焊接过程的参数进行实时调整和控制，从而使焊接接头的质量达到预期要求。

6.7.5.1 弧焊过程信息的传感设备

在自动化或机器人方式的弧焊过程中，由于工件尺寸的公差、装配精度与间隙、坡口及边缘准备、热应力与变形等随机因素的影响，会使示教或预定的轨迹以及焊接的起始点位置等发生变化。因此，需要对弧焊过程的有关信息进行传感，以确保产品焊接质量的稳定和一致。

对弧焊过程及其质量信息的传感可分为两大类：一类是在焊接过程中对焊枪与焊缝的相对位置、工艺参数、设备状态及其动作顺序等进行的监测，通常监测的参数见表 6.3；另一类是在焊接结束后对焊缝外形尺寸及表面缺欠的检测，从而对焊缝的质量做出评定。

表 6.3　弧焊过程的信息传感

变量	监测	控制
弧长	√	√
弧压	√	√
电流	√	√
燃弧时间	√	√
焊接速度	√	√
保护气体流量	√	√
焊接区温度	√	√
弧光	√	
弧声	√	
焊接接头位置	√	

6.7.5.2 焊接熔池几何形状检测与控制设备

受熟练焊工眼睛直接观察熔池进行控制的启示，尤其是近几年计算机视觉技术的日趋成熟及普通工业电荷耦合器件（CCD）摄像机的普及，直接采用熔池尺寸和形状作为传感信息和控制目标的研究工作方兴未艾，在很大程度上推动了焊接熔池控制的发展。许多焊接工作者根据不同的焊接方法，做了大量的尝试。例如：TIG 焊焊接熔池形状检测与控制技术（其熔池传感器的主要困难是如何避开电弧弧光的干扰）；二氧化碳短路过渡焊的熔池图像视觉检测技术。

6.8 焊接与切割用气体的供应系统

6.8.1 焊接车间常用的气体

焊接车间常用气体有：乙炔、液化气、二氧化碳、氧气、氮气、氩气、氦气等。

主要按照 ISO 14175 气体分类标准来选择相应的保护气体，包括但不局限于：TIG 焊（141）、MAG 焊（135）、等离子弧焊（15）、等离子切割（83）、激光焊（52）、激光切割（84）、电弧钎焊（972）。

火焰加工，例如气焊或火焰切割以及矫正，目前常用乙炔 – 氧气火焰作为热源，因为氧乙炔焰温度高。但由于乙炔影响和污染环境，很多情况下已经采用丙烷取代乙炔。

6.8.2　气体的供应方式

气体通常均是在气态下使用，供货状态为气态、高压气态、高压液态、液态及深冷状态，供货方式有管道供气、储罐供气、容器供气、压缩气体钢瓶供气（集中式、编组式、单个式）。

焊接车间常用的供气方式为：单个工位供气和集中供气，采用何种方式供气主要取决于实际使用量（表 6.4）。图 6.10 所示为车间供气系统。

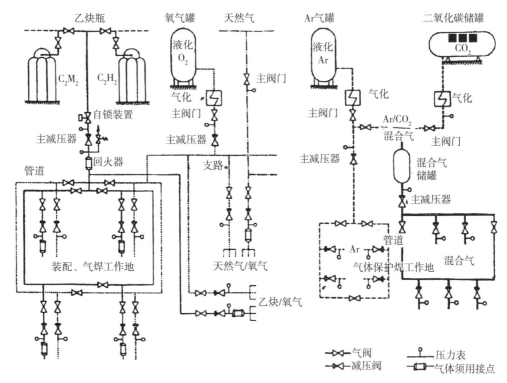

图 6.10　焊接车间供气系统

表 6.4　焊接车间常用供气方式和用量

气体	每月用量 /m³			
	≤ 100	100 ~ 300	≥ 300	≥ 600
乙炔	单瓶	多瓶	多瓶	集中供气
液化气	单瓶	多瓶	储罐	储罐
氧气	单瓶	多瓶	集中供气	集中供气
氩气	单瓶	多瓶	集中供气	冷态供气
氩气 – 混合气	单瓶	多瓶	集中供气	冷态供气
二氧化碳	单瓶	多瓶	多瓶储罐	储罐

6.9 焊后加热处理

6.9.1 后热和消氢处理

后热是指焊接后立即对焊件的全部（或局部）进行加热并保温，使其缓慢冷却，是防止冷裂纹的工艺措施。焊后消氢处理是指在焊接完成以后，焊缝尚未冷却至100℃以下时将焊件加热到300～500℃并保温1～2h后空冷的工艺措施，其主要作用是加快焊缝及热影响区中氢的逸出，避免延迟裂纹的产生。后热也具有消氢的作用，所以一般生产中二者只做一种。

实验表明，选用合适的后热温度，可以降低一定的预热温度，一般可以降低50℃左右，在一定程度上改善了焊工的劳动条件，也可以代替一些重大产品所需要的焊接中间热处理，简化了生产过程，提高了生产率，降低了成本。

后热和消氢处理可以采用气体火焰加热，也可以采用电加热方式进行。由于后热和消氢处理的温度不是太高，生产中经常使用手持的火焰进行加热，但对一些大厚件的消氢处理，放进热处理炉中效果会更好一些。

6.9.2 焊后热处理

焊接结构的焊后热处理，是为了改善接头的组织和性能、消除残余应力而进行的热处理。

消除残余应力的热处理，一般的碳钢都是将焊件加热到500～650℃进行退火。在消除残余应力的同时，对焊接接头的性能也有一定的改善，但对焊接接头的组织则无明显影响。若要求焊接接头的组织细化、化学成分均匀，以及提高焊接接头的各种性能，对一些重要结构，常采用先正火随后立即回火的热处理方法。它既能起到改善接头组织和消除残余应力的作用，又能提高接头的韧性和疲劳强度，是生产中常用的一种热处理方法。

热处理工艺包括加热温度、保温时间、加热速度、冷却速度，在选择热处理方式时，必须要满足热处理工艺的要求。

焊后热处理最好是将焊件整体放入炉中加热，如果焊件太大可采用局部热处理或分段热处理，也有长度方向尺寸较大的部件是在连续炉中和均匀移动过程中完成热处理的。

6.9.2.1 热处理炉的选择

选择热处理炉主要是根据热处理工艺要求来选择，同时还要考虑热处理炉的功率、成本，以及产品或部件的形状、尺寸大小、批量。一般做正火、回火或退火处理普通热处理炉就可以，普通箱式炉成本较低，批量大的可以选择连续作业炉。

6.9.2.2 热处理的加热方法

（1）燃料加热法。

所用燃料可以是固体（煤）、液体（油）和气体（煤气、天然气、液化石油气）。燃煤反射炉在热处理加热方法中有过一定的地位，现在逐渐被其他加热方法所取代。液体燃料加热适用于大型加热炉加热，一般在炉子加热室外墙一侧或两侧安装喷嘴，液体燃料在喷嘴中与空气混合，并在压缩空气的作用下雾化，然后自喷嘴喷出，以加热工件。气体燃料加热是在喷嘴中，气体与一定比例的空气混合后喷出燃烧，可直接加热放在加热室中的工件，也可以把火焰喷入装在加热室中的辐射管，间接加热工件。用于加热的气体燃料有煤气、天然气和液化石油气等，这种加热方法适用于大件整体加热，也是使用最多的。

　　（2）电加热法。

　　以电为热源，通过各种方法使电能转变为热能以加热工件。电加热时，温度易于控制，无环境污染，热效率高。电加热有多种方法，电热元件加热适用于工件整体加热，也适用于局部加热。局部热处理通常采用电加热方式，比如履带式或绳式加热器。

6.9.2.3 热处理温度的测量和控制

　　热处理炉中的温度测量和温度控制都是通过热电偶完成的，为了保证焊件上加热的温度准确，热电偶的数量和布置都有具体要求，比如我国承压设备的焊后热处理规程（GB 30583—2014）中明确规定，测温点应布置在焊件温度容易变化的部位、产品焊接试件和特定部位（如均温带边界、炉门口、加热介质出口、焊件厚度突变处等），规程还规定了焊后热处理温度以在焊件上直接测量为准，焊后热处理过程中，焊件温度在 400℃以上时，应连续自动显示、记录、储存、打印。

　　焊后热处理报告中包含热处理类型、热处理工艺、热处理炉型号、加热方式、测温点数量和布置图、焊件材料厚度和结构图、时间和温度记录等内容。

6.9.3　焊后校正

　　目前常用的校正焊件挠曲及扭转变形、角变形的方法为火焰法，此种方法经济适用。大多数金属构件均采用火焰法进行校正。采用氧乙炔焰作为热源，使用时将火焰调整为中性焰，有效加热温度为：钢 550 ~ 600℃（暗红色），轻金属 350 ~ 400℃。

6.10　射线室

　　在焊后对焊缝的无损检测方法中，只有射线室会布置在焊接车间，除了考虑无损检测在生产流程中的步骤，更重要的是注意对射线室的防护，从时间防护、距离防护和屏蔽防护三方面综合考虑，射线室在总体布局时，应尽量有利于射线屏蔽设计和避开人流，所以射线室常常布置在车间的端头或角落。

6.11　防腐保护

　　对防腐概念的新认识包括表面喷丸除锈处理、涂覆技术及新的防腐材料的研究。

　　进行防腐处理前一般都要对表面进行清理和处理，在采取防腐措施时应考虑到两个问题：腐蚀应力和防腐涂层的寿命。

6.11.1 防腐涂层

防腐涂层包括打底涂层、中间涂层盖面涂层，以及预处理涂层和边缘涂层。

6.11.1.1 预处理涂层

预处理涂层是当钢板或型材经喷丸处理后马上进行的防腐涂层，涂层厚度为 $15 \sim 30\,\mu m$ 且对焊接无影响。

6.11.1.2 边缘涂层

边缘涂层是针对钢板侧边防腐所进行的附加涂层保护措施，涂层应包括板边两侧大约 25mm 的范围，材料是特殊的。该措施适用于承受较大应力的构件部位。

6.11.1.3 打底、中间、盖面涂层

打底涂层首要任务就是防腐，也可称作防腐层。中间涂层是为保证盖面涂层质量而采取的措施。盖面涂层保护打底涂层不受腐蚀介质的侵袭。

通常采用二层打底涂层和二层盖面涂层，盖面涂层的厚度为 $40 \sim 50\,\mu m$。在选择防腐涂料时应考虑：表面再加工性、加工条件、耐腐能力、防腐涂料的寿命。

6.11.2 其他防腐措施

其他防腐措施还有：熔化镀锌（火焰镀锌）、电能镀锌（电镀）及热喷涂（热喷涂锌）。上述几种都是很有效的防腐措施。

此外还有一种复合防腐措施，即先镀覆然后涂防腐涂层，此种效果更佳。

在防腐涂层前的表面处理，以及防腐涂层相关的国际标准、国家标准有很多，例如：

ISO 8503：1988《油漆和相关产品施工前钢材表面处理 喷射清理的钢板表面粗糙度特性》

ISO 8504：2000《油漆和相关产品施工前钢材表面处理》

ISO 12944：1998《色漆和清漆 钢结构防腐蚀涂料系统保护》

ISO 8501-1：1988《涂装钢材表面锈蚀等级和除锈等级》

ISO 11124：1993《油漆和相关产品施工前钢材表面处理 喷射清理金属磨料的规定》

ISO 11126：1993《油漆和相关产品施工前钢材表面处理 喷射清理非金属磨料的规定》

GB/T 13912—2020《金属覆盖层 钢铁制件热浸镀锌层技术要求及试验方法》

GB/T 9793—2012《热喷涂 金属和其他无机覆盖层 锌、铝及其合金》

参考文献

［1］国家机械工业委员会. 焊接材料产品样本［M］. 北京：机械工业出版社，1987.

［2］张建勋. 现代焊接生产与管理［M］. 北京：机械工业出版社，2013.

［3］邓洪军. 焊接结构生产［M］. 北京：高等教育出版社，2009.

［4］中国机械工程学会焊接学会. 焊接手册：焊接方法及设备［M］. 北京：机械工业出版社，2014.

［5］段凯扬. 中外标准对焊材储存及再烘干规定的对比和思考［J］. 压力容器，2019，3.

［6］GSI．SFI-Aktuell 2［CD］．Duisburg：Gesellschaft der Schweisstechnischen Institute mbH, 2010.

［7］Paints and varnishes-Corrosion protection of steel structures by protective paint systems-Part 5: Protective paint systems:ISO 12944-5:2018［S/OL］．［2018-02］．https://www.iso.org/standard/57319.html.

［8］承压设备焊后热处理规程：GB/T 30583-2014［S/OL］．［2014-05］．https://www.spc.org.cn/online/53f5e4b729072a5 3b1a208cb94e18748.html.

本章的学习目标及知识要点

1. 学习目标

（1）了解焊接车间都有哪些设备和设施。

（2）知道焊接车间设备布置原则。

（3）熟悉变位机、滚轮架、操作架的作用。

（4）熟悉工装夹具的形式和作用。

（5）熟悉预热、后热、校形、热处理所用的设备和设施。

2. 知识要点

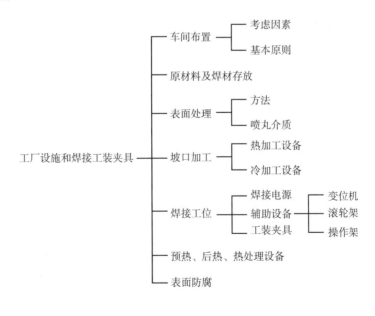

第 7 章

健康与安全

编写：常凤华　审校：陈大军

焊接生产中的健康与安全问题越来越受到国家相关部门的重视，从企业和个人的角度也采取了更有效的措施及防护办法。本章仅从焊接生产中最常用的火焰和电弧两方面，介绍爆炸、触电、弧光、烟尘、噪声等危险和危害的产生，提出可行的防护措施，为焊接人员的健康与安全提供有效的保障。

7.1 火焰加工技术中的安全问题及措施

火焰加工方法有很多种，例如气焊、火焰加热、火焰消除应力、火焰喷涂、气体压力焊、火焰切割、氧熔剂切割等。

对于所有这些方法所采用的有关设备、设施所带来的危险性，以及安全措施，在有关法规、规程、条例中均做出了相应规定及防范措施。

7.1.1 火焰技术的气体

在火焰技术中主要应用的可燃气体为乙炔，此外还有液化气（丙烷－丁烷混合体）和天然气等，采用氧气或压缩空气作为助燃气体。燃气与空气（或氧气）混合达到一定比例时，遇明火即发生爆炸，爆炸界限见表 7.1。使用的所有与气体相关的设备和装置，出现泄漏问题或者操作不慎时都可能发生着火或爆炸，故有关设备和装置应严格按照规程和标准要求进行操作。

表 7.1　火焰加工气体的安全技术数据

气体种类	化学符号	相对密度空气（=1）	空气中点火温度 /℃	点火界限[1]			
				与空气		与氧气	
				下限体积 /%	上限体积 /%	下限体积 /%	上限体积 /%
乙炔	C_2H_2	0.9	305	2.3	82（100[2]）	2.3	93（100[2]）
氢气	H_2	0.07	560	4.0	75.6	3.9	95

续表

气体种类	化学符号	相对密度 空气（=1）	空气中点火 温度 /℃	点火界限①			
				与空气		与氧气	
				下限体积 /%	上限体积 /%	下限体积 /%	上限体积 /%
丙烷	C₃H₈	1.56	470	2.1	9.5	2.3	55
天然气③		0.6 ~ 0.7		4 ~ 7	13 ~ 17		
民用天然气③		~ 0.5	~ 560	4 ~ 6	30 ~ 40	~ 7	~ 72
甲烷 – 丙烷④混合气			> 345	1.7	15		

注：给出的点火界限数据是在适合的温度和大气压下，一般在压力和 / 或温度提高时其界限将扩大。

① 点火界限即爆炸界限。

② 纯乙炔（无空气或氧气）在一定条件下可能分解。

③ 按气体状况或性能通常有所不同。

④ 多种气体的混合应符合压缩气体规程 TRG 102，具体点火界限由其混合气体的组成状况确定。

7.1.1.1 乙炔（C_2H_2）

乙炔是一种碳氢化合物，无色，易燃，比重略轻于空气。纯度为 100% 的乙炔是无味的，但通常商用的乙炔气体有一种明显的蒜味。纯乙炔在一定条件下会剧烈地分解，为此，在气瓶中要装入多孔性充填物料（丙酮）使乙炔溶解其中。

7.1.1.2 氢气（H_2）

氢气无色无味，易燃且无毒，在大气温度和压力下以气态形式存在。它是已知最轻的气体，其密度只是空气的 1/15，它燃烧时的火焰呈淡蓝色或几乎看不见。

7.1.1.3 丙烷（液化石油气 C_3H_8）

丙烷是一种无色无味的可燃气体。室温条件下，它在只有 7bar 的压力下即呈液体状态。另外，在呈液态装瓶时应避免高温，因温度升高时，其压力亦增大。

7.1.1.4 天然气（甲烷 CH_4）

天然气的主要成分是甲烷，此外有氮气以及部分丙烷，甲烷是一种无色无味的可燃性气体。

7.1.1.5 甲烷 – 丙烷混合气

甲烷 – 丙烷混合气由两种可燃气体混合而成，这种混合气体比空气重，在低洼处应考虑到此危险性。

7.1.1.6 氧气（O_2）

虽然氧气本身不是可燃气体，但它是燃烧所必需的气体，氧气的危险性在于会使燃烧更剧烈，例如油和油脂在氧气中燃烧的剧烈程度近似于猛烈爆炸。

7.1.2　乙炔的危险性

根据乙炔与空气或氧气的混合比确定的点火界限和点火温度，可参照火焰加工气体的安全技术数据表。在火焰加工中，焊接或切割火焰有可能熄灭，同时伴有爆鸣声，这就是回火现象。

7.1.2.1 切割枪的回火

回火是使用乙炔火焰切割作业时极容易发生的事故之一，是火焰进入割枪喷嘴内逆向燃烧的现象。

（1）回火的原因。

产生回火的主要原因是气体流速小于火焰传播速度，有几种情况可能造成回火：割嘴离加热点过近、割嘴过热，使混合气体难以流出，在割嘴内燃烧；熔渣或飞溅物堵塞喷嘴，使混合气体难以流出；乙炔气压过小，氧气或空气进入乙炔管；割枪阀门不严或内部结构损坏，点火时即发生回火。

（2）回火的后果。

回火轻则导致割嘴、割枪烧损破坏，重则通过切割设备使气体输送和储存系统发生重大事故。回火将产生的严重后果可能有：使混合气管路热负荷激烈增加；使所用设备压力激烈升高；使所用枪体烧损；使所用焊枪或切割枪喷嘴烧损。

（3）回火的防止。

为了防止回火，除了检查割枪、选择正确点火源、注意点火顺序，还会经常用到回火防止器。这是用来阻止回火火焰进入管道、气瓶或乙炔发生器的装置。

通常乙炔与铜会产生易爆炸的化合物，因此只能使用钢或纯铁管道，或用含铜低于65%的黄铜合金，乙炔允许的工作压力上限为1.5bar。

7.1.2.2 乙炔发生器的安置

乙炔发生器既可安置在室外，也可安置在通风良好的室内，但禁止将其安置在下列场所：高压线及母排线下面；空压机、制氧站、通风机的吸风口处；金属构件、避雷针的接地导体附近；可能成为电气回路的轨道上；剧烈振动的工作台上；距明火、火花点、高压线水平距离10米以内的地方；会受到烈日暴晒的地方。

7.1.3 对压缩气体钢瓶的要求

大多数气体都用压缩气体钢瓶储存，可以单独使用亦可以编组成汇流排形式使用，乙炔使用专用乙炔瓶，氧气和丙烷可用固定容器，天然气和煤气通常采用管道输送。

7.1.3.1 气瓶压力

气瓶承受一定压力，充满氧气的钢瓶压力有150bar、200bar、300bar等。

乙炔气瓶压力为18bar，并与外界温度有关。

乙炔气瓶不允许平放倒空（装有高度多孔物质的带有红色环标记的乙炔气瓶例外），一个乙炔气瓶的最大供气量为1000L/h，在长时间持续工作情况下，供气量限制在700L/h。

需要注意的是，乙炔有向较大空间集聚的倾向（如管道、软管等），如果其压力超过1.8bar可导致爆炸性分解。

在通过减压阀大量提取氧气时，由于冷却作用氧气将发生冻结现象，在连续工作条件下提取量约为10000L/h。需要注意的是，与氧气接触的设施上要清除油、油脂等物质。

气瓶的充气必须按规定程序由专业部门承担，其他人不得向气瓶内充气。除气体供应者，其他人不得在一个气瓶内混合气体或从一个气瓶向另一个气瓶倒气。

7.1.3.2　气瓶的标志

为了便于识别气瓶内的气体成分，气瓶必须按规定做明显标志。其标志必须清晰、不易去除。标志模糊不清的气瓶禁止使用。气瓶颜色标记见表 7.2。

表 7.2　气瓶颜色标志（节选自 GB/T 7144—2016）

序号	充装气体	化学式（或符号）	体色	字样	字色	色环
1	空气	Air	黑	空气	白	P=20，白色单环 P ≥ 30，白色双环
2	氩	Ar	银灰	氩	深绿	
3	氟	F_2	白	氟	黑	
4	氦	He	银灰	氦	深绿	P=20，白色单环 P ≥ 30，白色双环
5	氖	Ne	银灰	氖	深绿	
6	一氧化氮	NO	白	一氧化氮	黑	
7	氮	N_2	黑	氮	白	P=20，白色单环 P ≥ 30，白色双环
8	氧	O_2	淡（酞）蓝	氧	黑	
9	二氟化氧	OF_2	白	二氟化氧	大红	
10	一氧化碳	CO	银灰	一氧化碳		
11	氢	H_2	淡绿	氢	大红	P=20，大红单环 P ≥ 30，大红双环
12	甲烷	CH_4	棕	甲烷	白	P=20，白色单环 P ≥ 30，白色双环
13	天然气	CNG	棕	天然气	白	
14	空气（液体）	Air	黑	液化空气	白	
15	氩（液体）	Ar	银灰	液氩	深绿	
16	氦（液体）	He	银灰	液氦	深绿	
17	氢（液体）	H_2	淡绿	液氢	大红	
18	天然气（液体）	LNG	棕	液化天然气	白	
19	氮（液体）	N_2	黑	液氮	白	
20	氧（液体）	O_2	淡（酞）蓝	液氧	黑	
21	二氧化碳	CO_2	铝白	液化二氧化碳	黑	P=20，黑色双环
22	氯化氢	HCl	银灰	液化氯化氢	黑	
23	乙烷	C_2H_6	棕	液化乙烷	白	P=15，白色单环 P=20，白色双环
24	乙烯	C_2H_4	棕	液化乙烯	淡黄	
25	氯	Cl_2	深绿	液氯	白	
26	氟化氢	HF	银灰	液化氟化氢	黑	
27	二氧化氮	NO_2	白	液化二氧化氮	黑	
28	二氧化硫	SO_2	银灰	液化二氧化硫	黑	
29	氨	NH_3	淡黄	液氨	黑	

序号	充装气体		化学式（或符号）	体色	字样	字色	色环
30	丙烷		C_3H_8	棕	液化丙烷	白	
31	丙烯		C_3H_6	棕	液化丙烯	淡黄	
32	液化石油气	工业用		棕	液化石油气	白	
		民用		银灰	液化石油气	大红	
33	乙炔		C_2H_2	白	乙炔 不可近火	大红	

混合气体按其主要危险特性分为四类：可燃性、毒性（含防腐性，下同）、氧化性和不燃性（一般性）[①]。主要危险特性的具体区分按照 GB/T 16163—2012《瓶装气体分类》规定。

气体名称应选用主要使用行业的常用名称或商品名称。

混合气体气瓶在气体名称下方注明"（混合气）"或"（标准气）"。对于小容积气瓶，可不喷涂气体名称，而直接喷涂"混合气"或"标准气"。

表 7.3 所示为混合气体气瓶颜色一览表。

表 7.3　混合气体气瓶颜色一览表（选自 GB/T 7144—2016 附录 A）

混合气体主要危险特性	头色		体色	字色 环色
	上	下		
燃烧性	R03 大红		B04 银灰	R03 大红
毒性	Y06 淡黄			Y06 淡黄
氧化性	PB06 淡（酞）蓝			PB06 淡（酞）蓝
不燃性（一般性）	G05 深绿			G05 深绿
燃烧性和毒性	R03 大红	Y06 淡黄		R03 大红
毒性和氧化性	Y06 淡黄	PB06 淡（酞）蓝		Y06 淡黄

7.1.3.3　气瓶的储存和移动

（1）气瓶的储存。

① 在不会遭受物理损坏或使气瓶内储存物的温度超过 40℃的地方。

② 在远离电梯、楼梯或过道，不会被经过或倾倒的物体碰翻或损坏的指定地点。且稳固以免翻倒。

③ 必须与可燃物、易燃液体隔离，并且远离容易引燃的材料（诸如木材、纸张、包装材料、油脂等）至少 6m 以上，或用至少 1.6m 高的不可燃隔板隔离。

（2）气瓶在现场的安放、搬运及使用。

① 气瓶在使用时必须稳固竖立，也可装在专用车（架）或固定装置上。

② 不得置于受阳光暴晒、热源辐射及可能受到电击的地方。气瓶必须距离实际焊接或切割作业

---

① 一般性即不燃、不助燃、非氧化、无毒和惰性的泛称。

点足够远（一般为 5m 以上），以免接触火花、热渣或火焰，否则必须提供耐火屏障。

③ 气瓶不得置于可能使其成为电路一部分的区域。避免与电动机车轨道、无轨电车电线等接触；远离散热器、管路系统、电路排线等，以及可能供接地（如电焊机）的物体。禁止用电极敲击气瓶和引弧。

（3）搬运气瓶。

① 关紧气瓶阀，而且不得提拉气瓶上的阀门保护帽。

② 用起重机运送气瓶时，应使用吊架或合适的台架，不得使用吊钩、钢索或电磁吸盘。

③ 避免可能损伤瓶体、瓶阀或安全装置的剧烈碰撞。

气瓶不得作为滚动支架或支撑重物的托架。气瓶应配置手轮或专用扳手启闭瓶阀。气瓶在使用后不得放空，必须留有不小于 98 ～ 196kPa 表压的余气。

当气瓶冻住时，不得在阀门或阀门保护帽下面用撬杠松动气瓶，应使用 40℃ 以下的温水解冻。

7.1.4　减压器（压力表）

7.1.4.1　减压器的功能

减压器用以连接装有一定压力的气体或液态气体的密封钢瓶，通过减压器可将工作压力的气体输送到工作地点，并在供气期间使工作压力保持不变（图 7.1）。

7.1.4.2　减压器的操作规则

减压器在连接前，应检查气瓶接头的清洁程度（吹风检查）并检查接头处密封状况。当减压器不工作时，应卸去调节手柄的负载。

减压器作为安全装置应执行安全标记"S"的规定，并在其背面留有压力泄流孔。

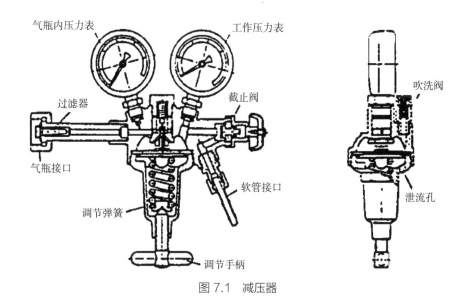

图 7.1　减压器

7.1.5 软管

7.1.5.1 软管颜色

为了标识软管所适用的气体，软管外覆层应按表7.4的规定进行着色和标识。对于并联软管，每根单独软管应按本标准进行着色和标识。

表 7.4 软管颜色和气体标志（选自 GB/T 2550—2016）

气体	外覆层颜色和标志
液化石油气（LPG）和甲基乙炔－丙二烯混合物（MPS）、天然气、甲烷	橙色
氧气	蓝色
空气、氮气、氩气、二氧化碳	黑色
乙炔和其他可燃性气体[①]（除 LPG、MPS、天然气、甲烷）	红色
除焊剂燃气的（本表中包括的）所有燃气	红色／橙色
焊剂燃气（含助焊剂的燃气）	红色－焊剂

① 关于软管对氢气的适用性，应咨询制造商。

7.1.5.2 软管标识内容

软管外覆层应至少每隔1000mm连续、牢固地标示下列内容：① 本标准编号，GB/T 2550；② "焊剂"（仅适用焊剂燃气软管）；③ 最大工作压力，MPa；④ 公称内径；⑤ 制造商或供应商的标识（如XYZ）；⑥ 制造年份。

示例 1 GB/T 2550-2 MPa-10-XYZ-14

示例 2 GB/T 2550- 焊剂 2 MPa-6.3-XYZ-14

软管最短长度为3m（工作延伸长度为5m）。

新软管在首次使用时应吹洗，可按 1s/m 进行。氧气管用氧气或惰性气体吹洗，乙炔管用压缩空气吹洗。破损的软管（漏气）必须更换或进行适当的修补。

需要注意的是，乙炔软管不得采用铜管连接，有爆炸危险。

应采用表面带有纹路的环箍来固定软管，环箍如图 7.2 所示，不得用钢丝绑扎，软管不得有裂纹，并防止过热，软管在铺设时应注意避开各种潜在危险。在长距离氧气输送时，可采用双根软管并加以保护，如图 7.3 所示。有关说明和规定参见 EN 559。

7.1.6 焊炬的要求及操作

火焰加工用的焊炬主要采用射吸式枪体，以氧气或高压氧作为助燃气体，通过射吸原理，进行气体的混合并用于火焰加工。

焊炬手柄上应有制造厂商或相应代理商的标记，从安全技术观点出发，重要的易损件和备件必须标出制造厂家、气体种类和使用期限，有关气体种类可参照以下标记：

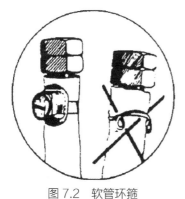

图 7.2　软管环箍

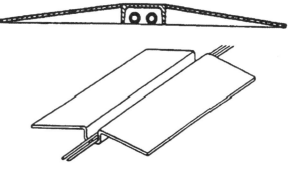

图 7.3　长距离输送的软管

A——乙炔

M——甲烷和天然气

H——氢气

C——煤气

P——液化气（丙烷 / 丁烷）

O——氧气

所有焊炬应妥善保存，避免受到污染，严禁将软管和焊枪挂在气瓶和减压阀上，以免引发事故。焊炬特别是喷嘴处不宜有熔渣存在，焊炬绝不能放在封闭的工具箱内，以防因关闭不严造成气体集聚而发生事故。

7.2　弧焊电源及触电的防护

7.2.1　对触电事故的防护

电弧焊时，因电流通过人体造成触电的危险性特别高（图 7.4）。

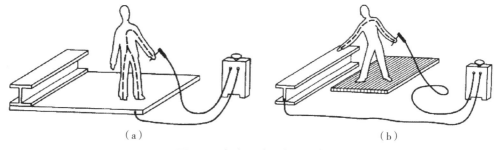

（a）　　　　　　　　　　　　　　（b）

图 7.4　电流通过人体的方式

防止电流产生危险的最好办法是绝缘。电焊手套和劳保鞋具有良好的绝缘作用，即它们有较高的电阻。好的绝缘保护状态与差的绝缘保护状态在电流回路中的电阻值见表 7.5。

表 7.5　电流回路中的电阻值

电流回路中电阻的组成	好的绝缘保护状态 /Ω	差的绝缘保护状态（如潮湿）/Ω
焊接电缆中的电阻	0.1	0.1
皮手套的电阻	10000	50
包括皮肤电阻在内的身体电阻	3000	1000
安全鞋（鞋底）电阻	10000	50
总电阻	23000.1	1100.1

如果将戴手套的手和穿劳保鞋的脚用 42V 电压连接起来形成电流回路，则通过身体的电流为 I。I 值的大小可由电压 U 和电阻 R 之比得出。

好的绝缘保护状态时：

$$I = \frac{42\text{V}}{23000\,\Omega} = 0.0018\text{A} = 1.8\text{mA}$$

差的绝缘保护状态时：

$$I = \frac{42\text{V}}{1100\,\Omega} = 0.038\text{A} = 38\text{mA}$$

7.2.1.1　触电的危险性

电流对人体物理作用取决于流经人体的电流强度，电流强度可分为 4 个级别。

（1）Ⅰ级：0 ～ 25mA。

从 0.5mA 开始，使人感到烦躁不安；

从 15mA 开始，可使肌肉痉挛，但一般不会造成死亡。

（2）Ⅱ级：25 ～ 80mA。

从 50mA 开始，由于呼吸系统的肌肉组织的痉挛而造成丧失知觉，并伴随心脏停止跳动。

（3）Ⅲ级：80mA ～ 5A。

由于心室颤抖而造成死亡。

（4）Ⅳ级：＞ 5A。

仅很短的作用时间便可使心脏遭受电击，进而停止跳动，并且有严重烧伤的危险。

7.2.1.2　对触电事故的防护

（1）只能由电工进行网路连接与更换。

（2）正确地使用焊接电源和焊接发电机。

（3）使用绝缘良好的电缆及焊把。

（4）劳动保护工作要做好（鞋上没有铁钉，使用干燥的电焊皮手套等）。

7.2.1.3　发生触电事故时的抢救措施

（1）发生事故后应立即将触电者脱离电源，与此同时救护人员要注意自身的安全。

（2）采取急救措施并立即通知医生。

7.2.2 弧焊电源接线

7.2.2.1 网路一侧

只允许电气技术人员进行清理和维修。

注意：中断工作较长时间，网路一侧电源应断开。

7.2.2.2 焊接电源一侧

应使用完整无损的焊接电缆，焊条电弧焊工作电压一般在 15 ~ 40V，当电弧中断时，工作电压迅速恢复到空载电压。焊接电缆不应过长，否则造成电能损耗，焊接电缆截面积与所使用的焊接电流有关（表 7.6）。

表 7.6 焊接电缆截面积与所使用焊接电流对应表

焊接电缆截面积 /mm²	25	35	50	70	95	120
最大焊接电流 /A	200	250	315	400	470	600

7.2.2.3 多台焊接电源

当多名焊工使用多台焊接电源焊接同一工件时，则可能产生不允许的较高的空载电压。

例如两个焊工使用同样的弧焊电源同时焊接一个部件，由于接线的不同，空载电压会有很大的差别。

（1）直流。

当采用不同极性同时焊接时，两台电源之间的空载电压是它们的总和，如图 7.5 所示。在这种情况下，两名焊工应彼此分开而不得相互接触，并用绝缘挡板隔开。

（2）交流。

采用同相交流电源和不同相交流电源时，空载电压如图 7.6 所示。

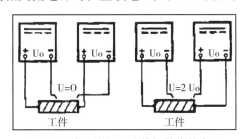

图 7.5 直流电源二次线间的空载电压

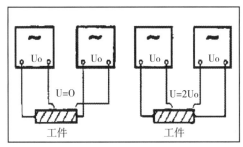

图 7.6 交流电源二次线间的空载电压

（3）焊接电源的组合。

应在专家指导下进行；使用相同焊接电流（否则产生过载）；不允许串联使用，因为这将使空载电压相叠加。

（4）焊接回路。

所有焊接电缆与焊接电源和工件的接线必须夹紧，接触良好，否则将产生过热以致将接线端烧毁。

7.2.3 弧焊设备的空载电压

空载电压指的是，当焊接回路中未连接有引弧及稳弧装置并呈"断开"状态时，焊枪与工件间的电压。当焊接电源与其他辅助装置或几个焊接电源相连在一起时，其电压总和为空载电压。

当特殊工艺需要高于规定的空载电压时，必须对设备提供相应的绝缘方法，比如采用空载自动断电保护装置或其他措施。从引弧和电弧的稳定性考虑，电源的空载电压越高越好，但从安全和降低电焊机成本的角度考虑，则要求空载电压越低越好。

国标 GB 15579 规定：在触电危险性较大的环境，额定空载电压直流 113V 峰值、交流 68V 峰值和 48V 有效值；在触电危险性不大的环境，额定空载电压直流 113V 峰值、交流 113V 峰值和 80V 有效值；对操作人员加强保护的机械夹持焊炬，额定空载电压直流 141V 峰值、交流 141V 峰值和 100V 有效值。

一般情况下，弧焊电源空载电压为：交流电压不超过 80V；直流电压不得超过 100V。目前国产交流弧焊电源的空载电压多为 70~80V，直流弧焊电源的空载电压为 60~90V。

按国际电工委员会发布的 IEC 60974-1 标准，空载电压按应用条件划分如下（表 7.7）。

表 7.7　不同应用条件下的空载电压（来自 2021 版 IEC 60974-1）

工作条件	额定空载电压		其他说明
具有较高触电危险性的环境	直流	峰值 113V	焊接电源上应打上 S 标记
	交流	峰值 68V，有效值 48V	
没有很高触电危险性的环境	直流	峰值 113V	
	交流	峰值 113V，有效值 80V	
机械持枪，对操作者增加了保护	直流	峰值 141V	焊枪非手持； 焊接停止时，空载电压自动切断； 对直接接触身体部分有保护措施
	交流	峰值 141V，有效值 100V	
等离子切割	直流	峰值 500V	在满足以下情况时，额定空载电压超过直流 113V： 如果焊枪被拆卸或与电源分离，等离子切割电源相当于防止输出空载电压； 控制回路打开后不迟于 2s，空载电压峰值小于 68V； 主电弧熄灭后不迟于 2s，枪与工件之间是电压峰值小于 68V

此外，焊接电源还应该做到：① 即使某些电器元件出现故障，比如短路，也要保证输出电压不超出表中的要求；② 装有保护系统，可以在 0.3s 内切断输出端电压，并保证不会自动启动。

在较高触电危险条件下，并当有过载时要有相应的保护措施。较高的触电危险条件包括：① 当焊工身体的任一部位与导电体有接触时；② 在焊工工作位置 2 米范围内有其他电气设备时；③ 在潮湿及高温的工作环境下。

在焊接工作开始之前，应检查焊接回路是否完好，检查许用空载电压是否符合规定。

7.3　电弧焊弧光防护

电弧在高温状态释放出强烈的可见光，还有不可见的红外线和紫外线（图 7.7），这些对人眼伤害极大，紫外线不仅会烧伤眼睛还会使皮肤烧伤，因此在焊接时必须对眼睛采取保护措施。在电弧焊中采用面罩加护目镜来进行保护。焊接中使用的护目镜、滤光片等级参照 EN 166 的标准规定。国内的镜片遮光号选择见 GB 9448—1999《焊接与切割安全》"4.2.1　眼睛及面部防护"一节。

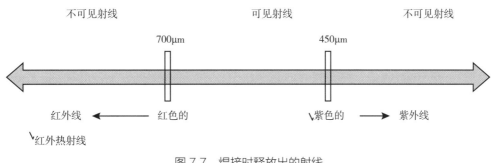

图 7.7　焊接时释放出的射线

7.3.1　弧光的危害

电弧、火焰和熔池可发出可见光和不可见光，其强度取决于输入功率、电弧尺寸、温度和温度分布。

红外线是一种热射线，如果长年对眼睛照射，特别是在短波时，会使眼球的晶状体遭到损害，并使其混浊，导致白内障。

强可见光（可见光射线）能降低视力并导致眼睛发花。

紫外线（UV）对眼睛最危险，相当于闪电的作用。它导致眼睛疼痛、流泪和眼睑干涩。受到紫外线照射时，眼角膜、结膜上皮细胞会受损而坏死，严重时可造成角膜分离。急性角膜结膜炎，医学上称为电光性眼炎，俗称"电弧眼"。另外，皮肤受到紫外线照射可能被灼伤（太阳灼伤效应）。

7.3.2　保护措施

7.3.2.1　环境防护措施

屏蔽焊接场地（如间壁墙），使附近人员不致遭到干扰和伤害。

7.3.2.2　人员保护措施

个人保护用品主要是劳动工作服、安全鞋和手套，还有围裙、护腿、披肩、套袖、斗篷等。人员防护用品应按相应的国家标准选择。眼睛防护与保护应根据工作性质进行选择。

面罩（焊帽）及护目镜（滤光片）必须符合 GB/T 3609.1《职业眼面部防护　焊接防护》标准要求。

对于大面积观察（诸如培训、展示、演示及一些自动焊操作），可以使用一个大面积的滤光窗或幕，而不必使用单个的面罩、手持面罩或护目镜。窗或幕的材料必须对观察者提供安全的保护效果，防止观察者受弧光、飞溅的伤害。镜片遮光号可参照表 7.8 选择。

表 7.8　焊接滤光片的选择（摘自 GB/T 3609.1—2008）

遮光片号	电弧焊接与切割作业
1.2、1.4 1.7、2	防侧光与杂散光
3 4	30A 以下的电弧作业
7 8	30～75A 的电弧作业
9 10 11	75～200A 的电弧作业
12 13	200～400A 的电弧作业
14	400A 以上的电弧作业

自动变光技术使焊接面罩上的变光镜片在接收弧光的 0.1 毫秒内即能转成深色。它采用先进的液晶体作为遮光镜片，以镜片上的探测器探测电焊，适合各种焊接作业，极大地提高了工作效率。

7.4 噪声防护

噪声是一类引起人烦躁或音量过强而危害人体健康的声音。声波以机械能形式作用于人体的鼓膜，一般频率处在 16~20000Hz、波压值在 0~120dB 的机械波可引起人的不安。

7.4.1 噪声强度

噪声强度可由声波测量仪测定，焊接及相关的作业会产生不同程度的噪声，参见表 7.9。噪声对鼓膜的伤害不仅与声能大小有关，还与作用时间有关，是否需要佩戴防护用品参见图 7.8。

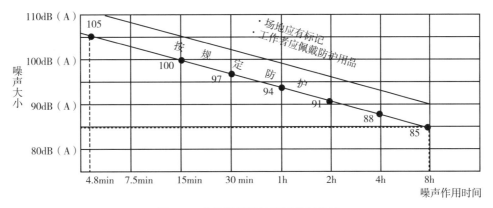

图 7.8 人员佩戴防护用品的评估线

表 7.9 各种焊接方法产生时的声能范围（持续时间值）

	声能（持续时间值）dB（A）					
	70	80	90	100	110	120
火焰坡口加工						
火焰切割（单头）						
火焰喷涂						
火焰射线						
火焰加热						
气焊						
电弧气刨						
焊条电弧焊						
电弧喷涂						
等离子切割						
等离子喷涂						
摩擦焊						
MIG 焊，MAG 焊						
TIG 焊						
埋弧焊						

7.4.2 噪声防护措施

7.4.2.1 个人对噪声的防护

（1）远离噪声源。

（2）工作时戴上防噪声的耳塞或耳罩，噪声至 90dB（A）时必须佩戴。

7.4.2.2 企业对有噪声车间采取的措施

（1）噪声超过 90dB（A）的地方加注明显标记。

（2）在噪声超过 85dB（A）的地方配置噪声防护物品。

（3）在产生噪声的设备上加装消音装置。

（4）安装噪声超标警报器。

（5）尽量采用低噪声的设备。

（6）定期对噪声防护措施进行检查。

（7）寻求更安全的噪声防护措施。

我国《工业企业噪声卫生标准》（1979 年）中规定：工业企业的生产车间和作业场所的工作地点

的噪声标准为 85 dB（A）。现有工业企业经过努力暂时达不到标准时，可适当放宽，但不得超过 90 dB（A）。

7.5 呼吸保护

7.5.1 有害物质种类及浓度

在焊接及切割时，大多会产生烟气，烟气中包含有害气体和烟尘，烟尘中主要有金属及金属氧化物，这些有害物质通过呼吸、吞咽和皮肤进入人体内。有害物质对人体的损害方式如图 7.9 所示。

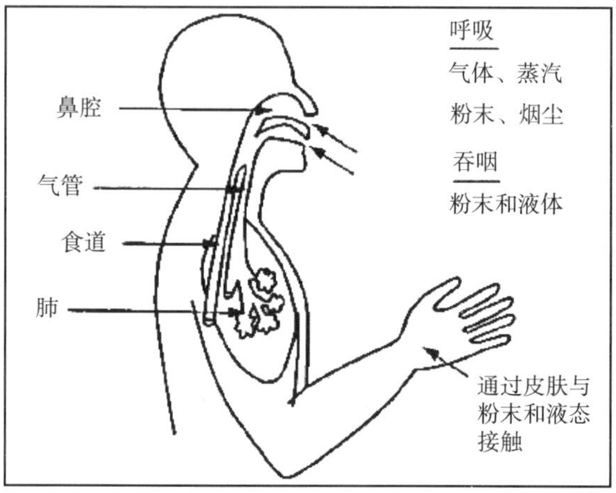

由焊接、切割所产生的对呼吸有害的物质可分为气体有害物质（气体）、颗粒有害物质（烟尘和粉末）。其中，颗粒度 $< 1 \mu m$ 的颗粒为烟尘，颗粒度 $> 1 \mu m$ 的颗粒为粉末。

图 7.9 有害物质对人体的损害方式

7.5.1.1 有害物质种类

根据对人体的不同反应，有害物质分为惰性物质、毒性物质、致癌物质。

（1）惰性物质。

惰性物质有氧化铁、氧化铝。它对人体无毒性反应，本身呈中性，可能在人体肺部沉淀，并阻碍氧化还原反应。

（2）毒性物质。

毒性物质有气体一氧化碳、一氧化氮、二氧化氮，以及烟尘和粉末，例如铅、铜、锌、氟化物、氧化锌等。当这些有害物质在人体内达到一定浓度时，会产生某种毒性反应。

（3）致癌物质。

致癌物质有镍及其化合物、铬化合物、钴和铍化合物。它可能引起恶性肿瘤（癌症）。该类毒性物质的致癌界限没作说明，疾病暴发的潜伏期有可能达数年之久。

ISO/TR 13392：2014《焊接和相关工艺中的健康和安全——电弧焊接烟尘的成分》中，列出了不同材料焊接时烟尘中主要的和典型的金属成分，有铁、铬、镍、锰等。

7.5.1.2 有害物质浓度

有害物质浓度的表示方式主要有以下几种：① 工作场地最大浓度值（MAK 值）；② 专业接触限度（TRK 值）；③ 工作物质细菌公差值（BAT 值）；④ 致癌物质的爆发当量值（EKA 值）。

这些数值每年应实测一次并公布结果。MAK 值或 TRK 值的气体单位为 mL/m^3 或 ppm（百万分之几），对于烟尘和粉末用 mg/m^3 表示。在相关的标准中对有害物质最大含量做了规定，MAK 值是表示有害气体在空气中的最大含量，见表 7.10。

表 7.10　有害气体在空气中最大含量（MAK）值的规定

有害气体		MAK 值 /ppm	MAK 值 /（mg/m³）
二氧化碳	CO_2	5000	9000
丙烷	C_3H_8	1000	1800
丁烷	C_4H_{10}	1000	2350
三氯甲烷	$CHCl_3$	10	10
氯化氢	HCl	5	7
汞（水银）	Hg	0.01	0.1

7.5.2　有害物质的防护措施

7.5.2.1　空气中有害物质的防护措施

为了减少工作场地有害物质对焊工身体健康的损害，应在技术和管理上采取防护措施。

（1）在焊接方法的选择方面应采取以下防护措施：① MAG 焊代替铬镍钢（Cr–Ni 钢）的焊条电弧焊；② TIG 焊代替焊条电弧焊；③ 埋弧焊（UP 焊）代替焊条电弧焊；④ 水下等离子切割；⑤ TIG 焊时用非钍钨极代替钍钨极；⑥ 非镉钎料代替含镉钎料。

（2）在工作场地的优化方面应采取以下防护措施：① 尽量避免较大面积的火焰加工；② 采用经济型火焰加工设备；③ 焊条电弧焊时应选择合适的规范；④ 对保护气体用量的限制；⑤ 电阻焊时的最佳规范选择；⑥ 避免脱脂物质的受热；⑦ 合适的工件加工位置。

（3）在工艺上的防护设施方面应采取以下防护措施：① 等离子切割时采用水防护和水下切割；② 用水覆盖切割表面进行火焰和等离子切割；③ 水下进行火焰切割。

7.5.2.2　空气净化措施

按照相应的规程，在焊接工作场地采用的焊接方法、材料和工作条件必须符合要求，因为影响身体健康的有害物质可通过下列形式存在：① 流动的空气，② 工艺气体，③ 废弃物堆放处，④ 其他设施，⑤ 上述设施的综合使用。

为此下列措施是必要的：① 在有害物质流动方向上用压缩空气进行排风；② 在冬季时环境温度最低为 15℃；③ 要有有效的空气过滤手段；④ 空气过滤装置应具有较低的噪声。

所应用的各种过滤装置对有害物质的过滤效果及应用情况，可参照相应的国家标准或 BGV D1 规程。呼吸保护的最有效措施是采用排烟装置，在 DVS 1201 规程中对此做了规定，见表 7.11。

表 7.11　焊接车间内的通风设施（加填充金属的焊接方法）

焊接方法	填充材料					
	碳钢，低合金钢，铝及铝合金		高合金钢，有色金属（不包括铝）		有防腐涂层的焊件	
	K	L	K	L	K	L
气焊：固定工位	F	T	T	A	T	A
非固定工位	F	T	F	A	F	A
焊条电弧焊：固定工位	T	A	A	A	A	A
非固定工位	F	T	T	A	T	A

焊接方法	填充材料					
	碳钢，低合金钢，铝及铝合金		高合金钢，有色金属（不包括铝）		有防腐涂层的焊件	
	K	L	K	L	K	L
MIG/MAG 焊：固定工位	T	A	A	A	A	A
非固定工位	F	T	T	A	T	A
TIG 焊：固定工位	F	T	F	T	F	T
非固定工位	F	F	F	T	F	T
埋弧焊：固定工位	F	T	T	T	F	T
非固定工位	F	F	F	T	F	T
热喷涂	A	A	A	A	—	—

K= 短时间；L= 长时间；F= 自然通风；T= 机械动力通风；A= 在工位上安装抽排烟装置。

注：当焊接或切割工作每天少于半小时或每周少于 2 小时时，按短时间考虑，否则按长时间考虑。

我国通风的方法按换气范围分局部通风和全面通风两类，全面通风可采用全面自然通风和全面机械通风，全面通风应保持每个焊工通风量不小于 $57m^3/min$。局部通风主要通过局部排风方式进行，可分为固定式局部排风系统和可移动式小型排烟除尘机组两类。若焊工点附近的风速控制在 30m/min 以内，不会破坏焊接的气体保护，风量可按表 7.12 选取。各种烟尘回收装置及烟尘回收系统示意图见图 7.10、图 7.11。

表 7.12　局部通风软管直径与风量

排风罩离电弧或焊炬的距离 /mm	风机最小风量 /（m^3/h）	软管直径 /mm
100 ~ 150	144	38
	260	76
100 ~ 200	470	90
200 ~ 250	720	110
250 ~ 300	1020	140

ISO 21904-3：2018《焊接与相关工艺中的健康与安全　空气过滤用设备的试验和标记要求》中有相关规定。

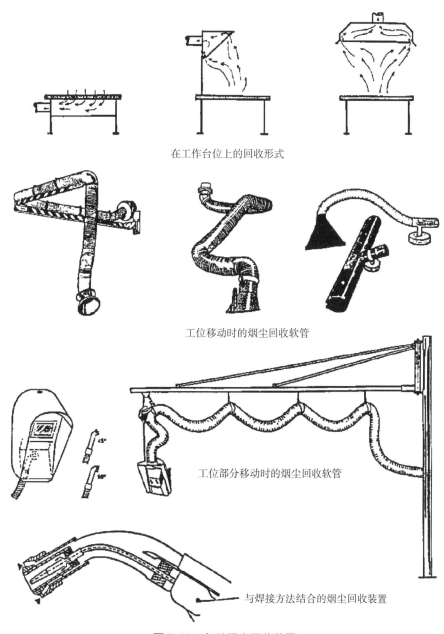

在工作台位上的回收形式

工位移动时的烟尘回收软管

工位部分移动时的烟尘回收软管

与焊接方法结合的烟尘回收装置

图 7.10　各种烟尘回收装置

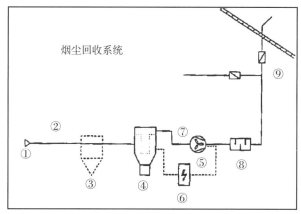

烟尘回收系统

① 采集点
② 烟尘回收管道
③ 预分离装置
④ 分离装置
⑤ 排风扇
⑥ 电磁阀
⑦ 净化空气管道
⑧ 消声器
⑨ 气体排出 / 气体回收

图 7.11　烟尘回收系统示意图

7.6 在特殊条件下的焊接

在焊接技术工作中，特殊条件是指：① 在狭窄空间中焊接；② 在易燃易爆危险环境中焊接；③ 对带有危险介质的容器的焊接。

7.6.1 在狭窄空间中焊接

7.6.1.1 狭窄空间

按照 BGV D1 规定，"狭窄空间"是指空间无自然通风，同时空间小于 100m^3，或者其尺寸（长、宽、高、直径）小于 2m。

狭窄空间包括无窗户地下室、管道、锅炉、小空间船舱等。狭窄空间工作示意图见图 7.12。

7.6.1.2 狭窄空间的主要防护措施

（1）狭窄空间的分离（关闭阀门、断开法兰连接）。

（2）排空和清理。

（3）通过容器内部结构部分对危险物质实施防护措施。

（4）气体措施（过滤或通风）。

（5）人身保护措施（呼吸保护罩、重型火焰加工点火装置）。

（6）安全哨位（必须时刻与工作者保持接触、不得擅自离岗）。

如果具备以下条件，安全哨位可以不设：① 狭窄空间与其他设施分离；② 狭窄空间进行排空和清理；③ 狭窄空间具有通风设施，可将危险物质排出；④ 狭窄空间无其他组件或装置；⑤ 工作人员不用其他人帮助即可离开。

图 7.12 狭窄空间工作示意图

7.6.1.3 狭窄空间其他事项

（1）进一步的防护措施。

如果工作长时间中断时，应将火焰加工焊炬和软管从狭窄空间中取出，在较高电器危险性条件下，应采取绝缘措施，同时焊接电源应带有 S 的标记。

（2）工作场所说明。

当工作场所性质确定后（如造船），那么其工作条件应是相同的。

（3）运行说明。

如果周围有危险物质存在，必须设置防护设施。

（4）车辆行驶说明。

如果变更工作场地，允许车辆运送。

7.6.2　在易燃易爆环境下的焊接

在大多数情况下，燃烧是由于焊接和切割产生的火花或金属熔滴引起的，而在焊接和切割之前，人们又不确信工作场所周围可燃物质是否全部清除。

燃烧前提条件包括可燃物质、氧气和具有足够能量的点火源（可燃点）。

焊接时的点火源：① 开放的焊接火焰约 3200℃；② 电弧约 4000℃；③ 火花约 1200℃；④ 通红的金属约 1200℃；⑤ 热导体。

除了焊接工作场地，一般焊接车间总会有一些易燃易爆物质。

易燃物质的点火温度：① 木材为 420℃，② 纸张为 460℃，③ 酒精约 250℃，④ 乙炔为 305℃，⑤ 棉线为 480℃，⑥ 氢气为 560℃。

热传导通过火花形式传递热量，如图 7.13 所示。

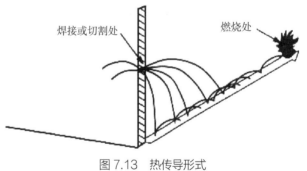

图 7.13　热传导形式

7.6.3　盛有危险物质容器的焊接

如果容器盛有危险、易爆、易燃物质或者这些物质的残余物质，则其焊接只能在"专家监督"下进行，即对指定的焊接方法和专门培训的焊接人员进行焊接过程的监督。

对以前所盛物质的安全性不确定的所有容器都将被视为盛过危险物质的容器。

在焊接该类容器时必须采取特殊的保护措施：① 开启泄流阀；② 在负责人员的监督下用热水或蒸汽清洗容器内部；③ 照明电压不得超过 42V；④ 焊接前容器内充水、二氧化碳气体或氮气（图 7.14）。

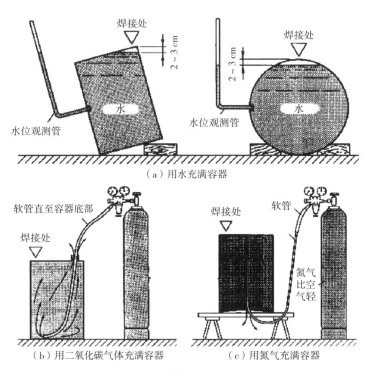

图 7.14　盛有危险物质容器内部的清理要求

7.7 个人防护用品

所谓个人防护用品，即为保护工人在劳动过程中的安全和健康所需要的、必不可少的个人预防性用品。在各种焊接与切割中，一定要按规定佩戴防护用品，以预防触电，防止有害气体、焊接烟尘、弧光、飞溅物等对人体的危害。防护用品及功能见表 7.13，防护用品的佩戴样式见图 7.15。

表 7.13　防护用品及其功能

防护用品	防护功能	备注
劳动保护工作服	防电流通过 防弧光、防飞溅 防皮肤烫伤	不可使用尼龙等人工合成面料，在狭窄空间中焊接应穿不易引燃的工作服，参照 ISO 11611 标准
焊帽（面罩）	防飞溅、弧光 防坠落物	大多数情况下按 EN 175 选用安全焊帽
安全保护鞋	防电流通过 防熔滴坠落 防工件坠落 防皮肤烫伤	正规的鞋厂，按 ISO 20346 标准生产的劳保鞋
眼睛和面部防护用具	防弧光 防飞溅	眼睛和皮肤防护用具应符合 EN 166、EN 175、EN 1731；按 EN 166、EN 169 使用标准化的防护滤光镜片； 镜片等级为：气焊 4～6 级、焊条电弧焊 8～10 级、气体保护焊 10～13 级
噪声防护用具	噪声 ≥ 90dB（A）	使用噪声防护用具，例如护耳器、耳塞
手套	防电流通过 防弧光、防飞溅 防皮肤烫伤	尽量用皮手套，无金属配件 按 EN 407

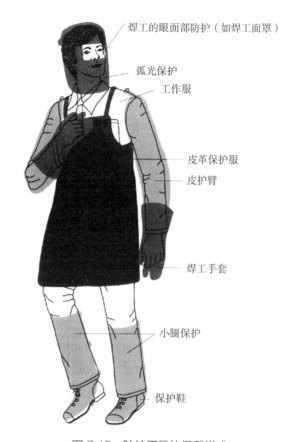

焊工的眼面部防护（如焊工面罩）

弧光保护

工作服

皮革保护服

皮护臂

焊工手套

小腿保护

保护鞋

图 7.15　防护用品的佩戴样式

7.8　涉及焊接及切割安全的相关国家标准

表 7.14 所示为涉及焊接及切割安全的相关国家标准。

表 7.14　涉及焊接及切割安全的相关国家标准

标准号	标准名称
GB/T 50087—2013	工业企业噪声控制设计规范
GB/T 2550—2016	气体焊接设备　焊接、切割和类似作业用橡胶软管
GB/T 3609.1—2008	职业眼面部防护　焊接防护　第 1 部分：焊接防护具
GB/T 25295—2010	电气设备安全设计导则
GB/T 5107—2008	气焊设备　焊接、切割和相关工艺设备用软管接头
GB 7144—2016	气瓶颜色标志
GB/T 11651—2008	个体防护装备选用规范
GB 15578—2008	电阻焊机的安全要求
GB 15579.1—2013	弧焊设备　第 1 部分：焊接电源
GB 8965.2—2009	防护服装　阻燃防护　第 2 部分：焊接服
JB/T 5101—1991	气割机用割炬

标准号	标准名称
JB/T 6969—1993	射吸式焊炬
JB/T 6970—1993	射吸式割炬
GB/T 7899—2006	焊接、切割及类似工艺用气瓶减压器
JB/T 7947—1995	等压式焊炬、割炬

7.9　管理者、监督者和操作者的责任

管理者、监督者和操作者对焊接及切割的安全实施负有各自的责任，相应内容参见 GB 9448—1999《焊接与切割安全》。

7.9.1　管理者

管理者必须对实施焊接及切割操作的人员及监督人员进行必要的安全培训。培训内容包括：设备的安全操作、工艺的安全执行及应急措施等。

管理者有责任将焊接、切割可能引起的危害及后果以适当的方式（如安全培训教育、口头或书面说明、警告标志等）通告给实施操作的人员。

管理者必须标明允许进行焊接、切割的区域，并建立必要的安全措施。

管理者必须明确在每个区域内单独的焊接及切割操作规则，并确保每个有关人员对可能发生的危害有清醒的认识且对相应的预防措施有所了解。

管理者必须保证只使用经过认可并检查合格的设备（如焊割机具、调节器、调压阀、焊机、焊钳及人员防护装置）。

7.9.2　现场管理及安全监督人员

焊接或切割现场应设置现场管理和安全监督人员。这些监督人员必须对设备的安全管理及工艺的安全执行负责。在实施监督职责的同时，他们还可担负其他职责，如现场管理、技术指导、操作协作等。

监督者必须保证：各类防护用品得到合理使用；在现场适当地配置防火及灭火设备；指派火灾警戒人员；所要求的热作业规程得到遵循。

在不需要火灾警戒人员的场合，监督者必须要在热工作业完成后做最终检查并组织消灭可能存在的火灾隐患。

7.9.3　操作者

操作者必须具备特种作业人员所要求具备的基本条件，并懂得将要实施操作时可能产生的危害

以及适用于控制危害条件的程序。操作者必须安全地使用设备，使之不会对生命及财产构成危害。

操作者只有在规定的安全条件得到满足，并得到现场管理及监督者准许的前提下，才可实施焊接或切割操作。在获得准许的条件没有变化时，操作者可以连续地实施焊接或切割。

ISO 14731：2019 中，增加了第 20 条"健康、安全和环境"，对焊接责任人员的职责做出了相关规定。关于健康、安全和环境的问题应考虑所有有关规则和条例。

参考文献

［1］GSI. SFI–Aktuell 2［CD］. Duisburg：Gesellschaft der Schweisstechnischen Institute mbH, 2010.

［2］工业和信息化部. 焊接与切割安全：GB 9448—1999［S/OL］.（1999–09）［2022–06］. https://www.spc.org.cn/online/7fbf91c4cd8f996c45e5b1b71d2bdfb4.html.

［3］全国气瓶标准化技术委员会. 气瓶颜色标志：GB/T 7144—2016［S/OL］.（2016–02）［2022–06］. https://www.spc.org.cn/online/780a098860d7e34982d51c49d73fcc25.html.

［4］全国橡胶与橡胶制品标准化技术委员会. 气体焊接设备　焊接、切割和类似作业用橡胶软管：GB/T 2550–2016［S/OL］.（2016–02）［2022–06］. https://www.spc.org.cn/online/24e9f724e049ae791bd6a8be4752a754.html.

［5］全国个体防护装备标准化技术委员会. 职业眼面部防护 焊接防护 第 1 部分：焊接防护具：GB/T 3609.1–2008［S/OL］.（2008–12）［2022–06］. https://www.spc.org.cn/online/ec4e414ada0e4bbd81158a86c39caf53.html.

［6］Arc welding equipment–Part 1: Welding power sources：IEC 60974–1：1998［S/OL］.（1998–09）［2022–06］. https://www.iso.org/standard/2430.html.

本章的学习目标及知识要点

1. 学习目标

（1）理解火焰技术中有哪些情况会发生爆炸危险。

（2）理解焊接电源使用中的触电危险。

（3）知道焊接烟尘防护措施。

（4）知道对噪声采取的措施。

（5）知道对焊接时产生的弧光如何进行防护。

（6）了解焊接盛有有毒物质的容器充水、充气的方式。

（7）在狭窄空间中焊接时的危险会有哪些，应知道采取什么措施。

2. 知识要点

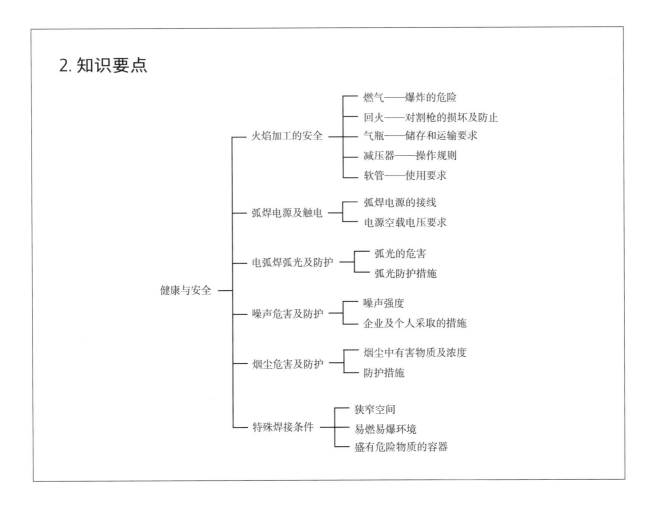

第 8 章

生产测量与控制

编写：张岩　审校：陈大军

本章介绍测量的基本概念、测量的信号显示以及数据的种类等基本知识，以实例引出误差产生的原因及表示方式，并以熔化极气体保护焊为例着重介绍 ISO 15609 中给出的电弧焊工艺参数的具体测量方法、焊接过程中的温度测量以及焊接设备的校正要求，以期在生产质量控制中为焊接工程师提供测量方面的知识。

8.1 基本测量技术

8.1.1 测量的基本概念

测试是指使用试验的方法，借助一定的仪器或设备，定量获取某种研究对象的原始信息的过程。测试由测量和试验两部分内容构成，测量是指将待测系统中的某种信息（如焊接中的电流、电压等）检测出来并加以量度，试验是指借助专门的装置并通过某种人为的方法把待测系统所存在的某种信息激发出来进行测量。

测量的分类有多种形式，按照测量的实测对象可以将测量技术分为直接测量技术和间接测量技术两种，按照测量的进行方式可以将测量技术分为直接比较测量技术和非直接比较测量技术等。

直接测量技术是指在测量中，无须通过与被测量成函数关系的其他量的测量而直接取得被测量值的测量方式。比如使用电压表直接测量焊接电压、米尺测量试件尺寸等。其测量不确定度主要取决于测量器具的不确定度，在工业生产的一般测量中使用很普遍。

间接测量技术是指在测量中，通过对与被测量成函数关系的其他量的测量而取得被测量值，该测量值并非直接测量而得，故称为间接测量。比如通过测量电阻 R 两端的电压 U 和经过电阻 R 的电流 I，然后利用欧姆定律 $R=U/I$ 的关系求得电阻值。一般间接测量时测量不确定度分量的数目要多一些，所以使用较少，一般是在直接测量无法使用时采用。

测试系统是包括与仪器系统、测试人员、测试对象及环境测试行为有关的全部因素在内的整体。现代测试系统指具有自动化、智能可编程化等功能的测试系统。主要有三类：智能仪器、自动测试系统和虚拟仪器。

8.1.2 信号显示

各类检测仪表和检测系统在信号处理器算出被测当前值之后通常需要输送到显示器做实时显示，显示器是检测系统与人联系的主要环节，一般分为指示式、数字式和屏幕式三种类型。

指示式显示又称为模拟显示，被测参数的数值大小由指针在标尺上的相对位置来显示（图8.1）。该方式显示数值直观、方便，测量值显示连续可明显看出被测数的变化趋势，而且该设备结构简单、价格低廉；但是指示式显示器的缺点也很明显，其显示数值的误差偏大，其读数精度和仪器的灵敏度受标尺最小分度的限制。所以，指示式显示器适合对检测精度要求不高的单参量测量的时候。

数字式显示的被测参数可以直接显示出被测量参数值的大小（图8.2）。该显示器可有效消除显示驱动误差，克服读数的主观误差，所以其显示和读数精度较指示式仪表更高。目前数字式显示器的使用越来越多。

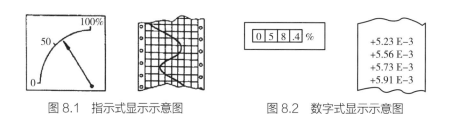

图8.1 指示式显示示意图　　　图8.2 数字式显示示意图

屏幕显示实际上就是一种类似电视显示的方法，其既具有形象性和易读性的优点，又能同时在同一个屏幕上显示一个或多个被测参数的变化曲线，但是此种显示器一般体积较大、价格贵，对环境的温度、湿度要求高，所以一般只在仪表控制室、监控中心等环境条件好的时候使用。

8.1.3 测量数据的种类

一般来讲，测量数据按时间可分为静态数值、近似固定值和快速变化值三种信号曲线。

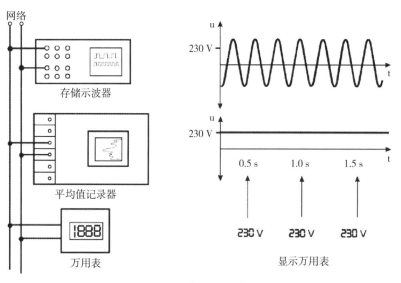

图8.3 电源电压测量

静态数值是指有规律的重复的信号形成的曲线，也称为固定值。例如，测量网络电压时，若所用测量仪器为存储式示波器，瞬时值测量、可记录平均数据的线性示波器或多功能测量仪均可得到静态的网络电压（图8.3）。

近似固定值是指在一短的时间间隔内出现的信号曲线中的一个瞬间信号。例如，电弧焊时的焊接起始瞬间电流、电阻焊时的瞬时焊接压力等，图 8.4 所示为点焊时的压力测量系统图。

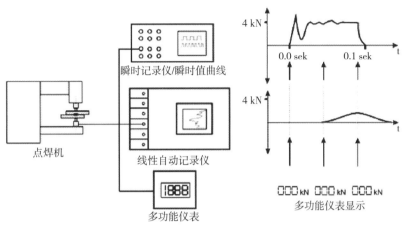

图 8.4　点焊压力测量

　　快速变化值是指在快速变化的信号曲线上的无规律的随机信号，也称为快速变化值。例如，MAG 焊焊接时的电流变化过程（图 8.5）。

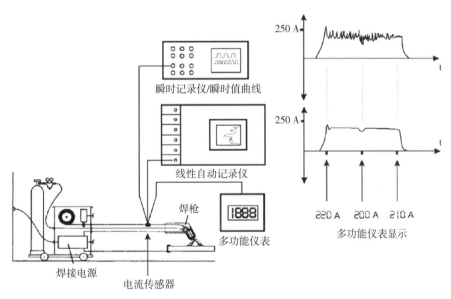

图 8.5　MAG 焊参数测量

8.1.4　测量误差

8.1.4.1　误差的基本概念

　　由于检测系统（仪表）不可能绝对精确，测量的原理也有局限性，测量方法并非最佳的方式，以及环境影响、外界干扰等各种因素，所以测量结果并不能准确反应被测量的真值，其与真值存在一定的偏差，这个偏差被称为测量误差。

8.1.4.2 误差的表示方式

检测系统（仪器）的基本误差通常分为绝对误差、相对误差、引用误差（相对读数误差）、最大引用误差（满度最大引用误差）四种。

绝对误差是指检测系统的测量值（示值）X 与被测量的真值 X_W 之间的代数差值 ΔX，即 $\Delta X = X - X_W$。绝对误差说明了系统测量值（示值）偏离真值的大小，如果它是一个恒定数值即为检测系统的"系统误差"。

相对误差是指检测系统的测量值（即示值）的绝对误差 ΔX 与被测参量真值 X_W 的百分比，即 $X_{rel} = \dfrac{X - X_W}{X_W} \times 100\%$。使用相对误差通常比用绝对误差更能说明不同测量的精确程度，一般来说相对误差值越小其测量的精度就越高。但是相对误差也无法评价检测系统的精度和测量质量，而引用误差可以用来评价此类问题。

引用误差（相对读数误差）是指绝对误差 ΔX 与系统量程 X_M 的百分比，即 $X_{Arel} = \dfrac{X - X_W}{X_M} \times 100\%$。需要注意的是，即使是同一个检测系统，因其测量范围内的不同示值处的引用误差也不一定相同，所以使用引用误差的最大值能更好地说明检测系统的测量精度。

最大引用误差是指在规定的工作条件下，当被测量平稳增加或减少时，在检测系统全量程所有测量值引用误差的最大者，或者说是所有测量值中最大绝对误差与量程的百分比，即 $X_{Arel-max} = \dfrac{|X - X_W|}{X_M} \times 100\%$。该误差是检测系统基本误差的主要形式，也称为检测系统的基本误差。

例如：某一测量仪器如电流表，测量范围为 0~100A，由仪表检验人员通过标准仪表检验的电流值为 80A，显示值 X_W=80A（真实数值），检验值 X=82A（数值误差的测量值），需检验的测量范围 X_M=100A。

检验人员可能须填写报告的几个数据，包括绝对误差、相对误差、引用误差等。

绝对误差：$\Delta X = X - X_W = 82A - 80A = 2A$

相对误差：$X_{rel} = \dfrac{X - X_W}{X_W} \times 100\% = \dfrac{82 - 80}{80} \times 100\% = 2.5\%$

引用误差 / 最大引用误差：$X_{Arel} = \dfrac{X - X_w}{X_M} \times 100\% = \dfrac{82 - 80}{100} \times 100\% = 2\%$

8.1.4.3 检测仪器的精度等级

一般情况下以最大引用误差作为判断工业检测仪器精度等级的尺度，所以人为规定了取最大引用误差百分数的分子作为检测仪器的精度等级标志。我国国家标准规定，工业检测仪器的精度等级分为 0.1、0.2、0.5、1.0、1.5、2.5、5.0 七个等级。工业检测仪器中精密仪器的精度等级一般为 0.1、0.2、0.5，企业仪器的精度等级一般为 1.0、1.5、2.5、5.0。

例 1 精度等级 1.0 应称为 ±1.0% 误差（仪表刻度值）。

仪表刻度值为 6A、等级为 1.0 时，

测量电流 =6A，可能的误差为 ±0.06A，计算得到 1% 相对误差；

测量电流 =0.6A，可能的误差为 ±0.06A，计算得到 10% 相对误差。

测量值为 0.6A 时，误差仍为 0.06A，所以推荐尽量采用测量仪器测量上限。

例 2　精度等级为 $4\frac{1}{2}$ 时数显多用仪表（电压测量范围 $100 \sim 200V$）。

制造厂商提供的允许误差为 $\pm$（0.5% 的测量值 +2 个数显数），测量范围为 0.01~199.99 V。

读数为 U=180.0V 时，

$$0.5\% \cdot 180V=0.9V，$$

$$+2\text{ 数显数 } \times 0.01V=0.02V，$$

最大允许误差 $= \pm 0.92V$。

8.1.4.4 测量误差的分类及产生原因

按照测量误差出现的规律和产生测量误差的原因，测量误差一般分为系统误差、随机误差和粗大误差三类。

系统误差是指在相同条件下，多次重复测量同一被测量的数值时其测量误差的大小和符号保持不变，或在条件改变时误差按照某一确定的规律变化的误差。该误差产生可能由于测量所使用的仪器和量具本身性能不完善或者安装、调试不当，可能由于测量过程中的温度、湿度、气压、磁场或电磁干扰等环境条件变化，可能由于测量方法不完善或者测量所依据的理论本身不完善，也可能由于操作人员读数方式不正确等原因造成。系统误差产生的原因和变化规律是可查的，一般可以通过实验和分析发现并消除（图 8.6~ 图 8.8）。

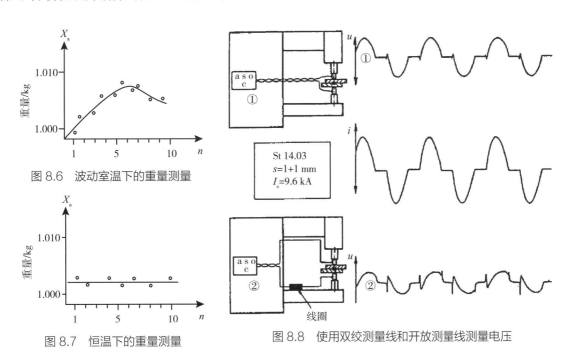

图 8.6　波动室温下的重量测量

图 8.7　恒温下的重量测量

图 8.8　使用双绞测量线和开放测量线测量电压

随机误差是指在相同条件下多次测量同一被测值时，测量误差的大小与符号均无规律变化的误差。这类误差产生的原因主要来源于检测仪器或测量过程中的某些未知或无法控制的随机因素，比如元器件的稳定性、外界环境的突然变化等。因其无规律且无法预测，所以随机误差无法通过实验和分析的方法确定、修正或消除。

粗大误差是指明显超出规定条件的预期的误差，该误差特点是误差数值大，明显远离测量结果，所以粗大误差也称为异常值或坏值。这类误差产生的原因主要是由外界重大干扰或仪器故障或人为操作不当造成的。这类误差易于发现，应在发现后立即删除。

8.2 焊接技术中的测量

8.2.1 焊接设备校准、验证及确认

ISO 17662：2016《焊接——包含辅助活动的焊接用设备的校准、验证和确认》标准针对焊接设备的校准、验证和确认给出了明确的规定。要求在焊接前，根据焊接工艺规程相关标准中的相应内容，针对焊接制造中的工艺参数控制以及焊接工艺、焊机设备的性能控制等部分进行认定。这是因为这些数据的测量及控制会影响以适用性为目的的工艺参数，尤其是制造产品的安全性。所以，该校准、验证和确认的数据作为最终焊件的检验、试验、无损检测或测量的一部分，来验证产品是否符合标准的规定。原则上，控制焊接工艺参数（根据焊接工艺规程中明确规定的内容）用的所有设备都应进行校准、验证和确认。另外，根据标准规定，在设备安装后的校准、验证与确认可作为车间维护和运行方案的一部分。

关于设备的校验时间，标准要求如果一旦确认需要对设备进行校准、验证和确认，就应该每年进行一次，除非另有规定；如果有可靠的记录能证明设备的重复性，则可以减少校准、验证和确认的频次；如果仪表生产商特别提出建议或者使用者有理由认为设备的性能已经下降，那就应该增加校准、验证和确认的频次。

8.2.2 电弧焊中的测量

8.2.2.1 焊接工艺参数及测量的基本要求

若企业在 ISO 9001 质量管理体系下，并且按照 ISO 3834-2 部分的金属熔焊的完整质量要求，采用 ISO 15609 电弧焊焊接工艺规程规定，企业的熔焊焊接工艺规程中应包括下列焊接工艺参数（* 为如果有要求时）：①焊接电流，②预热曲线*，③焊接电压，④道间温度*，⑤送丝速度*，⑥热处理*，⑦保护气体流量*，⑧加热和冷却性质*。

因为焊接的质量和一致性取决于焊工、材料和焊接设备，焊接设备的输出参数将影响焊缝的质量，尤其是机械化焊接不能像手工焊接那样，可以由焊工操作来调节设备输出从而满足焊接要求的适应性，所以根据 ISO 17662：2016 的要求，所有使用的仪器需要校准、检定或确认。其中关于保护气体及背面保护气体的要求见表 8.1、表 8.2，电参数的要求见表 8.3，送丝速度的要求见表 8.4。

表 8.1　保护气体

名称	需要校准、检定和确认	工具和技术
保护气体流量	流量计应确认，实际值的要求为 ±20%	应查找选择适用的标准

表 8.2　背面保护气体

名称	需要校准、检定和确认	工具和技术
气体流量	仪器应经过确认，气体流量要求精度 ±20%	确认基于主要仪器
背面保护气体纯度（氧气含量）	仪器经过确认，准确度要求 ±25%。另外，纯度也可以通过检查焊接热影响区保护侧的颜色来判断	基于气体名义成分校准，覆盖的范围：对于氩气 10 ~ 30ppm，对于混合气体 50 ~ 150ppm

表 8.3　电参数

名称	需要校准、检定和确认	工具和技术
电流（平均）	电流表应确认	见 EN 50504，电流（整流）的平均值
电压（平均）	电压表应确认	见 EN 50504，电压（整流）的平均值
功率表	瞬时能量或瞬时电能的测量仪器应确认	见 ISO/TR 18491

注：信号应连续监测。采样时应为稳定的读数。如果采用钳式电流表测量电流，则应考虑测量仪器平均值和 RMS 值之间的差异。

表 8.4　机械化或自动化焊接节选

名称	需要校准、检定和确认	工具和技术
送丝速度	通过秒表和标尺测量。适当的钢尺不需要校准、检定或确认，只要尺没有明显损坏	秒表可以通过与有理由认为准确的时钟进行比较来确认。见 EN 50504

上述 EN 50504 标准中给出的技术要求可参见 2008 年版本。

8.2.2.2　以 MAG 焊焊接为例的焊接过程中的参数测量

MAG 焊焊接时需要测量的焊接工艺规程中的主要焊接工艺参数有焊接电流、焊接电压、送丝速度、保护气体流量及焊接过程中的试件温度，见图 8.9 和表 8.5。

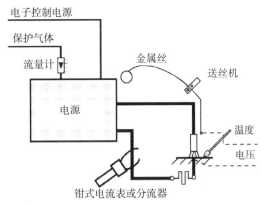

图 8.9　MAG 焊焊接过程中的参数测量

（1）焊接电流测量。

在电器回路中当电流超过 50A 时不能直接进行测量，须采用间接测量的方式进行测量。高电流的测量设备可以选择传感器型（分流器）或互感器型（钳式电流表）。

表 8.5　MAG 焊焊接参数测量

测量方式	电流	电压	送丝速度	保护气体流量	温度
传感器（探测设备）	钳式电流表 分流器		测速装置（转数测量）	浮子流量计	
互感器显示	平均值 I_{s1} U_{s1} I_{s2} U_{s2}		速度显示计 88		88 测温仪（自动）
平均值记录	线性记录仪				
瞬时信号曲线记录	瞬时记录仪				

　　传感器型测量设备（分流器）的工作原理是当焊接电流通过分流器时，在分流器上通过的电流产生一个电压降，该电压降可用一个相应的电压表来测量；分流器本身的电阻很小（其单位为毫欧或微欧），对于焊接过程几乎无影响。我们可以使用测得的电压，根据欧姆定律 $I_s = \dfrac{U_N}{R_N}$ 直接算出通过分流器的电流大小。分流器可以测量 1~1500A 的电流。由于 MAG 焊回路为串联电路，故在电路任意位置串联分流器均可测得焊接回路里的电流（图 8.10）。

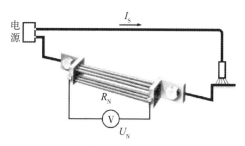

图 8.10　MAG 焊焊接过程中使用分流器测量焊接电流

　　互感器型测量设备（钳式电流表）的工作原理是建立在电流互感器工作原理的基础上的，当打开钳形电流表扳手时电流互感器的铁芯张开，被测电流的导线进入钳口内部作为电流互感器的一次绕组，当扳手闭合后在其二次绕组（电流表钳口）上产生感应电流从而显示被测量电流的数值。钳式电流表的测量范围很大，在 TIG 焊的 10A 到 UP 带极堆焊的 2000A 上均可使用。使用钳式电流表可在不切断电路的情况下进行电流测量，可实现在焊接过程中的任意时间无障碍地进行测量，这是钳形电流表的最大特点（图 8.11）。

图 8.11　钳式电流表

（2）焊接电压的测量。

在测量焊接电压时，由于电弧温度极高无法将电压表直接并联在电弧两端，所以测量导线的接线方式很重要。如果将导线直接接在焊接电源的输出端，则比接在焊炬和工件之间所测出的电压高出 2 ～ 5V，且此电压损耗大小取决于导线长度、截面积和焊接电流的大小。

感应电压的干扰可能影响测量结果，此时电压表的指示将产生较大的误差。为了使该影响降至最低，测量线应该呈螺旋状。

通常的电压测量接线方式见图 8.12。

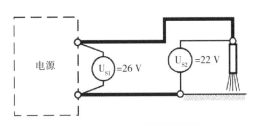

图 8.12　焊接电压测量的连接点

（3）送丝速度测量。

在 MAG 焊焊接过程中，送丝机上下两组送丝轮压紧焊丝送丝，所以送丝轮的线速度就是实际的送丝速度。霍尔传感器法可以有效测量送丝速度。将转速传感器安装在测速轮外侧并间隔 1 ～ 3mm，安装在测速轮上的磁钢块提供磁场，当磁钢块经过霍尔传感器正前方时磁通密度发生改变霍尔传感器输出一个高电平，当小磁铁远离传感器时传感器输出一个低电平，利用单片机内部定时器，计算出一个脉冲周期的时间，即可获得送丝轮的转速，再根据轮的直径求出送丝速度，如图 8.13 所示。

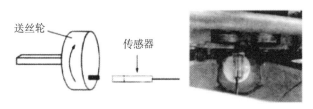

图 8.13　霍尔传感器安装示意图

（4）保护气流量测量。

保护气流量测量一般采用流量表或浮子流量计，有的电源附有保护气泄漏显示装置。如果要求记录，可采用叶轮式流量计，测量范围在 1 ～ 20L/min。图 8.14 所示为带压力表的流量表和浮子流量计。

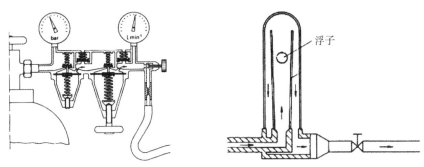

图 8.14　带压力表的流量表和浮子流量计

8.2.2.3　焊接环境的测量和控制

这里的焊接环境主要是指在室外和野外等现场施工条件下，对焊接环境的要求。该环境要求包括天气、温度、湿度、风速等。

（1）一般要求。

对雪、雨、雾等天气无有效的防护措施时，不允许进行焊接作业。

（2）对环境温度的要求。

对环境温度一般没有明确规定。但对某些材料，如高合金钢焊接时，环境温度不得低于 0℃。

（3）对环境湿度的要求。

一般规定，环境的相对湿度不应大于 90%，测量时可用湿度计（比如电子传感器式湿度计等），测量精度应控制在 ±5%RH（相对湿度用 0~100%RH 表示）内。

（4）对风速的要求。

风力测量可采用风速测量记录仪，一般风速测量记录仪可以记录 0 ~ 17m/s 的风速，即从无风到大风的测量级别（0~8 级）。

对于室外和野外等现场施工的条件下的有关规定是不高于 5 级（8~10m/s）风，5 级风以上应立即停止作业，对于焊条电弧焊，对不同类型的焊条药皮要求有所不同，对纤维素型及自保护药芯型焊条焊接时风速应小于等于 10m/s，对于其他类型焊条焊接时风速应小于 8m/s，而气体保护焊焊接时风速须小于等于 2m/s。

8.2.2.4　焊接过程中的温度测量

（1）焊接过程中须测量的温度相关数据。

在熔焊和钎焊过程中，焊接热量从焊接热源通过辐射、传导等传热方式传递给被焊工件，工件温度升高，同时在焊件中产生具有梯度分布的温度场。热源的种类、焊接参数、材质的热物理性能、工件的形态以及热源的作用时间等决定了温度场的分布，而温度场的分布直接影响焊接接头的力学性能和焊接性。所以，温度的控制在焊接过程中极为重要，这就导致了在焊接过程中需要经常测量工件的温度。

ISO 13916：2017 标准规定了焊接的预热温度、道间温度及预热维持温度的测量种类、概念和测量手段。在焊接过程中一般测量预热温度、道间温度、预热维持温度及冷却时间。

预热温度（T_p）是指在开始任何焊接操作之前，焊接区域内工件的瞬时温度。预热温度一般用最低温度值来表示。

道间温度（T_i）是指多道焊接时，每道焊缝及相邻母材在施焊下一焊道之前的瞬时温度，该温度通常与预热温度相同。

预热维持温度（T_m）是指焊接过程中，如果焊接中断那么焊接区域必须要保持的最低温度值。

冷却时间 $t_{8/5}$ 是指某一焊缝在冷却过程中，它的热影响区的温度从 800℃到 500℃时所需要的时间。

（2）温度测量点。

ISO 13916：2017 标准规定，温度的测量点不能在坡口面，而应该在工件的上下坡口表面，具体测量的位置如图 8.15 所示。

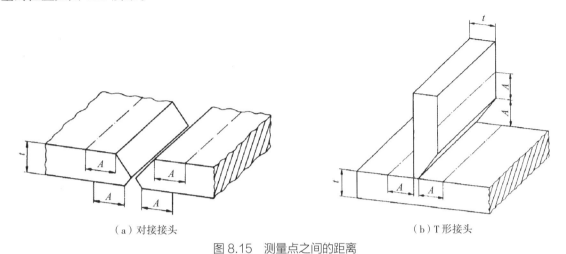

（a）对接接头　　　　　　　　　　　　（b）T 形接头

图 8.15　测量点之间的距离

测温时，如果工件的厚度不超过 50mm，一般在正对着焊工的工件表面，距坡口边缘 4 倍板厚且不超过 50mm 的位置测量。

如果工件厚度超过 50mm，应该在位于距离母材至少 75mm 处或坡口任何方向上同一位置处测量。若条件允许时，温度应在加热面的背面进行测量；若没有条件，则应在加热源离开加热面一段时间，且母材在厚度上的温度均匀后进行测量；若使用固定的永久性加热器或无法在背面测量温度时，应从靠近焊缝坡口处暴露的母材表面上进行测量。

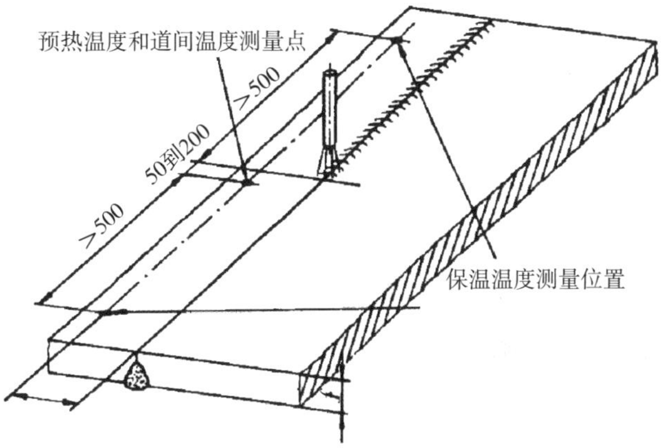

道间温度应在焊缝金属或相邻的母材金属处测得。预热和道间温度测量位置如图 8.16 所示。

图 8.16　预热温度和道间温度的测量位置

（3）温度的测量时机。

焊接时的道间温度测量，应该在电弧经过之前的焊接区域内瞬时测得。

焊接时的预热维持温度的确定，应该在焊接中断期间予以监测。

（4）温度的测量工具。

根据传感器的测温方式，一般温度测量可以分为接触式测温和非接触式测温两大类。

接触式的温度测量是指感温元件直接与被测量的工件接触后充分进行热交换后达到热平衡，使用温度计即可得出所测温度的温度测量过程。其具有测温精度相对较高、读数直观可靠、设备价格便宜等优点，但是该测量方法若接触不良则会造成明显的测量误差，另外由于所测物质的腐蚀性或超高温等问题会影响测量设备的使用寿命，所以其主要用于非腐蚀性介质及温度不是特别高的环境下。常见的接触式测温设备有玻璃液体温度计、压力式温度计、双金属温度计、热电偶、铂热电阻、铜热电阻、热敏油漆、热敏电阻、集成温度传感器、石英晶体温度计等。焊接过程通常使用压力式温度计（CT，可测温度 –100 ~ 500℃，见图8.17、图8.18）、热电偶（T，可测温度 –200 ~ 1800℃，见图8.19、图8.20）、测温笔（TS，可测温度 40 ~ 1200℃）。

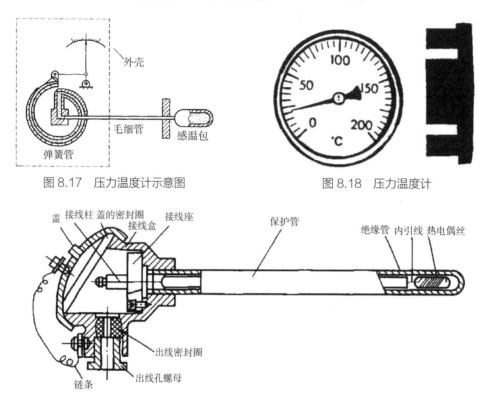

图8.17 压力温度计示意图

图8.18 压力温度计

图8.19 工业热电偶基本结构

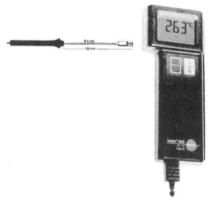

图8.20 热电偶

非接触式的温度测量是指感温元件不与被测工件直接接触，而是通过热辐射过程来实现被测工件与感温元件的热量交换，从而测得待测工件的温度。该测量方法测量温度的上限可以设计得很高也不会导致设备烧损。另外，该测量方法也适合测量运动中的物体或温度变化快速的试件。常见的非接触式测温设备有光纤温度传感器、光纤辐射温度计、光电高温计、辐射传感器、比色温度计等。焊接过程中可以使用红外辐射测温仪（不同的红外辐射测温仪的可测温度不尽相同，一般从零下几十摄氏度直到 1000℃），如图8.21 所示。

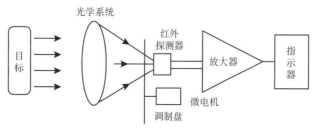

图8.21 红外辐射测温仪结构原理图

根据 ISO 17663：2009 标准中给出的规定，要求用于温度调节与记录的设备需要按照规定的期限进行校准。其中热处理的温度调节器至少在 12 个月内校准一次；热处理记录装置至少在 6 个月内校准一次；测温设备热电偶至少在 12 个月内进行一次校准，但是如果所测温度在 800℃以上时则至少 4 个月就要校准一次，并且使用的热电偶必须要有批号和等级标记。若使用新设备或改造后的设备，则应在热处理前对该设备进行检验校准并保存记录。

（5）测量报告。

若需要提供测量报告，则测量报告参照 ISO 13916：2017 标准的规定，需要对预热温度、道间温度和预热维持温度进行记录，单位为℃。具体记录方式见如下示例。

示例 1　使用接触式测温仪（CT）按照本标准测得的预热温度 T_p 为 155℃（T_p155）时，应做下述标记：

温度 ISO 13916：2017　T_p155-CT。

示例 2　使用热电偶（TE）按照本标准多次测得的道间温度 T_i 分别为 130℃、153℃和 160℃（T_i130/160）时，应做下述标记：

温度 ISO 13916：2017　T_i130/160-TE。

8.3　电弧焊中焊接参数的监测

焊接任务智能规划、焊接动态过程传感与控制、焊接配套设备等配合工业机器人的发展实现了更高程度的焊接自动化与智能化，而焊接工艺参数的变化会对焊接接头质量造成很大影响，所以在焊接过程中需要严格控制焊接参数，在智能化焊接中参数的控制无法靠人的眼、手，这就要求整个焊接过程在监视系统显示需测量的焊接工艺参数。

以 OTC 机器人为例，它的电弧监控功能可对焊接电流、焊接电压、送丝速度、保护气体流量等参数进行实时监控，监控数据可以通过监测软件显示（图 8.22）。机器人的电弧监控模块通过以太网（Ethenet）连接到电脑后通过专用软件显示监控参数并将监控数据保存到电脑中，这就实现了焊接过程中的全程追踪。

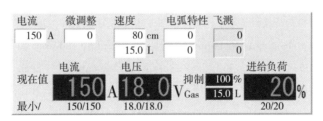

图 8.22　电弧监控数据显示

此外，监测到的焊接参数也可以在示教盒上显示（图 8.23）。焊接过程中可以从示教盒上所显示的焊接信息中观测到焊接电流、焊接电压等参数的异常波动，这能有效缩短焊接自动化生产线的检修时间，同时提高焊接质量。基于电弧传感的焊接质量在线评估系统应用现场如图 8.24 所示。

图 8.23 示教盒上的焊接参数显示界面

图 8.24 基于电弧传感的焊接质量在线评估系统应用现场

参考文献

［1］GSI. SFI–Aktuell 2［CD］. Duisburg：Gesellschaft der Schweisstechnischen Institute mbH, 2010.

［2］王川. 电子测量技术与仪器. 第 2 版［M］. 北京：北京理工大学出版社，2014.

［3］陈琳. 现代测量技术［M］. 北京：中国水利水电出版社，2011.

［4］周杏鹏. 现代检测技术. 第 2 版［M］. 北京：高等教育出版社，2010.

［5］任杰亮，李志勇，贾娜娜，等. 基于霍尔传感器的送丝速度测量系统［J］. 电焊机，2018，48(2):4.

［6］杜则裕. 焊接科学基础：材料焊接科学基础［M］. 北京：机械工业出版社，2012.

［7］Welding–Measurement of preheating temperature, interpass temperature and preheat maintenance temperature: ISO 13916:2017［S/OL］.（2017–10）［2022–06］. https://www.iso.org/standard/68957.html.

［8］朱科亮. 焊接测温笔在焊接热处理测温中的应用［J］. 建筑工程技术与设计，2018，000(034):4263.

［9］Welding–Quality requirements for heat treatment in connection with welding and allied processes：ISO 17663:2009［S/OL］.（2009–06）［2022–06］. https://www.iso.org/standard/43498.html.

［10］中国焊接协会成套设备与专用机具分会，中国机械工程学会焊接学会机器人与自动化专业委员会. 焊接机器人实用手册［M］. 北京：机械工业出版社，2014.

［11］Welding–Calibration, verification and validation of equipment used for welding, including ancillary activities: ISO 17662:2016［S/OL］.［2022–06］. https://www.iso.org/standard/66052.html.

本章的学习目标及知识要点

1. 学习目标

（1）了解直接测量和间接测量的区别。

（2）了解仪器制造误差是如何分级的。

（3）了解制造误差的产生因素。

（4）掌握电弧焊中焊接参数的测量方法。

（5）掌握焊接过程中温度测量的位置及方法。

2. 知识要点

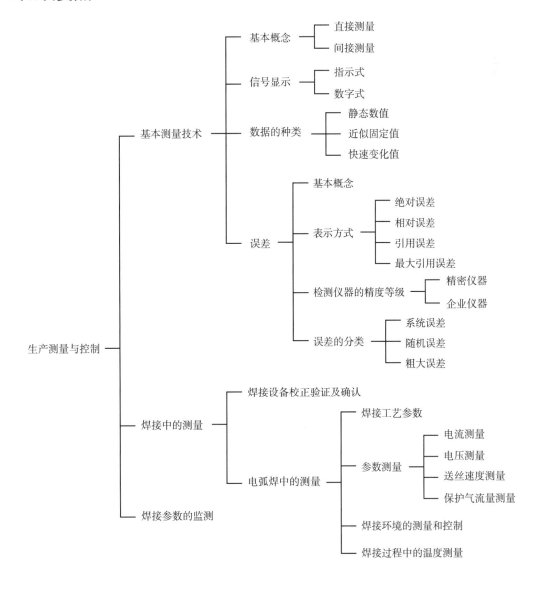

第9章

缺欠与验收标准

编写：陈宇、邓义刚、陈剑锋　审校：解应龙

本章选取几种典型的缺欠作基本介绍，并简单介绍无损检测方法的相关应用标准。通过本章可以了解典型缺欠的形成原因及分类情况、检测验收标准的原则和适用性。

9.1 缺欠分类

9.1.1 概述

焊接缺欠，一般是指焊接接头部位在焊接过程中形成的不符合设计或工艺文件要求的不连续性。在焊接生产过程中，缺欠的产生是不可完全避免的，并且通过技术上完全控制也是相当困难的。但我们应该把缺欠限制在一定的范围之内，使其对焊接结构件的运行不致产生危害，并能满足焊接结构件的使用要求。

焊接缺欠的种类很多，本节主要介绍熔焊缺欠的分类方式，其他方法的焊接缺欠在这里不作分类介绍。另外，熔焊中的金相组织不符合（如晶粒粗大、金相组织的成分不合格等）以及焊接接头的理化性能不符合的性能缺欠（包括化学成分、力学性能及不锈钢焊缝的耐腐蚀性能等）也不作介绍。

9.1.2 缺欠分类的依据

缺欠的分类可以依据 ISO 6520 标准系列，其中 ISO 6520–1 标准是金属材料中几何缺欠的分类第1部分：熔焊；ISO 6520–2 标准是金属材料中几何缺欠的分类第 2 部分：压力焊接。

本小节主要介绍国际标准 ISO 6520–1：2007，在该标准中把熔焊缺欠分为六类。

第一类缺欠：裂纹。

第二类缺欠：孔穴。

第三类缺欠：固态夹杂。

第四类缺欠：未熔合和未焊透。

第五类缺欠：形状和尺寸不良。

第六类缺欠：其他缺欠。

标准 ISO 6520-1 的适用范围涉及金属材料熔焊焊缝中各种类型焊接接头内的缺欠，此标准仅确定缺欠的种类、几何形状和位置，对其形成过程或冶金影响未作说明。具体缺欠编号、缺欠说明及简图见 ISO 6520-1 标准原文内容，表 9.1 所示为部分节选内容。

表 9.1 金属材料熔焊缺欠分类（节选自 ISO 6520-1：2007）

数字序号	名称	说明	简图
第 1 类 裂纹			
100	裂纹	在焊接应力及其他致脆因素共同作用下，焊接接头中局部地区的金属原子结合力遭到破坏而形成的新界面所产生的缝隙	
1001	微观裂纹	在显微镜下才能观察到的裂纹	
101 1011 1012 1013 1014	纵向裂纹	基本上与焊缝轴线平行的裂纹，可能存在于：焊缝金属中；熔合线上；热影响区中；母材金属中	
102 1021 1023 1024	横向裂纹	基本上与焊缝轴线垂直的裂纹，可能存在于：焊缝金属中；热影响区中；母材金属中	
第 2 类 孔穴			
200	孔穴		
201	气孔	残留气体所形成的孔穴	
2011	球形气孔	近似球形的孔穴	
第 3 类 固体夹杂			
300	固体夹杂	在焊缝金属中残留的固体夹杂物	

数字序号	名称	说明	简图
301 3011 3012 3013	夹渣	残留在焊缝中的熔渣,根据其形成的情况,可以分为:线状的;孤立的;成簇的	
第4类　未熔合和未焊透			
400	未熔合和未焊透		
401 4011 4012 4013 4014	未熔合	在焊缝金属和母材之间或焊道金属和焊道金属之间未完全熔化结合的部分,它可以分为下述几种形式:侧壁未熔合;层间未熔合;焊缝根部未熔合;微观未熔合	
402	未焊透	实际熔深与公称熔深之间的差异	
第5类　形状和尺寸不良			
500	形状不良	焊缝的表面形状或接头的几何形状不良	
501	咬边	在焊趾或焊缝金属间不规则的沟槽	
5011	连续咬边	具有一定长度且无间断的咬边	
502	焊缝超高	对接焊缝表面上焊缝金属过高	
503	凸度过大	角焊缝表面的焊缝金属过高	

续表

数字序号	名称	说明	简图
504 5041 5042 5043	下塌	过多的焊缝金属伸出到了焊缝的根部。下塌可能是：局部下塌；连续下塌；烧穿	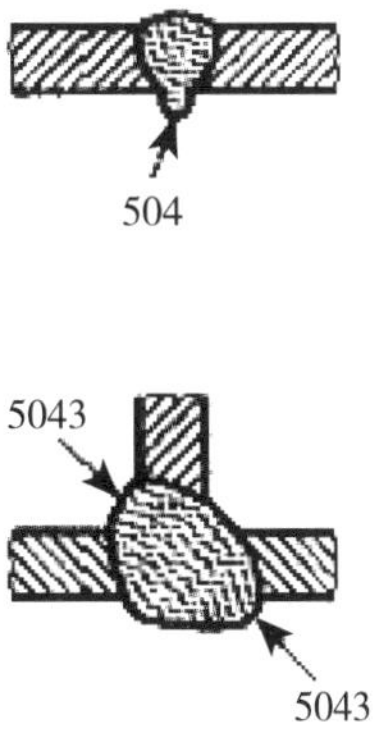
505	焊缝形面不良	母材金属表面与靠近焊趾处焊缝表面的切面之间的角度 α 过小	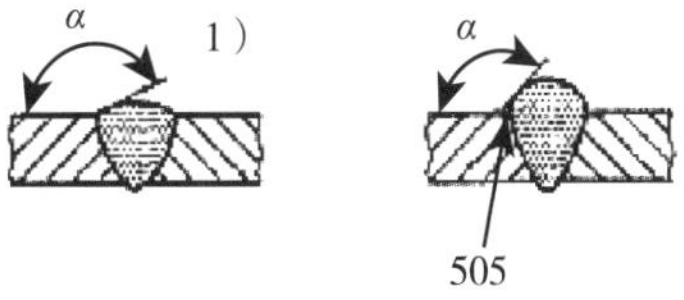
506 5061 5062	焊瘤 （焊缝金属溢出）	覆盖在母材金属表面，但未与其熔合的过多焊缝金属。焊瘤可能是：焊趾焊瘤，在焊趾处的焊瘤；根部焊瘤，在焊缝根部的焊瘤	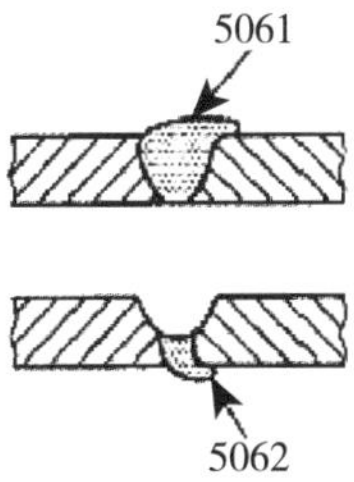
507 5071 5072	错边	两个焊件表面应平行对齐时，未达到规定的平行对齐要求而产生的偏差。错边可能是：板材错边，焊件为板材；管材错边，焊件为管子	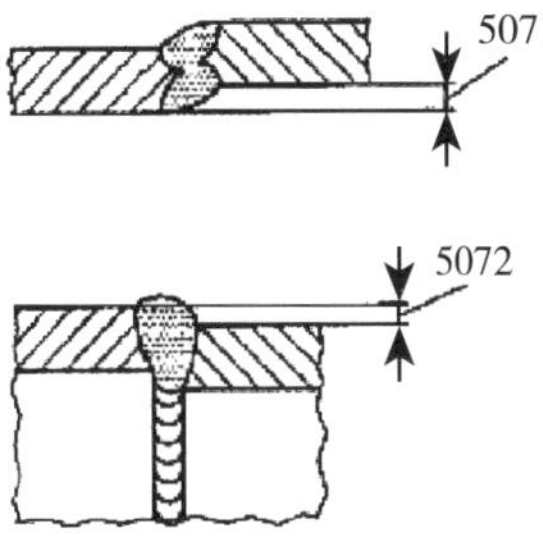
517 5171 5172	焊缝接头不良	焊缝在引弧处局部表面不规则。它可能发生在：盖面焊道；打底焊道	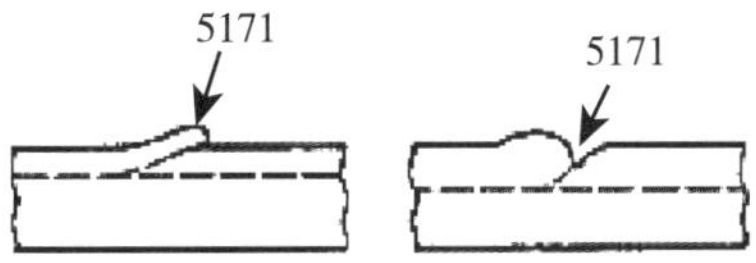
第 6 类　其他缺欠			
600	其他缺欠	不能包括在 1～5 类缺欠中的其他缺欠	
601	电弧擦伤	由于在坡口外引弧或起弧而造成焊缝邻近母材表面上的局部损伤	
602	飞溅	焊接（或焊缝金属凝固）时，焊缝金属或填充材料迸溅出的颗粒	

注：图中的"1)"表示正常。

9.1.3 典型缺欠的形成原因和基本特征

9.1.3.1 裂纹（100）

在各类缺欠中，裂纹是危害性最大的缺欠，因为它具有严重的缺口效应。裂纹会严重影响焊接产品的安全使用性，它属于一种非常危险的工艺缺欠。焊接裂纹是在焊接应力以及其他致脆因素等共同作用下，使在焊接接头局部区域的金属原子结合力遭到破坏而形成的新界面所产生的缝隙。

焊接裂纹根据所产生的部位及其尺寸，以及形成原因和机理的不同，有不同的分类方法。如果按裂纹形成的条件，可分为热裂纹、冷裂纹、再热裂纹和层状撕裂等。

热裂纹是在焊接时高温下产生的，它沿晶开裂。由于所用焊接材料基本都是合金的，且合金从凝固开始到结束，会在一定的温度范围内，焊缝中杂质的凝固温度一般都低于焊缝金属的凝固温度，这样先凝固的焊缝金属会把杂质"排挤"到结晶的晶粒边缘，就形成了一层液体薄膜，另外焊接时熔池的冷却速度很快，会使焊缝金属发生收缩，产生拉应力。拉应力会把凝固的焊缝金属沿晶粒边缘拉开，这时又没有足够的液体金属补充，就会出现微小的开裂，在温度继续下降时，拉应力变大，开裂就会不断扩大，这就是热裂纹产生的基本原因。热裂纹显著的特征是断面呈蓝黑色，即为金属高温被氧化的颜色。弧坑裂纹大多为热裂纹。

冷裂纹是在焊接冷却时产生的，它有可能会很快出现，也有可能会延迟一段时间后才出现，其产生原因与焊缝含氢量及分布，以及接头所承受的拉应力和由材料淬硬倾向决定的金属塑性储备有关，是三个因素中的某一因素与其相互作用的结果，主要发生在低合金高强钢中。

再热裂纹是由于晶粒内强化强度较强，而晶界的强度又较弱，焊接工件（材料例如珠光体耐热钢）焊后并未发现裂纹，而当进行焊后热处理时，其应力释放时的形变会集中在晶界上，当晶界应变大于晶界的强度最大值时，就会导致沿晶界产生裂纹。再热裂纹一般产生在焊接热影响区的过热粗晶部位，其走向会沿着熔合线的奥氏体粗晶晶界发展。

层状撕裂是一般由于受多种因素影响，使焊接钢结构破坏的复杂现象，如受冶金因素和机械因素影响。它是发生在热影响区或与板表面平行的热影响区附近形成的开裂平台（可为阶梯状），易沿脆化区和拉长的硫化锰等区域发展。

9.1.3.2 气孔（200）

气孔一般是指焊缝熔池中的气体来不及逸出而停留在焊缝中形成的孔穴。气孔是焊接生产中比较常见的缺欠，它们不仅会减弱焊缝的有效截面，也有可能会引起焊缝部位的应力集中，降低焊缝金属的强度和韧性，对动载强度和疲劳强度更为不利。另外，气孔也有可能会引发裂纹产生。

气孔产生的主要原因：母材或填充金属表面有污物；焊条或焊剂未烘干；焊接线能量过小，熔池冷却速度大，不利于气体逸出；焊缝金属脱氧不足等。

气孔的类型有很多种，如有表面气孔，也有焊缝内部气孔；或以单个分布，或以密集或弥散分布；更严重的也有会贯穿整个焊缝截面的。

9.1.3.3　夹杂（300）

焊缝中的夹杂是因为焊接时产生的氧化物、氮化物、硫化物残留在焊缝中引起的。夹杂也是焊接生产中常见的一类缺欠。其产生的原因是：坡口尺寸不合理或有污物；多层焊的层间清理不当；焊接线能量过小；液态金属凝固过快；焊条药皮或焊剂化学成分不合理，熔点过高；钨极氩弧焊时，钨极熔化脱落于熔池中；手工电弧焊时，焊条摆动不当，不利于熔渣上浮等。

带有尖角状的夹渣极有可能会在尖角处产生应力集中，其还会发展成为裂纹源，使产品在使用过程中带来较大危害。夹杂通常以氧化物的形式存在于焊缝中，常规可分为夹渣、氧化物夹杂、金属夹杂。

9.1.3.4　未熔合和未焊透

（1）未熔合（401）。

焊接未熔合是焊缝金属与母材金属之间，或焊缝金属之间未能熔化并结合在一起的严重缺欠。未熔合属于一种面积形缺欠，其对承载截面积的减小都非常明显，应力集中也比较严重。未熔合主要是因为焊接线能量过低，或电弧指向偏斜，或坡口侧壁有锈垢及污物，以及层间清渣不彻底等而产生的。

未熔合按所在焊缝部位可分为坡口未熔合、层间未熔合和根部未熔合三种。其中坡口未熔合和根部未熔合在焊缝表面时，可以通过目视检测方法检出该缺欠。

（2）未焊透（402）。

未焊透是指母材金属未熔化，焊接金属未进入焊缝根部的缺欠。未焊透减少了焊缝的有效面积，这样会使焊接接头强度下降。另外，未焊透也会引起应力集中，它比强度下降的危害更大。未焊透还会严重降低焊缝的疲劳强度。未焊透还可能成为裂纹源。

产生未焊透是由于坡口角度小，间隙过小或钝边过大，焊接电流太小，焊接速度过快，电弧电压偏低，焊条或焊丝可达性不好，清根不彻底等因素而引起的。

9.1.3.5　形状和尺寸不良

（1）咬边（501）。

咬边一般是由于焊接参数选用不当，或者是焊接操作方法不正确，这样会使沿焊趾的母材部位产生沟槽或凹陷。咬边会减少母材的有效截面积，在咬边处也能引起应力集中。如果是低合金高强钢的焊接，产生咬边的边缘组织会被淬硬，容易引发裂纹。咬边可分为连续咬边、局部咬边、盖面或根部咬边、焊缝单侧或双侧咬边。

（2）成形不良（502、503、505等）。

成形不良是指焊缝的外观几何尺寸不符合要求。成形不良包括焊缝余高超高、焊缝表面粗糙不光滑、焊缝宽窄发生突变、焊缝向母材过渡不圆滑等。

（3）下塌（504）。

下塌是指单面焊时由于输入热量过大、熔化金属过多而使液态金属向焊缝背面塌落，形成后焊缝背面突起，正面塌陷。

（4）焊瘤（焊缝金属溢出）（506）。

焊瘤（焊缝金属溢出）是指焊缝中的液态金属流到加热不足未熔化的母材上或从焊缝根部溢出，

冷却后形成的未与母材熔合的金属瘤。

焊瘤（焊缝金属溢出）会使焊缝成型不美观，立焊时有焊瘤的部位往往有灰渣和未焊透。管子内部的焊瘤除降低强度，还减少了管内的有效截面。

（5）错边（507）。

错边是指两个工件在厚度方向上错开一定的位置。错边量过大不仅影响焊缝成型美观，而且产生应力集中，影响构件的承载能力。

（6）焊缝接头不良（517）。

焊缝接头不良属于外观缺欠，一般是指焊缝由于再次引弧不当产生的表面不规则。

9.2 常规无损检测方法的验收标准及验收等级

9.2.1 常规无损检测方法所用国际标准

在生产制造领域中，能用到的无损检测方法有很多种，其中目视、渗透、磁粉、射线、超声波检测是常规使用的五种检测方法。表9.2所示是五种常规无损检测方法所用国际标准的名称。

表9.2　常规无损检测方法所用国际标准

无损检测工艺标准	无损检测验收标准
ISO 17637：2016《焊缝的无损检测　熔焊接头的目视检测》	ISO 5817：2016《焊接　钢、镍、钛及其合金熔焊接头（不含电子束焊）　缺欠的质量等级》 ISO 10042：2018《焊接　铝及其合金电弧焊接头　缺欠的质量等级》
ISO 3452-1：2013《无损检测　渗透检测　第1部分：一般原则》	ISO 23277：2015《焊缝的无损检测　焊缝的渗透检测　验收等级》
ISO 17638：2016《焊缝的无损检测　焊缝的磁粉检测》	ISO 23278：2015《焊缝的无损检测　焊缝的磁粉检测　验收等级》
ISO 17636-1：2013《焊缝的无损检测　射线检测　第1部分：X射线和γ射线胶片技术》 ISO 17636-2：2013《焊接接头无损检测　射线检测　第2部分：X射线和γ射线数字检测技术》	ISO 10675-1：2016《焊缝的无损检测　射线检测的验收等级　第1部分：钢、镍、钛及其合金》 ISO 10675-2：2017《焊缝的无损检测　射线检测的验收等级　第2部分：铝合金》
ISO 17640：2018《焊缝的无损检测　焊接接头的超声波检测》	ISO 11666：2018《焊缝的无损检测　焊接接头的超声波检测　验收等级》

9.2.2 无损检测方法的选择及验收等级的对应关系

结合各类无损检测方法的特点，通过合理地选择无损检测方法，势必对提高工业产品缺欠的检出率起到重要的作用。确认适合的检验标准和验收等级，对质量保证的有效性及产品质量的提高非常重要。

不同的工业产品或工业领域，对检测方法的选择及验收等级都会有不同的依据，例如焊缝无损检测的一般原则依据的是 ISO 17635 标准，对于轨道车辆行业依据的是 EN 15085-5 标准。

9.2.2.1 ISO 17635：2016 标准简要介绍

（1）ISO 17635 标准的应用范围及适用材料。

ISO 17635：2016《焊缝无损检测 金属材料一般原则》，该标准是针对质量要求、所用材料、焊缝的厚度、所用的焊接方法，以及检测范围等对焊缝的无损检测方法的选择和质量控制的结果评价给出了指导。对于各类检测方法，该标准也规定了金属材料所用的检测方法与其验收等级的通用规则及使用标准。

该标准适用于钢铁、铝、铜、镍、钛材料及其合金或其组合材料的熔焊焊缝，如果合同双方之间达成协议，其他金属材料也可以应用该标准。

（2）ISO 17635 标准中检测方法的选择。

在 ISO 17635 标准中，列出了有关金属材料与表面缺欠检测方法的选择。另外，也列出了金属材料及接头类型与内部缺欠检测方法的选择。相关检验方法的选择详见第 10 章。

（3）ISO 17635 标准中验收等级的对应关系。

在该标准原文的附录 A 中给出了无损检测和验收等级标准间的对应关系（表 9.3 ~ 表 9.11），这里除了常规的检测方法，还包括了近年来工业制造领域中所用的其他检测方式的对应关系，如数字成像技术、相控阵技术等。

表 9.3 目视检测（VT）

依照 ISO 5817 或 ISO 10042 而确定的质量标准	依照 ISO 17637 而确定的检测技术和等级	可接受的水准[①]
B	未规定质量等级	B
C	未规定质量等级	C
D	未规定质量等级	D

① 目视检测方面的可接受水准与 ISO 5817 或 ISO 10042 的质量标准相等。

表 9.4 渗透检测（PT）

依照 ISO 5817 或 ISO 10042 而确定的质量标准	依照 ISO 3452-1 而确定的检测技术和等级	依照 ISO 23277 而确定的验收等级
B	未规定质量等级	2X
C	未规定质量等级	2X
D	未规定质量等级	3X

表 9.5 磁粉检测（MT）

依照 ISO 5817 或 ISO 10042 而确定的质量标准	依照 ISO 17638 而确定的检测技术和等级	依照 ISO 23278 而确定的验收等级
B	未规定质量等级	2X
C	未规定质量等级	2X
D	未规定质量等级	3X

表 9.6　涡流检测（ET）

依照 ISO 5817 或 ISO 10042 而确定的质量标准	依照 ISO 17643 而确定的检测技术和等级	验收等级
B	未规定质量等级	依照合同双方协议确定
C	未规定质量等级	
D	未规定质量等级	

表 9.7　胶片射线检测（RT-F）

依照 ISO 5817 或 ISO 10042 而确定的质量标准	依照 ISO 17636-1 而确定的检测技术和等级	依照 ISO 10675-1 和 ISO 10675-2 而确定的验收等级
B	B	1
C	B[①]	2
D	A	3

① 环焊缝工件的最小拍片量依照 ISO 17636 A 级确定。

表 9.8　使用储存磷光成像板（RT-CR）或者数字探测器陈列（DDA）的数字化射线成像检测（RT-D）

依照 ISO 5817 或 ISO 10042 而确定的质量标准	依照 ISO 17636-2[①]的检测技术和等级	依照 ISO 10675-1 和 ISO 10675-2 而确定的验收等级
B	B	1
C	B[②]	2
D	至少 A[②]	3

① 图像增强器或荧光可以按照数字图像采集（动态 ≥ 12 位）射线检测（RT-S）的合同进行。焊缝特定要求，例如最少的曝光次数，曝光几何形状和 IQI 要求应符合 ISO 17636-2。根据 EN 13068-3，可以通过双方协议选择双丝。
② 环焊缝工件的最小拍片量按 ISO 17636-2：2013 A 级确定。

表 9.9　超声脉冲回波技术（UT）

依照 ISO 5817 而确定的质量标准	依照 ISO 17640[①]而确定的检测技术和等级	依照 ISO 11666 而确定的验收等级
B	至少是 B	2
C	至少是 A	3
D	未定义	不适用[②]

① 当按合同双方协议要求显现定性时，ISO 23279 是适用的。
② 未建议采用 UT，但是可由合同双方协议确定（采用与质量标准 C 相同的要求）。

表 9.10　衍射时差法超声波检测（UT-TOFD）

依照 ISO 5817 而确定的质量标准	依照 ISO 10863 而确定的检测技术和等级	依照 ISO 15626 而确定的验收等级
B	C	1
C	至少是 B	2
D	至少是 A	3

表 9.11　相控阵超声检测（PAUT）

依照 ISO 5817 而确定的质量标准	依照 ISO 13588 而确定的检测技术和等级	依照 ISO 19285 而确定的验收等级
B	B	2
C	A	3
D	A	3

9.2.2.2　EN 15085-5：2007 标准简要介绍

（1）EN 15085-5 标准的适用范围。

EN 15085-5：2007《轨道应用　轨道车辆及其部件的焊接　第 5 部分：检验、试验与文件》，该标准规定了轨道车辆及其部件制造和维修中对焊缝的检验和试验，以及相关必要的文件。

（2）EN 15085-5 标准中焊缝检验等级对应的无损检测方法。

在 EN 15085-5：2007 标准中，描述了生产过程中焊缝检验等级对应的无损检测方法，以及检验比例的对应关系（表 9.12）。

表 9.12　生产过程中应该进行的检验

焊缝检验等级	内部检验（RT 或 UT）	表面检验（MT 或 PT）	目视检测（VT）
CT1	100%①	100%	100%
CT2	10%①②	10%②	100%
CT3	不需要	不需要	100%
CT4	不需要	不需要	100%

注：1. 上述的百分比是以所有焊缝的总长度为基准。因此，100% 表示检验所有部件的所有焊缝；10% 表示检验所有部件 10% 长度的焊缝，或者 100% 检验每 10 个部件中的一个部件。
2. 表格中规定的检验方法为焊缝的最低检验要求。可能根据材料、设计或者客户要求需要进行附加检验。
3. 所有无损检测（RT、UT、MT 或者 PT）应由根据 EN 473 通过认证的检验人员实施和记录。
4. 对于检验等级 CT1 和 CT2，目视检测应由根据 EN 473 通过认证的检验人员实施和记录。
5. 对于检验等级 CT3，目视检测应至少由经过生产企业鉴定的检验人员实施和记录。
6. 对于检验等级 CT4，目视检测应至少由经过目视检测培训的焊工实施，不需要文件记录。
① 内部检验仅适用于完全焊透的对接焊缝和 T 形接头。
② 对于 CP C1 和安全性需求"中等"的 CP B 焊缝无法进行内部检验时，需要进行 100% 表面裂纹检验。如果连续五个部件经检验无异常，可以将表面裂纹检验范围降低至 25%。对于焊接该焊缝的每一个焊工或者焊接操作工，在生产开始时需要根据 EN 15085-4 焊制工作试件。该工作试件有效期为六个月，如果有效期满后焊工或者焊接操作工仍然在进行生产，可以由主管焊接责任人员进行签字延期（焊缝质量等级信息见 EN 15085-3：2007 中的表格 2）。

（3）EN 15085-5 标准中对于焊缝质量等级的要求。

在 EN 15085-5：2007 标准中，对于产品的焊缝质量等级应依据相关的技术文件要求（例如产品图纸），并应该满足 EN 15085-3：2007 的第 5 章中关于钢（EN ISO 5817）或铝及铝合金（EN ISO 10042）缺欠评定等级的要求（表 9.13、表 9.14）。

表 9.13　有关焊缝质量等级的钢材缺欠评定等级

符合 EN ISO 5817 标准的缺欠类型	焊缝质量等级			
	CP A	CP B	CP C1/CP C2/CP C3	CP D
1.1 至 1.6，1.13，1.15，1.18，1.19，1.22，2.1，2.7，2.8，2.11 至 2.13	B	B	C	D
1.7，1.8，1.9，1.11，1.14，1.17，1.23，2.2，2.3 至 2.6，2.9，2.10，3.1	不允许	B	C	D
1.10，1.16，1.20，1.21，3.2	不适用	B	C	D
1.12[①]，4.1，4.2	对这些缺欠不评定			

① 对于 CP A，也参见 EN 15085-3：2007 的 7.3.15。

表 9.14　有关焊缝质量等级的铝及铝合金缺欠评定等级

符合 EN ISO 10042 标准的缺欠类型	焊缝质量等级			
	CP A	CP B	CP C1/CP C2/CP C3	CP D
1.1，1.2，1.4，1.5，1.7 至 1.9，1.15，2.1，2.3，2.6，2.10	B	B	C	D
1.3	不允许	不允许	不允许	D
1.6，1.10，1.11，1.14，1.16，1.18，2.2，2.4，2.5，2.7 至 2.9，3.1	不允许	B	C	D
1.12，1.13，1.17，2.11，2.12，3.2	不适用	B	C	D
4.1	对这些缺欠不评定			

9.3　焊缝验收准则

9.3.1　ISO 5817 标准简要介绍

9.3.1.1　适用范围

ISO 5817：2014《钢、镍、钛及其合金的熔焊接头（能束焊接头除外）　缺欠质量分级》，该标准是适用于材料厚度大于 0.5mm 以上，并且材质为钢、镍、钛及其合金（非合金钢和合金钢、镍和镍合金、钛和钛合金），适于评定熔焊焊缝（除能束焊）及其所有焊接位置和接头类型，另外也适用于机械化程度为手工、机械和自动化焊接的。

该标准共提供了三个质量等级：B 级、C 级、D 级，其中 B 级为最高质量要求级别，C 级和 D 级依次降低。

9.3.1.2　缺欠的评定

该标准对缺欠的评定说明是通过表格形式（表 9.15）呈现的。在标准中把缺欠分为：表面缺欠（如用于目视检测）、内部缺欠（如用于断口及金相检测）、焊缝的几何形状缺欠（如用于目视检测）、多重缺欠（在单个缺欠不超标时才适用），分别在表格中通过注释和示图说明缺欠情况，并对应了 B、C、D 三个级别具体的评定要求。对于评定时机，适用于焊后的缺欠评定，也适用于焊接过程中的缺欠评定。

该标准中还对短缺欠给出了定义：在任意 100mm 焊缝长度内，单个或多个缺欠长度总和不大于 25mm，或者当焊缝长度短于 100mm 时，缺欠长度总和不超过该长度的 25%。定义短缺欠的意义在于，短缺欠在对应的评定级别中，在满足一定条件的情况下是有可能合格的。

当两个相邻的缺欠之间的距离，小于其中较小的缺欠主轴尺寸时，可以视为一个缺欠进行评定，合并后的缺欠大小为两个缺欠之和加上间距。

表 9.15　缺欠的限值

编号	参照 ISO 6520-1	缺欠名称	注释	t /mm	缺欠质量等级限值		
					D	D	D
1. 表面缺欠							
1.1	100	裂纹	—	≥ 0.5	不允许	不允许	不允许
1.2	104	弧坑裂纹	—	≥ 0.5	不允许	不允许	不允许
1.3	2017	表面孔穴	单个孔穴最大尺寸，针对对接焊缝、角焊缝	0.5~3	$d \le 0.3s$ $d \le 0.3a$	不允许	不允许
			单个孔穴最大尺寸，针对对接焊缝、角焊缝	> 3	$d \le 0.3s$，最大 3mm $d \le 0.3a$，最大 3mm	$d \le 0.2s$，最大 2mm $d \le 0.2a$，最大 2mm	不允许
1.4	2025	弧坑缩孔		0.5~3	$h \le 0.2t$	不允许	不允许
				> 3	$h \le 0.2t$，最大 2mm	$h \le 0.1t$，最大 1mm	不允许
1.5	401	未熔合	—	≥ 0.5	不允许	不允许	不允许
		显微未熔合	只在微观检验时可以检测到		允许	允许	不允许
1.6	4021	根部未焊透	只针对单侧对接焊缝	≥ 0.5	短缺欠： $h \le 0.2t$，最大 2mm	不允许	不允许
1.7	5011 5012	连续咬边 间断咬边	要求平滑过渡 不作为系统缺欠	0.5~3	短缺欠： $h \le 0.2t$	短缺欠： $h \le 0.1t$	不允许
				> 3	$h \le 0.2t$，最大 1mm	$h \le 0.1t$，最大 0.5mm	$h \le 0.05t$，最大 0.5mm
1.8	5013	缩沟	要求平滑过渡	0.5~3	$h \le 0.2mm+0.1t$	短缺欠： $h \le 0.1t$	不允许
				> 3	短缺欠： $h \le 0.2t$，最大 2mm	短缺欠： $h \le 0.1t$，最大 1mm	短缺欠： $h \le 0.05t$，最大 0.5mm

编号	参照ISO 6520-1	缺欠名称	注释	t/mm	缺欠质量等级限值		
					D	D	D
1.9	502	余高过大（对接焊缝）	要求平滑过渡	≥ 0.5	$h \leqslant$ 1mm+0.25b，最大 10mm	$h \leqslant$ 1mm+0.15b，最大 7mm	$h \leqslant$ 1mm+0.1b，最大 5mm
1.10	503	余高过大（角焊缝）		≥ 0.5	$h \leqslant$ 1mm+0.25b，最大 5mm	$h \leqslant$ 1mm+0.15b，最大 4mm	$h \leqslant$ 1mm+0.1b，最大 3mm
1.11	504	下塌		0.5~3	$h \leqslant$ 1mm+0.6b	$h \leqslant$ 1mm+0.3b	$h \leqslant$ 1mm+0.1b
				> 3	$h \leqslant$ 1mm+1.0b，最大 5mm	$h \leqslant$ 1mm+0.6b，最大 4mm	$h \leqslant$ 1mm+0.2b，最大 3mm
1.12	505	焊缝过渡过陡	对焊	≥ 0.5	$\alpha \geqslant 90°$	$\alpha \geqslant 110°$	$\alpha \geqslant 150°$
			角焊 $\alpha_1 \geqslant \alpha$　$\alpha_2 \geqslant \alpha$	≥ 0.5	$\alpha \geqslant 90°$	$\alpha \geqslant 100°$	$\alpha \geqslant 110°$
1.13	506	焊缝金属溢出		≥ 0.5	$h \leqslant 0.2b$	不允许	不允许
1.14	509 511	下垂未焊满	要求平滑过渡	0.5~3	短缺欠：$h \leqslant 0.25t$	短缺欠：$h \leqslant 0.1t$	不允许
				> 3	短缺欠：$h \leqslant 0.25t$，最大 2mm	短缺欠：$h \leqslant 0.1t$，最大 1mm	短缺欠：$h \leqslant 0.05t$，最大 0.5mm
1.15	510	焊穿	—	≥ 0.5	不允许	不允许	不允许

续表

编号	参照ISO 6520-1	缺欠名称	注释	t/mm	缺欠质量等级限值		
					D	D	D
1.16	512	焊脚不对称	未规定对称角焊的情况下	≥0.5	$h \leq 2mm+0.2a$	$h \leq 2mm+0.15a$	$h \leq 1.5mm+0.15a$
1.17	515	根部收缩	要求平滑过渡	0.5~3	$h \leq 0.2mm+0.1t$	短缺欠：$h \leq 0.1t$	不允许
				>3	短缺欠：$h \leq 0.2t$，最大 2mm	短缺欠：$h \leq 0.1t$，最大 1mm	短缺欠：$h \leq 0.05t$，最大 0.5mm
1.18	516	根部气孔	凝固时在焊缝根部形成气泡（缺乏背面气体保护）	≥0.5	局部允许	不允许	不允许
1.19	517	焊缝接头不良	—	≥0.5	允许。限定值取决于缺欠类型	不允许	不允许
1.20	5213	焊缝有效厚度不足	不适用于熔深过大的情况	≥0.5	短缺欠：$h \leq 0.2mm+0.1a$	短缺欠：$h \leq 0.2mm$	不允许
				>3	短缺欠：$h \leq 0.3mm+0.1a$，最大 2mm	短缺欠：$h \leq 0.3mm+0.1a$，最大 1mm	不允许
1.21	5214	焊缝厚度过大	角焊实际焊缝厚度过大	≥0.5	无限制	$h \leq 1mm+0.2a$，最大 4mm	$h \leq 1mm+0.15a$，最大 3mm
1.22	601	电弧擦伤	—	≥0.5	母材性质未受影响，则允许	不允许	不允许
1.23	602	飞溅	—	≥0.5	是否可以允许取决于应用需要，例如材料、防腐蚀保护等		
2. 内部缺欠							
2.1	100	裂纹	除微裂纹和火口裂纹的所有裂纹	≥0.5	不允许	不允许	不允许
2.2	1001	微裂纹	通常在显微镜（50 倍）下可以观察到的裂纹	≥0.5	允许	是否可以接受，取决于母材的种类（对裂纹敏感度的特定要求）	

编号	参照 ISO 6520-1	缺欠名称	注释	t /mm	缺欠质量等级限值		
					D	D	D
2.3	2011 2012	球形气孔 均布气孔	应符合下列缺欠条件和限定值。具体参见 ISO 6520-1 附录 A				
			缺欠区域（包括整体缺欠）的最大尺寸对应投影区 注：投影区内的气孔取决于层数（焊缝的体积）	≥ 0.5	单层：≤ 2.5% 多层：≤ 5%	单层：≤ 1.5% 多层：≤ 3%	单层：≤ 1% 多层：≤ 2%
			缺欠横截面（包括整体缺欠）的最大尺寸对应断裂面（仅适用于生产、焊工考试或工艺评定）	≥ 0.5	≤ 2.5%	≤ 1.5%	≤ 1%
			以下焊接中的单孔最大尺寸：① 对接焊缝；② 角接焊缝	≥ 0.5	$d \leq 0.4s$，最大 5mm $d \leq 0.4a$，最大 5mm	$d \leq 0.3s$，最大 4mm $d \leq 0.3a$，最大 4mm	$d \leq 0.2s$，最大 3mm $d \leq 0.2a$，最大 3mm
2.4	2013	局部密集气孔	第一种情况（$D > d_{A2}$） 第二种情况（$D < d_{A2}$） 基准长度 l_P 为 100mm。整个气孔密集区域用一个可以圈住所有气孔的圆圈的直径 d_A 来表示。对于单个气孔应该满足这个圈内所有气孔的要求。当 D 小于 d_{A1} 或者 d_{A2}，即二者之间最小的一个时，$d_{AC}=d_{A1}+d_{A2}+D$。整体密集性气孔不允许。d_A 可以是 $=d_{A1}$，d_{A2} 或 d_{AC}	≥ 0.5	$d_A \leq 25$ 或 $d_A \leq W_P$	$d_A \leq 22$ 或 $d_A \leq W_P$	$d_A \leq 15$ 或 $d_A \leq W_P/2$
2.13	402	未焊透	对接接头（焊透）	≥ 0.5	短缺欠：$h \leq 0.2t$，最大 2mm	不允许	不允许

续表

编号	参照 ISO 6520-1	缺欠名称	注释	t /mm	缺欠质量等级限值		
					D	D	D

3. 焊缝的几何形状缺欠

3.1	507	错边	相对正确位置的偏离限值，除非另有规定，正确位置是指中心线相互重合。t 表示较薄厚度。未超出期限范围的错边不算作整体缺欠（适用于图 A 和图 B）。 图 A 板材和纵向焊缝 图 B 环形焊缝	0.5~3	$h \leqslant 0.2\text{mm}+0.25t$	$h \leqslant 0.2\text{mm}+0.15t$	$h \leqslant 0.2\text{mm}+0.1t$
				>3	$h \leqslant 0.25t$，最大 5mm	$h \leqslant 0.15t$，最大 4mm	$h \leqslant 0.1t$，最大 3mm
				≥0.5	$h \leqslant 0.5t$，最大 4mm	$h \leqslant 0.5t$，最大 3mm	$h \leqslant 0.5t$，最大 2mm
3.2	617	角焊焊缝根部间隙	根部间隙超限部分，在特殊情况下，可通过增加焊缝厚度来弥补 	0.5~3	$h \leqslant 0.5\text{mm}+0.1a$	$h \leqslant 0.3\text{mm}+0.1a$	$h \leqslant 0.2\text{mm}+0.1a$
				>3	$h \leqslant 1\text{mm}+0.3a$，最大 4mm	$h \leqslant 0.5\text{mm}+0.2a$，最大 3mm	$h \leqslant 0.5\text{mm}+0.1a$，最大 2mm

4. 多重缺欠

| 4.1 | 无 | 任意横截面的多重缺欠 |
$h_1+h_2+h_3+h_4=\Sigma h$

$h_1+h_2+h_3=\Sigma h$ | 0.5~3 | 不允许 | 不允许 | 不允许 |
| | | | | >3 | 缺欠最大总高度 $\Sigma h \leqslant 0.4t$ 或者 $\leqslant 0.25a$ | 缺欠最大总高度 $\Sigma h \leqslant 0.3t$ 或者 $\leqslant 0.2a$ | 缺欠最大总高度 $\Sigma h \leqslant 0.2t$ 或者 $\leqslant 0.15a$ |

9.3.2 ISO 10042 标准简要介绍

9.3.2.1 适用范围

ISO 10042：2018《铝及其合金的熔焊接头 缺欠质量分级》适用于铝及铝合金材料（厚度大于 0.5mm 以上）的质量等级评定；适用于所有焊接位置和接头类型；适用的机械化程度为手工、机械和自动化焊接；适用的焊接方法为 MIG 焊、TIG 焊、等离子弧焊。

该标准共提供了三个质量等级：B 级、C 级、D 级，其中 B 级为最高质量要求级别，C 级和 D 级依次降低。

9.3.2.2 缺欠的评定

该标准对缺欠的评定说明是通过表格形式呈现，如表 9.16 所示（本小节节选了部分内容，实际应用时请查阅标准原文）。在标准中把缺欠分为：表面缺欠（如用于目视检测）、内部缺欠（如用于断口及金相检测）、焊缝的几何形状缺欠（如用于目视检测）、多重缺欠（在单个缺欠不超标时才适用），分别在表格中通过注释和示图说明缺欠情况，并对应了 B、C、D 三个级别具体的评定要求。对于评定时机，适用于焊后的缺欠评定，也适用于焊接过程中的缺欠评定。

该标准中还对短缺欠给出了定义：在任意 100mm 焊缝长度内，单个或多个缺欠长度总和不大于 25mm，或者当焊缝长度短于 100mm 时，缺欠长度总和不超过该长度的 25%。定义短缺欠的意义在于，对能确定为短缺欠的，在对应的评定级别中，满足一定条件的情况下是有可能合格的。

当两个相邻的缺欠之间的距离小于其中较小的缺欠主轴尺寸时，可以视为一个缺欠进行评定，合并后的缺欠大小为两个缺欠之和加上间距。

表 9.16 缺欠的限值（节选自 ISO 10042：2018）

编号	参照 ISO 6520-1	缺欠名称	注释	t /mm	缺欠质量等级限值		
					D	C	B
1. 表面缺欠							
1.1	100	裂纹	—	≥ 0.5	不允许	不允许	不允许
1.2	104	弧坑裂纹	—	≥ 0.5	$h \leq 0.4s$ 或 $0.4a$ $l \leq 0.4s$ 或 $0.4a$	不允许	不允许
1.3	2018	表面气孔	气孔的评估参见 ISO 10042：2018 附录 A 中给出的示例	≥ 0.5	≤ 2%	≤ 1%	≤ 0.5%
2. 内部缺欠							
2.1	100	裂纹	除微裂纹和弧坑裂纹以外的所有裂纹	≥ 0.5	不允许	不允许	不允许
2.2	1001	微观裂纹	通常在显微镜（50倍）下可以观察到的裂纹	≥ 0.5	允许	最大 0.6mm × 0.02mm，但每 2mm × 2mm 最多 4 个缺欠	最大 0.4mm × 0.01mm，但每 2mm × 2mm 最多 3 个缺欠
2.3	2011	球形气孔	单个气孔的最大尺寸	≥ 0.5	$d \leq 0.4s$ 或 $0.4a$，但最大 6mm	$d \leq 0.3s$ 或 $0.3a$，但最大 5mm	$d \leq 0.2s$ 或 $0.2a$，但最大 4mm

续表

编号	参照 ISO 6520-1	缺欠名称	注释	t /mm	缺欠质量等级限值		
					D	C	B
			3. 接头几何缺欠				
3.1	507	错边	相对正确位置的偏离限值，除非另有规定，正确位置是指中心线相互重合。 t 表示较小的厚度 板材和纵向焊缝 环焊缝	≥ 0.5 ≥ 0.5	$h \leq 0.4t$，最大 8mm $h \leq 0.4t$，最大 10mm	$h \leq 0.3t$，最大 4mm $h \leq 0.3t$，最大 6mm	$h \leq 0.2t$，最大 2mm $h \leq 0.2t$，最大 4mm
			4. 多重缺欠		在任意横截面中允许的单个缺欠总和应不超过		
4.1	—	横截面内的多重缺欠		≥ 0.5	$0.4t$ 或 $0.4a$	$0.3t$ 或 $0.3a$	$0.2t$ 或 $0.2a$

9.3.3 ISO 13919 标准简要介绍

9.3.3.1 应用说明

电子束焊和激光焊接头的质量等级共涉及两个标准，分别是 ISO 13919-1：2019《电子束焊和激光焊接头 缺欠质量分级及指南 第 1 部分钢、镍、钛及其合金》，及 ISO 13919-2：2021《电子束焊和激光焊接头 缺欠质量分级及指南 第 2 部分铝、镁及其合金和纯铜》。

这两个标准都是针对材料厚度 ≥ 0.5mm 的电子束焊和激光焊焊缝的缺欠质量等级的评价，包括所有焊缝类型，无论是否填丝。

这两个标准都规定了三个质量等级，分别是 B 级（严格级）、C 级（中等级）、D 级（一般级）。应用时对于质量等级的确定，最好是在产品生产制造前（建议在询价订购阶段），可依据产品设计要求、技术要求、应用标准、客户需求或合同双方共同协商确定。标准可直接应用于目视检测。

9.3.3.2 缺欠的评定

标准对缺欠分为表面缺欠和内部缺欠。针对不同的缺欠类型及对应的级别分别进行评估说明。标准适用于焊后的缺欠评定，也可用于焊接过程中的缺欠评定。当两个相邻的缺欠之间的距离小于其中较小的缺欠主轴尺寸时，可以视为一个缺欠进行评定，合并后的缺欠大小为两个缺欠之和加上间距。

以下节选了 ISO 13919-1：2019 的部分内容，如表 9.17 所示。实际应用时请查阅标准原文。

表 9.17　缺欠的限值（节选自 ISO 13919-1：2019）

编号	ISO 6520-1 缺欠代号	缺欠名称	说明	t/mm	缺欠质量等级极限值 D	C	B
1. 表面缺欠							
1.1	100	裂纹	除弧坑裂纹的所有裂纹（10 倍以下放大观察）	≥ 0.5	不允许	不允许	不允许
1.2	104	弧坑裂纹	10 倍以下放大观察	≥ 0.5	不允许	不允许	不允许
1.3	2017 516	表面气孔根部孔洞	在凝固过程中由于焊缝金属溢出形成的海绵状孔隙中的单孔的最大尺寸（例如缺少气体保护）	≥ 0.5	$d \leq 0.3s$，最大 3mm	不允许	不允许
1.4	2025	弧坑缩孔	纵截面	≥ 0.5 ≤ 3	$h \leq 0.4t$	$h \leq 0.3t$	$h \leq 0.2t$
				> 3	$h \leq 0.3t+0.3\mathrm{mm}$	$h \leq 0.2t+0.3\mathrm{mm}$	$h \leq 0.1t+0.3\mathrm{mm}$
2. 内部缺欠							
2.1	100	裂纹	除微观裂纹和弧坑裂纹的所有裂纹（10 倍放大下观察）	≥ 0.5	不允许	不允许	不允许
2.2	1001	微观裂纹	仅在微观观察下（通常在 10~500 倍放大下观察）	≥ 0.5	允许	允许与否取决于母材的种类，裂纹敏感性	
2.3	200	孔洞	下列条件和缺欠的极限必须满足：① 单个气孔的最大尺寸（任意方向测量）；② 投影截面上缺欠的最大尺寸。投影方向平行于表面并垂直于焊接轴线。焊缝长度会决定此面积，其中焊缝长度是焊缝的实际长度或 100mm，以较小的尺寸为准	≥ 0.5	$d \leq 0.5s$ 或 5mm 选小者 $f \leq 6\%$	$d \leq 0.4s$ 或 3mm 选小者 $f \leq 4\%$	$d \leq 0.3s$ 或 2mm 选小者 $f \leq 2\%$

9.3.4　ISO 14555 标准简要介绍

9.3.4.1　应用说明

ISO 14555：2017《焊接　金属材料的电弧螺柱焊》，该标准是对于金属材料螺柱焊在承受静载和动载荷结构情况下的应用说明。其中详细阐述了相关螺柱焊的焊接知识，以及螺柱焊焊缝的质量要求，并对焊接工艺规程和工艺评定做了说明，也涉及了螺柱焊焊工考试和产品的试验要求。

该标准对于螺柱的定义是通过螺柱焊连接的紧固件，焊接过程中可使用陶瓷环和保护气体。另外在该标准中注释了：在特殊情况下（如需进行大批量生产的企业），其辅助人员在通过适当的培训后并在被监督的情况下可从事螺柱焊焊接操作。

9.3.4.2 试验合格要求

螺柱焊缝应无缺欠，除非其被不同的试验或检测接受认可。

应满足以下合格要求，除非在标准或说明中有其他规定。

若按 ISO 3834-4 的基本质量要求，缺欠限值应由合同双方协商确定。

若按 ISO 3834-2 的完整质量要求，缺欠总面积不得超过螺柱截面积的 5%。

若按 ISO 3834-3 的一般质量要求，缺欠总面积不得超过螺柱截面积的 10%。

（1）目视检测合格要求。

瓷圈或气体保护拉弧式螺柱焊和短周期拉弧螺柱焊方法，详见 ISO 14555 附录 A，表 A.5 中第 2~5 项和表 A.6 中第 2~5 项所示的缺欠均为不合格。

电容储能式拉弧螺柱焊和电容储能式尖端引弧螺柱焊，详见 ISO 14555 附录 A，表 A.7 中第 2~4 项为不合格。

（2）弯曲检验合格要求。

若螺柱焊试件弯曲 30° 或 60° 后，未发生断裂可认为焊缝试验结果合格。

若在热影响区产生脆性断裂，就需要对材料的焊接性能进行检查（如淬硬倾向）。

如果螺柱的形状不符合规格，导致变形不均匀，例如，螺柱的底部较细或不能达到上诉弯曲角度；再如，螺柱的长度相对于直径较小，或为异种材料螺柱，或者屈服强度超过 $355N/mm^2$，焊缝应该采用其他方法进行试验，且应有足够的塑性。

（3）拉伸检验合格要求。

若按 ISO 3834-2 的完整质量要求，焊缝处断裂是不允许的。

按 ISO 3834-3 的一般质量要求，若断裂在焊缝区内，仅在达到螺柱标称抗拉强度的情况下才允许。根据 ISO 13918 及焊接工艺，用带凸缘螺柱并采用电容储能式尖端引弧和电容储能式拉弧式螺柱焊，若未焊上的面积不超过凸缘面积的 35%，并且可以达到螺柱材料的标准值拉伸强度，则允许断在焊缝区。

对于拉弧式螺柱焊，不允许出现母材的剪切破坏。因此建议试件具有足够厚度。如果母材薄板剪切破坏，将无法对焊缝质量进行评估。

（4）扭矩试验合格要求。

达到要求扭矩值时，焊缝不能失效。

（5）宏观检验的合格要求。

所有可见的缺欠尺寸总长不允许超出焊缝区宽度的 20%。如果只在宏观金相一侧出现，且弯曲试验已通过，那么不超过焊缝区宽度 5% 的咬边是允许的。如果缺欠之间距离大于 0.5mm，那

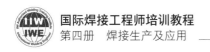

么 ≤ 0.5mm 的缺欠就无须评定。

在 > 100℃的环境下操作时，当管材至少有 2mm 的壁厚没有熔化时要求螺柱与管材之间（用于承压）达到要求值，如果低于此要求值，应通过计算确定。

（6）射线检验的合格要求。

缺欠尺寸不允许超出 ISO 3834 系列标准中的规定。

（7）声音试验的合格要求。

清晰的谐振音通常表示焊接合格特征，而沉闷的声音则表示可能存在焊接缺欠。

（8）附加试验的合格要求。

说明附加试验的合格要求，评定时应考虑螺柱焊的性能。例如，对于硬度试验，要求值应满足 ISO 15614-1：2004 表 2 中的允许值。

9.3.5　AD 2000 HP5/3 规范简要介绍

9.3.5.1　应用说明

AD 2000 HP5/3：2002《焊接接头的制作和检验　焊缝的无损检测》，该规范中所涉及的超声波、射线和表面检测（磁粉 MP，渗透 FE）检测结果的评定标准可以作为基准使用。在压力容器的形状和负载、焊接工艺、焊接接头的外部检测、所使用的材料的机械技术性能，以及检测系统的测量公差方面的允许偏差值，需要相关方面协商确定。在参照下列标准进行检测结果评定时，如果存在疑问，必须使用其他适宜的检测技术或检测工艺，或者提取式样打开焊缝进行返修或校验检测。

本小节只简单介绍射线底片的评定基本内容，其他检测方法请查阅该规范原文。

9.3.5.2　检测区域

检测区域包括焊缝和热影响区。

9.3.5.3　射线底片评定

（1）裂纹，未熔合缺欠，根部缺欠。

不允许存在裂纹和坡口未熔合。

单面焊缝不允许存在根部未焊透。

对未进行处理的根部单面焊缝，不允许存在根部收缩和缩沟。

单面焊缝的三层或多层焊道处的层间未熔合和双面焊根部缺欠应参照下文"（2）固态和气态夹杂"中关于夹杂的处理方法。

（2）固态和气态夹杂。

① 多层焊道

按表 9.18 中的允许长度基准值，评定固态夹杂（包括铝焊接接头中的氧化物）、链状气孔、与表面平行的管状气孔，以及夹钨等缺欠是否允许存在。

满足表 9.18 要求的连续多个夹杂，在长度为 6t 或者 6a 的焊缝里，夹杂总长度不超过 t 或 a，或者在两个相邻的缺欠间的焊缝没有缺欠，且长度大于等于两个缺欠中较大缺欠的长度的 2 倍，则可以保留。在焊缝长度小于 6t 或者 6a 时此条件应按比例进行计算。

表 9.18　进行射线检测胶片评定时，多层焊道中夹杂的允许长度基准值

单位：mm

t 或 a[①]	长度
≤ 10	7
> 10，≤ 75	$2t/3$ 或 $2a/3$
> 75，≤ 150	50 缺欠距离底面高度大于 10mm，$2t/3$ 或 $2a/3$[②]
> 150	50 缺欠距离底面高度大于 10mm，100[②]

① 参见规范原文图 1~ 图 3。
② 深度位置可以通过超声波方法或立体射线探伤法测量。

② 单层焊道

如果气孔直径不大于 $0.25t$ 或 $0.25a$，单层焊道可以保留独立的气孔。

9.3.6　ISO 9013 标准简要介绍

ISO 9013：2017《热切割　分类　产品几何形状和质量公差》，该标准适用于使用氧燃气火焰、等离子、激光切割的材料及其几何形状和质量公差。其切割适用范围分别为：火焰切割范围是 3~300mm、等离子切割范围是 0.5~150mm、激光切割范围是 0.5~32mm。如果在制定图纸或相关文件（如交货条件等）时参考该标准，可使用其几何产品规程。当采用其他切割工艺方法加工产品时（如高压水射流切割），经合同双方协商后也可使用该标准。

实际加工应用时请查阅该标准原文。

参考文献

［1］Welding and allied processes-Classification of geometric imperfections in metallic materials-Part 1:Fusion welding:ISO 6520-1:2007［S/OL］.（2007-07）［2022-06］. https://www.iso.org/standard/40229.html.

［2］Non-destructive testing of welds-General rules for metallic materials:ISO 17635:2016［S/OL］.（2016-12）［2022-06］. https://www.iso.org/standard/66754.html.

［3］Railway applications-Welding of railway vehicles and components-Part5:Inspection,testing and documentation:EN 15085-5:2007［S/OL］.（2008-01）［2022-06］. https://www.en-standard.eu/din-en-15085-5-railway-applications-welding-of-railway-vehicles-and-components-part-5-inspection-testing-and-documentation/.

［4］Railway applications-Welding of railway vehicles and components-Part3:Design requirements:EN 15085-3:2007［S/OL］.（2010-01）［2022-06］. https://www.en-standard.eu/din-en-15085-3-railway-applications-welding-of-railway-vehicles-and-components-part-3-design-requirements/.

［5］Welding-Fusion-welded joints in steel,nickel,titanium and their alloys(beam welding excluded)-Quality levels for impetfections:ISO 5817:2014［S/OL］.（2014-02）［2022-06］. https://www.iso.org/standard/54952.html.

［6］Welding-Arc-welded joints in aluminium and its alloys-Quality levels for impetfections:ISO 10042:2018［S/OL］.（2018-06）［2022-06］. https://www.iso.org/standard/70566.html.

［7］Electron and laser-beam welded joints-Requirements and recommendations on quality levels for imperfections-

Part1:Steel,nickel,titanium and their alloys:ISO 13919-1:2019 ［S/OL］.（2019-10）［2022-06］. https://www.iso.org/standard/75514.html.

［8］Welding-Arc stud welding of metallic materials:ISO 14555:2017 ［S/OL］.（2017-05）［2022-06］. https://www.iso.org/standard/70565.html.

［9］Manufacture and testing of joints Non-destructive testing of welded joints:AD 2000 HP5/3:2002 ［S/OL］.（2020-12）［2022-06］. https://www.beuth.de/de/technische-regel/ad-2000-merkblatt-hp-5-3/331063754.

本章的学习目标及知识点

1.学习目标

（1）了解缺欠的分类情况。

（2）了解典型缺欠的形成原因和基本特征。

（3）结合标准了解无损检测方法选用的原则。

（4）了解焊缝验收的相关标准。

2.知识要点

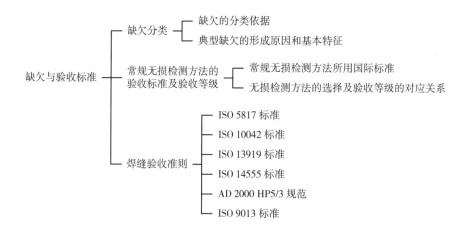

第 10 章

无损检测

编写：陈宇、邓义刚、张港荫　审校：解应龙

无损检测技术作为质量控制的常用手段，在产品生产过程和服役阶段得到了广泛的应用。本章重点介绍常用的无损检测技术和相关标准。了解不同无损检测技术的特点和应用，对于提高产品的制造质量至关重要。

10.1 无损检测技术介绍

无损检测技术作为一种综合性应用学科，是在不破坏或损伤被检对象的前提下，以物理或化学方法为手段，利用先进的技术和设备器材，来探测各种材料和部件的内部和表面缺欠，以及进行几何特性测量、组织结构和力学性能变化的评定等，并对所获得的各种技术参数做出相应的判定，从而达到保证被检材料和部件的可靠性的目的。近年来，随着现代物理学、材料、微电子、计算机技术的不断发展，无损检测技术也随之迅猛发展，目前已有百余种无损检测方法，其中常用的有声发射检测（AT）、涡流检测（ET）、红外热成像检测（TT）、泄漏检测（LT）、磁粉检测（MT）、渗透检测（PT）、射线检测（RT）、应变检测（ST）、超声检测（UT）、目视检测（VT）等。

10.1.1 目视检测

10.1.1.1 目视检测概述

目视检测是一种常用的检验方法，它以肉眼观察为主，必要时利用放大镜、量具及样板等对目视尺寸和焊缝表面质量进行全面检查。目视检测有时为了观察很难看到的内部空间，可借助内窥镜检查。

焊缝的目视检测主要通过量规或其他辅助工具来测量所谓的焊缝几何偏差，例如：盖面层余高过大、根部余高过大或表面的不规则性（如咬边、接头缺欠、飞溅等）。辅助工具和量规的精确度必须符合要求的公差值。

为确定表面缺欠的大小、形状和位置，有时需要：① 通过表面的无损检测方法来补充；② 对表面细加工，比如通过打磨来使表面缺欠能够被看清。

目视检测是无损检测的重要方法之一。由于原理简单，易于理解和掌握，且不受或很少受被检产品的材质、结构、形状、位置、尺寸等因素的影响，一般情况下，无须复杂的检测设备器材，检测结果具有直观、真实、可靠、重复性好等优点，被广泛应用于产品制造、安装、使用的各个阶段。

10.1.1.2 光学基础

眼睛之所以能看见物体，是由于有光从物体射入眼睛。波长范围在 400~760nm 的电磁波能够被人眼感觉到，称为可见光，波长超过此范围的光人眼就无法感觉到。

人眼的分辨能力会受到很多因素的影响，如眼睛与物体的距离、亮度、背景、对比度、颜色，人的年龄、精神状态等。

10.1.1.3 检测器材

焊缝目视检测所使用的主要设备器材有放大镜、反光镜、工业内窥镜、焊缝量具、照度计等。

反光镜包括平面反光镜、凹面反光镜和凸面反光镜三种，目视检测中最常用的反光镜是平面反光镜，即反射面为平面的反光镜，它是利用光的反射原理在人眼不能直接观察的情况下，转折光路，从而达到观察的目的。

工业内窥镜多用于一些人眼无法直接观察的场合。内窥镜检测设备主要包括内窥镜、检测工装、辅助照明设备等。

照度计是用于测量工作场所光度的基本仪器，对点、线、面光源，漫射光源及各种不同颜色的可见光（400~760nm）均能正确测量，也就是照度计是按照人眼的光谱敏感性对光线进行测量的。照度计一般由探头和主机两部分组成。

焊接检验尺主要由主尺、高度尺、咬边深度尺和多用尺四部分组成，主要用来检测焊接构件的各种角度和焊缝高度、宽度、焊接间隙及咬边深度等外部特征的工具。

10.1.1.4 目视技术和条件

目视检测分为直接目视检测和间接目视检测。直接目视检测是指直接用人眼或使用放大倍数一般为 6 倍以下的放大镜，对工件进行直接检测，也可借助各种光学仪器或设备进行直接目视观察，如使用镜子改善视角。间接目视检测是使用视觉辅助设备，如工业视频内窥镜、光导纤维连接到照相机或其他合适的仪器上，进行间接检测观察。

依据 ISO 17637 标准，焊缝目视检测条件如下。

① 被检工件表面的光照度应至少达到 350lx，推荐值为 500lx；② 眼睛距离被检区域的距离应不超过 600mm；③ 眼睛与被检工件的夹角应不小于 30°（图 10.1）；④ 经商定可采用其他检测设备，如内窥镜。

当不能满足图 10.1 的检测状态或相关应用标准规定时，应考虑采用放大镜、内窥镜、纤维光导或相机间接检测。可通过采用辅助光源，来获得缺欠和背景之间的良好对比和鲜明效果。在有疑义的情况下，对表面有缺欠之处，应采用其他无损试验方法来辅助目视检测。

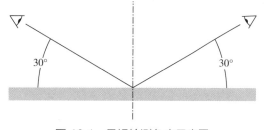

图 10.1 目视检测角度示意图

10.1.1.5　焊缝的目视检测

焊缝的目视检测的基本范围在所应用的标准中做出了规定：焊缝必须可见且便于检测，检测时间在表面处理之前。焊缝验收评定分别依据 ISO 5817 和 ISO 10042。焊缝的目视检测可分三个阶段：① 焊前准备的目视检测；② 焊接过程中的目视检测；③ 焊接后的目视检测。

（1）焊前准备的目视检测。

① 坡口的形状、尺寸和均匀度必须符合相应标准的有关要求（与焊接工艺规程是否相符）。坡口的尺寸不能过大。

② 焊接坡口及界面必须按要求进行清理。

③ 按图纸要求进行装配和固定。

（2）焊接过程中的目视检测。

① 多层焊时，在其进行下层焊道的施焊前，都要进行层间清理（特别是在焊缝金属和母材的过渡区）。

② 如果一旦发现有裂纹、空穴或其他缺欠，应立即停止施焊，且采取措施加以消除。

③ 注意焊道的结构，以达到足够的熔合比，避免出现未熔合。

④ 坡口和表面的形状应保证焊接不至于出现不规则性。

（3）焊接后的目视检测。

① 焊缝的目视特征（形状和几何偏差）必须满足 ISO 5817 的要求。这里还应阐述的主要有错边、间隙宽度和根部烧穿，焊缝表面应尽可能均匀，不要出现纵向和横向的缺口。另外，焊缝的根部经常位于不可见部分（例如管道焊接），在这种情况下也可借助射线探伤来了解根部的几何情况。尽管如此仍然有一定的局限性，因为通过黑度差别不能准确地进行深度测量。

② 焊缝表面不应有夹渣和其他的覆盖性缺欠。

③ 机械划痕和可见的表面空穴是不允许的。

④ 如果要求对焊缝进行机械加工，应保证不出现缺口（比如打磨）且不使局部材料出现过热，特别是在向母材的过渡区内。

⑤ 如果目视检测之后紧接着要进行无损检测，焊缝表面应达到"适于检验的表面"，它与下列因素有关：检验方法；要想检出的缺欠种类和大小。

10.1.1.6　焊缝量具的应用

60 型焊接检验尺的使用方法如下。

（1）余高测量［图 10.2（a）］。测量焊缝余高，首先把咬边深度尺对准零位，并紧固螺钉，然后滑动高度尺与焊缝余高接触，高度尺示值，即为焊缝余高。

（2）宽度测量［图 10.2（b）］。测量焊缝宽度，先用主体测量角紧靠焊缝一边，然后旋转多用尺的测量角靠紧焊缝的另一边，读出焊缝宽度示值。

（3）错边量测量［图 10.2（c）］。测量错边量，先用主尺靠紧焊缝一边，然后滑动高度尺使之与焊缝另一边接触，高度尺示值即为错边量。

（4）焊脚高度测量［图 10.2（d）］。测量角焊缝焊脚高度，用尺的工作面靠紧焊件和焊缝，并滑动高度尺与焊件的另一边接触，高度尺示值即为焊脚高度。

（5）角焊缝厚度测量［图 10.2（e）］。测量角焊缝厚度，先把主尺的工作面与焊件靠紧，然后滑动高度尺与焊缝接触，高度尺示值即为角焊缝厚度。

（6）咬边深度测量。

① 平面咬边深度测量［图 10.2（f）］。先把高度对准零位并紧固螺丝，然后使用咬边深度尺测量咬边深度。

② 圆弧面咬边深度测量［图 10.2（g）］。先把咬边深度尺对准零位紧固螺丝，把三点测量面接触在工件上（不要放在焊缝上），锁紧高度尺，然后将咬边深度尺松开并放于测量处，移动咬边深度尺，其示值即为咬边深度。

（7）角度测量［图 10.2（h）］。将主尺和多用尺分别靠紧被测角的两个面，其示值即为角度值。

（8）间隙测量［图 10.2（i）］。用多用途尺插入两焊件之间，测量两焊件的装配间隙。

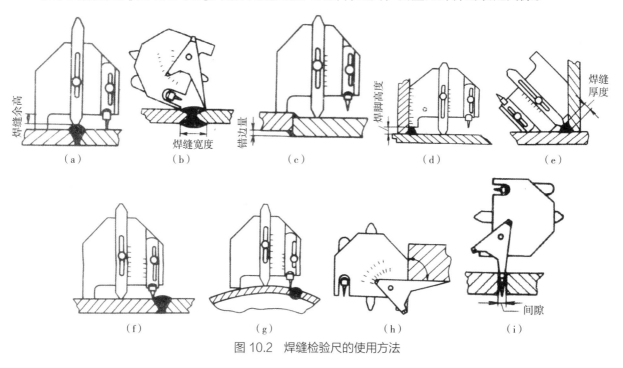

图 10.2　焊缝检验尺的使用方法

其他焊缝检测量规的使用方法如下。

坡口间隙和错边量的大小对焊接质量有很大影响，因此焊接件装配点固后，可采用间隙量规和三刻度焊缝量规等焊缝检测设备进行测量，如图 10.3 和图 10.4 所示。

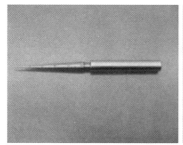

图 10.3　间隙量规

图 10.4　三刻度焊缝量规测量错边量示意图

测量表面缺欠的尺寸和位置可用：游标卡尺、直尺、卷尺或放大镜（有时里面带有刻度），但在测量线形表面缺欠的宽度时，这类测量工具一般不准确。

测量咬边深度时，使用测量器件的薄而尖的直边，以焊缝两侧的母材为基准面进行测量。另一种测量咬边深度的方法是通过在冷硬塑料或橡皮泥上留下一个填充压痕来测量，咬边的深度可在压痕上用游标卡尺来测量。这个压痕必须足够大，以包括进所有的已知的缺欠或缺欠组。

对接焊缝的余高可用成型量具或焊缝尺等焊缝测量工具来测量，如图 10.5 所示。如果焊缝两侧厚度不一样，可按下式来计算：$H=\dfrac{H_1+H_2}{2}$（图 10.6）。

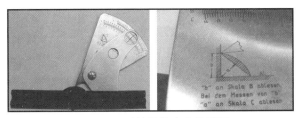

图 10.5　对接焊缝余高的测量

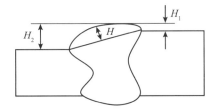

图 10.6　不等厚焊缝余高的测量

角焊缝中存在着焊缝厚度与焊脚长度之间的比例（图 10.7），对这些相关尺寸也有不同的量具加以测量。如果角焊缝表面不规则，应多测几个位置，焊缝厚度选其中的最小值。图 10.8~ 图 10.11 是不同的焊缝尺，均可以测量相关尺寸。

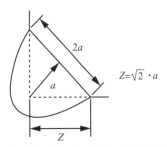

图 10.7　焊缝厚度与焊脚长度之间的比例关系

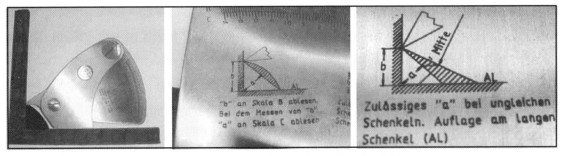

图 10.8　三刻度焊缝量规测量焊脚尺寸示意图

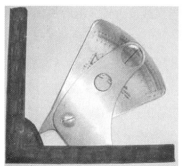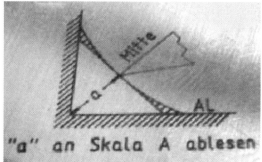

图 10.9　三刻度焊缝量规测量焊缝厚度示意图

图 10.10　自制焊缝量规及测量示意图

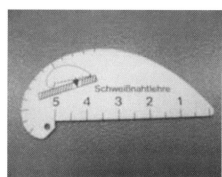

图 10.11　简易焊缝量规及测量示意图

10.1.1.7　工业内窥镜

内窥镜通常被用来检验肉眼无法直接观察到的工件表面，其分为刚性内窥镜和柔性内窥镜两大类，两种内窥镜所用外部光源是相同的。

刚性内窥镜通常用于观察者和观察区之间是直通道的场合，根据使用要求的不同，可有不同的类型。典型的刚性内窥镜结构如图 10.12 所示。在不锈钢镜管内，光导纤维束将光从外部光源导入以照明观测区，由接物镜、一系列消色差转像透镜和接目镜组成的光学系统使观测者可对观测区进行高分辨力的观测，放大倍数常为 3 倍到 4 倍，但也有放大到 50 倍的。

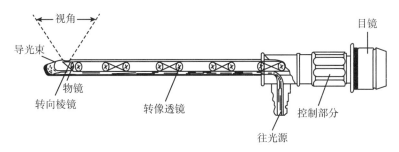

图 10.12　焦距可调刚性内窥镜典型结构示意图

柔性内窥镜主要用于观察者到观察区无直通道的场合。它是通过光导纤维进行图像传导的，如图 10.13 所示。普通形式的玻璃抗弯强度是非常低的，但玻璃纤维能弯而不断。光学玻璃较之普通玻璃有好得多的传光性能，因此，用光学玻璃制成的细纤维，即光导纤维（光纤），就能沿弯曲路径很好地传送光线。

一根非常细的光纤不可能传送足够的光，将许多单根光纤整齐排列成光纤束，则每根光纤的端面都可看作

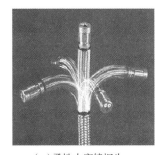

（a）柔性内窥镜探头　　（b）光纤束传像

图 10.13　柔性内窥镜探头及光纤束传像示意图

是一个取像单元，这样，通过光纤束即可把图像从入射端面传送到出射端面，从而完成图像的传送。

（1）内窥镜检测主要缺欠图像。

由于使用内窥镜观察物体的视角、位置与人眼直接观察有很大不同，各种缺欠在内窥镜图像中会呈现出不同的形态。

多余物存在于管道、容器等产品的内部，位置不固定，有时会随着产品移动，多存在于弯曲、死角处，对产品工作性能有害。多余物大多为金属加工屑、遗落在产品内部的螺钉、垫圈、异常断裂物等。金属碎屑在内窥镜图像中多为白色反光亮点，一般小碎屑无法看清其形状，如图 10.14（a）所示。

管口、孔加工时，毛刺翻边残留在加工位置，在工作中会脱落形成多余物。在内窥镜检测通道内的大毛刺、翻边会划伤损坏探头，或将探头卡在通道内，所以内窥镜检测通道内的毛刺翻边应在检测前去除，如图 10.14（b）所示。

起皮是指管路等内表面出现的一种片状凸起物，是管材生产过程中分层形成的缺欠，一般酸洗方法无法去除。在内窥镜图像中为白色反光亮点，与多余物相似，有时可见明显凸起，机械去除后会有凹坑出现。起皮如图 10.14（c）所示。

划痕、拉伤是指沿管路方向形成的一条或多条平行直线形损伤，长度较长，多为管路生产加工过程中造成，在内窥镜图像中因反射光线与观察角度的不同表现为沿管路方向的亮线或暗线。划痕深度很浅，内窥镜无法分辨其深度与宽度。划伤一般较深，内窥镜检测时能发现其有明显的深度。内窥镜对此类缺欠的检测十分灵敏，如图 10.14（d）所示。

焊接缺欠特指管路、容器在焊接加工过程中，人眼无法直接观察到的焊缝内表面的缺欠。主要

有未焊透、未熔合、表面气孔、飞溅物、焊瘤等。飞溅物是焊接过程中熔化金属飞溅粘在管路、容器内壁形成的缺欠，飞溅物也会在产品工作过程中脱落形成多余物。焊瘤专指管路焊接过程中因电流过大，大量金属熔化物在焊缝反面堆积形成的缺欠，焊瘤会减少管路内径，影响流体的流动，如图 10.14（e）所示。

裂纹因加工工艺不同，其产生原因不同、形式多样，一般呈不规则细线，端部尖，无明显开口，有些有一定的深度。在内窥镜图像中多呈现为一种断续的暗线或亮线，如图 10.14（f）所示。

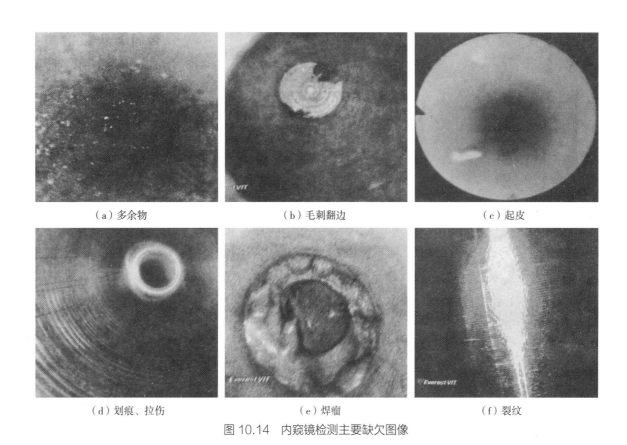

（a）多余物　　　　　　　　　　（b）毛刺翻边　　　　　　　　　　（c）起皮

（d）划痕、拉伤　　　　　　　　（e）焊瘤　　　　　　　　　　（f）裂纹

图 10.14　内窥镜检测主要缺欠图像

（2）内窥镜测量技术。

测量功能是内窥镜检测技术的一个质的飞跃，使内窥镜从一种只能进行简单观察的工具发展成为可进行高精度定量检测的多功能设备，极大地扩展了内窥镜检测技术的应用范围，对内窥镜检测技术具有特殊意义。目前只有视频内窥镜具有测量功能。利用测量功能，可以对缺欠的大小尺寸进行测量，对缺欠进行定量的评估，对产品性能进行分析。

内窥镜检测所观察到的是放大的图像，因此我们需要通过放大的图像测量图像上任意点间的距离。又因为内窥镜观察的物体是三维立体的，而图像只能是一个二维平面，由于视角的关系，立体结构的不同位置在平面图像上反映的放大倍数是不同的，即有近大远小的关系，所以内窥镜测量必须在同一平面图像上满足水平与垂直两个方向的测量要求。图像的放大倍数除了与镜头焦距有关，还与镜头到物体的距离有关，距离镜头越近，放大倍数越高，图像的尺寸越大。在实际工作中，由于镜头到物体的距离、角度是一个变化的不确定量，难以使其固定不变，因此无法通过距离换算得到图像的实际放大倍数。同时当镜头与观察对象不在垂直位置上时，同一幅图像中不同位置的放大倍数是不一样的。当需要对斜面、垂直面（即深度）上任意两点进行测量时，必须采取特殊的标定方法。

内窥镜测量应具有平面及深度的测量功能。目前测量的主要方法有阴影测量法、双物镜测量法、比较测量法等。

10.1.1.8 焊缝检测相关标准

焊缝检测相关标准包括 ISO 17637：2003《焊缝的无损检测　目视检测》、ISO 5817：2014《钢、镍、钛及其合金的熔焊接头（高能束焊接头除外）　缺欠质量分级》、ISO 10042：2018《铝及其合金的熔焊接头　缺欠质量分级》等。

10.1.2 渗透检测

10.1.2.1 概述

渗透检测是一种以毛细管作用原理为基础的检查表面开口缺欠的无损检测方法。

渗透检测可用来检测延伸至表面的开口缺欠，如气孔、裂纹、起皱、折叠等。主要用来检查金属材料，也可用来检查其他非金属材料，前提是这种材料不是多孔性材料。渗透检测在承压设备、机电设备、航空、航天等工业领域中应用广泛。

10.1.2.2 基础和原理

润湿作用是一种表面和界面的过程。一般而言，表面上的一种流体被另一种流体所取代的过程就是润湿。而增强该流体取代另一种流体的能力的物质称为润湿剂。在工程上，又常用完全润湿、润湿、不润湿、完全不润湿四个等级来表示不同的润湿性能（图 10.15）。

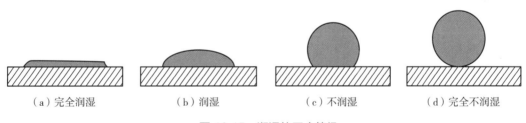

（a）完全润湿　　　（b）润湿　　　（c）不润湿　　　（d）完全不润湿

图 10.15　润湿的四个等级

润湿液体在毛细管中呈凹面且上升，不润湿液体在毛细管中呈凸面且下降的现象，称为毛细现象（图 10.16）。能够发生毛细现象的管子叫毛细管。渗透检测的毛细作用，可理解为液体由于附着力进入狭窄缝隙。

液体靠毛细现象渗入工件表面的气孔和裂纹等缺欠，经过一段时间，或多或少地会渗出，这种效应在显像剂的作用下会更明显，进而通过显示判断缺欠。

10.1.2.3 检测器材

焊缝渗透检测所使用的主要设备器材有灵敏度试块、喷罐试剂、黑光灯、照度计和紫外辐照计等（图 10.17）。

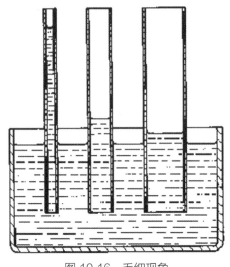

图 10.16 毛细现象

渗透检测试块是带有人工缺欠或自然缺欠的试件，它用于衡量渗透检测灵敏度，也被称为灵敏度试块。渗透检测灵敏度是指在工件或试块表面上发现微细裂纹的能力。

渗透检测材料主要包括渗透剂、去除剂、显像剂三大类。检测试剂通常可装在密封的喷罐内进行使用。喷罐内封装有检测试剂和一定比例的气雾剂。使用时用手压下喷罐头部的阀门，这时检测试剂就会呈雾状从头部的喷嘴内喷出。压力喷罐具有携带方便的特点，适用于现场检测。

黑光灯又称为紫外线灯，是荧光检测必备的照明装置，它由高压水银蒸气弧光灯、紫外线滤光片（或称黑光滤光片）和镇流器等组成。

紫外辐照计是测量紫外线辐照强度的光敏仪器。

照度计是用于测量工作场所光度的基本仪器，用于可见光的照度测量。

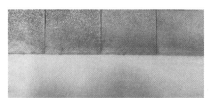

（a）灵敏度试块 （b）喷罐试剂 （c）照度计 （d）紫外辐照计 （e）黑光灯

图 10.17 渗透检测使用的设备和器材

10.1.2.4 渗透技术和条件

渗透检测相关技术要求依据 ISO 3452-1 标准。

（1）预处理和预清洗。

为了让渗透剂渗入可能存在的缺欠中，必须仔细地将被检表面上的油、油脂、附着物、锈以及各种形式的表面涂层去掉，如图 10.18（a）所示。预处理和预清洗的方法包括机械清理、化学预清洗、溶剂清洗等。

机械清理可去除工件表面严重的锈蚀、飞溅、氧化物、毛刺、涂层等，常用的方法有钢丝刷、抛光、砂轮磨、吹砂、喷丸等方法，在选用上述方法时，要格外慎重，因其易对工件表面造成损坏，特别是软金属（铝、铜、钛等合金）材料。同时，机械清理也可能使开口缺欠的开口闭合，机械清理所产生的金属粉末或砂末等也可能堵塞缺欠，造成渗透剂难以渗入。所以，经机械清理的工件，一般应进行酸洗或碱洗再进行渗透检测。

化学预清洗可通过适当的清洗剂去掉残留物，包括酸洗和碱洗。酸洗是用硫酸等来清除工件表面的氧化物，碱洗是用氢氧化钠等碱液来清除工件表面的油污、积碳等，通常多用于铝合金。化学清洗后应进行足够的冲洗和烘干，预清洗后不允许在缺欠中存在水或清洗剂。

溶剂清洗包括溶剂液体清洗和溶剂蒸气除油等方法，主要是清除各类油和油脂及某些油漆。溶剂液体清洗通常采用汽油、醇类、三氯乙烯等溶剂来对大工件的局部进行清洗或擦洗。溶剂蒸气除油通常采用三氯乙烯蒸气来除油。

预清洗后必须注意检测面的温度（工件温度）为 10~50℃，如果超出这一温度范围，必须使用允许的试剂种类。

（2）渗透。

采用喷、刷、流布、浸渍或浸泡的方法将渗透剂施加到被检工件上，应确保被检工件表面在整个渗透时间内保持完全湿润，在任何情况下都不应在渗透时间内干燥，如图 10.18（b）所示。

当温度低于 10℃或高于 50℃时，渗透产品种类和工艺方法必须按照 ISO 3452-2 的要求来确认。对于不在 10~50℃范围检测时，需按照 ISO 3452-2 或 ISO 3452-6 标准来检测。

渗透时间一般在 5~60min，对于特定的材料和缺欠种类可延长渗透时间。适当的渗透时间取决于渗透剂的性能、应用温度、被检工件的材料以及要检测的缺欠。

（3）去除（中间清洗）和干燥。

渗透过程之后，对工件表面残留的渗透剂要进行去除（中间清洗），如图 10.18（c）所示。在使用水或溶剂之前，应用不带纤维的手巾将检测面擦拭一番，然后可用由清洗剂浸湿的手巾来清洗，由此来避免将渗透剂彻底清洗掉。冲洗时应注意尽可能减少机械作用的影响，水温不得超过 50℃。清洗的喷射角度应平缓，无压（千万不能垂直喷射）。清洗剂可视渗透剂而定。

清洗后，通过干燥使中间清洗过的检测面排除掉残留的液体。被检工件的干燥操作应保证留在缺欠内的渗透剂不能干燥。除非另有规定，干燥时检测表面温度应不超过 50℃。

（4）显像。

现场的焊缝检验主要采用湿式溶剂型显像剂，溶在溶剂中的粉末通过喷射在工件表面形成一层均匀的薄膜，如图 10.18（d）所示。显像时间应在 10~30min，也可由合同双方协商采用更长的时间。

显像时间的计算应从施加干粉显像剂后立即开始，或施加湿显像剂干燥后立即开始。

显像剂层的厚度取决于采用的渗透剂。采用荧光渗透剂时，相当薄的一层就够了；采用彩色渗透剂时，应使其恰好覆盖上底色为好。如果显像剂层很厚，渗透容量较小的材料裂痕就很容易被遮蔽，无法看到显示，对于特定的材料和缺欠种类（比如应力裂纹腐蚀），显像时间有时以小时为单位计算。显像过程是一个与时间有关的过程。

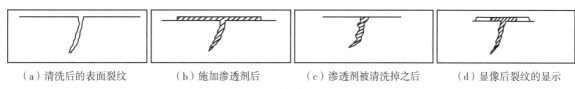

(a) 清洗后的表面裂纹　　(b) 施加渗透剂后　　(c) 渗透剂被清洗掉之后　　(d) 显像后裂纹的显示

图 10.18

（5）观察。

如果可能应在喷上显像剂后直接观察检测面，这主要有助于解释所出现的显示。真正的观察应在显像完成后进行。着色渗透检测法见到的缺欠是在白底色上出现红色显示；荧光渗透检测法见到的缺欠为暗黑的底色上出现黄绿颜色显示。

着色渗透检测法要求检测面上的光照度至少为500lx，日光是能满足这一要求的。荧光渗透检测法要求检测面上的辐照度至少为10W/m²，同时光照度不超过20lx。

（6）记录。

可用任何方式记录观察结果，如书面说明、草图、照片。

（7）后清洗和保护。

最后检查完成后，只有在渗透检测产品可能会干扰到以后的加工或应用要求的情况下，才需要进行部件的后清洗。如果有要求，应进行适当的防腐蚀保护。

（8）重新检测。

如果需要重新检测，例如不能对缺欠痕迹进行清晰的评估，则应从预清洗开始重复全部的检测程序。如果需要这一程序，应选择更多有利的检测条件，不允许使用不同类型的渗透剂或者相同类型的由不同制造商生产的渗透剂，除非进行了彻底的清洗以去除滞留在不连续性中的渗透剂残余。

10.1.2.5 显示观察和验收

渗透检测过程中，通常将显示分为相关显示、非相关显示、伪显示。

相关显示是指由缺欠或不规则性所引起的显示，常见的缺欠有焊接裂纹、焊接气孔、未熔合和未焊透等。

非相关显示是指不是由缺欠或不规则性所引起的显示，它主要是由工件的加工工艺及工件结构外形和表面的划伤、刻痕、毛刺、氧化层等引起的。

伪显示是指不是由缺欠或不规则性所引起的显示，也不是由于结构或外形引起的，而是由于不适当的方法或处理引起的显示，如操作者的手或工作台及擦布等上的渗透剂污染、工件筐和吊具上残存渗透剂与已清洗干净的工件相接触造成的污染、缺欠中渗出的渗透剂使相邻的工件受到污染。

焊接热裂纹一般位于焊缝中心（纵向），显示呈波浪状或锯齿状的红色或明亮的黄绿色细线条，如图10.19（a）所示；冷裂纹一般常位于焊层下紧靠熔合线侧，与熔合线平行，显示呈两端尖细中间粗的直线状红色或明亮的黄绿色细线条；弧坑裂纹位于焊缝断弧的弧坑处，一般呈星状，如渗透剂回渗较多会扩展成圆形。

焊接表面气孔是一种常见的缺欠，是在焊接过程中，焊缝金属中所存在的气体，未能在其凝固前完全逸出而形成的。显示呈圆形、椭圆形或长圆条形，红色或黄绿色亮点，如图10.19（b）所示。

未熔合是焊接填充金属和母材间或填充金属间没有熔合在一起，其分为坡口未熔合和层间未熔合两种。层间未熔合无法通过渗透检测来发现，坡口未熔合只有扩展到表面后才能发现，其显示呈直线状或椭圆形的红色或明亮的黄绿色条状，如图10.19（c）所示。

未焊透是焊接件的两母材间未被电弧熔焊合而留下的空隙，显示呈一条连续或断续的红色或明亮的黄绿色线条，如图10.19（d）所示。

（a）焊接裂纹　　　　　（b）焊接气孔　　　　　（c）未熔合　　　　　（d）未焊透

图 10.19　渗透检测缺欠显示

对于焊缝渗透检测，将缺欠显示分为线性和非线性。线性显示是指长宽比大于 3 的显示，非线性显示是指长宽比小于等于 3 的显示。

在标准 ISO 23277 中规定了焊缝显示的验收等级，如表 10.1 所示。

表 10.1　显示的验收等级（摘自 ISO 23277：2015）

显示类型	验收等级[①]		
	1/mm	2/mm	3/mm
线性显示（l：显示长度）	$l \leqslant 2$	$l \leqslant 4$	$l \leqslant 8$
非线显示（d：主轴尺寸）	$d \leqslant 4$	$d \leqslant 6$	$d \leqslant 8$

[①] 验收等级 2 和 3 可规定冠以 ×，以表示所检出的各种线性显示应按一级评定。但小于原验收等级所示值的显示，其检出率可能较低。

10.1.2.6 渗透检测相关标准

渗透检测相关标准包括 ISO 3452-1：2021《无损检测　渗透检测　第 1 部分：一般原则》、ISO 23277：2015《焊接接头的渗透检测　验收等级》。

10.1.3 磁粉检测

10.1.3.1 概述

磁粉检测是利用铁磁性粉末——磁粉，作为磁场的传感器，即利用漏磁场吸附磁粉形成的磁痕来显示不连续性的位置、大小、形状和严重程度的一种检测方法。

磁性检测主要适用于检验铁磁性材料焊缝的表面与近表面缺欠，例如碳钢或低合金钢表面的焊接裂纹、疲劳裂纹与应力腐蚀裂纹等。

10.1.3.2 基础和原理

磁铁能够吸引铁磁性材料的性质称为磁性。凡能够吸引其他铁磁性材料的物体称为磁体。磁体是能够建立外加磁场的物体，磁铁各部分的磁性强弱不同，磁铁两端磁力线密度大、磁性特别强、吸附磁粉特别多，被称为磁极。磁极分为北极（N 极）和南极（S 极），通常用磁力线来描述磁场，磁力线是具有方向性的闭合曲线，互不相交，且连续不中断，如图 10.20 所示。

影响磁场的介质称为磁介质。电流可以产生磁场，在真空中激发的磁感应强度为 B_0，当磁场中出现磁介质时，磁化后的磁介

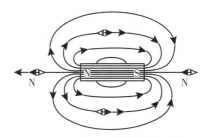

图 10.20　条形磁铁磁力线分布

质将产生附加磁场 B'，此时磁场中的磁感应强度将是 B_0 和 B' 的矢量和。由于磁介质有不同的磁化特性，磁化后激发的附加磁场并不相同。

铁磁性材料（铁、钴、镍）中，在一定磁场强度 H 下，会产生一定的磁力线密度（磁感应强度）B。

$$B=\mu_{rel}\mu_0 H=\mu H$$

式中：B——磁感应强度（T）；

　　　H——磁场强度（A/m）；

　　　μ_0——真空磁导率（$\mu_0=4\pi\times10^{-7}$H/m）；

　　　μ——磁导率（H/m）；

　　　μ_{rel}——相对磁导率。

材料被磁化的难易程度可用磁导率 μ 来表示。磁导率越大，材料越易被磁化，其呈现的磁性也越强。根据不同的磁化程度，磁介质分为铁磁质、顺磁质、抗磁质。

铁磁性：$\mu_{rel}\gg1$，铁、钴、镍等及其合金；

顺磁性：$\mu_{rel}>1$，奥氏体钢、铝、铬、锰等及其合金；

逆磁性：$\mu_{rel}<1$，金、银、铜等。

μ_{rel} 不是材料常数，与下列因素有关：磁场强度 H、温度和材料的事先处理。

铁磁性材料的磁化行为可用磁化曲线来描述。随着磁感应强度 B 由 0 增加到饱和点 a，磁场强度 H 再增加磁感应强度 B 将不再增加，$0—a$ 这段曲线为初始磁化曲线。当 a 点开始逐渐减小励磁电流时，则磁场强度 H 减小，磁感应强度 B 也相应减小，但并不沿 $0—a$ 曲线下降，而是沿 $a—b$ 曲线下降。当 $H=0$ 时，则 $B\neq0$ 而是 $B=B_r$，B_r 就被称为剩余磁感应强度，简称剩磁。为使磁感应强度 B 降为 0，必须施加一个反向磁场强度 H_c，则 H_c 就被称为矫顽力。

当反向磁场强度 H 继续增加，则磁感应强度 B 就沿反方向到达磁饱和点 d。当磁场沿 $c—d—e—f—a$ 回到 a 点，就形成一个 $a—b—c—d—e—f—a$ 的封闭曲线，即材料内的磁感应中强度 B 是按照一条对称于坐标原点的闭合曲线变化的，该曲线被称为磁滞曲线（图 10.21）。铁磁性材料在减小 H 时的磁化曲线并不与增加 H 时的磁化曲线相重叠的现象为磁滞现象。

磁粉检测的原理：铁磁质工件被磁化后产生磁感应线，当工件表面或近表面存在的缺欠与磁感应线成垂直或近于垂直角度时，磁感应线会在缺欠处溢出，从而产生漏磁场，漏磁场通过吸引施加在此处的磁粉，形成可见的缺欠磁痕，将缺欠的位置、形状和大小显示出来（图 10.22）。

根据磁粉检测原理，其适用范围为：① 检测表面缺欠；② 检测近表面缺欠；③ 检测铁磁性材料（铁、钴、镍）。

10.1.3.3　检测器材

磁粉检测设备一般包括磁粉探伤机和测量设备。磁粉探伤机的种类很多，通常按其使用方法分为固定式、移动式和便携式三类（表 10.2）。

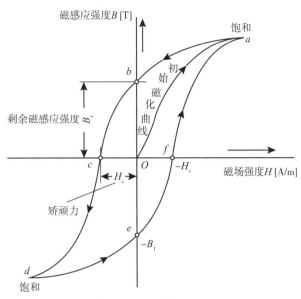

图 10.21　磁滞曲线

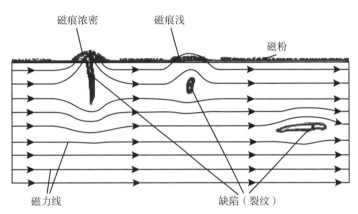

图 10.22　不同缺欠的磁痕显示

表 10.2　常用磁粉检测设备及其特点和作用

检测设备	设备类型	示意图	特点和作用
磁粉探伤机	固定式		固定场所安装使用，尺寸重量大，检测功能全。用于需较大磁化电流的可移动的中小焊接工件
	移动式		可进行自由移动，尺寸和重量小于固定式，可用于小型焊接件或不易移动的大型工件

续表

检测设备	设备类型	示意图	特点和作用
磁粉探伤机	便携式	触头型 	 体积小，重量轻，移动方便，适用于野外、高空等现场及压力容器的局部焊缝探伤
		电磁轭型 	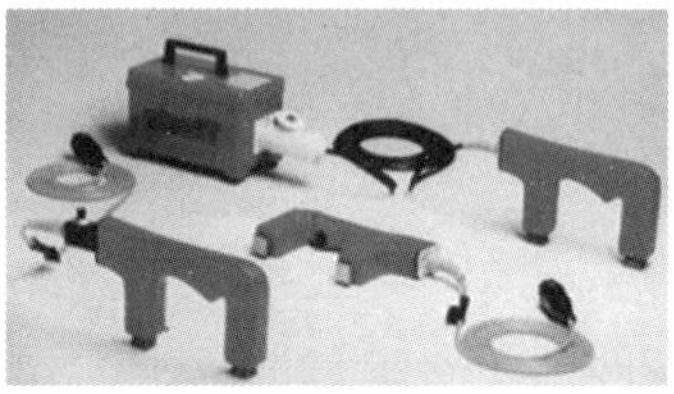 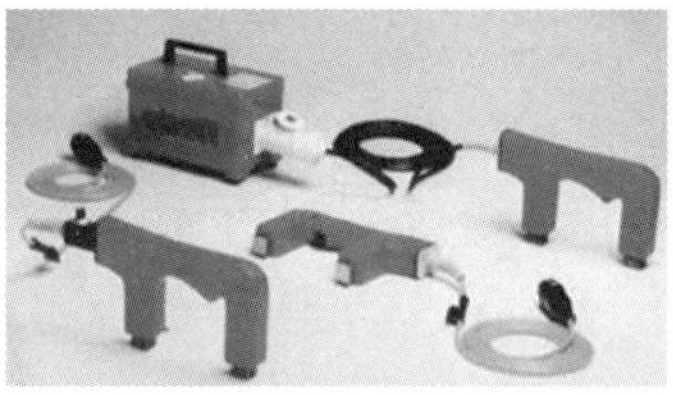
		交叉磁轭型 	

磁粉是磁粉检测的重要媒介，磁粉质量好坏将会影响检测的结果。磁粉的种类很多，按照观察方式的不同可以分为非荧光磁粉和荧光磁粉。

（1）非荧光磁粉。常用的有黑磁粉、红褐色磁粉、白磁粉等。其中黑色磁粉主要成分为 Fe_3O_4 粉末，特殊情况下，在检测前可在被检部位施加一层白色反差增强剂，以提高缺欠磁痕与工件表面颜色的对比度。

（2）荧光磁粉。在紫外线照射下荧光磁粉发黄绿色荧光，可提高探伤灵敏度。

常见的磁粉、磁膏、磁悬液和反差增强剂如图 10.23 所示。

磁粉检测标准试件（试块）是检测的必备器材，常见的标准试件分为人工缺欠及自然缺欠。磁粉探伤过程中，为了验证磁化方法和规范是否合适及有效检测区是否达到要求，应采用灵敏度试片和试块（图 10.24）进行测定。

反差增强剂是磁粉检测中常用到的试剂。目的是提高缺欠磁痕与工件表面颜色的对比度，探伤前，在工件表面上先喷上一层白色薄膜，从而使磁痕显示更清晰。

10.1.3.4　磁化技术和条件

磁粉检测开始前，应先进行综合性能检验。测试用于确保设备、磁场强度和方向、表面特性、检测介质和照明等参数有效。最可靠的试验是用有代表性的试块（已知类型、位置、大小和尺寸分

图 10.23　磁粉、磁膏、磁悬液和反差增强剂

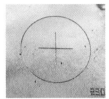

图 10.24　灵敏度试片和试块

布的真实缺欠）。若无此试块，应制作带人工缺欠的试块，也可使用十字试片或磁场指示器。

根据工件磁化后的磁场方向，磁化方法分为纵向磁化、周向磁化、复合磁化。

纵向磁化法是利用通电或通磁来磁化工件，使其产生一个沿工件轴向或长度方向的磁场，用于检测与轴向或长度方向垂直或近于垂直的横向缺欠。如磁轭法、线圈法、感应电流法。

周向磁化法是利用对工件通电，使其产生周向磁化，用于检出与工件轴线平行或近于平行的纵向缺欠。如通电法、触头法、中心导体法、平行电缆法。

复合磁化法是通过对工件同时进行纵向和周向或多方向磁化，在工件上产生随时间变化的摆动、螺旋或旋转磁场，可以同时检出各方向的表面和近表面缺欠。如交叉磁轭法、交叉线圈法。

磁粉检测方法根据磁化工件和施加磁粉、磁悬液的时机，分为连续法和剩磁法，连续法可用干法和湿法检测，剩磁法只能用于湿法检测，其操作程序一般包括预处理、磁化、施加磁粉、磁痕的观察、记录、退磁、后处理等。操作的主要步骤如下。

（1）连续法。① 首先对被检工件表面进行预处理；② 对被检工件进行磁化；③ 在磁化的同时施加磁悬液或磁粉；④ 湿法时，先停止施加磁悬液后再停止磁化，然后进行检验观察；干法时，在通电的同时去除多余磁粉，检验观察后再停止磁化。

（2）剩磁法。① 首先对被检工件表面进行预处理；② 对被检工件进行磁化；③ 然后将被检工件浸入搅拌均匀的磁悬液中，在 10~20s 后取出检验观察；④ 检验完成前，被检工件不能与任何铁磁性材料接触，以免产生磁写。

10.1.3.5　显示观察和验收

焊缝的磁粉检测，按产品制造工序分为坡口检测、焊接过程检测。

坡口检测是对采用气割或机械加工方式加工出的坡口进行检测，以检出原材料中的气孔、夹渣、分层、裂纹及加工过程中产生的裂纹等缺欠，从而保证焊接质量。

焊接过程检测是为了及时发现并清除焊接过程中的层间、焊缝及热影响区、补焊处等存在的缺欠，保证焊接质量。

（1）焊接裂纹。可能在焊接过程中产生，也可能在焊后产生，因此焊接检测一般要求在焊接完成24h后进行。焊接裂纹根据其产生的温度可分为热裂纹和冷裂纹；根据其产生的位置可分为焊缝裂纹、热影响区裂纹、熔合线裂纹。其磁痕显示一般浓密清晰可见，呈直线状、弯曲状、树枝状等，如图10.25（a）所示。

（2）焊接气孔。是焊接过程中气体在熔化金属冷却之前未来得及逸出而保留在焊缝中的孔穴，多呈圆形或椭圆形，其磁痕也呈圆形或椭圆形，宽而模糊，显示不太清晰，磁痕的浓密程度与气孔的深度有关，如图10.25（b）所示。

（a）焊接裂纹　　　　　　　　　　　　　　　（b）焊接气孔

图 10.25　焊缝缺欠磁痕显示

（3）磁痕的观察和评定。根据磁痕的长轴和短轴之比，小于等于3的缺欠磁痕为非线性显示，大于3的缺欠磁痕为线性显示。一组磁痕中，间距小于相邻较小磁痕主轴尺寸的任何邻近磁痕，应作为一个独立的连续磁痕进行评定。

检测面宽度应包括焊缝和邻近母材（两侧各10mm），其验收等级见表10.3。

表 10.3　显示的验收等级（摘自 ISO 23278：2015）

显示类型	验收等级[①]		
	1/mm	2/mm	3/mm
线性显示（l：显示长度）	$l \leq 1.5$	$l \leq 3$	$l \leq 6$
非线性显示（d：主轴尺寸）	$d \leq 2$	$d \leq 3$	$d \leq 4$

① 验收等级1和2可规定冠以 ×，以表示所检出的各种线性显示应按一级评定。但小于原验收等级所示值的显示，其检出率可能较低。

10.1.3.6　磁粉检测相关标准

磁粉检测相关标准包括 ISO 17638：2016《焊缝无损检测　磁粉检测》、ISO 23278：2015《焊接接头的磁粉检测　验收等级》等。

10.1.4 射线检测

10.1.4.1 概述

在金属材料的射线检测中，用 X 射线和 γ 射线来发现内部缺欠，能量范围在 keV 至 MeV 之间。

目前，射线检测已发展成为五种常规的无损检测方法之一，与超声检测共同占据无损检测的主导地位，在石油、化工、电力、机械、冶金、核工业等工业部门，以及航空、航天等领域获得广泛应用。射线检测在提高产品质量、降低生产成本、保障设备的安全运行等诸多方面做出了重要贡献。在我国，射线检测已有较长的历史，并形成了一支庞大的技术队伍，是目前工业生产和科学研究中应用十分广泛的无损检测方法之一。

与其他检测方法相比，射线检测的检测结果直观，缺欠定性比较容易，定量、定位也比较方便，适用对象广，对材料的种类（金属、非金属、复合材料）及工件的形状几乎没有限制。

同时射线检测成本较高，对体积型缺欠的检测灵敏度较高，对平面型缺欠的检测灵敏度较低。也存在一定的安全隐患，应注意射线防护。

10.1.4.2 基础和原理

X 射线和 γ 射线的区别在于产生的机理不同。

X 射线是高速电子在 X 射线管中撞击阳极而产生，产生的特征谱线是连续的谱线，如图 10.26 所示。能量取决于管电压（kV 值），强度取决于管电流（mA 值）。

γ 射线是不稳定的原子核在发生放射性衰变时，伴随而生。γ 射线的特征谱线是一系列线状的谱线（单个较集中的能量），如图 10.27 所示。能量和强度这里是不可调的。强度取决于所应用同位素放射源的活度。

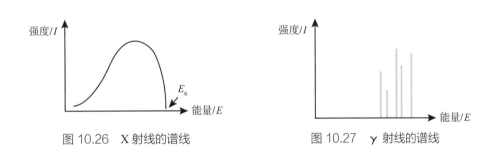

图 10.26　X 射线的谱线　　　　　　　　图 10.27　γ 射线的谱线

半价层（HWS）是指射线强度衰减为原来一半时，所经过的材料厚度。常用来估测射线源的穿透能力。

半衰期（HWZ）是指放射性原子核活度衰减为原来一半时，所经历的时间，见表 10.4。

表 10.4　不同 γ 射线源的半衰期

γ 射线源	铱 – 192	硒 – 75	钴 – 60	铥 – 169	铥 – 170
半衰期	74 天	120 天	5.3 年	32 天	128 天
透照厚度（钢）/mm	10~100	5~30	40~200	3~15	3~20

X 射线与 γ 射线具有与可见光不同的性质：① 不可见，沿直线传播；② 不带电，不受电磁场的影响；③ 有反射、干涉和衍射现象；④ 可穿过可见光不能穿过的物质，其穿透物质的能力取决于透照材料的密度 ρ 和质子数 Z、透照材料的壁厚、射线的能量；⑤ 会与物质发生复杂的物理和化学作用；⑥ 具有辐射生物效应，对生物机体有杀伤和破坏作用。

射线检测是利用阴极灯丝产生的电子高速轰击靶，或放射性物质在衰变过程中产生的电磁波来穿透工件，完好部位与缺欠部位透过剂量有差异，从而在底片上形成缺欠影像，射线检测原理如图 10.28 所示。

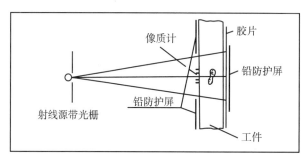

图 10.28　射线检测原理

射线穿过被检物体过程中，其强度将减弱，我们称其为衰减。衰减主要取决于辐射能量和材料密度。衰减的原因是吸收和散射。吸收是指在交互作用中，一部分一次辐射的能量被完全释放掉，即不再存在。散射是指透射过程中，一次辐射在释放了一部分能量后改变了传播方向。散射线不能成像，因为它会使 X 射线胶片均匀地"发黑"。

10.1.4.3　检测器材

（1）射线机。

X 射线机是高电压精密仪器，常用 X 射线机按结构形式分为携带式和移动式两种。一般 X 射线机由四个部分组成：高压部分、冷却部分、保护部分和控制部分，其中 X 射线管是 X 射线机的核心部件，结构如图 10.29 所示。

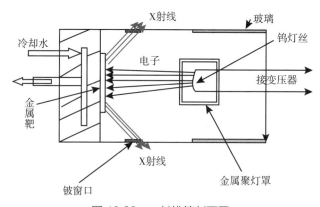

图 10.29　X 射线管剖面图

（2）射线胶片。

同普通摄影胶片相比，射线胶片有双面涂层，所以它的曝光时间可缩短一半。射线胶片由保护层、乳剂层、结合层、片基构成。射线胶片的性能和分类见表 10.5。

表 10.5　射线胶片的性能和分类

胶片系统类别		颗粒度	感光度	对比度（反差）	胶片分类
T1	C1	很细	很慢	很高	Kodak R、SR；AgfaD2、D3；Fuji 1X–25
	C2				
T2	C3	细	慢	高	Kodak M、T；AgfaD4、D5；Fuji 50、80；天津 V 型
	C4				
T3	C5	中	中	中	Kodak AA、B；Agfa D7、D8；Fuji 100；天津 N–Ⅲ、Ⅳ–C 型
T4	C6	粗	快	低	Kodak CX；Agfa D10；Fuji 400；天津 Ⅱ 型

（3）黑度计。

在入射方向上截面的厚度差别将引起 X 射线或 γ 射线的强度差别，并由此引起底片黑度的差别。黑度（S）也称作光学密度（D），无量纲。

$$S=\lg\frac{L_0}{L_f}$$

式中：S——黑度；

　　　L_0——底片前观片灯的照射强度（cd/cm^2）；

　　　L_f——透过底片后的照射强度（cd/cm^2）。

X 光底片的黑度取决于：① 曝光量，即有效照射剂量（剂量 = 射线强度 × 照射时间）；② 胶片乳剂层的特性，即胶片的灵敏度。

底片黑度是射线检测质量的基本指标之一，黑度计（图 10.30）就是用于测量底片黑度的设备。黑度计的种类有光电直读式黑度计（早期使用的模拟电路、指针显示式黑度计，误差较大）和数字显示黑度计。

图 10.30　黑度计

（4）像质计。

像质计（图 10.31）是用来测定射线底片照相灵敏度的器材，根据在底片上所显示的像质计影像，可对射线底片影像质量进行判断，从而确认底片成像是否满足检测技术条件。

像质计的材质应与被检工件相同或相似，或射线吸收小于被检材料。像质计一般分为丝型、孔型、槽型三类。

像质计一般原则上放置在射线源侧。

（5）增感屏。

增感屏（图 10.32）分为荧光、金属荧光和金属三类。

金属增感屏的作用：① 增感作用；② 吸收散射线，可以提高黑度（缩短曝光时间），常用的金属增感屏为铅屏。

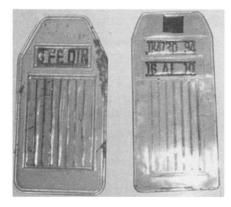

图 10.31　像质计

图 10.32　增感屏

10.1.4.4 透照技术和条件

工件射线透照布置应采用图 10.33 的规定，X 射线胶片应尽可能靠近检测对象。

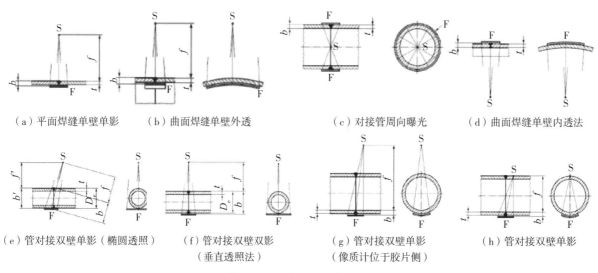

（a）平面焊缝单壁单影　　　（b）曲面焊缝单壁外透　　　　　（c）对接管周向曝光　　　（d）曲面焊缝单壁内透法

（e）管对接双壁单影（椭圆透照）　　（f）管对接双壁双影　　　　（g）管对接双壁单影　　　　（h）管对接双壁单影
　　　　　　　　　　　　　　　　　　（垂直透照法）　　　　　（像质计位于胶片侧）

图 10.33　常用透照布置图

在 ISO 17636 标准中对小径管透照布置规定如下：

外径 D_e 大于 100mm 或公称厚度 t 大于 8mm 或焊缝宽度大于 $D_e/4$ 的管对接焊缝，不适用于椭圆透照法（双壁双影）。若 t/D_e 小于 0.12，可采用椭圆透照，相隔 90° 透照两次，必要时可透照 3 次。椭圆两焊缝影像最大间距处约为一个焊缝宽度。

当外径 D_e 小于等于 100mm，但难以采用椭圆法时，可作垂直透照，这时间隔 120° 或 60° 透照

3 次。

　　像质计的选择应依据相关检测标准进行，选用时需考虑透照厚度、放置位置、透照技术及布置。像质计通常放置在被检工件的射线源侧，并紧贴工件表面放置，且位于厚度均匀的区域。使用丝型像质计时，细丝应垂直于焊缝，其位置应确保至少有 10mm 丝长显示在黑度均匀的区段。椭圆和垂直透照时，细丝应平行于管子环缝，并不得投影在焊缝影像上。评定底片时，通过观察底片上的像质计影像，确定可识别的最细丝径编号或最小孔径编号，以此作为像质计数值。

　　底片黑度是射线检测质量的基本指标之一。根据标准 ISO 17636，被检区域内底片黑度要求见表 10.6。

表 10.6　射线底片黑度要求

等级	黑度[①]
A	≥ 2.0[②]
B	≥ 2.3[③]

[①] 测量允许误差为 ± 0.1。
[②] 经合同双方商定，可降为 1.5。
[③] 经合同双方商定，可降为 2.0。

10.1.4.5　底片的成像质量

　　射线底片的成像质量取决于：① 对比度（反差）；② 清晰度（不清晰度）。

　　（1）对比度。

　　透照方向上厚度差别越大以及所应用的射线越软，对比度（反差）就越高，如图 10.34 所示。

　　（2）清晰度。

　　清晰度是以不清晰度（U）来描述的，不清晰度是指影像轮廓边缘黑度过渡区的宽度，其由几何不清晰度（U_g）和固有不清晰度（U_i）组成。几何不清晰度（图 10.35）是由于射线源具一定尺寸，从而造成工件轮廓或缺欠在底片上的影像边缘会产生一定宽度的半影。影响几何不清晰度的因素有焦点尺寸（d）、射线源至工件表面距离（f）、工件表面或缺欠至胶片距离（b）。固有不清晰度是由于透照到胶片上的射线在乳剂层中激发出的电子的散射而产生的。影响固有不清晰度的因素有射线

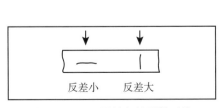

图 10.34　不同缺欠的反差对比

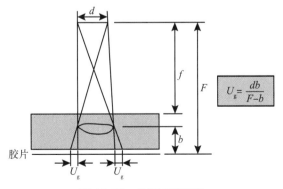

$$U_g = \frac{db}{F-b}$$

图 10.35　几何不清晰度

的能量、增感屏种类、增感屏与胶片的贴紧程度。

10.1.4.6　暗室处理

对具有潜影的胶片经过一系列在暗室中进行的加工处理，从而获得可长期保存的可见影像底片的过程，就是暗室处理。暗室处理的基本过程包括：显影、停影、定影、水洗、干燥。暗室处理方法可分为自动处理和手动处理二类。自动处理是采用自动洗片机和专用显定影液，并在较短时间和高温下完成全部暗室处理过程，此方法适合处理批量胶片。手动处理又分为盘式处理和槽式处理。盘式处理适于胶片规格不统一且变化较大的暗室处理；槽式处理适于规格较一致的胶片的暗室处理。

10.1.4.7　底片的评定

评片工作一般包括下面的内容：① 评定底片本身质量的合格性；② 正确识别底片上的影像；③ 依据从底片上得到的工件缺欠数据，按照验收标准或技术条件对工件质量做出评定；④ 完成有关的各种原始记录和资料整理。

正确识别底片上的影像，判断影像所代表的缺欠性质，需要丰富的实践经验和一定的理论基础。理论基础主要是应掌握一定的材料和工艺方面的知识，从而掌握主要的缺欠类型、缺欠形态、缺欠产生规律和机理。实践经验是正确识别影像和判断缺欠性质的另一个重要基础，只有经过较多的练习和实践，才能逐步掌握和正确识别底片上的缺欠影像。我们可从以下三方面进行底片的影像分析判断：① 影像的几何形状；② 影像的黑度分布；③ 影像的位置。射线底片上常见焊接缺欠和伪缺欠影像及其特征见图 10.36 和表 10.7。

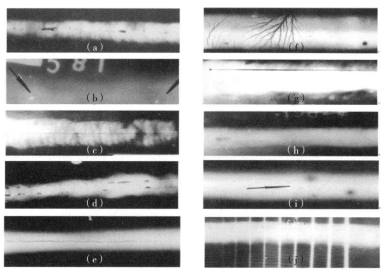

（a）气孔和夹渣；（b）夹钨；（c）未焊透；（d）未熔合；（e）纵向裂纹；
（f）树枝状伪缺欠；（g）线状伪缺欠；（h）蜘蛛状伪缺欠；（i）斑状伪缺欠；（j）波浪状伪缺欠。

图 10.36　底片上常见焊接缺欠和伪缺欠影像

表 10.7　底片上常见焊接缺欠和伪缺欠影像的特征

缺欠种类	缺欠影像的特征	产生原因
气孔	多数为圆形、椭圆形黑点，其中心黑度较大，也有针状、柱状气孔。其分布情况不一，有密集的、单个的和链状的	① 焊条受潮； ② 焊接处有锈、油污等； ③ 焊接速度太快或弧长过长； ④ 母材坡口处存在夹层； ⑤ 自动焊产生明弧现象
夹渣	形状不规则，有点、条块等，黑度不均匀。一般条状夹渣都与焊缝平行，或与未焊透、未熔合等混合出现	① 运条不当，焊接电流过小，坡口角度过小； ② 焊件上有锈，焊条药皮性能不当等； ③ 多层焊时，层间清渣不彻底
未焊透	在底片上呈现规则的、直线状的黑色线条，常伴有气孔或夹渣。在 X 形、V 形坡口的焊缝中，根部未焊透都出现在焊缝中间，K 形坡口则偏离焊缝中心	① 间隙太小； ② 焊接电流或电压不当； ③ 焊接速度太快； ④ 坡口不正常等
未熔合	坡口未熔合影像一般一侧平直另一侧有弯曲，黑度淡而均匀，时常伴有夹渣。层间未熔合影像不规则，且不易分辨	① 坡口不够清洁； ② 坡口尺寸不当； ③ 焊接电流或电压小； ④ 焊条直径或种类不对
裂纹	一般呈直线或略带锯齿状的细纹，轮廓分明，两端尖细，中部稍宽，有时呈现树枝状影像	① 母材与焊接材料不当； ② 焊接热处理不当； ③ 应力太大或应力集中； ④ 焊接工艺不正确
夹钨	底片上呈现圆形或不规则的亮斑点，且轮廓清晰	采用钨极气体保护焊时，钨极爆裂或熔化的钨粒进入焊缝金属
伪缺欠	细小霉斑	底片陈旧发霉
	底片角上边缘有雾	暗盒封闭不严，漏光
	普遍严重发灰	红灯不安全，显影液失效或胶片存放不当或过期
	暗黑色珠状影像	显影处理前溅上显影液滴
	黑色枝状条纹	静电感光
	密集黑色小点	定影时，银粒子流动
	黑度较大的点和线	局部受机械压伤或划伤
	淡色圆环斑	显影过程中有气泡
	淡色斑点或区域	增感屏损坏或夹有纸片，显影前胶片上溅上定影液也会产生这种现象

10.1.4.8　射线检测相关标准

射线检测相关标准包括：ISO 17636-1：2013《焊缝的无损检测　射线检测　第 1 部分：X 射线和 γ 射线胶片技术》、ISO 10675-1：2016《焊缝的无损检测　射线检测的验收等级　第 1 部分：钢、镍、钛及其合金》、ISO 10675-2：2017《焊缝的无损检测　射线检测的验收等级　第 2 部分：铝及其合金》。

10.1.5 超声波检测

10.1.5.1 概述

超声检测是利用超声波在物质中的传播、反射和衰减等物理特性，来发现缺欠的一种检测方法。超声波检测在工业领域中已经确立了其重要的地位，几乎应用到所有工业部门，如钢铁工业、机器制造业、特种设备行业、石油化学工业、铁路运输业、造船工业、航空航天工业、核工业等工业部门。从检测的对象材料来说，可用于金属、非金属和复合材料；从检测对象的制造工艺来说，可用于焊接件、锻件、铸件、胶结件等；从检测对象的形状来说，可用于板材、棒材、管材等，所以说超声波检测的适用范围非常广。针对不同的检测部件，其检测和验收标准各不相同。

超声波检测适合检验厚度大的工件（如重型大锻件和厚壁容器），适于检测面积型缺欠，如对原材料分层缺欠的检测；同时也易于实现快速、自动化检测。但同时也有一些限制，如缺欠定性差，特别是与射线检测相比，不能直观提供缺欠图像；在缺欠大小定量评价方面也存在问题，其量值精确度既与所用设备性能有关，也与缺欠的取向、检测前工件的准备条件、检测设备的调节及扫查速度等情况有关。

10.1.5.2 基础和原理

在弹性介质中传播的机械波，根据频率的不同，把它们划分为次声波、声波、超声波。

次声波频率＜16Hz；声波频率为16~20000Hz；超声波频率＞20000Hz。

次声波、超声波是听不见的。

超声波检验常用频率为1~10MHz，对钢和金属材料常用频率为1~5MHz。

（1）波的种类。

根据波动传播时介质质点的振动方向相对于波的传播方向的不同，可将波动分为纵波、横波。

①纵波。振动方向与波的传播方向一致，能在固、液、气态介质中传播。

②横波。振动方向与波的传播方向垂直，只能在固态介质中传播。

（2）超声波检测原理。

在超声波检测中，振荡晶片所产生的声脉冲会通过耦合剂传到被检工件中，在工件边界和分离处（内部），波阻抗 $W=p \cdot c$ 发生突然变化，超声波脉冲在此会发生反射，从而来获取缺欠信号，并在示波屏上显示出来。

超声波探伤仪与电源线和探头相连，可测出超声波脉冲在构件中的运行时间，即运行路径。如图 10.37 所示，从示波器上可以看到反射回波。

10.1.5.3 检测器材

超声波检测仪、探头、试块是超声检测的主要设备及器材，了解其构造、原理是进行有效检测的保证。

（1）超声波检测仪。

超声波检测仪是超声波检测的主体设备，A 型脉冲超声波检测仪主要电路示意图如图 10.38 所示。

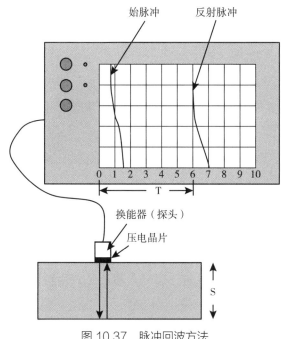

图 10.37　脉冲回波方法

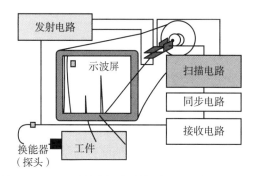

图 10.38　A 型脉冲超声波检测仪主要电路示意图

（2）探头。

直探头用于发射和接收纵波。它发射的声波方向垂直于工件表面，一般用于检测板材、铸件、锻件、焊缝，直探头结构如图 10.39（a）所示。

双晶探头（SE）用于检测厚度较薄的工件，特别适用于离检测面很近的反射体的检测。因为其发射脉冲通过延迟块从而使评定范围被推移，同时入射波发射器（S）和接收器（E）声、电系统分离，避免了互相振荡的干涉，改善了近场分辨率。双晶探头结构如图 10.39（b）所示。

斜探头主要用于检测与检测面不平行的缺欠，探头需要以一定的角度对工件进行入射以达到检测的目的，一般多用于焊缝检测。斜探头实际是"直探头"加透声斜楔组成的，"直探头"发出的纵波通过透声斜楔实现波型转换，使声束斜射到检测面上，这样由反射及折射公式可知，在楔形块中具有反射波，而在工件中只具有折射横波。斜探头结构见图 10.39（c）所示。

（3）试块。

为调节和检查仪器和探头的性能，经过长期的应用与发展形成了两种较完美的试块 K1 和 K2。

（4）耦合剂。

耦合剂是在超声检测时，在工件和探头之间施加的一层透声介质。目的是提高耦合效果。耦合剂的作用是排除探头与工件表面之间的空气，使超声波能有效地进入工件。此外耦合剂还有减少摩擦的作用，可减小探头磨损。工件的表面粗糙度和工件形状对耦合都有影响。对于同一耦合剂表面粗糙度高，则耦合效果差，反射回波低。

ISO 17640 标准要求检测表面的平整度不得使探头与检测表面的间隙超过 0.5mm。

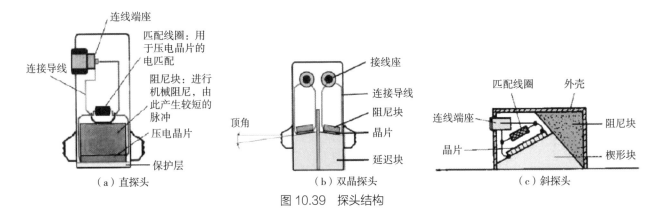

图 10.39　探头结构

10.1.5.4　扫查技术和条件

根据超声波进入工件的方式，扫查技术可分为垂直入射法和倾斜入射法。垂直入射法是采用直探头将声波垂直入射到工件检测面进行检测的方法，常用于板材检测。倾斜入射法是采用斜探头将超声波倾斜射入工件检测面进行检测的方法，常用于焊缝的检测。

（1）入射角度的选择。

探头角度的选择要适合被检缺欠的几何形状、位置、板厚及坡口角度。检测钢的入射角一般在 $35°\sim80°$，常用的是 $45°$、$60°$、$70°$。

（2）频率的选择。

① 粗晶粒组织。低频率（$1\sim2MHz$），使得组织散射的显示较小，有利于发现缺欠。

② 细晶粒组织。高频率（$4MHz$），分辨率较高，有利于缺欠定位、定性。

（3）倾斜入射的定位。

利用三维坐标，可将反射体（缺欠）的位置清晰地描述下来。当采用直探头时，平面两个方向的大小可通过探头的位置得出，第三个方向上声程（深度）的大小，可根据相应的调节，由示屏上直接读出。当采用斜探头时，除利用探头的位置，还要通过声程直接测得位置的坐标方位来确定。缺欠三角形如图 10.40 所示。

半跨距（$P/2$）和全跨距（P）基本上包括整个焊缝和热影响区，在此范围进行检测，如图 10.41 所示。

反射体距入射点的水平距离：$a=S\cdot\sin\alpha$

反射体距检测面的距离：$b=S\cdot\cos\alpha$

埋藏深度位置：当 $b<d$ 时，$t=b$；当 $d<b\leq2d$ 时，$t=2d-b$

10.1.5.5　焊缝检测验收

铁素体钢焊缝的检测验收依据 ISO 11666 标准规定（表 10.8），其通过对缺欠显示的长度 l 和反射波 dB 值两方面来进行评判。

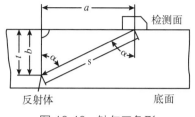

图 10.40　缺欠三角形

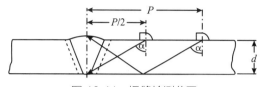

图 10.41　焊缝检测范围

表 10.8　技术 1，2，3 和 4 的验收等级 2，验收等级 3（摘自 ISO 11666：2018）

技术（依照 ISO 17640）	评估等级		验收等级 2（AL2）		验收等级 3（AL3）	
	AL2	AL3	$8\text{mm} \leqslant t < 15\text{mm}$	$15\text{mm} \leqslant t < 100\text{mm}$	$8\text{mm} \leqslant t < 15\text{mm}$	$15\text{mm} \leqslant t < 100\text{mm}$
1 （横孔）	$H_0-14\text{dB}$	$H_0-10\text{dB}$	$l \leqslant t:$ $H_0-4\text{dB}$ $l > t:$ $H_0-10\text{dB}$	$l \leqslant 0.5t:$ H_0 $0.5t < l \leqslant t:$ $H_0-6\text{dB}$ $l > t:$ $H_0-10\text{dB}$	$l \leqslant t:$ H_0 $l > t:$ $H_0-6\text{dB}$	$l \leqslant 0.5t:$ $H_0+4\text{dB}$ $0.5t < l \leqslant t:$ $H_0-2\text{dB}$ $l > t:$ $H_0-6\text{dB}$
2 ［平底孔（盘状反射器）］	$H_0-8\text{dB}$ 按表 A.2 或 A.3	$H_0-4\text{dB}$ 按表 A.2 或 A.3	$l \leqslant t:$ $H_0+2\text{dB}$ $l > t:$ $H_0-4\text{dB}$	$l \leqslant 0.5t:$ $H_0+6\text{dB}$ $0.5t < l \leqslant t:$ H_0 $l > t:$ $H_0-4\text{dB}$	$l \leqslant t:$ $H_0+6\text{dB}$ $l > t:$ H_0	$l \leqslant 0.5t:$ $H_0+10\text{dB}$ $0.5t < l \leqslant t:$ $H_0+4\text{dB}$ $l > t:$ H_0
3 （矩形槽口）	$H_0-14\text{dB}$	$H_0-10\text{dB}$	$l \leqslant t:$ $H_0-4\text{dB}$ $l > t:$ $H_0-10\text{dB}$	—	$l \leqslant t:$ H_0 $l > t:$ $H_0-6\text{dB}$	—
4 （串列技术）	$H_0-22\text{dB}$	$H_0-18\text{dB}$	—	$l \leqslant 0.5t:$ $H_0-8\text{dB}$ $0.5t < l \leqslant t:$ $H_0-14\text{dB}$ $l > t:$ $H_0-18\text{dB}$	—	$l \leqslant 0.5t:$ $H_0-4\text{dB}$ $0.5t < l \leqslant t:$ $H_0-10\text{dB}$ $l > t:$ $H_0-14\text{dB}$

注：l 为缺欠指示长度，t 为板厚。

　　记录等级为相应的验收等级减去 4dB。

　　H_0 为参考等级。

10.1.5.6　焊缝检测相关标准

焊缝检测相关标准包括 ISO 17640：2017《焊缝的无损检测　超声检测　技术、检测级别和评定》、ISO 11666：2018《焊缝的无损检测　超声波检测　验收等级》等。

10.1.6　涡流检测

10.1.6.1　概述

涡流检测是以电磁感应原理为基础，只适用于探测导电材料的表面或近表面缺欠，以及评价材料厚度、材料的冶金特性、材料涂层和镀层厚度等的一种无损检测方法。

1879 年休斯利用感生电流的方法进行不同金属和合金的判断试验。

1950 年福斯特研制出以阻抗分析法补偿干扰因素的仪器，开创现代涡流无损检测方法。

涡流检测技术具有适用性较强、非接触耦合、检测装置轻便等优点，同时由于涡流响应信号较为复杂，且难以将各种干扰信号与缺欠响应区分开来，因此涡流检测结果的可靠性受到影响。

近年来，随着电子技术，特别是计算机技术和信息理论的飞速发展，涡流检测技术和设备也以较快的发展速度向前发展，并成为无损检测技术中的重要组成部分。

目前，焊缝的涡流检测主要采用多频涡流或脉冲涡流。

10.1.6.2　涡流检测原理

涡流检测是涡流效应的重要应用。当焊接钢管经过通以高频电流的电磁线圈时，因交变磁场的作用，会在焊管中产生涡流，其中如有缺欠，就会引起涡流的变化，涡流所产生的感应磁场和激励磁场所组成的合成磁场也要变化，就可以将缺欠检测出来，如图 10.42 所示。

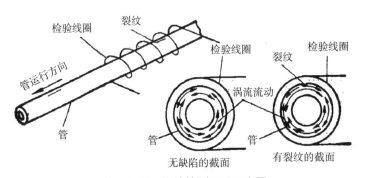

图 10.42　涡流检测原理示意图

10.1.6.3　涡流检测系统

涡流检测系统一般由振荡器、检测线圈、放大器等组成，如图 10.43 所示。涡流检测线圈分类方法很多，根据感应方式不同，检测线圈可分为自感式线圈和互感式线圈，又称参量式线圈和变压式线圈。根据检测线圈和工件的相对位置可以分为穿过式线圈、探头式线圈、插入式线圈三种，如图 10.44 所示。根据线圈的使用方式，只用一个线圈工作的方式称为绝对式，使用两个线圈进行反接的方式为差动式，两种线圈的比较见表 10.9。差动式按工件的位置放置形式不同又分为自比式线圈和他比式线圈两种。

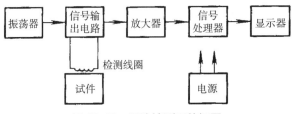

图 10.43　涡流检测系统框图

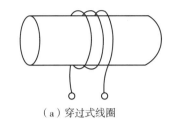

（a）穿过式线圈

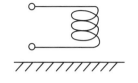

（b）探头式线圈

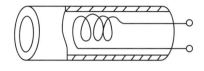

（c）插入式线圈

图 10.44　检测线圈分类

表 10.9　绝对式线圈和差动式线圈的比较

	优点	缺点
绝对式线圈	① 对材料性能或形状的突变或缓慢变化均能做出反应； ② 混合信号较易区分出来； ③ 能显示缺欠的整个长度	① 温度不稳定时易发生漂移； ② 对探头的颤动比差动式敏感
差动式线圈	① 不会因温度不稳定而引起漂移； ② 对探头颤动的敏感度比绝对式低	① 对平缓变化不敏感，即长而平缓的缺欠可能漏检； ② 只能探出长缺欠的终点和始点； ③ 可能产生难以解释的信号

10.1.7 泄漏检测

10.1.7.1 概述

泄漏检测是用来检测液体或气体泄漏及工件的致密性的一种无损检测方法，如容器、阀门、管道或整个装置的穿透性检测。通过泄漏检测可使运行介质（气态、液态或固态）尽可能少地从装置中渗漏到周围环境中，或确保环境中的物体不能进入被检装置中。

泄漏检测方法可用加压和真空试验方法进行，选用应根据被检工件带压或真空状态而定。

检测方法的选用一方面要看选用的方法能否满足必要的检验灵敏度，也就是说能够检测被检工件是否符合泄漏性的要求。另一方面检测的实施以及检测条件的选择，应符合被检工件以后的实际工作条件（如工作压力、工作温度、介质）。

用于真空工作状态下的装置，应进行真空性检测，以验证其真空泄漏性是否满足要求；如果一台容器，其工作压力高于环境压力，那么此容器进行泄漏检测的试验压力应超过其工作压力。

泄漏检测的相关要求，可依据相关规定和标准的条文准则进行，这种条文准则的制定可考虑环境保护因素或企业经济因素。

10.1.7.2 泄漏检测方法

泄漏检测一般包括液体检漏法（图 10.45）、变压法（图 10.46）、超声检漏法（图 10.47）、冒泡法、氦气检漏法等方法。

（1）液体检漏法。

所用检测介质是液体的泄漏检测方法为液体检漏。检测是将被检装置进行带压试验，然后观察检测介质是否从某一位置逸出。

（2）变压法。

变压法是通过被检装置随时间的推移改变承压，以检测该装置的泄漏性。

（3）超声检漏法。

超声检漏不仅可以检出人所能听到的气体泄漏时发出的咝咝声，还可以检测出某种特定的人所听不到的声波部分。

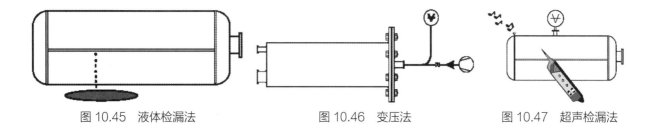

图 10.45 液体检漏法　　　　图 10.46 变压法　　　　图 10.47 超声检漏法

（4）冒泡法。

冒泡法（图 10.48）是将带压的被检装置浸入检测介质（水）中，在被检装置的泄漏位置就会出现气泡。

冒泡法检测时，如果使用发泡剂代替水作为检测介质，则当在被检区域涂浸上此种发泡剂时，在被检装置的泄漏位置就会有泡沫产生。

如果采用真空检测罩盒，并在检测区域还是涂浸上这种发泡剂，从而借助真空检测罩盒，使被检区域形成真空状态，那么在泄漏的地方也会产生泡沫。

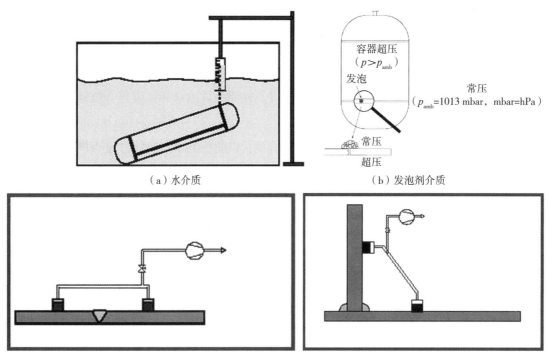

（a）水介质　　　　　　　　（b）发泡剂介质

（c）采用真空检测罩盒

图 10.48 冒泡法

（5）氦气检漏法。

① 闻嗅法。

通过采用特殊的检测仪器来闻嗅在检测中逸出的试验气体来进行渗漏检测的方法。

闻嗅法分为吸枪法（图 10.49）——怀疑有漏的地方用特制吸枪来检测，以及嗅罩法（图 10.50）——被检装置全部被罩上或者部分被罩上，然后检查其试验气体浓度的变化。

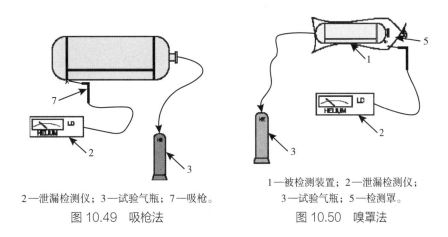

2—泄漏检测仪；3—试验气瓶；7—吸枪。

图 10.49　吸枪法

1—被检测装置；2—泄漏检测仪；
3—试验气瓶；5—检测罩。

图 10.50　嗅罩法

② 真空法。

采用真空法（图 10.51）检漏（累积法）时，被检装置全部或部分被罩起来，并向检测罩里输入试验气体。检测仪与抽真空的装置连在一起，以检测被检装置里是否进入了试验气体。

当检测局部泄漏时，可通过在怀疑泄漏的地方喷射试验气体来进行检测。

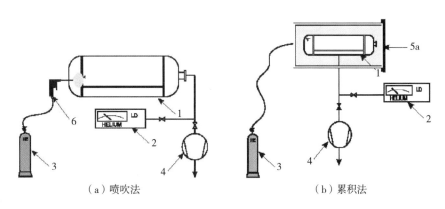

（a）喷吹法　　　　　　　　　（b）累积法

1—被检测装置；2—泄漏检测仪；3—试验气瓶；4—辅助阀；5—试验气室；6—喷枪。

图 10.51　真空法

以上各泄漏检测方法，无论是变压法、冒泡法（浸泡或浸涂技术）、闻嗅法或真空法，其主要区别在于能够给出被检构件泄漏性的不同的定量性结论，所制定的泄漏性要求中一般规定了最大的允许泄漏率 $qL_{\max}$。

变压法、嗅罩法以及真空法也称笼统方法，因为这些检测方法不能说明泄漏的具体位置，只能总体上说被检装置的泄漏性不好。超声检漏法、带发泡剂的冒泡法（皂泡法）以及吸枪法，一般用在怀疑有个别的局部泄漏的地方，因而也称它们为局部方法。

一般谈到定量的泄漏性要求，我们谈泄漏检测；如果谈论有关泄漏位置定位时，引出检漏的概念。

泄漏检测的应用范围在近几十年，随着人们环境保护意识的增强，以及对质量和成本控制要求的提高而不断扩大。

10.1.8 声发射

10.1.8.1 概述

声发射是指材料局部因能量的快速释放而发出瞬态弹性波的现象。 材料在应力作用下的变形与裂纹扩展是结构失效的重要机制。这种直接与变形和断裂机制有关的源，通常称为声发射源，流体泄漏、摩擦、撞击、燃烧等与变形和断裂机制无直接关系的另一类弹性波源，则称为二次声发射源。

声发射源发出的弹性波，经介质传播到达被检体表面，引起表面的机械振动。经声发射传感器将表面的瞬态位移转换成电信号，再经放大、处理后，形成其特性参数，并被记录与显示。最后，经数据的解释，评定出声发射源的特性，声发射技术基本原理如图 10.52 所示。声发射检测的主要目标是：① 确定声发射源的部位；② 分析声发射源的性质；③ 确定声发射发生的时间或载荷；④ 评定声发射源的严重性。一般而言，对超标声发射源，要用其他无损检测方法进行局部复检，以精确确定缺欠的性质与大小。

图 10.52 声发射技术基本原理

声发射检测技术在石油化学、航空航天、原子能、电力、机械、矿业、地质、建筑等行业在役构件的检测中有广泛应用。声发射技术是进行带缺欠运行压力容器检测与安全评估较为合适的方法之一。与其他无损检测方法相比，声发射技术具有两个基本特点：① 检测动态缺欠，而不是静态缺欠，如缺欠扩展；② 缺欠本身发出缺欠信息，而不是用外部输入对缺欠进行检查。该技术在确定有缺欠压力容器安全使用的压力范围方面有着不可比拟的优势。

10.1.8.2 检测系统及应用

（1）声发射检测仪。

根据声发射检测仪在结构、功能和数字化程度的不同，可以分为单（双）通道系统、多通道系统、全数字化系统和工业专用系统。典型的单通道声发射检测仪的基本组成一般由传感器、前置放大器、主放大器、信号参数测量、数据分析、记录与显示等基本单元构成。

为了测定出缺欠的位置，通常将几个压电传感器按一定的几何关系放置在固定点上，组成传感器阵（或称阵列），随后根据检测到的声发射信号的特征参数来进行发射源的定位。声发射检测装置如图 10.53 所示。

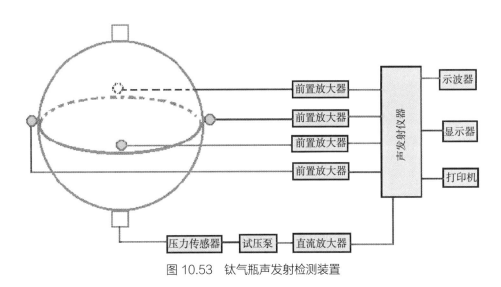

图 10.53　钛气瓶声发射检测装置

现在的声发射检测系统开发了一系列信号采集、数据处理、数据重放和显示软件，使系统具有声发射特征参数提取功能，而且具有波形采集与显示功能，可以完成声发射定位分析功能，具有频谱分析功能，更有利于声发射特征分析，有利于材料及构件的性能分析研究。

（2）声发射信号分析。

声发射信号的典型波形有突发型和连续性，如图 10.54 所示。采用声发射测量法评定缺欠活动区的严重程度需要测量的参数较多。连续信号参数包括：振铃计数、平均信号电平和有效值电压；而突发信号参数包括：波击（事件）计数、振铃计数、幅度、能量计数、上升时间、持续时间和时差。常用突发信号特性参数示意见图 10.55 所示。

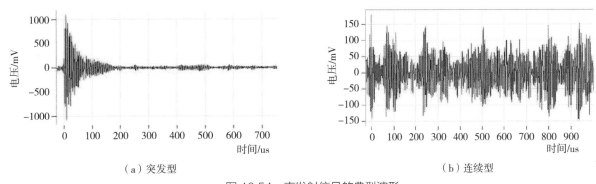

（a）突发型　　　　　　　　　　　　（b）连续型

图 10.54　声发射信号的典型波形

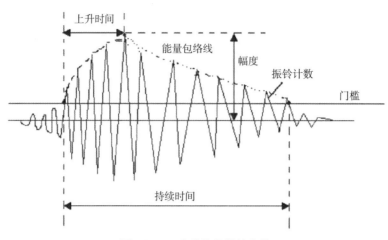

图 10.55　突发信号特性参数

（3）结果评价分析。

缺欠的严重性程度等级可以依照声发射频度、声发射源的活动和强度或者声发射特性进行评定，但这些方法都不够精确。因此，近年来又提出了综合评价方法，见表 10.10。

表 10.10　压力容器缺欠有害度评价

随压力变化的声发射发生类型	声发射标定位置集中程度		
	大	中	小
1. 全过程频发型	a	a	b
2. 高压下急增型	a	b	b
3. 高中压频发、高压减少型	b	c	d
4. 低中压频、高压停止	c	d	e
5. 全过程散发型	c	c	e
6. 部分散发型	c	e	e

缺欠分类	安全性	缺欠严重程度
a	极不安全	重大缺欠（需特别注意）
b	不安全	大缺欠（应加以注意）
c	稍不安全	中等缺欠（注意）
d	安全	小缺欠（稍加注意）
e	非常安全	无害缺欠（无须注意）

10.2　先进数字化检测技术

射线数字成像是一种先进辐射成像技术，是辐射成像技术的重要发展方向，该技术利用射线观察物体内部的技术。这种技术可以在不破坏物体的情况下获得物体内部的结构和密度等信息，并且通过计算机进行图像处理和判定。以数字射线成像技术结合远程评定技术将是无损检测技术领域的一次革命。数字射线成像技术具有检测速度快、图像保存方便、容易实现远程分析和判断等特点，是未来射线检测发展的方向。目前已经广泛应用于医疗卫生、科学研究等领域。

10.2.1　计算机 X 射线摄影技术

计算机 X 射线摄影（computed radio-graphy，CR）是数字射线检测技术中的一种新的非胶片射线摄影检验技术（图 10.57）。与传统采用胶片作为影像记录介质的射线检测技术相比，CR 技术是采用储存荧光成像板来完成射线摄影检验。储存荧光成像板是在支持物上涂覆光激发荧光物质构成的光激发荧光成像板（IP 板），又称为无胶片暗盒、拉德成像板。

整个系统由成像板、激光扫描装置、数字图像处理系统（计算机及软件）和存储系统组成（图 10.56）。X 射线透照时，IP 板荧光物质内部晶体中的电子被激励并被俘获到一个较高能带（半稳定的高能状态），形成潜在影像。再将该 IP 板置入 CR 读取设备内，用激光束扫描该板。在激光激发下（激光能量释放被俘获的电子），光激发荧光中心的电子将返回它们的初始能级，并产生可见光发射（蓝色的光）。激发出的蓝色可见光被自动跟踪的集光器（光电接收器）收集，再经光电转换器转换成电信号，放大后经模拟 / 数字转换器（A/D）转换成数字化影像信息，送入计算机进行处理，最终形成射线照相的数字图像并通过监视器荧光屏显示出人眼可见的灰阶图像供观察分析。

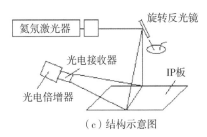

（a）成像板　　　　　　　（b）CR 系统　　　　　　　（c）结构示意图

图 10.56　CR 系统

10.2.2　数字 X 射线摄影技术

数字 X 射线摄影（digital radio-graphy，DR）技术，DR 技术与胶片成像或 CR 的处理过程不同，在两次照射期间，不必更换胶片和存储荧光板，仅仅需要几秒钟的数据采集，就可以观察到图像，检测速度和效率大大高于胶片成像技术和 CR 技术。DR 成像质量比图像增强器射线实时成像系统好很多，不仅成像区均匀，没有边缘几何变形，而且空间分辨率和灵敏度要高很多。原理如图 10.57 所示。

DR 装置包括射线成像平板探测器及影像后处理和记录部分（计算机、打印机和其他存储介质）。其中数字平板探测器技术分非晶硅（a–Si）、非晶硒（a–Se）和 CMOS 三种。

10.2.3　超声波衍射时差检测技术

超声波衍射时差（Time of Flight Diffraction，TOFD）检测技术是一种基于衍射信号实施检测的技术，是利用缺欠端部的衍射波信号来检测缺欠并测定缺欠尺寸的一种超声检测方法。

衍射现象是波遇到障碍物或小孔后通过散射继续传播的现象，根据惠更斯原理，媒质上波阵面上的各点都可以看成是发射子波的波源，其后任意时刻这些子波的包迹就是该时刻新的波阵面。衍

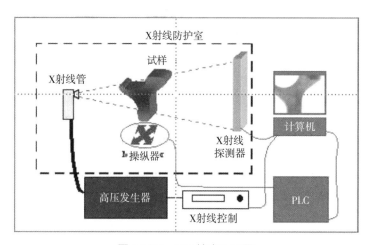

图 10.57 DR 技术原理图

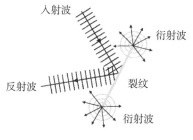

图 10.58 衍射现象

射现象是 TOFD 技术采用的基本物理原理，如图 10.58 所示。

扫查时，一般将探头对称布置于焊缝两侧。在工件无缺欠部位，发射超声脉冲后，横向波将首先被探头接收到，然后是底面反射波。有缺欠存在时，在横向波和底面反射波之间，接收探头还会接收到缺欠处产生的衍射波。除上述几种波，还有缺欠部位和底面因波型转换产生的横波，因为声速小于纵波，所以一般会迟于底面反射波到达接收探头。工件中超声波传播路径如图 10.59 所示，缺欠扫描信号如图 10.60 所示。

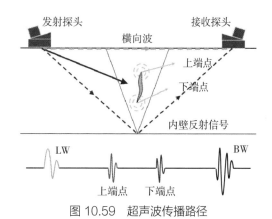

图 10.59 超声波传播路径

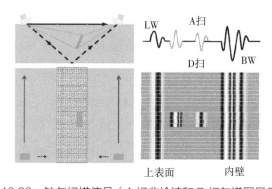

图 10.60 缺欠扫描信号（A 扫非检波和 D 扫灰谱图显示）

TOFD 技术显示包括 A 扫描信号和 TOFD 图像，其中 A 扫描信号使用射频波形式。而 TOFD 图像则是将每个 A 扫描信号显示成一维图像线条，位置对应声程，以灰度表示信号幅度，将扫查过程中采集到的连续的 A 扫描信号形成的图像线条沿探头的运动方向拼接成二维视图，一个轴代表探头移动距离，另一个轴代表扫查面至底面的深度，这样就形成 TOFD 图像。

10.2.4　超声相控阵检测技术

超声相控阵检测技术最早应用于军用雷达，医疗领域中应用的 B 超也是基于相控阵技术。随着电子技术和计算机技术的快速发展，相控阵系统的复杂性和费用都大为降低，超声相控阵技术也逐渐广泛应用于石油化工、航空航天、机械制造、压力容器等工业无损检测。

常规超声波检测通常采用一个压电晶片的探头，只能产生一个固定的波束，其波形是预先设计的且不能更改。超声相控阵检测技术是一种新型的特殊超声波检测技术，采用了全新的发射与接收超声波的方法，采用许多精密复杂的、极小尺寸的、相互独立的压电晶片阵列（例如 32、64 甚至多达 128 个晶片组装在一个探头壳体内）来产生和接收超声波束，如图 10.61 所示，通过功能强大的软件和电子方法控制压电晶片阵列各个激发高频脉冲的相位和时序，使其在被检测材料中产生相互干涉叠加可控制形状的超声场，从而得到预先希望的波阵面、波束入射角度和焦点位置，如图 10.62 所示。因此，超声相控阵检测技术实质上是利用相位可控的换能器阵列来实现的。

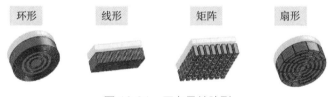

图 10.61　压电晶片阵列

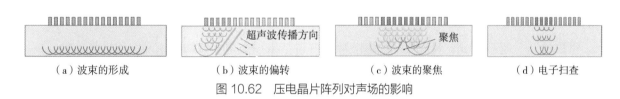

（a）波束的形成　　　（b）波束的偏转　　　（c）波束的聚焦　　　（d）电子扫查

图 10.62　压电晶片阵列对声场的影响

用相控阵探头对焊缝进行检测时，无须像普通单探头那样在焊缝两侧频繁地来回前后左右移动，而相控阵探头沿着焊缝长度方向平行于焊缝进行直线扫查，对焊接接头进行全体积检测。该扫查方式可借助于装有阵列探头的机械扫查器沿着精确定位的轨道滑动完成，也采用手动方式完成。超声相控阵可以实时彩色成像，包括 A/B/C/S 扫描（图 10.63），便于缺欠判定，可实现快速检测，检测效率非常高。

操作者按需要对仪器输入波束角度、焦距、激活晶片数量、扫查类型（扇扫、线扫）、扇扫的步进角度等参数进行采集，根据这些参数，利用采集与分析软件计算时间延迟。然后，根据计算结果控制硬件模块产生相应的动作，完成完整的相控阵控制。根据以上原理，超声相控阵波能形成三种基本的波形进行扫查，分别是电子扫查、扇形扫查和变深度聚焦扫查。因此，相控阵控制的波形特性主要包括焦距深度调整、电子线性扫描、波束偏角等，它除了能有效控制超声波束的形状和方向，还可实现复杂的动态聚焦和实时电子扫描。

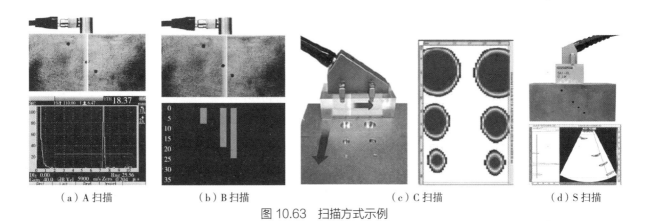

| （a）A 扫描 | （b）B 扫描 | （c）C 扫描 | （d）S 扫描 |

图 10.63　扫描方式示例

10.3　安全防护

生产过程中，安全是指人不受到伤害（死伤或职业病），物（设备和财产）不受到损失，而人的伤害和物的损失统称事故。

在生产过程中，人总是不可避免地接触到可能造成事故的客观事物或者环境，比如电、高温、高压流体、噪声、放射性、电弧光等。产生风险的高低并不完全是由危害所决定，也与人对危害的认识以及采取的相应行为有直接关系，例如进行射线检测，射线会对人体产生危害，这是客观存在的，但是只要操作人员能够严格按照操作手册进行，一定程度上是可以完全避免事故的发生的。

目视检测、超声检测、涡流检测的危险源主要包括未按规定穿戴防护用品、作业场地缺乏安全检查、设备电气老化破损导致触电和高处作业的缺乏足够保护措施等。做好安全防护，需要检验人员做好个人防护，着装规范，要佩戴安全帽、安全鞋、呼吸防护用品等；在检测过程中要注意工作场所的安全状态，如检测环境是否有有害易燃化学品的污染等。严格按照操作规程执行检测，不允许存在不安全的检测行为。

渗透检测的危险源主要来源于所使用的渗透检测试剂。渗透检测中除了干粉显像剂、乳化剂、金属喷灌内使用的氟利昂气体是不燃性物质，其他大部分是可燃性有机溶剂。所以，在使用这些可燃性渗透检测试剂时，一定要采取必要的防火措施。另外有些有机溶剂对人体有毒，例如三氯乙烯，如果沾在皮肤上，有可能引起过敏反应。所以，积极采取卫生防护措施是非常有必要的。荧光渗透检测时，应限制操作人员暴露在强紫外线之中，特别要注意眼睛不能对视紫外线灯光，注意防止黑光灯滤光片或者屏蔽罩破裂。

磁粉检测由于涉及电流、磁场、紫外线、铅蒸气、溶剂和粉尘等，而且有可能在高空、野外、水下或盛装过易燃易爆材料的容器中进行检测，所以磁粉检测工作者必须掌握安全防护知识、既要安全地进行磁粉检测，又要保护自身不受伤害，避免设备和人身事故。

射线检测的危险源主要是电离辐射，辐射对人体危害很大，将造成生物的细胞、组织、器官的损伤，引起病理反应，辐射生物效应可对生物体造成辐射损伤。总的来说，影响辐射损伤的因素主要是辐射性质、吸收剂量、吸收剂量率、照射方式、照射部位、照射面积六大方面。因此，在从事射线检测工作时，防护服、防护眼镜、防护手套、防护靴、防护围裙等是必要的防护工具。射线防护的方法共有三种，即时间防护、距离防护、屏蔽防护。

（1）时间防护。

时间防护是指应尽可能减少接触射线和在辐射场中的停留时间。对于从事放射性工作的人员，其放射性工作全身均匀照射时，按照目前辐射防护标准中常规定的年剂量当量限值是 50mSv。

（2）距离防护。

距离防护在进行野外或流动性检测时是非常经济有效的方法，这是因为射线的剂量率与距离的平方成反比，通过增大距离可使射线剂量率大大降低。

（3）屏蔽防护。

屏蔽防护是利用各种屏蔽材料来吸收射线，以减少射线对人体的伤害。屏蔽材料和防护层厚度的选择是根据 X 射线机的基本参数及使用情况来确定。此外，探伤室门缝及孔道的射线泄漏问题应特别注意，原则上不留直缝、直孔。屏蔽防护的要点是在射线源与人体之间放置一种能有效吸收射线的足够厚度的屏蔽材料。常用的防护材料有铅、铁、混凝土和砖等。

在泄漏检测工作中，要面对的危险源主要包含充压或抽真空过程可能造成的破坏、试验过程可能造成的中毒与窒息的伤害、试验过程可能造成的火灾伤害和不规范用电可能造成的伤害。

① 充压、抽真空过程的安全防范措施，从安全的角度出发，可以在气体充压前先用液体进行压力试验。通常，液压试验的压力要高于气压试验的压力。用于充压、抽真空检漏的场地建筑物和大小、形状和形式要考虑容器爆破时周围的破坏能力。被检工件检漏前，必须是经过检验部门按照相关图样、技术文件检验合格的产品，否则不能从事充压、抽真空检漏。

② 试验过程可能造成的中毒与窒息的伤害，我们应该尽量避免或减少这些物质对人体的伤害。

③ 试验过程可能造成的火灾伤害，工作中要时刻注意防止火灾的发生。要严格执行有关防火的相关规定、建筑物的结构以及当地的条件。

④ 检验人员需要掌握一定的安全用电的基本常识，非专业电工不得从事涉电操作。

声发射检测，需要注意压力实验和高空作业中的安全防护，特别是进行高压容器、在役容器、高温容器等，检测人员接近检测现场时一定要将压力降到正常压力，最好是 0 压力，以免发生安全事故，造成财产损失和人员伤亡。需要对高空的构件进行声发射检测时一定要进行必要的安全防护，必须系安全绳。登高操作的人员必须身体健康，没有恐高眩晕症。操作时必须遵守高空操作的安全规范。

10.4 无损检测方法的选择

10.4.1 CEN/TR 15135：2005《焊接 设计和焊缝的无损检测》摘要

本技术文件是一个信息文档，为接头设计和评估不同类型和几何形式的焊接接头的无损检测的可使用性提供指导。

无损检测的应用主要依赖于构件的几何形式、接头类型和可达性，射线检测和超声波检测尤其适用于内部检测。表面检测方法——目视、磁粉、渗透和涡流检测主要是依赖于表面条件。

焊接接头无损检测一般评价如表 10.11 所示。更具体的各种不同的焊缝类型评估如表 10.12 所示。图例的目的是在设计和制造过程中对无损检测方法的选用提供指导。

表 10.11　焊接接头无损检测一般评价（节选）

序号	图例		无损检测方法					备注
			VT	UT	RT	MT	PT	
1a	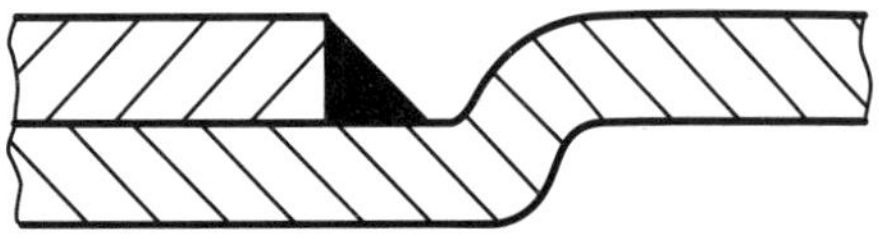		+	−	（+）	+	+	
1b	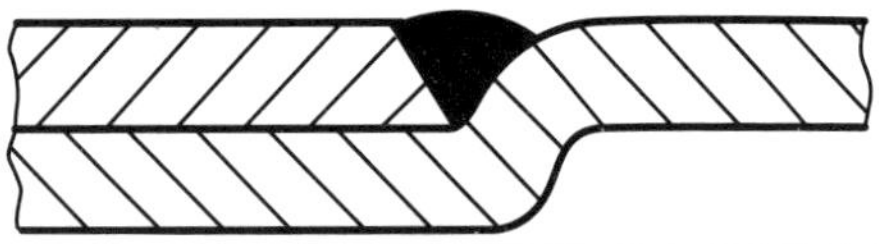		+	（+）	+	+	+	
1c			+	+	+	+	+	
1d	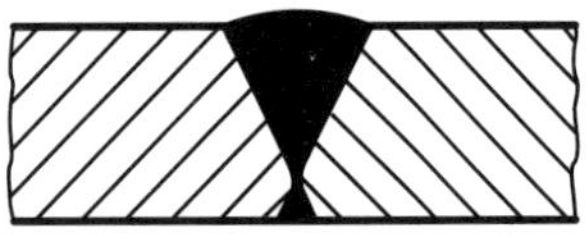		+	+	+	+	+	
2a			+	+	+	+	+	
2b	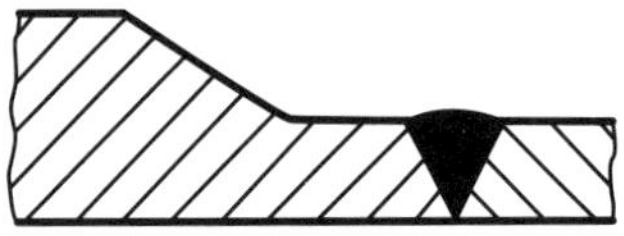		+	+	+	+	+	
3a	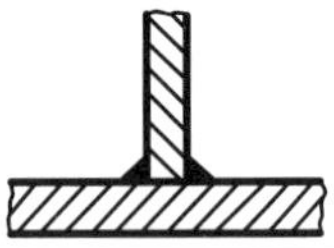		+	（+）	（+）	+	+	
3b	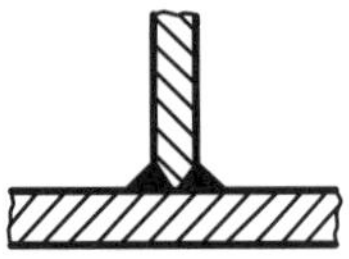		+	+	（+）	+	+	

注：表中显示了不同接头类型的无损检测方法的适用性。每一行开头序列号显示了接头的类型，并列出了不同检测方法的适用性。具体含义如下。

a 为最不可接受的接头形式的检验；

b 为更好的接头形式的检验；

c 为最佳形式；

d 为更多的修改；

+　表示该方法是可行的，结果能满足一般要求；

（+）表示该方法限制使用，该方法应补充另一种方法；

−　表示该方法不能使用。

表 10.12　具体焊接接头示例一般评价（节选）

序号	图例		无损检测方法					备注
			VT	UT	RT	MT	PT	
1a			+	+	(+)	+	+	
1b			+	+	+	+	+	比 1a 更适合检测
2a			+	-	-	+	+	
2b			+	+	+	+	+	
3a		1	+	+	-	+	+	
3b		2	+	+	+	+	+	
3c			+	+	+	+	+	比 3b 更适合检测

通过表 10.11 和表 10.12 可以看出，不同结构的接头对无损检测方法的适应性。如表 10.12 所示，1b 的结构设计形式在接头的承载、接头的加工和焊接以及焊缝的检测方面都优于 1a。

10.4.2　ISO 17635：2016《焊缝的无损检测金属材料一般原则》摘要

本标准是基于焊缝的质量要求、材料、焊缝厚度、焊接方法、检测范围对焊缝的无损检测方法的选择，以及质量控制的结果评价给出了指导。

每种无损检测方法均有相应的检测技术标准和验收标准。验收等级不能直接解释质量标准 ISO 5817 或 ISO 10042 定义的质量等级，而是与焊缝总质量有关。无损检测的验收等级遵循 ISO 5817 或 ISO 10042 规定的（适当的、中等的、高要求时）的质量等级，只是基于通用要求而不详细描述每个显示。在本标准的附录中给出了质量等级、无损检测技术等级和验收等级之间的关系，检测和验收时可参照表格进行等级转换。

关于无损检测方法的选择，此标准根据熔焊焊缝种类和材料种类类型给出了如何选择检测方法的指导。为了给出报告的要求结果，这些方法可以单独使用，也可以组合使用。在选择检测方法和等级之前，应做如下考虑：① 焊接方法；② 母材、焊接材料和热处理；③ 接头种类和几何形状；④ 结构形式（可达性、表面条件等）；⑤ 质量等级；⑥ 预计的缺欠种类和方法。

根据接头是否完全焊透，本标准给出了相应的推荐。

具有完全焊透的对接和T形接头，在表10.13中列出了有关表面缺欠进行焊缝检测的一般可接受的方法，在表10.14中列出了有关内部缺欠焊接检测方面的一般可采用的方法。

表10.13 所有类型焊缝的近表面的缺欠进行检测的一般可接受的方法

材料	检测方法
铁素体钢	VT VT 和 MT VT 和 PT VT 和（ET）
奥氏体钢， 铝，镍， 铜和钛	VT VT 和 PT VT 和（ET）

表10.14 全焊透的对接和T形接头检测内部缺欠一般可采用的方法

材料和连接类型	厚度 /mm		
	$t \leqslant 8$	$8 < t \leqslant 40$	$t > 40$
铁素体对接接头	RT 或（UT）	RT 或 UT	UT 或（RT）
铁素体T形接头	（UT）或（RT）	UT 或（RT）	UT 或（RT）
奥氏体对接接头	RT	RT 或（UT）	RT 或（UT）
奥氏体T形接头	（UT）或（RT）	（UT）和/或（RT）	（UT）或（RT）
铝对接接头	RT	RT 或 UT	RT 或 UT
铝T形接头	（UT）或（RT）	UT 或（RT）	UT 或（RT）
镍和铜合金对接接头	RT	RT 或（UT）	RT 或（UT）
镍和铜合金T形接头	（UT）或（RT）	（UT）或（RT）	（UT）或（RT）
钛对接接头	RT	RT 或（UT）	
钛T形接头	（UT）或（RT）	UT 或（RT）	

注：括号表示限制使用。

对于不完全焊透的对接和T形接头及角焊缝，当采用表10.14中所列的方法时，未熔的根部会妨碍实施令人满意的内部检测。在协议中未同意采用特殊试验方法的情况下，焊接质量应以控制焊接工艺来做保证。

10.5 无损检测人员的资格鉴定与认证

ISO 9712：2012（最新版为 ISO 9712：2021）是无损检测人员资格鉴定与认证的标准。本标准规定了无损检测人员的资格鉴定与认证。认证文件已详细覆盖了以下一种或多种方法：① 声发射检测；② 涡流检测；③ 红外热成像检测；④ 泄漏检测（不包括水压试验）；⑤ 磁粉检测；⑥ 渗透检测；⑦ 射线检测；⑧ 应变检测；⑨ 超声检测；⑩ 目视检测（不包括直接目视检测以及应用其他无损检测方法时所采用的目视检测）。

10.5.1 资格鉴定等级

在本标准中，根据无损检测人员具备的能力，持证人员可分为一级、二级和三级。不同等级人员具备不同的职责和权限。

一级持证人员应已证实具有在二级或三级人员监督下，按无损检测作业指导书实施无损检测的能力。在证书所明确的能力范围内，经雇主授权后，一级人员可按无损检测作业指导书执行下列任务：① 调整无损检测设备；② 执行检测；③ 记录和分类检测结果；④ 报告检测结果。

一级持证人员不应负责选择检测方法或技术，也不对检测结果作评价。

二级持证人员应已证实具有按已制定的工艺规程执行无损检测的能力。在证书所明确的能力范围内，经雇主授权后，二级人员可：① 选择所用检测方法的无损检测技术；② 限定检测方法的应用范围；③ 根据实际工作条件，把无损检测规范、标准、技术条件和工艺规程转化为无损检测作业指导书；④ 调整和验证设备设置；⑤ 执行和监督检测；⑥ 按适用的规范、标准、技术条件或工艺规程解释和评价检测结果；⑦ 实施和监督属于二级或低于二级的全部工作；⑧ 为二级或低于二级的检测人员提供指导；⑨ 报告无损检测结果。

三级持证人员应已证实具有其认证内容执行和指挥无损检测操作的能力。在证书所明确的能力范围内，三级人员应：① 具备解释规范、标准、技术条件和工艺规程的能力；② 在选择无损检测方法、确定无损检测技术以及协助制定验收准则（在没有现成可用验收准则的情况下）时，在所需的原材料、制成品和加工工艺等方面具备丰富的实际知识；③ 熟悉其他无损检测方法。

在证书定义的能力范围内，三级人员应：① 对检测设施、考试中心和员工负全部责任；② 制定、审核编制的工艺，确认无损检测的工艺规程和指导书；③ 解释标准、规程、规定和程序文件；④ 确定所采用的特定的检测方法、工艺规程和无损检测作业指导书；⑤ 实施和监督各个等级的全部工作；⑥ 为各个等级的无损检测人员提供指导。

10.5.2 合格条件

报考人在考试前应先达到视力和培训的最低要求，在认证前应先达到职业经验的最低要求。

报考人应能够完成所有的理论课程和实践操作并且要获得认证机构认可。报考人申请无损检测方法认证的最低培训需符合表 10.15 的要求。报考人如直接申报二级，学时数为一级和二级的总和。培训学时也可以适当缩减，具体参照标准要求。

表 10.15　最低培训要求

无损检测方法		一级 /h	二级 /h	三级 /h
AT		40	64	48
ET		40	48	48
LT	B– 压力方法	24	32	32
	C – 示踪气体法	24	40	40
MT		16	24	32
PT		16	24	24
ST		16	24	20
TT		40	80	40
RT		40	80	40
UT		40	80	40
VT		16	24	24

注：对于 RT 而言，培训时间不包含射线安全培训。

报考人在该领域获得最少职业经验的时间要求见表 10.16。雇主需要确认职业经验的书面证明并且提交至认证机构。职业经验时间也可以适当缩减，具体参照标准要求。

表 10.16　最少职业经验

无损检测方法	以月为单位（总数累计）[①]		
	一级	二级	三级
AT、ET、LT、RT、UT、TT	3	9	18
MT、PT、ST、VT	1	3	12

[①] 职业经验是根据 40 小时为一周或法定的工作周而定的。若有人每周的工作时间超过 40 小时，也可按累计的总小时数来计算，但应出示这一职业经验的证明。

报考人提供的视力证明要满足如下要求：① 无论是否经过矫正，在不小于 30cm 距离处，一只眼睛或两只眼睛的近视力应能读出耶格（Jaeger）近视力表中 J1 字号、Times New Roman N 4.5（高度大小为 1.6 毫米）或等同大小的字母；② 报考人的色觉应足以辨别雇主规定的无损检测相关方法所涉及的颜色间的对比。

认证机构可以考虑按照其他合适的方法进行上述条款① 中的近视力检查，认证后雇主需要每年对报考人进行一次近视力检查。

10.5.3　资格鉴定考试

资格鉴定考试应包括将一个给定的无损检测方法应用于一个工业门类，或是一个或多个产品门类。产品门类包括铸件、锻件、焊缝、管子和管道、轧制产品、复合材料。工业门类是一些产品门类的结合体。工业门类类别有金属制造、役前检测和在役检测、铁路维护、航天航空等。

一级和二级报考人在通用考试、专业考试和实际操作考试中，每项评分不低于满分的 70% 才能获得资格认证。所有报考无损检测方法的三级人员，必须成功完成二级相关方法和门类的实际操作考试（分数不低于满分的 70%），并完成基础方法考试和主要方法的考试（分数不低于满分的 70%），才能获得资格认证。

对于报考人未通过考试的部分，该部分可补考两次，一级和二级人员的补考在上一次考试结束 1 个月后方可进行，但不能晚于初考 2 年。

10.5.4　延期

通常，证书有效期为 5 年。在第一个有效期满前和此后每隔 10 年，可向认证机构重新申请延长一个新的 5 年有效期，申请时须提供以下证明文件：① 12 个月内视力检查符合要求的证明文件；② 连续从事与证书上显示的方法和门类相对应的工作，且未有重大中断的证明文件。

若申请人不符合上述第②项要求，则应符合复证中的规定。

持证人有责任自己开始准备延期程序，延期申请资料必须在有效期满前 6 个月之内递交。也可根据认证机构的规定有所例外，如在有效期满之后 12 个月内递交的资料也可以考虑办理延期。超过规定时期则不允许有例外，报考人必须进行复证考试。

10.5.5　复证

在第二个有效期满以前（每隔 10 年），持证人员可以通过认证机构申请 5 年或少于 5 年的重新认证，该人员须符合 10.5.4 中规定的延期要求和以下条件：持证人有责任自己开始准备复证程序。若复证是在有效期满 12 个月后进行的，一、二级人员须完成通用、专业和实践考试，三级人员须完成主要方法考试。

一级和二级持证人员进行复证时，须成功完成证书范围内的实际操作考试，体现其连续工作能力，包括对证书范围内的试件重新进行检测。二级人员须重新编制适用于一级人员的作业指导书，成绩不低于满分的 70%。三级持证人员需要完成书面考试，且成绩不低于满分的 70% 或者按照结构信用体系进行申请，申请要求参照标准。

参考文献

［1］GSI. SFI-Aktuell 2［CD］. Duisburg：Gesellschaft der Schweisstechnischen Institute mbH, 2010.

［2］Non-destructive testing of welds-General rules for metallic materials:ISO17635:2016［S/OL］.（2016-12）［2022-06］.

https://www.iso.org/standard/66754.html.

［3］史耀武. 中国材料工程大典：第 23 卷 材料焊接工程［M］. 北京：化学工业出版社，2006.

［4］史耀武. 焊接手册：第 3 卷 焊接结构. 3 版.［M］. 北京：机械工业出版社，2008.1.

［5］秦国栋，刘志明. 声发射测试系统的发展［J］. 测试技术学报，2004，18(3):6.

［6］Non-destructive testing – Qualification and certification of NDT personnel:ISO 9712:2012［S/OL］.（2012-06）［2022-06］. https://www.iso.org/standard/57037.html.

［7］《国防科技工业无损检测人员资格鉴定与认证培训教材》编审委员会. 声发射检测［M］. 北京：机械工业出版社，2005.

［8］梁润华，林都. 声发射技术在压力容器安全运行中的应用［J］，中北大学学报，2006，27（1）.

［9］Olympus NDT. Introduction to in Phased Array Ultrasonic Technology Applications:R/D Tech guideline［M］. Waltham：Olympus NDT, 2007.

［10］Welding. Design and non-destructive testing of welds : PD CEN/TR 15135:2005-12-12［S/OL］.（2005-12）［2022-06］. https://www.beuth.de/en/standard/pd-cen-tr-15135/238579035.

本章的学习目标及知识要点

1. 学习目标

（1）掌握常用无损检测技术的原理、特点和应用。

（2）掌握焊缝尺的基本检测应用。

（3）掌握渗透检测的操作程序及要点，并理解显示的评定。

（4）掌握射线底片成像质量的影响因素。

（5）了解 CEN/ TR 15315、ISO 17635、ISO 9712 标准内容。

2. 知识要点

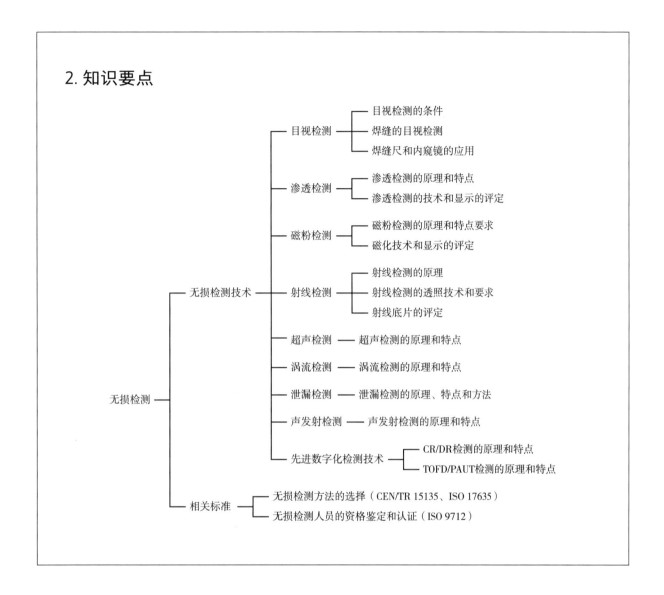

目视检测 ── 目视检测的条件
　　　　 ── 焊缝的目视检测
　　　　 ── 焊缝尺和内窥镜的应用

渗透检测 ── 渗透检测的原理和特点
　　　　 ── 渗透检测的技术和显示的评定

磁粉检测 ── 磁粉检测的原理和特点要求
　　　　 ── 磁化技术和显示的评定

射线检测 ── 射线检测的原理
　　　　 ── 射线检测的透照技术和要求
　　　　 ── 射线底片的评定

超声检测 ── 超声检测的原理和特点

涡流检测 ── 涡流检测的原理和特点

泄漏检测 ── 泄漏检测的原理、特点和方法

声发射检测 ── 声发射检测的原理和特点

先进数字化检测技术 ── CR/DR检测的原理和特点
　　　　　　　　　 ── TOFD/PAUT检测的原理和特点

无损检测技术

无损检测

相关标准 ── 无损检测方法的选择（CEN/TR 15135、ISO 17635）
　　　　 ── 无损检测人员的资格鉴定和认证（ISO 9712）

第 ⑪ 章

经济性及生产率

编写：徐林刚　审校：常凤华

本章按经济学的基本观点和原则，介绍了企业在成本核算时的成本种类和计算方法，以及全部成本核算、部分成本核算和比较法成本核算的方法和适用范围；以德国工业企业的经验数据，分析了焊接成本的影响因素和核算方法，以及企业在降低焊接成本上采用的措施和途径；通过焊接生产应用中的手工焊、机械化焊接和机器人焊接的焊接成本的比较和分析，指出了提高焊接生产效率的方法和措施。

11.1 成本核算基础

每个企业都试图以最经济的方法进行工作，即利用现有条件最大限度地降低产品成本。从经济学角度出发，一切合理的措施都应该以达到最大可能的生产率为目的，其实质是更好地利用企业现有的人员和设备。如果人们想降低生产成本，通常也就意味着提高生产率，降低单件产品的生产时间即可降低产品的价格，因为生产成本中的人员工资及原材料的成本是固定的。

11.1.1 企业经济指数

企业的经济指数可由生产率来表示，计算方式如下。

$$生产率 = \frac{产出}{投入} = \frac{输出}{输入}$$

而工作生产率则是经常使用的指数，它与"量"相关，指在企业生产活动中，单位时间内（小时、天、月、年等）所生产的产品的量（件数、吨数）或者价值（元、万元）。工业生产中，这一指数往往与以下四个因素有关：① 产品设计的合理性；② 生产方式的先进性；③ 人员的技能水平和工作效率；④ 产品的量和人员配置。工作生产率可按下式计算。

$$工作生产率 = \frac{一定量的生产能力}{一定量的生产投入}$$

根据工作生产率可以得出一个合理化的经济措施，人们对经济性的理解通常是将其看作收益与消耗之间的关系，即产品与成本之间的关系。产品价值（产出）大于投入是企业生产的经济性基础。在质量、生产率和经济效益都要考虑的时候，生产中的工艺方案的合理性就是经济性的关键，往往要考虑的因素包括：① 基本的投资（原材料、设备、能源等）和投资回报；② 工作生产率；③ 工作时间；④ 车间里的工作面积；⑤ 夹具和辅助设备的数量和投资；⑥ 工作条件和环境。

在合理化措施的范围内人们经常根据生产率是否大于 1 来确定投资的可行性。改善经济性最有效的方法是提高生产率，而利润率则是一定时间内的利润与平均投入资本之间的比值，通常按下式计算。

$$利润率 = \frac{利润}{平均投入资本} \times 100\%$$

不同经济性指数之间的关系如图 11.1 所示。

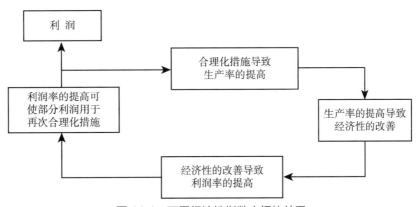

图 11.1　不同经济性指数之间的关系

11.1.2　基本概念

要提高企业的经济性，首要的是知道在什么地方会发生成本及成本高低，人们在计算成本时常考虑的是材料及工作消耗（如时间、设备、能源等），成本可以按一定时间或一定数量来进行确定。

11.1.2.1　成本种类

按材料及工作消耗人们把成本种类分为单件成本和总成本。单件成本表示可进行直接计算的成本，例如工资、返修焊接的费用。而总成本则必须考虑用附加核算的方法进行计算，例如生产成本、管理成本等。

当一种成本在一定时间内，在一固定的工作范围内，随工作条件及性质的变化而改变时，人们称这种成本为可变成本；而当成本在这种条件下不随业务量的变化而改变时，则称其为固定成本。

11.1.2.2　消耗成本的地方

消耗成本的地方通常指的是在一个企业内部直接消耗成本的部门、车间及工位等。在生产实际中经常发生成本消耗的地方如下。

（1）一般的地方。包括基础设施、办公楼及厂房、能源及社会福利部门、企业管理委员会等。

（2）生产制造部门。① 主要消耗部分：冲压、电阻焊、气保焊、校型、涂漆等；② 辅助消耗部分：研究开发、设计、生产准备、生产管理、维护保养、监控等。

（3）材料供应部门。采购、车辆管理、材料库等部门。

（4）企业管理部门。领导机构及财务、管理等部门。

（5）销售部门。广告、销售、售后服务、成品库、发运等部门。

11.1.2.3 成本承担者

对企业而言，成本承担者则是企业自身。对于企业制造产品和销售产品过程中发生的成本，企业需要厘清的内容可简单总结归纳如下：企业要知道产品发生哪些成本？在何处发生的成本？为何发生成本？这就需要企业管理人员和技术人员把生产过程划分成最基本的单元，细化到工位工序，直至动作，对每一个单元进行分析研究，来决策是否要取消合并或改进，最后以产品分析为依据，建立或重组更高效的工艺或工序进行生产制造。

11.1.3 成本核算

成本计算分为核算及经济性计算。全部成本核算对确定单件产品的价格起着预算及最后核算的作用，所有出现的成本种类都应按其发生原因由成本承担者统一结算。企业将依据这个计算结果来对产品定价。部分成本计算可理解为成本限额核算，以此来确定产品的最低价格。成本比较计算的任务则是确定合理化措施，进行生产计划及监控。通过成本计算可解答下述问题：

（1）是否可进行投资？

（2）产品是否本企业制造或外委？

（3）以何种生产方式进行产品的生产制造？

（4）是否开发一种新产品？

（5）何种工艺方法是合适的？

11.1.3.1 全部成本核算

1. 除法核算法。当企业仅生产制造一种相同的产品时，可按下列公式计算其单件成本。

$$单件成本 = \frac{在一定结算时间内所发生的成本}{在此结算时间内所生产的产品数量}$$

2. 附加核算法。当企业内生产不同成本的多种产品时，则采用此种方法进行核算。成本分为单件成本及总成本进行计算，每种产品的全部成本包括制造成本、开发及设计成本、管理及营销总成本、营销特殊成本等。不同产品进行全部成本的计算见图 11.2。

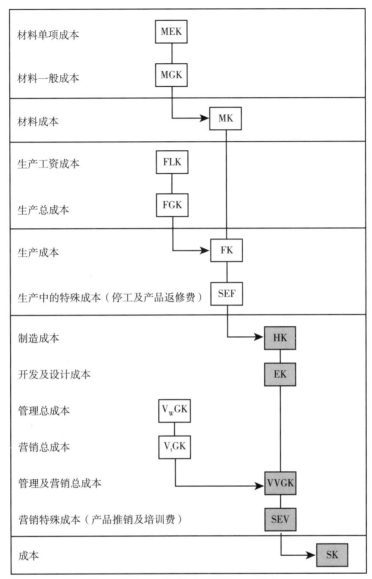

图 11.2 生产多种不同产品时，每种产品的全部成本计算

成本由单项及总成本组成（图 11.2）：

$$SK=HK+EK+V_wGK+V_tGK+SEV=HK+EK+VVGK+SEV$$

下面举例来说明附加核算法的成本计算方法，具体数据如表 11.1 所示。对某一产品来说，成本包括制造成本及自身成本。

MEK=920.00 欧元 / 件，MGK=MEK×8%；

FLK=240.50 欧元 / 件，FGK=FLK×270%；

SEF=0.45 欧元 / 件；

HK=1883.90 欧元 / 件，EK=HK×5%，V_wGK=HK×9%，V_tGK=HK×6%。

表 11.1 附加核算法实例具体数据

成本种类	计算基准（依据）	成本/（欧元/件）
材料单项成本（MEK）		920.00
材料一般成本（MGK）	MEK 的 8%	73.60
材料成本（MK）		993.60
生产工资成本（FLK）		240.50
生产总成本（FGK）	FLK 的 270%	649.35
生产成本（FK）		889.85
生产中的特殊成本（SEF）		0.45
制造成本（HK）		1883.90
开发与设计成本（EK）	HK 的 5%	94.20
管理总成本（V_wGK）	HK 的 9%	169.55
营销总成本（V_tGK）	HK 的 6%	113.03
管理及营销总成本（VVGK）		282.58
成本（SK）		2260.68

注：在核算中是以 1000 件作为一核算单位的。

11.1.3.2 部分成本核算（附加核算法）

进行成本计算时在全部成本中不包括生产中的特殊成本、开发与设计成本和营销特殊成本，只针对相关的部分成本进行计算。当使用较贵重的设备时，推荐采用此种核算方法，设备相关的费用包括如下内容：设备折旧费用、银行利息、场地费用、能源费用及维修保养费用（图 11.3）。

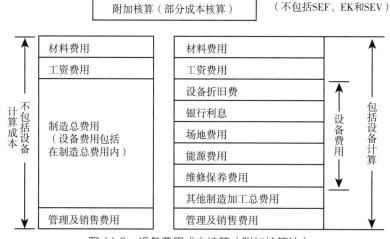

图 11.3 设备费用成本核算（附加核算法）

示例 1 设备台班费用的附加核算（表 11.2）

含安装费的设备购置费：90000 欧元

一班制设备使用寿命：10y

二班制设备使用寿命：8y

一班制一年所需使用时间：1600h/y（250 工作日/y，工作时间 8h/d，计划因数 0.8）

二班制一年所需使用时间：3200h/y（工作时间 16h/d）

银行利息：9%/y

占地面积：6m²

场地租金：35 欧元 /（m²·y）

能源消耗：5kW（功率 × 功率因数 g）

电费：0.1 欧元 /（kW·h）

维修保养费（一班制，占设备费用的百分比）：8%/y

维修保养费（二班制，占设备费用的百分比）：14%/y

表 11.2　设备台班费用

成本	核算形式	成本 / 欧元	
		一班制	二班制
设备折旧费	$\dfrac{设备购置费}{年使用时间}·\dfrac{1}{使用寿命·h/y}$	5.63	3.52
银行利息	$\dfrac{设备购置费·欧元}{2}·\dfrac{银行利息·\%/y}{100}·\dfrac{1}{利息期限·h/y}$	2.53	1.27
场地租金	$占地面积·m^2·场地租金·欧元/(m^2·y)·\dfrac{1}{租金期限·h/y}$	0.13	0.07
能源费用	$能源消耗·kW·电费·欧元/(kW·h)$	0.50	0.50
维修保养费	$设备购置费·\dfrac{维修保养费·\%}{100}·\dfrac{1}{使用期限·h/y}$	4.50	3.94
设备台班费	成本共计	13.29	9.30

计算每个工件所需设备成本费用时，应采用单位生产时间进行计算。

例如 t_{rB}=60min，t_{eB}=10min，件数 m=200，计算 t'_{eB}（考虑休息时间的单件加工时间）如下：

$$t'_{eB}=\frac{t_{rB}+mt_{eB}}{m}=\frac{60+200×10}{200}=10.3\text{min/ 件}$$

式中：t_{rB}——休息时间 / 批；

$\qquad t'_{eB}$——工时 / 批；

$\qquad t_{eB}$——单件加工时间。

单件设备费用按下式计算。具体计算如表 11.3 所示。

$$单件设备费用 = 设备台班费用·设备占用时间·\frac{1}{60\text{min/ h}}$$

表 11.3　单件设备费用

	一班运行制	二班运行制
单件设备费用 /（欧元 / 件）	$\dfrac{13.29 欧元 ×10.3\text{min/ 件}}{60\text{min/ h}}$=2.28 欧元 / 件	$\dfrac{9.30 欧元 ×10.3\text{min/ 件}}{60\text{min/ h}}$=1.60 欧元 / 件

示例 2　MAG 焊工位工时费

半机械化 MAG 焊工时费用的构成如下。

（1）人工费用：45.00 欧元。

（2）按德国工程师协会规程（VDE 规程 3258），设备费用包括：

① 设备折旧费（设备购置费 5000 欧元，计算使用年限为 5y，年使用时间 400h）：2.50 欧元；

② 银行利息（设备购置费的一半计算利息，年利率为 14%）：0.88 欧元；

③ 场地费用［5m² 以上为 50 欧元 /（m²·y）］：0.63 欧元；

④ 能源消耗：1.98 欧元；

⑤ 维修保养费（500 欧元 /y）：1.25 欧元。

综上，设备工时费用合计为 7.24 欧元。

（3）焊接填充材料费用。

焊丝约 1kg（Φ1.0mm，焊接电流 200A，熔化效率 3 kg /h，负载持续率 33%）：1.50 欧元。

（4）焊接辅助材料费用。

保护气（流量 14 l/min，负载持续率 33%）：1.00 欧元。

其他（防堵剂等）：0.50 欧元。

以上总计为 55.24 欧元。

11.1.3.3 附加核算法的全部成本核算与部分成本核算比较

焊接任务举例，每年焊 24000 个加工件，角焊缝长度 220mm/ 件，角焊缝高为 4mm，焊缝总长 5280m，220 工作日 /y，有效焊缝 24m/d，工艺 A 为焊条电弧焊，工艺 B 为 MAG 焊，使用两种不同核算方法进行比较。按附加核算法进行全部成本核算，使用不同工艺方法 A 和 B 时产品制造费用的估算如图 11.4（a）所示；按附加核算法进行部分成本核算，考虑到较贵重设备成本，使用不同工艺

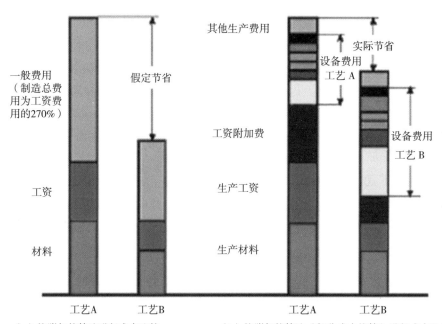

（a）按附加核算法进行成本比较　　　　（b）按附加核算法（部分成本核算）进行成本比较

图 11.4　成本比较核算

方法 A 和 B 时产品制造费用的估算如图 11.4（b）所示。通过不同核算方法的比较，可以发现采用部分成本核算进行成本比较时工艺 A 比工艺 B 节省的成本更贴近实际应用情况。

表 11.4 仅对部分成本核算进行举例分析。

表 11.4　按部分成本核算工艺 A 和工艺 B 的成本

工艺方法 / 设备		工艺 A（焊条电弧焊）	工艺 B（MAG 焊）
投资 / 欧元		2000	8000
预计使用年限 /y		6	5
可变成本	工资 /（欧元 /y）	28800	8960
	附加工资 /（欧元 /y）	21600	6720
	焊接填充材料 /（欧元 /y）	6240	2640
	焊接辅助材料及其他 /（欧元 /y）	240	720
	消耗材料 /（欧元 /y）	—	—
	焊接耗电 /（欧元 /y）	480	240
可变成本总额 /（欧元 /y）		57360	19280
固定成本	设备折旧 /（欧元 /y）	330	1600
	银行利息（12%）	120	480
	场地费用 /（欧元 /y）	—	—
	能源费用 /（欧元 /y）	—	—
	维修保养费 /（欧元 /y）	250	1000
	设备其他费用 /（欧元 /y）	—	—
	生产制造其他费用 /（欧元 /y）	—	—
固定成本总额 /（欧元 /y）		700	3080
总成本 /（欧元 /y）		58060	22360
成本节省 /（欧元 /y）		35700	

通过部分成本核算，对比工艺 A 和工艺 B，采用工艺 B（MAG 焊）的投资偿还期限见表 11.5。

表 11.5　投资偿还期

工艺方法 / 设备	焊条电弧焊	MAG 焊	成本节省
投资 / 欧元	2000	8000	6000
成本回收 /（欧元 /y）	58060	22360	35700
偿还时间 /y	—	—	0.17

注：偿还时间 = 投入 / 可变节省与可能的偿还。

11.2 焊接成本

11.2.1 焊接成本的影响因素

一种焊接方法是否是经济的，取决于下列因素：件数、材料、板厚、质量要求、所应用的设备（现有的或需购置的）、焊接位置的可接近性及制造方式（车间／工地）。

11.2.2 焊接生产效率有关的几个概念及其影响因素

11.2.2.1 熔化效率

熔化效率是评价一种焊接方法的效率指标，单位为 kg/h 或 g/min。它是当暂载率（ED）为 100% 时的理论值，并与下列因素相关：焊接电源、焊条（焊丝）尺寸、焊条（焊丝）型号、焊接位置、焊接参数及辅助材料。常用焊接方法的熔化效率的比较如图 11.5 所示。

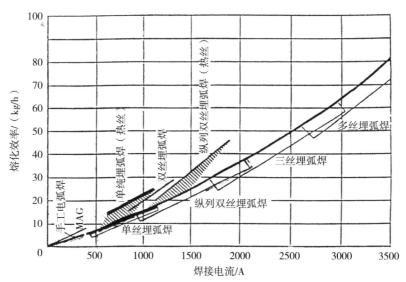

图 11.5 不同焊接方法的熔化效率的比较

11.2.2.2 常用焊接方法熔化效率的影响因素

焊条电弧焊、熔化极气体保护焊、埋弧焊熔化效率的影响因素分别见表 11.6、表 11.7、表 11.8。

11.2.2.3 熔敷率

熔敷率一般按下式计算：熔敷率（px）$= \dfrac{\text{熔敷金属的重量}}{\text{熔化的焊芯重量}} \times 100\%$，熔敷率与焊条类型、直径、电流强度及焊接位置相关。一般焊条的熔敷率均低于 100%，而高效焊条的熔敷率最高可达 300%，在其他焊接方法中保护气体及焊剂对熔敷率也将产生影响。

示例 焊条电弧焊。按 ISO 2560 标准中的熔敷率规定：1、2 代表熔敷率 ≤ 105%，3、4 代表熔敷率 > 105%~125%，5、6 代表熔敷率 > 125%~160%，7、8 代表熔敷率 > 160%。

气体保护焊。CO_2 气体保护焊熔敷率 92%；混合气保护焊熔敷率约 98%。

表 11.6 焊条电弧焊的熔化效率

焊条类型	焊条直径 1.5mm		焊条直径 2.0mm		焊条直径 2.5mm		焊条直径 3.25mm		焊条直径 4.0mm		焊条直径 5.0mm	
(DIN 1913)	电流/A	熔化效率/(kg/h)	电流/A	熔化效率/(kg/h)	电流/A	熔化效率/(kg/h)	电流/A	熔化效率/(kg/h)	电流/A	熔化效率/(kg/h)	电流/A	熔化效率/(kg/h)
中厚药皮(金红石)												
R3	30~45	0.30~0.45	50~70	0.45~0.63	60~100	0.54~0.90						
R(C)3			40~60	0.40~0.60	60~100	0.60~1.10	100~140	0.85~1.19	130~220	1.17~1.80	180~260	1.62~2.34
厚药皮(金红石)												
RR6			45~75	0.36~0.6	60~100	0.48~080	90~140	0.81~1.26	150~190	1.35~1.71	190~240	1.81~2.28
RR(C)6	25~60	0.23~0.45	35~70	0.32~0.63	60~100	0.54~0.90	110~140	0.99~1.26	150~180	1.43~1.71	190~230	1.81~2.19
AR7					65~100	0.65~1.10	100~155	1.05~1.63	140~220	1.47~2.31	200~250	2.10~2.63
RR(B)7			55~80	0.44~0.64	70~100	0.59~0.85	110~140	0.93~1.19	140~180	1.19~1.53	190~240	1.71~2.16
RR8			45~75	0.39~0.66	60~100	0.55~0.92	90~140	0.85~1.33	140~180	1.37~1.76	180~230	1.85~2.37
RR(B)8					70~100	0.59~0.85	110~130	1.05~1.24	150~180	1.43~1.71		
厚药皮(碱性)												
B10					80~100	0.72~0.99	110~140	1.10~1.40	160~190	1.67~1.98	190~260	2.02~2.76
B(R)10					50~85	0.45~0.77	85~135	0.85~1.35	135~190	1.41~1.98	190~260	2.02~2.76
高效焊条												
RR11(160%)							130~160	1.56~1.92	160~210	2.08~2.73	240~310	3.36~4.34
RR11(180%)							130~170	1.82~2.38	160~240	2.40~3.60	240~340	3.84~5.44
RR11(200%)							140~180	2.24~2.88	180~220	3.06~3.74	240~330	4.32~5.94
RR11(240%)									190~240	3.80~4.80	290~360	6.09~7.56
AR11(120%)					80~120	1.10~1.40	140~165	1.47~1.89	180~220	1.89~2.31		

表 11.7 熔化极气体保护焊的熔化效率（MAG 焊）

送丝速度 / （m/min）	0.8mm		1.0mm		焊丝直径 —— 熔敷率	1.2mm		1.6mm	
	98%	94%	98%	94%		98%	94%	98%	94%
3	0.695	0.665	1.09	1.05		1.57	1.51	2.78	2.68
4	0.930	0.890	1.46	1.40		2.10	2.01	3.72	3.56
5	1.16	1.11	1.82	1.75		2.62	2.51	4.65	4.45
6	1.40	1.34	2.19	2.10		3.14	3.02	5.56	5.35
7	1.62	1.56	2.55	2.45		3.66	3.52	6.50	6.24
8	1.86	1.78	2.92	2.80		4.19	4.02	7.42	7.12
9	2.09	2.00	3.28	3.14		4.70	4.51	8.36	8.02
10	2.32	2.23	3.64	3.49		5.23	5.01	9.30	8.90
11	2.56	2.45	4.00	3.84		5.75	5.52	10.20	9.80
12	2.78	2.67	4.37	4.20		6.27	6.03		
13	3.02	2.90	4.74	4.55		6.80	6.52		
14	3.25	3.12	5.10	4.90		7.32	7.03		
15	3.48	3.34	5.46	5.24					
16	3.72	3.56	5.83	5.60					
17	3.95	3.78	6.20	5.95					
18	4.18	4.00	6.56	6.30					

注：熔化效率取决于保护气体种类和焊接条件，本表数据适用于钢，其比重为 7.85kg/dm³，铜为 8.9kg/dm³，铝为 2.6~2.8kg/dm³。

表 11.8 埋弧焊的熔化效率

焊丝直径 /mm	熔化效率 / （kg/h）
1.6	1.3~3.8
2	1.7~5.8
2.5	2.3~9.1
3	2.6~13
4[①]	3.3~15.8
5	4.1~19.1
6	5.3~25
7	7.1~30
8	9.3~35

注：本表数据是在暂载率为 100% 的情况下得出。
① 4mm 直径焊丝的典型值：焊接电流为 600A，熔化效率大约为 8kg/h。

11.2.2.4 影响熔敷率的主要因素

在受限制的焊接位置熔敷率下降，导致焊接时间加长。在正常的焊接位置（如平焊）由于熔池易保持在较大尺寸，故其熔敷率可得到提高。但在大件或修理焊接中经常只能在受限制位置上进行焊接，下面给出相对于平焊位置（w=PA）的参考系数：PA 为 1.0；PB 为 1.05~1.15；PF 为 1.25~1.35；PE 为 1.4~1.6 或更高。

在受限制的焊接位置焊接飞溅及熔化金属的损失将增大，例如，在 PF 位置大约为 13%，PE 位置大约为 18%。

11.2.3 工作时间及步骤

焊接成本分析包括工作时间、材料消耗及能量消耗。对于生产后结算可根据材料进货单及工艺流程卡进行结算，而预决算则要根据以往的工作经验来进行。

在这里单件时间 t_e 是比较重要的，准备工作时间 t_r 次之。

11.2.3.1 工作时间及步骤的补充说明

生产中对工作时间的规定和构成见图 11.6。以焊工的日常工作内容和有关活动为例，焊接生产过程中的相应工作时间补充说明如下。

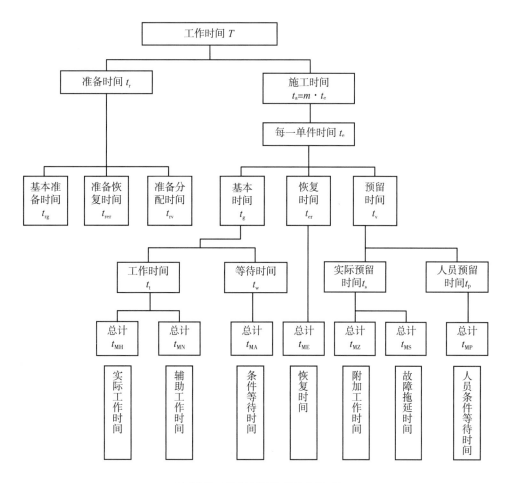

图 11.6 工作时间的规定和构成

基本准备时间包括委托（分配）工作、工长开委托单、工作场地改变、看图纸或工作说明（接受任务）、领用工具、工作准备、辅助材料准备（焊材和辅助材料）和焊接电源准备（调节焊接电流）等。

主要工作时间（实际工作时间）指的是纯焊接时间（当电弧燃烧时）。

辅助工作时间包括辅助工具（如夹具）的拆装或搬动、焊缝坡口准备装配精度的调节、焊缝清理、工件转动、焊丝桶装换和焊缝测量等。

恢复时间不是指休息时间，而是短暂的恢复时间。例如：当进行较艰巨的焊接工作（如预热焊接）时，焊工需要承受较高的预热温度，焊工在焊接后的体力恢复时间便是上述所指的恢复时间。

人员预留时间指的是由于领导的中断、工资的计算、个人事假等发生的时间。

实际预留时间指的是更换工作服，等待工作、工具或焊接材料（等工待料）等所需的时间。

11.2.3.2　焊接技术有关的工作时间

焊接技术的工作时间由实际工作时间和辅助工作时间组成，实际工作时间即电弧燃烧的时间。

辅助工作时间举例如下。

（1）焊条电弧焊：焊条更换，再引弧前去除焊条端部药皮，清渣，调节焊接电流。

（2）熔化极气体保护焊：清理焊枪，调节焊接参数，喷嘴涂防飞溅油，更换焊丝盘。

（3）埋弧焊：填加焊剂，清理焊道，调节机头位置，调节焊接参数。

实际工作时间和辅助工作时间的影响因素见表 11.9。

表 11.9　焊接工作时间的影响因素

降低实际工作时间	降低辅助工作时间
①小的被焊截面 ②装配组对精确 ③选择高熔化效率的工艺方法 ④选择机械化焊接工艺 ⑤优先考虑平焊及横焊位置	⑥选择最佳的焊接顺序 ⑦选择合适的焊接电源（简单易操作） ⑧减少清理工作 ⑨采取熔池背面保护 ⑩选择脱渣性好的焊条及焊剂 ⑪选择合适的提升装置

11.2.4　焊接工作时间的影响因素

11.2.4.1　减少实际工作时间的途径

一般认为提高焊接生产率即降低实际工作时间有以下几个途径。

（1）提高焊接熔化效率。

焊接工艺常用的效率指标是熔化效率，以 kg/h 表示。

表 11.6、表 11.7、表 11.8 给出了常用焊接方法的熔化效率、焊接工艺和电流强度之间的关系。熔化效率还与以下因素有关：焊接电流、焊条（焊丝）直径、型号或根数、焊接位置、焊接参数及辅助材料。

（2）减少焊接接头所需的熔敷金属重量，即选择尽可能小的焊接截面。

由于接头截面尺寸减小后，所需填充的金属减少，相应的焊接生产率提高。这方面的典型工艺有窄间隙焊接，特别是在锅炉压力容器中的大厚板焊接。现在许多企业采用窄间隙埋弧焊，大大地提高了焊接生产率，与普通的埋弧焊方法相比，提高焊接总效率 50%~80%，节省焊丝 38%~50%，节省焊剂 56%~65%。

（3）采用高能量密度焊接方法。

高能量密度焊接方法现在已有多种，例如电子束焊、激光焊、等离子焊等。可以针对不同产品进行选择。

（4）选择厚药皮焊条或高效焊条（药皮中加入铁粉或金属粉）。

用厚药皮焊条或高效焊条进行焊条电弧焊时，在相同的焊接工作情况下进行成本比较，同时现有电源也允许使用较大的焊接电流，那么采用高效焊条可以节省 35%~45% 的成本。

（5）采用机械化、自动化的焊接工艺。

对焊接结构制造行业来讲，全面推广机械化、自动化是必然的趋势。特别是大中型骨干企业，可以推广使用气体保护焊工艺和埋弧焊工艺，以替代焊条电弧焊。

11.2.4.2　焊缝坡口截面积及焊材用量计算

如前所述，降低焊接工作成本的主要影响因素是生产制造时间。缩短生产时间，即提高熔化效率，可通过选择高效的焊接工艺方法、最佳的焊接参数及焊接位置等来实现。另外还可以通过优化焊接准备，减少焊缝截面积，降低焊接工作成本。

在 ISO 9692 标准中对焊接坡口截面尺寸做了规定，可以通过焊缝截面积近似估算消耗焊接材料的重量。下面举例说明焊缝截面积及焊缝重量的计算方法。对接焊缝的截面积由焊缝坡口截面积 A_1、余高面积 A_2 和间隙面积 A_3 组成（图 11.7）。对接焊缝 V 形坡口截面积计算公式为 $A_1 = a^2 \cdot \tan \dfrac{\alpha}{2}$［图 11.7（a）］，U 型坡口的截面积计算公式为 $A_1 = \dfrac{\pi \cdot r^2}{2} + 2 \cdot r \cdot [s - (r+h)] + \tan \alpha \cdot [s - (r+h)]^2$（图 11.8）。余高面积近似计算公式是 $A_2 = \dfrac{2ah}{3}$［图 11.7（b）］。间隙面积计算公式是 $A_3 = b \cdot s$［图 11.7（c）］。对接焊缝的截面积 $A = A_1 + A_2 + A_3$。以钢为例，焊缝金属密度约为 7.85g/cm^3，每米焊缝重量的计算公式为 $G\,(\text{kg/m}) = \dfrac{7.85\,(\text{g/cm}^3) \cdot A\,(\text{mm}^2)}{1000}$。

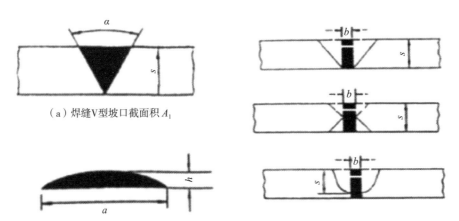

（a）焊缝 V 型坡口截面积 A_1

（b）焊缝余高面积 A_2　　　　（c）焊缝间隙面积 A_3

s—焊缝厚度；a—焊缝宽度；α—坡口角度；b—根本间隙；h—焊缝余高。

图 11.7　对接焊缝（V 形坡口）截面积组成

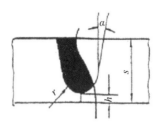

s—焊缝厚度；r—加工的半径；α—坡口角度；h—钝边量。

图 11.8　对接焊缝 U 型坡口截面积

以结构钢对接焊缝为例，分别采用单面 V 形坡口和双面 V 形坡口，板厚均为 20 mm，坡口角度 60°，焊缝余高 2.0mm，对接间隙 2.0 mm，按以上公式进行计算，单面 V 形坡口焊缝截面积为 304.34mm²，每米焊缝重量为 2.389kg；双面 V 形坡口焊缝截面积为 191.6 mm²，每米焊缝重量为 1.504kg。经对比发现，对接焊缝采用双面 V 形坡口比采用单面 V 形坡口时焊缝截面积更小，可以节约焊接材料约 37%。

角焊缝是常用的焊缝形式，其截面为三角形，截面积计算公式为 $A=a^2 \cdot \tan \dfrac{\alpha}{2}$，如焊缝有余高，还要考虑余高面积（图 11.9）。

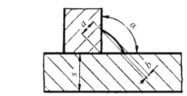

a—焊缝厚度；α—角焊缝角度；s—板厚；b—余高。

图 11.9　角焊缝焊缝截面积

在实际生产过程中，我们可以通过上述对接焊缝及角焊缝的截面积计算公式进行计算，并估算出需要使用的焊接材料用量，同时为了减少计算过程，我们还可以通过查表的方式对焊接钢材的焊缝面积和焊缝重量进行查询。V 形坡口对接焊缝及角焊缝尺寸参数见图 11.7、图 11.8 和图 11.9。角焊缝、单面 V 形坡口对接焊缝和双面 V 形坡口对接焊缝截面积和焊缝重量见表 11.10、表 11.11 和表 11.12。

11.2.4.3　减少辅助工作时间的途径

（1）规定和遵守最佳的焊接顺序。为了能够经济、高效地生产制造焊接结构，规定和遵守最佳的焊接顺序是必要的。在制定焊接顺序时除了考虑到选择不同的熔化效率的焊接工艺，还要制订焊接顺序方案。制定依据主要有以下几条：① 规定的一般技术条件和供货协议。② 最佳的经济性。包括合理的装配焊接，例如刚性较大位置的焊缝最先焊、采用尽可能小的热量和尽可能少的焊缝等。③ 材料焊接性。如果是可焊性较差、易开裂的材料焊接，则不宜简单地采用尽可能少的热量焊接。

（2）选择合适的焊接电源。① 一机多用，手工电弧 /TIG 焊，焊割电源等；② 焊接电流调节范围广；③ 焊接参数优化调节。

（3）减少清理工作。当前在大量采用气保焊工艺，特别在采用 CO_2 气体保护焊接时，由于焊接

表 11.10　角焊缝截面积和焊缝重量

坡口角度		60°					90°					120°				
焊缝厚度 /mm	截面积 A/mm²	截面积 A/mm²	每米重量 /g				截面积 A/mm²	每米重量 /g				截面积 A/mm²	每米重量 /g			
			G_0 b=0	$G_{0.5}$ b=0.5	$G_{1.0}$ b=1.0	$G_{1.5}$ b=1.5		G_0 b=0	$G_{0.5}$ b=0.5	$G_{1.0}$ b=1.0	$G_{1.5}$ b=1.5		G_0 b=0	$G_{0.5}$ b=0.5	$G_{1.0}$ b=1.0	$G_{1.5}$ b=1.5
2.0	2.3		18.1	24.3	29.8	36.2	4.0	31.4	41.6	52.6	62.8	6.9	54.2	72.2	90.4	107.5
2.5	3.6		28.4	36.1	43.2	50.3	6.3	49.5	62.8	75.5	87.7	10.9	88.5	115.2	138.0	161.0
3.0	5.1		40.7	50.2	58.9	68.4	9.0	70.6	86.3	102.0	118.0	15.6	122.5	150.0	177.5	205.0
3.5	7.1		55.8	66.0	77.0	87.0	12.3	96.5	114.6	133.0	151.5	21.3	167.0	198.0	230.0	261.0
4.0	9.2		72.1	84.0	96.5	108.5	16.0	125.6	147.0	167.5	188.5	27.7	217.0	254.0	290.0	327.0
4.5	11.7		92.0	105.0	119.4	133.0	20.3	159.4	183.0	206.5	230.0	35.2	276.0	317.0	358.0	398.0
5.0	14.4		113.0	128.0	144.0	157.5	25.0	196.0	222.0	249.0	275.0	43.3	340.0	386.0	431.0	477.0

表 11.11　单面 V 形坡口对接焊缝截面积和焊缝重量

坡口角度		50°						60°						70°					
板厚 /mm	间隙 /mm	截面积 A/mm²	每米重量 /g					截面积 A/mm²	每米重量 /g					截面积 A/mm²	每米重量 /g				
			G_0 h=0	$G_{1.0}$ h=1.0	$G_{1.5}$ h=1.5	$G_{2.0}$ h=2.0	$G_{2.5}$ h=2.5		G_0 h=0	$G_{1.0}$ h=1.0	$G_{1.5}$ h=1.5	$G_{2.0}$ h=2.0	$G_{2.5}$ h=2.5		G_0 h=0	$G_{1.0}$ h=1.0	$G_{1.5}$ h=1.5	$G_{2.0}$ h=2.0	$G_{2.5}$ h=2.5
4.0	1.0	11.5	90.3	115.5	127.0	140.0	152.0	13.2	103.8	133.0	147.0	162.0	177.0	15.2	119.5	154.0	171.0	188.0	206.0
5.0	1.0	16.7	131.0	161.0	176.0	190.0	205.0	19.4	152.0	188.0	206.0	223.0	241.0	22.5	176.0	218.0	240.0	261.0	281.0

续表

板厚/mm	间隙/mm	50° 截面积 A/mm²	50° 每米重量/g G_0 h=0	$G_{1.0}$ h=1.0	$G_{1.5}$ h=1.5	$G_{2.0}$ h=2.0	$G_{2.5}$ h=2.5	60° 截面积 A/mm²	60° 每米重量/g G_0 h=0	$G_{1.0}$ h=1.0	$G_{1.5}$ h=1.5	$G_{2.0}$ h=2.0	$G_{2.5}$ h=2.5	70° 截面积 A/mm²	70° 每米重量/g G_0 h=0	$G_{1.0}$ h=1.0	$G_{1.5}$ h=1.5	$G_{2.0}$ h=2.0	$G_{2.5}$ h=2.5
6.0	1.0	22.8	179.0	214.0	231.0	248.0	265.0	26.8	210.0	252.0	273.0	294.0	314.0	31.2	245.0	295.0	319.0	343.0	368.0
7.0	1.5	33.3	261.0	303.0	325.0	345.0	366.0	38.8	305.0	354.0	380.0	406.0	430.0	44.8	352.0	411.0	441.0	470.0	500.0
8.0	1.5	41.9	329.0	376.0	400.0	418.0	446.0	48.9	384.0	441.0	469.0	496.0	525.0	56.8	446.0	513.0	546.0	580.0	612.0
9.0	1.5	51.1	405.0	453.0	479.0	505.0	531.0	60.2	472.0	535.0	566.0	598.0	628.0	70.2	552.0	625.0	665.0	699.0	735.0
10.0	2.0	66.6	524.0	582.0	611.0	642.0	670.0	77.7	610.0	681.0	716.0	752.0	788.0	90.0	706.0	791.0	833.0	875.0	915.0

表 11.12　双面 V 形坡口对接焊缝截面积和焊缝重量

板厚/mm	间隙/mm	50° 截面积 A/mm²	50° 每米重量/g G_0 h=0	$G_{1.0}$ h=1.0	$G_{1.5}$ h=1.5	$G_{2.0}$ h=2.0	$G_{2.5}$ h=2.5	60° 截面积 A/mm²	60° 每米重量/g G_0 h=0	$G_{1.0}$ h=1.0	$G_{1.5}$ h=1.5	$G_{2.0}$ h=2.0	$G_{2.5}$ h=2.5	70° 截面积 A/mm²	70° 每米重量/g G_0 h=0	$G_{1.0}$ h=1.0	$G_{1.5}$ h=1.5	$G_{2.0}$ h=2.0	$G_{2.5}$ h=2.5
15.0	2.0	82.5	648.0	743.0	790.0	835.0	883.0	95.0	745.0	856.0	922.0	967.0	1024.0	109	855.0	987.0	1051.0	1120.0	1181.0
16.0	2.0	91.6	720.0	820.0	870.0	920.0	965.0	105.8	830.0	948.0	1009.0	1065.0	1125.0	121.6	955.0	1088.0	1155.0	1220.0	1300.0
17.0	2.0	101.5	795.0	894.0	941.0	990.0	1040.0	117.5	920.0	1048.0	1110.0	1170.0	1230.0	135.0	1060.0	1205.0	1278.0	1350.0	1422.0
18.0	2.0	111.5	875.0	990.0	1048.0	1092.0	1150.0	129.5	1015.0	1147.0	1211.0	1275.0	1340.0	149.3	1170.0	1325.0	1400.0	1470.0	1552.0
19.0	2.0	122.0	956.0	1070.0	1130.0	1190.0	1240.0	142.0	1115.0	1250.0	1318.0	1385.0	1451.0	164.0	1290.0	1450.0	1525.0	1605.0	1690.0
20.0	2.0	133.2	1045.0	1175.0	1240.0	1300.0	1343.0	155.5	1220.0	1282.0	1355.0	1425.0	1575.0	180.0	1410.0	1590.0	1675.0	1768.0	1835.0

时的较大飞溅，使辅助工作时间大大增加。为此应考虑使用清理剂、喷防堵剂或改变保护气体，如使用混合气体（80%Ar+20%CO$_2$）。

（4）采用合适的工装夹具。根据产品型式选择相应的滚轮架、变位器和操作架等是必须的，否则将大大增加辅助工作时间。

（5）采用机械装置进行坡口准备和清理。采用坡口加工机和清理机，例如管端清理机、磨锉机、清根装置等。

（6）使用具有优良脱渣性能的焊条和焊剂。

（7）采用熔池保护措施。在有些情况下要求采用熔池背面保护措施，一是保证焊接质量，二是降低焊接辅助工作时间。

11.2.5 工资费用

人员的基础工资是按规定（工资表）制定的，可考虑在计时工资、计件工资及奖励工资等方面降低费用。

11.2.6 材料消耗

消耗材料的费用仅次于工资费用，对焊丝而言，焊丝越细，合金成分越贵，价格就越贵，而成盘的焊丝又比成捆的焊丝贵。对焊剂而言，其消耗量取决于焊剂颗粒度、电弧电压及焊接电流强度。此外熔炼焊剂的消耗量要高于烧结焊剂。对保护气体而言，焊铝时为避免气孔产生及保证熔合质量可采用氦氩混合气；焊钢时可采用氩和二氧化碳的混合气，同时在保证焊接接头质量要求及减少飞溅的前提下可尽量多加二氧化碳气体，因为二氧化碳要比氩气便宜得多。

焊接用气体供气方式和使用量有关，见表 11.13。

表 11.13 焊接用气体供气方式

单位：m^3/月

气体	< 100	100~300	> 300	> 600
乙炔（C$_2$H$_2$）	单瓶	串联（钢瓶）	编组（钢瓶）	编组（钢瓶）
氧气（O$_2$）	单瓶	串联（钢瓶）	编组（钢瓶）	液态气体
氩气（Ar）	单瓶	串联（钢瓶）	编组（钢瓶）	液态气体
二氧化碳（CO$_2$）	单瓶	串联（钢瓶）	串联（钢瓶）	储罐

11.2.7 设备费用

11.2.7.1 焊接电源的结构形式

焊接电源的成本费用取决于其结构形式、功率及功能（脉冲、遥控等）。而其他的费用则体现在维护、修理及更换零部件方面。图 11.10 为几种典型焊接电源结构形式。

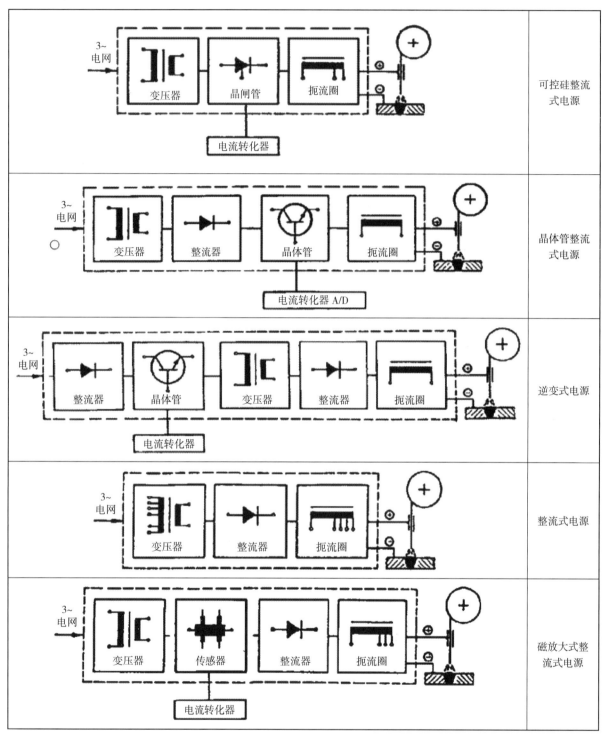

图 11.10 几种典型焊接电源结构形式

11.2.7.2 能量消耗

与工资及材料消耗费用相比，能量消耗的费用是很少的，但在成本核算时也应予以考虑。通常焊接时所用电能的费用计算参数见图 11.11，可通过下式进行计算：

电能费用 = 初级功率（kVA）× 工作时间（h/y）× 负载持续率 ED（%）× 单位电费（欧元/h）

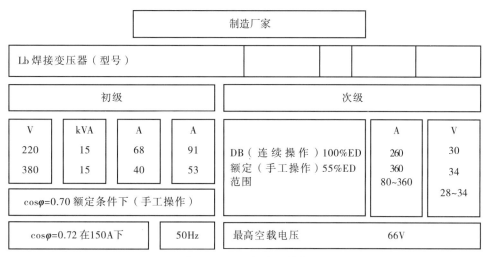

图 11.11 弧焊电源铭牌

11.2.7.3 负载持续率（ED）

在实际焊接工作中应注意焊机铭牌上所标定的额定负载持续率（ED），对不同的焊接方法及不同的焊缝长度、焊接电源的工作时间，负载持续率是不同的。全自动 UP/MAG 焊设备的负载持续率为 60%~80%，焊条电弧焊连续长焊缝的负载持续率约为 50%，例如容器纵环焊缝、钢结构支撑角焊缝；中等长度焊缝的负载持续率约为 35%，例如容器法兰、钢结构筋板等；短焊缝的负载持续率约为 20%，例如难接地位置焊缝。

11.2.8 焊工的工作时间

焊工的工作时间根据企业的生产性质及焊工的自身条件确定。一般情况下焊工的有效工作时间为 220d/y。

11.3 计算机软件的应用

在对焊接工作的成本核算中目前人们经常采用计算机进行程序化处理，这样不但可节省大量的时间，且核算精度得到了提高。不同的企业可针对本身的条件及要求选择不同的成本核算程序，将已知的条件及因素输入计算机，即可由计算机来完成成本核算工作。

以"焊接成本分析"软件 COSTCOMP 为例，程序中的成本涉及工资、填充材料、辅助材料和投资等项目的计算。

软件程序中需要输入表 11.14 和表 11.15 中所列数据，通过计算得出分析结果 1（净效率、填充材料费用、工资成本、投资费用、总成本等）和分析结果 2（焊缝截面积、投资成本、工作效率等）。

表 11.14　得出分析结果 1 软件程序需输入的数据

序号	输入数据	说明
1	材料	材料类型、特殊要求、重量
2	焊接	焊接方法：E 焊、MAG 焊、UP 焊
3	填充材料	此处列出所需材料，即给出气体、焊剂、电焊条、焊丝的价格
4	熔化效率	在 100% 负载持续率下的熔化效率
5	净熔敷率	相应焊接方法的净熔敷率
6	工资和附加工资	企业特殊费用
7	工作时间 / 年	与运行班制和工资有关
8	焊接负载持续率 ED	按"电弧燃烧时间"% 确定
9	目视检测	有 / 无，焊缝目视检测的百分比
10	返修率	按估算部分的百分比
11	返修辅助时间系数	用于返修、运输、检验
12	投资费用	设备专用费
13	银行利息	企业专用费用
14	设备折旧期限	企业专用费用

表 11.15　得出分析结果 2 软件程序需输入的数据

序号	输入数据	说明
1	焊缝形状	U 形、V 形、X 形焊缝或角焊缝，对接焊缝
2	坡口角度	按照 DIN 8551 确定，角焊缝 90°
3	钝边高度	按照 DIN 8551 确定
4	板厚或角焊缝厚度 a 值	相应计算尺寸
5	间隙	按照 DIN 8551 确定
6	焊缝余高	按照 DIN 8563 确定

下面将用实例说明该软件程序的应用。

示例　焊接角焊缝，a=5 mm，长度 =1000 mm，材料为结构钢。选择合适的焊接方法（焊条电弧焊、熔化极气体保护焊，实心 / 药芯，埋弧焊），工件数量为大批量。焊条电弧焊的焊接成本分析结果见表 11.16，焊接成本比较分析见图 11.12；熔化极气体保护焊（实心）焊接成本分析结果见表 11.17，焊接成本比较分析见图 11.13；熔化极气体保护焊（药芯）焊接成本分析结果见表 11.18，焊接成本比较分析见图 11.14；埋弧焊焊接成本分析结果见表 11.19，焊接成本比较分析见图 11.15。四种焊接方法的焊接成本及效率对比见图 11.16。

表 11.16　焊条电弧焊焊接成本分析结果

输入值		分析结果 1	
材料	钢 / 不锈钢	净效率	0.71 kg / h
密度	7.85g/cm³	填充材料消耗量	1.06 kg / h
焊接	焊条电弧焊	填充材料成本	3.17 欧元 / h
焊条价格	3.00 欧元 / kg	工资成本	37.50 欧元 / h
焊条牌号 / 标准	OK48.00	投资成本	0.47 欧元 / h
熔化效率	2.50 kg / h	总成本	41.14 欧元 / h
净熔敷率	71.00%		
工资总费用	30.00 欧元 / h		
年工作时间	1600.00 h		
焊接负载持续率 ED	30.00%		
目视检测	100%		
返修率	5.00%		
返修辅助时间系数	5.00		
投资费用	2500.00 欧元		
银行利息	10.00%		
设备折旧期限	5y		
输入值		分析结果 2	
焊缝形状	V 形焊缝 / 角焊缝	焊缝截面积	34.05mm²
坡口角度	90°	填充材料成本	1.19 欧元 /m
钝边高度	0.00mm	工资成本	14.07 欧元 /m
板厚或角焊缝厚度 a 值	5.00mm	投资成本	0.18 欧元 /m
间隙	0.00mm	总成本	15.44 欧元 /m
焊缝余高	1.00mm	工作效率	2.67m/ h

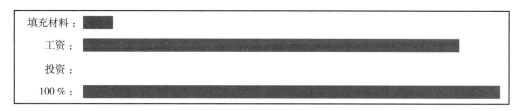

图 11.12　焊条电弧焊焊接成本比较分析图

表 11.17　熔化极气体保护焊（实心）焊接成本分析结果

输入值		分析结果 1	
材料	钢 / 不锈钢	净效率	0.71 kg / h
密度	7.85g/cm³	填充材料消耗量	1.51 kg / h
焊接	气体保护焊	气体消耗量	0.45m³/h
气体	混合气体	填充材料成本	2.41 欧元 / h

续表

输入值		分析结果 1	
气体用量	0.30m³/kg	工资成本	37.50 欧元 /h
气体价格	2.00 欧元 /m³	投资成本	1.88 欧元 /h
焊丝价格	1.00 欧元 / kg	总成本	41.79 欧元 /h
焊丝牌号 / 标准	OKAutrod12.51/SG2（实心焊丝）		
熔化效率	3.50 kg / h		
净熔敷率	93.00%		
工资 + 附加工资	30.00 欧元 / h		
工作时间	1600.00h		
焊接负载持续率 ED	40.00%		
目视检测	100%		
返修率	5.00%		
返修辅助时间系数	5.00		
投资费用	10000.00 欧元		
银行利息	10.00%		
设备折旧期限	5y		

输入值		分析结果 2	
焊缝形状	V 形焊缝 / 角焊缝	焊缝截面积	34.05mm²
坡口角度	90°	填充材料成本	0.48 欧元 /m
钝边高度	0.00mm	工资成本	7.54 欧元 /m
板厚或角焊缝厚度 a 值	5.00mm	投资成本	0.38 欧元 /m
间隙	0.00mm	总成本	8.40 欧元 /m
焊缝余高	1.00mm	工作效率	4.98 m/h

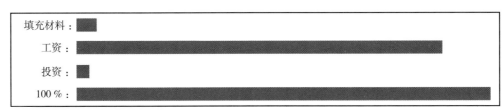

图 11.13　熔化极气体保护焊（实心）焊接成本比较分析图

表 11.18　熔化极气体保护焊（药芯）焊接成本分析结果

输入值		分析结果 1	
材料	钢 / 不锈钢	净效率	2.33 kg / h
密度	7.85g/cm³	填充材料消耗量	2.58 kg / h
焊接	气体保护焊	气体消耗量	0.52m³/h
气体	混合气体	填充材料成本	10.06 欧元 /h
气体用量	0.20 m³/ kg	工资成本	34.50 欧元 /h

续表

输入值		分析结果 1	
气体价格	2.00 欧元 /m³	投资成本	1.88 欧元 /h
焊丝价格	3.50 欧元 / kg	总成本	46.44 欧元 /h
焊丝牌号 / 标准	OKTubrod14.10/SG2（药芯焊丝）		
熔化效率	6.00 kg / h		
净熔敷率	93.00%		
工资 + 附加工资	30.00 欧元 / h		
工作时间	1600.00h		
焊接负载持续率 ED	40.00%		
目视检测	100%		
返修率	3.00%		
返修辅助时间系数	5.00		
投资费用	10000.00 欧元		
银行利息	10.00%		
设备折旧期限	5y		
输入值		分析结果 2	
焊缝形状	V 形焊缝 / 角焊缝	焊缝截面积	34.05mm²
坡口角度	90°	填充材料成本	1.15 欧元 /m
钝边高度	0.00mm	工资成本	3.96 欧元 /m
板厚或角焊缝厚度 a 值	5.00mm	投资成本	0.22 欧元 /m
间隙	0.00mm	总成本	5.33 欧元 /m
焊缝余高	1.00mm	工作效率	8.71m/ h

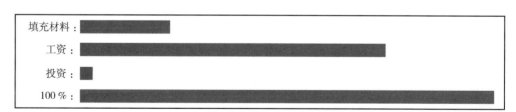

图 11.14　熔化极气体保护焊（药芯）焊接成本比较分析图

表 11.19　埋弧焊焊接成本分析结果

输入值		分析结果 1	
材料	钢 / 不锈钢	净效率	3.22 kg / h
密度	7.85g/cm³	填充材料消耗量	3.32 kg / h
焊接	UP- 焊接	焊剂消耗量	3.98 kg / h
焊接熔化率	100%	填充材料成本	10.11 欧元 / h
焊剂 / 焊丝比率	1.20	工资成本	31.50 欧元 / h

续表

输入值		分析结果 1	
焊剂价格	1.50 欧元 / kg	投资成本	14.07 欧元 / h
焊丝价格	1.25 欧元 / kg	总成本	55.68 欧元 / h
焊丝牌号 / 标准	OKFlux10.61/SG2（实心焊丝）		
熔化效率	6.50 kg / h		
净熔敷率	98.00%		
工资 + 附加工资	30.00 欧元 / h		
工作时间	1600.00h		
焊接负载持续率 ED	50.00%		
目视检测	100%		
返修率	1.00%		
返修辅助时间系数	5.00		
投资费用	75000.00 欧元		
银行利息	10.00%		
设备折旧期限	5y		

输入值		分析结果 2	
焊缝形状	V 形焊缝 / 角焊缝	焊缝截面积	34.05mm^2
坡口角度	90°	填充材料成本	0.84 欧元 /m
钝边高度	0.00mm	工资成本	2.62 欧元 /m
板厚或角焊缝厚度 a 值	5.00mm	投资成本	1.17 欧元 /m
间隙	0.00mm	总成本	4.63 欧元 /m
焊缝余高	1.00mm	工作效率	12.04 m/h

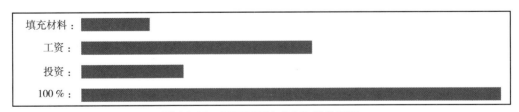

图 11.15　埋弧焊焊接成本比较分析图

　　通过以上软件程序的应用举例，我们发现利用"焊接成本分析"软件 COSTCOMP 得出的分析结果数据非常准确，为确定焊接工艺及其成本分析奠定了可靠的基础。

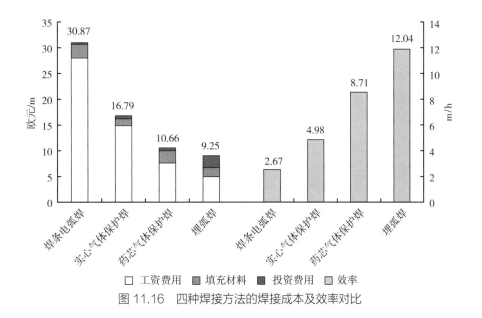

图 11.16　四种焊接方法的焊接成本及效率对比

11.4 焊接机器人应用的经济性分析

11.4.1 机器人应用概况

焊接生产中的自动化与智能化在提高生产效率、降低成本、改进质量、保证安全和满足高标准制造要求等方面将带来决定性优势。预计将来将通过提供工艺参数、选择指导、增加自动化设备与机器人的使用，以及降低废品率和返修率的方式将焊接加工的平均成本降低三分之一甚至更多。

焊接机器人的应用主要以工作站为单元，其设备包括：变位机、输送装置及焊接电源等，这些都是关键技术所在。机器人工作站采用模块化技术的开放式控制系统，可按不同产品的焊接要求同步控制机器人和外围设备，扩大机器人的工作范围。目前在管道、大型储罐、船舶等焊接产品方面，自动化焊接技术较为成熟，并得到了广泛的应用。

由于机器人焊接的一次性投资大、生产中运行成本高，应用机器人焊接往往应考虑到：① 企业在资金方面的支持，产品市场前景是否较好的预期；② 工作人员的素质和技术能力；③ 机器人焊接技术的应用对产品的适应性。

因此，某些企业的经营者鉴于某种特殊因素不考虑采用焊接机器人技术，这导致生产过程自动化的进程受阻。

11.4.2 机器人应用的经济性的先决条件和自动化分析

对某一自动化生产的分析可能存在不同看法，需要多方面考虑，下面是其中一些分析。

（1）属于哪种投资种类？

投资种类一般包括补偿投资、扩建投资、效能投资等。

（2）应达到哪些目标？

①效益最大化；②较短的偿还期限；③缩短交货期（例如生产周期和流程的缩短）。

（3）如何达到所要求的目标？

①各种方法的结合；②任务的最优化。

（4）为何投资？

①有投资价值；②投资可获得额外利益。

根据调查表明，并不是简单地购置某一机器人单元就能取得明显成绩，而是需要有预先方案，可以按照企业特点重新组合，以适应机器人焊接的要求和环境。这种改组的运行机制和工作条件可以收到明显效果。对此有下列几点建议。

（1）根据生产条件，提出生产方案，制订具体的生产计划，通过制订的生产方案确定投资预算，进行企业投资回报评估。

（2）依据产品结构分类，分析产品对机器人焊接的适应性，包括移动、翻转、焊接位置等，将产品进行部件、构件的细分。

（3）加工的物流分析，审查生产和材料的流程，包括材料的储运、加工过程中的停留、各工序之间的转换等。

（4）机器人生产条件的建立，包括焊接前道工序准备，上下料的运送装置、工装、卡夹设计及焊接时的辅助装置等。

（5）重视工业标准，按用户或产品标准的要求，对产品质量进行验收，必要的话，可能要进行返修焊。

11.4.3 自动化生产过程的影响因素

自动化的生产过程主要受到产品种类、制造工艺及工作人员的能力和水平等因素的影响。下面分别以"产品"因素、"设备"因素和"人员"因素进行说明。影响生产过程的因素见图11.17。

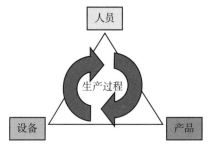

图 11.17 影响生产过程的因素

11.4.3.1 "产品"因素

"产品"因素影响机器人焊接应用的生产条件，同时还要考虑产品所用母材焊接性、使用的焊接工艺、产品结构设计等方面对自动化生产过程的影响。例如：①结构。无受限位置的焊接，焊缝尽可能的薄，选择合适的工件。② 材料的选择。使用可焊钢代替自选钢材。③ 焊接工艺。选用激光焊、TIG 焊、GMAW 完成焊接过程。

1. 产品分析

根据产品制造标准要求：焊接任务列表包含部分焊件分类、工件的数量和批量大小、最小和最大部件体积和重量、瞬时和预计的脉冲周期等，见表 11.20、表 11.21。同时需要考虑能手工焊生产的部件种类和自动化生产的部件种类，记录形式见表 11.22、表 11.23。产品分析还需要考虑焊接质量验收标准等，必要时要进行部件的分析、结构调整、焊接顺序及检验顺序的调整。

表 11.20　焊接任务列表 1

工件名称	
标记号码	
焊接方法	
材质 / 材质组合	
厚度 /mm	
特殊条件（预热等）	
结构件尺寸（L×B×H）/mm	
构件重量化 /kg	
构件数量 /y	
构件焊缝数量	3
每件平均焊接时间 /min	0.2
平均焊缝长度 /mm	160

表 11.21　焊接任务列表 2

工件名称	标记号码	尺寸	重量	材质	焊接方法	工件 /y	设备编号	脉冲周期	预计脉冲周期	脉冲周期差
结果										

表 11.22　手工焊加工件的表格记录形式

序号	焊缝编号	焊缝位置	送丝速度 /（m/min）	焊缝长度 /mm	焊缝数量	焊接速度 /（mm/min）	焊缝总长度 /mm	焊接总时间 /sec
0		W	10	20	2	200	40	12.00
1		W	10	120	1	200	120	36.00
2							0	0.00
3							0	0.00
4							0	0.00
合计					3		160	48.0

表 11.23 自动化焊接加工件的表格记录形式

序号	焊缝编号	焊缝位置	送丝速度 / （m/min）	焊缝长度 / mm	焊缝数量	焊接速度 / （mm/min）	焊缝总长度 / mm	焊接总时间 / sec
0			15	20	2	650	40	3.69
1			15	120	1	800	120	9.00
2							0	0.00
3							0	0.00
4							0	0.00
合计					3		160	12.7

2. "构件公差"造成的成本影响

由于自动化程度不同造成焊接速度不同，从而导致产品成本的不同。而不同自动化程度对焊接接头的公差要求不同，机械化和自动化程度对焊接速度构件公差和电弧燃烧范围的影响见图 11.18。构件公差与成本之间的关系见图 11.19。

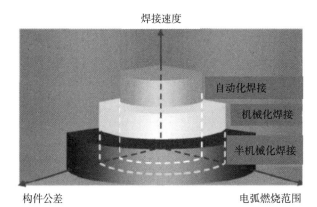

图 11.18 机械化和自动化程度对焊接速度构件公差和电弧燃烧范围的影响

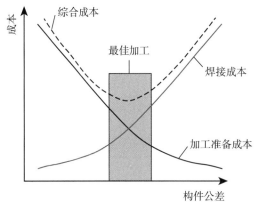

图 11.19 构件公差与成本之间的关系

3. 不同机械化程度对成本的影响

最大生产能力下，机械化程度的成本取决于转换频率，机械化程度与成本的关系见图 11.20。

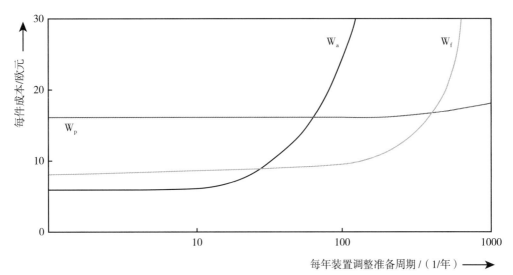

W_p—半机械化焊接；W_a—特殊设备的自动焊；W_f—全机械化机器人焊接。

图 11.20　机械化程度与成本的关系

4. 工件量对成本的影响

在容量改变时，工件量与成本的关系见图 11.21。

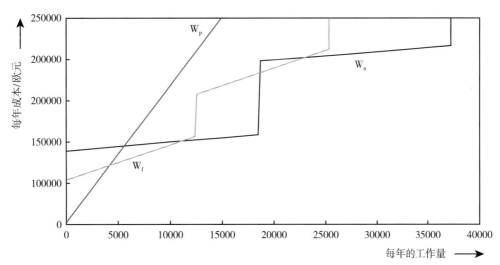

W_p—半机械化焊接；W_a—特殊设备的自动焊；W_f—全机械化机器人焊接。

图 11.21　工作量与成本的关系

5. 工件成本和机械化水平适应性的关系

工件成本和机械化水平适应性的关系如图 11.22 所示。

示例 1（图 11.23）　机器人用于挖掘机构件生产。

示例 2（图 11.24）　焊枪固定（焊接操作架）的全机械化焊。

示例 3（图 11.25）　专用的容器焊接装置。

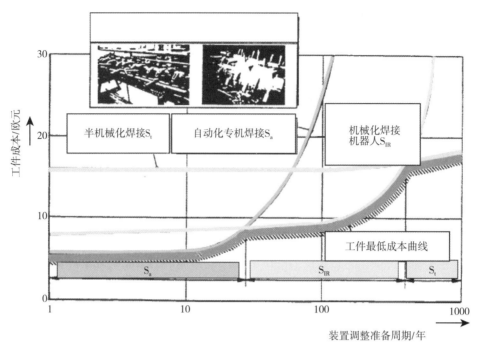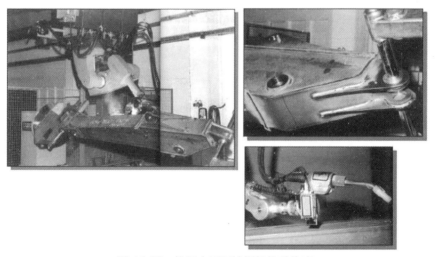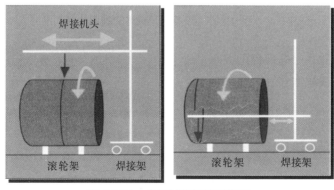

图 11.22　机械化和自动化程度在不同形式轧滚调整时对准备周期和成本的影响

图 11.23　机器人用于挖掘机构件生产

图 11.24　全机械化焊接示意图

图 11.25　专用的容器焊接装置：等离子弧焊和埋弧焊（优质钢加工）

11.4.3.2 "设备"因素

工厂设备投资的精确计划包括制作计划列表、确定投资预算及投资回报率（ROI）评估。

制定投资回报率是建立金融交易的手段之一。该术语的含义是通过对比预期收益和投资成本的大小和时间，来判断制造者的投资潜力。设备系统投资因素和程序见图 11.26。

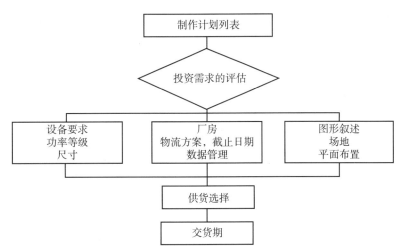

图 11.26　设备系统投资因素和程序

1. 加工物流所考虑的问题

加工物流所考虑的问题有：生产流程、焊接方法（GMAW、TIG 焊）、编程过程（焊枪位置、焊缝长度、焊缝种类）、焊接参数（起弧、收弧、焊缝种类等）、辅助时间（焊枪情况、TCP 测量、传感器调整）、设备（夹紧技术，简单 / 复杂装置）、创建适合机器人的生产条件、优化的夹紧装置、销钉螺栓固定、自动或半自动夹紧装置、在夹紧装置上热量损耗低、焊枪良好的可达性、精确的底座（淬硬层、铜板）、容易操作、夹紧干扰小及材料和零件的储存。

2. 工业机器人技术发展水平

机器人设备：不同焊枪的更换调整、自动焊枪清理设备、撞击后 TCP 的自动确定、用于焊缝传感和 / 或跟踪的传感器（焊缝传感和 / 或跟踪），比如激光传感器。激光传感器原理如图 11.27 所示，受主要测量系统体积和系统与实际焊接的距离等因素影响，激光传感测量系统的使用有一定局限。因此传感器在狭窄夹持设备或焊接工件体积较小等情况下，大多数使用起来比较费劲。

软件：程序支持（可用的焊接工艺软件，包括软件的更新）、软件更新、离线编程、跟踪系统。

维修：设备的日常维护和保养，工作时所需的备品、备件、耗材的储存（含包装）。

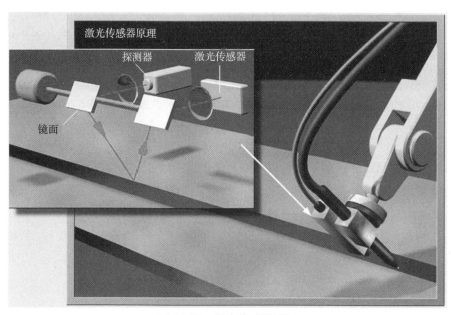

图 11.27　激光传感器原理

3. 工业机器人的更新

工业机器人的更新主要包括以下内容：机器人调换（用新的替换旧的或过时的）；所用程序的优化（编程更合理）；根据客户特定的程序标准调整（常规程序的标准化）；应用的优化（表面的处理）；硬件和软件的调整（机器人软件和硬件的标准化）；机器人的网上应用（离线数据传递和交换）；模拟和离线编程。

4. 焊接机器人成本分析

焊接机器人工作站（系统）主要由机器人、焊接装备、工装夹具等构成。典型的弧焊机器人工作站主要包括：机器人系统（机器人本体、机器人控制柜、示教盒）、焊接电源系统（焊机、送丝机、焊枪、焊丝盘支架）、焊枪防碰撞传感器、变位机、焊接工装系统（机械、电控、气路／液压）、清枪器、控制系统（PLC 可编程的逻辑控制、HMI 人机界面触摸屏、操作台）、安全系统（围栏、安全光栅、安全锁）和排烟除尘装置（自净化除尘设备、排烟罩、管路）等。焊接机器人工作站通常采用双工位或多工位设计，以及气动或液压焊接夹具，机器人焊接与操作者上下料在各工位之间交替工作。操作人员将工件装夹固定好之后，按下启动按钮，机器人完成另一侧的焊接工作马上会自动转到已经装好的待焊工件的工位上接着焊接，这种方式可以减免或减少机器人等候时间，提高生产率。

这里成本主要包括：投资费用（折旧费用和利息）、运行成本（设备台时费，能源、场地、材料成本等）、维修成本（机器维修使用的材料和人员成本等）。

在经济性的部分成本核算时，通过投资成本和运行成本计算机器人焊接时的设备总台时费，在设备总台时费中显示的成本计算可根据以往的经验数据。某企业一焊接机器人的运行成本如图 11.28 所示。

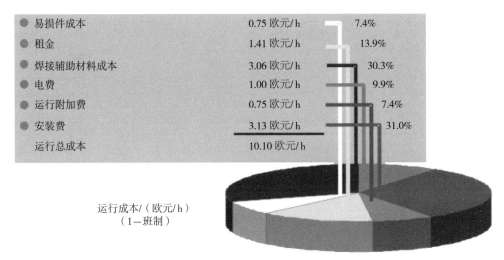

图 11.28　某 12kg-MAG 机器人系统运行成本

设备总台时费按下式计算。

$$M=[A+B+C+D+N(a \cdot b \cdot E+F+G+H+L)]/N$$

式中，A——设备折旧费；

B——利息（按投资费用的 50% 计算）；

C——场地费用（面积 × 基础成本）；

D——维护保养费；

N——使用的时间；

a——暂载率；

b——能源成本；

E——连接成本；

F——气体消耗；

G——易磨损部件；

H——辅助及运行材料成本；

L——工资和附加工资成本。

其中，A、B、C、D、N、a 和 b 为投资成本，E、F、G、H、L 为运行成本。

在企业中使用焊接机器人时会遇到成本增加的压力，企业除考虑以上相关因素，还需要考虑成本逐年增加所带来的影响，设备总台时费计算要考虑成本增加系数。某大型企业机器人工作站在工作时的设备总台时费计算如下所述。其中，设备成本列举见表 11.24，工资成本核算见表 11.25。

表 11.24　设备成本

序号	名称	成本
1	设备系统总成本	400000.00 欧元
2	附加成本（安装费）	7500.00 欧元
3	设备总费用	407500.00 欧元
4	设备使用时间	6y
5	成本增加系数（按照每年成本增加率3%计算）	1.18
6	核算年折旧费	80141.67 欧元
7	利息（按投资总费用的1/2计算，利率8%/y）	16300.00 欧元
8	年固定维修成本（设备总费用的2%）	8150.00 欧元
9	年场地成本	2000.00 欧元
10	设备年固定成本	106591.67 欧元
11	年使用时间（1600h/班，3班，80%）	3840h
12	设备使用固定成本	27.76 欧元 /h
13	能源成本［功率40kW，电费0.07欧元/（kW·h）］	2.80 欧元 /h
14	易损件成本（导电嘴、喷嘴、送丝滚轮等）及相关的维修成本	2.50 欧元 /h
	设备使用成本	33.06 欧元 /h

表 11.25　工资成本核算

	操作者	编程人员	人员工资成本（合计）
人员数量 / 人	1	1	
基础工资 /（欧元 /h）	13.00	8.00	
附加工资 /（欧元 /h）	6.50	4.00	
合计 /（欧元 /h）	19.50	12.00	31.50

　　通过设备成本核算和工资成本核算，成本共计64.56欧元，企业利润按照设备成本和工资成本的15%核算金额为9.68欧元，加工总成本按照设备成本和工资成本的4%核算金额为2.58欧元。设备总台时费包括设备成本、工资成本、企业利润和加工总成本，共计76.83欧元。

　　5. 机械化 MAG 焊焊接与半机械化 MAG 焊焊接成本比较分析

　　考虑到企业在投资方面的压力，根据产品数量会考虑采用投资较少的半机械化或机械化的焊接方法去生产。对半机械化 MAG 焊（tMAG）和机械化 MAG 焊（vMAG）两种生产方案，按照生产计划进行计算比较。某企业生产任务见表 11.26。

表 11.26　某企业生产任务

工件名称	tMAG 焊接工作时间 /min	vMAG 焊接工作时间 /min	年工件数量 / 件
减震器	点固 5 焊接 10	6	15000
横梁	15	6	7500
立柱	10	5	10000

企业在计划生产中的基准数据如下。

操作类型：　　二班制（3200 h/y）

使用年限：　　5y

购买价格：　　350000 欧元

利率：　　　　10%

面积：　　　　$60m^2$

租赁费用：　　25 欧元 /（$m^2 \cdot y$）

耗电：　　　　45kW

电费：　　　　0.15 欧元 /（$kW \cdot h$）

维修费用率：　15%（二班制）

每批的生产时间：45min

每批工件数量：1000 件

此企业如按两种生产方案进行生产：按附加核算法计算得到 vMAG 的台时费为 71 欧元 / h，tMAG 的台时费为 37.5 欧元 / h。三个不同部件两种生产方案的成本比较见表 11.27，vMAG 比 tMAG 可变成本共节省 54521 欧元，投资回报周期为：350000 /（54521 ＋ 70000）＝ 2.8y。

表 11.27　设备台时费比较

工件名称	工时费 / 欧元	工时总数 / h	成本 / 欧元	可变成本节省 / 欧元
减震器	vMAG　71 tMAG　37.5	6 × 15000 15 × 15000	106500 140625	34125
横梁	vMAG　71 tMAG　37.5	6 × 7500 15 × 7500	53250 70313	17063
立柱	vMAG　71 tMAG　37.5	5 × 10000 10 × 10000	59167 62500	3333

11.4.3.3 "人员"因素

优秀的焊接管理人员、专业的焊接技术人员、熟练的操作人员对自动化生产过程的推进起到促进作用。

11.4.3.4 生产过程

生产过程的影响：① 生产前的设计方案必须充分地分析生产的产品结构、焊接的任务，拟定最合理的生产工序和焊接工艺；② 焊接机器人的选择要满足产品焊接作业的要求，包括持重、足够大的工作空间和自由度；③ 在设计阶段要根据年产量计算出生产节拍，然后对具体部件进行分析，计算各个动作的工作时间，确定是否完成一个部件处理作业的生产周期，以满足焊接机器人生产的工作效率的要求。④ 安全规范的原则：自动焊接操作期间安全防护空间应无人，有其他工作人员时应消除碰撞危险。

合理的加工顺序可以提供有效的、技术性的预期结果，比如启动阶段时间短、干扰小，能够快速到达理想的工作区域，从而可以提高效率、降低成本。

参考文献

［1］陈祝年. 焊接工程师手册［M］. 北京：机械工业出版社，2010.

［2］中国焊接协会成套设备与专用机具分会，中国机械工程学会焊接学会机器人与自动化专业委员会. 焊接机器人实用手册［M］. 北京：机械工业出版社，2014.

［3］GSI. SFI-Aktuell［M］. Duisburg: Gesellschaft für Schweiβ technik International mbH，2010.

本章的学习目标及知识要点

1. 学习目标

（1）企业成本核算时的成本种类和计算方法。

（2）焊接成本的影响因素和核算方法。

（3）焊接工作时间的组成及其影响因素。

（4）焊接成本核算时技术软件的应用。

（5）焊接机器人应用的经济性分析。

（6）焊接生产中自动化程度的影响因素。

（7）企业在提高焊接生产效率时的措施和途径。

2. 知识要点

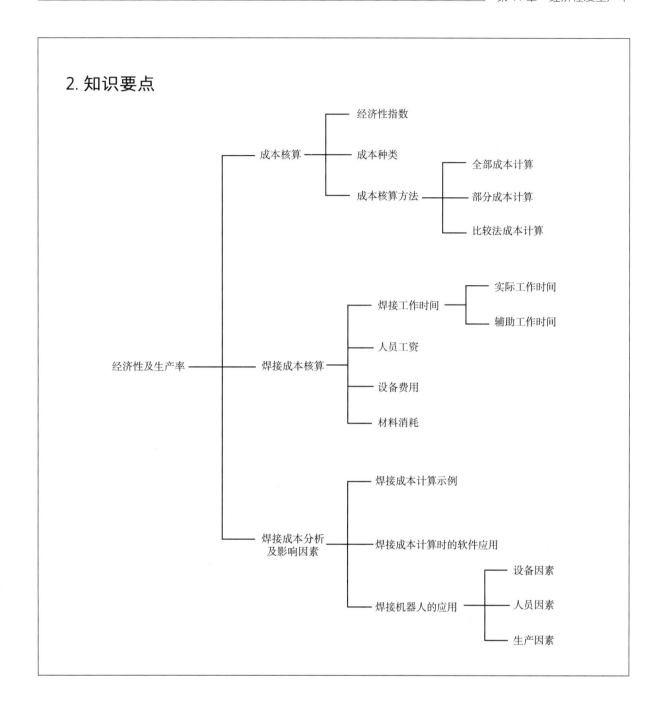

第 ⑫ 章

焊接修复

编写：钱强 审校：徐林刚

焊接修复是指焊接生产制造过程中缺欠的返修和服役过程中由于失效而进行的焊接修补。本章系统介绍两类焊接修复的技术路线；在分析失效或缺欠产生原因的基础上，介绍修复工艺的制定，并结合工程实例介绍工艺实施中应注意的问题及应采取的措施。

12.1 焊接修复的概念

在生产制造及运行使用中都有可能在某个部件上产生缺欠，对在生产制造中出现的缺欠的焊接修复称为返修焊或退修焊；而产品交付使用后，对在运行使用过程中出现的失效或缺欠的焊接修复称作修补焊。

12.2 返修焊工艺的制定和实施

在生产制造过程中，即使实施严格的焊接质量控制和焊接工艺保证条件的检验，也可能在个别条件下出现焊接缺欠，产品经焊接质量检验发现有超过标准允许的缺欠均应该返修。因此，返修焊或退修焊是焊接生产制造过程的一个重要组成部分，从焊接工艺设计工作程序中可知，产品焊缝检验不合格，产品生产进入返修环节。从工作程序上讲，返修要制订返修（退修）方案，必要时要重新进行焊接工艺评定，然后编制返修工艺规程等直至焊接检查合格。

返修焊要严格执行相应的标准或规定。在有些领域对产品的返修有相应的标准和规程，如在轨道车辆维修领域，德国标准 DIN 27201 和德国焊接学会规程 DVS 1617、DVS 1619、DVS 1620、DVS 1621 和 DVS 1623 等文件对此做出了相关规定。其中 DIN 27201-1 为维修程序的编制和修改规程部分，DIN 27201-6 和 DIN 27201-10 分别为此系列标准的焊接和热喷涂部分。

返修在某种意义上说比焊接一个新的工件或产品还难，工艺也复杂得多。因此，对工件进行返修焊除了必须遵守通常的一些原则和合理的返修工艺，以下内容也应重点关注。

12.2.1 返修焊工艺制定原则

12.2.1.1 焊接缺欠的确定

焊接缺欠返修焊应该尽可能准确地确定焊接缺欠的种类、部位和尺寸，并分析缺欠产生的原因。对于内部缺欠，有些需要用综合无损探伤的方法，如射线和超声波探伤的综合使用，才能比较准确地确定焊接缺欠的种类、部位和尺寸。焊接技术人员、焊接质检人员和焊工应共同分析产生原因，以便制定相应的返修工艺。在制定的返修工艺中，如果重要因素或补充重要因素与原焊接工艺不同时，按相关标准应重新进行工艺评定。

12.2.1.2 返修对焊工的要求

担任返修工作的焊工，其资质要求原则上与产品生产焊接上岗时一样，必须是按相关标准或规定持证上岗的焊工。国际上通用的焊工资质遵循 ISO 9606 系列标准，各专业制造领域可在此基础上按照专门的标准、规程执行。如航空领域焊工的资质可按 ISO 24394 考试认证，国内从事锅炉压力容器产品焊接的焊工则需要按照《锅炉压力容器压力管道焊工考试与管理规则》参加相关考试，合格后方可担任返修工作。

12.2.1.3 返修次数的规定

焊缝多次返修本身就说明焊接工艺不当（主要是焊接操作不当）或焊接工艺保证条件失控、漏检等，这种失控状态下的焊接必须尽最大可能杜绝。

关于返修次数的限制，各标准和规范因产品条件差异而有不同的规定，但大部分规定对焊接接头的返修在同一位置上不应超过 2 次。如果超过 2 次，在进行第 3 次返修时，返修方案必须经相关人员讨论后，由企业技术负责人签字后方可实施。须指出的是，经多次返修后，虽然无损探伤、力学性能试验和金相组织检验都未发现异常，但由于热输入次数的增多将造成焊接部位组织不均匀和复杂的应力状态，这会降低产品使用的安全性和可靠性。如锅炉压力容器焊缝经多次返修后，焊缝金属中溶解的氢气向过热区的扩散量必然增加，成为产生热影响区冷裂纹、延迟裂纹的隐患；同时，过热区的晶粒因多次过热而长得更大，造成组织不均匀和复杂的应力状态。

12.2.1.4 制定返修焊措施的依据

制定返修焊措施的依据是：① 相关标准及规程；② 应力状态的种类；③ 材料种类。

应考虑到在返修焊时会在施焊部位输入新的热量，从而产生附加内应力并引起变形。因此有必要考虑是否应对焊件进行热处理。

12.2.2 缺欠返修的实施

12.2.2.1 缺欠的清除

根据返修母材的材质、缺欠处理的部位和大小等情况，可分别采取机械加工、手工铲磨、碳弧气刨和气割等方法。

（1）对于焊缝中的缺欠应采用凿、磨或切削等机械方法清除。当采用打磨时，对于不锈钢焊缝中的缺欠应采用氧化铝砂轮打磨去除，严禁用含碳量高的硅酸盐砂轮打磨。不锈钢焊缝缺欠应用风铲去除时，允许用氧乙炔焰进行局部加热，但加热温度不允许超过 450℃，以防敏化。

（2）缺欠返修有时也用碳弧气刨，当使用碳弧气刨清除缺欠时，必须用高速砂轮将清理部位的淬硬层等磨掉。

12.2.2.2 待返修表面检查

缺欠清除后，对清理的坡口或沟槽，应进行以下检查：

（1）目视检测。用目视检查，不允许有任何表面缺欠。

（2）需要时可用磁粉检验或渗透检验。检查结果要求待焊表面不允许存在任何缺欠。

12.2.2.3 返修实施

返修要根据实际情况选用焊接方法，并合理选用焊接材料。

（1）返修焊接方法。可采用焊条电弧焊和氩弧焊，如产品焊接条件有特殊规定时，则按有关规定进行。

（2）焊接材料和保护气体。返修采用的焊接材料应是产品焊接允许使用的材料，采用药皮焊条电弧焊返修时，对于碳钢或低合金钢设备应采用碱性低氢型焊条。焊条在使用前按规定的温度烘干，并放入 100~150℃ 手提保温筒中随用随取。氩弧焊用的氩气纯度不小于 99.95%。

12.2.2.4 焊接工艺及相关要求

焊接工艺及相关要求是焊接修复中的重要内容，以下介绍一些典型经验。

（1）返修工艺应按相应标准评定合格的工艺进行，并在评定有效范围内采用较小直径焊条或焊丝，同时选择焊接电流的下限值，尽量采用窄焊道焊接。

（2）对于奥氏体不锈钢或镍基合金堆焊层的补焊，补焊工艺应包括对不锈钢层或镍基合金堆焊层的补焊和先补焊不锈钢过渡层再补焊不锈钢层两种情况。当挖槽较深涉及碳钢或低合金钢母材时，应按先补焊过渡层再补焊不锈钢层的工艺进行。

（3）对于清除缺欠后的坡口或沟槽，应采取多层补焊。当补焊不锈钢或镍基合金焊缝时，最高焊道间温度应低于原焊缝规定的最高焊道间温度。当补焊碳钢或低合金钢焊缝时，预热温度应高于原焊缝规定的最低预热温度。

（4）对于耐磨堆焊层的补焊，应按照相关标准评定合格的工艺进行。

（5）所有返修补焊操作都应避免在恶劣的气候条件下进行。工作环境的温度和湿度应符合对原焊缝的焊接规定。

12.2.2.5 有关热处理

焊接修复中经常会碰到热处理问题，它是整个修复工艺中的一个重要环节。

（1）一般情况下，返修应在焊件最终热处理之前进行，并在返修焊缝验收合格后与原焊缝一起进行规定的热处理。

（2）特殊情况下，如需在最终热处理之后进行返修，则必须征得设计者和其他有关方面的同意，并模拟热处理后的返修工艺进行评定试验，在满足上述要求后，可以在最终热处理后进行返修。

（3）对于碳钢或低合金钢焊缝的返修，必须保证后层焊道对前层焊道热影响区的回火作用，并应在最后焊道上熔敷附加的回火焊道，以保证对最后一道焊缝在母材中产生的热影响区进行回火处理。

（4）返修后应立即进行后热处理或焊后热处理。

12.2.2.6 返修区的无损检测

检验时间：在返修补焊区冷却到室温一定时间后，才能对它进行无损检测。

检验内容如下：

（1）目视检测。对返修补焊区及其周围进行目视检测和外形尺寸测量。

（2）磁粉检验或渗透检验：检验区包括补焊区及周围 15mm 的宽度范围。

（3）射线检验或超声波检验。检验范围包括返修补焊焊缝及其周围下述宽度范围：当焊件厚度不小于 30mm 时，周围区的宽度范围不小于 10mm；当母材厚度小于 30mm 时，周围区的宽度范围距离不小于 5mm。

12.2.3 返修焊实例

示例　废热锅炉管箱焊接裂纹的返修

废热锅炉属高压、高温设备，其管箱简体采用 20MnMo 整体锻造成。内壁组焊托环（材料：16MnR）时因工艺不当引发管箱裂纹，如图 12.1 所示。裂纹在 2/3 圆周长区域内断续分布，最长裂纹 145mm，深度不规则，且每天以 2~3mm 的速度向深处扩展。

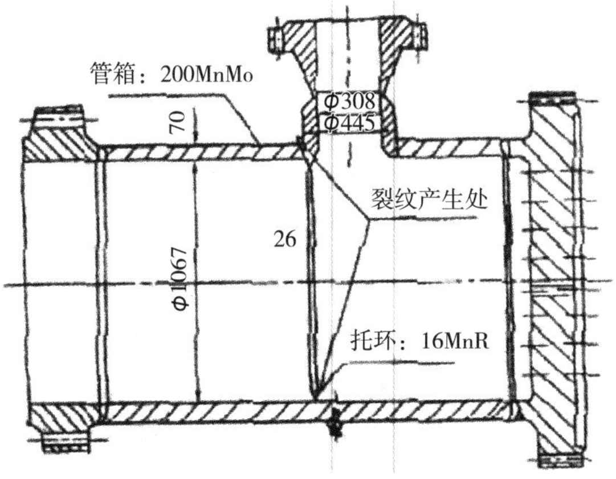

图 12.1　废热锅炉管箱结构简图

12.2.3.1 影响因素分析

影响此案例修复效果的因素主要有以下三方面。

（1）20MnMo 属低碳调质钢，其含硫量控制较严，锰及 Mn/S 值高，不易产生热裂纹。

（2）钼含量高时会增大再热裂纹倾向，故焊接材料选择主要从固溶强化方面考虑，不添加钒、铌、钛、钼等弥散强化元素，从而使其在焊后热处理时，产生再热裂纹的可能性很小。

（3）该钢种强度适中，热影响区的软化现象不明显。但化学分析表明：该锻件存在一定程度的组织偏析，碳当量较高（0.54%）、壁厚大、热传导快，在焊缝及热影响区，特别是粗晶粒区出现韧性下降和产生延迟裂纹，是典型的冷裂纹。故在制订返修方案时主要是防止裂纹扩展和产生新的裂纹。

12.2.3.2 返修措施

返修实施过程中要注意采取以下措施。

（1）退火处理消除应力。为防止清除缺欠时裂纹继续延伸，首先进行局部消除应力热处理（加热温度 580~600℃，保温时间为 3.5h）。内壁用筒形加热器加热，外壁用履带式加热器加热，控制箱自动控温。

（2）清除缺欠。热处理后，缓冷至 300℃，在热状态下用碳弧气去除缺欠，要按预先测定标明的缺欠深度加深 10mm 清除到位，然后用砂轮机打磨，除掉渗碳层，并修磨出适于焊接的 U 形接口，然后进行磁粉探伤，确认缺欠已彻底清除为止。

（3）采用加热器对管箱待焊部位进行环状预热，即采用"加热减应区"法使焊接拘束度尽可能减小。预热温度 100~150℃。

（4）采用低氢焊条（E5015，ϕ5mm）进行补焊。焊接电流 190~220A；电弧电压 22~26V，直流反接，焊接速度 20~30mm/min。采用短弧焊，每焊完一道都用风铲清渣，并锤击焊缝，最后一层应高出母材表面 3~4mm，作为"回火焊道"。采用分段对称焊，从接管附近起焊，此处焊接残余应力最大，开口补强要求高，应重点保证。每层之间的施焊方向相反。焊接接头要错开，层间温度应控制在 100~250℃。施焊过程中外壁继续用履带式加热器保温。

（5）焊完后，迅速装入加热器，快速加温至 300~350℃进行后热去氢处理。0.5h 以后，以小于或等于 100℃/h 的速度升温到 580~600℃，保温 3.5h 进行消除应力退火，然后以 ≤120℃/h 的速度降温至 300℃以下，再自然冷却到室温后拆除加热器。

12.3 修补焊

在对使用过程中出现失效或缺欠的结构和部件进行修补焊时，通常按照以下技术路线（步骤）进行。修复前首先要对结构进行失效分析或存在的缺欠检测，然后进行可修复性分析和焊接修复工艺的制定，最后对修复中的工程实施控制，并进行焊接修复后的质量评价（图 12.2）。需要指出的是，一些重要的产品修补焊也有相关的标准和规定，修补焊时也必须严格执行。

修补焊是针对金属结构或部件的服役损坏（失效），或出现影响使用的缺欠而进行，两种情况的修补焊还是有些差异的。常见的金属结构或部件的服役损坏（失效）有：结构的脆性断裂、形变断裂、疲劳断裂、层状撕裂，结构失稳，部件表

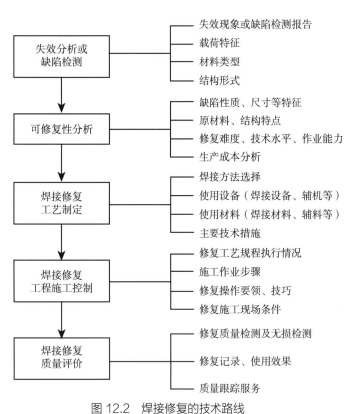

图 12.2　焊接修复的技术路线

面的磨损和腐蚀等。金属结构或部件的服役损坏（失效）有时表现为单一形式，有时会出现多种形式同时存在。修补焊的另一个方面是对出现缺欠的结构和部件进行补焊，常见的金属结构和部件的缺欠有焊接缺欠、铸造缺欠、锻造缺欠、切削加工缺欠等。

当部件在工作应力作用下产生失效或缺欠则要求进行修补焊，进行修补焊的前提条件是：材料的可焊性良好，其结构可以进行修补焊。在进行修补焊之前应了解以下情况：① 缺欠的产生原因；② 材料的实际状态；③ 相应的焊接工艺方法的选择；④ 相应的焊接材料及辅助材料的选择；

⑤ 修补焊接计划的制订。

12.3.1　失效的产生原因

找出产生缺欠的原因不是很容易的事，但同一缺欠的重复出现则很有必要找出缺欠产生的原因，通常导致产生缺欠的原因有以下几种：过载；计算错误；几何尺寸的错误；结构设计错误；原材料材质不符或用错材料；焊接材料和辅助材料用错；生产制造错误（包括不遵守焊接工艺规程或检验规程）；错误的热处理工艺或无热处理工艺。

12.3.2　材料的实际状态

材料的状态包括以下三方面。

（1）化学成分分析。在没有材质单的情况下应对材料进行化学成分分析，对结构钢 S235 及 S355 来说，除应分析测定 C、Mn、Si、P、S、Al、N 等元素，还应分析可能存在的其他元素，这点对 S355 钢尤其重要，其他影响到焊接性的元素为 N、Cr、Cu、Mo、Ni、Nb、Ti、V。其中最重要的是确定 N 在时效强化钢（时效—脆性断裂问题）中的含量。

（2）力学性能试验。在相应的位置，截取试样进行抗拉强度、屈服极限、延伸率、缺口冲击功及金相组织的测定，同时还可以通过宏观及微观金相组织、硬度的测定来找出产生裂纹的原因。

（3）材质单。

12.3.3　焊接工艺方法的选择

在确定了材料的实际状态及缺欠产生原因之后，则可选择相应的焊接工艺方法和热处理工艺。工艺方法的选择考虑以下因素：① 在车间里还是在工地现场进行焊接修复；② 构件厚度；③ 焊接位置及可接近性。

12.3.4　焊接修复计划的制订

在确定上述条件之后即可制订焊接修复计划，在制订修复计划时除了须遵循焊接方案还应包括以下附加内容：构件上的修复位置；避免产生裂纹的措施；焊缝准备，如刨、磨、铣等；焊缝形式，根部保护措施；衬垫，附加物（嵌入物）；预热及所需设备；预热温度的控制；焊接填充材料及使用须知；辅助材料、气体、焊剂、焊膏；焊接参数；焊道排列顺序及层数；边缘堆焊；焊接中的变形控制；焊缝的焊后处理，如锤击等；焊后热处理，退火温度及时间；焊接顺序；层间温度控制；检验部位、方法、时间。

12.3.5　修补焊应遵守的规则

修补焊应遵守以下规则：尽量采用角焊接头，搭接焊在实际中很少采用；补修焊范围尽量大一点；补修焊部位加工成圆角；尽量采用分段退焊法；尽量大面积同时焊接。

12.4 修补焊实例

12.4.1 挖补修复

将有缺欠部位从工件上挖除，其面积可以尽量大点，再补焊一块圆形材料。修补部位加工成圆角，由于此种修补方法工件产生的内应力较大，补焊时应注意焊接顺序，尽量采用分段退焊法。具体焊接顺序为：1，2，3，7，8，4，5，6，9，10，11，12（图12.3）。焊接时焊两层，采用上述焊接顺序，当焊前5道时，被焊补的部位会产生如图12.4所示方向的收缩，根据刚性最大部位最后施焊的原则，如图12.4所示阴影部位最后焊接。

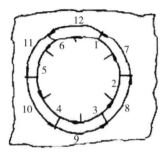
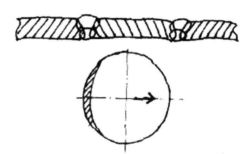

图 12.3 分段退焊示意图　　　图 12.4 焊补部位剖面及焊接收缩示意图

对施工程序做下列规定：① 反变形（圆盘）；② 坡口加工成圆角；③ 预热（预热温度根据板厚决定）；④ 采用碱性（B）焊条；⑤ 分段退焊；⑥ 焊接顺序（同上）；⑦ 中间预热（同预热温度）；⑧ 焊后缓冷（盖岩棉灰）。

12.4.2 齿条的堆焊修复

（1）齿条的堆焊修复举例。

在修复焊中通常第一工作步骤都一样，即清理施焊修复部位，去除油、锈及其他污物。第二步是修复部位的坡口制备，主要考虑缺欠种类（裂纹、夹渣、未焊透等）、缺欠尺寸（空间尺寸）、缺欠位置在构件中的深度等因素，并考虑是进行两侧还是单侧返修。

（2）修复工作步骤。

① 清理修复部位，即清除锈、油及其他污物。

② 裂纹检查（裂纹可见）。

③ 确定裂纹难以用打磨去除。

④ 确定裂纹为疲劳裂纹（图12.5）。

⑤ 取下损坏的齿（确定材质，调查破裂原因）。

⑥ 分析裂纹产生的原因（化学成分分析，机械性能试验）。

⑦ 在齿条上开坡口，坡口深度大约为齿座的2/3。

⑧ 确定裂纹产生原因：材料为C45，齿条未经调质处理。

⑨ 将要修复的齿条在夹具中固定，夹紧以防焊变形。

⑩ 预留横向收缩量 +2mm（图 12.6）。

⑪ 焊接顺序及相关工艺措施（图 12.7），注意控制角变形：a. 预热温度，C45 为 300℃；b. 工作温度，300℃；c. A 侧第一层焊道；d. B 侧开坡口；e. B 侧第一层焊道；f. A 侧二层焊；g. B 侧盖面填满焊；h. 将工件从夹具中取出；i. A 侧三层焊；j. A 侧盖面焊。

⑫ 齿的焊接（堆焊）。通常，齿芯对接焊采用一般焊接材料；齿缘堆焊采用耐磨焊条。

注意：按规定在堆焊层的第三层以上才可达到规定的耐磨性能，将堆焊修复部位加盖保温物，使其缓冷。

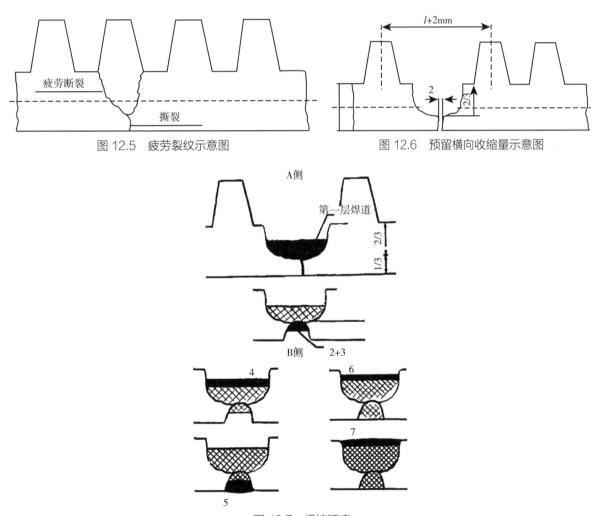

图 12.5　疲劳裂纹示意图　　　　　　图 12.6　预留横向收缩量示意图

图 12.7　焊接顺序

（注：图中数字表示对应的焊道次序）

12.4.3　铸铁件的修补

铸铁电弧冷焊补焊的要点如下。

① 焊前准备：用风铲、扁铲和砂轮等工具将缺欠中的沙子、氧化皮、铁锈等杂质清除干净，直

至露出金属光泽为止。若有油污应用气焊火焰烧掉，以免产生气孔。

如果缺欠是裂纹，应找准裂纹的全长，并在裂纹末端钻 φ4~6mm 的止裂孔。

坡口多用 U 形，比 V 形坡口的熔合比小。坡口的形式如图 12.8 所示。

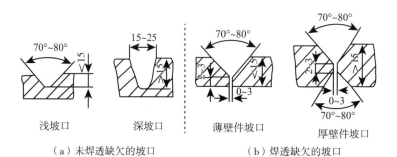

（a）未焊透缺欠的坡口　　　　　　（b）焊透缺欠的坡口

图 12.8　不同返修焊坡口形式

如果缺欠较大，可按照缺欠形状制备镶块。镶块一般是厚度为 2~3mm 的低碳钢板。为减少焊接应力，可将镶块制成弧形或在板上开一个缺口，如图 12.9 所示。

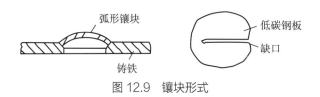

图 12.9　镶块形式

焊补缺欠体积大、焊接层数多和受力较大，且要求强度高的铸铁补焊时，为加强焊缝和母材的结合、防止焊缝剥离，可采用裁丝法（图 12.10）和垫板焊接（图 12.11）。

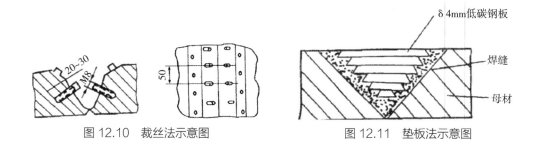

图 12.10　裁丝法示意图　　　　　　图 12.11　垫板法示意图

② 焊接：电流应尽可能减小以防止接头过热并减少熔渣；每道焊缝长度要短，对薄板工件（S=5~10mm），一般每道焊缝长度不超过 10~15mm，对于厚壁工件不超过 30~50mm；焊接速度要快，每道焊缝待冷却到不烫手时，再焊下一道。采用短段断续焊方法操作，如图 12.12 所示。

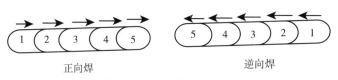

正向焊　　　　　　　　　　　逆向焊

图 12.12　单层（或多层）短段断续焊操作方法

每段焊道的位置应分散分布，其分段情况如图 12.13 所示。

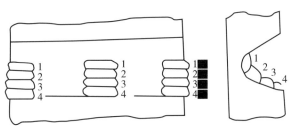

图 12.13　多层焊第一层分段情况

多层焊焊接顺序如图 12.14 所示。

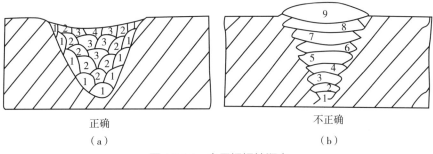

正确
（a）

不正确
（b）

图 12.14　多层焊焊接顺序

注意：每焊一道，要立即用带小圆角尖头小锤锤击焊缝，使焊缝产生塑性变形松弛焊接应力。

参考文献

［1］张建勋. 现代焊接生产与管理［M］. 北京：机械工业出版社，2013.

［2］王成文. 焊接修复技术及案例分析［M］. 太原：山西科学技术出版社，2013.

［3］杨福. 民用核承压设备焊工培训教材［M］. 北京：中国电力出版社，2003.

［4］袁建国. 焊接工操作指南［M］. 长沙：湖南科学技术出版社，2002.

［5］GSI. SFI-Aktuell 2［CD］. Duisburg：Gesellschaft der Schweisstechnischen Institute mbH, 2010.

本章的学习目标及知识要点

1. 学习目标

（1）理解返修焊和修补焊的定义及区别。

（2）掌握返修焊工艺方案的制定程序及其要点的把控。

（3）会分析结构失效和缺欠产生的原因，掌握修补焊的技术路线。

（4）通过焊接修复案例的学习，初步掌握修复实施中的技巧。

2. 知识要点

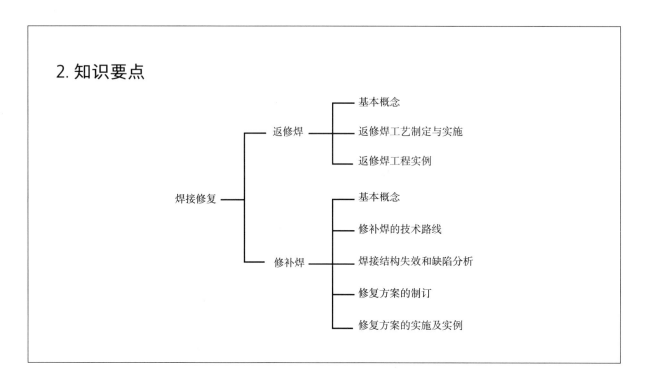

第⑬章

钢筋焊接

编写：俞韶华 审校：钱强

钢筋混凝土结构是现代建筑中广泛使用的结构形式之一，其中钢筋的焊接质量控制对结构的稳定运行起着关键作用。本章通过对各质量控制要素的描述，帮助相关专业人员了解和掌握在生产中应该注意的问题和执行规范，从而更好地指导实际生产过程。

13.1 钢筋类材料

钢筋在结构中的布置如图 13.1 所示。

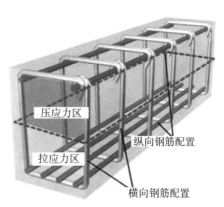

压应力区

纵向钢筋配置

拉应力区

横向钢筋配置

图 13.1 混凝土梁中的钢筋分布

13.1.1 钢筋分类

不同的国家对钢筋的分类方法并不一样，常用钢筋的性能差异也很大。我国的钢筋类材料按加工方式可以分为热轧钢筋、钢丝和钢绞线、热处理钢筋、冷加工钢筋四大类。

13.1.1.1 热轧钢筋

热轧钢筋又可细分为：① HPB235（Ⅰ级） 光圆钢筋，多作为现浇楼板的受力钢筋和箍筋。② HRB335（Ⅱ级） 带肋钢筋，多作为混凝土构件的受力钢筋。③ HRB400（Ⅲ级） 带肋钢筋，多作为混凝土构件的受力钢筋。④ RRB400（余热处理Ⅳ级），钢筋强度较高，冷作后做预应力筋。热轧钢筋种类如表 13.1 所示。

表 13.1 热轧钢筋种类

种类	直径范围 /mm	屈服强度 /（N/mm^2）
HPB235（Q235）	8~20	235
HRB335（20MnSi）	6~50	335
HRB400（20MnSiV、20MnSiNb、20MnTi）	6~50	400
RRB400（K20MnSi）	8~40	400

13.1.1.2 钢丝和钢绞线

钢丝和钢绞线是由中强钢丝和高强钢丝制作而成，中强钢丝的强度为 800~1370N/mm^2，高强钢丝可达 1470~1860N/mm^2，断裂延伸率 $d_{10}=6\%$。多用于预应力混凝土结构。

13.1.1.3 热处理钢筋

将Ⅳ级钢通过加热、淬火和回火等调质工艺处理，钢筋强度可得到较大幅度的提高，而延伸率降低不多。经此处理，钢筋的抗拉强度可达到 1470N/mm^2，但无明显屈服点，多用于预应力混凝土结构。

13.1.1.4 冷加工钢筋

由热轧钢筋和盘条经冷拉、冷拔、冷轧等工艺方法处理后，提高材料的抗拉强度。但这些方法一个共同的缺点就是材料的延伸性能损失较大，不提倡采用。

13.1.2 钢筋的力学性能

为保证混凝土构件的承载能力，要求钢筋要具有比较高的抗拉强度、屈服强度和断裂延伸率，还要求钢筋具有一定的冷弯性能。

（1）强度。根据材料的种类和处理方法的不同，钢筋材料分为有明显屈服点的钢筋和没有明显屈服点的钢筋。有明显屈服点的钢筋的强度指标是以屈服强度作为钢筋强度的设计依据，而没有明显屈服点的钢筋的强度指标是以条件屈服点，也就是材料产生 0.2% 塑性变形所对应的强度值作为钢筋强度的设计依据。

（2）延伸率。延伸率是钢筋拉断后的伸长值与原长的比值。该值反映了钢筋的塑性性能，延伸率大的钢筋，拉断前的变形较大、征兆明显。

（3）屈强比。该值反映了钢筋的强度储备，通常情况下该值在 0.6~0.7，反应材料的塑性比较好。

混凝土结构对钢筋性能的要求：① 强度高。使用高强度的材料可以节约材料。② 塑性好。塑性可通过断裂延伸率和冷弯性能指标来衡量。③ 可焊性好。可焊性好的材料可以保证焊接后的接头性能良好。④ 黏结性好。黏结性好的材料可以保证钢筋和混凝土之间的良好结合，该指标会影响承载能力和使用性能。

13.1.3 对钢筋进行焊接的原因

对钢筋进行焊接的原因包括：① 承载梁长度或重量过大已超出钢筋的供货标准；② 工地上需

要连接预制混凝土结构；③ 钢筋需要与其他钢制构件（例如地基的嵌入构件）连接；④ 修复焊接或混凝土建筑的改造工程；⑤ 钢筋构件的经济性装配；⑥ 特殊建筑（例如强腐蚀环境下不锈钢部件的焊接）。

13.1.4 钢筋的标记

钢筋类材料按供货形式可以分为钢筋、钢筋网和螺纹钢筋几种。其中承受主要载荷的接头大都是采用棒状带肋钢筋焊接而成，因此该类别材料的焊接质量往往对整个结构的承载能力起着决定性的作用。

为保证建筑结构产品质量的可追溯性，欧洲标准 EN 10080 中规定了可焊接钢筋的类别、性能和标记等内容，该类别的材料应该符合欧洲指令要求，带有 CE 标志方可采用。在欧洲标准中，棒状带肋钢筋的外形都被赋予了特殊的含义，生产企业和材料产品的代码也有相应标示，以便在后续使用过程中出现问题能够查找原因。

13.1.4.1 生产商标识

每根钢筋应在一排肋骨或压痕上，采用不同形状的肋纹或凹痕做出生产企业的标记，此标记的重复间隔长度不得超过 1.5m。标记中包括原产国编号和制造商企业编号两部分，原产国是以 1~9 的阿拉伯数字表示，企业编号由 1~99 的一位数或两位数组成，10 的倍数除外。示例见图 13.2。

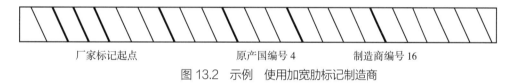

厂家标记起点　　　　　　原产国编号 4　　　　制造商编号 16

图 13.2　示例　使用加宽肋标记制造商

13.1.4.2 材料产品标识

每根钢筋材料的另一部分采用不同形状的肋纹或凹痕做出材料产品的标记，产品编号（代码）由 101~999 的三位数字组成，10 的倍数除外。产品编号标识是由欧洲标准化委员会根据材料的性能特征分配和注册的。示例见图 13.3。

图 13.3　示例　使用加宽肋标记产品 226

13.2 焊接方法及焊接填充材料

按 ISO 17660 标准要求，下述这些焊接方法和焊接填充材料可以用于钢筋的焊接。

13.2.1 钢筋的焊接方法

钢筋焊接接头适用的焊接方法、焊接接头类型和钢筋的许用名义直径的关系如表 13.2 所示进行标记，非承载焊缝的焊接适用于 111、114、135、136、21、23 共 6 种工艺方法。

表 13.2 ISO 17660-1 标准规定的焊接方法和接头类型及适用范围

按照 DIN EN ISO 4063 的焊接方法	焊接接头类型	直径范围 /mm		承载焊接接头的焊接方法、焊接接头类型和许用直径按照 DIN EN ISO 17660-1 中表 2 的规定。非承载焊接接头的焊接方法、焊接接头类型和许用直径按照 DIN EN ISO 17660-2 中表 2 的规定。
		承载焊接接头	非承载焊接接头	
21 电阻点焊	交叉接头①	4 到 20	6 到 50	
23 电阻凸焊	搭接接头		4 到 32	
24 闪光对焊	对接接头	5 到 50		
25 电阻对焊		5 到 25		
42 摩擦焊	对接接头	6 到 50		
	与其他工件连接	6 到 50		
47 气压焊	对接接头	6 到 50		
111 焊条电弧焊 114 自保护药芯焊丝电弧焊 135 活性气体保护焊 136 药芯焊丝活性气体保护焊	无衬垫对接接头	≥ 16		
	带永久衬垫的对接接头	≥ 12		
	搭接接头	6 到 32	6 到 32	
	帮条焊接头	6 到 50		
	交叉接头①	6 到 50	6 到 50	
	与其他工件连接	6 到 50		

表右侧图示说明：
（1）承载焊接接头：对接接头、帮条焊接头、搭接接头、交叉接头
（2）非承载焊接接头：搭接接头、交叉接头

① $d_{最小}/d_{最大}$ 应该 ≥ 0.4。

13.2.2 钢筋焊接填充材料

钢筋焊接所用的焊接填充材料应该根据所使用的焊接工艺方法和材料的强度等级选用符合标准要求的填充材料。对于承重对接焊接接头，焊接填充材料的屈服强度应等于或大于被焊接钢筋的屈服强度；对于其他焊接接头，焊接填充材料的屈服强度应至少为钢筋屈服强度的 70%，材料应是经过验证合格的材料。在欧洲要求必须使用经过安全验证带有 CE 标记的材料。

13.3 钢筋焊接接头形式

焊接接头按其作用效果可以分为两种：一种是承载焊缝，另一种是非承载焊缝。承载焊缝是用于钢筋和钢筋之间或钢筋和钢制构件之间传递规定载荷的焊缝，其焊接接头需要承受作用在连接件上的外加载荷，除了要满足构件对接头的强度、塑性及韧性方面的要求，还要满足对焊缝成型方面的质量要求，生产制造企业须按国际标准 ISO 17660-1 执行焊接工作，同时按 ISO 3834 建立质量保证体系。非承载焊缝主要用于加强部件，防止位移，在结构设计中不考虑其承载强度，属于联系焊缝，生产制造企业按国际标准 ISO 17660-2 执行即可。

按 ISO 17660 系列标准，钢筋焊接接头按照结构形式可以分为如下五类：对接接头、搭接接头、帮条焊接头、交叉接头、钢筋和其他钢构件焊接接头。

13.3.1 对接接头

钢筋的对接接头是为了增加钢筋的长度而进行的焊接，是典型的承载焊缝。承载焊缝的对接接头的坡口按照图 13.4 所示的方式，通过机械加工或热切割的方式加工成型。焊接时可以采用多道焊，

每道之间应控制层间温度，以避免由于较大的热作用产生软化现象。

13.3.1.1 适用于 111、114、135、136 焊接方法的对接接头

相关的对接接头焊接方法如图 13.4 所示。

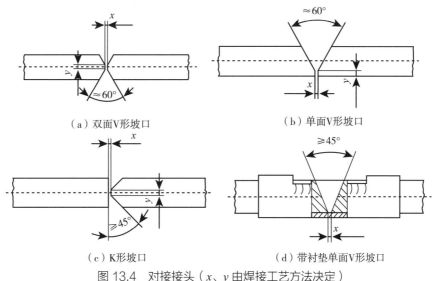

（a）双面V形坡口　　　　　　（b）单面V形坡口

（c）K形坡口　　　　　　（d）带衬垫单面V形坡口

图 13.4　对接接头（x、y 由焊接工艺方法决定）

13.3.1.2 闪光对焊、电阻对焊、摩擦焊、气压焊的对接接头

钢筋须具有良好的对中性，钢筋中线的偏心通常不得超过钢筋公称直径的10%，直径小于10mm的钢筋不能超过1mm。闪光对焊、电阻对焊、气压焊只能用于同等直径钢筋的焊接，摩擦焊可以焊接不同直径的钢筋，但需要规定最大的偏心量并进行控制。

13.3.2　搭接接头

搭接接头既可以用于承载的场合也可以用于非承载的情况下，承载的搭接焊接接头会使得钢筋轴线方向力的作用线偏移，产生附加扭矩。承载的搭接接头可以采用单面断续搭接焊缝，但这会产生力线中断现象，其连接参数要符合图 13.5 所示，也可以采用在双面进行焊接的方式，但焊缝长度至少要达到 $2.5d_s$，而有效焊缝厚度不低于 $0.5w$。非承载焊缝可以按图 13.6 所示方式进行焊接。当钢筋垂直放置、直径大于20mm时，接头的长度要 $\geq 15d_s$。在接头区域棒料应重叠，焊缝应流畅地过渡，允许采用单道焊缝。

13.3.3　帮条焊接头

帮条焊是承载较大的焊缝，能够保证钢筋的纵向载荷作用线不发生偏离现象，不会产生额外的扭矩，钢筋的受力状况较好。承载的帮条焊接头可以按图 13.7 所示的方式采用单面断续搭接焊缝焊接而成，其连接参数要符合图 13.6 所示，也可以采用双面焊接的方式，但焊缝长度至少要达到 $2.5d_s$，而有效焊缝厚度不低于 $0.4w$。该接头可以用于钢筋与钢筋的连接，也可以用于钢筋与其他钢种的连接。

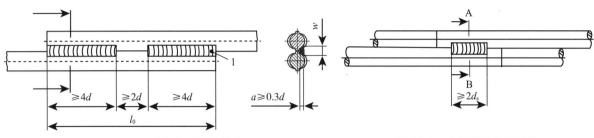

图 13.5　承载焊缝的搭接接头

注：① 引弧点必须位于焊接坡口内，以便后续焊接时把它覆盖。

② 水平或近似水平放置焊接时的方向，如果是垂直放置，从下往上进行焊接。

图 13.6　非承载的搭接接头

注：d_s 表示相互连接的比较细的钢筋直径。

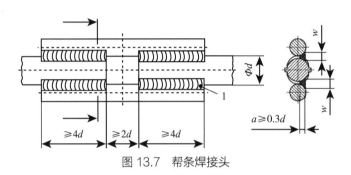

图 13.7　帮条焊接头

13.3.4　交叉接头

钢筋的交叉接头主要用于承受剪切作用，可以用于承载的接头也可以用于非承载的情况下。对该类型接头应进行试样抗剪切验证。

（1）焊条电弧焊、药芯焊丝自保护焊、实心焊丝和药芯焊丝的气保护焊的交叉接头如图 13.8 所示。

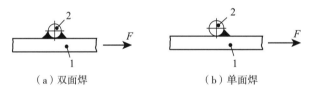

（a）双面焊　　　　　　　　（b）单面焊

图 13.8　焊条电弧焊、药芯焊丝自保护焊、实心焊丝和药芯焊丝的气保护焊的交叉接头

该类交叉接头应该尽可能从双面进行焊接，双面的焊缝尺寸应该相等。如果只能焊接单面焊缝，需要根据施加的载荷校正焊接接头的抗剪切能力。为避免出现裂纹，应保证：① 焊缝厚度大于等于较小钢筋直径的 0.3 倍；焊缝长度大于等于较小钢筋直径的 0.5 倍。② 在纵向钢筋的一侧有多根横向钢筋时，横向钢筋之间的间距至少应是横向钢筋直径的 3 倍。

（2）电阻点焊和电阻凸焊的交叉接头如图 13.9 所示。

13.3.5　钢筋与其他构件的连接

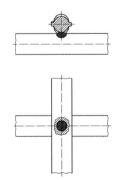

图 13.9　交叉接头

在建筑结构中，既有钢筋和钢筋之间的焊接，也有钢筋和其他细晶粒结构

钢以及不锈钢结构件之间的焊接工作。对这些构件的材料选择、计算和设计应按照有关规程进行。图 13.10~ 图 13.12 中给出的钢组件的材料厚度是根据焊接标准规定的，未必能达到实际承载能力，因此实际产品中允许超出规定的产品厚度。如果钢构件的焊接长度和材料厚度与图中规定的值不同，可由实验提供的数据确定最终尺寸，须对实验的过程进行说明并形成文件。

13.3.5.1 侧面搭接接头

侧面搭接接头是用于承受较大载荷的焊接接头，采用侧面搭接焊接制作的承重接头如图 13.10 所示。单面搭接焊接和双面搭接焊接应按搭接尺寸焊接。钢构件的厚度、焊缝长度和焊缝间距应参照图 13.10 中的尺寸进行选择。

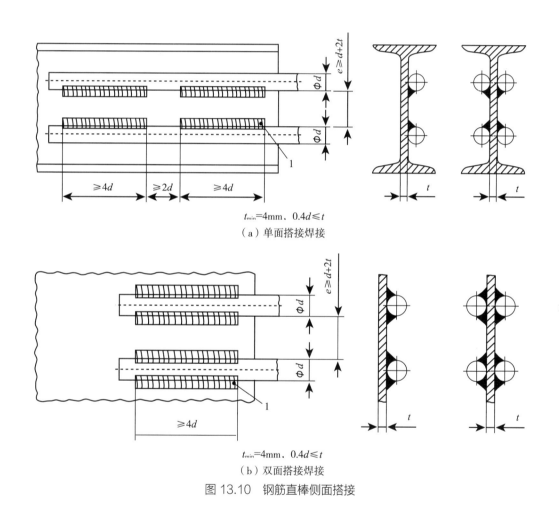

$t_{min}=4mm、0.4d\leqslant t$

（a）单面搭接焊接

$t_{min}=4mm、0.4d\leqslant t$

（b）双面搭接焊接

图 13.10 钢筋直棒侧面搭接

对于图 13.10 所示的弯曲钢筋双面搭接焊接，也适用相关弯曲尺寸的要求。在装配过程中，应保持足够的焊接空间。

侧面搭接的焊接钢筋对尺寸的要求见图 13.11。

13.3.5.2 横向端板接头

钢筋的横向端板接头应按照图 13.13 焊接。当几根钢筋焊接在同一块板上时，钢筋之间的间距应至少为钢筋直径的 3 倍。钢筋的横向端板接头可用于末端锚固。钢筋与钢板进行角焊连接时，钢筋

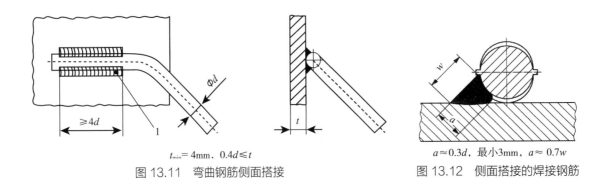

$t_{min}= 4mm，0.4d \leqslant t$

图 13.11 弯曲钢筋侧面搭接

$a \approx 0.3d$，最小3mm，$a \approx 0.7w$

图 13.12 侧面搭接的焊接钢筋

末端应与钢板表面垂直，钢筋末端与钢构件之间应无间隙，按照 EN 10164 对母材进行测试或检验，进而控制选择合适的母材，以避免钢板上的层状撕裂倾向。

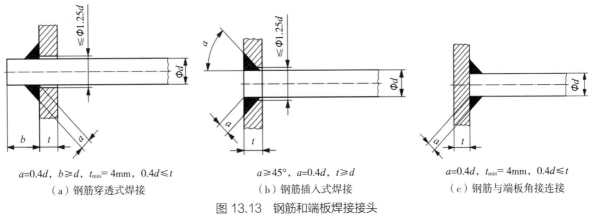

$a=0.4d$，$b \geqslant d$，$t_{min}= 4mm$，$0.4d \leqslant t$

（a）钢筋穿透式焊接

$a \geqslant 45°$，$a=0.4d$，$t \geqslant d$

（b）钢筋插入式焊接

$a=0.4d$，$t_{min}= 4mm$，$0.4d \leqslant t$

（c）钢筋与端板角接连接

图 13.13 钢筋和端板焊接接头

（注：如果有间隙，角焊缝尺寸应随间隙增加而增大）

13.4 钢筋焊接相关标准及对钢筋焊接企业的要求

13.4.1 钢筋焊接相关标准及规程

　　EN 1992–1《混凝土结构设计》

　　EN 10080《混凝土加筋用钢 可焊性钢筋 总则》

　　ISO 3766《钢筋的简化标记方法》

　　ISO 17660–1《钢筋的焊接 承载焊接接头》

　　ISO 17660–2《钢筋的焊接 非承载焊接接头》

13.4.2 对钢筋焊接企业的要求

　　在工厂或现场进行钢筋焊接的企业须通过建立质量保证体系使客户认同企业能够保证产品质量的稳定。按照 ISO 17660–1 中的要求对钢筋承载接头进行焊接的企业，应按照 ISO 3834–3 的质量要求建立质量保证体系，而按照 ISO 17660–2 中的要求对钢筋非承载接头进行焊接的企业，只要按照 ISO 3834–4 中的质量要求建立质量保证体系即可。

由第三方认证机构对钢筋焊接生产企业进行 ISO 3834-3 质量保证体系认证是取得客户认可最有效的途径。ISO 3834 质量保证体系认证证书的有效期最长为 3 年，认证证书到期前如果生产商通过了重新审核，证书的有效期可以再延长 3 年。如果制造商希望在有效期内改变证书的资格范围，那么需要由第三方认证机构对制造商进行适当的评估。

13.5　对焊接人员的要求

13.5.1　焊接责任人员

焊接钢筋接头的制造商应拥有至少一名符合 ISO 14731 要求、经过专业培训并通过考试获得了国际焊接工程师（IWE）资质的焊接责任人员，且该人员应是一直在企业工作的。

焊接责任人员负责车间和现场钢筋焊接接头的质量控制工作。焊接责任人员应确保所有焊接工作都是按照合格的焊接程序规范进行，并执行了按 ISO 15609-1、ISO 15609-2 或 ISO 15609-5 编制的焊接工艺规程，这些焊接工艺规范应该能够在工作场所找到。

焊接责任人员可对钢筋焊接时的焊工资格测试进行监督，以保证焊工有能力制作出合格的焊缝，焊接责任人员还可签发和延长钢筋焊接焊工资格考试证书。

对于焊接工程的监督工作，焊接责任人员可以指定焊接培训经历或工作经验符合要求的企业员工进行协助，但最终责任仍由焊接责任人员承担。

13.5.2　焊工和焊接操作工

13.5.2.1　焊工

对于车间和现场使用的每一种焊接工艺，制造商应配备足够数量的经过钢筋焊接专门培训的合格焊工。进行承载焊接接头焊接任务的焊工应根据 ISO 9606-1 通过符合标准的角焊缝项目考试，还应接受过相关焊接接头的额外焊接培训。考试中试件数量的选取参照表 13.3 并应将生产中最关键的焊接条件（如尺寸、焊接位置）纳入考核范围。试件应按表 13.3 的规定进行有损检验，检验结果应由焊接责任人员确认。

表 13.3　焊工考试的试件数量和认可范围

接头类型	试件数量	认可范围	试件的检验项目
对接接头	3	对接接头	拉伸试验
搭接接头	3	搭接接头、帮条焊接头、其他接头	
帮条焊接头	3		
交叉接头	3	交叉接头	拉伸试验、剪切试验
其他接头	3	搭接接头、帮条焊接头、其他接头	拉伸试验

13.5.2.2　焊接操作工和电阻焊工

全机械化或自动焊接的焊接操作人员和电阻焊安装人员应持有有效的操作人员资格考试证书，

考试是按照 ISO 14732 标准进行的。

13.5.2.3 焊工证书的有效期

钢筋焊接考试合格的焊工证书有效期为两年。在两年之后，焊工应重新进行考试或延期。如需延期，应提供在最困难位置进行焊接的焊接生产试验的附加记录（在 24 个月内至少进行 8 次试验，其中至少 2 次试验应是在过去 6 个月内进行的）才可以。

13.6 焊接工艺规程

焊接工艺规程是生产过程中最重要的质量控制文件，也是影响焊接接头材料力学性能最根本的因素。焊接工艺规程应以合格的焊接工艺评定报告为基础进行编制，通过工艺评定结果表明按照焊接工艺规程进行的焊接操作能够获得满足设计要求的焊接接头性能，因此在生产过程中必须执行焊接工艺规程中的相关规定。焊接工艺规程应根据焊接工艺方法的不同按 ISO 15609-1、ISO 15609-2、ISO 15609-5 或 ISO 15620 国际标准来制定，对于钢筋焊接来说，焊接工艺规程还应补充对钢筋焊缝质量有影响的附加工艺参数。

13.7 焊接工艺评定

在正式焊接生产之前，对于承载接头和非承载接头都需要进行工艺评定。钢筋焊接的工艺评定须按照接头的承载情况分别按 ISO 17660-1 和 ISO 17660-2 的相关规定执行，其工艺评定试件应按照预备焊接工艺规范进行焊接，然后根据需要对所有试件进行无损检测和破坏性试验，以确定焊接接头能否满足设计要求。

13.7.1 工艺评定试验

按 ISO 17660-1 对承载钢筋的焊接接头进行工艺评定，试件的数量和试验项目如表 13.4 所示。

表 13.4 工艺评定试件的试验

焊接方法	焊接接头类型	试件数量		
		拉伸试验	弯曲试验	剪切试验
111 114 135 136	对接接头	3	3	—
	搭接接头 / 帮条焊接头	3	—	—
	交叉接头	6①	3②	3③
	其他接头类型	3	—	—
21、23	交叉接头	6①	3②	3③
24、25、42、47	对接接头	3	3	—

① 如果钢筋的直径不同，则对每种尺寸钢筋做 3 组拉伸试验。如果钢筋的直径相同，对所有钢筋只做 3 组拉伸试验即可。
② 生产时只有当焊缝区被弯曲，才有必要对较粗带肋钢筋做弯曲试验。
③ 对带肋钢筋做剪切试验需要锚固。

13.7.2　工艺评定试件测试

在对工艺评定试件测试前先要对试件进行目视检查等无损检测，以确定按照预备焊接工艺规程焊接的接头能够满足对接头成型性能的要求。

对于采用电弧焊工艺制作的钢筋焊接接头，只有符合 ISO 5817 的表面缺欠质量 D 级要求的试件（质量 C 级适用的咬边除外），才能进行进一步的力学性能等方面的测试。对于焊接工艺 21 和 23，工艺评定按 ISO 15614-12 执行，拉伸测试应按照 ISO 15630-1 进行。根据 ISO 5817 的要求，焊缝的断口不应包含任何大于 D 级质量要求的缺欠。

根据所使用的材料标准或设计规范，可能需要并测量其他机械性能。以下内容应作为适当的测试结果在工艺评定报告中反映出来：① 所使用的焊接工艺规范；② 试件类型及其尺寸；③ 所获得的最大拉伸力，单位 kN；④ 断裂的位置；⑤ 断裂表面上任何缺欠的类型和位置；⑥ 目视检查中发现的任何缺欠的类型和位置；⑦ 达到的伸长率，单位为 %（如果需要）。

该报告应明确说明是否满足 ISO 17660 这部分的要求。

13.7.3　工艺评定试验认可

在一种钢材上进行的焊接工艺评定试验不适用于其他钢材。焊接工艺评定试验中碳当量高的材料适用于碳当量相等或较低的材料，不适用于具有较高碳当量的材料。

在承载焊接接头上进行的焊接工艺评定试验符合非承载焊接接头，反之则不符合。

焊接评定试验仅限于在焊接工艺评定试验中使用的钢筋的制造过程（见 ISO 16020）。

其他基本变量的确认范围应满足相应的国际标准对不同焊接工艺评定规程确认的要求：111、114、135、136 适用于 ISO 15614-1；21、23 适用于 ISO 15614-12；24、25 适用于 ISO 15614-13；42 适用于 ISO 15620。

13.7.4　工艺评定试验有效期

焊接工艺评定试验的有效期没有限制，只要能够通过生产焊接试验确认试验条件没有改变，其有效期就是无限的。如果生产工作中断超过 12 个月，则需要重新进行生产试验确定试验条件没有改变。

13.8　焊接生产工艺试验

钢筋焊接生产实施之前应进行焊接工艺试验，以确保在当地车间或现场的制造条件下，可以按照焊接工艺规程生产出相同质量的焊缝。焊接生产工艺试验应由所有涉及生产中最困难位置的焊工进行焊接，并对每个焊接工艺试件进行焊接质量评定。试件数量见表 13.5。

表 13.5 焊接工艺试件数量

工艺方法	接头类型	试件数量		
		拉伸	弯曲	剪切
111	对接接头	1	1	—
114	搭接 / 帮条焊接头	1	—	—
135	交叉接头	1[①]	1[②]	3[③]
136	其他接头	1	—	—
21	搭接接头	1	—	—
23	交叉接头	2[①]	1[②]	3[③]
24、25、42、47	对接接头	1	1	—
42	其他接头	1	—	—

① 如果直径不同，对每根棒材做一次拉伸试验。在直径相等的情况下，只需要进行一次拉伸试验。
② 对较厚棒材的弯曲试验只在生产中焊接区弯曲时才需要。
③ 对钢筋的剪切试验应进行锚固。

当工厂使用相同焊接工艺要求批量生产构件时，焊接工艺试验的试验周期需做出规定并且周期时间不能超出 3 个月。其他情况下，如现场生产，则在每个订单前需进行一次试验并且试验周期为每月一次。

生产工艺试验的试件应按照和工艺评定试件同样的要求进行焊接和检验。如果一个试件失败了，应另外焊接两个试件并进行补充试验。两个补充试件均应达到验收标准的要求，如果这些附加试件中的一个不合格，则焊接生产工艺试验不合格。

如果焊接生产工艺试验失败，在再次进行焊接生产工艺试验之前，应对有关焊工进行充分的培训。只有在焊接生产工艺试验成功后，才允许开始焊接。

焊接生产工艺试验的结果应记录在生产日志中，生产日志至少应保留 5 年。

13.9 钢筋焊接生产的执行和检验

按 ISO 17660-1 要求，钢筋焊接企业必须具有焊接技术人员、焊接监督人员以及与从事的工作相适应的设备和条件。工艺评定必须满足现场全部施焊条件并在工作现场施焊，生产过程严格执行焊接工艺规程。企业采用的每种焊接方法必须至少有 2 名焊工并进行资格审查。

对于承载焊缝的焊接，每条焊缝都要求进行目视检测，采用弧焊工艺制造的钢筋的焊接接头，目视检测的验收标准为 ISO 5817 的质量等级 C。其他工艺验收按照适用的相关标准执行。

当使用某些经过特殊处理提高了强度的钢筋时，为避免强度损失，建议限制热输入量。

焊工工作过程中应采取适当的措施防止风、雨和雪等外部环境因素对焊接接头质量的影响，焊接接头区域应清除污垢、油脂、湿气、铁锈、疏松的鳞片和油漆等杂质。

当焊接工况条件发生变化，如较高冷却速率、环境温度小于 0℃ 等，可能影响焊接性时，应在焊接工艺规程中规定采取适当的措施。如果使用焊接工艺 135 和 136，应特别注意焊缝区域应防止风和空气的流动。直径大于 40 mm 的钢筋焊接时，有时需要根据 ISO/TR 17671–2 确定预热温度。

焊接只能按照合格的焊接工艺规程进行，焊接工艺规程必须存放于工作场所，以备随时查阅。

钢筋焊接只能由焊工和操作员进行焊接，这些焊工和操作员对要焊接的接头类型具有有效的操作资格。

如果焊接的钢筋需要进行弯曲，钢筋应在焊接前进行弯曲。由于焊接时的热输入可能会改变弯曲钢筋的力学性能，因此对接时从焊缝到弯曲起点的距离应不小于 2d（图 13.14），搭接时，间距不得小于 d。

对于交叉接头，焊缝可以按照图 13.15 放置钢筋位置，交叉的钢筋可以在弯曲处的内部，也可以在弯曲处的外部。

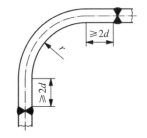  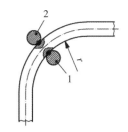

图 13.14　焊缝到弯曲点的距离　　图 13.15　钢筋弯曲处的交叉接头

如果焊接是在弯曲之前进行的，最好考虑到芯棒直径的特殊设计要求。

采用电阻焊焊接工艺 21 和 23 的焊缝，焊接设备应能提供再现性好的焊接电流、焊接次数和电极压力。尽可能采用成型电极以减小电极和工件之间的接触电阻，焊接前应根据焊接工艺规程设置焊接参数。

闪光对焊 24 和电阻对焊 25 进行焊接时应选用适用于有关焊接工作的电性能特性的焊接设备，焊接设备应保证必要的对中能力和夹紧力的要求，焊接设备的类型和功率应与用于焊接工艺试验的设备相似。当出现电压波动时，应可以采取适当的措施保持二次输出功率恒定，但不得采用快速冷却措施。

摩擦焊工艺 42 焊接的焊缝需按 ISO 15620 进行工艺评定。

气压焊工艺 47 焊接的焊缝应采用液压镦粗机。焊机应根据吹管尺寸、镦粗力、镦粗行程、镦粗率、夹爪所施加的夹紧力等进行适当的设计，并保证焊接参数的稳定性。应提供测量液压扰动压力的装置。

13.10　钢筋焊接时可能出现的问题

钢筋焊接时由于硬化倾向可能产生脆性断裂、强度降低、焊缝缺欠，以及由于热输入量大或焊工操作技能差所导致的截面尺寸减小等几方面的缺欠，应根据其产生的原因采取不同的措施防止或减少。

13.10.1 钢筋闪光对焊

钢筋闪光对焊是钢筋纵向连接接头常用的焊接方法，是将两钢筋安放成对接形式，利用电阻热使接触点金属熔化，产生强烈飞溅，形成闪光，迅速施加顶锻力完成焊接的一种压焊方法。可能出现的缺欠如下：

（1）未焊透。焊口局部区域未能相互结合，焊合不良，接头镦粗，变形量很小，挤出的金属毛刺极度不均匀，多集中于焊口上部，并产生严重胀开现象。

（2）焊口氧化。一种状态是焊口局部区域为氧化膜所覆盖，呈光滑面状态；另一种是焊口四周强烈氧化，失去金属光泽，呈现发黑状态。

（3）焊口脆断。在低应力状态下，接头处发生无预兆的突然断裂。脆断可分为淬硬脆断、过热脆断和烧伤脆断 3 种情况，以断口齐平、晶粒很细为特征。

（4）焊接处烧伤。钢筋端头与电极接触处，在焊接时产生熔化状态，这是不可忽视的危险缺欠，极易发生局部脆性断裂，其断口齐平，呈放射性条纹状态。

（5）接头弯折或偏心。接头处产生弯折，折角超过规定值，大于 4°，或接头处偏移，轴线偏移大于 0.1d 或 2mm。

13.10.2 钢筋电阻点焊

钢筋电阻点焊是将两钢筋安放成交叉叠接形式，压紧于两电极之间，利用电阻热熔化母材金属，加压形成焊点的一种压焊方法，常用于钢筋骨架和钢筋网的焊接。常出现的缺欠如下。

（1）焊点脱点。钢筋点焊制品焊点周界熔化铁浆不饱满，如用钢筋轻轻撬打或将钢筋点焊制品举至离地面 1m 高使其自然落地，即可产生焊点分离现象。

（2）焊点过烧。钢筋焊接区上、下电极与钢筋表面接触处均有烧伤，焊点周界熔化铁浆外溢过大，而且毛刺较多，焊点处钢筋呈现蓝黑色。

（3）钢筋焊点冷弯脆断。焊接制品冷弯时在接近焊点处脆断。

13.10.3 钢筋电弧焊

钢筋电弧焊是以焊条作为一极，钢筋作为另一极，利用电弧热熔焊接接头完成焊接过程的一种工艺方法，适用于搭接、对接等连接接头。其常出现的缺欠如下：

（1）焊缝成形不良。焊缝表面凹凸不平，宽窄不匀，这种缺欠对静载强度影响不大，但容易产生应力集中，对承受动载不利。

（2）咬边。焊缝与钢筋交界处烧成缺口没有得到熔化金属的补充，特别是直径较小钢筋的焊接及坡口焊中，上钢筋很容易发生此种情况。

（3）电弧烧伤钢筋表面。已焊钢筋表面局部有缺肉或凹坑。电弧烧伤钢筋表面对钢筋有严重的脆化作用，往往是发生脆性断裂的根源。

（4）夹渣。在被焊金属的焊缝中存在块状或弥散状非金属夹杂物，影响焊缝强度。

13.10.4　钢筋电渣压力焊

电渣压力焊是电流通过熔渣产生大量的电阻热，利用该热量熔化接头金属实现钢筋纵向对接连接的一种工艺方法，其可能出现的工艺缺欠如下：

（1）接头偏心和倾斜。焊接接头其轴线偏差大于 0.1d 或 2mm，接头弯折角度大于 4º。

（2）未熔合。上下钢筋在接合面处没有很好地熔合在一起，在试拉或冷弯时断裂在焊口部位。

（3）夹渣。焊口中有非金属夹杂物，影响焊口质量。

13.10.5　各种接头缺陷对性能的影响

表 13.6 为各种材料和接头缺陷可能出现的问题汇总。

表 13.6　各种材料和接头缺陷可能出现的问题汇总

工艺	E/MAG			RA（24）	RP（21）
材料类型　　　接头	搭接接头帮条焊接头	对接接头	交叉接头	对接接头	交叉接头
热轧制微合金	—	z	x/y（粗带肋钢筋）	—	x
冷轧	y	y/z	y/z（细带肋钢筋）	y	—
热处理	—	z	z	y	—

注：x 表示容易发生脆性断裂；y 表示强度降低；z 表示传导力的能力降低。

参考文献

［1］Welding– Welding of reinforcing steel – Part 1: Load–bearing welded joints：ISO 17660–1：2006［S/OL］.（2006–09）［2022–06］. https://www.iso.org/standard/41194.html.

［2］Welding– Welding of reinforcing steel – Part 2: Non load–bearing welded joints：ISO 17660–2：2006［S/OL］.（2006–09）［2022–06］. https://www.iso.org/standard/41195.html.

［3］Welding and allied processes– Nomenclature of processes and reference numbers：ISO 4063：2009［S/OL］.（2009–08）［2022–06］. https://www.iso.org/standard/38134.html.

［4］Welding and allied processes–Welding positions：ISO 6947：2019［S/OL］.（2019–10）［2022–06］. https://www.iso.org/standard/72741.html.

［5］Steel for the reinforcement of concrete. Weldable reinforcing steel. General: BS EN 10080:2005–12–23［S/OL］.（2005–12）［2022–06］. https://www.beuth.de/en/standard/bs-en-10080/88676383.

本章的学习目标及知识要点

1. 学习目标

（1）了解钢筋材料分类、性能、标记方式。

（2）了解钢筋焊接的工艺方法特性和适用范围。

（3）掌握钢筋焊接的质量控制要求。

（4）了解钢筋焊接生产过程的要求。

2. 知识要点

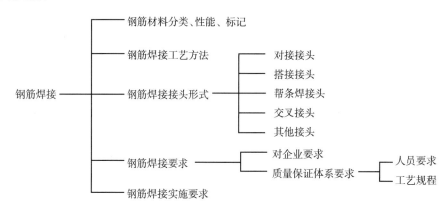

第⑭章

工程实例——企业认证

编写：高欣、陈大军、余晓野　审校：陈宇

焊接企业国际标准认证，尤其是按照 ISO 3834 熔焊质量体系系列标准要求进行的国际标准认证，已经在国际焊接领域得到了广泛认可。ISO 3834 系列标准作为制造企业应用的焊接体系标准，针对制造企业的焊接生产提出了基础要求。

14.1 概述

14.1.1 企业概况

通过企业提交的概况表了解企业的基本情况。例如：某焊接生产企业，主要产品为碳钢焊接箱型梁，焊接方法为熔化极活性气体保护焊（135），母材为 EN 10025-3 S355NL，材料厚度 10~60mm。部分焊缝焊前需要预热，焊后需要消应力退火。该企业现有焊工 14 人、焊接操作工 2 人、焊接工程师 1 人、焊接技师 1 人。其所生产产品的焊后检验方法包括目视检测、磁粉检验和超声波检验，现有焊接检验员 6 人（目视检测、磁粉检验、超声波检验各 2 人），为满足客户和市场需求欲通过 ISO 3834-2 认证。

14.1.2 企业认证流程

国际焊接企业认证标准起源于德国，后升级为欧洲标准。1994 年，ISO 3834 系列第 1 版国际标准出版。认证机构根据经验总结了大量实际问题，通过独立于认证的咨询服务，为企业提供方向明确的、条理清晰的技术支持。图 14.1 所示的企业认证流程在实际中应用广泛，效果良好。

14.2 前期准备

14.2.1 人员资质和硬件基本条件

为了能够更快捷和顺利地启动认证准备工作，咨询前认证企业需要做好以下准备工作。

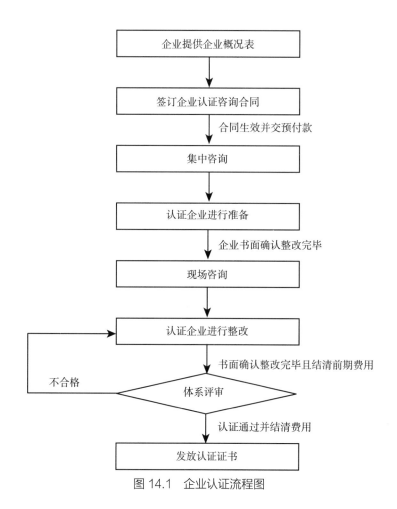

图 14.1　企业认证流程图

14.2.1.1　人员资质

根据前述企业概况，了解到企业目前尚无国际资质人员，根据 ISO 3834-2 标准要求，企业应先培训或招聘相关国际资质人员，包括国际焊接工程师（IWE）1 名、国际焊接技师（IWS）1 名、目视检测人员（ISO 9712 VT2）2 名、磁粉检测人员（ISO 9712 MT2）2 名、超声波检测人员（ISO 9712 UT2）2 名。具备国际焊接工程师、国际焊接技师资质人员是先决条件，而且国际焊接工程师、国际焊接技师经审核符合要求后将写到 ISO 3834 证书中作为焊接责任人。此外，具备国际资质的无损检测人员应该在认证准备进程中逐步到位。

14.2.1.2　硬件准备

企业应根据产品生产的需要，检查是否配备了以下（但不局限以下）必要设备。

① 焊接电源及其配套设施；② 焊接之前用于零部件材料准备的切割和坡口加工设备；③ 焊前预热和焊后热处理设施或设备，以及预热温度测量仪；④ 用于保证产品尺寸的焊接工装设备；⑤ 起重和装夹设备，如起重机、吊具；⑥ 人员防护设备，如焊接面罩、弧光挡板、除尘设备；⑦ 表面清理设施或工具，如打磨机、钢丝刷；⑧ 无损检测设备，如磁粉探伤机、超声波探伤仪、目视检测工具。

14.2.2　焊接结构汇总

　　焊接企业认证包含的覆盖范围有焊接工艺方法、材料组别、材料的厚度范围等。企业在准备过程中要确认汇总好的焊接结构，以便在集中咨询时明确工艺评定和焊工考试项目。本案例中企业的接头汇总概况见表 14.1。该汇总表格将作为数据源在后续集中咨询中对制定工艺评定、焊工考试项目起到作用。

表 14.1　焊接接头汇总

序号	焊接接头形式	焊接方法	材料规格范围 /mm	角焊缝厚度范围 /mm	坡口角度	母材牌号	焊接位置	焊接细节
1	P BW	135 全机械化	10~40	—	55°	S355NL	PA	nb ss/bs ml
2	P FW	135 半机械化	10~60	5~10	—	S355NL	PB	ml
3	P T–Joint	135 半机械化	10~60	—	45°	S355NL	PA	ml

14.3　集中咨询与现场咨询

14.3.1　集中咨询

14.3.1.1　相关标准的学习

　　集中咨询前，企业需要按照要求准备好认证项目资料和已应用的相关标准，能够归纳和总结出前期准备时的问题。集中咨询时，企业需要以下人员参与：焊接责任人（国际焊接工程师、国际焊接技师等）、负责体系管理的人员、负责技术 / 质量的人员、负责设计的人员（如涉及）、负责生产的人员等，具体根据企业的实际情况而定。在集中咨询标准讲解期间，企业通过提问或咨询的方式解决问题。

　　集中咨询对于标准的宣贯，通常包括但不局限于以下标准。

　　ISO 3834《金属材料熔焊质量要求》

　　ISO 14731《焊接管理　任务及职责》

　　ISO 9606-1《焊工考试　熔焊　第 1 部分：钢》

　　ISO 15614-1《金属材料焊接工艺规程及评定　第 1 部分：钢弧焊和气焊、镍及镍合金弧焊焊接工艺试验》

　　ISO 15613《金属材料焊接工艺规程及评定　基于预生产工艺试验的评定》

　　ISO/TR 15608《焊接　金属材料分类指南》

　　ISO 15609-1《金属材料焊接工艺规程及评定　第 1 部分：弧焊焊接工艺规程》

　　ISO 9712《无损检测　人员的资格鉴定及认证》

　　ISO 13916《焊接　预热温度、道间温度及预热维持温度的测定》

　　ISO 13920《焊接　焊接结构的一般公差》

　　ISO 17671-1《焊接　金属材料焊接推荐　第 1 部分：电弧焊通用指南》

ISO 17635《焊缝无损检测　金属材料熔焊焊缝的一般原则》

ISO 17637《焊缝无损检测　熔焊接头目视检测》

ISO 17638《焊缝无损检测　焊缝磁粉检测》

ISO 17640《焊缝无损检测　焊接接头的超声波检测》

ISO 5817《钢、镍、钛及其合金的熔焊接头（能束焊接头除外）　缺欠质量分级》

作为支持焊接体系的各要素，焊接责任人应该对以上标准涉及的内容熟练掌握，尤其是应用部分，清楚需要去查询什么标准及在哪一章节查询，能够熟练使用标准的焊接工程师才是合格的焊接责任人。

14.3.1.2　认证相关要求的学习

集中咨询过程中，将对认证相关要求进行逐一讲解，尤其是对标准的要点和重点，企业参加人员按照各自涉及的领域，理解和掌握有关要求。焊接责任人需要对所有要求有充分的理解和掌握。

焊接体系认证包括以下工作内容：第一是按照 ISO 3834-2 标准要求建立焊接体系；第二是准备认证评审项目，包括项目文件评审和现场制造过程评审；第三是与焊接责任人的专业谈话，此过程贯穿整个评审过程，考核焊接责任人（国际焊接工程师、国际焊接技师等）对焊接体系的管理和对所涉国际标准的掌握情况和应用能力。

（1）具体细化文件方面准备的要求。

① 按照 ISO 3834-2 标准的要求完善焊接质量手册，可以将这些要求与 ISO 9001 质量体系相结合。

② 完善现有管理组织机构图，应注明焊接责任人的位置。

③ 准备焊接责任人资料：焊接责任人简历、资质证书（如国际焊接工程师/国际焊接技师证书）、学历证书复印件。如焊接责任人为外聘，需要提供第一雇主的确认书、外聘焊接责任人与本企业的合同、每次工作的日志；企业目前没有符合资质的国际焊接工程师或国际焊接技师，需要考虑通过培训或外聘的方式补充落实，在最终评审前，应确保至少有 1 名国际焊接工程师和 1 名国际焊接技师。

④ 完善焊接责任人任命书和职责分工表。

⑤ 审查集中咨询企业所带图纸，按照 ISO 2553-A 清晰标注焊接细节。

⑥ 完成现有项目的要求评审和技术评审，并保留记录。

⑦ 根据目前的产品图纸与认证项目负责人、焊接监督人员、技术人员共同确定焊接工艺评定项目、焊工考试项目，约定在现场咨询前须完成工艺评定和焊工考试相应预备焊接工艺规程的编制（按照相关标准，如 ISO 15609-1）和试件的准备，并将相关文件发送给咨询人员（包括预备焊接工艺规程和母材焊材的材质书）。

⑧ 根据目前的产品图纸与认证项目负责人、焊接监督人员、技术人员共同确定焊接工作；遵守试件原则，现场咨询之前完成所有工作试件的焊接、检验和文件记录，金相试件存档。

⑨ 依据相关标准，编制生产计划（包括焊接计划）、检验计划、返修及检测工艺规程、检验记录。

⑩ 按项目要求对所采用的母材材质书和焊材材质书进行审核。

⑪ 无损检测人员应按照 ISO 9712 的要求取得相应资格。

⑫ 主管焊接责任人应对内部焊接检验人员按照 ISO 9712 的要求进行检验标准（ISO 17637）、评定标准（ISO 5817）的培训，并保留培训资料、记录。

⑬ 按照标准要求完善所有设备的明细、维护保养计划和记录，并注意对热切割设备导轨、焊接工装的维护保养。

⑭ 按照标准要求完善电流表、电压表、气体流量计等仪表及测量检验工具的明细、计量检定计划，并注意对焊接工装的检定。

⑮ 主管焊接责任人需要对内部人员进行关于标准的培训，保留培训记录。

（2）现场车间制造要求。

① 按照要求和项目实际情况检查是否具备必要的设施，设施是否状态良好，是否有正常的设备检验和维护。

② 现场应有工艺文件，并且这些文件得到切实的执行。工艺文件包括图纸和各种焊接工艺规程、返修工艺规程，至少每个工位都有，完整且便于阅读。

③ 现场应有焊接监督，由有能力胜任这项工作的人担任。建立监督制度，并切实执行。

④ 生产车间的各区域应有清晰的划分及标识。

⑤ 保证焊接之前、过程中和之后的检验制度切实执行，做好相应的检验记录和报告。

⑥ 生产过程中，产品的各部件应保证可识别且结合项目要求（比如要求可以追溯到材料炉批号）。

⑦ 铝合金或不锈钢应保证和碳钢隔离，从库房到运输、生产车间都要求保证分离，工作台和工装卡具可以通过加垫片形式达到要求。

⑧ 铝合金焊接区域应相对独立并封闭，能够保证温湿度在允许范围内。

⑨ 其他注意问题：如气瓶应固定，气体成分应有标识；仪表应在检定有效期内使用；焊接工艺规程应得到切实执行；设施应有状态标识；检验状态应有标识；焊前应清理焊缝及临近区域；焊枪喷嘴清理，导电嘴与焊丝匹配且拧紧，二次线与工件装卡牢靠且位置靠近焊接位置；应避免工位之间的干扰；点固焊长度应满足 ISO 17671 的要求（点固焊长度应至少为 4 倍板厚，对于 12mm 以上的材料，点固焊长度要求至少为 50mm）；铝合金不锈钢生产中的锤子和砂轮片应为专用的。

（3）库房准备要求。

① 母材存放条件应能保证材料的性质不被改变，标识清晰且具体到炉批号。

② 焊材库应有温湿度计，满足焊材制造商的要求，保证稳定的环境，标识应清晰且具体到批号。

③ 焊材应有领用发放记录的相关台账，同时注意合理的领用发放。

14.3.1.3 工艺评定和焊工考试项目的确定

根据企业归纳的焊接接头汇总及实际生产中应用的材料和焊接方法，集中咨询人员将和企业焊接责任人共同确定最终的工艺评定项目和焊工考试项目，并形成企业认证范围。这个过程旨在检验焊接责任人对工艺评定标准、焊工考试标准的理解能力，同时也是焊接责任人必须要掌握的技能。本案例认证企业的工艺评定和焊工考试项目见表 14.2。

表 14.2 工艺评定和焊工考试项目

类别	序号	项目	板厚认可范围 /mm
焊工 考试	1	ISO 9606–1 135 P BW 1.2 FM1 *s t*14 PA ss nb ml	$s \geqslant 3$
	2	ISO 9606–1 135 P FW 1.2 FM1 *s t*14 PB ml	$t \geqslant 3$
	3	ISO 14732 135 P BW 1.2 FM1 *s t*14 PA nb ml	—

类别	序号	项目	认可范围 /mm
工艺 评定	1	ISO 15614–1 135（全机械化）P BW 1.2 *s t*20 PA ss nb ml	t: 10 ~ 40；s: max40
	2	ISO 15614–1 135（半机械化）P BW 1.2 *s t*20 PA ss nb ml	t: 10 ~ 40；s: max40
	3	ISO 15614–1 135（半机械化）P BW 1.2 *s t*30 PA ss nb ml	t: 15 ~ 60；s: max60
	4	ISO 15614–1 135（半机械化）P FW 1.2 *s t*30 PB ml	$t \geqslant 5$

14.3.1.4 认证准备相关练习

焊接责任人需要熟悉焊接试件的评定，在集中咨询过程中，焊接责任人应进行试件评定的练习和模拟考核。焊接责任人应具备依据相关标准和等级对焊缝进行评判的能力及识别焊接缺欠的能力。根据标准要求和企业实际情况，针对需要准备的内容形成集中咨询纪要，作为后续准备工作的指导。

14.3.2 现场咨询

现场咨询是在集中咨询之后，企业根据集中咨询中提到的项点逐一落实。按照标准要求对于企业准备的焊接质量体系管理制度及实际执行结果进行检查，指出其中不符合要求的项点，并讲解原因及如何改进。

14.3.2.1 文件方面的咨询

（1）焊接责任人。

对焊接责任人进行任命，并对焊接责任人的职责和任务进行分工，同时注明焊接责任人在组织机构图中的位置，从而完成焊接责任人的任命书、职责分工表、焊接组织机构图。同时，准备焊接责任人的简历、学历证书和资质证书等需要备案的文件。

（2）焊接质量体系。

按照 ISO 3834–2 标准，完善企业的焊接质量手册，同时强调焊接责任人的参与及确认。根据焊接质量手册的要求，完成各项控制程序。

对现有项目进行要求评审和技术评审，完成评审报告，并对其中不能满足的要求制定措施和计划，逐一完善。要求评审应考虑的项点包括：将采用的产品标准及所有附加要求；法定及常规要求；制造商确定的所有附加要求；制造商满足描述要求的能力。技术评审应考虑的项点包括：母材技术条件及焊接接头性能；焊缝的质量及合格要求；焊缝的位置、可达性及次序等，详见 ISO 3834–2 第5 章。

对于图纸中部分要求不明确的，应和设计方或客户沟通确认；对于设计要求不正确的，应和设计方或客户沟通确认。

对企业涉及的分承包服务或活动进行检查，确认企业不涉及分承包活动。

按照 ISO 3834-2 第 9 章的要求，完善企业的焊接相关设施清单、设备维护保养内容及计划，应注意以下项点：热切割设备中导轨、机械夹具等的状态；焊接设备的电流表、电压表、流量计的状态；电缆、软管、接头等的状态；机械化焊接设备中控制系统的状态；测温仪器的状态；送丝机构及导管的状态。

按照 ISO 3834-2 第 10 章的要求，完善企业的焊接生产计划，应考虑的项点包括：结构制造顺序规定；制造结构所要求的每种工艺方法标识；相应的焊接及相关工艺规程的编号；焊缝的焊接顺序；实施每种工艺方法的指令及时间；试验及检验规程（包括任何独立检验机构的介入）；环境条件，如防风、防雨；批量、元件或部件的项目标识；合格人员的指派；生产试验的安排。

按照认证标准要求，完善母材和焊材的管理制度，对于焊材，需要同时考虑焊材制造商的推荐。对于母材的标识应至少包括：材质、规格和炉批号。对于不锈钢和铝合金材料的存储应注意避免与碳钢支架的直接接触，以及必要的防尘保护。对于焊材的存储应注意按照焊材供应商的要求。对于原材料的进货检验应至少检查材料与材质书的对应关系、材料外观以及材质书是否符合技术要求。

根据客户技术要求及技术评审结果完善焊后热处理工艺规程，并检查其适用性，要求热处理时形成书面记录，书面记录应至少包括温度曲线和可追溯性。

按照 ISO 3834-2 第 14 章的要求完善焊接检验计划和记录，分别包括焊前检验、焊中检验和焊后检验。焊前检验至少包括：焊工和焊接操作工证书的适用性、有效性；焊接工艺规程的适用性；母材的标识；焊接材料的标识；焊接坡口（形式及尺寸）；组对、夹具及定位；焊接工艺规程中的任何特殊要求，如防止变形；工作条件（包括环境）对焊接的适用性。

焊接过程中检验至少包括：主要焊接参数（如焊接电流、电弧电压及焊接速度）；预热/道间温度；焊道的清理与形状，焊缝金属的层数；根部气刨；焊接顺序；焊接材料的正确使用及保管；变形的控制；所有的中间检查，如尺寸检验。

焊后检验至少包括：无损检测；目视检测；结构的型式、形状及尺寸；焊后操作的结果及报告。

为所有零件、部件、成品件制作检验状态标识，包括待检验、已检验合格和不合格，并对零部件或产品的存放区域进行划分，分为待检区、合格品区和不合格品区。

按照 ISO 3834 标准和产品技术要求完善不符合项管理流程，并形成焊接不符合项控制表格，对于焊接不符合项的处理，应至少得到焊接责任人的认可。

检查内部测量工具、设备、仪表等是否有定期的计量校验，应有目录清单，以显示目前计量校验的状态，并有校验计划。这些器具至少包括：焊接电流表、电压表、气体流量计、焊缝尺、测温仪。

为内部生产过程中的零件、部件、半成品、成品制作标识，标识内容至少包括：项目、零件名称、图号、材质、批次。

为产品制定质量报告，至少包括：要求/技术评审报告；材料检验文件；设备维护报告；焊接工艺评定报告及焊接工艺规程；焊工或焊接操作者证书；生产计划；无损检测人员证书；热处理工艺规程及报告；无损检测及破坏性试验规程及报告；尺寸报告；修复记录及其他不符合项的报告；要求的其他文件。

14.3.2.2 焊接现场的咨询

根据文件的要求焊接整个流程进行检查，对其中不符合的项点进行改进。整个流程如果涉及应至少包括：材料的存储、预处理及下料、组对、焊接、热处理和检验。现场的检查重点是确认企业编制的程序文件、作业指导书、工艺规程是否在现场得到有效实施。操作的与文件一致，才是体系的有效管理，如果在验证中，发现制度、规定有不足，就需要反馈和改进。

常见的现场问题，在整个制造工序中，材料的存储、下料、坡口加工、组对、焊接、后处理及检验等都有典型案例。母材的存储过程中，没有注意到黑、白金属的隔离，标识不清。下料时，标识的转移不到位、区域的划分不明确、零部件的追溯有盲点。坡口加工时，坡口面的质量不满足，加工精度的保证有问题。焊接过程中，焊接工艺规程没有有效执行，与图纸不能保证完全一致，焊接顺序的控制有偏差，操作工人的资质不能覆盖产品。检验时，检查员对验收标准不熟悉，检验工具不适合。以上列举的常见问题，只是冰山一角，只有焊接责任人熟悉标准要求，企业有完整的并且能够有效执行的程序规定，各环节配合，才能做出合格的产品，实现高水平的流转。

14.3.2.3 工艺评定和焊工考试

根据工艺评定和焊工考试项目制定所需的预备焊接工艺规程。在正式工艺评定之前，应内部进行工艺评定试件的试焊并根据标准进行检验，确保工艺的合理和合格。在焊工考试前，进行内部模拟考试，确保焊工具备足够的能力，如焊工能力不足，应提前联络培训机构安排培训。

确保认证企业焊工或操作工对预备焊接工艺规程足够熟悉且经过操作练习后可以胜任焊接工作，并提前准备评定和考试项目相应焊接试板，按要求加工坡口、准备焊接衬垫、预留焊机和施焊场地等，使其满足施焊条件，现场咨询便可在企业车间现场进行工艺评定和焊工考试试件的焊接。

试板焊接完成之后，对焊工考试试板进行目视检测，视情况在企业现场进行无损探伤和／或破坏性试验，并将检验的报告会同办证资料一起发送给检验机构。若企业不具备试验条件，则将目视检测合格的考试试板和完整的文件一起发送给检验机构，以便办理焊工证书。对工艺评定试件焊接的参数进行记录，经目视检测合格之后将试件和完整的文件发至检验机构检验，以便办理焊接工艺评定报告。若依据工艺评定标准资料给施焊焊接工艺评定试板的焊工或操作工颁发焊工证书，则应将焊工考试明细表一同随试件发送。具体可详见工艺评定和焊工考试的工程实例。

14.3.2.4 焊接责任人模拟专业谈话及试件评定考核

对焊接责任人进行的模拟专业谈话，其内容依托所涉标准，同时参考企业的产品实际情况，以提问的形式考察焊接责任人对于标准的掌握情况。对于模拟专业谈话中发现的不足，咨询人员会以书面形式记录在咨询纪要中，需要该焊接责任人通过学习有针对性地完善提高。

在现场咨询过程中，认证企业需要在咨询人员的协助下填写认证申请表，企业具备评审条件后，将申请资料提交给认证机构，约定评审时间。

14.4 体系评审

认证企业经过前期准备、集中咨询、现场咨询，建立了焊接体系，编制了焊接质量手册、程序文件、作业指导书，完成了焊接工艺评定并有合格的报告。焊接施工人员通过焊工考试获取焊工证书后，可以在施工现场依据工艺文件及合理的生产工序制造合格产品。在提交认证申请表和相关必要文件后，认证机构受理并任命现场审核员进行评审工作。审核按照程序评审检查清单，主要分为三个部分：文件评审、现场评审和专业谈话。

14.4.1　文件

根据 ISO 3834 检查表的要求对企业的焊接质量管理制度和执行情况进行检查，检查内容依次为要求评审、技术评审、分承包商、焊接人员、试验及检验人员、设备、焊接工艺及评定、焊接材料、母材、焊后热处理、试验及检验、不符合项及纠正、标识及可追溯性、计量校验和质量报告。ISO 3834 评审中，审核员会依据该标准条款要求和企业认证产品确认认证证书的基本信息和覆盖范围。企业认证范围见表 14.3。

表 14.3　企业认证范围

单位：mm

焊接方法 EN ISO 4063	材料组别 ISO/TR 15608	尺寸：t_{min}~t_{max}　D_{min}~D_{max}			最终覆盖范围
		工艺评定范围	编号 /No.	焊工资质范围	
135（机械），BW	1.2	t：10~40	001	依据操作工资质	10~40
135（半机械），BW	1.2	t：10~40 t：15~60	002 003	$s \geqslant 3$	10~60
135（半机械），FW	1.2	$t \geqslant 5$	004	$t \geqslant 3$	$\geqslant 5$

14.4.2　焊接现场

评审小组到制造商的焊接现场（焊接车间或工地）对制造商提供的相关文件、应用标准及常规要求的执行情况进行评审，并根据制造商焊接现场满足相应规定的情况给出评分。评审小组应在 NCR（不符合项报告）中详细描述制造商焊接现场的不符合行为或事物。

14.4.3　专业谈话

对焊接责任人进行的专业谈话和对焊接试件的评定，其实质是对焊接责任人的评估，以确认焊接责任人是否有足够的能力管理焊接体系，是否胜任焊接责任人职责分工表中所分配的工作。对焊接责任人的技术考核应考虑到其是否有能力解决所涉及的焊接材料、焊接工艺和制造技术有关的焊接性问题。制定或合理选择焊接作业技术规范，以确保焊缝满足质量要求、符合标准规定和客户要求。

14.4.4　发证条件

审核人员会将评定过程中发现的观察项和不符合项写入审核报告，这些项点整改完成后方可颁发证书。只有认证审核员确认了相关整改，提交了所有文件及证据，才能进入证书办理程序。

14.4.5 证书颁发

如果评审合格，没有整改项或企业完成所有项点的整改并得到认证机构的认可后，企业将获得认证证书。其中包括企业的名称、地址、焊接责任人、焊接方法、材料组别和牌号举例、认证标准及级别等信息。ISO 3834-2 证书样本见图 14.2，证书由国际授权（中国）焊接企业资格认证委员会颁发。

图 14.2　ISO 3834-2 证书样本

14.4.6 证书维护

证书有效期为 1~3 年，根据审核情况，企业可能获得很短的有效期或更长的有效期。当证书所涉及的内容发生变化时，应及时通知认证机构。证书有效期间，根据认证机构的要求看是否需要监督审核。证书有效期即将结束时，应提前联系认证机构办理复证事宜。

焊接责任人及认证企业相关人员也应注意对体系的持续运作和维护。如新开始的认证产品项目也应按 ISO 3834-2 标准要求进行要求评审和技术评审，并出具书面报告。若存在工艺或工人资质的不覆盖情况需及时增加工艺评定和焊工考试项目。相关人员需定期参加新标准的培训及学习，对企业应用标准进行维护和更新，新取得资质的焊接责任人需要参加认证准备班的标准培训和熟悉认证工作流程。企业焊接责任人应确保每 6 个月按照焊工考试标准要求对焊工和焊接操作工证书进行签字，以确保其证书有效性。

14.5　生产制造资格认证

生产制造企业根据不同的产品应用领域、不同的原材料种类、不同的产品使用地等因素，需要取得相应的制造资格。在轨道车辆制造领域和钢结构制造领域，欧洲国家通用的强制标准分别是 EN 15085 和 EN 1090。制造商认证 EN 15085 和 EN 1090，焊接质量体系都是以 ISO 3834 为基础建立，再加上各自领域中的特殊要求构成。接下来简要介绍一下 EN 15085、EN 1090 与 ISO 3834 的关系，以及 EN 15085 和 EN 1090 中的一些特殊要求。

14.5.1 焊接质量体系

焊接质量体系的基础标准是 ISO 3834，对于 EN 15085 和 EN 1090 中不同的认证级别，焊接质量体系的最低要求也不同，见表 14.4 ~ 表 14.6。

表 14.4　EN 15085-2：2007 认证级别与 ISO 3834 质量等级的对应

EN 15085-2 认证级别	CL1 级	CL2 级	CL3 级	CL4 级
质量要求	ISO 3834-2	ISO 3834-3	ISO 3834-4	ISO 3834-3

表 14.5　EN 15085-2：2020 分类等级与 ISO 3834 质量等级的对应

EN 15085-2 分类等级	CL1 级	CL2 级	CL3 级
质量要求	ISO 3834-2	ISO 3834-3	ISO 3834-4

表 14.6　EN 1090 认证级别与 ISO 3834 质量等级的对应

EN 1090 等级	EXC1	EXC2	EXC3 / EXC4
质量要求	ISO 3834-4	ISO 3834-3	ISO 3834-2

14.5.2 焊接责任人的资质要求

14.5.2.1 EN 15085 焊接责任人资质要求

对 EN 15085-2 CL1 级企业，主管焊接责任人必须是 A 级，一般由国际焊接工程师担当，特殊情况下则需对国际焊接技术员进行相关专业考核，可以将其认定为 A 级。

若某 CL1 级企业由铝合金车间和不锈钢车间分别生产铝合金车体和不锈钢车体，根据 EN 15085-2 附录 B 该企业不属于小型制造商，则要求主管焊接责任人的第一代表为 A 级，且每个生产领域都需要 C 级及 C 级以上的焊接责任人作为其他代表。

14.5.2.2 EN 1090 焊接责任人资质要求

EN 1090 中对焊接责任人资质等级的要求与认证等级、材料等级、材料的规格相关。

14.5.3 EN 15085 图纸设计要求

EN 15085 标准中对于设计要求，在 EN 15085-3 中有说明。

接头制备应按照 ISO 9692-1、ISO 9692-2、ISO 9692-3 做出规定；图纸上的焊缝标注应符合 ISO 2553 的要求。如果一张图纸上有不同的焊缝质量等级，应分别在焊缝附近处标出。对于电阻点焊焊缝，还应标出表面质量要求。

根据 EN 15085-2 确定为认证级别 CL1 至 CL3 的每个部件应当在图纸上标出或在零件清单中列出其认证级别。认证级别取决于部件的最高焊缝质量等级。

焊缝形式、焊缝厚度和焊缝长度应在图纸上标出。

焊接填充材料应在图纸上标出或者在零件清单或其他文件中列出。

所有焊缝都应在图纸、零件清单或其他文件中利用一个编号进行识别。

如果图纸上未标出容许的公差，则应根据 ISO 13920 标准 BF 级别执行。

14.5.4 缺欠评定等级

EN 15085 标准中与焊缝质量等级有关的缺欠质量等级，应符合 EN ISO 5817 和 EN ISO 10042 的要求，见表 14.7（以钢材为例）。

表 14.7 与钢的焊缝质量等级有关的缺欠质量等级

ISO 5817 中的缺欠	焊缝质量等级			
	CP A	CP B	CP C1/CP C2/CP C3	CP D
1.1 ~ 1.6, 1.13, 1.15, 1.18, 1.19, 1.22, 2.1, 2.7, 2.8, 2.11 ~ 2.13,	B	B	C	D
1.7, 1.8, 1.9, 1.11, 1.14, 1.17, 1.23, 2.2, 2.3 ~2.6, 2.9, 2.10, 3.1	不允许	B	C	D
1.10, 1.16, 1.20, 1.21, 3.2	不适用	B	C	D
1.12, 4.1, 4.2	对这些缺欠不进行评定			

14.5.5 母材及焊材

14.5.5.1 母材

母材的使用需满足如下条款要求：

EN 15085 标准中，级别 CL1 和 CL2 的部件，材质证明应满足 EN 10204 3.1 的要求。

EN 1090-2 标准中，根据母材不同强度等级，材质证明应满足 EN 10204 3.1 或者 2.2 的要求。

14.5.5.2 焊材

EN 15085 标准中规定所有的焊接消耗品必须符合 EN 13479 的要求和该焊接填充材料分类的 EN 标准。交货的焊接填充材料外包装或标签应具有 CE 认证标志。材质证书符合 EN 10204 要求，等级可以协商。

EN 1090-2 标准中规定焊材材质证书应该符合 EN 10204 2.2 的要求和相关欧洲焊材标准。

14.5.6 焊接工艺评定

有关焊接工艺评定的系列标准是 ISO 15614。涉及其他焊接方法的工艺评定标准可以从 EN 15085 和 EN 1090 中查找。典型钢材的熔焊焊接工艺评定（标准接头）按照 ISO 15614-1 标准进行；典型钢材的熔焊铝合金的焊接工艺评定（标准接头）按照 ISO 15614-2 标准进行；基于生产前的焊接工艺评定按照 ISO 15613 标准进行。

14.5.7 焊工资格认证

EN 15085 和 EN 1090 标准要求焊工和焊接操作工根据焊接方法、材料组别的参数取得相应资质。钢的焊工考试按照 ISO 9606-1 标准进行，铝及铝合金焊工考试按照 ISO 9606-2 标准进行，操作工的考试按照 ISO 14732 标准进行。

EN 1090-2 认证中，如果制造商产品包括管材或者空心型材的支管焊接角度小于 60°，焊工还应按照 EN 1993-1-8 标准进行焊工考试。

14.5.8　无损检测人员资质

依照 ISO 9712 标准，一级资质的无损检测人员可以进行检验操作，二级资质的无损检测人员可以进行评定和出具报告。

14.5.9　焊接工作试件

14.5.9.1　EN 15085 标准中关于工作试件的要求

EN 15085 标准中，关于工作试件的内容参见 EN 15085-4。

工作试件目的：检验和确保设计满足 EN 15085-3 的要求；验证焊接工艺；验证焊工技能；验证焊缝质量。

工作试件实施按照 ISO 15613 标准进行。

以下接头需要进行工作试件：① 不完全焊透的对接和 T 形接头（验证焊接工艺、焊工技能）；② 单侧可达的半 V 坡口 T 形接头（验证焊接工艺、焊工技能）；③ 可达性、可焊性差的材料（验证焊工技能）；④ 三联接头、塞焊、十字接头、挤压型材的复杂焊缝（验证焊工技能）；⑤ 薄板的搭接和拐角接头（$t \leqslant 3$mm）（验证焊工技能）。

14.5.9.2　EN 1090-2 标准中关于工作试件的要求

EN 1090-2 标准中关于工作试件的要求可以查看 EN 1090-2 中 7.4.1.4 章节和 12.4.4 章节。

参考文献

[1] Quality requirements for fusion welding of metallic materials- Part 1: Criteria for the selection of the appropriate level of quality requirements:ISO 3834-1:2021 [S/OL]［2021-09］. https://www.iso.org/standard/81650.html.

[2] Quality requirements for fusion welding of metallic materials-Part 2: Comprehensive quality requirements:ISO 3834-2:2021 [S/OL]［2021-04］. https://www.iso.org/standard/81651.html.

[3] Quality requirements for fusion welding of metallic materials-Part 5: Documents with which it is necessary to conform to claim conformity to the quality requirements of ISO 3834-2, ISO 3834-3 or ISO 3834-4 [S/OL]［2021-10］. https://www.iso.org/standard/80112.html.

[4] Execution of steel structures and aluminium structures Requirements for conformity assessment of structural components: BS EN 1090-1:2009+A1:2011 [S/OL]［2012-01］. https://www.en-standard.eu/bs-en-1090-1-2009-a1-2011-execution-of-steel-structures-and-aluminium-structures-requirements-for-conformity-assessment-of-structural-components/.

[5] Railway applications – Welding of railway vehicles and components – Part 2: Requirements for welding manufacturer: DIN EN 15085-2 [S/OL]［2020-12］. https://www.en-standard.eu/din-en-15085-2-railway-applications-welding-of-railway-vehicles-and-components-part-2-requirements-for-welding-manufacturer/.

[6] Execution of steel structures and aluminium structures – Part 2: Technical requirements for steel structures: DIN EN 1090-2:2018 [S/OL]［2018-09］. https://www.en-standard.eu/din-en-1090-2-execution-of-steel-structures-and-

aluminium–structures–part–2–technical–requirements–for–steel–structures/.

［7］Specification and Qualification of Welding Procedures for Metallic Materials – Welding Procedure Test – Part 1: Arc and Gas Welding of Steels and Arc Welding of Nickel and Nickel Alloys: ISO 15614–1:2017［S/OL］.［2017–06］. https://www. iso.org/standard/51792.html.

［8］Qualification testing of welders – Fusion welding – Part 1: Steels: ISO9606–1:2012［S/OL］.（2012–07）［2022–06］. https://www.iso.org/standard/54936.html.

本章的学习目标及知识要点

1. 学习目标

（1）了解以 ISO 3834 企业认证为主体进行咨询认证的流程和细节。

（2）了解轨道车辆领域 EN 15085 标准的相关焊接要求。

（3）了解欧洲钢、铝结构领域 EN 1090 标准的相关焊接要求。

（4）在了解 ISO 3834 及各领域焊接认证咨询过程基础上，熟悉焊接体系和国际标准的应用。

2. 知识要点

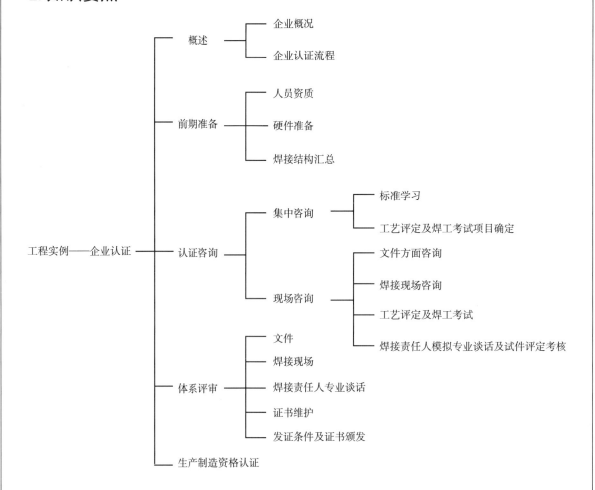

第 15 章

工程实例——焊接工艺评定和焊工考试

编写：吕适强、杨高、刘志强　审校：王林

前文已经介绍了 ISO 15614 系列标准和 ISO 9606 系列标准的内容，使我们了解了如何进行焊接工艺评定和焊工考试，以及焊接工艺评定报告和焊工考试证书的使用范围。接下来我们通过一些工程实例详细阐述如何确定焊接工艺评定和焊工考试项目，以及根据具体情况选择试验方法。

15.1 钢结构焊接工艺评定和焊工考试

某钢结构企业焊接责任人在进行项目焊接要求评审时识别出，项目须按 ISO 15614-1 进行焊接工艺评定及按 ISO 9606-1 进行焊工考试。该焊接责任人在进行项目焊接技术评审时识别出，产品以角焊缝为主，涉及的材料有：EN 10025-6 S690QL 板材，厚度范围 $t = 10 \sim 24$mm；EN 10025-2 S235JR 和 S355J2+N 板材，厚度范围 $t = 3 \sim 40$mm，焊接工艺方法为半机械化的熔化极气体保护焊（MAG/135），通过起重机及工装变位后焊接位置为平焊及平角焊，开工前须完成焊接工艺评定及焊工考试。

15.1.1 焊接工艺评定及焊工考试的一般程序

焊接工艺评定及焊工考试的一般程序包括四个步骤。

（1）确定焊接工艺评定及焊工考试项目。

如何根据产品的需要确定焊接工艺评定和焊工考试项目是焊接责任人的一项非常重要的工作。一般来说，确定焊接工艺评定和焊工考试项目需遵循以下原则：① 覆盖原则。即用最少的项目获得最大的应用范围；在考虑现有产品的基础上还要有一定的前瞻性。② 经济实用原则。即达到同样覆盖范围的前提下，要考虑企业产品实际生产情况、现有材料的种类、厚度范围、焊工平均技能水平等。

（2）实施焊接工艺评定及焊工考试项目。

（3）检验及验收焊接工艺评定及焊工考试试件。

（4）出具焊接工艺评定报告及焊工证书。

15.1.2 分析项目焊接技术要求

15.1.2.1 焊接工艺方法

考虑到生产效率、设备的价格及焊接材料的采购途径、成本等方面，可以选择半机械化的熔化极气体保护焊（MAG/135）。

15.1.2.2 试件类型

产品试件类型均为板材。

15.1.2.3 接头类型

产品接头类型包括对接焊缝及角焊缝，以角焊缝为主。

15.1.2.4 材料组别

EN 10025-6 S690QL 的最大公称屈服强度 $R_e = 690$ MPa，抗拉强度 $R_m = 770 \sim 940$ MPa，按照 ISO 15608 标准进行的材料分组，属于第 3.1 组材料，可以按照 ISO 16834 或其他相关标准选择焊材，例如选用焊材 ISO 16834-A G 69 4 M Mn3Ni1CrMo（或 ISO 16834-B G 78AP 4U M N2M3）。

EN 10025-2 S235JR 的最大公称屈服强度 $R_e = 235$ MPa，抗拉强度 $R_m = 360 \sim 510$ MPa，按照 ISO 15608 标准进行的材料分组，属于第 1.1 组材料，可以按照 ISO 14341 或其他相关标准选择焊材，例如选用焊材 ISO 14341-A G 42 2 M 3Si1（或 4Si1 等）。

EN 10025-2 S355J2+N 的最大公称屈服强度 $R_e = 355$ MPa，厚度大于 3mm 时，抗拉强度 $R_e = 470 \sim 630$ MPa，按照 ISO 15608 标准进行的材料分组，属于第 1.2 组材料，可以按照 ISO 14341 或其他相关标准选择焊材，例如选用焊材 ISO 14341-A G 42 2 M 3Si1（或 4Si1 等）。

15.1.2.5 材料规格

EN 10025-6 S690QL 板材，厚度范围 $t = 10 \sim 24$ mm；EN 10025-2 S235JR 和 S355J2+N 板材，厚度范围 $t = 3 \sim 40$ mm。

15.1.2.6 焊接位置

焊接位置为平焊及平角焊。

15.1.2.7 焊缝细节

焊缝细节包括单面焊和双面焊、层道数、有无衬垫等。

15.1.2.8 汇总准备生产的产品信息

计划生产的产品信息汇总见表 15.1。

表 15.1 计划生产的产品信息汇总

序号 \ 类型	试件及接头类型	焊接方法	材料规格范围 /mm	母材牌号及组别	焊接位置	焊接细节
1	板对接	135	10 ~ 24	S690QL/3.1	PA	ss ml nb

类型 序号	试件及接头类型	焊接方法	材料规格范围 /mm	母材牌号及组别	焊接位置	焊接细节
2	板角接	135	10 ~ 24	S690QL/3.1	PB	sl ml
3	板对接	135	3 ~ 40	S235JR/1.1	PA	ss sl nb ss ml nb bs ml
4	板角接	135	3 ~ 40	S235JR/1.1	PB	sl ml
5	板对接	135	3 ~ 40	S355J2+N/1.2	PA	ss sl nb ss ml nb bs ml
6	板角接	135	3 ~ 40	S355J2+N/1.2	PB	sl ml

15.1.3　焊接工艺评定

15.1.3.1　项目确定

（1）材料的选择。

根据 ISO 15614-1 中 8.3.1 条款及表 5 的规定，选择进行工艺评定的材料如下。

3.1-3.1 组材料，选用焊材 ISO 16834-A G 69 4 M Mn3Ni1CrMo（或 ISO 16834-B G 78AP 4U M N2M3）。

1.1-1.1 及 1.2-1.2 组材料，选用焊材 ISO 14341-A G 42 2 M 3Si1（或 4Si1 等）。

小结：焊丝类型为实芯焊丝（S）。

（2）试件类型的选择。

试件类型的选择应根据 ISO 15614-1 中 8.3.3 的规定，本产品选择"板（P）"。

（3）接头类型的选择。

接头类型的选择应根据 ISO 15614-1 中 8.3.2 的规定。

① 3.1-3.1 组材料。

产品涉及的 S690QL 板材材料的厚度范围为 10 ~ 24mm，对于 MAG/135 焊接工艺，对接接头应采用多层多道焊技术；考虑到具有更大的接头覆盖范围，根据 ISO 15614-1 中 8.4.3 f 项规定，应尽可能采用无焊接熔池保护的单面焊技术。角焊缝既可能是单层单道焊也可能是多层多道焊。而根据 ISO 15614-1 中 8.4.3 j 项规定，有冲击和硬度要求时单层和多层不能互相覆盖，因此确定工艺评定的接头类型为：a.板对接，单面焊，多层，无衬垫（P BW ss ml nb）；b.板角接，单层（P FW sl）；c.板角接，多层（P FW ml）。

② 1.2-1.2 组材料。

产品涉及的 S355J2+N 板材材料的厚度范围为 3 ~ 40mm，对于 MAG/135 焊接工艺，对接接头和角焊缝可能是单层单道焊也可能是多层多道焊。对于薄板的对接接头，应采用无焊接熔池保护的单面焊技术（原因同上）；对于中厚板的对接接头，单面焊或双面焊均有可能，考虑到所需填充材料的数量以及变形情况，一般情况厚板不太适合采用单面焊，但如果受结构限制只能采用单面焊技术的，那么所有的工艺评定只能采用单面焊技术。角焊缝的情况同上，因此确定工艺评定的接头类型为：a. 板对接，单面焊，单层，无衬垫（P BW, ss sl nb）；b. 板对接，单面焊，多层，无衬垫（P BW, ss ml nb）；c. 板角接，单层（P FW, sl）；d. 板角接，多层（P FW, ml）。

（4）材料规格的选择。

材料的规格应根据 ISO 15614–1 的 8.3.2 及表 7、表 8 和表 9 来确定。

① 3.1–3.1 组材料（产品厚度范围 $t = 10 \sim 24$mm）。

a. 板对接，单面焊，多层，无熔池保护。应根据 ISO 15614–1 的表 7 中的规定，选择试件厚度为 12mm $\leq t \leq 20$mm；如果选择 $t = 12$mm，则工艺评定的适用范围为 $t = 3 \sim 2t$，即 $t = 3 \sim 24$mm；如果选择 $t = 20$mm，则工艺评定的适用范围为 $t = 0.5t \sim 2t$，即 $t = 10 \sim 40$mm。

阶段性汇总工艺评定项目为 ISO 15614–1 135 P BW 3.1 t20 ss ml nb。

b. 板角接，单层。应根据 ISO 15614–1 的表 8 中的规定，选择试件厚度为 $t = 20$mm，工艺评定的适用范围为 $t = 0.5t$（最小 3）$\sim 2t$，即 $t = 10 \sim 40$mm。

阶段性汇总工艺评定项目为 ISO 15614–1 135 P FW 3.1 t20 sl。

c. 板角接，多层。方法同 b。

阶段性汇总工艺评定项目为 ISO 15614–1 135 P FW 3.1 t20 ml。

② 1.2–1.2 组材料（产品厚度范围 $t = 3 \sim 40$mm）。

a. 板对接，单面焊，单层，无衬垫。应根据 ISO 15614–1 的表 7 中的规定，如果选择试件厚度为 $t = 3$mm，则工艺评定的适用范围为 $t = 0.5t \sim 2t$，即 $t = 1.5 \sim 6$mm；而如果选择试件厚度为 $t = 4$mm，则工艺评定的适用范围为 $t = 0.5t$（最小 3）$\sim 1.3t$；即 $t = 3 \sim 5.2$mm。这里，显然应选择试件厚度为 $t = 3$mm。

阶段性汇总工艺评定项目为 ISO 15614–1 135 P BW 1.2 t3 ss sl nb。

b. 板对接，单面焊，多层，无衬垫。考虑到覆盖 6mm 以上的厚度，应选择试件厚度为 3mm $< t \leq 12$mm，则工艺评定的适用范围为 $t = 3 \sim 2t$，例如，选择 $t = 12$mm，则适用范围为 $t = 3 \sim 24$mm。

阶段性汇总工艺评定项目为 ISO 15614–1 135 P BW 1.2 t12 ss ml nb。

c. 板对接，单面焊，多层，无衬垫。考虑到覆盖 40mm 的厚度，如果选择试件厚度为 12mm $< t \leq 20$mm，则工艺评定的适用范围为 $t = 0.5t \sim 2t$，例如，选择 $t = 20$mm，则适用范围为 $t = 10 \sim 40$mm。

阶段性汇总工艺评定项目为 ISO 15614–1 135 P BW 1.2 t20 bs ml nb。

d. 板角接，单层。根据 ISO 15614–1 的表 8 中的规定，试件厚度为 $t \leq 3$mm，工艺评定的适用范围为 $t = 0.7t \sim 2t$，在此选择 $t = 3$mm，则适用范围为 $t = 2.1 \sim 6$mm；试件厚度为 $3 < t < 30$mm，工艺评定的适用范围为 $t = 0.5t$（最小 3）$\sim 2t$，考虑应覆盖 $t > 6$mm，所以选择 $t = 12$mm，则适用

范围为 $t = 6 \sim 24$mm；选择 $t = 20$mm，则适用范围为 $t = 10 \sim 40$mm。虽然在一般情况下，超过 30mm 的厚板的角焊缝就不适合采用单层焊技术了，但可以考虑使用 30mm 厚的试件厚度获得最大的覆盖范围 $t \geqslant 5$mm。

阶段性汇总工艺评定项目为 ISO 15614–1 135 P FW 1.2 $t3$ sl 和 ISO 15614–1 135 P FW 1.2 $t30$ sl。

e. 板角接，多层。考虑到材料厚度 $t \leqslant 6$mm 时，对于 MAG/135 焊接工艺基本采用单层焊技术，故只考虑 $t \geqslant 6$mm 的情况。因此，根据 ISO 15614–1 中表 6 的规定，选择试件厚度 $t \geqslant 30$mm，则适用范围为 $t \geqslant 5$mm。

阶段性汇总工艺评定项目为 ISO 15614–1 135 P FW 1.2 $t30$ ml。

（5）焊接位置的选择。

根据 ISO 15614–1 的 8.4.2 的规定选择焊接位置，本产品对接焊缝选择 PA 位置，角焊缝选择 PB 位置。

汇总工艺评定项目见表 15.2。

表 15.2　焊接工艺评定项目

类别	序号	项　　目
焊接工艺评定项目	1	ISO 15614–1 135 P BW 3.1 $t20$ PA ss ml nb
	2	ISO 15614–1 135 P BW 1.2 $t3$ PA ss sl nb
	3	ISO 15614–1 135 P BW 1.2 $t12$ PA ss ml nb
	4	ISO 15614–1 135 P BW 1.2 $t20$ PA ss ml nb
	5	ISO 15614–1 135 P FW 3.1 $t20$ PB sl
	6	ISO 15614–1 135 P FW 3.1 $t20$ PB ml
	7	ISO 15614–1 135 P FW 1.2 $t3$ PB sl
	8	ISO 15614–1 135 P FW 1.2 $t30$ PB sl
	9	ISO 15614–1 135 P FW 1.2 $t30$ PB ml

（6）焊接细节注意事项。

在计划焊接工艺评定项目时，除了上述需要考虑的因素，还有一些细节需要注意，如机械化程度、预热及层间温度、焊接填充材料、电流种类、保护气体、熔滴过渡形式及焊后热处理等也都需要予以考虑，这些在 ISO 15614–1 第 8 条款中都有要求。

15.1.3.2　项目实施

（1）预备焊接工艺规程。

根据 ISO 15609–1 的要求编制预备焊接工艺规程。

（2）试件制备。

试件应符合 ISO 15614–1 第 6 条款，并按预备焊接工艺规程准备和焊接。

15.1.3.3　试件检验及验收

试件检验应符合 ISO 15614–1 第 7 条款，以 ISO 15614–1 为例，示例见表 15.3。

试件验收依据 ISO 15614-1 第 7.5 条款。

表 15.3　ISO 15614-1 工艺评定项目检验示例

试件	试验种类	试验内容	备注
ISO 15614-1 135 P BW 3.1 *t*20 PA ss ml nb	外观	100%	—
	射线或超声	100%	—
	渗透或磁粉	100%	—
	横向拉伸	2 个试样	—
	横向弯曲	4 个试样	—
	冲击	2 组	—
	硬度	2 排	—
	宏观金相	1 个试样	—
ISO 15614-1 135 P FW 1.2 *t*30 PB ml	外观	100%	—
	渗透或磁粉	100%	—
	硬度	2 排	—
	宏观金相	2 个试样	—

注：备注内容根据检验条件或技术要求确定。

15.1.3.4　焊接工艺评定报告

参照 ISO 15614-1 附录 B 出具焊接工艺评定报告。

15.1.4　焊工考试

15.1.4.1　项目确定

（1）焊接工艺方法的选择。

焊工考试的工艺方法应与生产采用的焊接方法一致，因此选择 MAG/135 焊接方法。

阶段性汇总焊工考试项目为 ISO 9606-1 135。

（2）焊接材料的选择。

焊工考试所使用的焊材应根据 ISO 9606-1 中 5.5.2 条款和表 2 的规定进行选择，其中由表 2 可知，对于 ISO 15608 标准中规定的第 1 组和第 2 组材料，我们应选择 FM1 组别的焊接材料，而针对第 3 组材料我们应该选择 FM2 组别的焊接材料。因此，在实际生产中我们选择材料如下：3-3 组材料，选用焊材为 ISO 16834-A G 69 4 M Mn3Ni1CrMo（或 ISO 16834-B G 78AP 4U M N2M3）；1-1 组材料，选用焊材为 ISO 14341-A G 42 2 M 3Si1（或 4Si1 等）。

但由 ISO 9606-1 中表 3 可知，采用 FM1 组焊接材料可以覆盖 FM1 组和 FM2 组焊接材料。因此，焊工考试只需考虑第 1 组材料即可。

阶段性汇总焊工考试项目为 ISO 9606-1 135 FM1 S。

（3）试件及接头类型的选择。

在选择考试的产品种类时应根据 ISO 9606-1 中 5.3 的规定。

在选择考试的接头类型时应根据 ISO 9606-1 中 5.4 的规定。

因此确定焊工考试为：1.1-1.1 组材料，板对接和板角接（P BW 和 P FW）。

阶段性汇总焊工考试项目为 ISO 9606-1 135 P BW FM1 S 和 ISO 9606-1 135 P FW FM1 S。

（4）材料规格的选择。

焊工考试所使用的材料规格应根据 ISO 9606-1 中 5.7 及表 6、表 7 和表 8 的规定进行选择。

① 1.1-1.1 组材料，管对接（产品厚度范围 $t = 3 \sim 40mm$）。

根据 ISO 9606-1 中表 6 的规定，当对接接头的厚度在 $t \geqslant 12mm$ 时，认可范围为 $t \geqslant 3$，则选择焊工考试试件的管子壁厚为 $t = 12mm$，认可范围就能够覆盖产品的所有厚度范围了。

阶段性汇总焊工考试项目为 ISO 9606-1 135 P BW FM1 S t12。

② 1.1-1.1 组材料，板角接（产品厚度范围 $t = 3 \sim 40mm$）。

根据 ISO 9606-1 中表 8 的规定，当角焊缝的试件厚度在 $t \geqslant 3mm$ 时，认可范围为 $t \geqslant 3mm$，则选择焊工考试试件的板厚为 $t = 4mm$ 时，认可范围为 $t \geqslant 3mm$，就能够覆盖产品的所有厚度范围了，但 $t = 4mm$ 的角焊缝试件不利于断口试验，考虑到试件厚度与检验方法之间的关系，因此，确定焊工考试的试件规格为 $t = 8mm$，则认可范围为 $t \geqslant 3mm$，能够覆盖产品规格范围。

阶段性汇总焊工考试项目为 ISO 9606-1 135 P FW FM1 S t8。

（5）焊接位置的选择。

应根据 ISO 9606-1 中 5.8 和表 8、表 10 的规定选择焊工考试的焊接位置。

① 1.1-1.1 组材料，板对接。

PA 位置焊接，所以选择 PA 位置进行考试；但考虑覆盖范围，较高技能水平焊工可选择 PF 位置或其他位置考试，以取得更大的覆盖范围。

阶段性汇总焊工考试项目为 ISO 9606-1 135 P BW FM1 S t12 PA 或 ISO 9606-1 135 P BW FM1 S t12 PF。

② 1.1-1.1 组材料，板角接。

PB 位置焊接，所以选择 PB 位置进行考试；但考虑覆盖范围，较高技能水平焊工可选择 PF 位置或其他位置考试，以取得更大的覆盖范围。

阶段性汇总焊工考试项目为 ISO 9606-1 135 P FW FM1 S t8 PA 或 ISO 9606-1 135 P FW FM1 S t8 PF。

（6）焊接细节注意事项。

除了上述重要参数，在 ISO 9606-1 的表 11 和表 12 中规定的其他焊接细节也应注意。

因此，对接焊缝一般技能水平焊工选择单面焊、带衬垫（ss mb）；较高技能水平焊工可选择单面焊、不带衬垫（ss nb），理由同"焊接位置"；而角焊缝选择多层焊接（ml）。

汇总焊工考试项目见表 15.4"焊工考试项目列表"。

表 15.4　焊工考试项目列表

类别	序号	项　目
焊工考试项目	1	ISO 9606–1 135 P BW FM1 S *t*12 PA ss mb(一般技能水平)
	2	ISO 9606–1 135 P BW FM1 S *t*12 PA ss nb（较高技能水平）
	3	ISO 9606–1 135 P BW FM1 S *t*12 PF ss nb（较高技能水平）
	4	ISO 9606–1 135 P FW FM1 S *t*8 PB ml(一般技能水平)
	5	ISO 9606–1 135 P FW FM1 S *t*8 PF ml（较高技能水平）

15.1.4.2　项目实施

（1）预备焊接工艺规程或焊接工艺规程。

焊工考试应遵照标准 ISO 15609–1 编制的预备焊接工艺规程或焊接工艺规程。

（2）试件的制备。

试件应按 ISO 9606–1 第 6.2 和 6.3 条款及预备焊接工艺规程或焊接工艺规程准备和焊接。

15.1.4.3　试件检验及验收

试件检验应符合 ISO 9606–1 第 6 条款，示例见表 15.5。

试件验收依据 ISO 9606–1 第 7 条款。

表 15.5　ISO 9606–1 焊工考试项目检验示例

试件	试验方案 1	试验方案 2	试验方案 3	备注
ISO 9606–1 135 P BW FM1 S *t*12 PA ss nb	外观	外观	外观	—
	超声	断口或弯曲	射线	—
	—	—	附加弯曲或断口	—
ISO 9606–1 135 P FW FM1 S *t*8 PB ml	外观	外观	—	—
	断口	宏观金相	—	—

注：备注内容根据检验条件或技术要求确定。

15.1.4.4　焊工证书

可参照 ISO 9606–1 附录 A 出具焊工证书。

除此之外，如果焊缝属于长直焊缝，或焊缝比较规则、重复性很高，而且该焊接企业有条件的情况下，MAG 焊焊接工艺也可以采用全机械化或自动化焊接（根据 ISO 14732 标准的定义，自动化焊接是指焊接工作全部由焊接设备完成，操作工无法干预焊接过程的焊接工艺）。除了需要相应的焊接工艺评定，操作工也需按照 ISO 14732 进行资格认证。

15.2　铝合金结构焊接工艺评定和焊工考试

某轨道客车公司生产铝合金部件，产品构成材料涉及 6005A–T6（型材）和 6082–T6（板材），材料厚度范围为 3.2 ~ 20mm，焊接图纸接头形式见表 15.6。

根据 ISO 15614-2 和 ISO 9606-2，针对该铝合金结构产品，组织焊接工艺评定及焊工考试，涉及焊接工艺评定及焊工考试项目的确定、实施、检验及验收。

表 15.6　焊接图纸接头形式汇总表

序号	图号	厚度 t_1/mm	厚度 t_2/mm	接头类型	接头坡口形式	焊缝质量等级	缺欠验收级别（ISO 10042）	检验等级
1	×××-11-30-000	6	3.2	角接	△	CP C2	C 级	CT3
2	×××-11-30-000	3.2	5	角接	△	CP C2	C 级	CT3
3	×××-11-30-000	3.2	5	搭接	△	CP C2	C 级	CT3
4	×××-11-30-000	6	6	对接	HV	CP C2	C 级	CT3
5	×××-11-30-000	6	5	T 形	HV	CP C2	C 级	CT3
6	×××-11-30-000	6	5	搭接	△	CP C2	C 级	CT3
7	×××-11-30-000	5	5	对接	V	CP C2	C 级	CT3
8	×××-11-30-000	6	6	T 形	HY	CP C2	C 级	CT3
9	×××-11-30-100	20	6	角接	△	CP C2	C 级	CT3
10	×××-11-30-100	20	6	对接	V	CP C2	C 级	CT3

15.2.1　焊接工艺评定项目的确定

15.2.1.1　焊接工艺方法的选择

根据表 15.6 中焊缝的细节，以及考虑到生产效率、设备的价格及焊接材料的采购途径、成本等方面，可以选择半机械化的 MIG 焊；而对于列表中的短焊缝也可以采用 TIG 焊。应注意的是，不同的焊接方法须单独进行工艺评定。

15.2.1.2　材料的选择

产品母材涉及两种材料：型材 6005A-T6 和板材 6082-T6。这两种材料都属于 ISO/TR 15608 标准中的第 23.1 组材料。根据 ISO 15614-2 标准中 8.3.1 条款及表 4 的规定，相同分组别中的材料可以互相替代。而考虑到现有的材料，板材比较适合做工艺评定，因此决定采用 6082-T6 来做工艺评定。

焊丝的选择可以根据 ISO/TR 17671-4 标准中表 B.1（填充金属分组系统）和 B.2（填充金属的选择）进行选择（表 15.7、表 15.8）。

表 15.7　ISO/TR 17671-4 表 B.1（填充金属分组系统）

型号	合金标号
型号 1	R-1450、R-1080A
型号 3	R-3103
型号 4	R-4043A、R-4046、R-4047A、R-4018
型号 5	R-5249、R-5754、R-5556A、R-5183、R-5087、R-5356

表 15.8　ISO/TR 17671-4 表 B.2（填充金属的选择）

在每个框中选择焊丝（与表 15.7 相联系）					
母材 1	AlMgSi				
最佳机械性能	型号 4 或型号 5	型号 4 或型号 5	型号 4 或型号 5	型号 5	型号 5	型号 5 或型号 4
最佳抗腐蚀能力	型号 5	型号 5	型号 5	型号 5	型号 5	型号 5
最佳焊接性能	型号 4	型号 4	型号 4	型号 4	型号 4	型号 4
母材 2	Al	AlMn	AlMg < 1%	AlMg 3%	AlMg 5%	AlMgSi

根据 ISO/TR 17671-4 表 B.2，考虑焊后获得最佳机械性能和最佳抗腐蚀性能，决定选择型号 5 的填充金属。例如，选择 ISO 18273 中的 Al 5087（AlMg4.5MnZr）。

15.2.1.3　接头类型的选择

由焊接接头列表中我们可以看到，产品中一共有 4 种接头类型：角焊缝接头、搭接接头、对接接头和 T 形接头。其中，搭接接头可认为是角焊缝，而 T 形接头属于对接接头的一种。接头类型的选择应根据 ISO 15614-2 中 8.4.3 条款和表 8 的规定。

因此确定接头类型如下。

（1）6082-T6 和 6082-T6，板对接，单面焊，单层，无衬垫保护。

（2）6082-T6 和 6082-T6，板对接，单面焊，多层，无衬垫保护。

（3）6082-T6 和 6082-T6，板角接，单层。

（4）6082-T6 和 6082-T6，板角接，多层。

15.2.1.4　材料规格的选择

材料的规格应根据 ISO 15614-2 中 8.3.2 条款及表 5、表 6 和表 7 来确定。已知条件中材料厚度最薄为 t=3.2mm，最厚为 t=20mm。因此确定材料规格如下。

（1）6082-T6 和 6082-T6，板对接和板角接，单面焊，单层。

选择 t=3mm，则适用范围为 $0.5t$ ~ $2t$，即 1.5 ~ 6mm。

（2）6082-T6 和 6082-T6，板对接和板角接，单面焊，多层。

选择 t=10mm，则适用范围为 3 ~ $2t$，即 3 ~ 20mm。（如果选择 t = 20mm，则适用范围为 3 ~ 40mm）。

15.2.1.5　焊接位置的选择

根据 ISO 15614-2 中第 8.4.2 条款的规定：在任意一个焊接位置上（板材或管材）进行焊接的工艺评定认可所有的焊接位置（PG 和 J-L045 除外，需要单独的焊接工艺试验）。

因此，对接接头需选择 PA 位置，而角焊缝选择 PB 位置。

15.2.1.6　焊接细节注意事项

在计划焊接工艺评定项目时，除了上述需要考虑的因素，还有一些细节需要注意，如进行焊后热处理与不进行焊后热处理的焊接工艺评定不能互相覆盖。此外，预热温度、层间温度、焊接填充材料、电流种类、保护气体、电弧过渡形式等也都需要予以考虑，这些在 ISO 15614-2 第 8 条款中都有要求（表 15.9）。

表 15.9　工艺评定项目列表

类别	序号	项　目	备　注
工艺评定项目	1	ISO 15614-2 131 P BW 23.1 *t*03 PA ss nb	见 ISO 15614-2 中 2.2.5 条款所述焊接细节注意事项
	2	ISO 15614-2 131 P BW 23.1 *t*10 PA ss nb	
	3	ISO 15614-2 131 P FW 23.1 *t*03 PB sl	
	4	ISO 15614-2 131 P FW 23.1 *t*10 PA ml	
		……	

15.2.2　焊接工艺评定的实施

15.2.2.1　预备焊接工艺规程

根据 ISO 15609-1 的要求编制预备焊接工艺规程。

15.2.2.2　试件的制备

试件应符合 ISO 15614-2 第 6 条款，并按预备焊接工艺规程准备和焊接。

15.2.2.3　检验及验收

检验应符合 ISO 15614-2 第 7 条款，示例见表 15.10。

验收依据 ISO 15614-2 第 7.5 条款。

表 15.10　ISO 15614-2 工艺评定项目检验示例

试件	试验种类	试验内容	备注
ISO 15614-2 131 P BW 23.1 *t*10 PA ss nb	外观	100%	—
	射线	100%	—
	渗透	100%	—
	横向拉伸	2 个试样	—
	横向弯曲	4 个试样	—
	宏观金相	1 个试样	—
	微观金相	1 个试样	焊缝及热影响区
ISO 15614-2 131 P FW 23.1 *t*10 PA ml	外观	100%	—
	渗透	100%	—
	宏观金相	2 个试样	—
	微观金相	1 个试样	焊缝及热影响区

注：备注内容根据检验条件或技术要求确定。

15.2.3 焊工考试项目的确定

15.2.3.1 焊接工艺方法的选择

焊工考试的工艺方法应与生产中采用的焊接方法一致，在此采用 MIG/131 焊接方法。

15.2.3.2 材料的选择

焊工考试所使用的母材应根据 ISO 9606-2 中 5.5.2 条款和表 2 的规定进行选择。

由此可知，采用 23 组材料可以认可同组材料，即采用 6082-T6 可适用于 6005A-T6。因此，确定焊工考试所使用的材料为 6082-T6。

15.2.3.3 接头类型的选择

在选择考试的产品种类时应根据 ISO 9606-2 中 5.3 条款的规定。

在选择考试的接头类型时应根据 ISO 9606-2 中 5.4 条款的规定。

由于产品中只有板材和型材（非管子），因此确定焊工考试项目为板对接和板角接。

15.2.3.4 材料规格的选择

焊工考试所使用的材料规格应根据 ISO 9606-2 中 5.7 条款及表 3、表 4 和表 5 的规定进行选择。

列表中材料厚度最薄为 $t = 3.2$mm，最厚为 $t = 20$mm。因此确定材料规格如下。

板对接：选择 $t = 6$mm，则适用范围为 $0.5t \sim 2t$，即 $3 \sim 12$mm；以及选择 $t = 10$mm，则适用范围为 $t \geq 6$ mm 能够覆盖产品的厚度范围。

板角接：选择 $t = 10$mm，则适用范围为 $t \geq 3$mm 能够覆盖产品的厚度范围。

15.2.3.5 焊接位置的选择

应根据 ISO 9606-2 中 5.8 条款和表 6 的规定选择焊工考试的焊接位置。

考虑到产品的尺寸特征是长度和宽度较大而高度较小，这种产品翻转比较方便，但立起来比较困难。根据列表中焊缝的位置，应该有 PA、PB 和 PF 位置，所以选择 PF 位置的考试。

15.2.3.6 焊接细节注意事项

除了上述重要参数，在 ISO 9606-2 的表 7 和表 8 中规定的其他焊接细节也应注意。

因此，对接焊缝选择单面焊，不带衬垫；而角焊缝选择多层焊接。

焊工考试项目列表见表 15.11。

表 15.11 焊工考试项目列表

类别	序号	项 目	备 注
焊考项目	1	ISO 9606-2 131 P BW 23.1 t06 PA ss nb	见 2.3.6 焊接细节注意事项
	2	ISO 9606-2 131 P BW 23.1 t10 PA ss nb	
	3	ISO 9606-2 131 P FW 23.1 t10 PB sl	

15.2.4 焊工考试的实施

15.2.4.1 预备焊接工艺规程或焊接工艺规程

焊工考试应遵照标准 ISO 15609-1 编制的预备焊接工艺规程或焊接工艺规程。

15.2.4.2 试件的制备

试件应按 ISO 9606-2 第 6.2 条款、6.3 条款及预备焊接工艺规程或焊接工艺规程准备和焊接。

15.2.4.3 检验及验收

检验应符合 ISO 9606-2 第 6 条款，示例见表 15.12。

验收依据见 ISO 9606-2 第 7 条款。

表 15.12　ISO9606-2 焊工考试项目检验示例

试件	试验方案 1	试验方案 2	备注
ISO 9606-2 131 P BW 23.1 *t*10 PA ss nb	外观	外观	—
	弯曲或断口	射线	—
	—	附加弯曲或断口	—
ISO 9606-2 131 P FW 23.1 *t*10 PB sl	外观	外观	—
	断口	宏观金相	—

注：备注内容根据检验条件或技术要求确定。

参考文献

［1］Specification and Qualification of Welding Procedures for Metallic Materials – Welding Procedure Test – Part 1: Arc and Gas Welding of Steels and Arc Welding of Nickel and Nickel Alloys: ISO 15614-1:2017［S/OL］.（2017-06）［2022-06］. https://www.iso.org/standard/51792.html.

［2］Qualification testing of welders – Fusion welding – Part 1: Steels: ISO9606-1:2012［S/OL］.（2012-07）［2022-06］. https://www.iso.org/standard/54936.html.

［3］Qualification testing of welders – Fusion welding – Part 2: Aluminium and Aluminium Alloys: ISO 9606-2:2004［S/OL］.（2004-12）［2022-06］.. https://www.iso.org/standard/40769.html.

［4］Specification and qualification of welding procedures for metallic materials — Welding procedure test — Part 2: Arc welding of aluminium and its alloys: ISO 15614-2:2005［S/OL］.（2005-05）［2022-06］. https://www.iso.org/standard/28408. html.

本章的学习目标及知识要点

1. 学习目标

（1）了解如何进行焊接工艺评定及焊工考试。

（2）理解确定焊接工艺评定及焊工考试项目的原则。

（3）掌握焊接工艺评定及焊工考试项目的确定及实施。

2. 知识要点

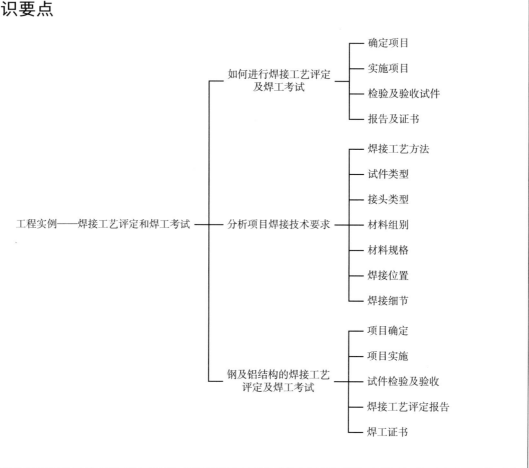

第16章

工程实例——材料检验及焊接缺欠的评定分析实例

编写：邓义刚、陈宇、陈焕　审校：解应龙

本章主要从目视检测、渗透检测、磁粉检测、射线检测、超声波检测的适用范围，检测条件，检测资质要求，检测工具和器具，以及缺欠分析等方面，来介绍材料检验及焊接缺欠的评定分析。

16.1 目视检测实习

一个钢梁柱底板对接焊缝，编号为 WTI–VT–01，材质为 S460E，按照焊缝质量等级要求满足 ISO 5817–B 级，请回答表 16.1 中的问题，并填写到表格中。

表 16.1　目视检测实习

1. 目视检测适用范围	简答：
2. 目视检测表面状态要求	简答：
3. 目视检测条件	简答：
4. 目视检测对人员资质的要求	简答：
5. 目视检测测量工具和器材	简答：
6. 目视检测的工艺标准和验收标准	简答：
7. 图 16.1 为焊前对接板组装件截面图和采用游标卡尺测量板厚的刻度显示，请确认卡尺的读数以及该卡尺的精度	简答：
8. 钢梁柱底板的角接接头焊后测量形状偏差量，请根据图 16.2 确认各种形状偏差量值，另确认图 16.2 中测量方法是否正确	简答：

图 16.1　试板厚度测量

图 16.2　焊后焊缝厚度测量

16.2 渗透检测实习

一个铝合金焊接产品，编号为 WTI-PT-02，材质为 6082-T6，环境温度为 20℃，按照焊缝质量等级要求满足 ISO 10042-B 级，请回答表 16.2 中的问题，并填写到表格中。

表 16.2　渗透检测实习

1. 渗透检测适用范围	简答：
2. 渗透检测表面状态要求	简答：
3. 渗透检测条件	简答：
4. 渗透检测操作过程	简答：
5. 渗透检测对人员资质的要求	简答：
6. 渗透检测的工艺标准和验收标准	简答：
7. 说出图 16.3 反映了渗透检测哪些流程，试分析图片所暴露出的问题及需注意的事项	简答：

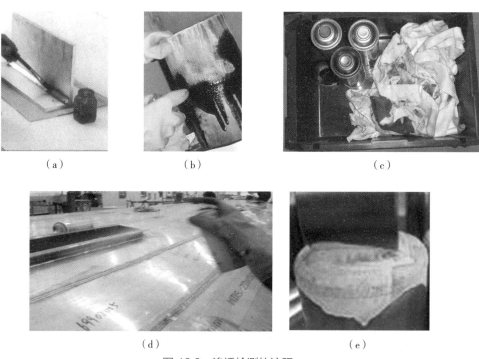

（a）　　　　　　　　　（b）　　　　　　　　　　（c）

（d）　　　　　　　　　　（e）

图 16.3　渗透检测的流程

16.3 磁粉检测实习

一个钢梁柱底板角接焊缝，编号为 WTI–MT–03，材质为 S355B，按照焊缝质量等级要求满足 ISO 5817–B 级，请回答表 16.3 中的问题，并填写到表格中。

表 16.3　磁粉检测实习

1. 磁粉检测适用范围	简答：
2. 磁粉检测表面状态要求	简答：
3. 磁粉检测条件	简答：
4. 磁粉检测操作过程	简答：
5. 磁粉检测对人员资质的要求	简答：
6. 磁粉检测的工艺标准和验收标准	简答：
7. 说出图 16.4 中磁粉检测有哪些流程，试分析图片所暴露出的问题及需注意的事项	简答：
8. 图 16.5、图 16.6 所示为焊缝表面同一位置分别进行渗透和磁粉检测，请确认哪张是磁粉检测并说明其原因	简答：

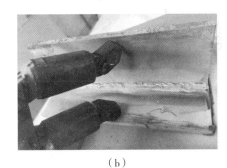

（a）　　　　　　　　　　　　　　（b）
图 16.4　磁粉检测的流程

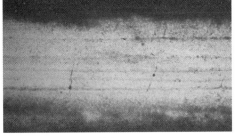

图 16.5　缺欠显示（一）　　　　　　　图 16.6　缺欠显示（二）

16.4 射线检测实习

一个钢梁柱底板对接焊缝，编号为 WTI–RT–04，材质为 S355E，按照焊缝质量等级要求满足 ISO 5817–B 级，请回答表 16.4 中的问题，并填写到表格中。

表 16.4 射线检测实习

1. 射线检测适用范围	简答：
2. 射线检测表面状态要求	简答：
3. 射线检测条件	简答：
4. 射线检测操作过程	简答：
5. 射线检测对人员资质要求	简答：
6. 射线检测的工艺标准和底片评定的验收标准	简答：
7. 试对图 16.7 中的射线底片进行分析并读出相关信息（试从底片质量、焊接位置、焊接方法、缺欠类型等方面回答）	简答：

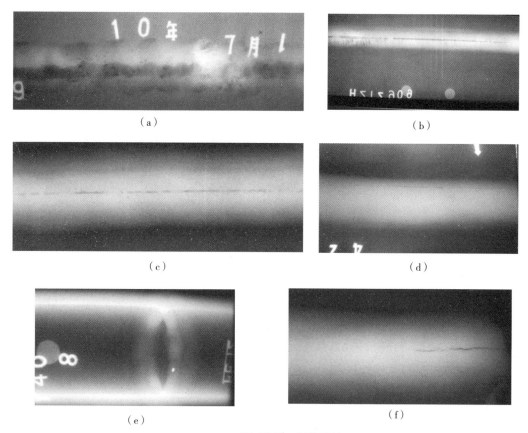

（a）　　　　　　　　　　（b）

（c）　　　　　　　　　　（d）

（e）　　　　　　　　　　（f）

图 16.7 射线底片

16.5 超声波检测实习

一个钢梁柱底板对接焊缝，编号为 WTI–UT–05，材质为 S355E，按照焊缝质量等级要求满足 ISO 5817–B 级，请回答表 16.5 中的问题，并填写到表格中。

表 16.5　超声波检测实习

1. 超声波检测适用范围	简答：
2. 超声波检测表面状态要求	简答：
3. 超声波检测条件	简答：
4. 直探头和斜探头的用途	简答：
5. 超声波检测操作过程	简答：
6. 超声波检测对人员的资质要求	简答：
7. 超声波检测的工艺标准和验收标准	简答：
8. 试分析图 16.8 所示的直探头对不同缺欠进行超声检测时示波屏上所形成的脉冲反射波，用连线的方式画出对应关系	简答：
9. 试分析图 16.9 所示的超声检测时示波屏上所形成的脉冲反射波，如果仪器按声程 1∶1 调节，SB=100mm，板厚 40mm，检验等级 B 级，使用超声波斜探头 2.5P8 × 12A60° 在示波屏刻度上有缺欠显示波［图 16.9（a）］，那么该显示波缺欠实际深度是多少？［图 16.9（b）］为在该位置的金相图片，根据该图片缺欠性质，试比较射线检测和超声波检测方法，并说明应选择哪种方式检测，以及选择该方式的理由	简答：

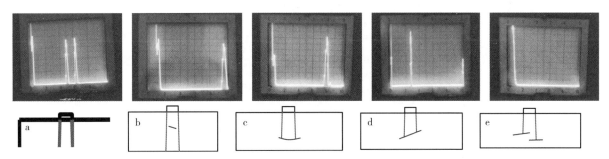

图 16.8　超声波波形显示和材料缺欠显示

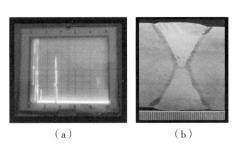

（a）　　　　　　　　（b）

图 16.9　超声波波形显示和金相图片

16.6 缺欠分析

（1）根据图 16.10 给出的工艺参数及角焊缝的断口和两侧截面图，列出所发现的缺欠和问题，并分析其产生的原因。

焊接工艺【WELDING PROCEDURE】

焊道或焊层【pass or weld layers】	方法【process】	填充金属【Filler Metals】		电流【Current】		钨棒直径【Electrode】（mm）	接头简图【Joint Details】
		等级【Class】	直径【Diam】	类型和极性【Type & Polarity】	安培或送丝速度【Amps or Wire Feed Speed】		
1	141	ER316L	Φ2.0mm	DCEN/–	70–90A	Φ2.5	

图 16.10　工艺参数及断口图片和金相图片

简答：

（2）根据图 16.11 给出的工艺参数及角焊缝的宏观和微观图片，列出所发现的缺欠和问题，并试分析其产生的原因。

焊接方法： Welding process:	141-TIG	坡口准备和清理： preparation and cleaning:	去氧化皮，去油污
接头类型： Joint type:	P,BW	焊接设备： Welding equipment:	
母材规格（mm）： Parent metal size（mm）：	15+15	焊接位置： Welding positions:	PB
母材质保书： Base metal specification:	6082+6082	焊工姓名： Welder's name:	
焊材质保书： Filler material specification:	ML5087	焊材烘干规定： Special baking or drying:	

焊接坡口准备（图）【Weld preparation details（Sketch）】:

焊接接头形式　　Joint design	焊接顺序　　Welding sequences
t₁=15mm t₂=15mm b=0mm	a=6mm

焊接工艺参数【Welding details】:

焊道 Run	工艺 方法 Process	焊材规格 Size of filler metal（mm）	电流强度 Current （A）	电弧电压 Voltage （V）	电流种类/极性 Type of current /Polarity	送丝速度 Wire feed speed （cm/min）	焊接速度 Travel speed （mm/s）	热输入 Heat imput （KJ/mm）
1	141	Φ2.0	240±10%		DCEP/+			
2	141	Φ2.0	240±10%		DCEP/+			

保护气体/焊剂 Gas/Flux	电弧保护 Shielding	100%Ar	气体流量 Gas flow rate （L/min）	电弧保护 Shielding	10~16
	根部保护 Backing			根部保护 Backing	

预热温度（℃）： Preheat temperature：		其他说明： Other information:	
层间温度（℃）： Interpass temperature：		基值电流/峰值电压： Base current/Peak voltage:	
钨极种类/直径（mm）： Tungsten electrode type/size:	WCe，Φ3.2	脉冲频率： Pulse frequency:	
干伸长度（mm）： Distance oontact tube/workpiece		脉冲时间： Pulse time:	
焊枪角度（°）： 	80～85	弧长/微调： 	

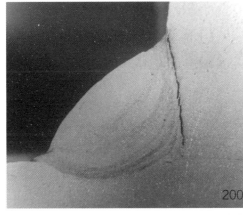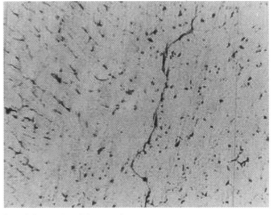

图 16.11　工艺参数及金相图片和微观图片

简答：

本章的学习目标及知识要点

1. 学习目标

（1）了解无损检测的适用范围和检测条件。

（2）掌握无损检测的检测原理和操作过程。

（3）了解无损检测的工艺和验收标准。

（4）了解缺欠的类型并分析其产生的原因。

2. 知识要点

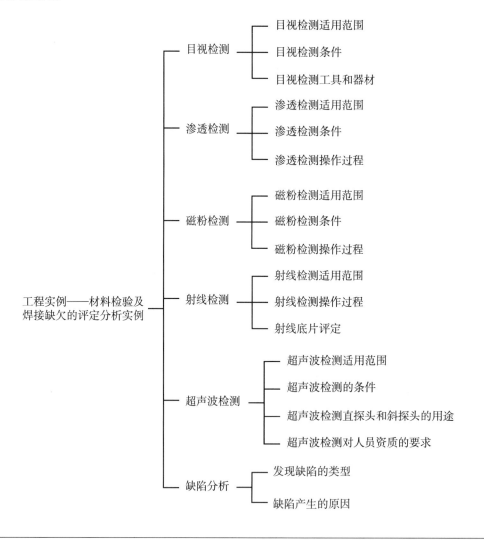

第 **17** 章

工程实例——典型钢制产品的焊接生产制造

编写：张岩、侯振国、邵辉　审校：常凤华

本章选取无压搅拌器、换热器上的典型焊缝、齿轮、公路桥梁、地铁侧墙 5 个典型焊接产品，从焊接工艺选择、材料焊接性分析、焊接接头设计、焊接工艺规程、焊工考试、无损检测等角度对该产品中的典型部件焊接分析讲解，以此来回顾焊接专业知识，为焊接工程师提供实际生产的思路。

17.1 无压搅拌器的焊接生产

17.1.1 任务介绍

本容器为类似水泥搅拌车的无压搅拌容器，构件结构形式如图 17.1 所示，采用材料为 P265GH，筒体、封头及盖板厚度均为 15mm。可采用单件小批量生产或大批量生产，要求针对不同生产数量安排整个生产过程。

该任务要求考虑以下问题：

（1）3 条焊缝均可采用哪些焊接方法？给出选择焊接方法的理由并用关键词描述方法的优缺点。

（2）对所选择的每种焊接方法思考以下问题：① 如何选择坡口；② 各焊缝分别选用何种焊缝焊接位置；③ 如何选择焊材；④ 给出合理的焊接参数；⑤ 给出合理的焊缝层道。

（3）对于因焊接方法的局限而产生的缺欠，应采取什么措施避免？

（4）通过哪些机械化措施可以提高所选择焊接工艺的生产效率？

（5）焊工资格如何考虑？

17.1.2 结构形式分析

该构件共有 3 条焊缝，焊缝①为容器筒体纵缝对接接头，焊缝②为容器筒体与封头环缝对接接头，焊缝③为筒体与盖板 T 形接头，如图 17.1 所示。

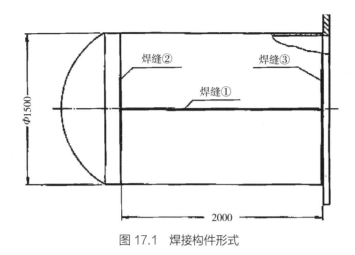

图 17.1　焊接构件形式

17.1.3　材料焊接性分析

表 17.1、表 17.2 为 P265GH 的化学成分与力学性能（参考 EN 10028-2 标准）。

按照制造商的说明，对钢组 P235GH、P265GH、P295GH 和 P355GH 应该由正火轧制热处理代替正火热处理。

钢组 P265GH 的 P 和 S 的含量较低，热裂纹倾向较小，其化学成分见表 17.1，力学性能见表 17.2，高温性能见表 17.3。碳当量值（CE）使用以下公式计算：

$$CE=C+\frac{Mn}{6}+\frac{Cr+Mo+V}{5}+\frac{Ni+Cu}{15}$$

碳当量较低，冷裂纹倾向也较小。因此产品焊接工艺中无须考虑针对材料所采取的措施。

表 17.1　化学成分（试样分析质量分数 /%）

牌号	C	Si	Mn	P max	S max	Al	N	Cr	Cu	Mo	Nb	Ni	Ti max	V
P265GH	≤ 0.200	≤ 0.400	0.800~1.400	0.025	0.010	≥ 0.020	≤ 0.012	≤ 0.300	≤ 0.300	≤ 0.080	≤ 0.020	≤ 0.300	0.030	≤ 0.020

表 17.2　力学性能（横向）

钢材组别		供货条件	产品厚度 t 的最小值 /mm	室温下的抗拉强度			室温℃下的冲击功（kV）在下列温度下的最小值 /J		
牌号	数字			屈服强度 R_{eH}/MPa	抗拉强度 R_m/MPa	延伸率 A 最小值 /%	−20	0	+20
P265GH	1.0425	正火	≤ 16	265	410~530	22	27	34	40
			16 < t ≤ 40	255					
			40 < t ≤ 60	245					
			60 < t ≤ 100	215					
			100 < t ≤ 150	200	400~530				
			150 < t ≤ 250	185	390~530				

表 17.3　1% 塑性变形的蠕变极限和持久强度

钢种		温度 /℃	1%（塑性变形）蠕变极限 /MPa		持久强度 /MPa		
符号标记	数字标记		10000 h	100000 h	10000 h	100000 h	200000 h
P265GH	1.0425	380	164	118	229	165	145
		390	150	106	211	148	129
		400	136	95	191	132	115
		410	124	84	174	118	101
		420	113	73	158	103	89
		430	101	65	142	91	78
		440	91	57	127	79	67
		450	80	49	113	69	57
		460	72	42	100	59	48
		470	62	35	86	50	40
		480	53	30	75	42	33

17.1.4　焊接方法选择

该构件板厚均为 15mm，共 3 条焊缝，为了方便生产，希望能够选用同一种焊接方法进行焊接。

根据焊接方法的选择原则，我们认为如果是单件生产，可以考虑焊条电弧焊或熔化极气体保护焊；如果为批量生产，可以考虑埋弧焊或者熔化极气体保护焊。

17.1.5　坡口选择

坡口的正确选择决定了焊接质量及经济性，坡口尺寸太大，不仅增加填充材料，也容易导致焊接变形增大；坡口尺寸太小，有可能造成未焊透等焊接缺欠。合适的坡口选择可参照 ISO 9692。

17.1.6　焊接位置的选择

PA 位置能有效节约焊接时间、得到相对好的焊缝质量同时降低焊接难度，故推荐选择 PA 和 PB 位置。图 17.1 所示的焊缝①能够很方便地放置于 PA 位置，焊缝②及焊缝③也可配合使用滚轮架实现 PA 和 PB 位置的焊接。

17.1.7　焊接材料及焊接参数的选择

主要根据母材的强度来选择焊接材料，焊接参数主要根据焊条或焊丝的直径，同时在考虑焊件厚度、接头形式和坡口尺寸等的前提下作合适的选择。以下可作为参考：

（1）焊条电弧焊。

点固焊 ISO 2560–A　E　38　0　RC　1　1　H5

焊接规范 ϕ3.2mm　100~120A　21~23V

打底焊 ISO 2560–A　E　42　4　B　1　2　H5

焊接规范 Φ3.2mm　100~130A

填充 / 盖面 ISO 2560-A　E　42　0　RR　1　2　H5

焊接规范 Φ4.0mm　160~190A　22~24V

（2）熔化极气体保护焊。

ISO 14341-A　G　42　0　C　3Si1

ISO 14175　C

打底焊：Φ1.2mm　120~150A　18~20V

填充盖面：Φ1.2mm　220~280A　28~32V

（3）埋弧焊。

ISO 14171-A　S　42　0　MS　S2Si1

ISO 14174　S　F　MS

焊接规范 Φ4.0mm　550~600A　34~36V　50~55cm/min

17.1.8　焊接层道数的选择

焊接层道数的选择不仅会影响焊接生产率，同时对焊缝的质量也会产生影响。层数增多有利于提高焊缝的塑性和韧性，因为后一道焊缝相当于对前一道焊缝进行了回火处理，而且随着层道数的增加，每道焊缝所用的线能量也必然降低，因此焊后组织比较细，塑韧性较好。但并不是层道数越多越好，随着焊接层道数的增加，焊接生产率下降，焊接变形也较大。

17.1.9　焊接过程控制

焊接过程控制包括焊前、焊中和焊后三部分。焊前包括坡口加工与准备、预热温度的控制等；焊中包括焊接参数控制及层间温度的控制；焊后包括焊后冷却速度的控制，如焊后需要进行热处理，那么应采取相应的措施保障热处理能够按照要求进行。每个环节应该严格执行焊接工艺规程的规定，并做详细记录。

17.1.10　焊接检验

焊接检验应参照 ISO 5817 评定。

17.1.11　焊工资格

按照 ISO 3834 的要求，企业焊工须具备一定资质，根据焊缝接头形式及所选焊接方法，生产该构件的焊工须经过考试取得相应资格，手工和半机械操作的焊工应按照 ISO 9606-1 标准进行考试，机械化焊接操作工应按照 ISO 14732 标准进行考试，并提前或同时对该项目做焊接工艺评定。以下的考试项目可作为参考：

ISO 9606-1　111　P　BW　1.1　FM1　B　t10　PA　ss　nb

ISO 9606-1　135　P　BW　1.1　FM1　s　t10　PA　ss　nb

17.2　换热器上的典型焊缝

17.2.1　产品介绍

换热器是将热流体的部分热量传递给冷流体的设备，又称热交换器，换热器在化工、石油、动力、食品及其他许多工业生产中占有重要地位，应用广泛。这里主要以换热器管箱为例，换热器管箱是换热器的一部分组成，换热器管箱如图 17.2 所示（主体材料为 Q345R，封头厚度为 22mm，盖板厚度 22mm，接管直径 163mm，接管厚度约 10mm，筒体直径 1300mm，焊接位置 PB，要求焊缝厚度为 a7）。

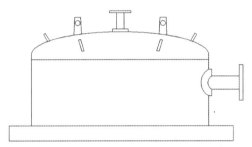

图 17.2　换热器管箱接管与封头上的盖板简图

17.2.2　焊接工艺的制定

焊接工艺是决定产品质量的首要影响因素，在制定工艺时要确保焊件的质量，保证焊缝中的缺欠在规定允许的范围内，接头的各项性能符合产品的技术条件及要求，同时在保证质量的前提下，尽可能保证焊接生产的经济性，降低成本。焊接工艺制定的首要任务是根据焊接结构的技术要求，并结合材料本身的焊接性，采用最经济的方式选择合适的坡口形式、焊接方法、焊接位置以及焊接参数等，制作正确、合理的焊接工艺。

17.2.2.1　焊接坡口的选择

换热器管箱接管与封头上的盖板的焊接主要以角接接头为主，且根据设计采用单面不开坡口的角焊缝，焊缝的形式满足焊接推荐坡口标准 ISO 9692-1 的推荐原则，具体接头形式如表 17.4 所示。

表 17.4　换热器管箱接管与封头上的盖板的焊接接头形式

材料厚度 t/mm	坡口类型	符号（参照 ISO 2553）	横截面	尺寸		示意图
				角度 α	间隙 b/mm	
$t_1=10$ $t_2=22$	角焊缝			90°	≤ 2	

17.2.2.2　焊接工艺方法的选择

接管与封头上的盖板的焊接工艺采用焊条电弧焊，主要考虑以下因素。

（1）焊缝长度较小，另从生产效率及可达性等方面进行考虑，采用焊条电弧焊而不采用效率较低的钨极惰性气体保护，其余筒体等对接长焊缝考虑采用埋弧焊等其他效率较高的焊接方法。

（2）采用碱性焊条韧性好，抗裂性好，而 MAG 中随着 CO_2 含量的增加其焊缝的冲击韧性下降，另外采用 MAG 焊受保护气体的限制可能会产生气孔。

17.2.2.3　焊条种类的选择

根据焊条的选用原则分析，本产品主体材料为 Q345R，抗拉强度约 500MPa。根据母材强度，同时考虑结构厚度大、应力较大的特点，选择韧性好、抗裂性好的碱性焊条 E5015。

17.2.2.4　焊接参数的选择

（1）电源种类及极性。

由于采用的是 E5015 焊条进行焊接，药皮中的钠和氟电离电压较高，电弧稳定性较差，所以该焊条通常采用正极性直流电源进行焊接（国内直流反接，此接法电弧稳定性较好），如果采用交流进行焊接则有可能出现电弧不稳或者断弧现象。

（2）焊条直径的选择。

焊条直径可根据焊件厚度、焊接位置、焊缝质量要求和所焊母材来选择。接管与封头上的盖板的焊接位置可以通过吊装及翻转装置固定在平角焊位置，同时根据要求焊缝有效厚度为 a7，所以可以考虑厚壁结构选用粗焊条焊接，焊条直径选择 4mm（长度为 400mm）即可满足生产效率及焊缝质量的要求。

（3）焊接电流的选择。

焊条电弧焊时，焊接电流大小的选择要考虑焊条直径、药皮类型、焊件厚度、接头类型、焊接位置等因素。在保证焊接性能的前提条件下，可以采用较大的焊接电流，以提高生产效率。

（4）电弧电压的选择。

电弧电压是由电弧长度（弧长）所决定的，弧长越长，电压越高。通常碱性焊条的弧长为焊条直径的一半，比如 4mm 直径的焊条，电弧长度通常控制在 2mm。焊条电弧焊电弧的长度是依靠焊工手工控制的，由于焊工的操作稳定性及母材表面的不均匀性都将导致弧长发生变化，导致焊接电流发生变化，而焊条电弧焊采用具有陡降外特性电源可以很好地保证在弧长变化很大的范围内电流变化很小，进而对焊接的影响很小，所以针对焊条电弧焊，在焊接过程中电弧电压通常不作为重点参数来进行考虑。

（5）焊接速度及层道数的选择。

焊接速度过快会造成焊缝过窄，严重凹凸不平，容易产生咬边及焊缝波形变尖；焊接速度过慢会使焊缝变宽，余高增加，热输入增加，焊缝塑性将受影响。鉴于要求的焊缝有效厚度为 a7 以及确定的焊条直径不超过 4mm，接管与封头上的盖板的焊接工艺通常情况下采用三层三道进行焊接，其中打底层一层一道（控制在 a3 左右），盖面层焊接两道，打底层焊接时速度稍快主要是为了保证根部熔深，盖面层速度稍慢主要是为了保证焊缝厚度，其速度控制在 15~25cm/min。

17.2.2.5 具体工艺

根据以上工艺的分析，所选用的填充材料为碱性焊条 E5015，焊条直径为 φ4.0mm，其填充材料标准满足 ISO 2560-B，具体焊接工艺如表 17.5 所示。

表 17.5　换热器管箱接管与封头上的盖板焊接工艺

焊接方法	111（焊条电弧焊）		焊缝类型	FW（角焊缝）
焊接位置	PB（平角焊）		盖板种类及尺寸	Q345R，t22mm
填充材料种类及尺寸	E5015，φ4.0mm		接管种类及尺寸	Q345R，φ163mm×10mm
层间温度	≤ 200℃		焊前清理	砂轮打磨清理

焊缝形式：

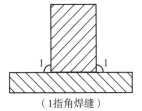

（1指角焊缝）

焊接顺序如图所示：

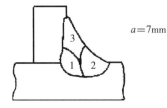

$a = 7mm$

焊道	工艺方法	焊材规格	电流强度 /A	电弧电压 /V	电流种类 / 极性	焊接速度 / （cm /min）
1	111	φ4.0mm	150~170	23~26	DCEP	15~25
2	111	φ4.0mm	150~170	23~26	DCEP	15~25
3	111	φ4.0mm	150~170	23~26	DCEP	15~25

17.3 齿轮的焊接生产

17.3.1 任务介绍

此产品为船用大型驱动齿轮，要求该工件作为焊接结构来制造，结构形式和材料如图 17.3 所示。此构件为高动载承载结构，因此要求以最佳的形式施焊。生产过程中有具备所有设备和手段的生产车间供你使用。要求参照结构图纸进行分析，确定齿条、中间腹板与立轴的焊缝制造的细节问题。

需要考虑以下问题：① 对母材进行焊接性分析；② 异种钢焊接时可能出现的问题及解决措施；③ 选用焊接方法及焊接过程控制；④ 选择合适的焊接顺序。

17.3.2 材料分析

根据图 17.3 所示，该齿轮采用的材料如下：① 轴 CK22N 相当于 EN 10083 C22E；② 腹板及加强筋板 St52-3N 相当于 EN 10025-2 S355J2；③ 轮齿 EN 10083 42CrMo4。

C22 与 S355J2 的化学成分和力学性能（表 17.6）类似，因此轴与腹板的焊接可视为同种材料焊接；而腹板与齿条的材料在化学成分上差别较大，属于异种钢焊接。

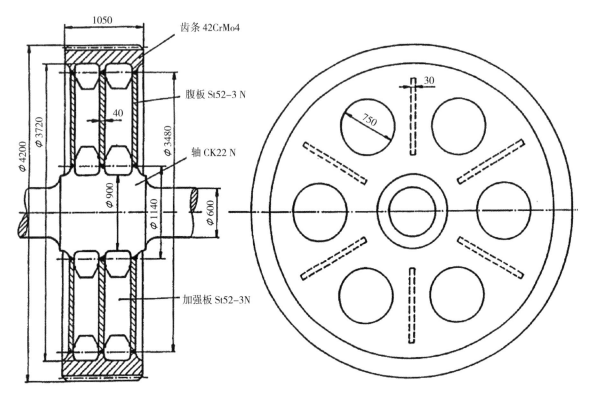

图 17.3 船用大型驱动齿轮图纸

表 17.6 齿轮用母材化学成分及力学性能对照表

钢材	化学成分 %（单个值为最大值）									力学性能（强度 /MPa）		
	C	Si	Mn	S	P	Cr	Ni	Mo	Cu	$\sigma_{0.2}$	σ_b	δ
C22E	0.17~0.24	0.40	0.40~0.70	0.035	0.030	0.40	0.40	0.10	—	240	430	24%
S355J2	0.20	0.55	1.6	0.025	0.025	—	—	—	0.55	355	470~630	22%
42CrMo4	0.38~0.45	0.40	0.60~0.90	0.035	0.025	0.90~1.20	—	0.15~0.25	—	750	1000~1200	11%

St52-3N 的连续冷却曲线如图 17.4 所示，我们可以看出，在冷却速度较快时，该材料也可能产生淬硬组织，所以在焊接时，希望降低冷却速度，最简单可行的办法就是采用预热。

图 17.5 为 42CrMo4 的连续冷却曲线，从曲线中我们可以看出，这种材料如果冷却速度较快时必然会产生马氏体组织，冷裂纹倾向会很大。因此要防止焊接冷裂纹必须采取措施，比如预热、缓冷、后热等。

试验材料 St52-3N 的化学成分如表 17.7 所示。材料 42CrMo4 的化学成分如表 17.8 所示。

表 17.7 试验材料 St52-3N 的化学成分

C	Si	Mn	P	S	Cr	Ni	Mo	Nb	V	Al	N	Cu	Ti	Zr
0.17	0.42	1.40	0.021	0.021	0.00	0.00	0.00	0.000	0.000	0.030	0.008	0.00	0.000	0.000

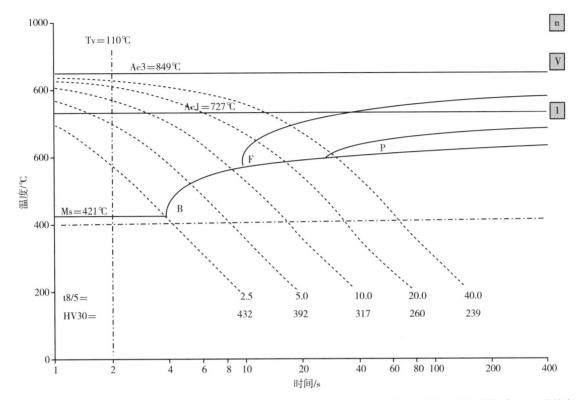

图 17.4　St52-3（St52-3N 相当于 EN 10025-2 S355J2）的过冷奥氏体连续冷却转变曲线（CCT 曲线）

表 17.8　材料 42CrMo4 的化学成分

C	Si	Mn	P	S	Cr	Cu	Mo	Ni	V
0.38	0.83	0.64	0.019	0.013	0.99	0.99	0.17	0.08	< 0.01

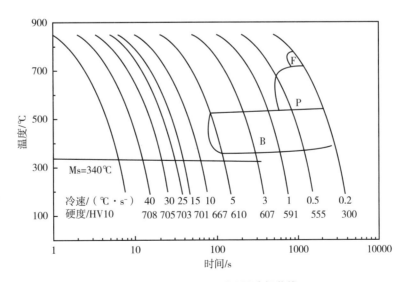

图 17.5　42CrMo4 CCT 冷却曲线

17.3.3 异种钢焊接的问题及解决办法

该工件为船用驱动齿轮，耐磨和适当的防腐是必须的，考虑到既要保证使用要求又要降低成本，所以在设计时选择不同种材料通过焊接工艺连接，这就形成了异种钢的焊接接头。我们知道，异种钢焊接存在多种问题，比如化学成分差异、力学性能差异、焊接工艺差异以及热处理温度的差异等，最需要注意的还是焊接材料的选择和焊后热处理温度的选择。

本产品通过采用堆焊过渡层来降低化学成分浓度差的方式，亦即将异种钢焊接转化为同种钢焊接。不仅避免了异种钢接头焊后热处理温度无法选择的难题，也使随后的对接焊工艺更加便于实施。

17.3.4 焊接方法及焊接过程控制

17.3.4.1 轮齿的堆焊

在齿条侧堆焊过渡层，过渡层厚度约为 10mm（坡口加工后），堆焊方法可采用埋弧焊（考虑经济性）。42CrMo4 碳当量约为 0.7，从冷却曲线图中也可以看出 42CrMo4 的淬硬倾向非常大，很容易形成淬硬组织，因此堆焊前需进行预热，预热温度为 280~350℃，选择焊丝焊剂如下：

ISO 14171–A　S 46　3　AB　S2Mo　Φ4mm

ISO 14174　F　AB　1　AC

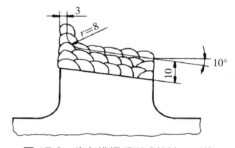

堆焊后形状如图 17.6 所示，要对堆焊焊缝进行渗透探伤（质量要求参见 ISO 5817），然后进行消应力处理，加热至 580℃ 左右，保温 4h，冷却速度控制在 50℃/h，冷却到 400℃后空冷，再进行坡口加工。

图 17.6　齿条堆焊后形成的坡口形状

17.3.4.2 腹板与轴、腹板与轮齿的对接焊

产品承受高动载荷，对焊缝的质量要求高，对接焊缝厚度为 40mm，因此对接焊缝采用组合焊接工艺，即 TIG 打底焊，用焊条电弧焊焊接两层使焊缝厚度不低于 8mm，再采用埋弧焊填充和盖面，如图 17.7 所示。

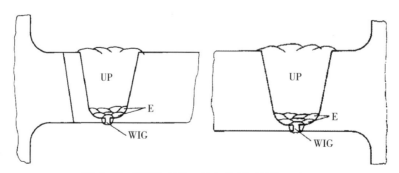

图 17.7　腹板与轮齿、轴与腹板对接焊示意图

轮齿堆焊后堆焊层材料、主轴材料与腹板材料化学成分相差不大，这两种对接焊缝就可以采用完全相同的焊接工艺进行焊接。考虑到 S355 碳当量为 0.45，且板厚较大，会有冷裂纹倾向，需进行

150~180℃预热，层间温度控制不低于预热温度。选择焊接材料时注意选择强度不要比母材高太多而韧性更好的材料，以下焊材选择可供参考。

（1）TIG 打底焊：PA

ISO 636-A　W2　Φ2mm

ISO 14175　I　Ar 8-10L/min

（2）焊条电弧焊：

ISO 2560-A　E　38　4　B　2　2

（3）埋弧焊：

ISO 14171-A　S2　Φ4mm

ISO 14174 AB

焊接完成后进行表面探伤（PT 或 MT）和内部探伤（UT 或 RT），质量等级评定参照 ISO 5817。

17.3.4.3　腹板与加强筋板的焊接

腹板中间的加强筋板主要起刚性加强作用，焊缝为板与板角焊缝形式，承载要求没有对接焊缝的要求高，且焊接这些焊缝时可能遇有障碍，所以选择可达性、灵活性较好的焊条电弧焊方法。

17.3.5　焊接顺序

本产品焊缝包括 6 条对接焊缝，还有 12 块加强板与腹板之间的角焊缝。焊接顺序可以有多种选择。

17.4　公路桥梁钢构的焊接制造

17.4.1　任务介绍

德国境内连接汉诺威和卡塞尔市的韦拉公路大桥，桥梁等级为 60/30，整桥长度为 415.9m，跨度分别为 79.93m、95.97m、96.00m、80.00m、64.00m，桥梁截面宽为 35.00m，路面划分为 3 条行车道（每道 3.75m）、1 条停车道，桥梁结构高为 5.85m，使用钢材为 S235JR 和 S355J2，总量 3200t，预应力钢为 175t，预应力混凝土为 6100m³。如图 17.8~ 图 17.10 所示。整桥为钢结构，桥梁路面为混凝土结构，在车间分段制造，整体组装为现场施工。

针对该焊接项目思考下列问题：

（1）对该工程施工的企业应具备什么资格？

（2）据 DASt-Ri 009 50mm 厚的板应选用的材料？母材按照 EN 10204-2.2 和 EN 10204-3.1C 要求有何不同？

（3）如何选择焊接方法及填充材料？

（4）如何预制部件？

（5）现场施工如何选择焊接方法及焊材？

（6）该结构焊缝有哪些要求（角焊缝厚度、不等厚板焊接、冷弯结构焊接变形的控制）？

（7）焊接工艺应如何制定？

（8）焊工应具备何种资格？

（9）焊后有哪些检验要求？

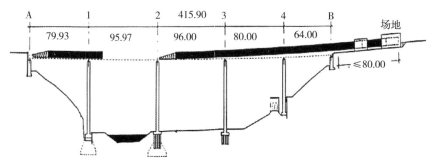

图 17.8　韦拉公路大桥示意图

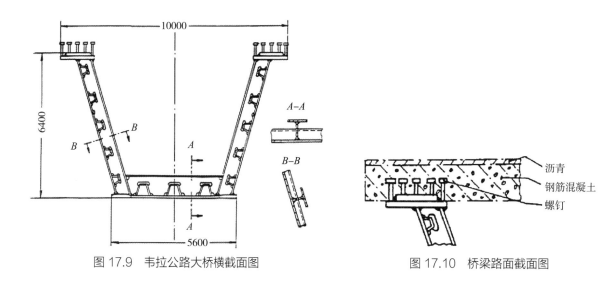

图 17.9　韦拉公路大桥横截面图　　　　图 17.10　桥梁路面截面图

17.4.2　韦拉公路大桥生产制造所需标准

本章中钢制公路桥梁和街道桥梁的几何尺寸、结构形式和制造须按 DIN 18809 标准进行。该专业标准需同 DIN 18800-1 和 DIN 18800-7 部分结合使用。公路桥梁的制造按 DIN 18800-7 部分及 DIN 18809 进行资格验证。须注意的是目前欧洲通行钢结构的技术要求使用标准为 EN 1090，但其内容与 DIN 18800 不完全一样。

除 DIN 标准，在合同条件外还写入了补充规定，如：ZTV-K88 工艺制造附加合同条件。

ZTV-K88 的具体条件需注意根据桥梁种类（引桥、街道桥、公路桥）与委托人共同商定。特别重要的是材料的选择和相应材料的验证。其他规则包括 DASt-Ri009、DASt-Ri014 等。

17.4.3　问题解答

17.4.3.1　对该工程施工的企业应具备的资格

根据 DIN 18800 标准，企业可分为如表 17.9 所示的规模。该桥梁为大型钢结构桥梁，整桥生产应达到 E 级要求。

表 17.9　根据 DIN 18800 企业的等级

等级	A	B	C	D	E
资格	无要求	小企业	小企业（增项）	大企业	大企业（增项）
载荷	主要静载				非静载
适用范围	到 S275 16mm（30mm 受压）	到 S275 22mm（30mm 受压）	到 S355 30mm（40mm 受压）	—	—
产品控制	制造商				
资格要求	无	有认证机构认定，取得生产许可证			
ISO 3834 等级	ISO 3834-4	ISO 3834-3			ISO 3834-2
技术人员	ISO 9606	IWS	IWT（IWS）	IWE（IWT）	IWE

17.4.3.2　据 DASt-Ri 009 50mm 厚的板应选用的材料，EN 10204-2.2 和 EN 10204-3.1C 各自对母材的要求

在焊接构件的母材选择中，我们根据 4 个条件：应力组别、构件的意义、使用温度、构件的厚度来选择质量级别。桥梁底架构件钢材参数如表 17.10 所示。

表 17.10　桥梁底架构件钢材参数

应力状态	构件重要性	载荷	温度	分级	材料厚度 /mm	质量级别
高	第一类构件	拉	-30℃	I	50	S355J2

对于承受主要载荷的部分，允许使用的材料为 S355J2，其他部分的材料采用 S355JR，其他材料仅在得到允许的情况下才可使用。

材料的验证根据 DIN 18809 要求，除了附加构件的所有钢材至少按 EN 10204 标准出示材料证明书，并且材料的材质证书应符合 EN 10204 的要求。其中 S355 材料的材质证书需要达到 EN 10204-3.1B 的需求。对 S235 材料，材质证书需要达到 EN 10204-2.2 的要求。大多数情况下，要求材质检验证书符合 EN 10204-3.1B 的要求，详见表 17.11。

表 17.11　检验文件一览表

编号	证书	检验类别	质量证书内容	供货条件	认可
2.1	材质单	一般	检验结果无要求	订货条件或官方规定及相应技术规程	生产厂家
2.2	材质证书	一般	产品检验结果有要求，并不一定与供货条件有关		
3.1B	验收检验证明	特殊	对产品检验结果有要求，且与供货条件有关	订货条件或官方规定及相应技术规程	受生产厂家委托的主管机构
3.1C	验收检验证明			按订货条件	受订货方委托的主管机构
3.2	验收检验记录				受厂家及用户共同委托的主管机构
一般要求	检验和试验由制造商根据本身产品做，以评估产品是否按订货要求规定的相同的制造方法制造。产品的检验和试验不一定针对实际产品				
特殊要求	检验和试验在供货之前进行，根据订货技术要求，产品的检验和试验为了检验产品是否按订货的技术要求生产				

17.4.3.3 选择焊接方法及填充材料

正确选择焊接方法的根据是：构件的几何形式、可接近性、设备、质量要求、母材材料、件数、焊接位置、经济性等。此桥材料均为非合金钢，焊接材料选择在考虑强度的同时要考虑足够的韧性。

17.4.3.4 部件的预制（车间施工）

在车间预制过程中所有焊缝如图 17.11~ 图 17.14 所示。

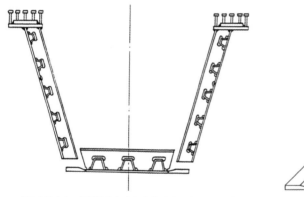

图 17.11　桥梁分解图（在车间分段预制）

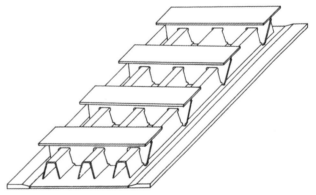

图 17.12　桥梁底板示意图

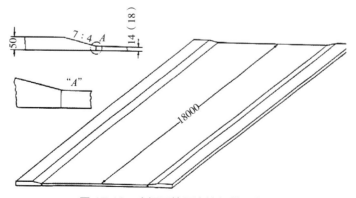

图 17.13　底板不等厚连接部件示意图

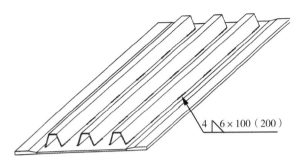

图 17.14 加强筋板与板底断续焊缝

根据原材料 S355J2、S235JR，车间预制件可选择的焊接方法包括：121（UP 埋弧焊）、135（MAG 混合气体保护焊）、781（BH 螺栓焊）。

可选用的焊接填充材料如下：

ISO 14175 M21

ISO 14341-A G 3Si1

ISO 14171-A S 2

ISO 14174-A S A AB 1 AC H10

17.4.3.5 现场安装施工

气体保护焊、埋弧焊等不适合现场施工，所以现场施工最适合的焊接方法为 111（E 焊条电弧焊），可选用的焊接材料为：ISO 2560-A E 38 2 RB 1 2。

17.4.3.6 该结构焊缝要求

（1）角焊缝厚度要求。

根据 DIN 18800 要求，在采用易于制作的角焊缝时需注意焊缝厚度的临界值。

钢结构的最小角焊缝厚度 $a_{min}=\sqrt{t_{max}}-0.5 \geqslant 2.0mm$，钢制桥梁要求最小角焊缝厚度为 3.5mm。

最大厚度（一般情况下）$a_{max}=0.7 \times t_{min}$，最大厚度（承受推力载荷、双面焊颈焊缝）$a_{max}=0.5 \times t_{腹板}$。

对承受垂直力，且有颈角焊缝布置的连接杆件应注意其长度界限 l_{min} 和 l_{max}。

（2）焊缝特殊施工要求。

在得到用户代表允许后，在板对接时，背后加铜或陶瓷衬垫，并在允许的情况下可将其焊死。

刚度加强需双面焊，不允许断续焊。

环境温度低于 0℃时，在取得委托人同意的情况下采取特殊措施方可施焊。

型材和棒材可采用对接，不允许使用非镇静钢。

不同厚度的板材对接，厚板按 1∶4 比例加工斜度或将焊缝加工平，加工范围 ≤ 3mm。翼板，端面角焊缝的斜度为 1∶2，加强板斜度为 1∶4。如图 17.15 所示。

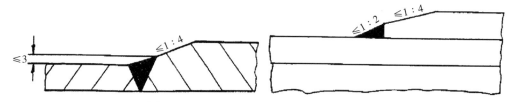

图 17.15　不同厚度对接和端部角焊缝要求

（3）冷弯结构焊接（参见表 17.12）。

表 17.12　冷弯结构的不允许焊接范围

	max t/mm	min/（r/t）	
1	50	10	
2	24	3	
3	12	2	
4	8	1.5	
5	4	1	
6	< 4 [①]	1	

[①] 对于 S235J2G3，此值提高到 6mm。

17.4.3.7　焊接工艺制定

焊接工艺规程的制定参照 ISO 15609-1（电弧焊焊接工艺规程）、ISO 14555（螺栓焊焊接工艺规程）。

焊接工艺评定参照 ISO 15614-1，并且要注意 DVS 1702 的附加条件。

（1）工艺制定中碳当量的考虑。

碳当量可以看出材料的可焊性，本产品的材料碳当量不高，适当采取预热措施即可。

（2）焊接过程中大厚度板材 T 形、十字接头的问题。

在采用轧制厚板材料的 T 形或十字接头的焊接构件中，在应力作用（在厚度方向上）下可能会产生层状撕裂，如图 17.16 所示，其中很大因素是由于板材在轧制过程中所形成的平行于板材表面的非金属物夹层所致（如硫化物、硅酸盐等）。

解决方式：使用抗层状撕裂性能好的母材，或是对母材进行 100℃以上的预热，或是从焊接工艺上尽量降低焊接内应力，可以从以下几方面减小应力：① 焊道数应可能少；② 焊道排列次序应考虑局部缓冲；③ 焊缝连接基础应尽可能大；④ 尽可能选择对称焊缝形式和对称焊接顺序；⑤ 尽可能使轧制产品所有层次与焊缝连接；⑥ 通过连接范围的缓冲减少层状撕裂倾向；⑦ 采用中间插件代替，转为对接焊缝（缺点是中间插件

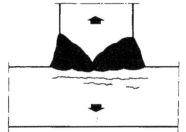
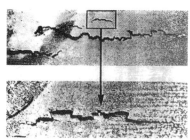

图 17.16　层状撕裂

铸造或锻造的价格昂贵）。

（3）焊接过程中的变形控制。

焊接变形控制可以从防止变形和调整校正两方面控制。

采用刚性固定和预置反变形防止变形，如图 17.17 所示；在焊接过程中采用合适的焊接顺序、断续焊接来控制变形，如图 17.18 所示；焊后采用火焰校形或者火焰与机械联合校形来调整变形，如图 17.19 所示。

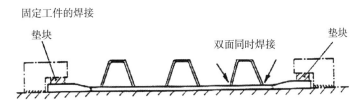

图 17.17　刚性固定和预置反变形

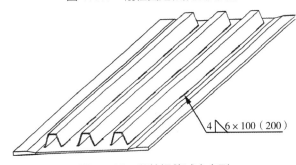

图 17.18　断续焊缝减小变形

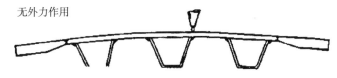

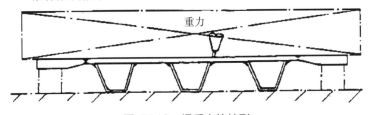

图 17.19　焊后火焰校形

17.4.3.8 焊工具备的资格

焊工无论在车间焊接还是在现场安装，须进行相应焊接位置的焊接考试，焊接位置参考 ISO 6947。

焊接位置的确定要依据是车间预制件还是现场施工而定，如果在车间预制工件，尽量将工件通过变位设备将工件转到较容易的焊接位置，例如 PA、PB，现场施工只能按照其本身焊接位置进行焊工考试。

焊工考试按照 ISO 9606-1 进行，焊接操作工（机械化或自动化焊工）技能评定按照 ISO 14732 进行。

各焊接位置定义如表 17.13、表 17.14 所示。

表 17.13　对接焊缝的焊接位置

位置	标记	倾斜角 /°	旋转角 /°	ISO 6947
F 平焊	A	0~15	150~210	PA
H 横焊	B	0~15	80~150 210~280	PB PC
O 仰焊	C	0~80	0~80 280~360	PE
V 立焊	D E	15~80 80~90	80~280 0~360	PF PG

表 17.14　角焊缝的焊接位置

位置	标记	倾斜角 /°	旋转角 /°	ISO 6947
F 平焊	A	0~15	150~210	PA
H 横焊	B	0~15	125~150 210~235	PB PC
O 仰焊	C	0~80	0~125 235~360	PE
V 立焊	D E	15~80 80~90	125~235 0~360	PF PG

17.4.3.9 焊后检验要求

根据 DIN 18800 和 DIN 18809 要求，对不同部件按照 ISO 5817 不同等级进行检验，从事焊接检验的操作人员必须具备 ISO 9712 二级以上证书。

17.5 地铁侧墙焊接生产

17.5.1 不锈钢车体侧墙介绍

不锈钢车体是轨道车辆的重要组成部分，通常由底架前端、底架、侧墙、端墙、车顶、司机室五部分组成。以天津 4 号线侧墙组成为例，说明不锈钢车体侧墙结构设计要求和执行 EN 15085 标准下的焊接工艺。

侧墙组成由分块侧墙 1、分块侧墙 2、分块侧墙 3、分块侧墙 4 等部件组成（图 17.20）。

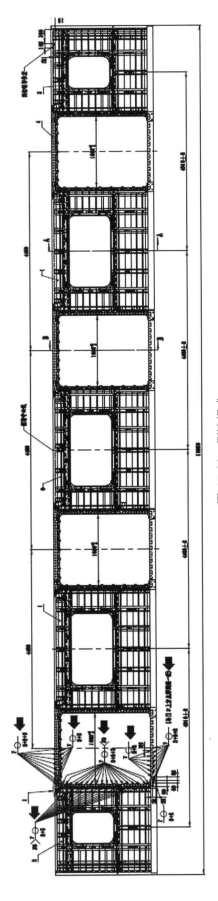

图 17.20　侧墙组成

（注：此图仅作示意）

侧墙组成技术要求规定地板组成的认证等级为 CL1 级，焊缝质量等级为 CP C2 级别，该焊缝的检测等级为 CT 3 级，按照 ISO 5817 标准的缺欠验收等级为 C 级，激光焊依据 ISO 13919-1 标准进行检测。

侧墙组成母材由如下材质的母材组成：SUS 301L-1/2H、SUS 301L-3/4H、SUS 301L-H、SUS 301L-1/4H，主要化学成分见表 17.15。

表 17.15　不锈钢的主要化学成分（wt.%）

序号	牌号	根据 ISO/TR 15608 的分类	C	Mn	p	S	Si	Cr	Ni
1	SUS 301L	8.1	0.03	2.0	0.045	0.03	1.0	16.0~18.0	6.0~8.0

17.5.2 侧墙组成焊接工艺

17.5.2.1 焊接工艺准备

本地铁侧墙焊接工艺选择如下：

（1）焊接工艺选用激光焊（LBW）、电阻点焊（RSW）、熔化极活性气体保护焊（MAG-t）、钨极惰性气体保护焊（TIG-m），激光焊接防护房如图 17.21 所示。

（2）填充材料选用 ISO 14343-S ER308LSi，直径为 1.0mm。

（3）保护气体选用 ISO 14175-M13（3%O_2+97%Ar）。

（4）焊接设备为龙门激光焊接设备，激光发生器为 6kW 的通快碟片激光发生器，如图 17.22 所示，电阻焊设备见图 17.23。

焊接工艺评定使用 ISO 15614-1 标准；焊工考试中手工焊工须取得 ISO 9606-1 的焊工证书，自动焊操作工须取得 ISO 14732 的操作证书，焊工证书的有效期为 2 年，焊接操作工的资质证书有效期为 3 年，制造商的焊接工程师须每半年对该焊工进行一次能力确认。

图 17.21　激光焊接防护房

图 17.22　激光焊设备

图 17.23　电阻焊设备

侧墙组成的电阻点焊工艺规程如图 17.24 所示。

焊接工艺规程

工艺规程编号：G/TS-TJDT04-203-1106

工艺编号：20191118-006N　　　　　　　　　　　　接头：Φ4.5

工艺评定编号：—

焊接方法：21［RSW］　　　　　　　　　　　　　　接头类型：搭接

焊机型号：SMFDN3130　　　　　　　　　　　　　焊接变压器容量（kVA）：260

适用焊钳编号：25　　　　　　　　　　　　　　　 电源种类：直流

电极直径 / 外形：Φ19/ 球形 /R100　　　　　　　　电极材料：CuCrZr

母材牌号 1/2：SUS301L-3/4H/SUS301L-H

母材厚度 t_1/t_2［mm］：0.8/2.0

焊前准备：酒精擦拭处理干净　　　　　　　　　　 焊接方式：双面单点

电极修磨：100 焊点或根据实际工况　　　　　　　 最小拉力值（kN）：6.4

其他：—

焊接准备细节（草图）：

焊接接头形式

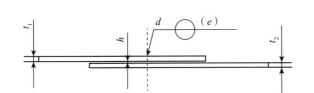

$d \geqslant 4.5mm$
$t_1 = 0.8mm$
$t_2 = 2.0mm$
$e \geqslant 25mm$
$h \leqslant 0.28mm$

焊接工艺参数：

焊接方法	电极规格	电流种类	脉冲	电极压力 / kN	预压时间 / ms	焊接电流 / kA	缓升时间 / ms	焊接时间 / ms	缓降时间 / ms	冷却时间 / ms	保持时间 / ms
21	Φ19	DC	预热	8.0	1000	—	—	—	—	—	900
			主焊接			10.0	—	200	—	—	
			后热			—	—	—	—	—	

保护气体：—

外部冷却：—

图 17.24　电阻点焊工艺规程

侧墙板与侧墙波纹板激光焊工艺规程如图 17.25 所示。

焊接工艺规程

工艺规程编号：G/TS-TJDT04-203-1116

工艺编号：v521 P LW 8.1 t0.8+2.0 PA sl

焊接方法：激光焊/521

接头类型：板搭接接头

母材 1 牌号［标准］：SUS301L-3/4H［JIS G4305］

母材厚度 1/2［mm］：0.8/2.0

焊接设备：ESAB Hybrio-A6（No.1）

光源类型：Trumpf TruDisc6002

连续或脉冲光束：连续

光束模式：单模

光束传输系统：300μm 芯径光纤

聚焦光斑直径（mm）：0.6

25mm 试样拉力值（kN）：≥ 20

工艺评定报告编号：WPQR-TJBC-H19001

坡口准备和清理：机加，打磨，擦拭

焊接位置：PA

母材 2 牌号［标准］：SUS301L-1/4H［JIS G4305］

焊缝厚度（喉高）［mm］：1.3 ~ 1.5

激光束与焊炬相对位置：—

激光器额定功率（kW）：6

光束质量（BPP）（mm*mrad）：8.0

波长（nm）：1030

光束聚焦系统：准值、透镜式聚焦

焦距（mm）：344

激光头类型：ESAB/Laser Mech

焊接接头形式		焊接顺序	

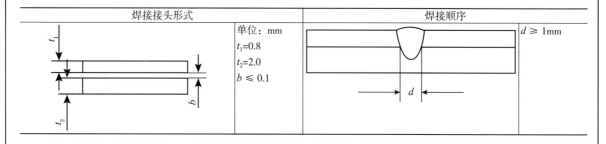

单位：mm
t_1=0.8
t_2=2.0
$b \le 0.1$

$d \ge 1$mm

焊接坡口准备（图）：

焊接工艺参数：

焊道	焊接方法	焊材规格	电流强度 /A	电弧电压 /V	电流种类 /极性	送丝速度 /（m/min）	焊接速度 /（m/min）
	LW/521	—	—	—	—	—	4.2
1	激光功率 /kW	聚焦光斑直径 /mm	光束入射角		焊接工作距离 / mm		光束位置 /mm
	2.8	0.6	0°		179.5		—

保护气体 / 焊剂	激光保护	100%Ar	气体流量 / （L/min）	激光保护	30~40
	根部保护	—		根部保护	—

预热温度（℃）：　　　　　　—

衬垫详述：　　　　　　　　　无

焊丝干伸长度（mm）：　　　　—

焊枪角度（°）：　　　　　　　—

焊后热处理：　　　　　　　　—

其他说明：　　　　启用 LDD 激光熔深检测系统

基值电流（A）：　　　　　　　—

峰值电流（A）：　　　　　　　—

脉冲频率（Hz）：　　　　　　　—

脉冲时间（ms）：　　　　　　　—

图 17.25　激光焊工艺规程

17.5.2.2　焊接工艺过程

（1）墙板组成。

在激光焊接工装内装配上、下墙板，真空吸盘吸紧并点固，激光焊接墙板搭接处第一道焊缝。装配并点固波纹板，工装压紧后从波纹板的一侧向另一侧进行点固。激光焊缝两侧点固，间距不超过 300mm，可根据实际工况适当增加点固点，工件边缘 15mm 范围需点固。从中心开始向侧墙上下两端焊接，激光焊接波纹板，焊后将窗角垫板处焊缝磨平。激光焊接窗角补强板，激光焊接墙板搭接处第二道焊缝。

（2）骨架组成。

在骨架组成工装上装配立柱、横梁、连接板等小件。由中心区域向侧墙上、下两端点焊连接板及上、下边梁。吊运骨架至调修工装，弧焊窗口处横梁与立柱的焊缝。

（3）分块侧墙。

将分块侧墙吊运至铜台，点焊上梁、边梁与墙板。将分块侧墙吊运至组焊工装，做好反变形后弧焊。由中心区域向侧墙左右两端焊接。装配窗角，弧焊窗角，装配窗口堵板，弧焊窗口堵板。如图 17.26 所示。

（4）侧墙组成。

装配各门口组成、分块侧墙，墙板搭接处补板。焊接墙板搭接处。点焊墙板与门口，配装门上、门下墙板并点焊，装配门扣铁并点焊，焊接门扣铁与门角处焊缝。如图 17.27 所示。

图 17.26　分块侧墙焊接　　　　　　　图 17.27　侧墙组成焊接

（5）检测。

侧墙组成焊缝的检测等级为 CT 3 级，焊后只需要进行比例为 100% 的目视检测，检测合格后流转至下一道工序，如图 17.28 所示。

图 17.28　号线列车目视检测

参考文献

[1] 张宇，刘仁东，王科强，等. 42CrMo 钢动态 CCT 曲线及组织转变 [J]. 金属热处理，2012，37（12）：37-40.

本章的学习目标及知识要点

1. 学习目标

（1）学会分析典型钢制产品焊接部件的结构形式。

（2）掌握如何根据具体焊接产品选择焊接工艺。

（3）掌握如何根据具体产品的母材分析焊接过程中易产生的问题。

（4）掌握如何根据具体产品给出合理的工艺参数。

（5）掌握如何根据具体产品制定工艺评定和焊工考试项目。

2. 知识要点

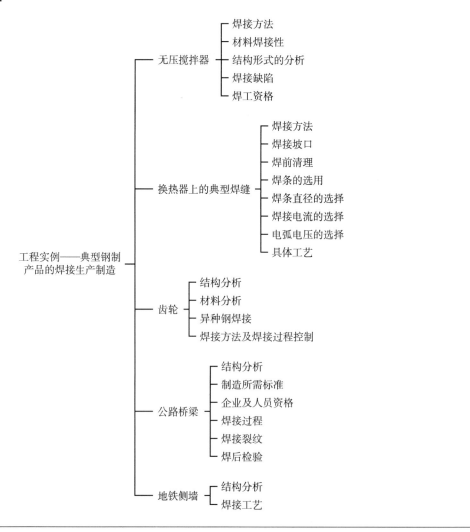

第 18 章

工程实例——轨道车辆铝合金车体焊接

编写：侯振国、杨高　审校：刘志平

EN 15085 作为轨道车辆及其部件的焊接认证体系，在交通轨道行业广泛应用。本章以高速动车组地板组成、车钩梁组成以及地铁侧墙（搅拌摩擦焊）为例，从结构设计、焊接工艺、工艺文件等方面说明铝合金车体结构执行 EN 15085 标准下的焊接工艺，为 EN 15085 标准工程应用提供借鉴。

18.1 轨道车辆焊接标准简介

EN 15085《轨道应用　轨道车辆和车辆部件的焊接认证体系》在交通轨道行业被广泛认可。EN 15085 系列标准自 2008 年 4 月起在德国正式开始执行，目前已经逐步取代原德国 DIN 6700 系列标准。随着我国轨道交通事业的发展，我国轨道交通企业产品出口量日益增加，通过此类标准体系的认证是相关企业国际化发展必备的条件。

本章以高速动车组地板组成、底架前端车钩梁组成以及 B 型地铁侧墙（搅拌摩擦焊）为例，说明铝合金车体结构执行 EN 15085 标准下的焊接工艺。

18.2 地板组成和车钩梁组成的产品结构

18.2.1 地板组成的结构设计

地板组成由 6 块铝合金型材组成，焊缝形式为 4V，长度为 19955mm。详见图 18.1。

地板组成技术要求规定地板组成的认证等级为 CL1 级，焊缝质量等级为 CP C2 级，该焊缝的检测等级为 CT 3 级，按照 ISO 10042 标准的缺欠验收等级为 C 级。

18.2.2 车钩梁组成的结构设计

车钩梁组成由车钩连接板、车钩梁装配阶段一组成。产品结构及关键焊缝示意图分别如图 18.2~图 18.4 所示。

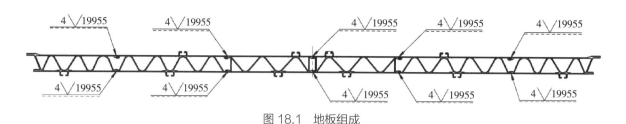

图 18.1 地板组成

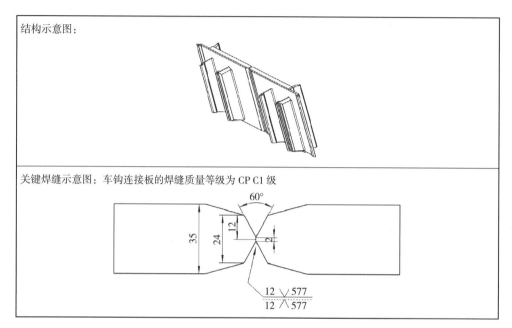

图 18.2 车钩连接板结构及关键焊缝示意图

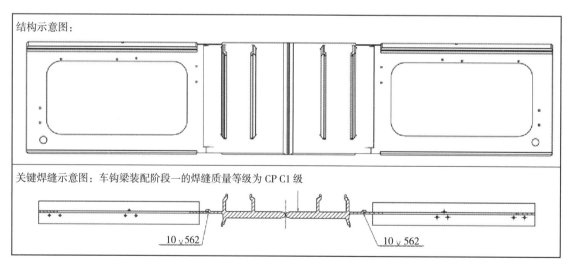

图 18.3 车钩梁装配阶段一结构及关键焊缝示意图

车钩连接板、车钩梁装配阶段一及车钩梁组成图纸规定这些部件的认证等级为 CL1 级,焊缝质量等级有 CP C1 级和 CP C2 级两种,焊缝的检测等级分别为 CT 2 级和 CT 3 级,按照 ISO 10042 标准的缺欠验收等级为 C 级。B 型地铁侧墙部件认证等级为 CL1 级,焊缝质量等级为 CP C2 级,焊缝检测等级为 CT 3 级。按照 ISO 25239-5 标准的验收等级为 C 级。

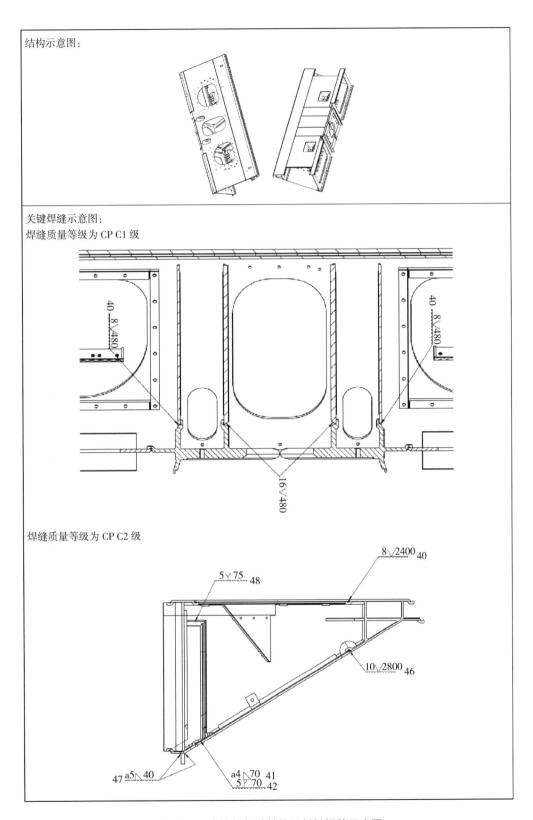

图 18.4　车钩梁组成结构及关键焊缝示意图

18.2.3 母材技术条件

地板组成母材材质为 EN AW-6005A-T6-EN 573-3。

车钩梁组成母材材质由 EN AW-6005A-T6-EN 755-2、EN AW-6082-T6-EN 485-2、EN AW-5083-H111-EN485-2 组成。

B 型地铁侧墙母材材质为 EN AW-6005A-T6-EN 573-3。

主要化学成分见表 18.1。

表 18.1 铝合金的主要化学成分（wt.%）

牌号	Si	Fe	Cu	Mn	Mg	Cr	Zn	Ti	根据 ISO 15608 分类
6005A	0.6~0.9	0.35	0.10	0.10	0.4~0.6	0.10	0.10	0.10	23.1
6082	0.7~1.3	0.50	0.10	0.40~1.0	0.6~1.2	0.25	0.2	0.10	23.1
5083	0.40	0.40	0.10	0.40~1.0	4.0~4.9	0.05~0.25	0.25	0.15	22.4

18.2.4 对图纸的工艺性审查

按照 EN 15085 标准对图纸进行审核，具体内容如下。

（1）设计单位具有 CL1 级的认证资质，并包含了设计资质。

（2）制造单位具有 CL1 级的认证资质，能满足设计要求，并且证书资质能满足产品要求。

（3）图纸上有制造单位的焊接工程师的签字确认。

（4）焊缝符号标注准确，信息完整。

（5）制造单位焊接工艺评定能覆盖产品。

（6）焊工具有的 ISO 9606-2 证书能覆盖产品。

（7）焊接设备已确定，且操作工有该设备的 EN 1418/ISO 14732 的操作证书。

（8）搅拌摩擦焊操作工应该具备 ISO 25239-3 的操作证书。

（9）搅拌摩擦焊接头设计应该符合 ISO 25239-2 标准要求。

（10）坡口尺寸符合 EN 15085-3 要求。

（11）焊缝位置、可达性、无损检测可操作性较好。

（12）产品需要进行无损检测，制造单位符合 ISO 9712 要求的无损检测人员资质齐全。

18.3 地板组成焊接工艺

18.3.1 焊接工艺准备

（1）焊接工艺。

焊接方法选用熔化极惰性气体保护焊（MIG-v），双枪双丝自动焊。

填充材料选用 ISO 18273–S Al 5087，直径为 1.2mm。

保护气体选用 ISO 14175–I1（99.99%Ar）。

焊接设备为龙门双枪双丝 IGM 机械手，电源为 TPS 5000（厂家为福尼斯），如图 18.5 和图 18.6 所示。

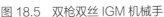

图 18.5　双枪双丝 IGM 机械手　　　　　图 18.6　IGM 自动焊设备和配套电源

（2）焊接工艺参数。

手工点固焊和自动焊焊接参数见表 18.2 和表 18.3。

表 18.2　点固焊焊接工艺参数

焊接方法	焊材规格 /mm	电流强度 /A	电弧电压 /V	送丝速度 /（m/min）	焊接速度 /（mm/s）
131	Φ1.2	190~210	23.4~23.7	12.2~13.3	8~10

表 18.3　双枪双丝自动焊焊接工艺参数

	焊接方法	焊材规格 /mm	电弧电压 /V	电流强度 /A	送丝速度 /（m/min）	焊接速度 /（cm/min）
1 丝	V131	Φ1.2	15~18	180~200	11.6~12.7	125~145
2 丝	V131	Φ1.2	16.5~19.5	180~200	11.6~12.7	125~145

（3）焊接工艺评定。

自动焊的工艺评定项目为 v131 P BW PA t4 23 mb。

手工点固焊的工艺评定项目为 t131 P BW PA t3 23 nb。

（4）焊工资质。

手工焊工须取得 ISO 9606-2 的焊工证书，制造商选取的考试项目为 131 P BW 23.1 S t03 PE ss mb。

自动焊操作工须取得 EN 1418/ISO 14732 的操作证书。

焊工资质证书有效期为 2 年，制造商的焊接工程师须每半年对该焊工的能力进行一次确认。

（5）工作试件。

为了验证焊接工艺，地板组成需要自动焊工作试件。工作试件采用与生产相同的 5 块型材，长度为 3000mm，在与生产相同的工装和焊接设备上，按照与生产相同的工艺进行焊接。焊后进行目视检测和宏观金相检测。

（6）检测工艺。

地板组成焊缝的检测等级为 CT 3 级，焊后只需要进行比例为 100% 的目视检测。

检测人员须取得符合 EN 473/ISO 9712 的 VT-II 级证书。

18.3.2 工艺过程

18.3.2.1 型材清理

用适合的清洗剂去除待焊接区域残留（坡口两侧至少 30mm）的冷却液、油污等。然后用机械方法在焊接区域及其周围（坡口两侧至少 30mm）去除氧化膜。

打磨或清洗后放置的时间超过 8h 未焊接，则须重新清理。

18.3.2.2 反装装配并点固

在反装（地板上表面朝下）工装上装配地板型材，按照地板自动焊点固用焊接工艺规程规定的参数进行点固焊接，要求点固焊长度为 50~80mm，距离控制在 1500~2000mm。

18.3.2.3 焊接反装侧焊缝

压紧后，按照焊接工艺规程规定的工艺参数进行焊接。焊接顺序为从中间向两边对称焊接，详见图 18.7。第 1 道焊缝为单枪焊接，第 2、第 3 道焊缝以及第 4、第 5 道焊缝为双枪同时焊接。

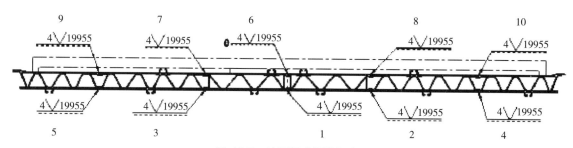

图 18.7 地板组成焊接顺序

18.3.2.4 焊接正装侧焊缝

反装焊接完成后松开工装卡具，翻转工件，将地板组成放置于正装工装中，卡紧后产生如图 18.8 所示的反变形。清理坡口表面后进行自动焊焊接，焊接顺序与反装相同，焊接完成后处理表面氧化物及飞溅。

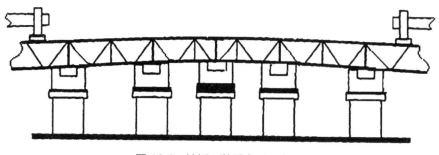

图 18.8 地板正装反变形示意图

18.3.2.5　目视检测

进行目视检测，并用检测样板测量尺寸偏差（图 18.9）。

图 18.9　焊缝外观尺寸检测

18.3.3　地板组成焊接工艺规程

地板组成焊接工艺规程见本章附录一。

18.4　车钩梁组成焊接工艺

18.4.1　工艺准备

18.4.1.1　焊接工艺

车钩连接板选用熔化极惰性气体保护自动焊（MIG-v）。

车钩梁装配阶段一和车钩梁组成采用熔化极惰性气体保护手工焊（MIG-t）。

填充材料选用 ISO 18273-S Al 5087，自动焊焊丝直径为 1.6mm，手工焊焊丝直径为 1.2mm。

保护气体选用 ISO 14175-Z-ArHeN 2-30/0.015。

焊接设备有克鲁斯（CLOOS）焊接机器人［电源为昆图（quinto）630］（图 18.10），以及福尼斯 TPS 4000 焊机（图 18.11）。

图 18.10　CLOOS 焊接机器人　　　图 18.11　福尼斯 TPS 4000 焊机

18.4.1.2　接头类型

车钩梁组成常见焊接接头如表 18.4 所示。

表 18.4 车钩梁常见焊接接头

单位：mm

序号	部位	母材1厚度	母材2厚度	接头类型	焊缝类型	焊缝质量等级	WPQR
1	车钩连接板	24	24	12DV	BW	CP C2	WPQR-TC-H08018
2	车钩梁阶段一	10	10	10V	BW	CP C2	WPQR-TC-H06028
3		8	8	8HV	FW	CP C2	WPQR-TC-H06028
4		8	35	8HV	FW	CP C2	WPQR-TC-H06031
5		8	16	5HY+a4	FW	CP C2	WPQR-TC-H06028 WPQR-TC-H06030
6		8	8	5HY+a4	FW	CP C2	WPQR-TC-H06028 WPQR-TC-H06030
7		16	16	12HY+a4	FW	CP C2	WPQR-TC-H06028 WPQR-TC-H06030
8		16	16	16V	BW	CP C1	WPQR-TC-H06028
9		8	35	a8	FW	CP C2	WPQR-TC-H06032
10		10	10	5Y	FW	CP C2	WPQR-TC-H06028
11		8	8	8V	BW	CP C1	WPQR-TC-H06028
12		8	8	8V	BW	CP C1	WPQR-TC-H06028
13		8	8	a4	FW	CP C2	WPQR-TC-H06030
14		8	8	a4	FW	CP C2	WPQR-TC-H06030
15		8	16	5HY+a4	FW	CP C2	WPQR-TC-H06028 WPQR-TC-H06030
16	车钩梁组成	8	16	12HY+a4	FW	CP C2	WPQR-TC-H06028 WPQR-TC-H06030
17		8	16	5HY+a4	FW	CP C2	WPQR-TC-H06028 WPQR-TC-H06030
18		8	10	5HY+a4	FW	CP C2	WPQR-TC-H06028 WPQR-TC-H06030
19		16	35	a8	FW	CP C2	WPQR-TC-H06032
20		8	8	8V	BW	CP C2	WPQR-TC-H06028
21		8	35	a7	FW	CP C2	WPQR-TC-H06030
22		8	35	8HV	FW	CP C2	WPQR-TC-H06031
23		8	8	a4	FW	CP C2	WPQR-TC-H06030
24		8	8	5HY	FW	CP C2	WPQR-TC-H06028
25		10	35	10V	BW	CP C2	WPQR-TC-H06028
26		10	10	10V	BW	CP C2	WPQR-TC-H06028
27		10	10	10V	BW	CP C2	WPQR-TC-H06028
28		8	8	8V	BW	CP C2	WPQR-TC-H06028
29		8	8	8V	BW	CP C2	WPQR-TC-H06028
30		8	8	8V	BW	CP C2	WPQR-TC-H06028

序号	部位	母材1厚度	母材2厚度	接头类型	焊缝类型	焊缝质量等级	WPQR
31		8	35	8V	BW	CP C2	WPQR-TC-H06028
32		8	35	8V	BW	CP C2	WPQR-TC-H06028
33		16	35	a8	FW	CP C2	WPQR-TC-H06032
34	车钩梁组成	10	10	5Y	BW	CP C2	WPQR-TC-H06028
35		10	10	a4	FW	CP C2	WPQR-TC-H06030
36		10	15	a5	FW	CP C2	WPQR-TC-H06030
37		10	15	a5	FW	CP C2	WPQR-TC-H06030

18.4.1.3 焊接工艺评定

按照 ISO 15614-2，车钩梁组成所涉及的工艺评定有 6 项，覆盖范围如表 18.5 所示。其中第 6 项为自动焊工艺评定。

表 18.5 工艺评定清单

序号	项目编号	内容	厚度覆盖范围
1	WPQR-TC-H06015	t131 P T-joint PB t10+15 23	$t=3\sim20mm$
2	WPQR-TC-H06028	t131 P BW PA V08 23 mb	$t=3\sim16mm$
3	WPQR-TC-H06030	t131 P FW PD t10 a5 23	$t=3\sim20mm$，$a=3.8\sim7.5mm$
4	WPQR-TC-H06031	t131 P BW PA t20 23 nb	$t=3\sim40mm$
5	WPQR-TC-H06032	t131 P FW PD t20 a12 23	$t=3\sim40mm$，$a\geqslant7.5mm$
6	WPQR-TC-H08018	V131 P BW PA t20 23	$t=3\sim40mm$

18.4.1.4 焊工资质

焊工资质清单见表 18.6。

表 18.6 焊工资质清单

序号	内容	厚度覆盖范围
1	ISO 9606-2 131 P BW 23.1 S t03 PE ss mb	$t=1.5\sim6mm$
2	ISO 9606-2 131 P BW 23.1 S t08 PE ss mb	$t\geqslant6mm$
3	ISO 9606-2 131 P FW 23.1 S t08 PD ml	$t\geqslant3mm$
4	ISO 9606-2 131 P FW 23.1 S t02 PD sl	$t=2\sim3mm$

18.4.1.5 工作试件

为了验证焊接工艺，车钩连接板需要自动焊工作试件。自动焊工作试件金相如图 18.12 所示。车钩梁组成的 5Y 焊缝，以及 5HY+a4 焊缝需要制作手工焊的工作试件金相如图 18.13 所示。

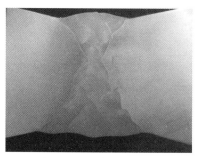

图 18.12 车钩连接板
工作试件金相

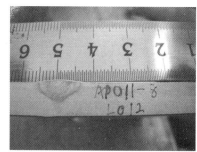

（a）5Y 焊缝工作试件

（b）5Y+a4 焊缝工作试件

图 18.13 车钩梁组成手工焊工作试件金相

18.4.1.6 检测工艺

车钩连接板、车钩梁装配阶段一以及车钩梁组成部分的焊缝质量等级为 CP C1 级（详见图 18.2~图 18.4），检测等级为 CT 2 级，需要进行 100% 的目视检测、至少 10% 的渗透检测，以及至少 10% 的射线检测。车钩梁组成其他焊缝质量等级为 CP C2 级（详见图 18.4），检测等级为 CT 3 级，只需要进行 100% 的目视检测。

无损检测相关人员必须取得符合 EN 473/ISO 9712 的 VT–II 级资质证书、PT–II 级资质证书，以及 RT–II 级资质证书。

18.4.2 车钩梁组成工艺过程

18.4.2.1 车钩连接板工艺过程

（1）用 D40（清洗剂）将焊缝坡口区域的油污去除。打磨焊缝坡口，去除氧化膜。

（2）装配工件，组成如图 18.14 所示的坡口形式，做出 10mm 的预变形并卡紧。A 点距离工件与 B 点距离工件的高度差为 10mm，A 值的测量点为由型材立边向内量 50mm，B 值的测量点为坡口的最上沿。

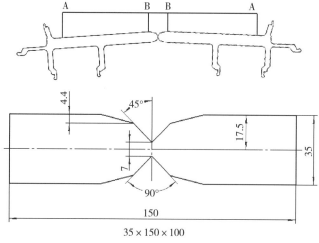

$35 \times 150 \times 100$

图 18.14 预置反变形及坡口图

（3）点固工件，焊接引弧板和收弧板。

（4）检查焊丝余量，将保护气体的流量调整至 22.5mL/min。

（5）校对焊枪，使焊丝处于合适的焊接位置，焊接完成第一侧焊缝后，翻转工件，进行清根渗透检测。检测合格后的坡口尺寸基本上如图 18.15 所示。清根时采用专用的开坡口机，注意运行平稳。清根后深度基本上为 20mm。

（6）预热工件至 120℃，将焊接参数调整合适后，焊接第二侧焊缝（图 18.16）。

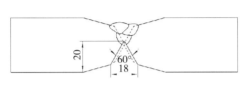

图 18.15　清根渗透检测合格后的坡口尺寸

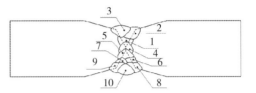

图 18.16　焊缝层道布置示意图

（7）进行目视检测（图 18.17）。

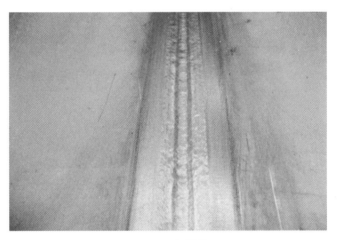

图 18.17　焊缝外观

（8）进行射线检测。

18.4.2.2　车钩连接板的焊接工艺规程

车钩连接板的焊接工艺规程见本章附录二。

18.4.3　车钩梁下一步工艺过程

车钩梁组成的基本过程如图 18.18 所示。

具体生产过程如下。

18.4.3.1　检查物料

检查车钩梁的组焊件是否齐全，此处的组焊件有 H 型材、车钩梁装配阶段一、上盖板、下盖板、连接型材等。

（a）第一步结构构成
（车钩梁装配阶段——连接型材—H型材）

（b）第二步结构构成
（车钩梁装配阶段——连接型材—H型材—下盖板）

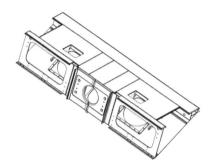

（c）第三步结构构成
（车钩梁装配阶段——连接型材—H型材—上盖板）

（d）完整的车钩梁组成

图 18.18　车钩梁结构构成示意图

18.4.3.2 调整工装

确认工装卡具无松动和损坏，定位准确。

18.4.3.3 准备资料

检查图纸、订单、图纸、检查卡片、焊接顺序计划，以及焊接工艺规程等文件是否齐全，并填写焊前检查记录。

18.4.3.4 打磨焊接区域

用 D40 油污清洗剂擦拭焊缝区域，确保没有油污。再用千叶片打磨距离坡口至少 30mm 的区域，要打磨出金属光泽，保证焊接区域没有氧化膜（图 18.19、图 18.20）。

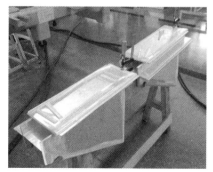
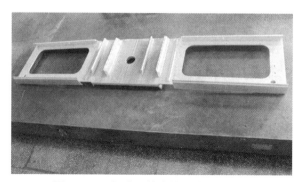

图 18.19　打磨后的 H 型材

图 18.20　打磨后的车钩梁装配阶段一

18.4.3.5 装配、点固

先装配车钩梁阶段一，再装配 H 型材及连接型材。

18.4.3.6 焊接

按照焊接顺序计划的具体顺序焊接相关焊缝。

18.4.3.7 检测

出工装，对 CP C1 级别的焊缝 16V 和 8V 进行射线检测。图 18.21 所示为待射线检测的工件。

图 18.21　待射线检测的工件

18.4.3.8 下一步装配焊接

将射线检测合格的工件调整到新的工装上，焊接下盖板，再装配并焊接上盖板。

18.4.3.9 目视检测

焊接完成，进行目视检测。完整的车钩梁组成见图 18.22。

图 18.22　完整的车钩梁组成

采用的工装、工具及辅料清单如下。

（1）工装：车钩梁组成组焊工装。

（2）工具：直磨机、角磨机、F 形卡子、尼龙手锤、接触式点温计、盒尺、焊缝检测尺、塞尺和直角尺。

（3）生产辅料：旋转锉头、千叶片、D40 油污清洗剂、渗透检测试剂。

18.5 B型地铁侧墙搅拌摩擦焊焊接工艺

18.5.1 工艺准备

18.5.1.1 焊接工艺

B型地铁侧墙焊接选用单轴肩搅拌摩擦焊焊接工艺（FSW）（图18.23）。选用搅拌头型号S048（图18.24）。

图18.23 搅拌摩擦焊设备（FSW35）　　　图18.24 单轴肩搅拌头

18.5.1.2 接头类型

B型地铁侧墙搅拌摩擦焊常见焊接接头如表18.7所示。

表18.7 B型地铁侧墙搅拌摩擦焊常见焊接接头

单位：mm

部位	母材1厚度	母材2厚度	接头类型	焊缝类型	焊缝质量等级	WPQR
侧墙板焊接	4.5	4.5	3II	BW	CP C2	WPQR-TC-H20041

18.5.1.3 工艺评定

B型地铁侧墙搅拌摩擦焊涉及ISO 25239-4的工艺评定有1项，如表18.8所示。

表18.8 工艺评定

项目编号	内容	覆盖范围
WPQR-TC-H20041	ISO 25239-4 43 Profiles BW 23.1 t4.5 sl PA	—

18.5.1.4 焊工资质

B型地铁侧墙搅拌摩擦焊焊工资质清单如表18.9所示。

表 18.9　焊工资质清单

内容	覆盖范围
ISO 25239 43 P BW 23.1 t4.5 ss mb PA	—

18.5.1.5　工作试件

为了验证焊接工艺，侧墙搅拌摩擦焊需要工作试件。侧墙搅拌摩擦焊工作试件金相如图 18.25 所示。

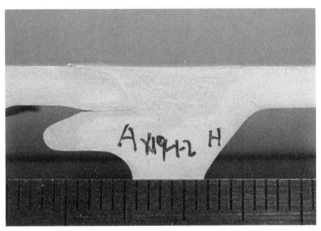

图 18.25　侧墙板搅拌摩擦焊工作试件金相

18.5.1.6　检测工艺

侧墙板搅拌摩擦焊的焊缝质量等级为 CP C2 级，检测等级为 CT 3 级，需要进行 100% 的目视检测。

无损检测相关人员必须取得符合 EN 473/ISO 9712 的 VT–II 级资质证书。

18.5.2　侧墙板搅拌摩擦焊工艺过程

（1）用清洗剂将焊缝区域的油污去除。

（2）装配。装配工件，按图纸将型材分别吊装至工装上（图 18.26）。压紧工件（图 18.27），使用工装的压臂及侧顶将工件压紧，焊前装配错边要求 ≤ 0.3mm，焊缝间隙 ≤ 0.3mm。

（3）检查搅拌头使用寿命是否在允许范围内。

（4）焊接。运行设备程序按照焊接顺序计划进行侧墙板正装焊缝的焊接，焊接完成后打磨正装焊缝的飞边（图 18.28）。

（5）反面装配并焊接。将工件吊装至反装台，按照焊接顺序计划进行侧墙板反装焊缝的焊接。

（6）根据 ISO 25239-5 进行 100% 目视检测（图 18.29）。

18.5.3　B 型地铁侧墙搅拌摩擦焊的焊接工艺规程

B 型地铁侧墙搅拌摩擦焊的焊接工艺规程见本章附录三。

图 18.26 按图纸组装工件

图 18.27 压紧工件

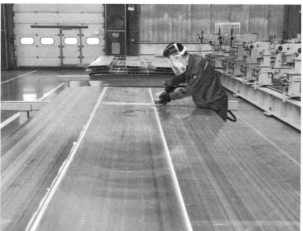

图 18.28 正装焊缝焊接及打磨

图 18.29 焊缝外观

18.6 工艺文件

（1）焊接接头清单。包括了工件名称、图纸号、焊缝在图纸中的位置、母材的材质和厚度、接头类型、坡口形式、焊缝质量等级、焊缝检测等级、焊缝检测等级、焊接工艺规程、焊接工艺评定报告、焊接工艺方法、焊接填充材料、焊接保护气体、搅拌头型号等相关内容。

（2）焊接检测计划。说明所有焊缝所进行的检测方法。

（3）焊接顺序计划。说明产品的生产顺序和焊缝的焊接顺序，并对装配的要求进行了描述。

（4）焊接工艺规程。包括焊接方法、母材种类和尺寸、接头设计、焊接位置、焊接材料、保护气体、焊接工艺参数、预热温度、层间温度、气体流量、搅拌头型号、材质、寿命等内容。

（5）工作试件报告。

（6）无损检测记录。

附录一 地板焊接工艺规程示例

工艺规程编号：G/TS–CRH3–100–925

工艺编号：v131 P/P BW 23.1 S t4 PA　　　　　　接头：4V

工艺评定名称：WPQR–TC–H10003

焊接方法：v131　MIG　　　　　　　　　　接头类型：板对接接头

母材 1 牌号：6005A–T6　　　　　　　　　母材 2 牌号：6005A–T6

母材厚度 1/2 [mm]：4 / 4　　　　　　　　焊前准备：处理干净

焊接位置：PA　　　　　　　　　　　　　根部开槽 / 衬垫情况：ss mb

焊接准备细节：

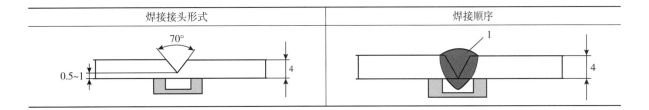

焊接工艺参数：

焊道	焊接方法	焊材规格 /mm	功率	电弧电压 /V	电流强度 /A	电流种类	弧长修正	焊接速度 /（cm/min）
1 丝	v131	1.2	65%~75%	15~18	180~200	DCEP/+	–2~–8	125~145
2 丝	v131	1.2	60%~70%	16.5~19.5	180~200	DCEP/+	–5~2	125~145

填充金属类别：S

填充金属名称：5087　　AlMg4.5MnZr

保护气体：99.99% Ar　　　　　　　　　　保护气体流量［L/min］：40~50

根部保护气体流量［L/min］：16

焊丝干伸长度：12~15　　　　　　　　　　摆动（焊道最大宽度）［mm］：/

附录二　车钩梁连接板焊接工艺规程示例

工艺规程编号：G/TS-CRH3-100-913

工艺编号：v131 P/P BW 23.1 S t24 PA　　　　接头：12DV

工艺评定名称：WPQR-TC-H08018

焊接方法：v131 MIG　　　　　　　　　　接头类型：板对接接头

母材 1 牌号：6005A-T6　　　　　　　　　母材 2 牌号：6005A-T6

母材厚度 1/2［mm］：24/ 24　　　　　　　焊前准备：处理干净

焊接位置：PA　　　　　　　　　　　　　根部开槽/衬垫情况：

焊接准备细节：

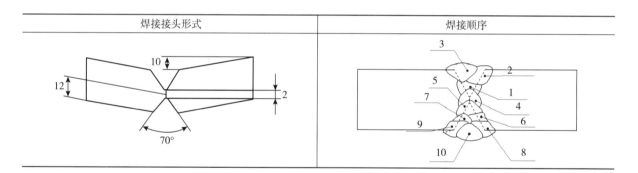

焊接接头形式	焊接顺序

焊接工艺参数：

焊道	焊接方法	焊材规格 /mm	电流强度 /A	电弧电压 /V	电流种类 / 极性	送丝速度 /（m/min）	焊接速度 /（cm/ min）
1	131	1.6	310~330	26~28	DCEP/+	10~12	60~80
2~3	131	1.6	255~280	26~28	DCEP/+	8~10	65~85
4~5	131	1.6	300~320	26~28	DCEP/+	10~12	60~80
6~7	131	1.6	265~285	26~28	DCEP/+	9~11	60~80
8~10	131	1.6	250~270	26~28	DCEP/+	8~10	65~85

填充金属类别：S

填充金属名称：5087　　AlMg4.5MnZr

保护气体：70%Ar+30%He+0.015%N$_2$　　　　保护气体流量［L/min］：20~24

预热温度：120℃　　　　　　　　　　层间温度：≤ 120℃

焊丝干伸长度：16~21　　　　　　　　摆动（焊道最大宽度）[mm]：

附录三　侧墙搅拌摩擦焊焊接工艺规程示例

工艺规程编号：G/TS-AL3-100-60011-B

工艺编号：43 P BW 23.1 t4.5 ss mb PA　　　　焊接接头：3 I

工艺评定名称：WPQR-TC-H20041

焊工或操作者：/　　　　　　　　　　　证书名称：/

焊接过程：43[FSW][ISO 4063]　　　　接头类型：对接接头

母材 1 牌号：EN AW-6005A-T6[EN 755-2]　　母材 2 牌号：EN AW-6005A-T6[EN 755-2]

母材规格 t_1/t_2[mm]：4.5/4.5　　　　　夹紧装置：液压压紧

焊接位置：PA　　　　　　　　　　　　定位焊：无

接头制备与清洁方式：用清洗剂去除油污

焊后接头处理方式：焊后打磨去除飞边

焊前热处理：无　　　　　　　　　　　焊后热处理：无

预热温度及时间：不预热　　　　　　　层间温度：无

保护气体：无　　　　　　　　　　　　气体流量：不涉及

焊缝检测要求：ISO 25239-5

焊接准备细节：

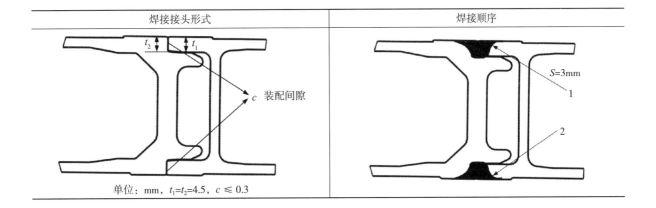

焊接接头形式	焊接顺序
单位：mm，$t_1=t_2=4.5$，$c \leqslant 0.3$	$S=3mm$

焊接工艺参数：

焊道	焊接方法	搅拌针规格		前倾角 /°	摆角 /°	主轴转速 / rpm	焊接速度 / (mm/min)	压入量 / mm	焊接开始时的停留时间 /s	焊接停止时的停留时间 /s
		针长 /mm	轴肩直径 / mm							
1	43	4.8	20	2	0	1600	700	0.1~0.4	2	0.3

焊接设备：双轴肩搅拌摩擦焊设备（FSW35） 控制方式：恒位移控制

主轴型号：HSK A-160 * 轴向压力（顶锻力）[kN]：/

搅拌头型号：s048 搅拌头材料：工具钢

搅拌头冷却方式：无 搅拌头运动方向：逆时针方向

搅拌头寿命：600m 高度附加修正[mm]：-0.5~0.8

备注：无

参考文献

[1] Railway applications – Welding of railway vehicles and components – Part 2: Requirements for welding manufacturer: DIN EN 15085-2 [S/OL][2020-12]. https://www.en-standard.eu/din-en-15085-2-railway-applications-welding-of-railway-vehicles-and-components-part-2-requirements-for-welding-manufacturer/.

[2] Quality requirements for fusion welding of metallic materials–Part 2: Comprehensive quality requirements:ISO 3834-2:2021[S/OL][2021-04]. https://www.iso.org/standard/81651.html.

[3] Specification and qualification of welding procedures for metallic materials– General rules: ISO 15607:2019[S/OL].[2019-10]. https://www.iso.org/standard/71495.html.

[4] Welding – Guidelines for A Metallic Materials Grouping System: ISO/TR 15608:2017[S/OL].[2017-02]. https://www.iso.org/standard/65667.html.

[5] Specification and Qualification of Welding Procedures for Metallic Materials – Welding Procedure Specification – Part 1: Arc Welding ISO 15609-1:2019[S/OL].[2019-08]. https://www.iso.org/standard/75556.html.

[6] Specification and qualification of welding procedures for metallic materials – Qualification based on pre-production welding test: ISO 15613:2004[S/OL].[2004-06]. https://www.iso.org/standard/28394.html.

[7] Specification and qualification of welding procedures for metallic materials — Welding procedure test — Part 2: Arc welding of aluminium and its alloys: ISO 15614-2:2005[S/OL].[2005-05]. https://www.iso.org/standard/28408.html.

[8] Aluminium and aluminium alloys. Chemical composition and form of wrought products Chemical composition and form of products:BS EN 573-3:2019+A1:2022[S/OL].[2022-07]. https://www.en-standard.eu/bs-en-573-3-2019-a1-2022-aluminium-and-aluminium-alloys-chemical-composition-and-form-of-wrought-products-chemical-composition-and-form-of-products/.

[9] Welding consumables — Gases and gas mixtures for fusion welding and allied processes: ISO 14175:2008[S/OL].[2008-03]. https://www.iso.org/standard/39569.html.

[10] Qualification testing of welders – Fusion welding – Part 2: Aluminium and Aluminium Alloys: ISO 9606-2:2004[S/OL].[2004-12]. https://www.iso.org/standard/40769.html.

本章的学习目标及知识要点

1. 学习目标

（1）了解焊接工艺文件的种类和信息。

（2）理解地板组成的具体焊接工艺。

（3）理解车钩梁组成的焊接工艺。

（4）理解 B 型地铁侧墙搅拌摩擦焊焊接工艺。

（5）掌握执行 EN 15085 标准体系产品的焊接工艺要求。

2. 知识要点

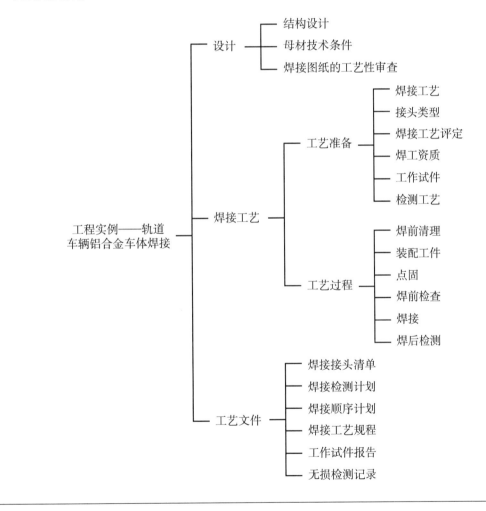

工程实例——城市轨道交通不锈钢车体焊接生产制造

编写：曹宇辰、刘亚璇　审核：刘政

随着轨道交通事业的发展，安全、绿色环保、节能、舒适、美观成为轨道交通车辆发展的趋势。不锈钢车辆因其轻量化、耐腐蚀性、高安全性、绿色环保、外形美观、使用寿命周期长、全寿命周期成本低、变形量小和残余应力低等优点代替地铁碳钢车辆，广泛应用于各大城市轨道交通系统。同时，由于不锈钢车体在制造过程中大量应用电阻焊工艺，有效减少了焊接对环境及身体健康的影响，实现地铁车辆绿色环保焊接。本章主要从轨道车辆焊接标准、不锈钢车体结构、制造工艺、焊接质量和文件等方面进行介绍。

19.1 轨道车辆焊接相关标准

轨道车辆车体和转向架等重要部件均为焊接结构。焊接是轨道车辆及其零部件重要的制造方法，焊接质量直接影响车辆安全性和可靠性，因此对于车辆焊接质量的控制至关重要。

国内轨道车辆焊接需满足 EN 15085 系列标准要求。EN 15085《轨道应用　轨道车辆及其部件的焊接》系列标准是欧盟国家针对轨道车辆及其零部件的焊接质量认证体系标准，目前已成为欧盟国家控制企业焊接产品质量和规范企业焊接认证的主要标准。

除了 EN 15085，在生产制造过程中还可参考以下相关标准（表 19.1）。

表 19.1　轨道车辆焊接相关标准

标准类别	标准编号	标准名称
企业焊接质量体系	ISO 3834-1：2021	金属材料熔焊质量要求　第 1 部分：相应质量要求等级的选择准则
	ISO 3834-2：2021	金属材料熔焊质量要求　第 2 部分：完整质量要求
	ISO 3834-3：2021	金属材料熔焊质量要求　第 3 部分：标准质量要求
	ISO 3834-4：2021	金属材料熔焊质量要求　第 4 部分：基本质量要求

续表

标准类别	标准编号	标准名称
企业焊接质量体系	ISO 3834-5：2021	金属材料熔焊质量要求　第 5 部分：质量要求所需的文件
	ISO/TR 3834-6：2007	金属材料熔焊质量要求　第 6 部分：ISO 3834 的实施准则
焊工资格考试	ISO 9606-1：2017	焊工资格考试　熔焊 第 1 部分：钢
焊接操作工资格考试	ISO 14732：2013	金属材料全机械化和自动化的弧焊操作工和电阻安装工的资格考试
焊接管理人员	ISO 14731：2019	焊接管理人员　职责和任务
焊接工艺规程	ISO 15609-1：2019	金属材料的焊接工艺规程及评定　焊接工艺规程　第 1 部分：弧焊
	ISO 15609-5：2017	金属材料的焊接工艺规程及评定　焊接工艺规程　第 5 部分：电阻焊
焊接工艺评定	ISO 15614-1：2017	金属材料的焊接工艺规程及评定　焊接工艺试验　第 1 部分：钢的弧焊和气焊以及镍及镍合金的弧焊
	ISO 15614-12：2012	金属材料的焊接工艺规程及评定　焊接工艺试验　第 9 部分：点焊、缝焊和凸焊
目视检测	ISO 17637：2016	焊缝的无损检测　目视检测
	ISO 5817：2014	焊接　钢、镍、钛及其合金的熔焊接头（不包括高能束焊）　缺欠质量等级
渗透检测	ISO 3452-1：2014	焊缝的无损检测　渗透检测　第 1 部分：一般原则
	ISO 23277：2015	焊接接头的渗透检测　验收等级
磁粉检测	ISO 17638：2016	焊缝的无损检测　磁粉探伤
	ISO 23278：2015	焊接接头的磁粉检测　验收等级
射线检测	ISO 17636：2013	焊缝的无损检测　熔焊接头的射线检测
	ISO 10675-1：2016	焊缝的无损检测　射线检测的验收等级　第 1 部分：钢、镍、钛及其合金
焊接推荐	ISO/TR17671-1：2002	焊接　金属材料焊接的推荐　第 1 部分：弧焊通则
	ISO/TR17671-3：2002	焊接　金属材料焊接的推荐　第 3 部分：不锈钢的弧焊
焊接坡口准备	ISO 9692-1：2013	焊接及相关工艺　推荐的焊接坡口　第 1 部分：钢的焊条电弧焊、气体保护焊、气体、TIG 焊及高能束焊
预热温度、层间温度的测量	ISO 13916：2017	焊接预热温度、层间温度和预热维持温度的测量准则
焊接接头设计	JIS E 4049-1990	铁道车辆用不锈钢板焊接接头设计方法
试验检验	JIS Z 3136-1999	剪切试验点焊和模压凸焊焊接接头的样品尺寸和规程
	JIS Z 3137-1999	交叉拉伸试验点焊和模压凸焊焊接接头的样品尺寸和规程
	JIS Z 3138-1989	点焊接头疲劳试验法
	JIS Z 3139-2009	点焊、凸焊、缝焊部位的截面试验方法
	JIS Z 3140-1989	点焊接头断面试验方法及判定标准
	JIS E 4049-1990	铁道车辆用不锈钢板焊接接头设计方法
	GB/T 15111-1994	点焊接头剪切拉伸疲劳试验方法
	GB2651-2008	焊接接头拉伸试验方法要求

19.2 不锈钢车体结构

19.2.1 不锈钢车体结构的特点

不锈钢车体的发展按所选材料划分为四个阶段：第一阶段是车体外墙板采用不锈钢材料，其他部位采用普通钢的外板不锈钢车体。第二阶段是车体底架采用普通钢，其他部位采用不锈钢的半不锈钢车体。第三阶段是牵引梁、枕梁采用普通钢，其他部位采用不锈钢的全不锈钢车体。第四阶段是轻量化不锈钢车体。

不锈钢车体所选用材料为铬镍奥氏体不锈钢，奥氏体不锈钢热膨胀系数是普通碳钢的 1.5 倍，热传导系数仅为普通碳钢的 1/3；不锈钢无磁性，电阻率大，奥氏体不锈钢材料在 600℃时奥氏体组织不稳定，不锈钢中的铬的碳化物会沿晶界析出，使晶界附近的含铬量降低，而发生晶间腐蚀，同时不锈钢的屈服强度、抗拉强度急剧下降；为了减少变形，同时又不降低材料强度，不锈钢焊接常采用电阻点焊或激光焊接。因此不锈钢车体的设计结构形式和制造工艺与普通碳钢车辆相比存在较大的差别，其结构形式比普通碳钢车更复杂。

不锈钢车体是由底架钢结构、侧墙钢结构、端墙钢结构和车顶钢结构组成的薄壁筒型整体承载结构，车体呈拱形。标准 B 型不锈钢车体全长为 19m（不带司机室车体）和 19.5m（带司机室车体），车体最大宽度为 2.8m。

不锈钢车体结构采用板梁结构，结构设计多采用搭接方式，并使用连接件过渡，连接方法以电阻点焊为主。车体大量采用薄板、薄板压型件和型材，板材厚度仅满足强度要求即可，不必再保留腐蚀量。充分利用不锈钢材料的高抗拉强度，减少材料的使用量，实现车体轻量化，例如车顶钢结构、底架钢结构的波纹板厚度为 0.6mm，侧墙钢结构外墙板厚度为 1mm 或 1.5mm，车顶钢结构及侧墙钢结构的立柱、弯梁等结构件厚度为 1~1.5mm。

不锈钢车体结构组成见图 19.1~ 图 19.3。本章中的结构图仅作示意，不体现具体细节。

19.2.2 底架钢结构

底架钢结构采用无中梁设计结构形式，两侧为两根长度为 19000mm 的不锈钢冷弯型钢边梁，两端是一、二位端。一、二位端由牵引梁、枕梁等零部件组成，主要材料为高耐候结构钢，一、二位端与不锈钢边梁采用塞焊连接。一、二位端之间布置不锈钢主横梁，主横梁的材质、板厚及间距需根据车下吊装设备情况进行设计。主横梁与边梁采用连接板连接。底架上面铺设厚度为 0.6mm 的不锈钢波纹地板。

底架钢结构见图 19.4、图 19.5。

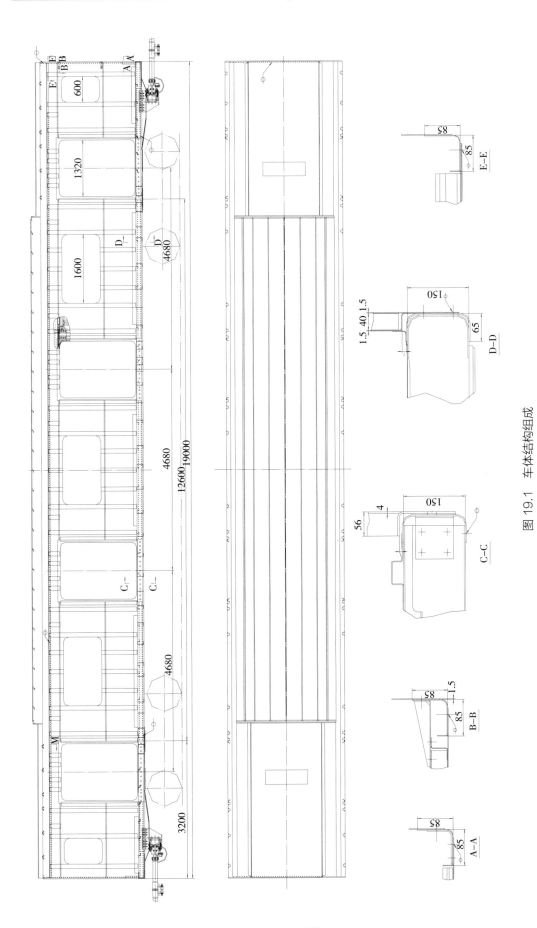

图 19.1　车体结构组成

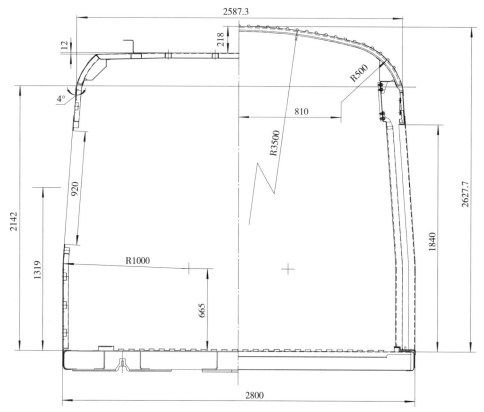

图 19.2 车体钢结构断面

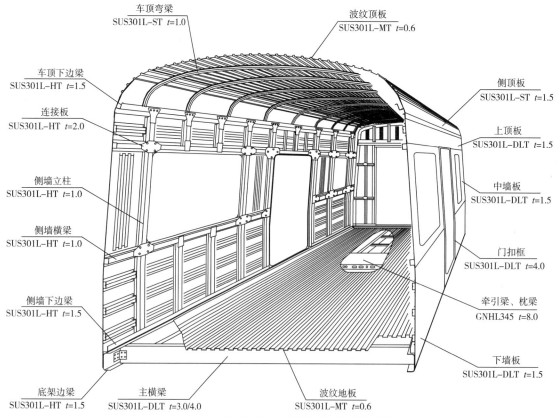

图 19.3 车体钢结构断面组成图

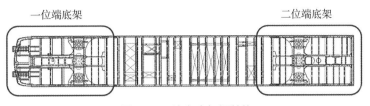

图 19.4　头车底架钢结构

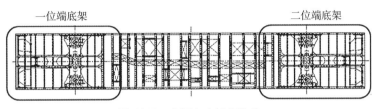

图 19.5　中间车底架钢结构

底架钢结构的设计难点和要点是底架横梁与边梁的连接。由于不锈钢材料弧焊会产生很大的变形，造成底架边梁直线度差，无法调整，因此横梁与边梁不能采用弧焊连接，必须采用搭接点焊方式。横梁与边梁搭接点焊如何满足底架钢结构承载要求是结构设计的难点之一。根据强度计算确定连接板结构形式、材质和板厚规格。设计直角连接板分别与边梁和横梁点焊，再将横梁与边梁上下两端进行点焊。点焊焊点的位置非常重要，经过反复计算确认点焊点的数量，并设计为对称布置焊点。具体连接方式见图 19.6。

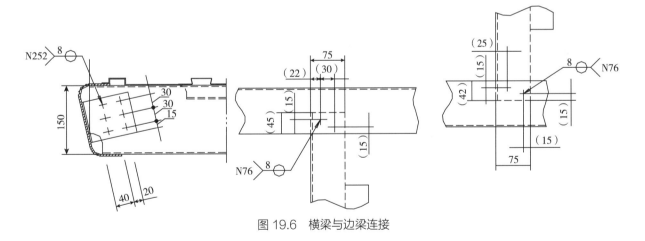

图 19.6　横梁与边梁连接

19.2.3　车顶钢结构

车顶钢结构包括空调平台、弯梁、车顶下边梁、侧顶板、波纹板顶板等结构。车顶钢结构是由两根冷弯型钢边梁、数根拉弯成形的车顶弯梁通过连接板点焊在一起，形成桁架结构，再铺设侧顶板和波纹顶板。空调机组安装在车顶空调平台上。平台是典型的板梁结构。设计时需充分考虑平台的自身强度、刚度及其对车体总体强度、刚度的影响。车顶钢结构见图 19.7。

车顶钢结构的设计结构难点和要点是空调平台设计及空调平台与车顶圆弧连接。由于不锈钢车

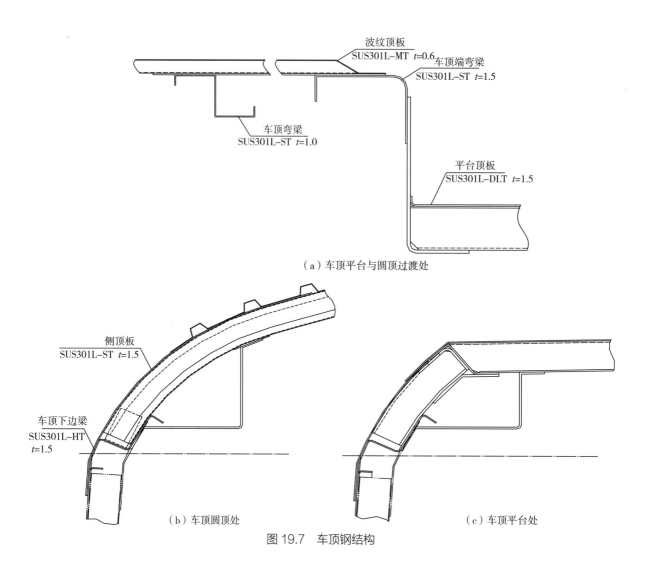

（a）车顶平台与圆顶过渡处

（b）车顶圆顶处　　　　　　　　　　　　（c）车顶平台处

图 19.7　车顶钢结构

体采用薄壁筒形整体承载结构，车顶钢结构不仅承担车辆载荷，而且还需单独承担空调机组的载荷，因此空调平台所需的强度和刚度要远远大于其他部位。空调平台较长，需通过设计横梁和纵梁对平台进行刚性支撑。空调平台与车顶其他部位连接处的车顶弯梁设计为分段梁，以满足空调机组安装需要，同时增加弯梁板厚以达到增大刚度的需求。

19.2.4　侧墙钢结构

侧墙钢结构包括侧墙分块组成、门扣铁、连接板、墙板等。侧墙分块组成中横梁和立柱的材质以 SUS301L-HT 材料为主，立柱断面的形状选用帽形，与外板点焊后形成箱形结构，从而加大断面矩提高抗弯刚度。

门角和窗角为应力集中区，采用屈服强度较高的板材进行补强。侧墙钢结构由材质 SUS301L-LT、厚度 4mm 的门扣铁电阻焊连接各分块侧墙而成。不锈钢车体侧墙整体刚度和局部失稳在设计、计算、试验时都是重点。侧墙钢结构见图 19.8。

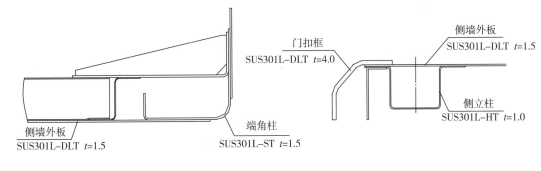

（a）侧墙靠端墙处　　　　　　　　　　　　　（b）侧墙门扣框处

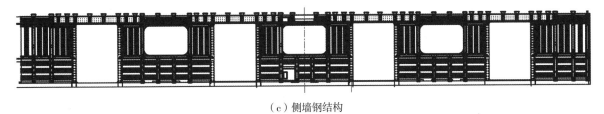

（c）侧墙钢结构

图 19.8　侧墙钢结构及部件结构

　　侧墙钢结构的设计难点和要点是侧墙钢结构很难设计成一体结构。由于车辆门对数较多，侧墙需设计成分块结构。侧墙钢结构按门区分成 5 块，再由门扣铁连接成一个整体。门扣铁由 4 个圆弧角和 4 个直段焊接而成，由于模具尺寸限制很难做成一个整体。门扣铁的设计既要能保证侧墙整体刚度和强度，又要圆滑过渡，减少应力集中。经过车体强度有限元力学分析，优化结构设计，使其满足承载要求。如图 19.9 所示。

图 19.9　门扣铁结构

19.2.5　端墙钢结构

　　端墙钢结构包括立柱、横梁、连接板、外墙板等。端墙钢结构也采用板梁结构，使用电阻焊将梁和墙板进行连接。端墙钢结构与底架钢结构、侧墙钢结构、车顶钢结构形成箱型结构防止客室受损，从而确保乘客人身安全的作用。同时，端墙钢结构有防止列车相撞时出现套车现象的作用。在车体承受扭转变形时，门角出现较大剪应力，设计时需对端门口的梁柱特别是角部进行适当补强。连接端端墙钢结构见图 19.10。

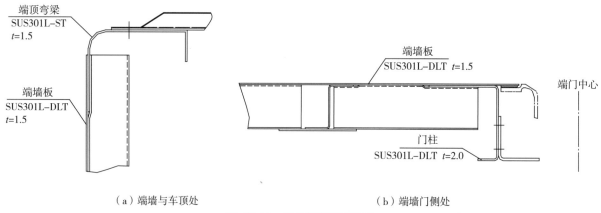

（a）端墙与车顶处　　　　　　　　　　（b）端墙门侧处

图 19.10 连接端端墙钢结构

19.3 不锈钢车体制造工艺

19.3.1 不锈钢车体制造工艺概述

不锈钢车体采用 SUS301L 系列和 SUS304 材料，板梁搭接的车体结构形式。不锈钢车体焊接主要采用电阻点焊方式。电阻点焊的过程是将焊件装配成搭接接头，通过两电极施加压力，利用电流流过接头的接触面及邻近区域，电阻热熔化母材金属，保持加压至熔核冷却，最后形成焊点。不锈钢车体点焊需要专用车辆点焊设备完成。不锈钢车体以电阻焊接为主，只有端底架部分和部分小件的焊接使用气体保护焊。

无涂装是不锈钢车体优于耐候钢和铝合金车体的重要特征之一。同时也给不锈钢车体制造增加了很大难度，要求零部件精度高、焊点美观、焊接变形小。

由于车体钢结构各部件的连接方式以电阻焊为主，搭接接头形式对不锈钢车体密封性有较大影响，因此在各大部件进行电阻焊连接时需要涂打导电密封胶进行密封处理。

19.3.2 各大部件制造工艺

不锈钢车体焊接主要采用单面双点（也可单面单点）、双面单点、迂回点焊及电阻缝焊的焊接方式。不同部位所采用的点焊方式不同。

19.3.2.1 车体钢结构制造工艺

车体钢结构由底架钢结构、侧墙钢结构、车顶钢结构、端墙钢结构组焊而成。主要工艺流程如图 19.11 所示。

图 19.11 车体钢结构制造

车体钢结构制造过程如下：将底架钢结构装卡在工装胎位上并按技术要求预置拱度，依次吊装端墙钢结构、侧墙钢结构并定位拉紧，吊装车顶钢结构并定位拉紧，调整尺寸后通过电阻焊和弧焊完成整个车体的焊接。车体整体焊接后再采用电弧焊焊接车体钢结构内部小件。

不同部位的焊接方式不同，如表 19.2 所示。车体总组成点焊设备见图 19.12。

图 19.12　车体总组成点焊设备

表 19.2　车体部件连接所用焊接方式

连接部件	焊接方式
侧墙钢结构与底架钢结构	迂回点焊
侧墙钢结构与车顶钢结构	双面单点点焊
侧墙钢结构与端墙钢结构	双面单点点焊
端墙钢结构与车顶钢结构	双面单点点焊
端墙钢结构与底架钢结构	电弧塞焊
小件焊接	电弧焊

19.3.2.2 底架钢结构制造工艺

底架钢结构包括端底架、横梁、边梁、连接板、地板组成、车下吊挂等。主要工艺流程如图 19.13 所示。

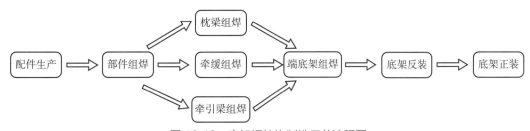

图 19.13　底架钢结构制造工艺流程图

底架钢结构制造过程如下：将端底架、横梁、边梁（边梁与连接板已组焊）在底架工装胎位组装定位压紧，进行端底架与边梁的塞焊、横梁与边梁等零部件点焊，点焊完成后进行底架小件焊接。将底架转至正装工位，使用电铆焊进行波纹板与底架结构的组焊。

底架钢结构焊接方式采用双面单点点焊方式和气体保护焊。端底架组成采用高强度耐候钢材料。为了避免碳钢焊接对不锈钢车体造成污染，需将端底架组成焊接与不锈钢车体生产线安排在不同的车间完成。

端底架所用材料为耐候钢材质，板厚范围在 4~40mm，焊接方法采用气体保护焊。下面以底架钢结构中典型接头为例，对焊接工艺过程进行说明。

（1）焊接接头类型。

根据设计图纸提取焊接接头信息，如底架钢结构中某焊缝母材材质 Q345C，板厚组合 8mm+10mm；焊接接头形式角接（FW），焊角尺寸 Z6，焊接接头示意图如图 19.14 所示。

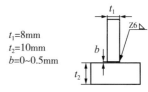

$t_1=8mm$
$t_2=10mm$
$b=0~0.5mm$

图 19.14 焊接接头示意图

（2）焊接人员资质要求。

焊工需要取得 ISO 9606-1 证书。梳理焊接人员资质需求，核对各工位焊接人员焊接证书覆盖范围是否满足要求，包括证书中焊材组别、母材板厚、焊缝厚度和层道数等信息。

证书项目：ISO 9606-1 135 P FW 1.2 FM1 S $t5$ PF sl

覆盖范围：FM1、FM2，PA PB PF，$t \geqslant 3mm$。

（3）焊接设备。

确认焊接设备是否满足焊接工艺规程要求的焊接方法、电极极性、焊接参数范围、焊枪的可达性等。

（4）焊接工艺评定。

根据 ISO 15614-1 标准的要求制定焊接工艺评定。焊接工艺评定内容包括接头类型、母材组别（ISO 15608）、母材的板厚、焊材等信息。根据焊接工艺评定报告编制焊接工艺规程，焊接操作者依据焊接工艺规程要求完成焊接作业。

19.3.2.3 侧墙钢结构制造工艺

侧墙钢结构包括侧墙分块组成、门扣铁、连接板、上墙板等。侧墙钢结构主要工艺流程如图 19.15 所示。

配件生产 ⟹ 部件组焊 ⟹ 组焊骨架 ⟹ 侧墙骨架调修 ⟹ 侧墙铺板 ⟹ 侧墙合成

图 19.15 侧墙钢结构制造工艺流程图

侧墙钢结构制造过程如下：将窗立柱、横梁、连接板补强板等侧墙分块骨架在工装胎位组装定位压紧，采用双面单点焊完成侧墙分块骨架焊接，按技术要求在工装胎位上进行平面度调修；将中墙板、下墙板和侧墙分块骨架依次定位压紧在工装胎位，采用自动单面双点点焊设备进行点焊。各侧墙分块组成完成后，将其和门扣铁、上墙板等一起组装定位压紧在工装胎位，采用双面单点方式完成点焊。

侧墙钢结构焊接主要采用双面单点和单面双点的点焊方式。侧墙骨架点焊设备见图 19.16。侧墙分块组成采用自动单面双点点焊，焊点分布均匀，压痕浅而一致，在保证侧墙质量的同时满足侧墙平整度要求。门扣铁采用钨极氩弧焊，有效控制焊接变形。

图 19.16　侧墙骨架点焊设备

侧墙钢结构的焊接方式为电阻点焊，接头形式均为搭接形式，以侧墙钢结构某电阻焊点为例，解析电阻焊工艺过程。

（1）焊缝接头类型。

根据设计图纸提取焊点信息，如侧墙钢结构中某焊点母材材质 SUS301L，板厚组合 1.5mm+1mm；焊接接头形式电阻点焊，焊点直径 Φ5mm，焊接接头示意图如图 19.17 所示。

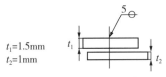

图 19.17　电阻点焊示意图

（2）焊接人员要求。

电阻焊焊接操作工需要取得 ISO 14732 证书，电阻焊重点考核操作工对于点焊设备操作能力，不同设备的证书无法相互覆盖。

（3）焊接工艺评定。

根据 ISO 15614-12 制作焊接工艺评定，电阻焊接头的板厚和层数、母材材质是焊接工艺评定的范围，超出范围需要重新进行焊接工艺评定验证。不同焊接设备间的焊接工艺评定同样无法相互替代。

19.3.2.4　车顶钢结构制造工艺

车顶钢结构包括空调平台、弯梁、车顶下边梁、连接板、波纹板顶板等组成。主要工艺流程如图 19.18 所示。

配件生产 → 部件组焊 → 空调平台组焊 → 车顶骨架组焊 → 车顶密点 → 车顶正装 → 车顶反装 → 车顶试漏

图 19.18　车顶钢结构制造工艺流程图

车顶钢结构制造过程如下：在专用工装上完成空调平台点焊，将空调平台、弯梁、车顶下边梁、连接板等在工装上组装并定位压紧点焊，采用双面单点的点焊方式焊接；将车顶波纹板吊装在车顶骨架上，用自动点焊设备点焊焊接车顶骨架与侧顶板及车顶波纹板。波纹板点焊完成后，采用电弧焊焊接车顶各道密封焊缝。将车顶翻转进行调修。在专用工装上采用电弧焊焊接车顶小件，检验车顶密封性；焊缝要求密封，不得有漏气、漏水现象。图 19.19 所示为车顶密点点焊设备。

图 19.19　车顶密点点焊设备

19.3.2.5 端墙钢结构制造工艺

端墙钢结构包括端墙骨架（立柱、横梁、连接板）和端墙板等。主要工艺流程如图 19.20 所示。

图 19.20　端墙钢结构制造工艺流程图

端墙钢结构制造过程如下：将立柱、横梁、门立柱等在工装上组装并定位压紧，采用电弧焊焊接端墙门口组成；将端墙门口组成、连接板等在工装胎位上组装定位压紧，采用双面单点点焊，端墙骨架焊接完成后在专用工装上按技术要求进行调修。将端墙板和调修后的端墙骨架依次定位压紧在工装胎位上，采用自动单面双点点焊设备进行点焊。

端墙钢结构焊接采用双面单点和单面双点的点焊方式及电弧焊焊接方式。

19.4 焊接工艺文件

根据 EN 15085《轨道车辆及其部件的焊接》规定，企业在进行轨道车辆制造、改造以及维修时，需要按照标准要求，由焊接监督人员根据职责分工表制定相应的焊接工艺文件。主要包括焊接工艺实施计划、焊接工艺评定、焊接工艺规程、焊接接头清单、焊工列表、组焊操作指导书等。

19.4.1 焊接工艺实施计划

在车辆图纸设计完成后，根据图纸的焊接接头细节，制订详细的焊接工艺实施计划，包括图纸、工装胎位、焊工证书、焊接设备、焊接材料、母材材质及规格、焊接保护气体、焊接方法、焊接工艺规程、焊接位置、焊缝质量等级、热处理情况、根据 EN 15085-4 要求制作的工作试件项目、焊缝检验计划、焊接顺序等。

19.4.2 焊接工艺评定

焊接工艺评定是根据 ISO 15614 标准验证所拟定的焊件焊接工艺的正确性而进行的试验过程及结果评价，是保证质量的重要措施，为制定焊接工艺规程提供可靠依据。焊接工艺评定项目需要根据图纸设计的焊缝细节制定，综合考虑所有焊缝的焊接方法、母材组别、板厚、焊接位置、焊材、接头形式、预热情况、层道数、焊接设备、机械化程度、电极极性等内容。由于 ISO 15614 标准中规定了焊接工艺评定内容的替代范围，因此评定项目的具体焊缝细节要做到覆盖范围的全面性。制作焊接工艺评定的流程图如图 19.21 所示。焊接工艺评定报告示例如图 19.22 所示。本章中的示例图仅给出文件的大致样式，具体细节不作探讨，下同。

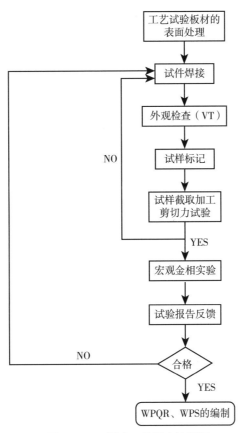

图 19.21　焊接工艺评定流程图

图 19.22　焊接工艺评定报告（示例）

19.4.3　焊缝接头清单

根据图纸的焊缝设计，将每张图纸的焊缝细节录入到焊缝接头清单中，清单中将每条焊缝的图纸名称、图号、版本、焊接位置、焊缝序号、板厚组合、母材材质、接头类型、焊缝质量等级、焊接方法、焊缝细节、焊材和保护气体、焊接工艺规程编号、焊接工艺评定报告编号进行编辑，在清单中能很清晰地查询到每条焊缝细节，并能做到焊接工艺规程和图纸焊缝序号的对应，方便指导焊工进行操作。焊缝接头清单示例如表 19.3 所示。

零件说明	图纸号	焊缝顺序号	修订	板厚组合	接头型号	焊接质量等级	焊接工艺	焊材	气体保护	WPQR 和 WPS
车体钢结构	BD37-10-00-000-1	1	S	1.5+1.5+4	搭接	CPC2	21	CrZrCu		WPQR-XXX-H09024 WPS-XXX-DH-005
车体钢结构	BD37-10-00-000-1	2	S	1.5+1.5+4	搭接	CPC2	21	CrZrCu		WPQR-XXX-H09024 WPS-XXX-DH-005
车体钢结构	BD37-10-00-000-1	3	S	1.5+1.5+4	搭接	CPC2	21	CrZrCu		WPQR-XXX-H09024 WPS-XXX-DH-005

表 19.3　焊缝接头清单（示例）

19.4.4　焊接工艺规程

　　焊接工艺规程是焊工进行焊接操作时的指导性工艺文件，焊接工艺规程中的工艺参数是经过焊接工艺评定验证的。根据焊缝细节，将覆盖范围包括此细节的焊接工艺评定作为依据，把焊接参数填写到焊接工艺规程中，如焊缝细节超出焊接工艺评定的覆盖范围，则需要重新制作焊接工艺评定。

　　电弧焊焊接工艺规程中会依据 ISO 15609 标准的要求，详细列出焊接此焊缝需要准备的焊接设备和工具、焊接材料和保护气体、母材材质和板厚、焊接工艺参数的范围、电流极性、焊缝层道数和焊接顺序等。电阻点焊工艺规程内容包括电极压力、焊接时间、保压时间、焊接电流等信息。弧焊焊接工艺规程示例如图 19.23 所示，电阻焊焊接工艺规程示例如图 19.24 所示。

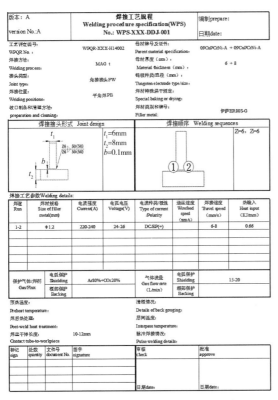

图 19.23　弧焊焊接工艺规程（示例）

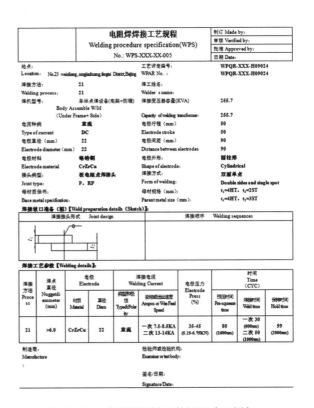

图 19.24　电阻焊焊接工艺规程（示例）

19.4.5　焊工证书

　　参与轨道车辆和部件焊接的焊工需要取得 ISO 9606 国际焊工证书，焊接操作工需取得 ISO 14732 国际焊接操作工证书。焊工和焊接操作工证书需要每半年由焊接监督人员进行上岗能力确认，长期连续焊接相同部件，或工作的内容在焊工证书范围内没有变化且质量稳定的，可以认为证书有效。焊接工作不连续或工作内容存在变化的焊工，需要按照 EN 15085-4 和 ISO 15613 标准要求，焊接验证焊工上岗能力的工作试件，按标准进行相关实验，合格后可以上岗工作。

　　为方便管理焊工证书，清晰地了解各个焊接车间整体的焊工证书情况，需要建立焊工和焊接操作工列表。列表中主要包括焊工的姓名、焊工编号、证书项目名称、焊接材料、覆盖范围、证书编号、有效期等。焊工证书需要在证书到期前依据 ISO 9606 标准的要求进行复证考试，经评定合格发放新证后替换原有证书并更新焊工列表。已经过期的焊工证书需要建立过期焊工证书台账进行统一归档和保管，方便焊接人员资质的追溯。ISO 9606 焊工证书、ISO 14732 焊接操作工证书及焊工列表的示例如图 19.25、图 19.26 及表 19.4 所示。

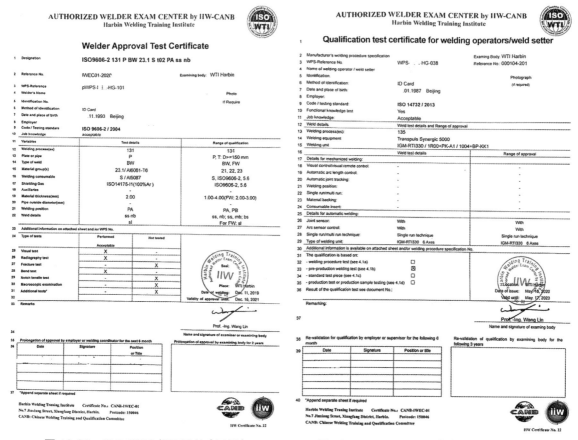

图 19.25　ISO 9606 焊工证书（示例）　　　　图 19.26　ISO 14732 焊接操作工证书（示例）

表 19.4　焊工列表（示例）

姓名	编号	项目名称	焊接材料	保护气体	材料认可范围	焊接位置认可范围	板厚认可范围/mm	证书号码	有效期
张三	B049-1	ISO 9606-1 135 P FW 8 FM5 S t1.5 PB s1	ER308LSi	97.5%Ar+2.5%CO2（M12）	FM5	PA PB	1.5~3	IWEC01-2015-123456	2022.05.17
张三	B049-2	ISO 9606-1 135 P FW 8 FM5 S t4 PF s1	ER308LSi	97.5%Ar+2.5%CO2（M12）	FM5	PA PB PF	≥3	IWEC01-2015-123457	2022.03.03
张三	B049-3	ISO 9606-1 135 P BW 8 FM5 S t1.5 PA ss nb	ER308LSi	97.5%Ar+2.5%CO2（M12）	FM5	PA	1.5~3	IWEC01-2015-123458	2023.10.20
李四	B034-1	ISO 9606-1 141 P FW 8 FM5 S t1.5 PB s1	ER308LSi	100%Ar	FM5	PA PB	1.5~3	IWEC01-2015-123459	2022.03.03
李四	B034-2	ISO 9606-1 135 P FW 8 FM5 S t1.5 PB s1	ER308LSi	97.5%Ar+2.5%CO2（M12）	FM5	PA PB	1.5~3	IWEC01-2015-123460	2023.02.04
李四	B034-3	ISO 9606-1 111 P BW 8 FM5 R t4 PF ss nb	A102	/	FM5	PA PF	2~8	IWEC01-2015-123461	2023.10.20
李四	B034-4	ISO 9606-1 111 P FW 8 FM5 R t2 PF s1	A102	/	FM5	PA PB PF	2~4	IWEC01-2015-123462	2023.10.20

19.4.6　焊接工作试件

焊接工作试件依据 EN 15085-4 和 ISO 15613 标准要求实施，可以验证设计、验证工艺性、验证焊工技能、验证焊缝质量。根据每个项目中的接头类型、焊接位置、焊工技能、焊接材料等选择工作试件达到验证目的。验证焊工技能的工作试件，需要焊接监督人员每半年在工作试件报告中对焊工上岗能力进行确认。焊接工作试件报告示例如图 19.27 所示。

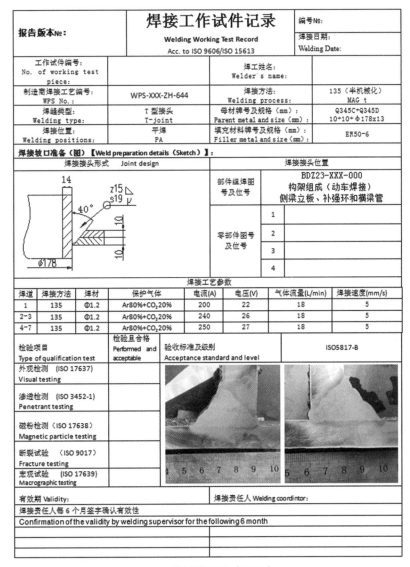

图 19.27　工作试件报告（示例）

19.5　电阻焊焊缝质量

不锈钢车体钢结构多采用电阻焊进行部件之间的连接，每节车约有 2.5 万个电阻焊点，下面将以电阻焊焊缝为例介绍如何保证焊点的质量。

由于电阻点焊焊核处在封闭状态无法直接观测，特征信号的提取相当困难，而且形成熔核时间较短，焊接条件短时间的波动就会造成严重后果。可从以下几方面控制焊点质量。

19.5.1　工件表面的清理

不锈钢材料进行电阻焊前需保持工件表面清洁。因为当焊件表面有氧化物、水分、油污或者其他杂质则增大了表面接触电阻，氧化物层的不均匀还会影响各焊点加热的不一致，直接影响焊接质量稳定。同时，焊接前需对工件进行调平，保证板与板之间接触良好，避免因为工件接触不良造成电阻增大影响焊点质量。表面清理方法分机械清理和化学清理，根据焊件材料、供应状态、结构形状和尺寸、生产规模等因素进行选择。

19.5.2　电阻焊点的位置

在车体钢结构设计时，焊接分流使焊接区有效电流减小，熔核尺寸减小，熔核强度下降；分流电流在电极—焊件接触面一侧集中过密，因局部过热造成飞溅、熔核偏移等问题，焊接质量不稳定。生产过程中应尽量减少焊接分流，常用措施有以下几点：① 选择合适的点距，按照材料的电阻率和厚度规定点距最小值；② 焊前清理焊件表面；③ 适当增大焊接电流以补充分流影响。

19.5.3　焊接设备的定期维护

在长时间使用电阻焊设备后，为保证设备的正常运行，电源、主线缆等需要进行维护和更换，更换零件后需要重新制作焊接工艺评定工作试件，以验证焊接工艺参数。

19.5.4　严格执行焊接工艺规程

电阻点焊设备每次开机工作前，对工件中出现的板厚组合制作验证质量的工作试件，以验证当前供电网压、焊机性能和预设的焊接条件等能否满足作业要求，工作试件每个板厚组合制作 3 组，确认合格后开始当日工作，电阻焊工作试件见图 19.28。

按工艺规程对焊接参数进行调整、校正。电阻焊焊接参数主要有电极压力、焊接电流、焊接时间、电极形状等。焊接参数对焊点质量影响很大，常常需要调节多种焊接参数才能达到最优的匹配，获得质量合格的焊点。

19.5.4.1　电极压力

在参数调试过程中电极压力变化将引起接触面积的变化，从而也将影响电流线的分布。随着电极压力的增大，电流线的分布将变得分散，工件电阻将减小。焊点强度总是随着电极压力的增大而降低。在增大电极压力的同时，增大焊接电流或延长焊接时间，可以弥补电阻减小的影响，可以保持焊点强度不变。

19.5.4.2　焊接电流

电阻焊的焊接电流对产热的影响比焊接时间大，是平方正比的关系，因此焊接电流是必须严格控制的重要参数。电网电压的波动和交流焊机次级回路的阻抗变化是引起电流变化的主要原因。

19.5.4.3 焊接时间

为了获得一定强度的焊点，可以采用大电流和短时间（通常称强条件），也可以采用小电流和长时间（弱条件）。条件的选取取决于金属的性能、厚度等。

19.5.4.4 电极形状和材料性能的影响

电极端头的变形和磨损后，相应的接触面积也将随之增大，焊点强度将会降低。

19.5.5 操作人员上岗资质

每名电阻焊设备操作工均须取得 ISO 14732 国际焊接操作工证书后才能上岗工作。每半年对操作工进行上岗能力鉴定，对不能满足要求的操作工，要求参加培训，合格后才能上岗继续工作。若该焊接设备的焊接控制单元或操作面板更换，须重新考取证书。

19.5.6 焊接监控系统

为稳定点焊质量，每次启动电阻焊设备后须启动监控系统。电阻焊监控页面见图 19.29。

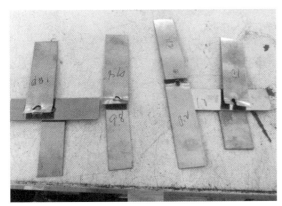

图 19.28　电阻焊工作试件

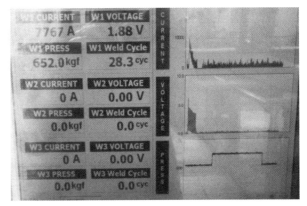

图 19.29　电阻焊监控页面

本章的学习目标和知识要点

1.学习目标

（1）了解不锈钢车体的结构。

（2）了解不锈钢车体的生产制造流程、焊接方法、焊接设备。

（3）掌握保证电阻焊焊缝质量的方法。

（4）在理解 EN 15085 焊接体系要求的基础上，掌握编制焊接文件的内容和要点。

2. 知识要点

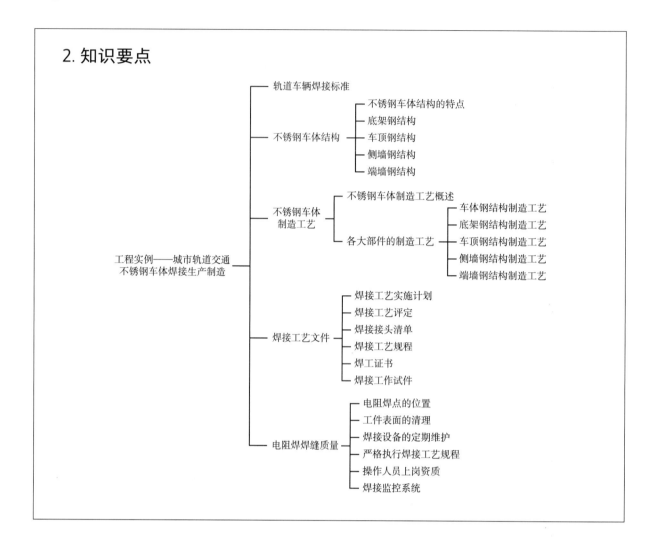

第20章

工程实例——桥梁钢结构

编写：徐向军、高建忠　审校：陈宇

20.1 钢桥制造相关规范及钢材、焊材、人员资质

20.1.1 钢桥设计及制造相关标准和规范

20.1.1.1 钢桥设计相关规范

按照欧洲标准制造的桥梁钢结构项目，钢桥设计执行以下欧洲规范：

EN 1990《结构设计基础》

EN 1991《结构的作用》

EN 1993–1–1《钢结构设计　第 1–1 部分：一般规定和建筑准则》

EN 1993–1–8《钢结构设计　第 1–8 部分：接头设计》

EN 1993–1–9《钢结构设计　第 1–9 部分：疲劳》

EN 1993–1–10《钢结构设计　第 1–10 部分：材料韧性和厚度性能》

EN 1993–2《钢结构设计　第 2 部分：钢桥》

20.1.1.2 钢桥制造相关规范

钢桥制造和焊接执行欧洲规范 EN 1090–2《钢结构和铝结构的施工　第 2 部分：钢结构的施工技术要求》和 ISO 3834–2《金属材料熔焊质量要求　第 2 部分：完整质量要求》的规定。施工等级符合 EXC3 或 EXC4 级规定。施工规程应规定相应的施工等级或不同部件的施工等级，其中 EXC4 的要求建立在 EXC3 的基础上，比 EXC3 更加严格。

应特别注意的是，有些项目结合其特点会提出特殊的要求，EN 1090–2 标准是通用规范，不同国家还会有单独的技术要求，如德国有《土木工程合同附加技术条件和规范》（ZTV–ING）技术要求，挪威有《通用规范 2　桥梁和码头标准规范文本》（Handbook 026）技术要求；有的项目业主也会提出单独的技术要求，如荷兰某钢桥项目业主有《EN 1090–2 标准的附加要求》等，当要求不一致时，需按较严格的要求执行。

20.1.2 钢桥制造人员资质

20.1.2.1 焊工和焊接操作工资质

焊工应该取得 ISO 9606-1 资格证书，焊接操作工应取得 ISO 14732 资格证书。应定期审核焊工和焊接操作工的资格证书，确保资格证书的有效性。除非另有规定，空心支管焊接的焊工（支管角度小于 60°，定义见 EN 1993.1.8）应根据标准要求取得焊工资格。

20.1.2.2 焊接责任人

对于施工等级 EXC3 和 EXC4，焊接责任人应具备适合的资质、相关的焊接经验，焊接责任人应根据 EN ISO 14731 标准的规定进行监督。焊接责任人应具有国际焊接工程师证书，焊接生产时需要有国际焊接工程师在现场解决生产中焊接问题。

20.1.2.3 目视检测人员资质

目视检测人员应取得欧洲标准目视检测二级人员资质。

20.1.2.4 无损探伤人员资质

无损检测方法应根据 EN ISO 17635 进行选择，采用相应探伤方法进行探伤的人员应按照 EN ISO 9712 取得不低于相应探伤方法欧洲标准二级人员资质。

20.1.3 桥梁用结构钢

20.1.3.1 钢板技术要求

按照欧洲标准设计和建造的钢桥，多数主结构钢板材质为 S355、S420 级钢板，少量采用 S460 及以上强度级别钢板。钢板轧制状态为热轧（+AR）、正火（+N）或热机械轧制（+M），分别符合 EN 10025-2《结构钢的热轧产品　第 2 部分：非合金结构钢交货技术条件》、EN 10025-3《结构钢的热轧产品　第 3 部分：正火／正火轧制焊接用细晶粒结构钢交货技术条件》、EN 10025-4《结构钢的热轧产品　第 4 部分：热机械轧制焊接用细晶粒结构钢交货技术条件》。

20.1.3.2 钢板厚度方向性能（Z 向性能）

钢板厚度方向承受拉应力的钢板，为了防止在盖板上产生层状撕裂（图 20.1），设计方会要求采用 Z 向性能钢板。Z 向性能钢板的选用按照 EN 1993-1-10《钢结构设计　第 1～ 第 10 部分：材料韧性和厚度方向性能》标准要求进行选择。

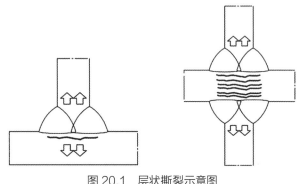

图 20.1　层状撕裂示意图

20.1.3.3 钢板认证资质要求

采购钢板时应注意，钢厂应具有欧盟 CE 认证资质，钢板质保书和钢板上应有 CE 标志。钢厂应根据 EN 10204《金属产品　检验文件的类型》中"3.1 形式"出具钢板质保书。如果合同规定钢板需要第三方见证或试验，第三方应在质保书上签认或出具检测报告。另外，应特别注意不同国家还会有单独的钢板技术要求，如德国有 DBS 918002–02《铁路桥用热轧结构钢产品交货技术条件》。

20.1.3.4 钢板的材料追溯要求

对于施工等级为 EXC3 和 EXC4 的产品，制造厂需要对钢板进行编号，在从接收到使用后的转移工序的所有阶段，必须进行材料号追溯。

20.1.4 钢桥梁焊接方法和焊接材料

20.1.4.1 常用焊接方法

欧洲桥梁钢结构焊接方法主要采用焊条电弧焊（111）、实心焊丝气体保护焊（135）、药芯焊丝气体保护焊（136）和埋弧自动焊（121），圆柱头焊钉采用螺柱电弧焊（783）。

20.1.4.2 常用焊接材料

针对 S355、S420 级钢板，采用上述焊接方法焊接时，最常用的焊接材料举例见表 20.1。

表 20.1 常用焊接材料举例

焊接方法	焊材种类	焊材牌号	规格 /mm	欧洲标准及型号	备注
111	焊条	CHE58–1	3.2，4.0	ISO 2560–B–E 49 18–1A	适于 S355、S420 级钢板焊接
121	埋弧焊丝	CHW–S3	Φ5.0	ISO 14171– A–S3	
	焊剂	CHF101	—	ISO 14174 –SA FB1	
135	实心焊丝	JQ.MG50–6	1.2	ISO 14341–A–G 42 4 C1 3 Si1	
136	药芯焊丝	SQJ501NiL	1.2	ISO 17632 –A–T42 4 P C1 1	
		GFL–70C	1.4	ISO 17632 –A–T42 2 R C	

20.1.4.3 焊材认证资质要求

应注意所采购焊材的生产厂家应具有欧盟 CE 认证资格，焊材质保书和包装上应有 CE 标志。焊材厂应根据 EN 10204《金属产品 检验文件的类型》中"3.1 形式"出具焊材质保书。

应注意对焊材熔敷金属扩散氢含量的要求，如 H5、H10 级等。

另外，应特别注意不同国家还会有单独的焊材技术要求，如德国钢结构用焊材需要通过 CE 认证，同时还要求通过德国铁路认证（DB 认证）。

20.2 钢桥焊接接头、评定试验、焊接工艺及焊缝检验

20.2.1 焊接接头和焊缝坡口公差及装配

20.2.1.1 不等厚对接焊缝

对于不同厚度或变宽度的板材对接焊缝，为了减小结构尺寸突变导致的应力集中，提高焊缝的疲劳性能，在厚板或宽板上按 ≤ 1∶4 的斜率加工斜坡，使得厚板向薄板或宽板向窄板过渡匀顺。如果焊后焊缝表面不磨平，焊缝余高最大不能超过焊缝宽度的 1/10，且匀顺过渡到母材，见图 20.2。

焊接时需要使用引弧板和熄弧板，焊接完成后采用切割的方法去除引弧板和熄弧板，并且将切口打磨光滑。

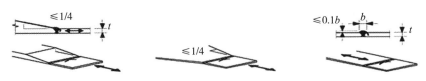

图 20.2 不等厚或不等宽对接过渡要求

20.2.1.2 冷弯结构焊接

冷成型弯曲构件，由于冷作硬化，焊接后的接头区域抗疲劳能力下降，容易开裂。除非满足以下条件之一，否则冷弯结构的冷弯部位和冷弯部位每侧外延 5t（t 为冷弯板板厚）范围内不允许焊接：① 冷弯部位在焊接前进行正火热处理；② r/t 比率符合表 20.2 中相关值的要求（t 为冷弯板板厚，r 为弯曲半径）。

表 20.2 冷弯部位及毗邻区域可以焊接的条件

r/t	冷变形应变量 /%	最大板厚 /mm		加铝全镇静钢（Al ≥ 0.02%）
		一般情况		
		主要承受静载	主要承受疲劳载荷	
≥ 25	≤ 2	所有	所有	所有
≥ 10	≤ 5	所有	16	所有
≥ 3.0	≤ 14	24	12	24
≥ 2.0	≤ 20	12	10	12
≥ 1.5	≤ 25	8	8	10
≥ 1.0	≤ 33	4	4	6

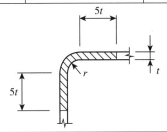

20.2.1.3 正交异性桥面板焊缝

桥面直接承受车轮动载荷，受疲劳控制，要求装配更加严格。图 20.3 给出了典型正交异性钢桥面的结构形式，钢结构桥梁的组装公差按照制造规范 EN 1090-2 附录中表 B.21 和设计规范 EN 1993-2 中表 C.4 执行，其中规定了对接焊缝错台 ≤ 2mm、钢衬垫组装间隙 ≤ 1mm、U 肋与桥面板组装间隙 ≤ 2mm、U 肋嵌补段对接间隙偏差 ±2mm、U 肋板肋与横隔板间组装间隙 ≤ 3mm 等。

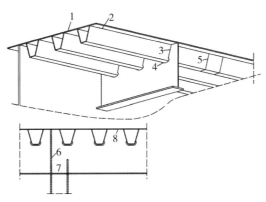

1—桥面板；2—纵向加劲肋与桥面板的焊接接头；3—纵向加劲肋与横梁腹板
之间的焊接接头；4—横梁腹板切口；5—纵向加劲肋拼接接头；6—横梁的拼接接头；
7—横梁与主梁或横肋的焊接接头；8—横梁与桥面板间焊接接头。

图 20.3　高速公路桥正交异性桥面板示例

由于正交异性桥面板容易在 U 形肋焊缝内侧根部和外侧焊趾位置产生疲劳裂纹（图 20.4），设计规范 EN 1993-2 对 U 形肋焊接坡口尺寸角度和焊缝要求进行了详细规定：① 焊缝有效厚度 $a \geqslant 0.9t_{stiffener}$；② 根部未熔透 $\leqslant 0.25t$ 或 $\leqslant 2mm$ 中的较小值。

其中，a 是焊缝有效厚度；t 是面板的板厚；$t_{stiffener}$ 是加劲肋的板厚。

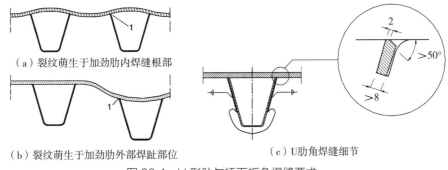

（a）裂纹萌生于加劲肋内焊缝根部

（b）裂纹萌生于加劲肋外部焊趾部位　　　（c）U肋角焊缝细节

图 20.4　U 形肋与桥面板角焊缝要求

20.2.1.4　典型坡口要求

桥梁钢结构的结构形式比较复杂，焊接接头种类多，包括对接焊缝、全熔透角焊缝、部分熔透坡口角焊缝和角焊缝等，结合使用的焊接方法，可以参考欧洲标准 ISO 9692-1《焊接及相关工艺　推荐的焊接坡口　第 1 部分：钢的焊条电弧焊、气体保护焊、气焊、TIG 焊及高能束焊》和 ISO 9692-2《焊接及相关工艺　推荐的焊接坡口　第 2 部分：钢的埋弧焊》制定焊缝坡口公差。以下为典型焊缝坡口公差示意图和说明（表 20.3）。

表 20.3　典型焊缝坡口公差示意图和说明

接头形式	板厚 /mm	截面示意图	角度 β	间隙 b/mm	备注
带衬垫的单 V 形对接坡口（单面焊）	≥ 16		$5° \leqslant \beta \leqslant 20°$	$5 \leqslant b \leqslant 15$	焊接方法 135/136/121

续表

接头形式	板厚 /mm	截面示意图	角度 β	间隙 b/mm	备注
带衬垫的半 V 形熔透角接坡口（单面焊）	≥ 16		15° ≤ β ≤ 60°	6 ≤ b ≤ 12	焊接方法 135/136

接头形式	板厚 /mm	截面示意图	角度 α, α_1, α_2	钝边 c/mm	间隙 b/mm	备注
对称 X 形对接坡口（背面清根）	24~50		40° ≤ α ≤ 60°	≤ 2	0 ≤ b ≤ 2	h=1/2t 焊接方法 135/136/121
非对称 X 形对接坡口（背面清根）	12~24		$\alpha_1 \geq 40°$ $\alpha_2 \leq 60°$	≤ 2	0 ≤ b ≤ 2	h=1/3t 焊接方法 135/136/121
双 U 形对接坡口（背面清根）	≥ 50		8° ≤ β ≤ 12°	≤ 2	0 ≤ b ≤ 2	焊接方法 135/136/121

20.2.2 工艺评定

20.2.2.1 钢板切割工艺评定

钢结构桥梁制造中常使用的切割方法主要有火焰切割和等离子切割。EN 1090-2 标准要求只有在不能使用机器热切割的情况下，才能使用手工热切割。

火焰切割和等离子切割应按要求进行切割工艺评定试验，选取最薄、最厚和中间典型厚度的钢板进行切割工艺评定试验，试件外形尺寸如图 20.5 所示。

对切割后的试件进行磁粉或渗透探伤，然后检测外形尺寸、切割面粗糙度、垂直度和硬度。

切割面硬度检测，对于强度等级 < S460 级的钢板，切割面硬度不能超过 380（HV10），对于 ≥ S460 级的钢板，切割面硬度不能超过 450（HV10）。

根据钢板切割工艺评定试验结果编制热切割工艺（CPS），应至少包括切割方法、切割设备、割嘴型号、材料组别、材料厚度范围、气体类型、气体压力、切割速度、切割高度、预热温度等，CPS 内容和格式参考 EN 1090-2 附录中表 D.4。

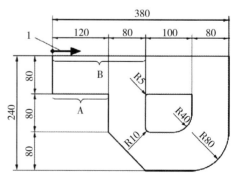

图 20.5 钢板切割工艺评定试件外形尺寸

（注：1 是开始切割的位置及切割方向。在样品的 A 区和 B 区测量硬度，B 区在长度方向的测量范围至少为 200mm。角部和圆弧区域通过目视检测）

20.2.2.2　钢板热矫形工艺评定

如果通过火焰来矫正焊接变形，应按 EN 1090-2 标准要求，对于强度高于 S355 的钢，应选取典型厚度的钢板进行热矫正工艺评定试验，检验钢板经过热矫正后，力学性能试验（包括拉伸、冲击和硬度）的结果满足技术要求，从而确定钢板的最高加热温度。

根据钢板热矫正工艺评定试验结果编制热矫正工艺，应至少包括：① 允许的最大加热温度和冷却要求；② 加热方法；③ 用于测量温度的方法；④ 有资格使用工艺的工人。

20.2.2.3　焊接工艺评定

钢结构桥梁焊接工艺评定主要进行焊接工艺评定试验（按照 ISO 15614-1）、预生产焊接工艺评定试验（按照 ISO 15613）及螺柱焊焊接工艺评定试验（按照 ISO 14555）等，每一组焊评试验后，编制焊接工艺评定报告。

当要使评定程序适用于钢材强度等级 ≥ S460 的角焊缝时，应根据 EN ISO 9018 执行十字接头拉伸试验，且须进行三个十字拉伸试样的试验。

对于使用全机械化焊接的深熔角焊缝，多道焊或单道焊的第一道焊缝应根据 EN ISO 15614 进行焊接工艺评定试验，对于试验焊缝的厚度及其覆盖范围，应满足实际产品的需要。检验应包括三个低倍金相试样，分别取自起弧位置、中间位置和收弧位置。最小熔深值应根据实际低倍金相试样确认。

20.2.3　焊接工艺编制

根据焊接工艺评定试验结果和 ENISO 15614 的覆盖范围，依据 ISO 15609-1《金属材料焊接工艺规程及评定　第 1 部分：弧焊》标准编制焊接工艺规程，主要包括：焊接方法，接头设计，焊接位置，接头清理，焊接操作技术（如摆动幅度、焊丝倾角等），衬垫，背面清根，自动化程度，电源极性，焊接材料，保护气体，预热，后热，电流、电压、焊速、热输入等参数，等等。焊接工艺规程的格式可参照 ISO 15609-1 附录 A。

20.2.4　焊后热处理

桥梁钢结构杆件或节段体积大，吨位重，很少进行焊后热处理。当钢板碳含量和碳当量较高，钢板焊接性较差时，为了保证焊缝焊接质量，可能会对部分厚板焊缝进行后热处理，加热到 150~200℃，并采用石棉保温缓冷去氢。

20.2.5　焊缝目视检测

对桥梁钢结构所有焊缝全长范围内进行目视检测。对于施工等级 EXC3，焊接缺欠的验收标准，参照 EN ISO 5817：2014 质量等级 B，但"焊趾不良"（505）和"微观熔接"（401）不在考虑范围之内。

对于施工等级 EXC4，焊缝应满足 EXC3 的要求，在此基础上应规定相应焊缝的附加要求。

应在一个区域内的焊接作业完成之后，在其他无损检测之前进行目视检测。目视检测包括：① 所有焊缝的位置及完成情况；② 依据 EN ISO 17637 标准对焊缝进行检查；③ 电弧擦伤与焊接飞溅的面积。

20.2.6 焊缝无损检测方法及比例

20.2.6.1 无损检测时间

焊后探伤最短时间应符合 EN 1090-2 中表 23 的要求和设计要求（表 20.4），一般情况下我们选择焊后 24 小时且目视检测合格后进行无损检测。

表 20.4　焊后探伤最短时间

焊缝细节		最短保持时间（小时）[①]	
根据 EN 1011-2：2001 附录 C 的方法 A 进行预热			
焊缝尺寸 /mm[②]	热输入量 Q /（kJ/mm）[②]	S235 至 S460	S460 以上
a 或 $s < 6$	全部	仅冷却期	24
$6 < a$ 或 $s < 12$	≤ 3	8	24
	> 3	16	40
a 或 $s > 12$	≤ 3	16	40
	> 3	40	48
根据 EN 1011-2：2001 附录 C 的方法 B 进行预热			
焊缝尺寸 /mm[②]		S275 至 S690	S690 以上
a 或 $s \leq 20$		仅冷却期	24
a 或 $s > 20$		24	48

① 完成焊接与开始无损检测之间的时间应在无损检测报告中说明。"仅冷却期"指焊后达到无损检测所需要的冷却时间。

② 尺寸适用于角焊缝的额定焊缝厚度 a 或全熔透焊缝的额定材料厚度 s。对于独立的部分熔透对接焊缝，控制标准为额定焊缝深度 a，但对于部分熔透对接焊缝组而言，控制标准为两个焊缝 a 之和。

20.2.6.2 无损检测方法及比例

（1）无损检测方法。

钢桥制造中用到的无损检测方法主要有四种。

① 渗透检测，遵守 EN ISO 3452-1 标准。

② 磁粉检测，遵守 EN ISO 17638 标准。

③ 超声检测，遵守 EN ISO 17640 和 EN ISO 23279 或 EN ISO 13588 标准。

④ 射线检测，遵守 EN ISO 17636 标准。

（2）无损检测比例。

钢桥无损检测一般按照无损检测设计图或设计说明执行，同时要满足 EN 1090-2 中表 24 的最低探伤比例要求（表 20.5）。

另外，依据新的焊接工艺规程制成的前五个焊接接头，应满足以下要求：① 使用质量等级 B 对生产条件下的焊接工艺规程进行论证；② 最短检查长度为 900 mm。

当检查发现不合格的结果时，应进行调查，找到原因。

表 20.5　钢桥无损检测最低探伤比例要求

焊缝类型	车间与现场焊缝		
	EXC1	EXC2	EXC3
横向对接焊缝与部分熔透焊缝	0	10%	20%
横向对接焊缝与部分熔透焊缝： 十字接头中 T 形接头中	0 0	10% 5%	20% 10%
横向角焊缝： $a > 12mm$ 或 $t > 30mm$ $a \leqslant 12mm$ 与 $t \leqslant 30mm$	0 0	5% 0	10% 5%
起重机梁腹板和翼板见纵向全熔透焊缝	0	10%	20%
其他纵向焊缝、加强筋和腹板间焊缝，施工规程定义的受压焊缝	0	0	5%

注：1. 对于 EXC4，检验范围至少达到 EXC3 的要求。
　　2. 对于等级 ≥ S420 的钢材，每条焊缝至少 10%。
　　3. a 与 t 分别指焊缝厚度与连接板中厚板厚度。
　　4. 纵向焊缝是指这些焊缝与部件纵向平行，其他焊缝为横向焊缝。

根据无损检测设计图及 EN 1090-2 表 24 的要求，绘制无损检测施工图指导焊接生产，无损检测施工图包括每条焊缝的焊缝位置、焊缝类型、焊缝编号、焊接工艺规程编号、检测比例、检测方法等。

20.2.7　工作试件

EN 1090-2 中 12.2.4 条的规定：对于正交异性桥面板应进行产品试板试验。

（1）采用全机械化焊接的 U 肋和桥面板焊缝，应按本小节第（2）条规定数量进行产品试板试验，一座桥最少进行一组产品试板试验，每组试板需要进行宏观断面检查，焊缝起始位置或结束位置选一个断面，焊缝中间位置选一个断面。

（2）桥面板面积达到 1000m²，进行三组产品试板试验；桥面板面积大于 1000m² 小于 5000m² 部分，每增加 1000m² 增加 2 组产品试板；桥面板面积大于 5000m² 部分，每增加 1000m² 增加 1 组产品试板。

（3）带钢衬垫的加劲肋与加劲肋对接焊缝应进行一组产品试板。

此外，不同项目对产品试板可能有附加要求，应按合同约定进行。例如，某钢桥的正交异性桥面板生产要求做班前产品试板，每块班前产品试板宏观断面检查合格后，才能开始这一班次的生产；某钢桥的正交异性桥面板生产要求每台焊接机器人的每只焊接机械手都进行一组产品试板试验。

20.3　典型桥梁钢结构焊接工艺

以挪威哈罗格兰德悬索桥（图 20.6）为例，挪威哈罗格兰德大桥（以下简称"挪威桥"）是北极圈内最大跨径的悬索桥，位于挪威北方港口城市纳尔维克市，跨越挪威北部的奥福特峡湾。大桥长

1533m，其中主跨 1145m，主桥钢箱梁由 30 个预制梁段组成，由中国最大的钢桥制造企业中铁山桥集团有限公司制造。

图 20.6 挪威哈罗格兰德悬索桥

20.3.1 挪威桥制造标准

钢桥制造和焊接执行欧洲规范 EN 1090-2《钢结构和铝结构的施工 第 2 部分：钢结构的施工技术要求》和 ISO 3834-2《金属材料熔焊质量要求 第 2 部分：完整质量要求》的规定。施工等级符合 EXC3 级规定。

20.3.2 挪威桥主材、焊材和焊工资格证书

挪威桥钢箱梁主结构采用 S355M 钢板，符合 EN 10025-4《结构钢的热轧产品 第 4 部分：热机械轧制焊接用细晶粒结构钢交货技术条件》的要求，钢板通过了 CE 认证，钢板质保书符合 EN 10204《金属产品 检验文件的类型》中 "3.1 形式"。

挪威桥钢箱梁 S355M 钢板焊接方法包括焊条电弧焊（111）、实心焊丝气体保护焊（135）、药芯焊丝气体保护焊（136）和埋弧自动焊（121），气体保护焊除了采用手工半自动焊，板单元焊接还采用了机器人焊接。对从事埋弧自动焊和机器人气体保护焊的焊工，按照 ISO 14732 标准考试取得操作证书；其他从事焊条电弧焊和气体保护半自动焊的焊工，按照 ISO 9606-1 标准考试取得操作证书。

挪威桥钢箱梁 S355M 钢板所采用的焊材见表 20.6，均通过了 CE 认证，焊材质保书符合 EN 10204《金属产品 检验文件的类型》中 "3.1 形式"。

20.3.3 挪威桥工艺评定

20.3.3.1 钢板切割工艺评定

在大生产前，选取挪威桥钢箱梁典型厚度（6mm、12mm、20mm、30mm、50mm 和 80mm）的 S355M 钢板进行火焰切割工艺评定试验，对 60mm 厚的 S460M 钢板进行火焰切割工艺评定试验，对典型厚度（6mm、12mm 和 20mm）的 S355M 钢板进行等离子切割工艺评定试验。

对切割后的试件进行磁粉或着色探伤，然后检测外形尺寸、切割面粗糙度、垂直度和硬度。切割面硬度检测，S355M 钢板硬度均不超过 380（HV10），S460M 钢板硬度不超过 450（HV10）。根据钢板切割工艺评定试验结果编制热切割工艺（CPS）。

20.3.3.2　钢板热矫形工艺评定

如果通过火焰矫正来矫正扭曲，应按 EN 1090-2 标准要求，对板厚 60mm 的 S460M 钢板进行热矫正工艺评定试验，热矫形温度 650℃和 700℃，检验钢板经过热矫正后，力学性能试验（包括拉伸、冲击和硬度）的结果均满足技术要求，从而确定钢板加热高温度。

20.3.3.3　焊接工艺评定

根据挪威桥钢箱梁结构图，选取典型板厚，按照 ISO 15614-1 的规定进行焊接工艺评定试验。焊接方法有埋弧自动焊（121）、实心焊丝气体保护焊（135）、药芯焊丝气体保护焊（136）、焊条电弧焊（111）。针对顶板、底板上 U 形肋角焊缝机器人药芯焊丝气体保护焊还分别进行了焊接工艺评定试验，共进行 9 组对接焊缝和 9 组角焊缝焊接工艺评定试验，试验项目见表 20.6 和表 20.7。

表 20.6　对接焊缝焊接工艺评定试验项目

编号	板厚材质	坡口简图	焊接位置	焊接材料	焊接方法	覆盖范围
D1 2014Q001	20+20 S355M		PA	H-14（φ4.8mm）+S-737	121	覆盖板厚 10~40mm 对接或熔透、坡口角焊缝，平位
D2 2014Q002	20+20 S355M		PA	JQ.MG50-6（φ1.2mm）	135	
D3 2014Q003	12+12 S355M		PC	GFL-71Ni（φ1.2mm）	136	覆盖板厚 3~24mm 对接或熔透、坡口角焊缝，全位置
D4 2014Q004	12+12 S355M		PF			
D5 2014Q005	20+20 S355M		PC	GFL-71Ni（φ1.2mm）	136	覆盖板厚 10~40mm 对接或熔透、坡口角焊缝，全位置
D6 2014Q006	20+20 S355M		PF			
D7 2014Q007	60+60 S460M		PC	GFL-71Ni（φ1.2mm）	136	覆盖板厚 30~120mm 对接或熔透、坡口角焊缝，全位置
D8 2014Q008	60+60 S460M		PF			
D9 2014Q009	14+14 S355M		PA	JQ.MG50-6（φ1.2mm）	135	覆盖板厚 7~28mm 对接或熔透、坡口角焊缝，平位

表 20.7　角焊缝焊接工艺评定试验项目

编号	板厚材质	坡口简图	焊接位置	焊接材料	焊接方法	覆盖范围
T1 2014Q010	30+30 S355M		PB	GFL-71Ni （φ1.2mm）	136	贴角焊缝，全位置 $a \geqslant 4mm$
T2 2014Q011	30+30 S355M		PF			
T3 2014Q012	12+14 S355M		PD	GFL-71Ni （φ1.2mm）	136	
T4 2014Q013	12+14 S355M		PF			
T5 2014Q014	30+30 S355M		PB	CHE58-1 （φ4.0mm）	111	贴角焊缝，全位置 $a \geqslant 4mm$
T6 2014Q015	30+30 S355M		PF			
T7 2014Q016	30+30 S355M		PB	JQ.MG50-6 （φ1.2mm）	135	贴角焊缝，船位或平角位 $a \geqslant 4mm$
T8 2014Q017	6+14 S355M	U肋长度2米	PA	GFL-70C （φ1.4mm）	136	顶板上 U 肋角焊缝
T9 2014Q018	6+8 S355M		PA	GFL-70C （φ1.4mm）	136	底板上 U 肋角焊缝

　　焊接每一组焊接工艺评定试验时，认真记录焊接电流、电弧电压、焊接速度、气体流量等工艺参数。焊接 24h 后，对对接焊缝进行超声波和磁粉探伤，对角焊缝进行磁粉探伤，均合格。对对接试件进行接头拉板（2 个）、侧弯（4 个）、焊缝金属和热影响区低温冲击（各 3 个）、宏观断面（2 个）、接头硬度等力学性能检测，均满足 ISO 15614-1 的规定。

　　针对每组焊接工艺评定试件编制评定报告。

20.3.4 焊接工艺规程

根据焊接工艺评定试验结果，结合挪威桥实际大生产中的接头，依据 ISO 15609-1 标准编制焊接工艺规程，指导焊工进行焊接生产。部分焊接工艺规程清单见表 20.8。

表 20.8　挪威桥部分焊接工艺规程清单

编号	版本	WPQR	对应焊缝	焊接方法	焊接材料	焊接位置
NW-WPS-01	02	2014Q001，002 2014Q009	板厚 6~40mm 钢板对接接料焊缝，实心 CO_2 打底 + 埋弧自动焊填充或盖面，双面焊清根	135	JQ.MG50-6（ϕ1.2mm）	平位
				121	H-14（ϕ4.8mm）+S-737	
NW-WPS-02	02	2014Q002 2014Q009	板厚 6~40mm 钢板对接焊缝，实心 CO_2 单面焊或双面焊，背面清根	135	JQ.MG50-6（ϕ1.2mm）	平位
NW-WPS-03	03	2014Q003，004 2014Q005，006	板厚 6~120mm 钢板对接焊缝，药芯 CO_2 单面焊或双面焊，背面清根	136	GFL-70C（ϕ1.4mm）	全位置
NW-WPS-06	04	2014Q018	底板 U 肋部分熔透焊缝，机器人组装胎，实心定位焊（富氩气保护）	135	JQ.MG50-6（ϕ1.2mm）	平角位
NW-WPS-07	03	2014Q017	顶板 U 肋部分熔透焊缝，机器人船位、单道焊接，药芯 CO_2 焊 $a \geqslant 6mm$，未熔透 $\leqslant 2mm$	136	GFL-70C（ϕ1.4mm）	船位
NW-WPS-11	01	2014Q002，009 2014Q016	普通角焊缝，实心 CO_2 焊，平位	135	JQ.MG50-6（ϕ1.2mm）	平位
NW-WPS-12	01	2014Q007，008 2014Q012，013	普通角焊缝，药芯 CO_2 焊，全位置焊接	136	GFL-71Ni（ϕ1.2mm）	全位置
NW-WPS-13	01	2014Q014 2014Q015	普通角焊缝，焊条电弧焊，全位置焊接	111	CHE58-1（ϕ3.2 / 4.0mm）	全位置

20.3.5 焊接计划

焊接计划包括：一般要求，焊接方法、设备及焊材，坡口形式及尺寸，定位焊要求，焊缝修磨及返修，焊接顺序及变形控制等内容，现结合挪威公路桥的钢箱梁板单元和整体拼装焊接进行焊接顺序介绍。

20.3.5.1 厂内顶、底板单元焊接顺序

（1）首先应焊接 U 肋端部钢衬垫。

（2）U 肋在自动组装定位机床上进行组装、定位焊接。

（3）将组装好的板单元卡固在反变形胎上，将胎型倾斜约 38° 角后方可焊接（图 20.7）。

（4）焊接应按照编好的程序对称同向施焊。焊接顺序示意见图 20.8。

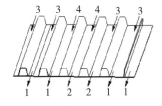
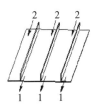

图 20.7　板单元在反变形胎上焊接　　　　图 20.8　板单元焊接顺序示意图

20.3.5.2　横隔板单元焊接顺序

横隔板单元焊接顺序见图 20.9。

（1）如横隔板有接料焊缝，首先应焊接对接焊缝，并探伤检查确认无缺欠。

（2）以横、纵基线为基准，在横隔板上组焊 U 肋。焊接顺序为从中间向两端对称施焊。

（3）组焊人孔周围的加劲肋板。

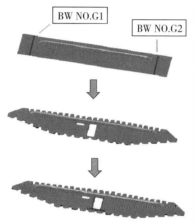

图 20.9　横隔板单元组焊顺序示意图

20.3.5.3　节段制造焊接顺序

节段制造焊接顺序见图 20.10。

（1）在组装胎架上，组拼底板单元。焊接底板间纵向对接焊缝（1、2、3），从底板中心向两侧施焊。

（2）组装横隔板单元，焊接横隔板与底板单元间角焊缝（4、5），从底板中心向两侧对称施焊。

（3）组装顶板单元及斜顶板单元，对称焊接顶板单元纵向对接焊缝（6、7、8），焊接顺序为从顶板中心向两端施焊。对称焊接斜底板与斜顶板间部分熔透焊缝（9）。

（4）完成顶板纵缝后，焊接横隔板与顶板单元间角焊缝（10、11），从顶板中心向两端对称施焊。

（5）对称焊接通长纵向加劲肋与底板间部分熔透焊缝（12）。

（6）组装锚拉板，焊接锚拉板与横隔板间熔透焊缝。

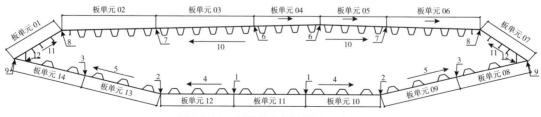

图 20.10　制造节段焊接顺序示意图

20.3.5.4 环焊缝焊接顺序

梁段间环焊缝焊接顺序见图 20.11。

（1）焊接底板、斜底板间横向对接焊缝（1、2），从中间至两端对称施焊。

（2）焊接顶板、斜顶板间横向对接焊缝（3、4），从中间至两端对称施焊。

（3）焊接 U 肋嵌补段、球扁钢、纵向加劲肋等对接焊缝。

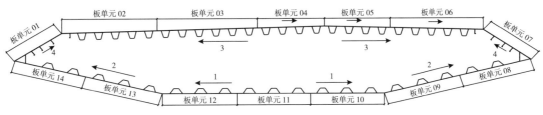

图 20.11　节段间环焊缝焊接顺序示意图

20.3.6　焊后热处理

挪威桥焊缝无焊后热处理要求。

20.3.7　焊缝目视检测

挪威桥钢箱梁施工等级 EXC3，焊缝全长进行目视检测应符合 EN ISO 5817：2014 质量等级 B 要求。

20.3.8　焊缝无损检测

挪威桥钢箱梁焊后无损检测最短时间按照 EN 1090-2 中表 23 的要求（表 20.4）。除了板厚 6mm 的 U 形肋对接焊缝采用射线照相检测，其余对接焊缝和熔透角焊缝采用超声波检测，其余坡口部分熔透角焊缝和贴角焊缝采用磁粉检测。

探伤焊缝比例和长度满足 EN 1090-2 中表 24 的最低探伤比例要求（表 20.5）。另外，依据新的焊接工艺规程焊接的前五个接头，应做到以下两点：① 使用质量等级 B 对生产条件下的焊接工艺规程进行论证；② 最短检查长度为 900mm。

20.3.9　工作试件

根据 EN 1090-2 中 12.2.4 条的规定"桥面板面积达到 1000m²，进行 3 组产品试板试验；桥面板面积大于 1000m² 小于 5000m² 部分，每增加 1000m² 增加 2 组产品试板；桥面板面积大于 5000m² 部分，每增加 1000m² 增加 1 组产品试板"。挪威桥顶板上 U 形肋角焊缝焊接工作试件 6 组，每组试板连接到待焊接板单元 U 肋的端部，与正式焊缝一起施焊，如图 20.12 所示。需要进行宏观断面检查，焊缝起始位置或结束位置选一个断面，焊缝中间位置选一个断面，焊缝有效厚度不小于 6mm，根部不熔透不大于 2mm，U 形肋角焊缝工作试件断面照片见图 20.13。

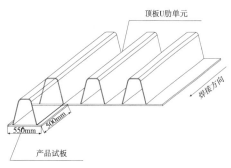

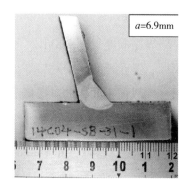

图 20.12 U形肋角焊缝工作试件示意图　　图 20.13 U形肋角焊缝工作试件宏观断面照片

参考文献

[1] Execution of steel structures and aluminium structures – Part 2: Technical requirements for steel structures: DIN EN 1090–2:2018 [S/OL] [2018–09]. https://www.en–standard.eu/din–en–1090–2–execution–of–steel–structures–and–aluminium–structures–part–2–technical–requirements–for–steel–structures/.

[2] Eurocode 3. Design of steel structures General rules and rules for buildings: BS EN 1993–1–1:2005+A1:2014 [S/OL] [2015–06]. https://www.en–standard.eu/bs–en–1993–1–1–2005–a1–2014–eurocode–3–design–of–steel–structures–general–rules–and–rules–for–buildings/.

[3] Eurocode 3. Design of steel structures Design of joints:BS EN 1993–1–8:2005 [S/OL] [2010–08]. https://www.en–standard.eu/bs–en–1993–1–8–2005–eurocode–3–design–of–steel–structures–design–of–joints/.

[4] Eurocode 3. Design of steel structures Fatigue:BS EN 1993–1–9:2005 [S/OL] [2010–02]. https://www.en–standard.eu/bs–en–1993–1–9–2005–eurocode–3–design–of–steel–structures–fatigue/.

[5] Eurocode 3. Design of steel structures Material toughness and through–thickness properties: BS EN 1993–1–10:2005 [S/OL] [2010–02]. BS EN 1993–1–10:2005 Eurocode 3. Design of steel structures Material toughness and through–thickness properties – European Standards (en–standard.eu).

[6] Eurocode 3. Design of steel structures Steel bridges: BS EN 1993–2:2006 [S/OL] [2010–01]. https://www.en–standard.eu/bs–en–1993–2–2006–eurocode–3–design–of–steel–structures–steel–bridges/.

[7] Quality requirements for fusion welding of metallic materials–Part 2: Comprehensive quality requirements:ISO 3834–2:2021 [S/OL] [2021–04]. https://www.iso.org/standard/81651.html.

[8] Hot rolled products of structural steels Technical delivery conditions for thermomechanical rolled weldable fine grain structural steels:BS EN10025–4:2019 [S/OL]. [2019–08]. https://www.en–standard.eu/bs–en–10025–4–2019–hot–rolled–products–of–structural–steels–technical–delivery–conditions–for–thermomechanical–rolled–weldable–fine–grain–structural–steels/.

[9] Metallic products. Types of inspection documents:BS EN 10204:2004 [S/OL]. [2004–10]. https://www.en–standard.eu/bs–en–10204–2004–metallic–products–types–of–inspection–documents/.

[10] Specification and Qualification of Welding Procedures for Metallic Materials – Welding Procedure Test – Part 1: Arc and Gas Welding of Steels and Arc Welding of Nickel and Nickel Alloys: ISO 15614–1:2017 [S/OL]. [2017–06]. https://www.iso.org/standard/51792.html.

[11] Qualification testing of welders – Fusion welding – Part 1: Steels: ISO9606–1:2012 [S/OL]. [2012–07]. https://www.iso.org/standard/54936.html.

［12］Welding Personnel – Qualification Testing of Welding Operators and Weld Setters for Mechanized and Automatic Welding of Metallic Materials: ISO 14732:2013［S/OL］.［2013–08］. https://www.iso.org/standard/54935.html.

本章的学习目标及知识要点

1. 学习目标

（1）了解欧洲标准关于桥梁钢结构设计的规范。

（2）熟悉欧洲标准关于桥梁钢结构制造的规范。

（3）掌握欧洲标准关于桥梁钢桥制造对材料追踪、人员资质、母材和焊材、常用焊接方法、焊接接头和焊缝坡口公差、焊接和切割工艺评定试验、焊接工艺指导书和焊接计划编制、焊缝检验、工作试件等方面的要求。

2. 知识要点

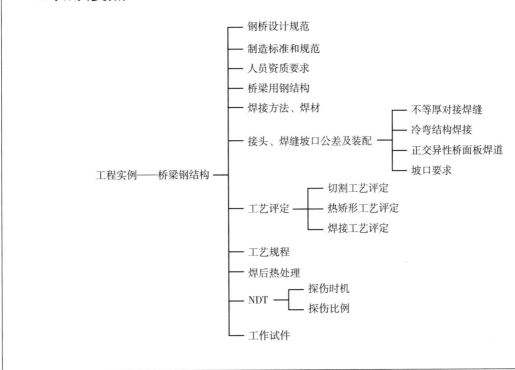

第 21 章

工程实例——压力容器焊接生产制造

编写：王萍、常凤华　审校：徐林刚、徐祥久

压力容器是指盛装气体或者液体、承载一定压力的密闭设备，焊接压力容器在现代工业生产中用途极为广泛，有的用于储存各种物料，如气瓶、储罐等；有的用于进行物理过程，如锅炉、热交换器等；有的用于进行化学反应，如反应器、合成炉等。

容器的尺寸和内部结构设计要满足产品使用要求，如力学性能、密封性能、高温或低温性能等要求，同时考虑生产制造工艺、运输、安装和维修等方面的要求，尽量采用标准化和通用化的零部件。所遵循的标准也应该是公认的、经过考验的标准，比如《德国压力容器规范》（AD 2000，以下简称 "AD 规范"）和美国机械工程师协会《锅炉及压力容器规范》（以下简称 "ASME 规范"）。不论哪个标准，基本都包含了压力容器的一般规则、材料、设计、制造、检验和验收这几方面的内容，只是在某方面的具体要求会稍有差异。

本章列举的两个工程实例，是分别按照 AD 规范和 ASME 法规制造的压力容器。

21.1 按照 AD 规范对压力容器的设计及制造

21.1.1 任务

需设计、计算和制造供热设备（压力容器），容器的制造和安装是在德国北莱茵－威斯特法伦州。已知数据：

计算压力 $P = 25\text{bar}$，最高允许运行温度 200℃，外径 $D_a=2500\text{mm}$，筒身长度 6000mm。

本产品按 AD 规范制造，需要考虑以下问题。

（1）制造厂家的许可条件。

（2）检验主管机构由谁担任，谁来进行条件审查？

（3）筒身壁厚和封头壁厚的确定，人孔的布置。

（4）焊接工艺方案制订（包括焊接方法、坡口、焻材、焊接参数、焊接顺序）。

（5）焊接工艺评定和焊工考试。

（6）焊接缺欠评定。

21.1.2　制造标准 AD 2000 介绍

AD 规范包括设计、计算、材料选用、制造和检验等，具体为：

G——基本准则

A——设备

B——计算

W——材料

N——非金属材料

S——特殊情况

HP——制造和检验，这一篇还包括很多内容，比如：

HP2/1——连接方法的工艺评定，焊接接头的工艺评定

HP2/2——连接方法的工艺评定，堆焊的工艺评定

HP3——焊接监督人员，焊工

HP4——无损检测监督人员和检验人员

HP5/1——接头的制造和检验；工作技术准则

HP5/2——接头的制造和检验；焊缝的产品试件检验，母材热处理后和焊接后的检验

HP5/3——接头的制造和检验；焊接接头的无损检测

HP7/1——热处理；一般准则

HP7/2——热处理；铁素体钢

HP8/2——筒体的检验

HP30——打压试验的实施

21.1.3　对企业的要求

企业要根据 AD 规范要求取得制造许可证，可承担主要承受静载荷的压力容器的制造，制造厂负责生产前、生产中和生产后的质量检验。

21.1.4　检验主管机构和审查

检验主管机构可以是技术监督局或是北莱茵 – 威斯特法伦州技术监督协会。

条件的审查由制造、使用、技术监督三方面联合进行。

21.1.5　筒身壁厚和封头壁厚的确定，人孔的布置

产品结构如图 21.1 所示。

所选择的材料是 DIN 17155 标准中的锅炉用板 HII（相当于 EN 10028-2 标准中的 P265GH），此材料是 AD 中 W 篇中许可的，材料要根据 EN 10204 的验收检验证明 3.2 验收，计算强度值是根据材

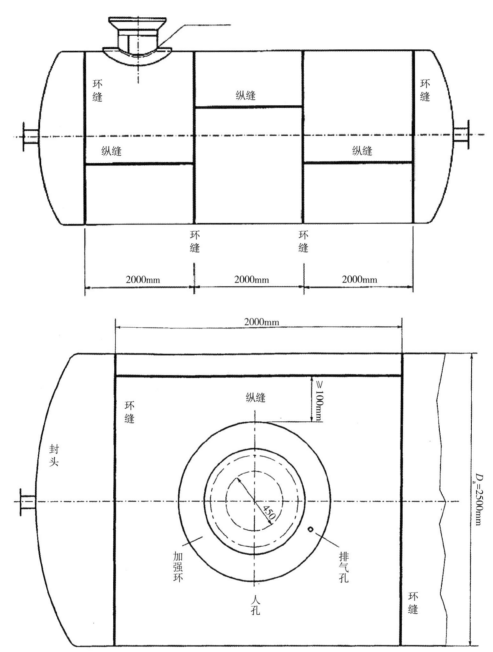

图 21.1 压力容器结构图

料标准中给出的性能数据选取。

21.1.5.1 筒身壁厚的确定

筒身壁厚 s 是根据 ADB1 计算，公式如下：

$$s=\frac{D_a\times P}{20\times K/S\times V+P}+C_1+C_2$$

其中，D_a——外径，单位为 mm，已知 D_a=2500mm；

P——计算压力，单位为 bar，已知 P=25bar；

K——强度特征值，单位为 N/mm^2，查表知 K=205N/mm^2；

S——安全系数，S=1.5（考虑计算、受力、制造、检验）；

V——焊缝减弱系数，V=0.85（插入接管，由曲线查得）；

C_1——壁厚负差补偿，C_1=0.8（壁厚公差）；

C_2——壁厚腐蚀补偿，C_2=1.0（使用时腐蚀）。

代入上述数值，$s=\dfrac{2500 \times 25}{20 \times 205/1.5 \times 0.85+25}$+0.8+1=28.4mm（计算壁厚），

选择 s=30mm（订货壁厚）。

21.1.5.2　封头壁厚的确定

封头壁厚是根据 ADB3 确定，根据公式计算可得，

$s=\dfrac{D_a \times P \times \beta}{40 \times K/S \times V}+C_1+C_2$=32.66mm，选择 32mm。

其中，按下式计算系数 / 特征值，根据封头上开口直径 $d_i \approx 50$mm 有，

$\dfrac{d_i}{D_a}=\dfrac{50}{2500}$=0.02，$\dfrac{s_e-C_1-C_2}{D_a}=\dfrac{30-0.8-1}{2500}$=0.011。

由曲线上查得 β=2.7；

整体封头减弱系数 V=1；

其他参数选取与筒身一致。

21.1.5.3　人孔的布置

对于这种尺寸的容器必须设计人孔，人孔大小取公称直径 450mm，人孔接管厚度选取 s=30mm。因人孔接管开孔较大，应采用环板加强，环板厚度选择 s=30mm，由此在开口处筒身壁厚为 s_A=30mm+30mm=60mm。

环板宽度 b 为：

$b=\sqrt{(D_i+C_1+C_2) \times (s_A-C_1-C_2)}=\sqrt{(2440+0.8+1) \times (60-0.8-1)}$=376.98mm，选择 b=380mm。

环板与筒身之间的角焊缝最小应为：a=0.55×30mm（环板厚度）$\approx$ 15mm。

根据 ADB9 接管计算可知，所选壁厚，考虑到减弱系数 V_A 等因素，人孔焊缝距其他焊缝（如纵焊或环缝）应尽量远，选择距离 $\geqslant$ 100mm（$3s_e$=3×30=90mm）。

筒身、封头、人孔和加强板材料都选择选择 HII（P265GH），人孔的法兰材料也选择 HII（P265GH），所有接管材料选择 St35.8。

由于壁厚原因，容器要进行消除应力热处理，退火温度根据材料标准中推荐的范围 520 ～ 580℃ 选取，保温时间至少 30min。

21.1.6　焊接工艺方案制订

21.1.6.1　焊接方法的选择

容器筒体纵缝 3 条（A 类焊缝）、容器环缝 3 条（B 类焊缝）都可以采用双面埋弧焊；最后焊接的 1 条环缝只能外侧采用埋弧焊、内部需要人进入焊接，所以可以采用焊条电弧焊＋埋弧焊；人孔

对接的纵焊缝和环焊缝由于尺寸的原因采用焊条电弧焊比较合适（也可以用 MAG 焊）；接管焊缝均为非对接接头（C 和 D 类焊缝），可以采用焊条电弧焊（也可以用 MAG 焊）。

21.1.6.2 焊接材料的选择

电弧焊可参考以下选择：

| ISO 2560–A | E | 42 | 2 | Mn1Ni | B | 4 | 3 | H5——打底 |

| ISO 2560–A | E | 42 | 0 | MnMo | RR | 7 | 3 | H5——填充和盖面 |

| ISO 2560–A | E | | | | RC | 1 | 1——点固 |

埋弧焊焊丝和焊剂可参考以下选择：

| ISO 14171–A | S | 42 | 0 | MS | 3——焊丝和焊剂配合 |

| ISO 14174 | F | MS | 1 | 67 | DC | H5——焊剂 |

21.1.6.3 坡口选择

如表 21.1 所示，纵缝和环缝用双面埋弧焊，坡口按照 ISO 9692-2，可选择 2.5.9 或 2.5.5；筒体最后一条环缝用焊条电弧焊 + 埋弧焊，坡口按照 ISO 9692-2，可选择 2.5.9；人口接管处用焊条电弧焊，坡口按照 ISO 9692-1，可选择 2.8、2.9.1 或 2.10。

表 21.1 坡口（根据 ISO 9692-1 和 ISO 9692-2）

焊缝					接头制备				
序号	工件厚度 /mm	标示	符号（参考 ISO 2553）	图示	横截面	角度 α, β	间隙 b/mm	钝边厚度 c/mm	坡口厚度
2.5.9	$10 \leqslant$ $t \leqslant 35$	有背面焊道的 Y 形坡口对接焊缝				$30° \leqslant$ $\alpha \leqslant 60°$	$b \leqslant 4$	$4 \leqslant c \leqslant 10$	—
2.5.5	$t \geqslant 16$	带钝边的双 Y 形坡口对接焊缝				$30° \leqslant$ $\alpha \leqslant 70°$	$b \leqslant 4$	$4 \leqslant c \leqslant 10$	$h_1 = h_2$
2.8	$3 \leqslant$ $t \leqslant 30$	有背面焊道的单边 V 形坡口焊缝				$35° \leqslant$ $\beta \leqslant 60°$	$1 \leqslant b \leqslant 4$	$c \leqslant 2$	—

续表

焊缝					接头制备				
序号	工件 厚度 /mm	标示	符号（参考 ISO 2553）	图示	横截面	角度 α, β	间隙 b/mm	钝边厚度 c/mm	坡口 厚度
2.9.1	$t > 10$	带钝边双面单 V 形坡口（K 形）焊缝	K			$35° \leqslant$ $\beta \leqslant 60°$	$1 \leqslant b \leqslant 4$	$c \leqslant 2$	$h = \dfrac{t}{2}$ 或 $h = \dfrac{t}{3}$
2.10	$t > 16$	有背面焊道的单边 U 形坡口（J 形）焊缝				$10° \leqslant$ $\beta \leqslant 20°$	$1 \leqslant b \leqslant 3$	$c \geqslant 2$	—

21.1.6.4　焊接顺序

大体可以按照焊接顺序基本规则进行，先焊纵向对接焊缝，再焊环向对接焊缝，再焊法兰与接管、接管与筒体的焊缝。

21.1.7　焊接工艺评定和焊工考试

21.1.7.1　工艺评定

根据 AD-HP2/1（按照国际标准 ISO 15614-1）进行焊接工艺评定，评定合格后，编制焊接工艺规程。

本产品至少要做 3 项焊接工艺评定：① 板对接焊缝埋弧焊；② 板对接焊缝焊条电弧焊；③ T 形接头焊条电弧焊。

21.1.7.2　焊工考试

根据 AD-HP3（按照国际标准 ISO 9606-1 和 ISO 14732）进行焊工和焊接操作工的考试。焊条电弧焊焊工考试项目中的焊接位置，要根据产品焊接位置考虑选择。

21.1.8　焊接缺欠的评定

根据 ISO 5817 对焊缝缺欠进行评定。

21.2 按照 ASME 规范制造压力容器

21.2.1 产品简介及制造标准

压力容器种类繁多，例如电站锅炉系统的辅机设备中有高压加热器、除氧器、蒸汽冷却器等；煤化工及石油化工生产中所需的各类压力容器等。高压加热器（以下简称"高加"）作为电站锅炉系统的汽轮机辅机，是一种典型的热交换器。高加是位于给水泵与锅炉之间，利用汽轮机的抽汽加热给水的管壳式换热器。其作用是引入来自汽轮机中抽出的蒸汽来加热锅炉给水，使给水温度达到所要求的温度，从而提高电站锅炉机组的出力和提高循环热效率。

高加由壳体和管系两大部分组成，以卧式高加为例，在壳体内腔上部设置蒸汽凝结段，下部设置疏水冷却段，进、出水管顶端设置给水进口和给水出口。当过热器蒸汽由进口进入壳体后即可将上部的给水加热，蒸汽凝结为水后，凝结的热水又可将下部疏水冷却段管内的部分给水加热，被利用后的凝结水经疏水出口流出。

一般要求高加的设计使用寿命为 30 年。

制造标准：ASME BPVC. 第Ⅷ –1 卷《压力容器建造规则》，以及制造企业标准和产品技术协议。

还涉及以下相关标准：ASME BPVC. 第Ⅱ卷《材料》；ASME BPVC. 第Ⅸ卷《焊接、钎焊工艺评定，焊工、钎焊工、操作工评定》；TSG 21–2016《固定式压力容器安全技术监察规程》；GB 150《压力容器》；GB 151《热交换器》。

21.2.2 产品结构

高加有不同的设计结构，主要分为卧式三段式高加、正置立式三段式高加、倒置立式三段式高加。见图 21.2~ 图 21.4。

以 660MW 燃煤电站的一台卧式高加为例，其主要部件材料及规格见表 21.2。

表 21.2 高加主要部件材料及规格（示例）

序号	名称		材料	规格 /mm
1	管程	管板	SA–350 LF2CL2	厚度 700
2		换热管	SA–556 Gr.C2	Φ15.80 × 2.5
3		给水入口、出口	SA–182 F36CL2	Φ565 × 68
4		半球形封头	SA–516 Gr.70	厚度 160
5	壳程	蒸汽入口、疏水出口	SA–182 F12Cl.2 /SA–266 Gr.4	Φ273 × 18
6		筒身	SA–516 Gr.70 SA–387 Gr11CL2	厚度 Φ2100 × 86
7		封头	SA–516 Gr.70	厚度 86

高加中主要焊接接头的结构包括封头与筒身对接的环缝、筒身与筒身对接的环缝、管板与筒身对接环缝、筒身纵缝、管接头与筒身焊缝、管接头与封头焊缝、管板堆焊焊缝、管板与换热管焊缝，示意图见表 21.3。

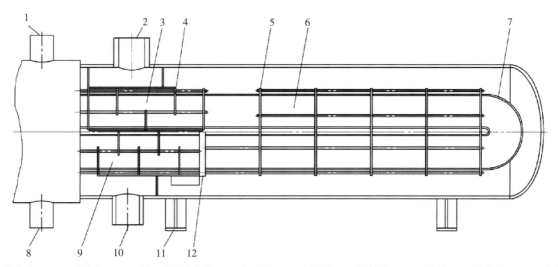

1—给水出口；2—蒸汽入口；3—过热蒸汽冷却段；4—折流板；5—支承板；6—凝结段；7—换热管；8—给水入口；9—疏水冷
却段；10—疏水出口；11—支座；12—端板。

图 21.2　卧式三段式高加

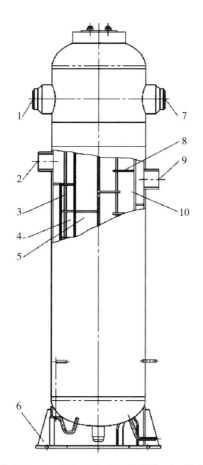

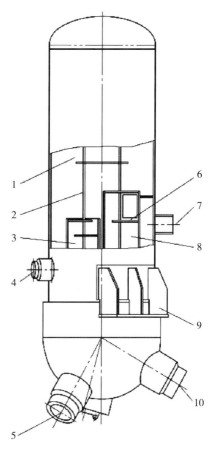

1—给水入口；2—疏水出口；3—换热管；4—疏水冷却段；
5—凝结段；6—支座；7—给水出口；8—出口；9—蒸汽
入口；10—过热蒸汽冷却段。

图 21.3　正置立式三段式高加

1—凝结段；2—换热管；3—疏水冷却段；4—疏水折流板；
5—给水入口；6—折流板；7—蒸汽入口；8—过热蒸汽冷
却段；9—支座；10—给水出口。

图 21.4　倒置立式三段式高加

表 21.3　高加主要焊接接头结构形式

序号	焊接接头		坡口结构示意图
1		管板堆焊	—
2	管程	管子 – 管板焊	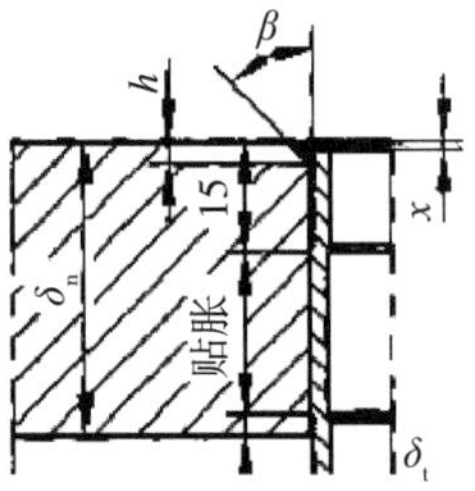
3		管板 + 半球形封头环缝	
4		给水入口、出口管 + 封头焊缝	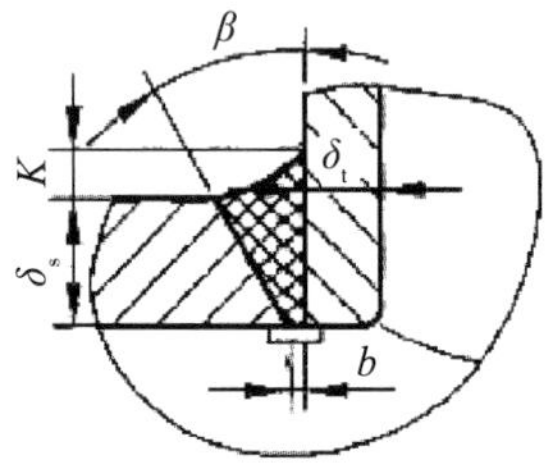
5		管板 + 筒身环缝 筒身 + 筒身环缝	同序号 3
6	壳程	筒身 + 筒身环缝	
7		筒身 + 封头环缝	同序号 3
8		筒身纵缝 （内坡口）	
9		蒸汽入口、疏水出口管 + 筒身焊缝	同序号 4

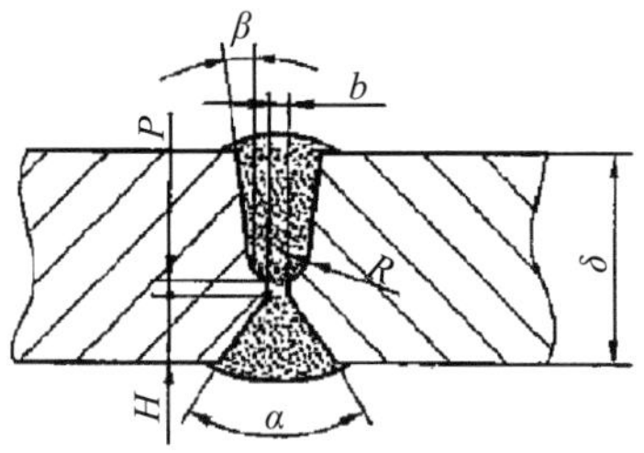

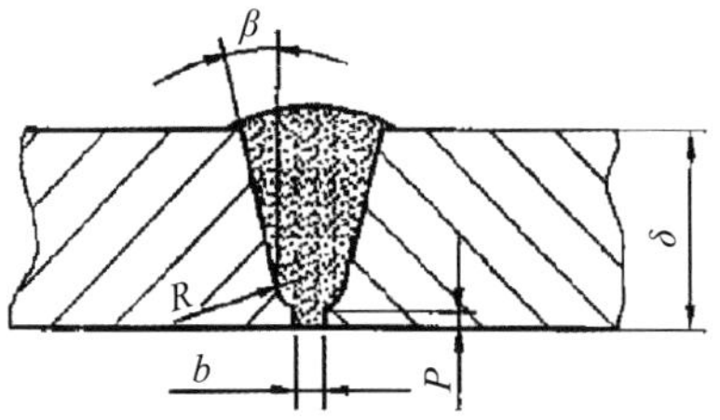

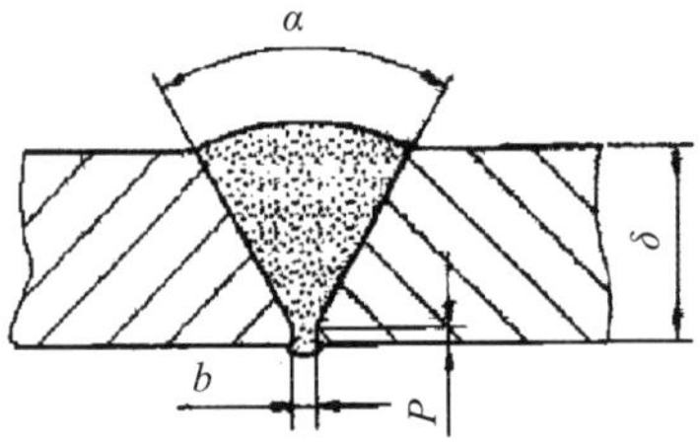

注：1. 序号 2、4、9 坡口图引自 HG T20583—2020《钢制化工容器结构设计规范》。

　　2. 序号 3、5-8 坡口图引自 GB/T 150.3—2011《压力容器 第 3 部分：设计》。

　　3. 结构示意图中长度单位为 mm。

21.2.3 生产准备

21.2.3.1 材料的成分和性能

高加主要材料的化学成分要求见表 21.4，力学性能要求见表 21.5。

表 21.4 高加主要材料的化学成分（Wt.%）

	C	Mn	Si	P	S	Ni	Cr	Mo	Cu	Nb	V
SA–516 Gr.70	0.31	0.79~1.30	0.13~0.45	0.025	0.025	—	—	—	—	—	—
SA–556 Gr.C2	0.30	0.29~1.06	0.10	0.035	0.035	—	—	—	—	—	—
SA–350 LF2CL2	0.30	0.60~1.35	0.15~0.30	0.035	0.040	0.40	0.30	0.12	0.40	0.02	0.08
SA–182 F36CL2	0.10~0.17	0.80~1.20	0.25~0.50	0.030	0.025	1.00~1.30	0.30	0.25~0.50	0.50~0.80	0.015~0.045	0.02
SA–387 Gr11CL2	0.04~0.17	0.35~0.73	0.44~0.86	0.025	0.025	0.44~0.86	0.94~1.56	0.40~0.70	—	—	—
SA–182 F12 CL2	0.10~0.20	0.30~0.80	0.10~0.60	0.040	0.040		0.80~1.25	0.44~0.65	—	—	—
SA–266 Gr.4	0.30	0.80~1.35	0.15~0.35	0.025	0.025	—	—	—	—	—	—

注：表中单一值均为最大值；数据引自 ASME BPVC. Ⅱ.A—2019。

表 21.5 高加主要材料的力学性能

	抗拉强度 /MPa	屈服强度 /MPa	延伸率 /%（4D）
SA–516 Gr.70	485~620	≥ 260	≥ 21
SA–556 Gr.C2	≥ 480	≥ 280	≥ 30
SA–350 LF2CL2	485~655	≥ 250	≥ 22
SA–182 F36CL2	≥ 660	≥ 460	≥ 15
SA–387 Gr11CL2	515~690	≥ 310	≥ 22
SA–182 F12 CL2	≥ 485	≥ 275	≥ 20
SA–266 Gr.4	485~655	≥ 250	≥ 20

注：数据引自 ASME BPVC. Ⅱ.A—2019。

21.2.3.2 高加主要材料的焊接性

在 ASME BPVC. Ⅸ—2019《焊接、钎焊、粘接评定》标准中，为了减少焊接工艺评定的数量，在 QW–422 表中将标准的金属材料进行类别划分，用 P–No. 表示，当有冲击韧性要求时，在 P–No. 下再给出组号，表示为 Gr.–No.，而且 ASME 从 2010 年版开始还列出了材料对应的 ISO 15608 的类别号。这种类别划分的依据主要是材料的化学成分、力学性能和焊接性等。原则上，焊接工艺评定所用母材可以采用同类别、同组别的材料替代，但同时也要从材料的冶金性能、焊后热处理制度、设计使用要求等方面进行全面评价。

上述高加主要材料均选用了 ASME 标准材料，其类别、组别划分见表 21.6。材料的类别划分有助于对材料的焊接性进行初步评估。

表 21.6　高加主要材料的类别、组别划分

	公称成分	P-No.	Gr.-No.	ISO 15608 组别	制品形式
SA-516 Gr.70	C-Mn-Si	1	2	11.1	板材
SA-556 Gr.C2	C-Mn-Si	1	2	11.1	无缝管
SA-350 LF2CL2	C-Mn-Si	1	2	11.1	锻件
SA-182 F36CL2	1.15Ni-0.65Cu-Mo-Nb	—	—	—	锻件
SA-387 Gr11CL2	1.25Cr-0.25Mo-Si	4	1	5.1	板材
SA-182 F12CL2	1Cr-0.5Mo	4	1	5.1	锻件
SA-266 Gr.4	C-Mn-Si	1	2	11.1	锻件

注：数据引自 ASME BPVC.Ⅸ—2019、ASME BPVC.CC.BPV—2017 CASE 2353-1。

从表 21.6 可见，SA-516 Gr.70、SA-556 Gr.C2、SA-350 LF2CL2、SA-266 Gr.4 均为 P-No.1 类 2 组的碳锰钢，仅是制品形式上不同，其化学成分及力学性能与 EN 10028-2 中 P355GH 相近，即碳钢系列的热强钢。焊接工艺评定时可采用 ASME 规范中同类别同组别的其他材料，例如 SA-350 LF2CL2 锻件管板堆焊工艺评定可以采用 SA-516 Gr.70 板材替代。

SA-182 F36CL2 的化学成分及力学性能与 EN 10028-2 中的 15NiCuMoNb5-6-4 相当，属于低合金系列热强钢。在 ASME 第Ⅸ卷中未进行类别划分，即该材料的焊接工艺评定无法采用同类别的其他材料替代。

SA-387 Gr11CL2、SA-182 F12CL2 的化学成分及力学性能与 EN 10028-2 中的 13CrMo4-5 相近，属于低合金系列热强钢。焊接工艺评定可以采用 P-No.4 类 1 组的其他材料替代。

金属材料的焊接性分为工艺焊接性和使用焊接性。根据金属材料化学成分的碳当量公式、裂纹判据的经验公式等都属于焊接性的间接试验范围。使用焊接性试验是根据焊接结构产品的工作条件与产品设计中提出的技术条件等有关规定来确定试验项目及内容。通常需要进行焊接接头常规的力学性能试验（包括拉伸、冲击、弯曲等试验）。对于高温、低温、动载及疲劳等恶劣环境中工作的焊接结构件，还应当根据技术要求分别进行相应的高温性能、低温性能等试验。

ASME BPVC.Ⅸ—2019 中给出的碳当量计算公式如下：

$$CE=C+\frac{Mn}{6}+\frac{Cr+Mo+V}{5}+\frac{Ni+Cu}{15}$$

根据上述评估公式，SA-516 Gr.70、SA-350 LF2CL2、SA-266 Gr.4 的碳当量 CE ＞ 0.5%，具有一定的冷裂纹敏感性，尤其对于厚壁件来说，需要采取焊前预热，而且随板厚增加、结构拘束度的增大，冷裂纹倾向也随之增加，还须进行焊后后热 / 消氢、焊后去应力退火热处理等。虽然 SA-556 Gr.C2 的 CE 为 0.4%~0.5%，但由于换热管的壁厚很薄，单个焊接接头的热影响区淬硬倾向小，可以不预热，不过焊接时的环境温度必须达到标准要求。

SA-182 F36CL2 的碳当量 CE ＞ 0.5%，SA-387 Gr11CL2、SA-182 F12CL2 的碳当量 CE ＞ 0.7%，具有较高的冷裂纹倾向，焊接过程中必须采取适当工艺措施降低冷却速度、控制扩散氢含量。

21.2.3.3　焊接接头汇总

高加的主要部件包括水室、壳程、管系，其中水室主要包括半球形封头、给水入口 / 出口管、管板；壳程主要包括短筒身、长筒身、蒸汽入口管、疏水出口管；管系主要指 U 形换热管束，通常为成品采购。

高加主要焊接接头见表 21.7。

表 21.7　高加主要焊接接头及采用的焊接方法

序号	焊接接头	母材材质及焊接方法
1	管板堆焊	SA–350 LF2CL2 带极埋弧堆焊 焊接方法：122
2	管子 – 管板焊	管板 SA–350 LF2CL2 堆焊层 + 换热管 SA–556 Gr.C2 焊接方法：141
3	管板 + 半球形封头环缝	半球形封头 SA–516 Gr.70+ 管板 SA–350 LF2CL2 焊接方法：111，121
4	给水入口、出口管 + 半球形封头焊缝	管 SA–182 F36CL2+ 封头 SA–516 Gr.70 焊接方法：111，121
5	管板 + 筒身环缝	管板 SA–350 LF2CL2+ 筒身 SA–387 Gr11CL2 焊接方法：111，121
6	筒身 + 筒身环缝	筒身 SA–387 Gr11CL2/SA–516 Gr.70+ 筒身 SA–516 Gr.70 焊接方法：111，121
7	筒身 + 筒身环缝	筒身 SA–387 Gr11CL2+ 筒身 SA–516 Gr.70 焊接方法：141，111，121
8	筒身 + 封头环缝	筒身 SA–516 Gr.70+ 封头 SA–516 Gr.70 焊接方法：111，121
9	筒身纵缝	筒身 SA–516 Gr.70+ 筒身 SA–516 Gr.70 焊接方法：111，121
10	蒸汽入口、疏水出口管 + 筒身焊缝	管 SA–182 F12CL2/SA–266 Gr.4+ 筒身 SA–387 Gr11CL2 焊接方法：111，121

21.2.3.4　焊接方法的选择

高加作为电站锅炉的配套辅机，国内外电力行业对产品有比较稳定的需求。由于高加具有厚壁筒身、厚壁接管、换热管与管板焊接接头数量众多等结构特点，国内相关制造厂为保证焊接质量、提升制造能力配套了很多机械化、自动化焊接设备。例如，筒身分段卷圆后对接纵缝通常由小车埋弧焊焊接，环缝焊接通常采用埋弧焊电源、焊接操作机、滚轮架及控制系统组成的焊接中心来完成；管板堆焊采用焊接操作机配合焊接转台的带极埋弧焊；换热管与管板焊接采用全位置氩弧焊焊接专机；接管与筒身焊接采用机械马鞍形（坡口）埋弧焊机等，从而提高了生产效率和焊接质量，降低了工人的劳动强度。

21.2.3.5　焊接工艺评定项目

在 ASME 规范中，ASME BPVC. Ⅸ—2019 是焊接工艺评定及焊工培训须遵从的标准。其中表 QW-451 规定了坡口焊缝焊接工艺评定试件对产品母材厚度、熔敷金属的评定范围及拉力、弯曲试样的数量要求，见表 21.8。表 QW-453 规定了堆焊工艺和技能评定的厚度范围和试样，见表 21.9。

表 21.8 ASME 坡口焊缝工艺评定厚度范围和试样（选自 ASME BPVC. IX 表 QW-451）

焊接试件厚度 T in./mm	母材评定厚度 T 的范围 in./mm①②		熔敷焊缝金属评定的最大厚度 t, in./mm①②	试验项目和数量（拉伸试验和导向弯曲试验）②			
	最小	最大		拉伸 QW-150	侧弯 QW-160	面弯 QW-160	背弯 QW-160
< ¹⁄₁₆（1.5）	T	2T	2t	2	—	2	2
¹⁄₁₆～ ≤ ³⁄₈（1.5~10）	¹⁄₁₆（1.5）	2T	2t	2	⑤	2	2
> ³⁄₈（10）~ < ³⁄₄（19）	³⁄₁₆（5）	2T	2t	2	⑤	2	2
³⁄₄（19）~ < 1½（38）	³⁄₁₆（5）	2T	2t，当 t < ¾（19）	2④	4	—	—
³⁄₄（19）~ < 1½（38）	³⁄₁₆（5）	2T	2T，当 t ≥ ¾（19）	2④	4	—	—
1½（38）~ ≤ 6（150）	³⁄₁₆（5）	8（200）③	2t，当 t < ¾（19）	2④	4	—	—
1½（38）~ ≤ 6（150）	³⁄₁₆（5）		8（200）[当 t ≥ ¾（19）③]	2④	4	—	—
> 6（150）（6）	³⁄₁₆（5）	1.33T	2t，当 t < ¾（19）	2④	4	—	—
> 6（150）（6）	³⁄₁₆（5）		1.33T [当 t ≥ ¾（19）③]	2④	4	—	—

① 当 QW-250 中特定焊接方法参照到下列变素时：QW-403.9、QW-403.10 和 QW-404.32，对于表列的评定厚度范围有进一步的限制。另外，QW-202.2、QW-202.4 和 QW-202.3 规定了对本表评定范围的例外。

（原注①中的 QW-403.2、3、6 似乎不应取消，因为这些变素都是对于某些焊接方法评定厚度范围有进一步限制的规定。——译注）

② 对于组合焊接工艺，见 QW-200.4。

③ 仅仅适用于使用 SMAW、SAW、GMAW、PAW、LLBW 或 GTAW 的焊接方法，其他按注①或 2T 或 2t，视其厚度范围而定。

④ 当试件厚度大于 1in.（25mm），需采用多个试样时，详见 QW-151.1、QW-151.2 和 QW-151.3。

⑤ 当试件厚度大于或等于 ⅜in.（10mm）时，对所需的面弯和背弯试验可用 4 个侧弯试验代替之。

⑥ 对于厚度超过 6in.（150mm）的试件，应焊接全厚度试件。

表 21.9 表面耐磨层和耐蚀层堆焊的工艺和技能评定厚度范围和试样（选自 ASME BPVC. IX 表 QW-453）

试件的厚度 T	耐蚀层堆焊		表面加硬层（耐磨层）堆焊	
	母材评定的公称厚度 T	试验项目和数量	母材评定的公称厚度 T	试验项目和数量
工艺评定试验 T < 1in.（25mm） T ≥ 1in.（25mm）	T～ 最大厚度不限 1in.（25mm）～ 最大厚度不限	渗透检测 2 个横向侧弯试样和 2 个纵向侧弯试样，或 4 个横向侧弯试样	T～1in.（25mm） 1in.（25mm）～ 最大厚度不限	渗透检测 每个试样 3 个硬度读数 宏观试验
技能评定试验 T < 1in.（25mm） T ≥ 1in.（25mm）	T～ 最大厚度不限 1in.（25mm）～ 最大厚度不限	每个位置 2 个 横向侧弯试样	T～ 最大厚度不限 1in.（25mm）～ 最大厚度不限	渗透检测 宏观试验

高加产品的纵、环缝属于坡口焊缝，需要采用对接焊接试件进行焊接工艺评定，封头及筒身上接管的焊缝属于坡口焊缝 + 角焊缝的结构，同样需要采用对接试件进行评定。另外还有需要按照标准的要求进行单独评定的焊接接头，包括管板堆焊及换热管与管板的焊接。需要进行焊接工艺评定的焊接接头汇总见表 21.10。

表 21.10　需要的焊接工艺评定

序号	焊接接头	焊接工艺评定（PQR）项目	PQR 代号
1	管板堆焊	SA-350 LF2CL2 带极埋弧堆焊 焊接方法：122	①
2	管子－管板焊	管板 SA-350 LF2CL2 堆焊层＋换热管 SA-556 Gr.C2 焊接方法：141	②
3	管板＋半球形封头环缝	半球形封头 SA-516 Gr.70＋管板 SA-350 LF2CL2 焊接方法：111，121	③
4	给水入口、出口管＋半球形封头焊缝	管 SA-182 F36CL2＋封头 SA-516 Gr.70 焊接方法：111，121	④
5	管板＋筒身环缝	管板 SA-350 LF2CL2＋筒身 SA-387 Gr11CL2 焊接方法：111，121	⑤
6	筒身＋筒身环缝	筒身 SA-387 Gr11CL2/SA-516 Gr.70＋筒身 SA-516 Gr.70 焊接方法：111，121	⑤ ③
7	筒身＋筒身环缝	筒身 SA-387 Gr11CL2＋筒身 SA-516 Gr.70 焊接方法：141，111，121	⑤
8	筒身＋封头环缝	筒身 SA-516 Gr.70＋封头 SA-516 Gr.70 焊接方法：111，121	③
9	筒身纵缝	筒身 SA-516 Gr.70＋筒身 SA-516 Gr.70 焊接方法：111，121	③
10	蒸汽入口管＋筒身焊缝	管 SA-182 F12CL2＋筒身 SA- SA-387 Gr11CL2 焊接方法：111，121	⑥
11	疏水出口管＋筒身焊缝	管 SA-266 Gr.4＋筒身 SA-387 Gr11CL2 焊接方法：111，121	⑤

表 21.10 列出了主要焊缝的焊接工艺评定项目，根据表 21.6 中划分的材料的类别、组别，按照 ASME BPVC. Ⅸ-2019 中 QW 焊接评定篇的相关规则，上述项目可以合并成 6 项焊接工艺评定，见表 21.10 中 PQR 代号①～⑥。

21.2.3.6　焊接工艺规程数量

焊接工艺规程是为制造符合规范要求的产品焊缝而提供指导的、经过评定的焊接工艺文件。焊接工艺规程或其他文件可用于对焊工或焊接操作工提供指导，以保证符合规范要求。

焊接工艺规程应包括焊接生产所采用的每一种焊接方法的所有重要变素、非重要变素及需要时的附加重要变素，ASME BPVC. Ⅸ-2019 中 QW-250 ～ QW-280 及第Ⅳ章对这些进行了详细规定。

针对该台产品的焊接生产，结合表 21.2 和表 21.3 所列材料、焊接接头形式、焊接方法，应编制管板堆焊、换热管与管板焊接、半球形封头 / 封头与筒身焊接、筒身焊接、管接头与封头焊接、管接头与筒身焊接的主要焊缝焊接工艺规程共 8 项。

21.2.3.7　焊工考试项目

按照 ASME 规范生产产品的焊工及焊接操作工需按照 ASME BPVC. Ⅸ-2019 的要求进行考试，以获取从事相关焊接生产的资质。该产品需要的焊工 / 焊接操作工考试项目见表 21.11。

表 21.11　需要的焊工／焊接操作工考试项目

序号	焊接接头	焊工考试项目	焊工资格代号
1	管板堆焊	SA-350 LF2CL2 带极埋弧堆焊 焊接方法：122	1G
2	管子－管板焊	管板 SA-350 LF2CL2 堆焊层＋换热管 SA-556 Gr.C2 焊接方法：141	5G+5F
3	管板＋半球形封头环缝	半球形封头 SA-516 Gr.70＋管板 SA-350 LF2CL2 焊接方法：111，121	1G
4	给水入口、出口管＋半球形封头焊缝	管 SA-182 F36CL2＋封头 SA-516 Gr.70 焊接方法：121，111	1G+2F
5	管板＋筒身环缝	管板 SA-350 LF2CL2＋筒身 SA-387 Gr11CL2 焊接方法：111，121	1G
6	筒身＋筒身环缝	筒身 SA-387 Gr11CL2/SA-516 Gr.70＋筒身 SA-516 Gr.70 焊接方法：111，121	1G
7	筒身＋筒身环缝	筒身 SA-387 Gr11CL2＋筒身 SA-516 Gr.70 焊接方法：141，111，121	1G
8	筒身＋封头环缝	筒身 SA-516 Gr.70＋封头 SA-516 Gr.70 焊接方法：111，121	1G
9	筒身纵缝	筒身 SA-516 Gr.70＋筒身 SA-516 Gr.70 焊接方法：111，121	1G
10	蒸汽入口、疏水出口管＋筒身焊缝	管 SA-182 F12CL2/SA-266 Gr.4＋筒身 SA-516 Gr.70 焊接方法：121，111	1G+2F

根据 ASME BPVC.Ⅸ-2019 中对焊工／焊接操作工评定的要求，表 21.11 所列焊接接头共需 6 种焊工资质，分别为 1G 带极埋弧堆焊、5G+5F 管子－管板焊、1G 焊条电弧焊、2F 焊条电弧焊、1G 埋弧焊、1G 手工氩弧焊。

21.2.4 焊接生产制造过程

21.2.4.1 焊接工艺

焊接工艺规程是指导焊工或焊接操作工进行焊接生产的技术文件。焊接工艺规程根据合格的焊接工艺评定编制。下面是高加产品的几个典型焊接接头的焊接工艺。

1. 管箱半球形封头与管板对接环缝焊接工艺

母材材质：半球形封头 SA-516 Gr.70，厚度 160mm＋管板 SA-350 LF2CL2

焊接坡口：双面 UV 坡口（见表 21.3 序号 3 坡口图）

焊接方法：111，121

焊前预热及层间温度：120~300℃

焊接材料及焊接参数见表 21.12。焊接材料的选取遵循化学成分、力学性能相匹配的原则，焊材符合标准 NB/T 47018—2017《承压设备用焊接材料订货技术条件》。

表 21.12　半球形封头 + 管板对接环缝焊接材料及焊接参数

焊接方法	焊接材料及规格 /mm	焊接电流 /A	焊接电压 /V	焊接速度 /（cm/min）
111	GB E5015Φ4.0	160~180	23~27	10~20
	GB E5015Φ5.0	220~240	24~28	10~20
121	H08MnMoAΦ4.0/SJ101	600~650	31~35	40~50

焊后立即消氢处理：300~400℃ /2h

焊后去应力退火热处理：600~630℃ /4h

2. 筒身与蒸汽入口管焊接接头

母材材质：筒身 SA-387 Gr11CL2，厚度 86mm + 蒸汽入口管 SA-182 F36CL2，厚度 18mm

焊接坡口：插入式坡口（见表 21.3 序号 9 坡口图）

焊接方法：121，111

焊前预热及层间温度：150~300℃

焊接材料及焊接参数见表 21.13。焊接材料的选取遵循化学成分、力学性能相匹配的原则，焊材符合标准 NB/T 47018—2017《承压设备用焊接材料订货技术条件》，其中 EB2 符合 ASME BPVC. Ⅱ. C-2019 SFA-5.23。

表 21.13　筒身与蒸汽入口管焊接接头焊接材料及焊接参数

焊接方法	焊接材料及规格 /mm	焊接电流 /A	焊接电压 /V	焊接速度 /（cm/min）
121	EB2Φ3.2/SJ101	400~500	28~32	30~40
111	GB E5515-1CMΦ4.0	160~180	23~27	10~20
	GB E5515-1CMΦ5.0	200~240	24~28	10~20

焊后立即消氢处理：300~400℃ /2h

焊后去应力退火热处理：650~680℃ /4h

21.2.4.2　产品制造流程

高加的主要部件包括水室、壳程、管系，其中水室主要包括半球形封头、人孔、给水入口 / 出口管、管板；壳程主要包括短筒身、长筒身、蒸汽入口管、疏水出口管；管系主要指 U 形换热管束，通常为成品采购。高加的制造从部件装配到整体组装，主要流程示意如下。

（1）管板。

车加工外圆及待堆焊面→待堆焊表面 100%MT 探伤→带极埋弧堆焊→车平堆焊面→堆焊层 100%UT 探伤及测厚→100% MT 探伤→车加工管板环缝坡口→热处理→划孔线→钻孔群→检查→修磨，100%PT →清洗管板→管孔防护。

（2）封头。

划线→气割、去渣→压制成形→划线→气割余量→车加工环缝坡口。

（3）球形封头。

划线→气割、去渣→压制成形→划线→气割余量→划接管孔线及气割用孔线→气割管孔→修磨管孔，100% MT 探伤→车加工环缝坡口（车平）。

（4）筒身。

划线→气割、去渣→铇边→预弯→卷圆→坡口磨光→装配→埋弧焊焊内纵缝→外侧清焊根→埋弧焊焊外纵缝→矫圆→100%RT（+100%UT）+100% MT 探伤→车加工环缝坡口→焊接→修磨→100%RT+100% MT 探伤。

（5）水室装配。

装配给水入口/出口管及衬环→焊前预热→焊接→预热，背面刨衬环、清根及修磨，焊妥→修磨管接头焊缝→100% MT+100% UT 探伤→与管板配车环缝坡口。

（6）总装。

管板与短筒身装焊成一体→环缝局部热处理→穿换热管→装焊壳程长筒身→装焊水室封头→整体热处理→水压→清理→油漆包装。

21.2.4.3 产品试件

承压设备产品焊接试件分为板状试件和管状试件。筒节纵向接头的板状试件应置于其焊缝延长部位，与所代表的筒节同时施焊；环向接头所用管状试件或板状试件应在所代表的承压设备元件焊接过程中施焊。试件经历的焊接工艺过程与条件应与所代表的焊接接头相同。试件经目视检测和无损检测后，在无缺欠、缺欠部位制取试样。

该台高加产品设筒身环缝焊接试件一副，力学性能和弯曲性能检验类别和试样数量见表 21.14。

表 21.14 试件力学性能和弯曲性能检验类别和试样数量

试件母材厚度 T/mm	检验类别和试样数量 / 个						
	拉伸试验		弯曲试验			冲击试验	
	接头拉伸试样	全焊缝金属拉伸试样	面弯试样	背弯试样	侧弯试样	焊缝区试样	热影响区试样
< 1.5	1	—	1	1	—	—	—
1.5 ≤ T ≤ 10	1	—	1	1	—	3	3
10 < T < 20	1	（T ≥ 16mm）1	1	1	—	3	3
T ≥ 20	1	1	—	—	2	3	3

注：1. 一根管接头全截面试件作为 1 个拉伸试样。

2. 当 10mm < T < 20mm 时，可以用 2 个横向侧弯试样代替 1 个面弯试样和 1 个背弯试样。复合金属试件、组合焊接方法（或焊接工艺）完成的试件，取 2 个侧弯试样。

3. 当无法制备 5mm×10mm×55mm 小尺寸冲击试样时，免做冲击试验。

参考文献

［1］中国法制出版社. 特种设备安全监察条例［M］. 北京：中国法制出版社，2009.

［2］中华人民共和国国家质量监督检验检疫总局. 固定式压力容器安全技术监察规程：TSG 21—2016［S］. 北京：新华出版社，2016.

［3］高压加热器技术条件：JB/T 8190–2017［S/OL］.［2017–11］. https://www.spc.org.cn/online/62d2a7679ee47178c882eca23bb3d470.html.

［4］中华人民共和国工业和信息化部. 钢制化工容器结构设计规范：HG/T 20583—2020［S］. 北京：北京科学技术出版社，2020.

［5］中华人民共和国国家质量监督检验检疫总局，中国国家标准化管理委员会. 压力容器　第3部分：设计：GB/T 150.3—2011［S/OL］.［2016−02］. https://www.spc.org.cn/online/e219523c918743c10dbabff210943209.html.

［6］ASME Boiler and Pressure Vessel Code – Section II: Materials – Part A: Ferrous Material Specifications; 2 Volumes (Beginning to SA−450; SA−451 to End)：ASME BPVC Section 2 Part A:2021［S/OL］.［2021］. https://www.beuth.de/en/technical−rule/asme−bpvc−section−2−part−a/334047158.

［7］ASME Boiler and Pressure Vessel Code – Section IX: Welding, Brazing, and Fusing Qualifications – Qualification Standard for Welding, Brazing, and Fusing Procedures; Welders; Brazers; and Welding, Brazing, and Fusing Operators: ASME BPVC Section 9:2021［S/OL］.［2021］. https://www.beuth.de/en/technical−rule/asme−bpvc−section−9/334048406.

［8］ASME Boiler and Pressure Vessel Code – Code Cases: Boilers and Pressure Vessels (Full Set): ASME BPVC CC BPV:2021［S/OL］.［2021］. https://www.beuth.de/en/technical−rule/asme−bpvc−cc−bpv/334048844.

［9］ASME BPVC. Ⅱ.C−2019《Specifications for Welding Rods and Electrodes and Filler Metals》［S］

［10］国家能源局. 承压设备产品焊接试件的力学性能检验:NB/T 47016—2011［S/OL］.［2011−07］. https://www.spc.org.cn/online/24abf1bcc496b9fb7a1adf8d29142f76.html.

［11］The collection for pressure equipment，pressure vessels，steam boilers，pipelines and the plant engineering sector:AD 2000Code［S/OL］.［2000］. https://www.beuth.de/en/standards/ad2000.

本章的学习目标及知识要点

1. 学习目标

（1）理解压力容器产品种类和用途。

（2）熟悉 AD 规范和 ASME 规范的基本内容。

（3）理解压力容器产品的焊接工艺。

（4）了解压力容器产品的生产制造过程。

2. 知识要点

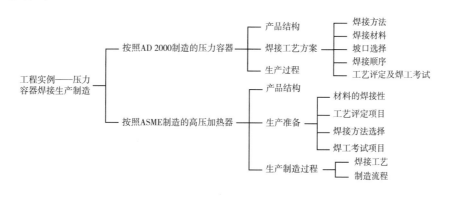

第❷❷章
工程实例——起重机焊接生产制造

编写：张晓刚　审校：常凤华

工程机械产品种类很多，用于制造工程机械的材料强度级别跨度很大，产品对强度、韧性、耐磨性、刚性等要求各有不同。本章以起重机械中全地面起重机和履带式起重机为例，介绍其主要部件的焊接工艺及生产制造过程。

22.1 工程机械产品简介

工程机械产品品种非常多，挖掘机、起重机、压路机及推土机这四大工程机械占工程机械大部分份额，在道路、桥梁建设及楼房建设等多个基建领域，这些工程机械扮演着不可替代的角色。

工程机械分类如下。

（1）挖掘机械。如单斗挖掘机（又可分为履带式挖掘机和轮胎式挖掘机）、多斗挖掘机（又可分为轮斗式挖掘机和链斗式挖掘机）、多斗挖沟机（又可分轮斗式挖沟机和链斗式挖沟机）、滚动挖掘机、铣切挖掘机、隧洞掘进机（包括盾构机械）等。

（2）铲土运输机械。如推土机（又可分为轮胎式推土机和履带式推土机）、铲运机（又可分为履带自行式铲运机、轮胎自行式铲运机和拖式铲运机）、装载机（又可分为轮胎式装载机和履带式装载机）、平地机（又可分为自行式平地机和拖式平地机）、运输车（又可分为单轴运输车和双轴牵引运输车）、平板车和自卸汽车等。

（3）起重机械。如塔式起重机、自行式起重机、桅杆起重机、抓斗起重机等。

（4）压实机械。如轮胎压路机、光面轮压路机、单足式压路机、振动压路机、夯实机、捣固机等。

（5）桩工机械。如钻孔机、柴油打桩机、振动打桩机、破碎锤等。

（6）钢筋混凝土机械。如混凝土搅拌机、混凝土搅拌站、混凝土搅拌楼、混凝土输送泵、混凝土搅拌输送车、混凝土喷射机、混凝土振动器、钢筋加工机械等。

（7）路面机械。如平整机、道砟清筛机等。

（8）凿岩机械。如凿岩台车、风动凿岩机、电动凿岩机、内燃凿岩机和潜孔凿岩机等。

（9）其他工程机械。如架桥机、气动工具（风动工具）等。

22.2 执行标准

22.2.1 全地面起重机主要执行标准

GB/T 783—2003《起重机械　基本型的最大起重量系列》

GB/T 3811—2008《起重机设计规范》

GB/T 3766—2001《液压系统通用技术条件》

GB 5226.2—2002《机械安全　机械电气设备　第 32 部分：起重机械技术条件》

GB/T 6067《起重机械安全规程》

GB/T 12602—2009《起重机械超载保护装置》

GB/T 10051—2010《起重吊钩》

GB 12676—2014《商用车辆和挂车制动系统技术要求及试验方法》

GB/T 24818.2—2010《起重机　通道及安全防护措施　第 2 部分：流动式起重机》

GB/T 27996—2011《全地面起重机》

JB/T 5943—2018《工程机械　焊接件通用技术条件》

JB 8716—1998《汽车起重机和轮胎起重机安全规程》

JB/T 10559—2006《起重机械无损检测　钢焊缝超声检测》

22.2.2 履带起重机主要执行标准

GB/T 783—2003《起重机械　基本型的最大起重量系列》

GB/T 3811—2008《起重机设计规范》

GB/T 6067.1—2010《起重机械安全规程　第 1 部分：总则》

GB 15052—2010《起重机　安全标志和危险图形符号　总则》

GB/T 14560—2022《履带起重机》

22.3 起重机的应用及载荷类型

起重机是用于装卸和转移物料的机械。起重机广泛应用于工厂、矿山、港口、车站、建筑工地、电站等领域。

作用在起重机结构上的载荷分四类，即常规载荷、偶然载荷、特殊载荷和其他载荷。常规载荷是指起重机在正常工作时经常发生的载荷；偶然载荷是起重机在正常工作状态下结构所受到的非经

常性作用的载荷；特殊载荷则是在起重机非正常工作时，或在不工作时的特殊情况下才发生的载荷；其他载荷是指在某些特定情况下发生的载荷。

22.4 产品结构

全地面起重机见图 22.1，主要由底盘、支腿、转台、伸缩臂、配重、司机室等部分组成。

履带式起重机见图 22.2，主要由履带梁、车架、转台、桁架臂、配重、司机室等部分组成。

图 22.1　全地面起重机　　　　图 22.2　履带式起重机

22.5 支腿的焊接生产

支腿结构为全地面起重机的核心受力部件，以支腿为例介绍该结构件的焊接生产工艺。

某车型的支腿，结构长宽高尺寸为 2978mm×510mm×770mm，腹板板厚 16mm，为了减轻重量，盖板设计为 12mm、16mm、20mm 三种板厚钢板拼接形式，盖腹板材料选用 Q960E 高强调质钢板。腹板外侧加强板材料选用 Q345B，板厚 6mm（图 22.3）。

22.5.1 母材技术条件

支腿结构中盖板、腹板主要母材材质：调质钢板 Q960E，这种材料的技术条件执行标准 GB/T 16270—2009《高强度结构用调质钢板》。其主要化学成分见表 22.1，力学性能见表 22.2。

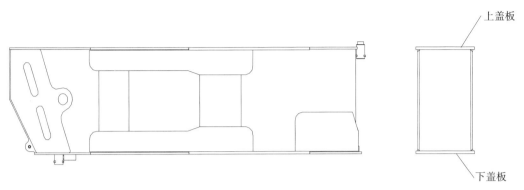

上盖板

下盖板

图 22.3　支腿结构图

表 22.1　化学成分

牌号	化学成分（质量分数）/%												
	C	Si	Mn	P	S	Cu	Cr	Ni	Mo	Nb	V	Ti	B
Q960E	≤ 0.20	≤ 0.80	≤ 2.00	≤ 0.020	≤ 0.01	≤ 0.5	≤ 1.50	≤ 2.00	≤ 0.70	≤ 0.06	≤ 0.12	≤ 0.05	≤ 0.003

表 22.2　力学性能

牌号	$R_{p0.2}$/MPa	R_m/MPa	A/%	冲击功 AKV（-40℃）	
				厚度 /mm	纵向 /J
Q960E	≥ 960	≥ 980~1150	≥ 10	≤ 50	≥ 27

22.5.2　材料的焊接性分析

Q960E 为低碳调质钢，在焊接热影响区，特别是焊接热影响区的粗晶区有产生冷裂纹和韧性下降的倾向；在焊接热影响区受热时未完全奥氏体化的区域，以及受热时其最高温度低于 Ac_1，而高于钢调质处理时的回火温度的那个区域有软化或脆化的倾向。

为了防止冷裂纹的产生，必须严格控制焊接时的氢源及选择合适的焊接方法及焊接参数，采用预热和小焊接热输入的焊接参数，控制熔池形状。

22.5.3　焊接工艺

22.5.3.1　焊接方法及焊接材料

（1）焊接方法选用熔化极富氩混合气体保护焊（MAG）。

（2）填充材料选用 EN ISO 16834–A　G　89　4　M21　Mn_4Ni_2CrMo，直径为 1.2mm。

（3）保护气体选用 80%Ar+20%CO_2。

（4）焊接设备为熔化极混合气体保护焊机，电源为松下 YD–500GR4。

22.5.3.2　工艺评定

工艺评定执行标准 GB/T 19869.1—2005，按照附录 B 表 B.1 钢材类别 3 中组别 3.2 钢种对 Q960E 材料进行工艺评定。

评定项目：δ =16mm　Q960E　V 形坡口　对接接头 MAG 单面焊双面成形。

此评定项目适用于盖板对接焊缝，也适用于盖板与腹板的T形接头焊缝。

工艺评定试件试验内容：2个横向拉伸试样、4个横向弯曲试样、2组冲击、按要求进行硬度试验、1个低倍金相试样、100%射线或超声焊缝检测、表面裂纹检测。

22.5.3.3 焊接参数

熔化极混合气体保护焊焊接参数见表22.3。

表22.3　气体保护焊焊接参数

焊接方法	焊丝直径/mm	焊道	焊接电流/A	焊接电压/V	焊接速度/（cm/min）
135	Φ1.2	打底	120~140	20~22	11~12
		填充	240~280	26~28	35~36
		盖面	280~300	28~30	33~34

22.5.3.4 焊工资质

按照标准TSG Z6002—2010《特种设备焊接操作人员考核细则》，对焊工进行资质考核，焊工需取得特种设备作业人员证。

考试项目为：GMAW-Fe Ⅱ -2G-14-Fefs-11/15。

特种设备作业人员证每四年复审一次。首次取得的合格项目在第一次复审时，需要重新进行考试；第二次以后（含第二次）复审时，可以在合格项目范围内抽考。

持证手工焊焊工（焊接操作工）中断使用某焊接方法进行特种设备焊接作业6个月以上，该手工焊焊工（焊接操作工）拟使用该焊接方法进行特种设备焊接作业前，应当重新考试。

工艺评定试件和焊工考试试件均按单面焊双面成型执行，焊缝质量超声波探伤符合JB/T 10559 I级。

22.5.4 焊接生产制造过程

22.5.4.1 零件清理

用角磨机清除零件待焊区域（坡口两侧各30mm）的铁锈等影响焊接质量的杂质，打磨出金属光泽。

22.5.4.2 盖板拼接并施焊

在装配平台上分别拼接上、下盖板，装引收弧板，定位点固焊，定位焊长度30~50mm，定位焊之间间距300~500mm。检测平面度及拼接尺寸，按照焊接工艺规程规定的工艺参数进行焊接，两面翻转施焊。焊接完成后缓冷，48小时后UT探伤，符合JB/T 10559 I级，MT探伤，无表面裂纹。

22.5.4.3 支腿结构拼装并施焊

以上盖板为基准装工艺筋板、腹板，组成π形梁，焊内侧角焊缝。角焊缝检测，MT探伤，无表面裂纹，见图22.4。

装下盖板，按照焊接工艺规程规定的工艺参数焊接支腿四条主焊缝，见图22.5。缓存48小时后UT探伤，符合JB/T 10559 I级，MT探伤，无表面裂纹。

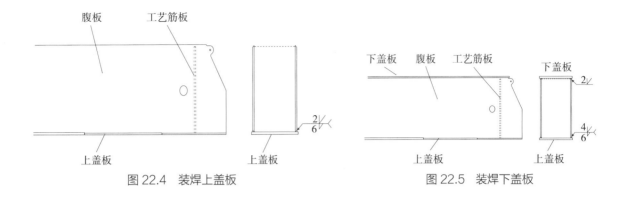

图 22.4 装焊上盖板   图 22.5 装焊下盖板

检测尺寸，装加强板，施焊，见图 22.6。进行焊缝目视检测，记录存档。

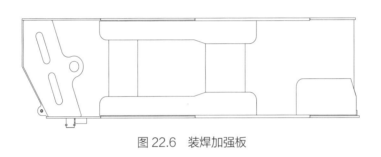

图 22.6 装焊加强板

支腿盖板拼接、组焊焊接工艺规程见本章附录一、二、三。

22.6 伸缩臂和桁架臂结构介绍

一般情况下，全地面起重机吊臂采用伸缩臂结构，100t 以上的全地面起重机吊臂，通常材料选用 Q960E、Q1100E 等高强调质钢板，板厚 5~20mm。臂筒零件的折弯成型精度和伸缩臂结构焊接变形控制是制造该结构件的关键工艺。

臂筒零件折弯成型采用大型液压数控折弯机，见图 22.7、图 22.8。伸缩臂结构焊接普遍采用焊

图 22.7 大型液压数控折弯机

图 22.8 臂筒零件折弯成型

接机器人施焊，局部人工补焊的方式。

　　履带式起重机吊臂采用桁架臂结构，主要由接头、主弦杆、腹杆等零件组成，通过工装装配成桁架臂结构，控制桁架臂结构两端的焊接收缩变形是关键工艺。见图22.9、图22.10。

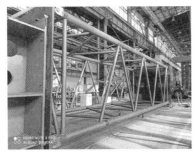

图 22.9　履带式起重机桁架臂结构

图 22.10　装配桁架臂结构

附录一　盖板对接焊缝焊接工艺规程示例

起重机钢结构焊接工艺规程 Welding procedure specification of crane structure	
No.：	

地点： Location：	评定或检验机构： Examiner or test body：
工艺编号： Welding procedure reference No.：	工艺评定编号： WPAR No.：
制造商： Manufacturer：	焊工姓名： Welder's name：
焊接方法：气体保护焊　135 Welding process：　　MAG　135	焊接位置：平焊 Welding positions：PA
接头类型：对接接头 Joint type：butt　joint	坡口制备和清理方法：机械加工或气割　清磨 Method of preparation and cleaning：Machining and grinding
母材牌号及证书：Q960E Parent material specification：Q960E	母材厚度/规格（mm）：20/其他 Material thickness/outside diameter（mm）：20/others
焊材类别和牌号：G89 4 M Mn$_4$Ni$_2$CrMo Filler metal classification and trade name：	焊材特殊烘干规定： Special baking or drying：
焊接准备情况（简图）*： Weld preparation details（Sketch）*：	钨极种类/直径（mm）： Tungsten electrode type/size：

焊接接头形式　Joint design	焊接顺序　Welding sequences
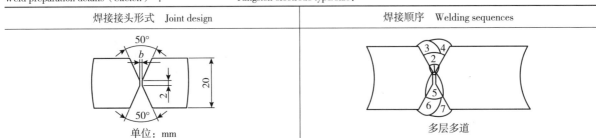 单位：mm	多层多道

焊接工艺参数：

Welding details：

续

焊道 Run	焊接方法 Process	焊材规格 Size of fillermetal （mm）	电流强度 Current （A）	电弧电压 Voltage （V）	电流种类 / 极性 Type of current/ Polarity	送丝速度 Wire feed speed （mm）	焊接速度 * Travel speed （cm/min）	热输入 * Heat input （kJ/cm）
打底	135	Φ1.2	120~140	16~20	DC/ 反接 Electrode positive	—	11~14	9~12
填充	135	Φ1.2	240~260	22~26		—	32~38	9~12
盖面	135	Φ1.2	240~280	24~28		—	32~40	9~13

保护气体 / 焊剂 Gas/Flux	电弧保护 Shielding	Ar 80%+CO_2 20%	气体流量 Gas flow rate （L/min）	电弧保护 Shielding	20
	根部保护 Backing			根部保护 Backing	

衬垫保护情况：

Details of backing：

预热温度：100~120℃

Preheat temperature：100~120℃

焊后热处理：

Post-weld heat treatment：

其他说明 *：

Other information*：

焊丝干伸长度：15~20mm

Contact tube-to-workpiece distance：15~20mm

清根情况：背面清根

Details of back gouging：

层间温度：≤ 170℃

Interpass temperature：≤ 170℃

加热和冷却速度 *：

Heating and cooling rates*：

摆动（焊道最大宽度）（mm）：

Weaving（maximum width of run）（mm）：

附录二　上盖板与腹板焊缝焊接工艺规程示例

No.：	起重机钢结构焊接工艺规程 Welding procedure specification of crane structure

地点：

Location：

工艺编号：

Welding procedure reference No.：

制造商：

Manufacturer：

焊接方法：气体保护焊　135

Welding process：MAG 135

接头类型：T 形接头

Joint type：butt joint

母材牌号及证书：Q960E

Parent material specification：Q960E

焊材类别和牌号：G89 4 M Mn$_4$Ni$_2$CrMo

Filler metal classification and trade name：

焊接准备情况（简图）*：

Weld preparation details（Sketch）*：

评定或检验机构：

Examiner or test body：

工艺评定编号：

WPAR No.：

焊工姓名：

Welder's name：

焊接位置：平焊

Welding positions：PA

坡口制备和清理方法：机械加工或气割　清磨

Method of preparation and cleaning：Machining and grinding

母材厚度 / 规格（mm）：t=12

Material thickness/outside diameter（mm）：t=12

焊材特殊烘干规定：

Special baking or drying：

钨极种类 / 直径（mm）：

Tungsten electrode type/size（mm）：

焊接接头形式　Joint design	焊接顺序　Welding sequences

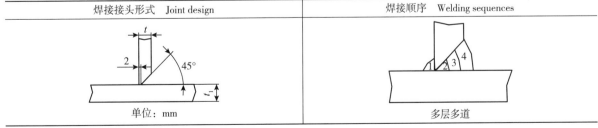

| 单位：mm | 多层多道 |

焊接工艺参数：

Welding details：

续

焊层 Run	焊接方法 Process	焊材规格 Size of fillermetal （mm）	电流强度 Current （A）	电弧电压 Voltage （V）	电流种类 / 极性 Type of current/ Polarity	送丝速度 Wire feed speed （mm/s）	焊接速度 * Travel speed （cm/min）	热输入 * Heat input （KJ/cm）
打底	135	$\Phi 1.2$	120~140	16~20	DC/ 反接 Electrode positive	—	11~14	9~12
填充	135	$\Phi 1.2$	240~260	22~26		—	32~38	9~12
盖面	135	$\Phi 1.2$	240~280	24~28		—	32~40	9~13

保护气体 / 焊剂 Gas/Flux	电弧保护 Shielding	Ar80%+CO$_2$ 20%	气体流量 Gas flow rate （L/min）	电弧保护 Shielding	20
	根部保护 Backing			根部保护 Backing	

衬垫保护情况：
Details of backing：

预热温度：100~120℃
Preheat temperature：100~120℃

焊后热处理：
Post-weld heat treatment

其他说明 *：
Other information*：

焊丝干伸长度：15~20mm
Contact tube-to-workpiece distance：15~20mm

清根情况：背面清根
Details of back gouging：

层间温度：≤ 170℃
Interpass temperature：≤ 170℃

加热和冷却速度 *：
Heating and cooling rates*：

摆动（焊道最大宽度）（mm）：
Weaving（maximum width of run）（mm）：

附录三　下盖板与腹板焊缝焊接工艺规程示例

No.：	起重机钢结构焊接工艺规程 Welding procedure specification of crane structure

地点：
Location：

工艺编号：
Welding procedure reference No.：

制造商：
Manufacturer：

焊接方法：气体保护焊　135
Welding process：MAG　135

接头类型：T 形接头
Joint type：butt joint

母材牌号及证书：Q960E
Parent material specification：Q960E

焊材类别和牌号：G89 4 M Mn$_4$Ni$_2$CrMo
Filler metal classification and trade name：

焊接准备情况（简图）*：
Weld preparation details（Sketch）*：

评定或检验机构：
Examiner or test body：

工艺评定编号：
WPAR No.：

焊工姓名：
Welder's name：

焊接位置：平焊
Welding positions：PA

坡口制备和清理方法：机械加工或气割　清磨
Method of preparation and cleaning：Machining and grinding

母材厚度 / 规格（mm）：t=12
Material thickness/outside diameter（mm）：t=12

焊材特殊烘干规定：
Special baking or drying：

钨极种类 / 直径（mm）：
Tungsten electrode type/size（mm）：

焊接接头形式　Joint design	焊接顺序　Welding sequences

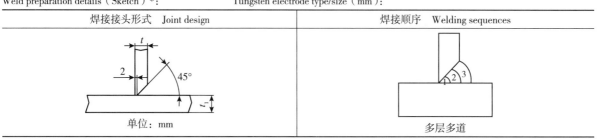

焊接工艺参数：
Welding details：

焊层 Run	焊接方法 Process	焊材规格 Size of fillermetal （mm）	电流强度 Current （A）	电弧电压 Voltage （V）	电流种类 / 极性 Type of current /Polarity	送丝速度 Wire feed speed （mm/s）	焊接速度 * Travel speed （cm/min）	热输入 * Heat input （KJ/cm）
底	135	$\Phi 1.2$	120~140	16~20		—	11~14	9~12
填充	135	$\Phi 1.2$	240~260	22~26	DC/ 反接 Electrode positive	—	32~38	9~12
盖面	135	$\Phi 1.2$	240~280	24~28		—	32~40	9~13

保护气体 / 焊剂 Gas/Flux	电弧保护 Shielding	$Ar80\%+CO_2\ 20\%$	气体流量 Gas flow rate （L/min）	电弧保护 Shielding	20
	根部保护 Backing			根部保护 Backing	

衬垫保护情况：
Details of backing：
预热温度：100~120℃
Preheat temperature：100~120℃
焊后热处理：
Post-weld heat treatment：
其他说明 *：
Other information *：
焊丝干伸长度：15~20mm
Contact tube-to-workpiece distance：15~20mm

清根情况：
Details of back gouging：
层间温度：≤ 170℃
Interpass temperature：≤ 170℃
加热和冷却速度 *：
Heating and cooling rates*：

摆动（焊道最大宽度）（mm）：
Weaving（maximum width of run）（mm）：

参考文献

［1］中国机械工程学会焊接分会. 焊接手册［M］. 北京：机械工业出版社，2008.

［2］中华人民共和国国家质量监督检验检疫总局，中国国家标准化管理委员会. 钢、镍及镍合金的焊接工艺评定试验：GB/T 19869.1—2005［S/OL］.（2005-08）［2022-06］. https://www.spc.org.cn/online/06597de2644ee1b36bb0608807905830.html

［3］中华人民共和国国家质量监督检验检疫总局. 特种设备焊接操作人员考核细则：TSG Z6002—2010［S］. 北京：新华出版社，2010.

本章的学习目标及知识要点

1. 学习目标

（1）了解工程机械产品种类。

（2）知道起重机产品结构及载荷特点。

（3）清楚全地面起重机支腿结构的焊接工艺。

（4）了解起重机伸缩臂和桁架结构所用材料及关键工艺。

2. 知识要点

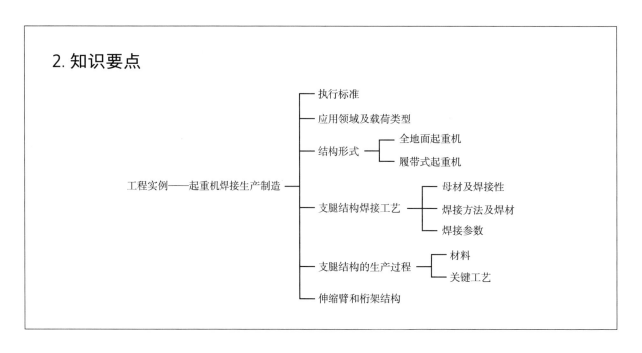

第23章

工程实例——油气管道焊接施工技术

编写：隋永莉　审校：钱强

随着国民经济对石油、天然气等能源需求的不断提高，管道输送以其安全、经济、节能、高效的特点而飞速发展。环焊缝焊接技术是油气管道建设中的重要一环，历经多次重大技术变革。本章从钢管材料、焊接接头技术要求、焊接工艺方案、坡口形式、焊接材料、焊接设备、焊接工艺参数、焊接质量验收等方面介绍我国重大工程中焊接技术的应用实例，帮助读者了解、掌握油气管道环焊缝焊接技术。

23.1 油气管道环焊缝焊接技术的发展历史与应用现状

23.1.1 管线钢管

我国的管线钢研究起步较晚，但开发和应用速度较快。20 世纪 90 年代建立油气管道用管线钢标准体系，开始进行管线钢管国产化研发。1992 年至 1996 年期间成功制造出 L360 ~ L450 管线钢管，应用到轮南到库尔勒原油管道、鄯善到乌鲁木齐天然气管道、库尔勒到鄯善原油管道和陕京一线天然气管道等工程项目。2000 年至 2005 年期间制造出 L485、L555 钢管，应用到西气东输一线、西气东输二线、陕京二线、陕京三线等管道工程。管线钢的发展历史表明，钢管强度等级的提高源于冶金成分设计和组分精确添加、轧制工艺和冷却过程精确控制等方面取得的重大技术进步。运用上述生产工艺制造的管线钢在解决冷裂纹、热裂纹方面优势明显，但在焊接过程中仍面临一些母材焊接性方面的技术难点，如焊接热影响区脆化和软化、钢管实际强度和冶金成分差异影响焊缝性能，以及环焊接头的等强或高强匹配要求等。

为了实现焊接接头的等强或高强匹配、保证焊缝性能和焊接合格率，基于我国钢厂和管厂当前的生产控制水平，对钢管的强度上限、冶金成分范围和管端形状精度进行了必要的限定。例如，中俄东线天然气管道工程黑河—长岭段提出了单独的管体力学性能和冶金成分指标，要求屈服强度变化范围控制在 120MPa 以内，抗拉强度变化范围能够控制在 140MPa 以内，规定了 C、Mn、Nb、Cr、Mo、Ni 等淬透性合金成分的范围，规定了管端椭圆度不高于 0.42% D（6mm）的内控指标。

23.1.2 焊接材料

与管线钢管的快速发展相比，焊接材料的发展和应用则相对落后，包括焊接材料的纯净度比母材差，可与母材匹配的高强韧性焊接材料产品较少，性能优良的单面焊双面成型焊接材料少等。这使得环焊缝的焊接在很长一段时间内都是以纤维素焊条手工焊和自保护药芯焊丝半自动焊为主，自2016 年以后才广泛应用全自动焊和组合自动焊方法。

半自动焊方法主要是指自保护药芯焊丝电弧焊（FCAW-S），该方法只能用于环焊缝的热焊、填充焊和盖面焊。整个环焊接头的完成还需要与之配套的根焊方法，包括有纤维素焊条手工电弧焊（SMAW）、手工钨极氩弧焊（GTAW）、STT 实心焊丝半自动电弧焊（STT-GMAW）、RMD 金属粉芯焊丝半自动电弧焊（RMD-GMAW）和低氢焊条手工电弧焊（SMAW）等。

自动焊是指从根焊至盖面的焊接均使用机械设备完成的焊接方法，包括内焊机、单焊炬外焊机、双焊炬外焊机等，通常使用实心焊丝（GMAW 或 PGMAW）。组合自动焊是指只有环焊缝的填充、盖面层采用机械设备完成，通常使用气保护药芯焊丝（FCAW-G）。根焊缝还须与之配套的其他手工或半自动焊方法，如 GTAW、STT-GMAW、RMD-GMAW、SMAW 等。

半自动焊、全自动焊和组合自动焊的常用焊接材料如表 23.1 所示。

表 23.1　油气管道环焊缝焊接常用焊接材料

	根焊		热焊、填充、盖面焊	
	焊材名称	焊材型号	焊材名称	焊材型号
X52、X60、X65	纤维素焊条（手工）	AWS A5.1 E6010 GB/T 5117 E4310	自保护药芯焊丝（半自动）	AWS A5.29 E71T8 GB/T 10045 T493T8-1NA
	钨极氩弧焊（手工）	AWS A5.18 ER70S-G GB/T 39280 W49A3		
X70	纤维素焊条（手工）	AWS A5.1 E6010 GB/T 5117 E4310	自保护药芯焊丝（半自动） 或气保药芯焊丝（自动）	AWS A5.29 E81T8，GB/T 10045 T553T8-1NA AWS A5.29 E81T1，GB/T 10045 T553T1-1 M21A AWS A5.29 E91T1，GB/T 10045 T623T1-1 M21A
	钨极氩弧焊（手工）	AWS A5.18 ER70S-G GB/T 39280 W49A3		
	STT 实心焊丝（半自动）	AWS A5.18 ER70S-G GB/T 8110 G49A3C1		
	RMD 金属粉芯焊丝（半自动）	AWS A5.18 E80C-Ni1 GB/T 10045 T493T15-1M21		
	实心焊丝（内焊机）	AWS A5.18 ER70S-G GB/T 8110 G49A3M21	实心焊丝（自动焊）	AWS A5.28 ER80S-G GB/T 8110 G55A3M21
X80	低氢焊条（手工）	AWS A5.1 E7016 GB/T 5117 E5015	自保护药芯焊丝（半自动） 或气保药芯焊丝（自动）	AWS A5.29 E91T8，GB/T 10045 T623T8-1NA AWS A5.29 E91T1，GB/T 10045 T623T1-1 M21A AWS A5.29 E101T1，GB/T 10045 T693T1-1 M21A
	钨极氩弧焊根焊（手工）	AWS A5.18 ER70S-G GB/T 39280 W49A3		
	STT 实心焊丝（半自动）	AWS A5.18 ER70S-G GB/T 8110 G49A3C1		
	RMD 金属粉芯焊丝（半自动）	AWS A5.18 E80C-Ni1 GB/T 10045 T493T15-1M21		
	实心焊丝（内焊机）	AWS A5.18 ER70S-G GB/T 8110 G49A3M21	实心焊丝（自动焊）	AWS A5.28 ER80S-G，GB/T 8110 G55A3M21

23.1.3　焊接方法

我国钢质油气管道环焊缝焊接技术经历了几次大的变革。20 世纪 70 年代及以前采用传统焊接方法，即上向焊的低氢型焊条电弧焊工艺，采用断弧操作法完成全位置焊接操作，焊层厚度大，焊接效率低。20 世纪 80 年代推广焊条电弧焊下向焊工艺，即纤维素型焊条和铁粉低氢型焊条下向焊方法，采用大电流、多层多道、快速焊的操作方法来完成全位置焊接操作，焊接效率和合格率得到提高。20 世纪 90 年代应用自保护药芯焊丝半自动焊工艺，全位置焊接操作更为容易，环境适应性优良，焊接效率和合格率得到显著提高。从 2001 年开始，随着管道建设用钢管强度等级的提高及管径和壁厚的增大，在管道焊接施工过程中逐渐开始应用熔化极气体保护自动焊工艺，即实心焊丝气体保护自动焊，焊接接头综合性能优良，劳动强度小，对大口径、高钢级钢管及恶劣气候环境的管道建设极具潜力。

目前，D1016-X70 及以上的油气管道建设主要采用熔化极气体保护自动焊工艺（GMAW 或 PGMAW）。自动焊系统包括坡口机、内对口器与根焊设备组合系统、外焊机 3 部分。其中，坡口机用于钢管端部复合坡口的现场加工；内对口器与根焊设备组合系统，可以是内对口器与内焊机的一体组合，也可以是内对口器与专用根焊外焊机的设备组合；外焊机有单焊炬外焊机和双焊炬外焊机等。焊接特性有直流平特性和直流脉冲特性。

较低钢级、较小管径的油气管道建设主要采用自保护药芯焊丝半自动焊（FCAW-S）与其他焊接方法根焊的组合工艺。大多数工况条件下，STT-PGMAW 和 RMD-PGMAW 这两种半自动根焊方法由于熔敷效率高，作为根焊工艺的应用更为广泛；低氢焊条根焊、钨极氩弧焊根焊由于效率低，只用在连头（不同管道段之间相连接的最后一道或两道焊口，由于不能自由伸缩而在焊接过程中承受了较大的拘束应力，俗称"死口"）和返修时的根焊。为避免在根焊时产生焊接冷裂纹，X80M 管道不允许使用纤维素焊条。

纤维素焊条和低氢焊条组合的手工焊工艺（SMAW）主要用于焊缝金属的返修及站场小口径工艺管道的焊接。其中，全纤维素焊条焊接工艺只允许用于钢管强度等级较低、输送压力较小的输水、输油等管道中。低氢型焊条下向焊工艺在 20 世纪 90 年代得到了广泛的应用，目前能够熟练掌握该项操作技能的焊工已越来越少，反倒是低氢焊条上向焊的应用相对较多。

23.1.4　焊接设备

半自动焊方法用焊接设备主要包括根焊设备和填充、盖面焊设备。根焊设备主要依据采用的焊接材料进行选择。其中低氢型焊条和钨极氩弧焊这两种焊接方法对焊接设备的要求比较简单，通用的焊接电源即可满足要求。纤维素焊条对焊接设备的要求比较高，在 2000 年以前该类逆变电源曾经是焊机制造业的一大挑战，近年来已完全实现国产化，且实际应用效果良好。填充、盖面焊设备主要有可控硅型直流电源、IGBT 逆变电源等，重点是选择相匹配的送丝机，确保焊接过程中自保护药芯焊丝的送丝平稳和焊接电弧稳定。

自动焊方法用焊接设备是由坡口机、内对口器与内焊机、外焊机 3 部分组成的自动焊系统。我国早期应用的管道自动焊设备种类和型号较多，其应用受到设备维护、备品备件和操作系统，及焊丝直径、丝盘尺寸和重量等差异化因素的限制。目前，自动焊系统已逐步统一为国产化设备。

根据焊接方法的不同，所使用的焊接设备也具有不同的工艺特点和设备特性，如表 23.2 所示。

表 23.2　常用焊接方法的焊接设备特性

焊接工艺	工艺特点	设备特性
纤维素焊条根焊	手工焊； 焊接电流小，电弧电压大	① 具有下降外特性的直流逆变电源； ② 静特性曲线自然特性段至少达到 50V 以上； ③ 适当提高静特性曲线的外拖拐点（15~20A）； ④ 外拖曲线以斜率可调线性变化； ⑤ 保证小电流（60~90A）焊接时的稳定性
低氢焊条根焊	手工焊	下降外特性的普通直流电源
钨极氩弧焊根焊	手工焊	具有高频引弧装置的氩弧焊机
STT 根焊	半自动焊 实心焊丝和 CO_2 气体 焊接热输入量小	① 直流脉冲特性电源（PGMAW）； ② 检测电弧电压，并判断熔滴过渡过程中的瞬时形态； ③ 控制瞬时电流的变化，达到预期的表面张力效果； ④ 实现熔滴平稳过渡
RMD 根焊	半自动焊 金属粉芯焊丝和 CO_2 气体 焊接热输入量小	① 直流脉冲特性电源（PGMAW）； ② 高速监控短路过程，精确控制各阶段电流波形； ③ 提高电弧推力，控制多余的电弧热量； ④ 在根部产生高质量熔深，实现熔滴过渡规律、迅速
自保护药芯焊丝半自动焊	半自动焊 无保护气体 焊接电流大，电弧电压小	① 可控硅或逆变的直流平特性电源（GMAW）； ② 确保送丝平稳
自动焊	自动焊 富氩混合气体，实心焊丝 窄坡口	① 为坡口机、内焊机、外焊机组合的自动焊系统； ② 填充、盖面为双焊炬，采用直流脉冲特性电源（PGMAW）； ③ 具有电弧对中的自动跟踪功能； ④ 可自动记录焊接工艺参数
组合自动焊	自动焊完成填充、盖面焊 富氩混合气体，药芯焊丝 根焊为手工或半自动焊 V 形坡口或复合 V 形坡口	① 为坡口机、单焊炬外焊机组合的自动焊系统； ② 自动焊为直流平特性电源

23.1.5　质量要求

我国管道环焊缝的焊接施工和质量验收是按管道焊接施工的通用规范执行的，如 GB 50369—2006《油气长输管道工程施工及验收规范》、GB/T 31032—2014《钢质管道焊接及验收》、SY/T 4109—2020《石油天然气钢质管道无损检测》、GB/T 50818—2013《石油天然气管道工程全自动超声波检测技术规范》等。在这些标准中有相关条款对焊接施工、质量验收等进行了要求，主要为作业空间、管沟宽度、无损检测方法等方面的技术规定。在一些具体的工程项目中，设计文件将对环焊缝焊接质量验收要求做出规定。

环焊缝的无损检测方法是依据其采用的焊接方法进行规定的，如采用手工焊或半自动焊的焊接方法时通常使用射线检测，采用全自动焊的焊接方法时通常使用全自动超声波检测，采用组合自动焊方法时通常使用带有衍射时差超声波检测功能的相控阵超声波检测。一些特殊的管道地段或特殊焊口，通常要求两种及两种以上的无损检测方法进行相互验证，如穿跨越管道段的焊口要求同时进行 100% 射线检测和 100% 超声波检测，连头焊口、返修焊口要求同时进行 100% 射线检测和 100% 超声波检测，全自动焊的焊口则在进行全自动超声波检测的同时配合一定比例的射线检测。

随着数字化无损检测技术的发展，在当前的油气管道建设过程中，一些重点地段或重点焊口还会增加一定比例的数字化无损检测方法，包括数字射线检测、相控阵超声波检测、衍射时差超声波检测等。

23.2 工程应用实例

23.2.1 项目概况

中俄东线天然气管道工程自黑龙江省黑河市入境，途经黑龙江、吉林、内蒙古、辽宁、河北、天津、山东、江苏、上海 9 个省（自治区、直辖市），管道全长 5111km，设计输量 $380 \times 10^8 \text{m}^3$。其中，中俄东线天然气管道工程北段为黑河—长岭段，干线管道起点为黑河首站，终点为长岭分输站，线路全长约 715km，设计压力 12MPa，钢管等级 X80M，管径 D1422。

受自然环境及项目工期影响，该管道工程在冬季是相对良好的施工期。我国北部最冷月平均气温为 −24 ～ −14℃，极端最低温度 −48.1℃。经气象统计数据调研和极端工况条件输送介质最低温度模拟计算，确定本工程一般埋地管道最低设计温度为 −5℃，施工期极端温度约为 −40℃。因此，本工程的焊接工艺评定确定模拟的焊接环境温度为 −30℃。

23.2.2 焊接施工标准及技术要求

油气管道工程的环焊缝焊接是在野外流动的工作场所完成的，焊接施工具有一定的特殊性，需要提前进行环焊缝的焊接工艺评定。中俄东线天然气管道工程（黑河—长岭）的焊接工艺评定和焊接施工验收标准如下所示。

GB/T 31032—2014《钢质管道焊接及验收》

Q/SY GD0503.11—2016《中俄东线天然气管道工程技术规范 第 11 部分：线路工程》

Q/SY GD0503.12—2016《中俄东线天然气管道工程技术规范 第 12 部分：线路焊接》

GB 50369—2014《油气长输管道工程施工及验收规范》

GB/T 50818—2013《石油天然气管道工程全自动超声波检测技术规范》

SY/T 4109—2013《石油天然气钢质管道无损检测》

中俄东线天然气管道工程（黑河—长岭）对环焊接头的技术要求，在上述标准所规定的力学性能之外增加了低温冲击韧性、韧脆转变曲线和温度点、维氏硬度、宏观金相等试验要求，具体如表 23.3 所示。

表 23.3　环焊接头的技术要求

序号	试验项目	验收要求
1	环焊接头横向拉伸	断裂位置在母材时 R_m 应大于 594MPa；断裂位置在焊缝金属或熔合线附近时 R_m 应大于 625MPa
2	刻槽锤断	断裂面应完全焊透和熔合；气孔不大于 1.6mm 且累计面积不大于断面的 2%；夹渣深度小于 0.8mm，长度不大于 3mm，相邻夹渣间应至少相距 13mm
3	侧向导向弯曲	表面开裂尺寸应不大于 3mm；边缘开裂尺寸应不大于 6mm
4	−20℃夏比冲击韧性	试样尺寸为 10mm × 10mm × 55mm，V 形缺口分别在焊缝金属和熔合线；每个试样的单值应不小于 38J，三个试样的平均值应不小于 50J
5	韧脆转变温度点	应进行 0℃、−10℃、−20℃、−30℃、−45℃ 和 −60℃ 下的夏比冲击韧性试验，描绘韧脆转变温度曲线，并给出焊缝金属和热影响区的韧脆转变温度点，剪切面积中脆性面积占比为 50% 时的温度（$FATT_{50}$）应不大于 −20℃
6	硬度（HV10）	焊缝金属和热影响区的 10kg 载荷维氏硬度应不大于 300
7	宏观金相	焊接接头剖面不应有裂纹和未熔合，且满足刻槽锤断对断面的要求

注：焊接工艺评定时试件的焊接应在 −30℃ 的低温环境条件完成。

23.2.3　典型焊接生产制造工艺

长输油气管道常用的焊接方法，按自动化程度分类有自动焊、半自动焊和手工焊。根据管道沿线地表形貌、焊口特点等，线路管道工程的主要焊接方式为自动焊和半自动焊，手工焊则主要用于连头焊接和返修焊接。

中俄东线天然气管道工程是我国首次采用 X80M−D1422 管线钢管的天然气管道工程，壁厚范围 18.4 ~ 33.8mm，单根管重 8 ~ 12t，具有管径大、壁厚厚、钢级高、在低温工况下性能良好等特点，对焊接施工是全新挑战。为实现"焊接自动化、检测智能化、防腐机械化"的施工理念，中俄东线天然气管道工程（黑河—长岭）优先选用自动的实心焊丝气体保护焊工艺进行线路管道工程的焊接，选用手工钨极氩弧焊或半自动焊的熔化极气体保护焊与自动的药芯焊丝气体保护焊组合的焊接工艺进行连头、弯管及山区地段管道的焊接，采用低氢焊条电弧焊的方法进行返修焊接。具体焊接方法如表 23.4 所示。

表 23.4　焊接工艺

序号	适用项目	工艺类型	根焊	填充 & 盖面焊
1	主线路工程	自动焊	自动的实心焊丝气体保护焊	实心焊丝气体保护自动焊
2	连头、弯管及山区地段工程	组合自动焊	手工钨极氩弧焊	药芯焊丝气体保护自动焊
			半自动熔化极气体保护焊	
3	缺欠返修与修补	手工焊	—	低氢焊条电弧焊

23.2.3.1　主线路工程的焊接工艺

管道沿线的平原段长度超过 60%，地表状况多为耕地、林地、果园等，适合采用焊接机组流水作业的施工方式。

（1）工艺方案。

自动焊工艺是采用内焊机根焊、单焊炬外焊机热焊（根焊缝的含氢量较高、厚度较薄等情况下，为避免根焊道开裂而需要在尽量短的时间内快速完成的第二层焊道）、双焊炬外焊机填充和盖面焊，其特点是环焊接头的强度和韧性表现优良，焊缝金属的韧脆转变温度可低至 −60℃ 及以下，但受电弧特性限制，焊道的熔宽窄、熔深浅，对于组对偏差的容错性差，一些微小的坡口尺寸偏差、组对间隙变化、焊口错边量等，都易导致未熔合。因此，要求在施工现场采用坡口机完成加工坡口，并严格管控坡口加工尺寸、管口组对精度和错边量等。

（2）焊接坡口。

自动焊的接头坡口形式如图 23.1 所示，关键参数分别是钝边高度 P、拐点至内壁高度 H 和坡口表面宽度 $W/2$ 三个。设计的钝边高度应能保证热焊道完全熔透，并与内焊机完成的根焊道良好熔合。选择的拐点至内壁高度应确保热焊道完成后其表面能刚好超过变坡口的拐点高度，并将拐点处良好熔合。确定的坡口表面宽度应能够实现双焊炬焊接时一次性完成盖面焊道成型。

坡口参数	范围
坡口表面宽度（$W/2$）/mm	3.5 ~ 4.5
拐点至内壁高度 H/mm	5.1 ± 0.3
钝边高度 P/mm	1.3 ± 0.3
内坡口高度 h/mm	1.5 ± 0.3
对口间隙 b/mm	0 ~ 0.5
下坡口角度 α/（°）	45 ± 1.5
下坡口角度 β/（°）	5 ± 1.5
内坡口角度 γ/（°）	37.5 ± 1.5

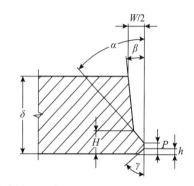

图 23.1　自动焊的接头坡口形式

（3）焊接材料。

内焊机和外焊机使用的焊接材料均为实心焊丝，但两者的强度等级有所不同。内焊机根焊用焊材选择使用了强度等级较低的实心焊丝，型号为 GB/T 8110—2020 G49 A5 M21 3Si1，相当于 AWS A5.18 ER70S-G，焊丝直径 0.9mm，包装规格 1.5kg 丝盘。其塑性和延展性好，可防止 X80M 钢管在根焊过程中因钢管强度太高、焊接过程承受应力太大等因素影响而造成根部冷裂纹。外焊机填充焊和盖面焊选择使用了强度等级相同的实心焊丝，型号为 GB/T 8110—2020 G55 A6 M21 Z3Ni1，相当于 AWS A5.28 ER80S-G，焊丝直径 1.0mm，包装规格 15kg 丝盘。可实现环焊接头与 X80M 钢管的高强度和高韧性匹配，同时具有优良的焊接工艺性能，保证焊接合格率。

（4）焊接设备。

自动焊工艺的焊接设备包括坡口机、内焊机、单焊炬外焊机和双焊炬外焊机，以及小车轨道、焊接电源等，本工程的主要自动焊设备配置如表 23.5 所示。

表 23.5　全自动焊工艺的焊接设备

设备厂家	坡口机	根焊用内焊机	热焊用单焊炬外焊机	填盖用双焊炬外焊机
中石油管道局	CPP900-PFM56	CPP900-IW56	CPP900-W2①	CPP900-W2
美国 CRC-Evans	CRC-Evans PFM56	CRC-Evans IWM56	P-260	P-600
四川熊谷	C-56	A-810/56	A-610①	A-610

① 为双焊炬外焊机，用于热焊道焊接时关闭后枪，只使用前枪。

（5）焊接工艺参数。

自动焊工艺的焊接工艺参数如表 23.6 所示。

表 23.6 1422mm × 21.4mm 的 X80M 钢管自动焊工艺参数

焊层	焊道名	焊接设备	丝径 mm	保护气体	焊接速度 /（cm/min）	热输入量 /（kJ/mm）
根焊层	根焊	内焊机	0.9	80%Ar–20%CO_2	55~60	0.28~0.32
热焊层	热焊	单焊炬外焊机	1.0	80%Ar–20%CO_2	55~60	0.30~0.35
填充焊层 1	填充 1	双焊炬外焊机	1.0	80%Ar–20%CO_2	40~45	0.50~1.10
	填充 2		1.0	80%Ar–20%CO_2	40~45	0.50~1.10
填充焊层 2	填充 3	双焊炬外焊机	1.0	80%Ar–20%CO_2	40~45	0.50~1.10
	填充 4		1.0	80%Ar–20%CO_2	45~50	0.50~1.10
填充焊层 3	填充 5	单焊炬外焊机	1.0	80%Ar–20%CO_2	45~50	0.50~1.10
盖面焊层 1	盖面 1	双焊炬外焊机	1.0	80%Ar–20%CO_2	35~40	0.40~1.00
	盖面 2		1.0	80%Ar–20%CO_2	35~40	0.40~1.00

（6）焊缝的检验验收。

自动焊完成的环焊接头的无损检测采用全自动超声波检测法（AUT），并按 GB/T 50818 的 II 级合格要求进行验收。同时规定，无损检测机组应跟进焊接机组的施工进度，及时反馈焊接不合格情况和缺欠特征，避免自动焊机组产生系统性的焊接缺欠。

为确保施工现场 AUT 检测工艺纪律执行的可靠性，还要求随机抽取 20% 的环焊接头采用射线检测法（RT）进行监督。具体做法为：当 RT 抽检结果不合格而 AUT 检测结果合格时，应复核 AUT 检测中是否发现缺欠指示。如发现缺欠指示，则依据 AUT 检测结果判定环焊接头，如未发现缺欠指示，则应对 AUT 检测工艺及执行情况进行确认、调整，并采用调整的 AUT 检测工艺对该时间段内完成的环焊接头全部重新检测。

23.2.3.2 连头、弯头和山区段的焊接

管道沿线分布着一定数量的热煨弯管、陡坡山区等地段，不利于大机组流水作业。另外不同焊接机组完成的管道段之间的断点、穿越断点等位置需要进行连接作业，由于焊口数量少、地形条件差、不具备使用内焊机或内对口器条件，更适合小机组或单机组焊接作业。这些焊口选择了组合自动焊的焊接工艺。

（1）工艺方案。

组合自动焊工艺的工艺特点是使用手工或半自动的方法完成根焊后，使用单焊炬外焊机自动焊方法进行填充焊和盖面焊，是手工焊与机动焊的组合工艺。可使用的根焊方法包括手工钨极氩弧焊或具有 STT 特性的半自动熔化极气体保护焊等。该焊接工艺的优点是，环焊接头的强度和韧性良好，焊缝金属的韧脆转变温度可达 –30℃ 及以下。由于电弧热量高，焊接熔池的深、宽比例好，使得其对于管口组对偏差的容错性非常强，适合于坡口尺寸精度难以控制的工况条件。该焊接工艺的不足是对环境湿度、风速敏感，易产生气孔、夹渣等缺欠，焊接效率低于全自动焊。该焊接工艺要求在

施工现场采用坡口机完成加工坡口。

（2）焊接坡口。

组合自动焊的坡口如图23.2所示，该坡口参数分别是坡口面角度 α、组对间隙 b 和钝边 P。设计的坡口面角度约 22°，组对间隙 2.5 ～ 3.5mm，钝边 1.6mm ± 0.4mm。焊接施工过程中应确保每道焊口组对间隙具有较好的一致性，以利于填充、盖面时自动焊预置的摆动宽度、边缘停留时间等参数能够完全覆盖坡口。

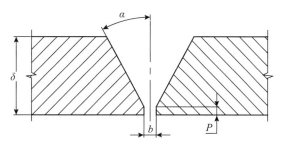

图 23.2　组合自动焊焊接坡口形式示意图

（3）焊接材料。

组合自动焊工艺的焊接材料包括根焊用实心焊丝和单焊炬外焊机用气体保护药芯焊丝。根焊用焊材选择参照了以往管道工程的通用做法，使用强度等级较低、扩散氢含量很低的实心焊丝，钨极氩弧焊丝型号为 GB/T 39280—2020 W49 A3 3Si1，丝径 2.5mm，相当于 AWS A5.18 ER70S-G，能够使根焊焊缝具有良好的塑性和延展性，防止根部冷裂纹。填充和盖面焊用气体保护药芯焊丝的选择，考虑了强度等级稍高、扩散氢含量较低、焊接工艺性能良好等因素，焊丝型号为 GB/T 36233 T625T1-1M21Mn1NiP H5，相当于 AWS A5.29 E91T1-K2MJH4，焊丝直径 1.2mm，包装规格 15kg 丝盘。可实现环焊接头与 X80M 钢管的高强度和高韧性匹配，同时具有优良的焊接工艺性能，保证焊接合格率。

（4）焊接设备。

组合自动焊工艺的焊接设备包括坡口机、内对口器或外对口器、单焊炬外焊机，以及小车轨道等。本工程的具体焊接设备配置如表 23.7 所示。

表 23.7　组合自动焊工艺的焊接设备

设备供应商	坡口机	内对口器	根焊设备	填盖用单焊炬外焊机
中石油管道局	CPP900-PFM56	CPP-PC56	钨极氩弧焊电源	CPP900-W1
美国 CRC-Evans	CRC-Evans PFM56	CPP-PC56		P-260 或 M-300
四川熊谷	C-56	CPP-PC56		A-300X 或 A-305X

注：宜优先使用内对口器；不具有使用内对口器的工况条件下使用外对口器。

（5）焊接工艺参数。

组合自动焊工艺的焊接工艺参数如表 23.8 所示。

表 23.8　1422mm × 21.4mm 的 X80M 钢管组合自动焊工艺参数

焊道名称	工艺类型	丝径 /mm	保护气体	焊接速度 /(cm/min)	热输入量 /(kJ/mm)
根焊	GTAW	2.4	100%Ar	8~12	0.9~1.5
热焊	GTAW	2.4	100%Ar	8~12	0.9~1.5
填充 1	FCAW–G	1.2	80%Ar–20%CO$_2$	18~20	1.0~2.0
填充 2	FCAW–G	1.2	80%Ar–20%CO$_2$	20~22	1.0~2.0
填充 3	FCAW–G	1.2	80%Ar–20%CO$_2$	20~22	1.0~2.0
填充 4	FCAW–G	1.2	80%Ar–20%CO$_2$	20~22	1.0~2.0
填充 5	FCAW–G	1.2	80%Ar–20%CO$_2$	20~22	1.0~2.0
盖面 1	FCAW–G	1.2	80%Ar–20%CO$_2$	18~20	1.0~2.0
盖面 2	FCAW–G	1.2	80%Ar–20%CO$_2$	16~28	1.0~2.0

（6）焊缝的检验验收。

组合自动焊完成的环焊接头的无损检测采用相控阵超声波检测法，该检测设备同时还应带有衍射时差超声波检测，并按 SY/T 4109 的 Ⅱ 级合格要求进行验收。无损检测机组应跟进焊接机组的施工进度，及时反馈焊接不合格情况和缺欠特征。

死口（由于不能自由伸缩而在焊接热过程中承受较大拘束应力的连头焊口）、金口（不同管道段之间的最后一道连头焊口，不能进行管道的整体水压试验）等连头焊口、返修焊口以及重点地区、重要地段的环焊接头还应同时进行射线检测。采用双百检测的环焊接头，每种检测方法均各自评判检测结果，发现的任何一种不合格均应返修。

23.3　自动焊施工的质量控制方法

在管道自动焊施工作业前，需要开展系统的技术准备工作，从设计、钢管、施工组织、无损检测等环节为机组连续施工、提高焊接合格率创造条件。施工作业过程中，需严格执行焊接工艺纪律和无损检测工艺纪律，从技术管控、程序管理等方面为自动焊技术在油气长输管道工程中的稳定、全面应用夯实基础。

23.3.1　设计阶段的技术准备要求

在管道设计阶段，需优化线路走向和起伏坡度，以满足内焊机焊接时设备对地形、坡度的要求，必要时需对起伏段线路进行削方、降坡等处理，以保障自动焊机组实现流水作业。同时，还须优化"三穿"通道、局部断点和转角，必要时可采取冷弯管与弹性敷设组合法减少热煨弯头用量、"盖板涵"法减少穿越连头点等措施，以满足自动焊机组对连续作业通道及管道转角曲度的要求。

不等壁厚焊接时，厚壁侧钢管侧采用内孔锥型坡口，满足自动焊根焊作业条件，如图 23.3 所示。

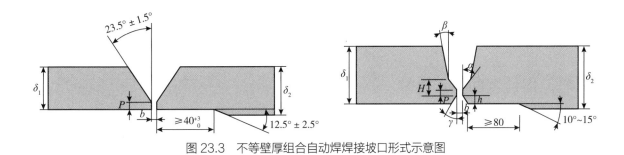

图 23.3　不等壁厚组合自动焊焊接坡口形式示意图

23.3.2 对钢管的技术要求

钢管的冶金成分偏差范围影响自动焊接头的力学性能，强度偏差范围影响环焊接头与母材的实际强度匹配水平，管端尺寸精度影响自动焊的焊接合格率，因此须在钢管订货阶段补充约定钢管的技术要求。如规定 C%、Ni%、Cr%、Mo%、Nb% 等元素的上下限值，减小钢管冶金成分波动的偏差范围，以降低对环焊接头韧性和软化的影响；降低钢管实际抗拉强度波动范围，以确保环焊接头能够实现与母材的实际水平的等强或高强匹配；提出更严格的管端直径偏差和不圆度等尺寸精度，以减少或避免焊口组对的错边量偏差。

23.3.3 自动焊施工的技术要求

人员培训是保障自动焊过程稳定、质量可靠的重要环节。自动焊机组主要人员包括坡口工、管工、焊机操作工、电工、参数调节技术员及焊接工程师等，均须进行系统培训。由于自动焊系统均为预置参数，其对坡口尺寸变化的容错性很差，因此施工现场的坡口加工质量是保证自动焊合格率的第一个关键环节，管口组对质量是保证自动焊合格率的第二个环节。而焊机操作工首先应是优秀的砂轮打磨工，其次是具有足够操作技能的焊工，能够通过观察熔池形态熟练进行焊炬的对中、高低和摆宽微调。电工是保障自动焊设备处于正常、稳定工作状态的基石，应熟悉并掌握自动焊设备维护保养技能。参数调节技术员不仅需要掌握自动焊参数调节技巧，更要听得懂焊工语言并转化为工艺参数优化。焊接工程师需要分析、辨识典型焊接缺欠的产生原因，查找相关因素，帮助机组快速解决出现的焊接质量问题。

自动焊设备的选择是保障自动焊过程稳定、质量可靠的关键环节。应选择环境适应能力强、焊接可靠性高、售后响应快速的自动焊设备，并提前准备备品、备件，方便现场快速维修和保养。另外，最好能够预备额外的内焊机和外焊机，可在机组内或不同机组之间需灵活调配，避免由于设备故障造成机组停工。如因自动焊设备变化发生了系统性焊接缺欠，应停止焊接，分析查找原因。

焊接材料对自动焊焊接的过程稳定性和质量可靠性也有重要影响。应按焊接工艺规程给出的牌号和保护气体类型选择、使用焊接材料。焊接材料应按厂家要求存放、保管，并在规定期限内使用。施工现场的焊接材料须做好防潮保护。如因更换焊材发生系统性焊接缺欠，应停止焊接，分析查找原因。

焊接工艺规程是焊接施工的工艺纪律文件，应予以严格遵守。如果认为工艺规程不适合现场，应按标准要求重新进行评定或编制新的焊接工艺规程，而不应随意更改焊接工艺规程。当气候环境条件不满足要求时，应创建适宜的施焊环境。每一道焊口都应具备信息可追溯性，包括焊工、设备、焊材、工艺、环境等。

23.3.4 无损检测的技术要求

首先，无损检测方法和检测工艺的选择应与环焊工艺、典型缺欠和焊口位置相适应，如钢管壁厚、坡口形式及角度、缺欠类型及焊口特殊位置等都影响无损检测工艺的选择。通常，厚壁接头采用超声波检测法的缺欠检出率比薄壁接头高；坡口面陡、坡口间隙窄的焊接坡口采用全自动超声波检测方法更适合，坡口面缓、坡口间隙宽的坡口最好采用相控阵超声波检测方法或射线检测方法；典型缺欠为气孔、夹渣的焊接工艺宜采用射线检测方法，典型缺欠为未熔合、未焊透的焊接工艺推荐采用超声波检测方法；四类地区、穿越管道焊口及连头、返修等特殊位置焊口，宜采用射线和超声波两种检测方法的双百检测。

其次，无损检测单位和检测人员的资质、水平和经验应与工程技术要求相适应。AUT、PAUT 和 TOFD 等检测方法对人员能力和经验的要求高于 RT 检测；工程建设前进行检测人员能力验证、设备校验、试块设计加工、通用工艺评定、专项工艺评定等有利于做好检测准备工作。

再次，无损检测过程中需严格执行检测工艺纪律。如 RT 检测的黑度、灵敏度、胶片质量等须满足要求；AUT 检测时的定位线刻画及轨道安装精准度需认真核实；耦合剂不良、检测表面光洁度不足、制管焊缝余高去除不够或与母材未圆滑过渡等原因导致的 AUT 检测盲区的发现与处理；RT 和 AUT、PAUT 等几种检测方法同时进行时，检测结果相互之间的比对、分析等。

最后，无损检测人员还应具有发现、辨识焊接质量隐患的能力，包括热裂纹和冷裂纹等危险性缺欠的定性和定量评判，及焊接工艺使用错误、焊接坡口尺寸错误、私自返修等违反焊接工艺纪律行为的判断。

23.4 油气管道环焊缝焊接技术的技术应用与发展趋势

随着对清洁能源需求的不断增长，我国所拥有的石油天然气长输管道里程逐年增长，也使得高钢级管道环焊缝的质量与安全问题凸显，成为制约高钢级管道发展的瓶颈。在未来的管道建设中，自保护药芯焊丝半自动焊和低氢焊条手工焊工艺仍将是可选择的方法，但管道自动焊技术的应用将会越来越广泛。

23.4.1 半自动焊和手工焊仍将是管道建设的可选择方法

在口径较小、钢管强度等级较低的管线钢管现场焊接时，自保护药芯焊丝半自动焊和低氢焊条手工焊的工艺仍将是主要的焊接方法。另外，受地理位置、地形条件、气候环境等外界因素的限制，不利于进行管道自动焊焊接施工的管道工程，也将使用自保护药芯焊丝半自动焊和低氢焊条手工焊的工艺。但在应用自保护药芯焊丝半自动焊工艺的管道段，需要对管线钢管的冶金成分和现场焊接工艺纪律进行额外的管控，以确保环焊接头的力学性能满足工程要求。

23.4.2 管道自动焊技术将成为未来管道建设的主要焊接方式

随着自动控制技术和电弧跟踪技术的不断完善，自动焊设备设计模块化和配件标准化，以及自动焊应用平台的成熟，自动焊操作将变得更容易，设备生产和维护保养将更加迅速和便捷，熟练的自动焊操作工队伍将不断扩大。这使得管道自动焊技术越来越适应石油天然气长输管道的现场焊接需求，其焊接质量和经济效益都将得到不断提高，并逐渐成为大口径、高钢级管道建设的主要现场焊接方式。

23.4.3 追求更加有序、顺畅的管道自动焊施工组织方法

油气管道自动焊施工是一项涉及设计、材料、工艺、工法、外协等各方面的系统工作。我国地形地貌复杂，给机械化施工带来极大挑战，需要从管道沿线坡度、钢管和焊材质量、自动焊和配套施工设备、焊接和检测工艺、复杂地形施工工法、连续作业面保证等方面开展工作，实现低温环境、水网和山地等不同工况下的全机械化施工。

参考文献

［1］隋永莉，王鹏宇. 中俄东线天然气管道黑河—长岭段环焊缝焊接工艺［J］. 油气储运，2020，39(9).

［2］隋永莉. 油气管道环焊缝焊接技术现状及发展趋势［J］. 电焊机，2020，50(9).

［3］隋永莉. 新一代大输量管道建设环焊缝自动焊工艺研究与技术进展［J］. 焊管，2019（7）.

［4］张振永. 高钢级大口径天然气管道环焊缝安全提升设计关键［J］. 油气储运，2020，39（7）：740-748.

［5］毕宗岳. 新一代大输量油气管材制造关键技术研究进展［J］. 焊管，2019，41（7）：10-25.

［6］李鹤林，吉玲康，田伟. 高钢级钢管和高压输送：我国油气输送管道的重大技术进步［J］. 中国工程科学，2010，12（5）.

［7］中国石油天然气股份有限公司管道分公司. 中俄东线天然气管道工程技术规范：Q/SYGD 0503—2016［S］. 北京：中国标准出版社，2016.

本章的学习目标及知识要点

1.学习目标

（1）了解油气管道主要环焊缝焊接方法。

（2）了解油气管道环焊缝焊接质量要求。

（3）掌握典型管道自动焊焊接工艺。

（4）掌握管道自动焊质量控制方法。

2. 知识要点

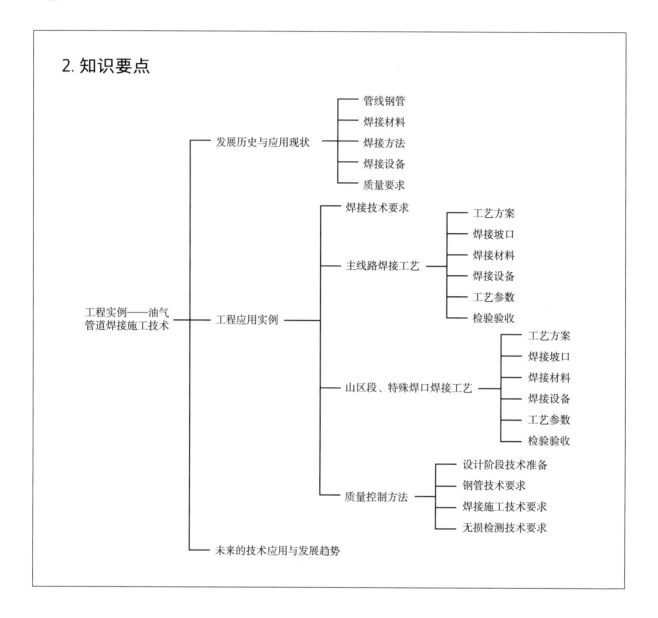

后　记

2000 年得到国际焊接学会（IIW）授权后，为满足在全国推广和实施国际焊接培训与认证体系的需要，机械工业哈尔滨焊接技术培训中心组织编写了《国际焊接工程师培训教程》作为培训内部教材使用。20 多年来，培养 IWE19000 多人，培训教程也经 10 多次修订。

在此期间，以解应龙教授为主任，王林、钱强、陈宇、朴东光、闫久春、李慕勤教授和徐林刚高级工程师为委员的编辑委员会，认真指导每次教程的编写与修订工作。主编钱强教授、副主编徐林刚、常风华组织统筹了 IWE 教程的编写修订工作，并撰写了大量章节。先后参与 IWE 培训教程编写的人员共有百余位专家和教师，其中，由于各种原因未能参加此次 IWE 教程出版编审工作的专家教授和老师有：吴林、黎明、唐逸民、潘孚、林伯山、孟庆森、张文明、徐越兰、井秀海、李贵忠、高洪明、元哲石、孟宪智、张宇光、董志波、曹健、张红霞、闵庆凯、张秉刚、范成磊、张洪涛、许志武、王佳杰、苏辉、李潭、杨玉芳、杨秀英、王丽雪、曹红梅、戴万福等。

在《国际焊接工程师培训教程》正式出版之际，对为此项工作做出贡献的所有人员表示衷心的感谢！

《国际焊接工程师培训教程》
全四册编审人员

姓名	单位及职称	编审工作内容
钱强	机械工业哈尔滨焊接技术培训中心 教授级高级工程师	全书主编，负责全书整体策划、章节构思及最后定稿；主编第1、第3册；编写第1册第1、第6、第16、第18章，第2册第16章，第3册第3、第5章，第4册第5、第12章；审校第1册第4、第5、第9、第10、第11、第12、第19章，第2册第2、第3、第9、第15章，第3册第2、第13、第14章，第4册第4、第13、第23章
解应龙	机械工业哈尔滨焊接技术培训中心 教授级高级工程师	全书主审；编写第4册第1章；审校第4册第2、第9、第10、第16章。
徐林刚	机械工业哈尔滨焊接技术培训中心 高级工程师	全书副主编，参与全书策划、章节构思及定稿；主编第2、第3册；编写第2册第9、第10、第11、第13、第15、第20章；第4册第4、第11章；审校第1册第2、第21章，第2册第4、第7、第12、第14、第16、第17、第18、第19章，第3册第1、第4、第5、第6、第10、第11、第12章；第4册第6、第12、第21章
常凤华	机械工业哈尔滨焊接技术培训中心 高级工程师	全书副主编，参与全书部分策划、章节构思；主编第4册；编写第1册第9、第11章，第2册第12、第15章，第3册第13章，第4册第6、第7、第21章；审校第1册第1、第7、第8章，第2册第6、第13、第22、第24章，第4册第5、第11、第17、第22章
陈宇	机械工业哈尔滨焊接技术培训中心 教授级高级工程师	全书副主编，主编第4册；编写第4册第1、第2、第9、第10、第16章；审校第4册第14、第20章
李慕勤	佳木斯大学教授	全书副主审；主审第1册；审校第2册第5章
闫久春	哈尔滨工业大学教授	全书副主审；主审第2册；编写第1册第14章，第2册第18、第19章；审校第2册第21章
方洪渊	哈尔滨工业大学教授	全书副主审；主审第3册；审校第3册第7、第8章
朴东光	哈尔滨焊接研究院有限责任公司 研究员	全书副主审；主审第4册
张岩	机械工业哈尔滨焊接技术培训中心 高级工程师	第1册副主编；编写第1册第4、第5、第10章，第2册第4、第6、第8章，第4册第8、第17章；审校第1册第3、第6、第15章，第2册第1、第10、第20章，第3册第3章
何珊珊	机械工业哈尔滨焊接技术培训中心 国际焊接工程师	第2册副主编；编写第1册第18章，第2册第2、第3、第9、第14章；审校第2册第8、第11章
吕同辉	机械工业哈尔滨焊接技术培训中心 国际焊接工程师	第3册副主编；编写第1册第15章，第3册第6、第10、第11、第14章；审校第3册第9章
陈大军	机械工业哈尔滨焊接技术培训中心 高级工程师	第4册副主编；编写第4册第2、第3、第14章；审校第4册第1、第7、第8章
郑光海	黑龙江科技大学副教授	编写第1册第2章
刘频	南昌航空大学讲师	编写第1册第3章
邵辉	机械工业哈尔滨焊接技术培训中心 国际焊接工程师	编写第1册第6、第21章，第4册第3、第4、第17章
冯剑鑫	机械工业哈尔滨焊接技术培训中心 国际焊接工程师	编写第1册第7、第9、第12、第15章，第3册第2章
杨文杰	佳木斯大学教授	编写第1册第8章
杜文玉	机械工业哈尔滨焊接技术培训中心 国际焊接工程师	编写第1册第12章

姓名	单位及职称	编审工作内容
李俐群	哈尔滨工业大学教授	编写第 1 册第 13 章
王厚勤	哈尔滨工业大学助理研究员	编写第 1 册第 13 章
蔡笑宇	哈尔滨工业大学副教授	编写第 1 册第 13、第 14 章
黄永宪	哈尔滨工业大学教授	编写第 1 册第 14 章
贺文雄	哈尔滨工业大学（威海）副教授	编写第 1 册第 14 章
李海超	哈尔滨工业大学副教授	编写第 1 册第 17 章
高欣	机械工业哈尔滨焊接技术培训中心 国际焊接工程师	编写第 1 册第 19 章，第 4 册第 14 章
李淳	哈尔滨工业大学副教授	编写第 1 册第 20 章，第 2 册第 22 章
许志武	哈尔滨工业大学教授	编写第 1 册第 20 章
葛振超	机械工业哈尔滨焊接技术培训中心 工程师	编写第 1 册第 21 章
陈君	机械工业哈尔滨焊接技术培训中心 国际焊接工程师	编写第 1 册第 21 章
董捷	机械工业哈尔滨焊接技术培训中心 国际焊接工程师	编写第 1 册第 21 章
俞韶华	机械工业哈尔滨焊接技术培训中心 教授级高级工程师	编写第 3 册第 4、第 9 章，第 4 册第 13 章；审校第 1 册第 16 章，审校第 2 册第 16 章
高洪明	哈尔滨工业大学教授	审校第 1 册第 17 章
朱艳	黑龙江科技大学高级工程师	审校第 1 册第 18 章
梁志敏	河北科技大学教授	编写第 2 册第 1 章
庄明辉	佳木斯大学副教授	编写第 2 册第 5 章
王龙权	哈尔滨焊接研究院有限公司工程师	编写第 2 册第 7、第 11 章
陈玉华	南昌航空大学教授	编写第 2 册第 17 章
司晓庆	哈尔滨工业大学讲师	编写第 2 册第 21 章
邓义刚	机械工业哈尔滨焊接技术培训中心 国际焊接工程师	编写第 2 册第 23 章，第 4 册第 9、第 10、第 16 章
黄春平	中国航空研究院研究生院教授	编写第 2 册第 24 章
杨芙	沈阳大学副教授	编写第 3 册第 1 章
吕适强	机械工业哈尔滨焊接技术培训中心 国际焊接工程师	编写第 4 册第 3、第 15 章；审校第 2 册第 23、第 24 章
路浩	西安石油大学教授	编写第 3 册第 7、第 8 章
徐向军	中铁山桥集团有限公司教授级高级工程师	编写第 4 册第 20 章；审校第 3 册第 12 章
李铭	中交公路规划设计院高级工程师	编写第 3 册第 12 章
王文华	中车长客轨道股份有限公司 教授级高级工程师	编写第 3 册第 11 章
王林	机械工业哈尔滨焊接技术培训中心 教授级高级工程师	审校第 4 册第 3、第 15 章
杨桂茹	机械工业哈尔滨焊接技术培训中心 国际焊接工程师	编写第 4 册第 4 章

姓名	单位及职称	编审工作内容
陈剑锋	机械工业哈尔滨焊接技术培训中心 国际焊接工程师	编写第 4 册第 9 章
张港荫	机械工业哈尔滨焊接技术培训中心 国际焊接工程师	编写第 4 册第 10 章
余晓野	机械工业哈尔滨焊接技术培训中心 国际焊接工程师	编写第 4 册第 14 章
刘志强	机械工业哈尔滨焊接技术培训中心 国际焊接工程师	编写第 4 册第 15 章
杨高	机械工业哈尔滨焊接技术培训中心 国际焊接工程师	编写第 4 册第 15、第 18 章
陈焕	机械工业哈尔滨焊接技术培训中心 国际焊接工程师	编写第 4 册第 16 章
侯振国	中车唐山机车车辆有限公司 高级工程师	编写第 4 册第 17、第 18 章
刘志平	中车唐山机车车辆有限公司 教授级高级工程师	审校第 4 册第 18 章
曹宇辰	北京地铁车辆装备有限公司高级工程师	编写第 4 册第 19 章
刘亚璇	北京地铁车辆装备有限公司高级工程师	编写第 4 册第 19 章
刘政	北京地铁车辆装备有限公司高级工程师	审校第 4 册第 19 章
高建忠	中铁山桥集团有限公司高级工程师	编写第 4 册第 20 章
王萍	哈尔滨锅炉厂有限责任公司高级工程师	编写第 4 册第 21 章
徐祥久	哈尔滨锅炉厂有限责任公司高级工程师	审校第 4 册第 21 章
张晓刚	太原重型机械集团有限公司高级工程师	编写第 4 册第 22 章
隋永莉	中国石油天然气管道科学研究院有限公司 教授级高级工程师	编写第 4 册第 23 章